B. B. DAMASKIN / O. A. PETRII / V. V. BATRAKOV

Adsorption organischer Verbindungen an Elektroden

B. B. DAMASKIN
O. A. PETRII
V. V. BATRAKOV

Adsorption organischer Verbindungen an Elektroden

Herausgegeben von

Prof. Dr.-Ing. habil., Dr. rer. nat. mult. h. c. Kurt Schwabe
Meinsberg

Mit 109 Abbildungen und 18 Tabellen

AKADEMIE-VERLAG · BERLIN
1975

Б. Б. Дамаскин, О. А. Петрий, В. В. Батраков
„Адсорбция органических соединений на электродах“
Übersetzt von Dipl.-Chem. Werner Schaarschuh

Erschienen im Akademie-Verlag GmbH, 108 Berlin, Leipziger Straße 3—4

Lizenz-Nr.: 202 · 100/482/75
Einband und Schutzumschlag: W. Schünke
Gesamtherstellung: VEB Druckhaus „Maxim Gorki“, 74 Altenburg
Bestellnummer: 761 868 4 (6122) · LSV 1215, 1275
Printed in GDR
EVP 68,—

Inhalt

Vorwort

Der Adsorption organischer Verbindungen an der Grenzfläche zwischen Metallen und Elektrolytlösungen wird gegenwärtig große Aufmerksamkeit von allen Fachleuten gewidmet, die sich mit der theoretischen und angewandten Elektrochemie beschäftigen. Läßt man den Einfluß der Adsorption unberücksichtigt, so wird man den Mechanismus der meisten an der Quecksilberelektrode ablaufenden Prozesse nicht verstehen und daher die Ergebnisse polarographischer Untersuchungen nicht deuten können.

Die Adsorption organischer Verbindungen findet breite Anwendung bei der Regulierung der elektrolytischen Abscheidung von Metallen. Sie bestimmt weiter das Verhalten organischer Verbindungen an der positiven Elektrode eines Brennstoffelementes und somit ihre Verwendung als elektrochemische Brennstoffe. Adsorptionsvorgänge sind auch maßgebend für die Wirkung von Korrosionsinhibitoren und man muß sie außerdem bei der Erforschung neuer Wege für die organische Elektrosynthese berücksichtigen. Adsorptionsvorgängen begegnen wir auch in der elektrochemischen Industrie. Schließlich ist die Untersuchung der Adsorptionsprozesse an der Phasengrenze Elektrode/Lösung von theoretischem Interesse, da sie unsere Kenntnisse von der Struktur der elektrischen Doppelschicht erweitert.

Trotz dieser weitreichenden Bedeutung existieren bis heute weder in unserer, noch in der ausländischen Literatur Monographien, die einigermaßen vollständig die Kenntnisse zusammenfassen, die über die Adsorption organischer Verbindungen an der Oberfläche der verschiedenen, in Elektrolytlösungen tauchende Metalle gesammelt wurden.

Die Autoren des vorliegenden Buches stellten sich das Ziel, diese Lücke zu schließen. Sie haben dabei eine große Anzahl experimenteller Angaben aus einschlägigen Fachzeitschriften ausgewertet, wie auch Ergebnisse eigener Untersuchungen verwendet. Der Einfluß der Adsorption auf die Kinetik von Elektrodenprozessen wird von den Autoren nur in dem Maße berücksichtigt, wie das für die Information über den eigentlichen Adsorptionsprozeß notwendig erscheint.

Bei der Auswertung des äußerst umfangreichen Versuchsmaterials blieben zwangsläufig einige Fragen offen, aber dem Leser wird eine ausreichend vollständige Vorstellung von den Gesetzmäßigkeiten der Adsorption an der Phasengrenzfläche vermittelt. Das beginnt bei der relativ einfachen physikalischen Adsorption an Quecksilber und anderen Metallen mit hoher Wasserstöffüberspannung und reicht bis zu tiefgehenden chemischen Veränderungen, die oft die Adsorption an Metallen der Platingruppe begleiten.

Die Kapitel 1.—4. wurden von Professor B. B. Damaskin, Kapitel 5. von O. A. Petrii und V. V. Batrakov, Kandidaten der chemischen Wissenschaften, Kapitel 6. von V. V. Batrakov und schließlich Kapitel 7. von O. A. Petrii verfaßt.

A. N. Frumkin, Mitglied der Akademie der Wissenschaften der UdSSR

TEIL I

Die Adsorption organischer Verbindungen an flüssigen Elektroden

1. Methoden zur Untersuchung der Adsorption organischer Stoffe an flüssigen Elektroden

Die grundlegenden Methoden zur Untersuchung der Adsorption organischer Verbindungen an flüssigen Elektroden beruhen auf Messungen der Oberflächenspannung oder der differentiellen Doppelschichtkapazität in Abhängigkeit vom Elektrodenpotential. Die quantitative Theorie der polarographischen Maxima zweiter Art [1—3] ermöglicht außerdem die Verwendung von Angaben über die Dämpfung von Tangentialbewegungen an der Quecksilberoberfläche der Tropfelektrode durch organische Moleküle, um die Adsorption organischer Verbindungen an flüssigen Metallen zu untersuchen. Die Tropfelektrode arbeitet dabei unter Bedingungen, die das Auftreten von Maxima zweiter Art begünstigen.

Wenn der zur Tropfelektrode fließende Ladungsstrom der Ladungsdichte an der Metalloberfläche direkt proportional ist, dann können die Adsorptionscharakteristika des organischen Stoffes an flüssigen Elektroden weiter aus den polarographischen Ladungsströmen bestimmt werden [4—6]. Die beiden letztgenannten Methoden fanden jedoch zur Untersuchung der Adsorption organischer Substanzen keine große Verbreitung. In diesem Zusammenhang werden wir uns auf die Erörterung von Methoden zur Messung der Oberflächenspannung sowie von Methoden zur Messung der differentiellen Doppelschichtkapazität beschränken. Letztere können dabei sowohl für flüssige, als auch für feste Metalle Verwendung finden.

Wenn bei Änderung des Elektrodenpotentials eine Oxydation oder Reduktion des an der Elektrode adsorbierten Stoffes möglich ist, dann kann man die Adsorption dieser Substanz auch chronopotentiometrisch untersuchen [103—105]. Diese Methode wird im Kapitel 5. bei der Untersuchung der Adsorption organischer Stoffe an festen Elektroden beschrieben.

1.1. Methoden zur Messung der Oberflächenspannung

Man kann die Oberflächenspannung mit verschiedenen Methoden messen.

Teilweise beruhen diese Methoden auf der Kapillardepression des Quecksilbermeniskus, die darin besteht, daß die Oberflächenspannung des flüssigen Metalls, wie beispielsweise Quecksilber, das sich in einer engen Kapillare befindet, danach strebt, den konvexen Meniskus in den breiteren Teil der Kapillare auszudehnen.

Der dabei auf den Quecksilbermeniskus wirkende Druck beträgt

$$F = \frac{2\sigma \cos \vartheta}{R}, \tag{I.1}$$

hierbei bedeuten: R = Krümmungsradius des Meniskus und ϑ = Grenzwinkel zwischen Quecksilber und Kapillarwandung, σ = Oberflächenspannung. Dieses Gerät, das es gestattet, die Größe F mit einer beliebigen Meßgröße zu verbinden, bezeichnet man als Kapillarelektrometer.

Die beiden ersten Typen eines Kapillarelektrometers konstruierte LIPPMAN [7]. Im ersten Kapillarelektrometer bildete LIPPMAN die Kapillare als Teil eines U-förmigen Röhrchens aus, so daß der Druck F durch den Druck des Quecksilbers kompensiert wurde, das sich in einem zweiten, breiteren Schenkel des U-förmigen Röhrchens befand. Im ersten Schenkel befand sich über dem Quecksilbermeniskus die zu untersuchende Lösung. Sie war durch ein Steigrohr mit einem Vorratsgefäß verbunden, in dem sich die gleiche Lösung über einer Quecksilberschicht befand. Wurde das Quecksilber im U-förmigen Röhrchen und auf dem Boden des Vorratsgefäßes mit den Polen einer äußeren Stromquelle verbunden, dann wurde nur der Quecksilbermeniskus in der Kapillare polarisiert. Das Potential des Bodenquecksilbers blieb dabei infolge seiner großen Oberfläche praktisch unverändert.

Bei der Polarisation des Quecksilbers verändert sich die Oberflächenspannung, so daß sie entsprechend Gleichung (I.1) zu einer Änderung des Druckes F führt. Das bewirkt eine Verschiebung des Quecksilbermeniskus in der Kapillare. Wenn man mit Hilfe eines Kathetometers die Lage des Quecksilbermeniskus bei jedem Potential φ bestimmt, dann kann man eine Gesetzmäßigkeit ableiten, die die Oberflächenspannung in Abhängigkeit der angelegten Potentialdifferenz ausdrückt. Man erhält auf diese Weise eine σ, φ-Kurve. Das vervollkommnete Kapillarelektrometer nach LIPPMAN wurde später von KARPAČEV und STROMBERG [8] benutzt, um die Elektrokapillarkurven an geschmolzenen Metallen in Elektrolytschmelzen zu messen.

In der zweiten Variante des Kapillarelektrometers nach LIPPMAN [7] befand sich das Quecksilber in einem langen, vertikal angeordneten Röhrchen, das nach unten durch eine konische Kapillare abgeschlossen wurde. Die Kapillare tauchte in ein Vorratsgefäß mit Lösung, auf dessen Boden sich eine Quecksilberschicht als zweite, unpolarisierbare Elektrode befand. In diesem Fall wurde F durch den Druck der Quecksilbersäule ausgeglichen:

$$P = hg\varrho, \tag{I.2}$$

hierbei bedeuten: h = Gesamthöhe der Quecksilbersäule, ϱ = Dichte des Quecksilbers und g = Erdbeschleunigung.

Das Meßprinzip dieses Kapillarelektrometers beruht auf der Proportionalität zwischen der Höhe der Quecksilbersäule, die den Quecksilbermeniskus in der Kapillare in einer bestimmten Lage hält, und der Oberflächenspannung des Quecksilbers. Der Proportionalitätsfaktor folgt aus den Gleichungen (I.1) und

(I.2) und beträgt

$$k = \frac{\sigma}{h} = \frac{\varrho g R}{2 \cos \vartheta}. \tag{I.3}$$

Die Empfindlichkeit dieses Elektrometers ist von der Höhe der Quecksilbersäule und dem Kapillardurchmesser abhängig. In den Arbeiten LIPPMAN's betrug sie annähernd 1 cm/V, d. h. sie war äußerst gering.

GOUY [9, 10] hat die zweite Variante des LIPPMAN'schen Kapillarelektrometers wesentlich vervollkommnet. GOUY verband die Quecksilbersäule durch ein seitliches Gummiröhrchen mit einem beweglichen Vorratsgefäß, dadurch wurde die spontane Änderung der Höhe der Quecksilbersäule bedeutend erleichtert. Außerdem stationierte GOUY eine unpolarisierbare Quecksilberelektrode in einem gesonderten Gefäß, das über einen Saugheber mit einem kleinen Glasgefäß verbunden war, in das die Kapillare des Elektrometers eintauchte. Diese Anordnung der Hilfselektrode ermöglichte es, Elektrokapillarkurven in verschiedenen Lösungen mit der gleichen unpolarisierbaren Elektrode aufzunehmen. Schließlich verbesserte GOUY durch die Wahl geeigneter geometrischer Kennwerte der Kapillare merklich die Meßgenauigkeit des Kapillarelektrometers. Dieses weiterentwickelte Kapillarelektrometer erhielt im folgenden die Bezeichnung „Kapillarelektrometer nach GOUY", obgleich es in verschiedenen Arbeiten nach wie vor LIPPMAN'sches Elektrometer genannt wird.

Verschiedene, mit dem Einsatz des Kapillarelektrometers nach GOUY verbundene Besonderheiten wurden ausführlich in den Arbeiten FRUMKINS [11—13] diskutiert. Beispielsweise behandelte FRUMKIN das Problem des OHMschen Potentialabfalls ($\Delta\varphi_{Ohm}$) in der Kapillare. Bei 1 n und 0,1 n Lösungen anorganischer Salze und Säuren kann man den durch die Reduktion des gelösten Sauerstoffs verursachten OHMschen Potentialabfall $\Delta\varphi_{Ohm}$ vernachlässigen. Bei 0,001 n Lösungen wächst $\Delta\varphi_{Ohm}$, letztlich dadurch werden entweder entsprechende Korrekturen oder die Entfernung des gelösten Sauerstoffs erforderlich. FRUMKIN konnte auch nachweisen, daß man für die Bestimmung kleiner Änderungen der Oberflächenspannung bessere Ergebnisse erhalten kann, wenn man nicht die h-Änderung in Abhängigkeit von φ bei konstanter Meniskusstellung, sondern die Meniskusverschiebung in Abhängigkeit vom Potential bei h = const. mißt.

Bei dem oben beschriebenen Kapillarelektrometer nach GOUY wurde die Höhe der Quecksilbersäule einfach visuell oder mit einem Kathetometer bestimmt. In der Arbeit von KOENIG [14] war die Lage des oberen Quecksilbermeniskus durch einen elektrischen Kontakt fixiert. Durch Eichen der Anordnung konnte die Abhängigkeit zwischen der Lage des oberen Quecksilbermeniskus und der Stellung des elektrischen Kontaktes bestimmt werden. Nach KOENIG kann man mit dieser Methode die Höhe der Quecksilbersäule auf 0,1 mm genau messen. Die Einrichtung einer solchen Anordnung ist jedoch kompliziert und mit Schwierigkeiten verbunden. Die weitere Vervollkommnung des Kapillarelektrometers nach GOUY führte zur thermostatierten Meßzelle [15—17], wobei sowohl Luft-, als auch Wasserthermostaten zum Einsatz gelangten.

Es ist zu beachten, daß man mit dem Kapillarelektrometer nur zuverlässige Oberflächenspannungswerte erhält, wenn eine gute Benetzbarkeit des Quecksilbers und des Glases durch die Lösung gewährleistet ist. Dabei muß sich zwischen Quecksilber und Kapillarwand eine dünne Lösungsschicht ausbilden, so daß bei allen Potentialen der Winkel $\vartheta = 180°$ beträgt. Bei schlechter Benetzung (z. B. bei stark verdünnten Lösungen) zerreißt der Flüssigkeitsfilm zwischen dem Quecksilber und den Kapillarwänden, der Quecksilbermeniskus haftet direkt am Glas [106] und die Messungen der Oberflächenspannung mit Hilfe des Kapillarelektrometers sind praktisch unmöglich.[1])

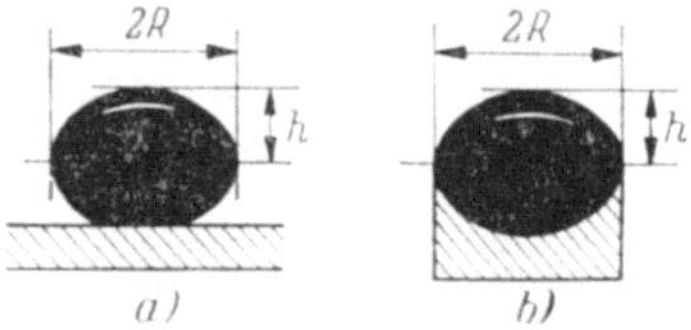

Abb. 1: Schematische Darstellung liegender Quecksilbertropfen zur Erläuterung der Berechnung der Grenzflächenspannung nach den Formeln (I.4), (I.5) und (I.6)

Eine andere unabhängige Meßmethode für die Oberflächenspannung basiert auf der Auswertung der geometrischen Form eines hängenden Tropfens aus dem zu untersuchenden flüssigen Metall. Diese Methode wurde erstmalig von Koenig [19] beschrieben, der vorschlug, zur σ-Bestimmung den Krümmungsradius am oberen Teil eines Quecksilbertropfens zu messen, der aus der Kapillare unter spitzem Winkel austritt. Man erhielt jedoch mit dieser Methode ungenauere Meßergebnisse, als mit dem Lippmanschen Kapillarelektrometer. 1885 entwickelte Worthington [20] eine Formel, in der der Zusammenhang der Oberflächenspannung mit der Geometrie eines liegenden Quecksilbertropfens abgeleitet wird. Diese Formel erwies sich jedoch als ungenau, man erhielt außerdem auch nach der Korrektur richtige Ergebnisse nur für einen Tropfenradius von $R \geqq 2$ cm, wie das in [21] nachgewiesen wird. Die korrigierte Formel nach Worthington hat folgendes Aussehen:

$$\sigma = \frac{gh^2\varrho}{2} \cdot \frac{1{,}641R}{1{,}641R + h}, \tag{I.4}$$

die Bedeutung der Größen h und R wird aus Abb. 1a ersichtlich.

Die unkorrekte Verwendung der genannten Methode ist auch für die Arbeit von Berget [22] charakteristisch, der zu der falschen Annahme kam, daß die Oberflächenspannung unabhängig von der Lösungszusammensetzung sei.

[1]) *A. d. H.:* Wegen neuerer Untersuchungen zur Messung der Oberflächenspannung mit dem Kapillarelektrometer s. [112—116]. Es wird auch ein der Methode des Blasendrucks ähnliches Meßverfahren angewandt [115, 117]. Über Diskrepanzen zwischen Kapazitäts- und Oberflächenspannungsmessungen wird verschiedentlich berichtet [118], s. auch [115].

Erste richtige Ergebnisse mit der stationären Quecksilberelektrode wurden von GOUY [18] erhalten. Um den Quecksilbertropfen die richtige Form zu geben, brachte GOUY sie in eine spezielle, halbkugelförmige Schale aus sorgfältig poliertem Glas (Abb. 1b). Unter diesen Bedingungen ist der Radius des Quecksilbertropfens gleich dem Radius der Glashalbkugel. Die Oberflächenspannung wurde nach der Formel berechnet

$$\sigma = \frac{a^2}{2}(\varrho_{\mathrm{Hg}} - \varrho_{Lsg}), \qquad \text{(I.5)}$$

wobei die Größe a aus der Gleichung (I.6) bestimmt wurde:

$$a^2 + \frac{2\sqrt{2}-1}{3}\left(\frac{a^3}{2\pi R} - \frac{a^4}{2(2\pi R)^2}\right) = h^2. \qquad \text{(I.6)}$$

Der Tropfenradius betrug in den Versuchen von GOUY etwa 6,5 mm, die Tropfenabmessungen wurden auf 1µm genau bestimmt. Nach Angaben von GOUY [18] betrug der Maximalwert von σ an der Phasengrenze Quecksilber — verdünnte Schwefelsäurelösung bei 18 °C 426,7 dyn/cm. GOUY konnte mit der beschriebenen Methode die maximale Oberflächenspannung in Lösungen unterschiedlicher Zusammensetzung messen und beobachtete, daß die erhaltenen σ-Werte sehr gut mit den entsprechenden Größen übereinstimmen, die mit dem Kapillarelektrometer bestimmt wurden.

Um die Gleichung zu lösen, die die Form des liegenden Tropfens in der Elektrolytlösung beschreibt, benutzte BUTLER [23] einen Elektronenrechner, dem bis zu 40 Koordinaten der Konturen des untersuchten Tropfens eingespeist wurden. Ein solches Vorgehen schränkt natürlich die Fehlermöglichkeiten ein, die mit der Bestimmung des vertikalen und horizontalen Tropfendurchmessers verbunden sind. Es wächst jedoch dabei die Wahrscheinlichkeit, die Elektrodenoberfläche mit Spuren oberflächenaktiver Stoffe zu verunreinigen, weil die Bestimmung der 40 Umrißkoordinaten des Tropfens mit dem Horizontalmikroskop einige Zeit erfordert.

Eine andere Variante dieser Methode zur Bestimmung der Oberflächenspannung beruht auf der Untersuchung der Form von kleinen Tropfen, die an der Spitze einer Kapillare hängen [24—26, 119]. Die praktische Realisierung dieser Methode der hängenden Quecksilbertropfen wurde erst nach der Arbeit von MELIK-GAIKAZJAN [26] möglich. Auf der Grundlage der numerischen Lösung der LAPLACE-Gleichung mit Hilfe einer Rechenmaschine stellte er umfangreiche Tabellen auf, die die geometrischen Tropfenparameter mit den Dichten des Metalls und des Elektrolyten sowie mit der Oberflächenspannung in Verbindung brachten.

Da der Kapillarradius im Kapillarelektrometer nach GOUY in einem bestimmten Abstand von der Kapillarspitze nur äußerst schwierig mit ausreichender Genauigkeit zu bestimmen war, wird der Koeffizient k in der Gleichung (I.3) normalerweise experimentell mit einem bekannten σ-Wert in einer bestimmten Lösung ermittelt. Gegenwärtig wird in den meisten Arbeiten der Koeffizient k bestimmt, indem die Oberflächenspannung beim Maximum der Elektrokapillarkurve (σ^{max}) einer schwachsauren, verdünnten Na_2SO_4-Lösung verwendet wird, die GOUY mit der Methode des stationären Tropfens ermittelte und gleich ist

$$\sigma^{max} = 426{,}7 - 0{,}17\,(t - 18\,°). \tag{I.7}$$

Man muß beachten, daß die Methode der stationären Tropfen nur in einer sehr sorgfältig gereinigten Lösung angewendet werden kann. Das betrifft die Entfernung sowohl von oberflächenaktiven Stoffen, als auch von Verunreinigungen, die an dem zu untersuchenden Tropfen elektrochemisch reduziert oder oxydiert werden können. So können beispielsweise vorhandene Spuren gelösten Luftsauerstoffs dazu führen, daß verschiedene Bereiche des ruhenden Tropfens ungleichmäßig polarisiert und dadurch auf der Tropfenoberfläche tangentiale Strömungen hervorgerufen werden [1, 2]. Die Meßwerte der Oberflächenspannung werden somit infolge der unvermeidlichen Verzerrungen der Tropfenform unter diesen Bedingungen verfälscht.

Eine dritte Methode zur Messung der Oberflächenspannung beruht auf der Vorstellung, daß beim Abreißen des Quecksilbertropfens im Falle der Quecksilbertropfelektrode das Tropfengewicht Q, korrigiert um das Gewicht der verdrängten Lösung, gleich der ihn zurückhaltenden Kraft F ist, d. h. $\alpha Q = F$ mit $\alpha = (\varrho_{Hg} - \varrho_{Lsg})/\varrho_{Hg}$.

In erster Näherung gilt $Q \approx m\tau$, (I.8)

m = Ausflußgeschwindigkeit des Quecksilbers aus der Kapillare
τ = Tropfperiode;

weiterhin gilt $F \approx 2\pi r\sigma$ (I.9)

mit r = innerer Kapillarradius. Daraus folgt:

$$\sigma \approx \frac{\alpha m}{2\pi r}\tau. \tag{I.10}$$

Aus Gleichung (I.10) folgt, daß in erster Näherung die Oberflächenspannung dem Gewicht des abreißenden Tropfens proportional ist, wenn die Ausflußgeschwindigkeit — die Tropfperiode τ — konstant gehalten wird.

Wie KUČERA [27] nachweisen konnte, berücksichtigt Gleichung (I.8) nicht den in das Tropfeninnere gerichteten Druck, der durch die Krümmung der Oberfläche des Quecksilbertropfens hervorgerufen wird. Mit anderen Worten, Gleichung (I.9) setzt voraus, daß der hängende, stationäre Tropfen nur allein durch die Oberflächenspannung am Endquerschnitt der Kapillare zurückgehalten und bei seinem Abfall die gesamte Quecksilbermenge unterhalb der Kapillare mitgerissen wird. In den von LOHNSTEIN [28, 29] sowie von HARKINS u. Mitarb.

[30, 107] durchgeführten Untersuchungen wurde der Näherungscharakter von Gleichung (I.9) eingeschätzt (die Abweichungen vom σ-Absolutwert können 35% betragen) und die Einführung entsprechender Korrekturen vorgeschlagen.

Die Einführung der Korrekturglieder für den rückwirkenden Druck und die unvollständige Abtrennung des Quecksilbers vom Kapillar-Endquerschnitt beim Tropfenabriß komplizieren in beachtlichem Maße den Zusammenhang zwischen Oberflächenspannung und Tropfperiode. Wie man aus den Arbeiten [108, 109] ableiten kann, kann der Zusammenhang zwischen σ (in dyn/cm) und τ (in sec) durch folgende Gleichung mit einer Genauigkeit von etwa 1% ausgedrückt werden:

$$\sigma = 6{,}70 \cdot 10^8 \cdot \frac{r^3}{l} \left(1 + 19{,}3 \frac{r^{2/3}}{\sigma^{1/3}}\right) \cdot \left(h - 4{,}65 \cdot 10^{-3} \cdot \frac{\sigma^{2/3}}{r^{1/3}}\right) \cdot \tau. \tag{I.11}$$

Die Zahlenwerte beziehen sich auf 25 °C; die Kapillarenlänge l, die Gesamthöhe der Quecksilbersäule h und der Innenradius der Kapillare r sind in cm ausgedrückt.

Erstmals wurde die Methode der Tropfenberechnung für die Messung der Elektrokapillarkurven in den Arbeiten von Kučera [27] benutzt, dem es jedoch nicht gelang, reproduzierbare Ergebnisse zu erhalten. In der folgenden Zeit wurde diese Methode experimentell durch Craxford und McKay [31] bedeutend vervollkommnet. Als Beispiel für die Anwendung dieser Berechnungsmethode diente in der letztgenannten Arbeit die Messung der Oberflächenspannung von Quecksilber in 1 n KNO_3-Lösung. Die erhaltenen Werte stimmen auf 0,2% mit den σ-Werten überein, die mit dem Kapillarelektrometer gemessen wurden.

Bei der Untersuchung der Adsorption organischer Stoffe muß man jedoch — wie in 1.3. beschrieben — nicht die Absolutwerte der Oberflächenspannung kennen, sondern die relativ geringen Änderungen von σ bei der Konzentrationsänderung des organischen Stoffes. Unter diesen Bedingungen erhält man mit der Näherungsgleichung (I.10) Ergebnisse, die praktisch mit den aus Messungen mit dem Gouyschen Kapillarelektrometer stammenden Werten übereinstimmen, so wie das beispielsweise in der Arbeit von Meibuhr [110] bestätigt wird[1]).

Zwei wesentliche Mängel der Methode der Tropfenberechnung sind nicht zu übersehen. Der erste besteht darin, daß auch bei einem schwachen Faradayschen Stromfluß in der Elektrode verschiedene Bereiche des Quecksilbertropfens unterschiedliche Potentiale annehmen und folglich auch unterschiedliche Werte der Oberflächenspannung. Deshalb entspricht der σ-Wert am Tropfenhals, der in die Gleichung (I.10) oder (I.11) eingeht, nicht dem Mittelwert der Oberflächenspannung. Mit anderen Worten kann der Unterschied der σ-Werte in einzelnen Bezirken der Tropfenoberfläche zur Entstehung von tangentialen Bewegungen an der Quecksilberoberfläche führen [2], wobei die Methode der Tropfenberechnung vollkommen unbrauchbar wird. Daher ist die sorgfältige Entfernung aller möglichen Verunreinigungen aus der Lösung eine notwendige Voraussetzung, um die genannte Methode anwenden zu können. Es handelt sich dabei vor allem

[1]) *A. d. H.:* S. dazu auch [120, 121, 127].

um Verunreinigungen, die an der Quecksilberelektrode reduziert werden können, insbesondere muß der gelöste Luftsauerstoff sorgfältig entfernt werden.

Der zweite Mangel dieser Methode besteht in der Forderung, die Apparatur so aufzubauen, daß der Einfluß möglicher Vibrationen von vornherein ausgeschlossen wird. Im gegenteiligen Fall werden die Tropfen unter der Wirkung zufälliger Erschütterungen früher als normal abgerissen, das führt natürlich zu falschen Meßwerten.

Die Methode der Tropfenberechnung ist ganz offensichtlich gegenüber dem Kapillarelektrometer im Vorteil, wenn solche nichtwäßrigen Lösungsmittel verwendet werden, die Glas schlecht benetzen. Unter den genannten Bedingungen ist der Winkel $\vartheta < 180°$ und σ kann mit dem Kapillarelektrometer nur äußerst ungenau bestimmt werden.

1.2. Methoden zur Messung der Doppelschichtkapazität

Im Unterschied zu den Elektrokapillarkurven, die nur mit sehr wenigen Methoden erhalten werden können, kann die Kapazität der elektrischen Doppelschicht mit außerordentlich mannigfaltigen Meßmethoden bestimmt werden. Das ist auf den im folgenden erörterten Umstand zurückzuführen.

Wenn an der zu untersuchenden Elektrode irgendeine beliebige elektrochemische Reaktion abläuft (ideal polarisierbare Elektrode) und die Fläche der Hilfselektrode sowie folglich auch deren Kapazität bedeutend größer sind als Fläche und Kapazität der Versuchselektrode, dann kann man sich das Schaltbild der Meßzelle als Reihenschaltung der Doppelschichtkapazität (C) und des Widerstandes der Lösung (R) vorstellen[1]). Die Summenformel, die den durch eine solche Kette fließenden Strom (I) mit der Änderung der Potentialdifferenzen $d\varphi/dt$ verknüpft, hat folgende Form:

$$\frac{d\varphi}{dt} = R\frac{dI}{dt} + \frac{I}{C}. \tag{I.12}$$

Es ist somit möglich, im Prinzip beliebig viele Methoden zur Messung der Doppelschichtkapazität zu erhalten, indem man entweder einen bestimmten Stromwert vorgibt und die Abhängigkeit des Potentials φ von der Zeit t bestimmt oder eine bestimmte Potentialdifferenz vorgibt und die Strom—Zeit-Funktion bestimmt. Die praktisch genutzten Methoden der Kapazitätsmessung beruhen jedoch nur auf solchen Funktionen, aus denen C direkt und unkompliziert bestimmt wird. Im folgenden sollen einige dieser Methoden näher betrachtet werden.

[1]) Wenn die Versuchselektrode nicht ideal polarisierbar ist, dann haben die experimentell bestimmten Größen C und R eine äußerst komplizierte physikalische Bedeutung und können zur Berechnung der Doppelschichtparameter nur mit Hilfe eines entsprechenden Schaltbildes benutzt werden.

Wenn an die Zelle ein zeitlich konstanter Stromstoß angelegt wird, dann gilt $I = \text{const.}, \frac{dI}{dt} = 0$ und aus Gleichung (I.12) folgt

$$\varphi = \varphi_0 + (I/C) \cdot t, \tag{I.13}$$

das heißt, das Elektrodenpotential ändert sich bei konstanter Kapazität linear mit der Zeit. Aus dem Anstieg der auf diese Weise erhaltenen Ladungskurve kann die Kapazität bestimmt werden. Erstmalig wurde diese Methode in den Arbeiten von Bowden und Rideal [32], Erdey-Gruz und Kromrey [33] angewendet, die aber infolge der Verunreinigung der Oberfläche durch Spuren organischer Substanzen falsche Kapazitätswerte erhielten. Die gleiche Methode wurde von Barclay und Butler [34] angewendet, um die Adsorption von tertiärem Amylalkohol an Quecksilber zu untersuchen. In der folgenden Zeit entwickelten Hackerman und Mitarbeiter diese Methode weiter, wobei sie zur Aufladung der Oberfläche periodische Rechteckimpulse [35, 36] oder einmalige, kurzzeitige Stromstöße ($\geqq 10$ µsec) [37] benutzten. Noch moderner ist die galvanostatische Doppelimpulsmethode für die Kapazitätsmessung, bei der die Dauer des ersten Impulses in den Grenzen von 2—10 µsec variiert wird. Diese Methode wurde von Costa [38] entwickelt.

Auf der Registrierung der Abhängigkeit des Elektrodenpotentials von der Zeit beruht eine Methode der Kapazitätsmessung, nach der sie auch die Bezeichnung erhielt: Potentialabfall-Methode. Wenn an der Elektrode eine irreversible elektrochemische Reaktion abläuft, dann kann man deren Stromstärke — ausgehend von der Tafelgleichung — darstellen als

$$I = k \exp(\eta/b). \tag{I.14}$$

mit η $(= \varphi_R - \varphi)$ — Überspannung; k und b = Konstanten. Wird die elektrische Kette unterbrochen, dann werden die Ladungen der Doppelschicht durch den Elektrodenprozeß verbraucht, so daß die Stromstärke, die durch die Gleichung (I.14) ausgedrückt wird, in Gleichung (I.12) eingehen kann. Wenn man berücksichtigt, daß dabei $R = 0$ ist und man die so erhaltene Differentialgleichung löst, dann kommt man zu folgender Formel [39]:

$$\Delta\eta = \eta_0 - \eta = b \cdot \ln\left(\frac{I_0 t}{bC} + 1\right), \tag{I.15}$$

mit η_0 und I_0 = Überspannung und Strom bis zur Unterbrechung der Kette. Bei ausreichend kleinen t, wenn $I_0 t/bC \ll 1$ gilt, und nach der Entwicklung des logarithmischen Ausdrucks in eine Reihe erhält man

$$\Delta\eta \approx \frac{I_0}{C}\, t. \tag{I.16}$$

Somit entspricht der Anstieg des Anfangsbereichs der $\Delta\eta - t$-Kurve unmittelbar der Doppelschichtkapazität. Diese Methode der Kapazitätsmessung wurde hauptsächlich in den Arbeiten [40—42] angewendet.

In der von Borisova und Proskurnin [43] entwickelten Kommutator-Methode der Kapazitätsmessung werden die Versuchselektrode und eine Eichkapazität nacheinander gegen einen geladenen Kondensator abgeglichen, die so entstandene Potentialdifferenz wird nach entsprechender Verstärkung mit einem ballistischen Galvanometer aufgezeichnet. Die dabei meßbare Amplitudenrelation von Elektrode und Eichkondensator verhält sich umgekehrt proportional zu deren Kapazitäten. Der Vorteil der Kommutatormethode beruht auf dem fehlenden Stromfluß in der Kette im Moment der Messung. Dadurch kann man den Ohmschen Widerstand ausschließen, der in verdünnten Lösungen bedeutend größer ist als der kapazitive Widerstand und daher stark die Meßgenauigkeit beeinträchtigt. Die Anwendung der Kommutatormethode ermöglichte Messungen in verdünnten Lösungen bis zu Konzentrationen von 10^{-5} n [43]. Die Kommutatormethode, die physikalisch als galvanostatische Methode anzusehen ist, wurde in den Arbeiten von Delahay und Mitarbeitern [44][1]) weiterentwickelt. Mit dieser Methode bestimmte Delahay die differentielle Kapazität in 10^{-4} und 10^{-5} n NaF-Lösungen, die die Theorie der elektrischen Doppelschicht in stark verdünnten Lösungen oberflächeninaktiver Elektrolyte bestätigte [44].

Wenn man eine zeitlich lineare Potentialänderung vorgibt

$$\varphi = \varphi_0 + vt \tag{I.17}$$

(v = Geschwindigkeit der Potentialänderung), dann gilt $d\varphi/dt = v$ und die Lösung der Differentialgleichung (I.12) für diesen Sonderfall ergibt sich zu

$$I = vC\left[1 - \exp\left(-\frac{t}{RC}\right)\right]. \tag{I.18}$$

Bei großer Elektrolytkonzentration, wenn der Widerstand der Lösung ausreichend klein ist um die Bedingung $RC \ll t$ zu erfüllen, folgt aus Gleichung (I.18)

$$I \approx vC, \tag{I.19}$$

d. h., der unter diesen Bedingungen durch die Zelle fließende Strom ist der Doppelschichtkapazität direkt proportional. Dieses Prinzip wurde von Loveland und Elving [45] für entsprechende Untersuchungen verwendet. Bei der von ihnen entwickelten Methode wurden an die Versuchselektrode (ideal polarisierbare Elektrode) Dreieckimpulse angelegt, der dabei fließende Strom wird mit einem Oszillograph aufgezeichnet. Bei großer Impulsamplitude ($\sim$ 2 V) erhält man auf der Mattscheibe sofort zwei symmetrische Kurven für die differentielle Kapazität, die dem aufsteigenden bzw. abfallenden Ast des Dreieckimpulses entsprechen.

[1]) *A. d. H.:* Ein coulostatisches Verfahren zur Kapazitätsmessung in verdünnten Lösungen wurde in [122] angegeben.

Bei der BARKER-Methode [46] wird das gleiche Prinzip benutzt, nur sind im Gegensatz zur vorher erwähnten Methode die Amplituden der Dreieckimpulse klein ($\sim$ 10—30 mV) und der Mittelwert des Elektrodenpotentials verändert sich allmählich mit der Zeit. Die differentielle Kapazitätskurve wurde im vorliegenden Fall mit einem Selbstschreiber automatisch aufgenommen. Beide Methoden sind natürlich auf ausreichend konzentrierte Lösungen beschränkt ($\geqq$ 0,1 n), da der Widerstand der Lösung unberücksichtigt bleibt. Die Entartungen der mit einer dieser Methoden in verdünnten Lösungen (0,001 n) aufgenommenen differentiellen Kapazitätskurven wurden von DAMASKIN und PETRII [47] näher untersucht.

Eine ganze Reihe von Kapazitäts-Meßmethoden beruht auf der Anwendung von sinusförmigem Wechselstrom. Wenn ein Wechselstrom der Form

$$I = I_0 \exp (j\omega t) \tag{I.20}$$

mit $j = \sqrt{-1}$ und ω = Kreisfrequenz des Wechselstroms aufgegeben und die Größen I und dI/dt in Gleichung (I.12) eingeführt werden, dann kann man ohne große Mühe ableiten, daß die Impedanz der Kette, in der Kapazität und Widerstand in Reihe geschaltet sind, gleich ist

$$Z = R - \frac{j}{C\omega}. \tag{I.21}$$

Gleichung (I.21) liegt allen Wechselstrom-Meßmethoden einer ideal polarisierbaren Elektrode zugrunde.

Eine der ersten Wechselstrom-Methoden zur Messung der Doppelschichtkapazität war der Vergleich mit einer Eichkapazität. Erstmals gelang es PROSKURNIN und FRUMKIN [48] mit Hilfe dieser Methode, richtige Werte für die Kapazität der Quecksilberelektrode zu erhalten, die nicht durch Verunreinigung der Lösung mit Spuren organischer Stoffe verfälscht waren. Eine ausführlichere Beschreibung dieser Vergleichsmethode kann man in den Arbeiten von PROSKURNIN und BORSINA [49, 50] finden. Prinzipiell besteht diese Methode in der Messung des Spannungsablaufs in der Zelle ($\Delta\varphi_x$) und am Eichkondensator ($\Delta\varphi_E$) bei konstantem Wechselstrom (Δi), wobei die gesuchte Doppelschichtkapazität erhalten wird nach

$$C_{\text{exp.}} = C_E \frac{\Delta\varphi_E}{\Delta\varphi_x} = C_E \frac{\Delta i \cdot \dfrac{1}{C_E\omega}}{\Delta i \sqrt{R_x^2 + \dfrac{1}{C_x^2\omega^2}}} = \frac{C_x}{\sqrt{R_x^2 C_x^2\omega^2 + 1}}, \tag{I.22}$$

mit C_E = Eichkapazität; R_x und C_x = in Reihe geschaltete Ohmsche und kapazitive Beträge der Gesamtwechselstromimpedanz der Zelle, die bei fehlenden elektrochemischen Reaktionen dem Lösungswiderstand und der Doppelschichtkapazität entsprechen.

Aus Gleichung (I.22) ist abzuleiten, daß die mit der Vergleichsmethode gemessene Größe $C_{\text{exp.}}$ der Doppelschichtkapazität C_x nur unter der Bedingung gleichgesetzt werden kann, wenn die Kreisfrequenz des Wechselstromes ω und der Lösungswiderstand R sehr klein sind, d. h., wenn die Ungleichung

$$R_x^2 C_x^2 \omega^2 \ll 1 \qquad (I.23)$$

erfüllt wird. Die Schwierigkeit, die Ungleichung (I.23) zu erfüllen, schränkt die Anwendbarkeit der Vergleichsmethode stark ein.

Unter dem gleichen Mangel leidet auch eine andere Wechselstrommeßmethode der Doppelschichtkapazität, die von Breyer und Hacobian [51] entwickelt und von ihnen „Tensammetrie" genannt wurde. Bei dieser Methode wird die Amplitude eines durch die Zelle fließenden Wechselstroms ($|\Delta i|$) in Abhängigkeit vom Potential gemessen. Im Falle einer ideal polarisierbaren Elektrode gilt

$$|\Delta i| = \frac{|\Delta\varphi|}{\sqrt{R_x^2 + 1/C_x^2\omega^2}} = |\Delta\varphi|\omega \frac{C_x}{\sqrt{R_x^2 C_x^2 \omega^2 + 1}}, \qquad (I.24)$$

dabei ist $|\Delta\varphi|$ = Absolutwerte der an der Zelle anliegenden Potentialdifferenzen.

Bei Vergleich der Gleichungen (I.22) und (I.24) wird deutlich, daß mit der tensammetrischen Methode die prinzipiell gleichen Ergebnisse erhalten werden, wie sie auch die Vergleichsmethode ergibt [52], die aber durch die Bedingung (I.23) eingeschränkt werden.

Die Resonanzmethode zur Bestimmung der differentiellen Doppelschichtkapazität, die von Watanabe und Mitarb. [53, 54] entwickelt wurde,[1]) beruht auf der Resonanzerscheinung in einem Stromkreis, in dem die elektrische Doppelschicht einer ideal polarisierbaren Elektrode wie ein Kondensator wirkt. Diese Methode kann daher nur bei der Kapazitätsmessung in ausreichend konzentrierten Lösungen benutzt werden, weil bei niedriger Konzentration infolge des hohen Ohmschen Widerstandes in der elektrischen Kette keine Resonanz auftritt.

Unter den verschiedenen, bis heute entwickelten Meßmethoden, die sowohl den Lösungswiderstand, als auch die Phasenverschiebung zwischen Kapazität und Widerstand berücksichtigen [55—60], erhält man offensichtlich die genauesten Angaben über die Doppelschichtkapazität mit Hilfe der Impedanzbrückenmethode. Sie wurde erstmals[2]) von Dolin und Ershler [61] benutzt, während Grahame [62] sie als erster für die Messung der Doppelschichtkapazität in Anwesenheit organischer Verbindungen einsetzte.

Eine genaue Beschreibung aller Berechnungs- und Konstruktionsprinzipien der Wechselstrombrücke kann man in den Arbeiten [63—65] sowie in einer Veröffentlichung von Gerischer [66] finden. Die Besonderheiten in der Konstruktion

[1]) *A.d.H.:* Die Bestimmung von Doppelschichtkapazitäten durch Kombination mit einer Selbstinduktivität zu einem Schwingkreis wurde bereits von Krüger [123] beschrieben.

[2]) *A.d.H.:* Messungen der elektrochemischen Phasengrenzimpedanz mit Wechselstrombrücken waren schon um die Jahrhundertwende üblich, s. z. B. [124—126, 68]. Messungen der Doppelschichtkapazität mit Impedanzbrücken wurden von Grahame seit 1941 ausgeführt [79].)

von Impedanzbrücken für elektrochemische Messungen beruhen erstens auf der Schaltung der elektrochemischen Zelle als Teil der Brücke, wobei die Zelle eine Reihe spezifischer Eigenschaften aufweist, und zweitens auf der zusätzlichen Komplizierung durch Kopplung der Brücke mit einer Gleichstromquelle. Das Schaltschema einer solchen Brücke ist in Abb. 2 dargestellt.

Wie aus der Theorie von Wechselstrombrücken folgt [63, 65], stellt sich das Brückengleichgewicht ein:

$$Z_1 Z_3 = Z_2 Z_4 \tag{I.25}$$

Normalerweise werden für die Brückenzweige Z_1 und Z_2 gleiche Bauelemente gewählt (zwei OHMsche Widerstände, zwei Kondensatoren, zwei Induktivwider-

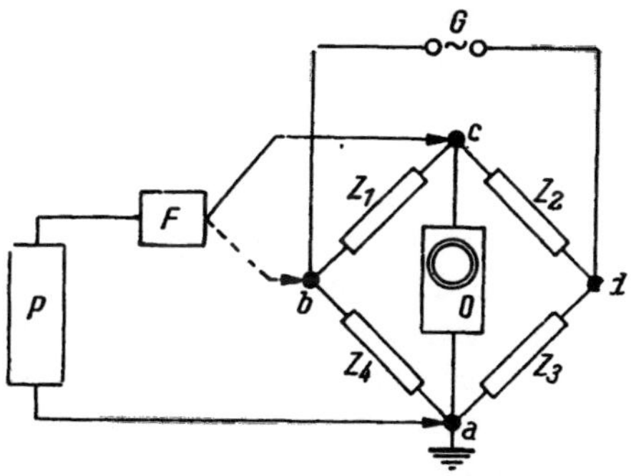

Abb. 2: Schaltschema einer Impedanzbrücke für elektrochemische Messungen

G = Wechselstromgenerator; Z_i = Impedanzen der Brückenzweige (Z_4 bedeutet die Impedanz der elektrochemischen Zelle); O = Oszillograph (Nullgerät); P = Gleichstrompotentiometer; F = Wechselstromfilter, verhindert den Eintritt von Wechselstrom in den Potentiometerkreis

stände), so daß gilt $Z_1 = Z_2$. In diesem Falle vereinfacht sich die Bedingung für das Brückengleichgewicht (I.25) zu

$$Z_3 = Z_4. \tag{I.26}$$

Wenn diese beiden Impedanzen durch die Gleichung (I.21) ausgedrückt werden können, dann gelangt man, ausgehend von der Gleichgewichtsbedingung zweier komplexer Zahlen (gleiche reale und gleiche imaginäre Teile), zu dem Ergebnis, daß folgende Gleichgewichte erfüllt sein müssen, wenn die Brücke abgeglichen ist:

$$C = C_M \quad \text{und} \quad R = R_M \tag{I.27}$$

mit C_M und R_M = die Kapazitäten und Widerstände der in Reihe geschalteten Schaltelemente.

Die Arbeiten, die sich mit der methodischen Weiterentwicklung der Differentialkapazitätsmessungen mit Hilfe einer Impedanzbrücke befaßten, zielten hauptsächlich darauf ab, das Wechselstrom-Frequenzintervall zu verbreitern, was besonders wichtig ist für die Untersuchung der Adsorptionskinetik organischer Stoffe, sowie die günstigste Konstruktionsvariante der Versuchselektrode zu entwickeln.

Wenn die Zeit, die für die Ausbildung der Doppelschicht benötigt wird, kleiner ist als eine Halbperiode des Wechselstroms, dann ist zu erwarten, daß die gemessene Kapazität der ideal polarisierbaren Elektrode frequenzunabhängig ist. Wie GRAHAME [62] und FERRY [67] durch Berechnungen nachweisen konnten, beträgt die Zeit für die Ausbildung der Doppelschicht in einer 1 n Salzlösung weniger als 10^{-6} sec, während die Änderung der Doppelschichtkapazität infolge der durch den Wechselstrom hervorgerufenen Schwankungen der Ionenkonzentrationen weitaus geringer ist als die experimentelle Genauigkeit der Kapazitätsmessung. Trotzdem konnte in verschiedenen Arbeiten [68—70] eine unverständliche Frequenzabhängigkeit der Kapazität beobachtet werden, man bezeichnet dieses Phänomen als Frequenzdispersion. Diese Frequenzdispersion beschränkt in beachtlichem Maße das Frequenzintervall, in dem genaue Kapazitätsmessungen durchgeführt werden können.

GRAHAME [62] konnte nachweisen, daß eine der Ursachen für die Frequenzdispersion in der unsymmetrischen Elektrodenanordnung zu suchen ist. In diesem Falle verliefen die Stromlinien zwischen den Elektroden ungleichmäßig und bei erhöhter Frequenz fielen die Oberflächenelemente mit hohem Ohmschen Widerstand praktisch aus der Messung heraus, so daß eine niedrigere Kapazität erhalten wurde. GRAHAME gelang es, diese Dispersionsursache zu beseitigen, indem er die Elektrode als kleinen Quecksilbertropfen ausbildete, der symmetrisch von einem Platinzylinder oder kugelförmig von einem platinierten Platinnetz umgeben war.

Durch diese Anordnung war es möglich, genaue Kapazitätsmessungen in 0,1 n Lösungen in einem Frequenzintervall von 240 bis 5000 Hz auszuführen.[1])

Wie durch MELIK-GAJKAZJAN und DOLIN [71] nachgewiesen werden konnte, muß man bei sehr hohen Frequenzen zwischen dem Generator und der Meßbrücke einen speziellen Anpassungstransformator mit äußerst niedrigem Ausgangswiderstand stationieren. Wenn das nicht geschieht, wird der die Doppelschicht aufladende Strom bei hohen Frequenzen sehr gering, das führt zu einer stark verringerten Genauigkeit der Kapazitätsmessung. Mit anderen Worten, man muß bei Frequenzen über 5000 Hz die geringe Induktivität in der Brückenschaltung (hauptsächlich im Widerstandsblock) mit Hilfe einer speziellen Selbstinduktionsspule kompensieren ($L \approx 1\ \mu$H). Durch die genannten Korrekturen war es möglich, die obere Frequenzgrenze in 1 n Lösungen auf 0,5 MHz anzuheben. Gleichzeitig konnten die Autoren [71] die untere Frequenzgrenze auf 20 Hz senken, indem sie die Drosselspule, die als Filter F (s. Abb. 2) bei Frequenzen über 250 Hz vorteilhaft war, durch einen hochohmigen Widerstand (1—2 MOhm) ersetzten. In der Folgezeit bewies TEDORADZE [72], daß es weitaus vorteilhafter war, bei niedrigen Frequenzen statt eines hochohmigen Widerstandes als Filter

[1]) *A. d. H.:* Messungen zum Frequenzgang der Doppelschichtimpedanz findet man z. B. auch in [128—130].

einen *LC*-Schwingkreis einzusetzen, der auf die entsprechende Frequenz eingestellt ist.

Damaskin [73] untersuchte weitere Ursachen für die Kapazitätsdispersion in verdünnten Lösungen, die durch die Kopplung eines parasitären Stromverlustes infolge Erdschlußes parallel zu Z_4 hervorgerufen wird. Besonders starke Abweichungen treten auf, wenn der Gleichstromkreis im Punkt *b* der Brückenschaltung (s. Abb. 2) angeschlossen wird. Wenn man auch in konzentrierten Lösungen, d. h. bei kleinem Z_4 in der Brückenschaltung, den Wechselstromverlust beim Passieren des Filters (*F*) und Potentiometers (*P*) vernachlässigen kann, so sind die Abweichungen der Meßgrößen in verdünnten Lösungen dagegen sehr groß, wie das durch Berechnungen nachgewiesen werden konnte [73]. Deshalb muß der Gleichstromkreis im Punkt *c* der Brückenschaltung angeschlossen werden, d. h. parallel zur Diagonalen der Meßbrücke. In diesem Falle ist das Potential im Punkt *c* gleich dem Potential im Punkt *a*, wenn sich die Meßbrücke im Gleichgewicht befindet, d. h. es ist gegen das Erdpotential abgeglichen (s. Abb. 2). Folglich werden bei abgeglichener Brücke mögliche Stromverluste durch Erdschluß über den Gleichstromkreis automatisch ausgeschlossen, wobei der Gleichstromkreis hier durch das parallelgeschaltete Nullgerät dargestellt wird. Bei einer solchen Brückenschaltung soll das Filter *F* nicht den Gleich- und Wechselstromkreis voneinander trennen, sondern den Shuntwiderstand erhöhen, um die Empfindlichkeit des Nullinstrumentes auf dem erforderlichen hohen Niveau zu halten.

Der Anschluß des Gleichstromkreises an die Brücke im Punkt *c* kann einen geringen parasitären Erdschluß natürlich nicht vermeiden. Das ist darauf zurückzuführen, daß alle Bauelemente der Schaltung gegen störende elektrische Felder abgeschirmt sind, das bedeutet die Erdung aller Elemente, wodurch in der Schaltung der Impedanzbrücke parasitäre Kapazitäten gegen die Erde auftreten. Wie in [73] abgeleitet, kann man sich diese Stromverluste in ausreichend guter Näherung als kleine Kapazität C_y vorstellen, die parallel zu Z_4 geschaltet ist und ausgedrückt werden kann durch die Formel

$$C_y \approx \frac{C_1 - C_2}{R_1^2 C_1^2 \omega^2 - 1}, \qquad \text{(I.28)}$$

mit C_1 = Kapazitätsmeßwert bei niedriger Frequenz ω (bis zur beginnenden Dispersion); C_2 = Kapazitätsmeßwert bei hoher Frequenz ω (bei bereits merklicher Dispersion); R_1 = Widerstandswert der Lösung, praktisch frequenzunabhängig. Wenn der berechnete Wert $C_y > 0$ ist, dann wird der Erdschlußverlust durch einen parallel zu Z_3 geschalteten Kondensator mit der Kapazität C_y kompensiert. Bei der Bedingung $C_y < 0$ wird der Stromverlust durch den gleichen Kondensator kompensiert, nur muß man ihn parallel zu Z_4 schalten.

Durch den Einsatz der verbesserten Impedanzbrückenschaltungen war es möglich, die Doppelschichtkapazität in 0,01 n KCl-Lösungen bis zu einer Frequenz von 10000 Hz und in 0,001 n KCl-Lösungen bis zu 1000 Hz zu messen [73].

Um die Differentialkapazität bei hohen Frequenzen (über 10000 Hz) zu messen, wurden vor wenigen Jahren Differential- und Transformatormeßbrücken entwickelt, bei denen die Brückenzweige Z_1 und Z_2 als Sekundärwicklung eines Anpassungstransformators mit Mittelpunktsableitung konstruiert sind [74—77]. Auf der achten Tagung der CITCE wurde beispielsweise über die Entwicklung einer Differentialmeßbrücke mit zwei austauschbaren Anpassungstransformatoren (für hohe und niedrige Frequenzen) berichtet [74], mit deren Hilfe Kapazitätsmessungen in einem Frequenzintervall von 20 Hz bis 3 MHz möglich sind. Offensichtlich war die obere Grenze des Frequenzintervalls aber zu hoch angegeben, da in späteren Arbeiten der gleichen Autoren [75] eine analoge Meßbrücke beschrieben wurde, deren Frequenzintervall jedoch weniger umfangreich war: von 10 Hz bis 1,7 MHz.[1]) Nach Ansicht von Lorenz [78] können zuverlässige Differentialkapazitätswerte mit Hilfe einer gewöhnlichen oder einer Transformator-Wechselstrombrücke nur bei Frequenzen unterhalb 0,5 MHz erhalten werden, da die veränderliche Restinduktivität der Rheostaten die Meßwerte bei höheren Frequenzen negativ beeinflußt. Bedeutend zuverlässigere und reproduzierbare Ergebnisse können bei Frequenzen in der Größenordnung von Megahertz erhalten werden, wenn man T-Brücken verwendet [78]. Mit Hilfe einer solchen Brücke wurden in der zitierten Arbeit [78] Differentialkapazitätskurven in 1 n $NaClO_4$-Lösung bei Frequenzen von 0,5 MHz, 0,795 MHz und 1 MHz aufgenommen. Charakteristisch daran ist, daß die Kapazitätswerte bei den verschiedenen Frequenzen praktisch in einer Gesamtkurve untergebracht werden können.

Die zweite Richtung, in die Untersuchungen zur Vervollkommnung der Brükkenmeßmethodik der Doppelschichtkapazität liefen, fußt auf der Anwendung der Tropfelektrode als Versuchselektrode. Erstmals wurde ein solcher Elektrodentyp für die Kapazitätsmessung von Grahame vorgeschlagen [79].

Die Tropfelektrode ermöglicht es einerseits infolge der ständigen Erneuerung der Oberfläche, die Fehler in der Kapazitätsmessung weitestgehend auszuschalten, die durch Verunreinigung der Oberfläche mit Spuren organischer Stoffe auftreten können. Andererseits kompliziert natürlich der Einbau einer solchen Elektrode in die Brückenschaltung die Meßmethodik. Nun ist es in der Tat so, daß während des Tropfenwachstums die Elektrodenkapazität ständig ansteigt, wohingegen der Widerstand R gleichzeitig kontinuierlich abnimmt. Daher wird sich das Brückengleichgewicht bei richtiger Wahl der C_M- und R_M-Werte immer in einem bestimmten Moment der Tropfperiode einstellen. Um nun die Oberfläche der Tropfelektrode zum Zeitpunkt des Brückengleichgewichts zu bestimmen, muß man das Zeitintervall zwischen dem Abriß des „alten" Tropfens und dem Zeitpunkt der Einstellung des Brückengleichgewichts (Abgleichzeit) genau messen.

Um die Abgleichzeit zu bestimmen, benutzte Grahame in seiner ersten Arbeit [79] eine elektrische Stoppuhr, die er von Hand bei Tropfenabriß ein- und im Moment des Brückenabgleichs ausschaltete. Mit einer solchen Technik kann man

[1]) *A. d. H.:* Impedanzmessungen mit einer Transformatorbrücke bis 500 kHz wurden in neuerer Zeit in [129] beschrieben.

aber auch bei umfangreichem Training die Abgleichzeit nicht genauer als auf 0,05 sec. bestimmen. In der Folgezeit benutzte GRAHAME [80] deshalb für die Bestimmung der Gleichgewichtszeit einen Kathodenoszillograph, dessen Elektronenstrahlröhre eine längere Nachleuchtzeit besaß. Wenn man die Spannung zwischen den Punkten *a* und *c* (s. Abb. 2) verstärkt und an die vertikalen Platten eines solchen Oszillographen anlegt, dann wird die Zeit zur Einstellung des Brükkengleichgewichtes bei hinreichend langsamer linearer Abtastung bestimmt durch den Weg, den der Strahl auf dem Oszillographenschirm während dieser Zeit zurücklegt. Man kann diese Strecke relativ einfach bestimmen, da der Tropfenabriß von einem sprunghaften Spannungsanstieg in der Meßdiagonalen begleitet wird, während beim Abgleich der Brücke die Spannung gegen Null geht. Die Meßgenauigkeit beträgt 0,01 sec, das entspricht 0,2% bei einer Einstellzeit des Brückengleichgewichts von 5 sec.

Wenn die Konzentration der Lösung nicht allzu niedrig ist ($\geqq$ 0,1 n), dann ist es vorteilhaft, zur Bestimmung der Abgleichzeit ein spezielles elektronisches Relais zu benutzen. Dieses Relais arbeitet mit der Ausgangsspannung des Nullinstruments und schaltet automatisch die elektrische Stoppuhr im Moment des Tropfenabrisses ein bzw. aus, sobald sich das Brückengleichgewicht eingestellt hat. Die erste Apparatur für die Messung der Abgleichzeit nach dieser Methode wurde von BOGUSLAVSKIJ und DAMASKIN [81] beschrieben. Die Meßgenauigkeit dieser Methode beträgt annähernd 0,02 sec.

In den letzten Jahren wurden in der Literatur bedeutend genauere und zugleich weitaus kompliziertere Methoden zur Bestimmung der Abgleichzeit beschrieben [82—84]. Die Anwendung solch komplizierter Apparaturen lohnt sich offensichtlich erst bei äußerst geringen Abgleichzeiten (in der Größenordnung von 0,5 bis 1,0 sec), wenn nämlich einfachere Methoden [80, 81] sehr fehlerhafte Meßwerte ergeben.[1])

Die Aufnahme von Differentialkapazitätskurven mit einer der üblichen Wechselstrommeßbrücken beansprucht eine relativ lange Zeit. Wenn an der Elektrode beliebige Prozesse verlaufen, die zu einer Veränderung der Struktur der elektrischen Doppelschicht führen, wie z. B. die gehemmte Adsorption eines organischen Stoffes, dann ist die Kapazität eine Funktion der Zeit. In einem solchen Fall ist die Aufnahme von $C-\varphi$-Kurven stark erschwert. Um diese Schwierigkeiten zu umgehen, kann man Apparaturen verwenden, die die Zeit- oder Potentialabhängigkeit der Kapazität automatisch registrieren. In der Arbeit [85] ist eine automatische WHEATSTONE-Brücke für die Kapazitäts- und Widerstandsmessung beschrieben. Aber weitaus unkomplizierter und zuverlässiger arbeiten automatische Apparaturen, denen das Prinzip der Phasendetektoren zugrunde liegt [86—90][2]). Das modernste Gerät dieser Art ist ein oszillographischer Vektor-

[1]) *A. d. H.:* Über spezielle apparative Entwicklungen der Impedanzmessungen für polarographische Zwecke wird in [131] berichtet.

[2]) *A. d. H.:* S. auch [132—135]. Wegen einer automatischen Impedanzbrücke, die beide Komponenten digital abgleicht s. [136].

Polarograph, der im Polytechnischen Institut Lwow entwickelt wurde und in der Lage ist, in Sekundenbruchteilen vollständige $C-\varphi$- und $R-\varphi$-Kurven im Frequenzintervall von 32 bis 159000 Hz zu registrieren [89]. Man muß dabei aber berücksichtigen, daß die Meßgenauigkeit für die Kapazität und den Widerstand bei den automatischen Geräten geringer ist, als bei den einfachen Wechselstrombrücken.[1])

Ein Vergleich der Anwendungsmöglichkeiten der verschiedenen Methoden wurde bereits früher vorgenommen [91].

Damit ist der Überblick über die Hauptmethoden zur Messung der differentiellen Doppelschichtkapazität abgeschlossen.

1.3. Thermodynamische Berechnungsmethoden der Adsorption organischer Stoffe auf der Basis von Messungen der Oberflächenspannung und der Kapazität der elektrischen Doppelschicht

Die am häufigsten verwendete Flüssigkeitselektrode ist die Quecksilberelektrode. Man kann sie in einem relativ breiten Potentialintervall (in der Größenordnung von 2 Volt) mit hinreichender Genauigkeit als ideal polarisierbare Elektrode betrachten. Wie von verschiedenen Autoren mit unterschiedlichen Methoden nachgewiesen werden konnte [11, 12, 92—95], gelten für einen solchen Elektrodentyp thermodynamische Gesetzmäßigkeiten, die die Grenzflächenspannung (σ) zwischen Metall und Lösung mit der Elektrodenladung (ε), dem Elektrodenpotential (φ) sowie mit der Adsorption und Aktivität der in der Lösung vorhandenen Ionen und Moleküle (entsprechend Γ_i und a_i) verbinden. Die thermodynamische Betrachtung einer ideal polarisierbaren Elektrode führt zu der Grundgleichung der Elektrokapillarität, die bei konstantem Druck und konstanter Temperatur geschrieben werden kann als

$$d\sigma = -\varepsilon d\varphi - \sum_i \Gamma_i d\mu_i = -\varepsilon d\varphi - RT \sum_i \Gamma_i d \ln a_i, \tag{I.29}$$

μ_i — chemisches Potential der i-ten Komponente; R — Gaskonstante;
T — absolute Temperatur.

Die Grundgleichung der Elektrokapillarität (I.29) kann man verwenden, um die Adsorption der Lösungskomponenten an der Quecksilberoberfläche quantitativ zu bestimmen. Man muß dabei jedoch berücksichtigen, daß sich die physikalische Bedeutung der Größe Γ_i in Abhängigkeit von den Bedingungen der Wahl der Gibbsschen Bezugsfläche ändert. Untersuchen wir diese Frage am Beispiel eines Zweikomponenten-Systems: der Lösung von Alkohol (i) in Wasser (w). Für $\varphi = \text{const.}$ folgt aus (I.29)

$$d\sigma = -\Gamma_i d\mu_i - \Gamma_w d\mu_w. \tag{I.30}$$

[1]) *A. d. H.:* Zur Messung der Doppelschichtkapazität werden neuerdings auch spezielle Verfahren der Impulstechnik (z. B. Zeitbereich-Reflexionsmessungen) herangezogen [137, 138]. Ergebnisse für die Adsorption organischer Stoffe liegen noch nicht vor.

Wenn man die GIBBS-Fläche so wählt, daß $\Gamma_w = 0$ wird, dann entspricht der unter dieser Bedingung bestimmbare Versuchswert $\Gamma_i^{\text{exp}} = -d\sigma/d\mu_i$ der Überschußmenge an Alkoholmolekülen im Lösungsvolumen, wobei diese Menge der in der Oberflächeneinheit der Phasengrenze enthaltenen Menge äquivalent ist, im Vergleich mit der Lösungsmenge aus dem homogenen Volumen, in dem genau die gleiche Menge Wassermoleküle enthalten ist.

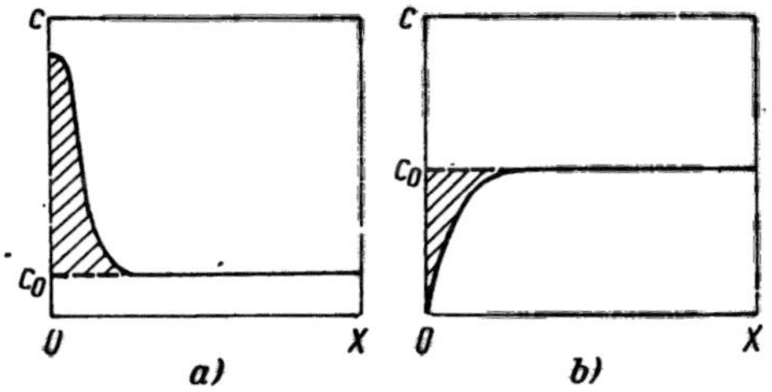

Abb. 3: Graphische Interpretation des Oberflächenüberschusses $\Gamma_i^{(v)}$, der den schraffierten Flächen an den Kurven entspricht, die die Abhängigkeit der Konzentration der Komponente i vom Elektrodenabstand ausdrücken

a) $\Gamma_i^{(v)} > 0$; *b)* $\Gamma_i^{(v)} < 0$

Wenn man die GIBBS-Fläche aber so wählt, daß sie mit der physikalischen Phasengrenze Elektrode/Lösung zusammenfällt, dann stellt die unter dieser Bedingung bestimmbare Größe $\Gamma_i^{(v)}$ die Überschußmenge der Alkoholmoleküle im Lösungsvolumen dar, wie sie in der Oberflächeneinheit der Phasengrenze enthalten sind, im Vergleich mit genau dem gleichen Volumen der homogenen Lösung. Abb. 3 illustriert die physikalische Bedeutung der Größe $\Gamma_i^{(v)}$. Wie leicht einzusehen ist, gilt für ein Zweikomponentensystem

$$v_i \Gamma_i^{(v)} + v_w \Gamma_w^{(v)} = 0, \tag{I.31}$$

v_i und v_w — partielle molare Volumina von Alkohol und Wasser

Die Gleichungen (I.30)[1]) und (I.31) ergeben in Verbindung mit der GIBBS-DUHEM'schen Gleichung

$$N_i d\mu_i + N_w d\mu_w = 0, \tag{I.32}$$

mit N_i und N_w = Molenbrüche von Alkohol und Wasser im Lösungsvolumen, mit deren Hilfe man die Größen Γ_i^{exp} und $\Gamma_i^{(v)}$ miteinander verbinden kann. Wenn man aus diesen Gleichungen $\Gamma_w^{(v)}$ und $d\mu_w$ eliminiert, erhält man

$$-\frac{d\sigma}{d\mu_i} = \Gamma_i^{\text{exp}} = \Gamma_i^{(v)}\left(1 + \frac{v_i N_i}{v_w N_w}\right). \tag{I.33}$$

[1]) Gleichung (I.30) bleibt auch richtig, wenn außerdem in der Lösung ein indifferenter Elektrolyt enthalten ist, wobei dessen Aktivität konstant bleibt.

Aus Gleichung (I.33) folgt, daß in ausreichend verdünnten Lösungen $\Gamma_i^{exp} \approx \Gamma_i^{(v)}$ gilt, wenn man den Ausdruck $v_i N_i / v_w N_w$ gegenüber 1 vernachlässigen kann.

Aus dem oben Gesagten folgt, daß die physikalische Bedeutung der Größen Γ_i^{exp} und $\Gamma_i^{(v)}$ nicht der Vorstellung von der Adsorption als der Oberflächenkonzentration des adsorbierten Stoffes entspricht. Damit die in Gleichung (I.30) eingehenden Größen Γ_i und Γ_w die physikalische Bedeutung als Oberflächenkonzentrationen erhalten, muß man voraussetzen, daß der heterogene Bereich auf der Elektrodenoberfläche durch eine Monoschicht des adsorbierten Stoffes

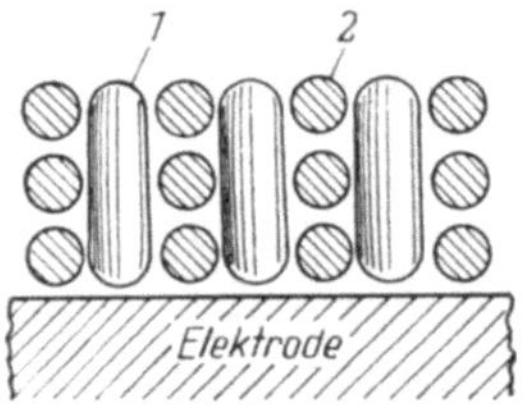

Abb. 4: Vereinfachtes Modell einer Oberflächenschicht bei Anwesenheit eines organischen Stoffes
1 = organische Moleküle; *2* = Wassermoleküle

eingeschränkt wird, wobei die GIBBS-Fläche diese Monoschicht von der homogenen Lösung trennt. Wir bezeichnen die auf diese Weise bestimmten Oberflächenkonzentrationen von Alkohol und Wasser durch die Größen Γ_i' und Γ_w'. Dann erhält man aus den Gleichungen (I.30) und (I.32)

$$-\frac{d\sigma}{d\mu_i} = \Gamma_i^{exp} = \Gamma_i' - \Gamma_w' \cdot \frac{N_i}{N_w}. \tag{I.34}$$

Der Ausdruck (I.34) ist eine Gleichung mit zwei Unbekannten (Γ_i' und Γ_w'), die nicht mit rein thermodynamischen Methoden bestimmt werden können.

Um Γ_i' (oder Γ_w') zu bestimmen, muß man einige Modellvorstellungen über die Struktur der Phasengrenze entwickeln, aus denen man dann die Flächen berechnen kann, die jeweils auf 1 Mol des organischen Stoffes und auf 1 Mol Wasser in der Oberflächenschicht entfallen (entsprechend S_i und S_w). Dann kann man die Größen Γ_i' und Γ_w' durch Lösung des folgenden Gleichungssystems bestimmen:

$$\Gamma_i^{exp} = \Gamma_i' - \Gamma_w' \frac{N_i}{N_w}, \tag{I.35}$$

$$\Gamma_i' S_i - \Gamma_w' S_w = 1.$$

Beispielsweise soll die Struktur der Oberflächenschicht so sein wie in Abb. 4 dargestellt und ein organisches Molekül möge auf der Oberfläche eine Fläche von 22 Å², ein Wassermolekül eine Fläche von 10 Å² einnehmen. Dann gilt

$$S_i = 22 \cdot 10^{-16} \cdot 6{,}02 \cdot 10^{23} = 1{,}32 \cdot 10^9 \text{ (cm}^2\text{/Mol)} \quad \text{und}$$

$$S_w = (1/3) \cdot 10 \cdot 10^{-16} \cdot 6{,}02 \cdot 10^{23} = 2{,}01 \cdot 10^8 \text{ (cm}^2\text{/Mol)}.$$

Wir nehmen weiterhin an, daß $\Gamma_i^{\exp} = 5 \cdot 10^{-10}$ Mol/cm² und $N_i/N_w = 0{,}01$ betragen (die Konzentration von reinem Wasser beträgt 55,5 m, die Konzentration des organischen Stoffes entspricht dann bei dem angenommenen Molenbruchverhältnis $\sim$ 0,56 m). Die Lösung des Gleichungssystems (I.35) ergibt unter den genannten Bedingungen $\Gamma_i' = 5{,}15 \cdot 10^{-10}$ Mol/cm², das Ergebnis unterscheidet sich nur wenig von $\Gamma_i^{\exp}$. Die Konzentrationen der organischen Verbindungen in wäßrigen Lösungen waren noch niedriger als der angenommene Wert von 0,56 m, folglich müßten die Unterschiede zwischen $\Gamma_i^{\exp}$ und Γ_i' noch geringer sein als im genannten Beispiel. Dieser Umstand gestattet es, die experimentellen Adsorptionswerte als Oberflächenkonzentrationen des organischen Stoffes anzusehen.

Zur weiteren Vereinfachung des experimentell bestimmbaren Wertes $\Gamma_i^{\exp}$ drücken wir ihn einfach durch Γ_i aus und berücksichtigen aber dabei, daß die so erhaltenen Adsorptionswerte zu einer Fläche gehören, die der Bedingung $\Gamma_w = 0$ gehorcht.

Die Adsorptionswerte bei gegebenem Potential können relativ einfach aus Elektrokapillarmessungen mit der Grundgleichung der Elektrokapillarität (I.29) bestimmt werden:

$$\Gamma_i = -\frac{1}{RT}\left(\frac{\delta\sigma}{\delta \ln a_i}\right)_\varphi . \tag{I.36}$$

Wenn sich in dem untersuchten Konzentrationsintervall der Aktivitätskoeffizient mit der Konzentration der *i*-ten Komponente nur wenig verändert, dann kann man statt Gleichung (I.36) die Näherungsbeziehung

$$\Gamma_i = -\frac{1}{RT}\left(\frac{\delta\sigma}{\delta \ln c_i}\right)_\varphi \tag{I.37}$$

benutzen (c_i = Konzentration der *i*-ten Komponente).

Gleichung (I.37) wird normalerweise auch dann angewendet, wenn die Aktivitätskoeffizienten des gelösten Stoffes unbekannt sind.

Um die Adsorptionswerte bei vorgegebener Elektrodenladung zu bestimmen, muß man die neue Funktion $\xi = \sigma + \varepsilon\varphi$ einführen [96], deren vollständiges Differential lautet

$$d\xi = d\sigma + \varepsilon d\varphi + \varphi d\varepsilon. \tag{I.38}$$

Aus den Gleichungen (I.29) und (I.38) folgt

$$d\xi = \varphi d\varepsilon - RT \sum_i \Gamma_i d \ln a_i, \tag{I.39}$$

und

$$\Gamma_i = -\frac{1}{RT}\left(\frac{d\xi}{d \ln a_i}\right)_\varepsilon , \tag{I.40}$$

oder näherungsweise bei geringer Konzentrationsabhängigkeit des Aktivitätskoeffizienten

$$\Gamma_i = -\frac{1}{RT}\left(\frac{\delta \xi}{\delta \ln c_i}\right)_\varepsilon . \tag{I.41}$$

Quantitative Angaben über die Adsorption organischer Verbindungen an der Phasengrenze Elektrode/Lösung können nicht nur aus Elektrokapillarmessungen, sondern auch auf der Basis von Differentialkapazitätsmessungen erhalten werden. Thermodynamisch beruht die Verwendung von Kapazitätsmessungen auf der doppelten Integration der Differentialkapazitätskurven, man erhält entsprechend der LIPPMAN-Gleichung die Potentialabhängigkeit der Oberflächenspannung

$$\varepsilon = \int_{\varphi_0}^{\varphi} C d\varphi \tag{I.42}$$

und

$$\sigma = \sigma^{max} - \int_{\varphi_0}^{\varphi} \varepsilon d\varphi . \tag{I.43}$$

Im folgenden werden die auf diese Weise erhaltenen σ,φ-Kurven (oder ξ,ε-Kurven) zur Berechnung der Adsorption der einzelnen Komponenten benutzt, so wie es bereits oben beschrieben wurde.

Man muß bei dieser Methode zwei Integrationskonstanten kennen. In Gleichung (I.42) ist diese Konstante identisch mit dem Null-Ladungspotential φ_0; in Gleichung (I.43) entspricht sie der Oberflächenspannung im Maximum der Elektrokapillarkurve σ^{max}. Die verschiedenen Methoden zur Bestimmung des Null-Ladungspotentials an flüssigen Elektroden wurden ausführlich in den Arbeiten von GRAHAME und Mitarbeiter [97, 98] sowie in der Arbeit [99][1]) beschrieben. Zur Bestimmung der zweiten Integrationskonstanten müssen Elektrokapillarmessungen in der Nähe des Null-Ladungspotentials ausgeführt werden.

Wesentlich vereinfacht wird die Kapazitätsmethode, wenn man die Adsorption eines organischen Stoffes untersucht, der in geringen Konzentrationen der Lösung eines indifferenten Elektrolyten (Leitelektrolyt) zugesetzt und bei ausreichend negativen Elektrodenpotentialen wieder desorbiert wird. Die bei Zusatz dieses organischen Stoffes aufgenommenen Differentialkapazitätskurven fallen letztlich dadurch mit der C,φ-Kurve des Leitelektrolyten zusammen. Wenn unter diesen Bedingungen die Struktur der elektrischen Doppelschicht nur durch die Zusammensetzung des indifferenten Elektrolyten bestimmt wird, dann kann man natürlich annehmen, daß bei einem solchen negativen Potential (z. B. φ_1) nicht nur

[1]) *A. d. H.:* Messungen des Null-Ladungspotentials durch Messung des bei mechanischer Schwingung der Grenzfläche erzeugten Wechselstroms nach WATANABE [54] wurden in letzter Zeit auch für stark verdünnte Elektrolytlösungen verwendet [139]. Eine Übersicht über Messungen des Null-Ladungspotentials gibt z. B. [140].

die Differentialkapazitätswerte, sondern auch die Ladungs- und Oberflächenspannungswerte im reinen Leitelektrolyt und bei Zusatz des organischen Stoffes zusammenfallen müssen. Somit ist die Integrationskonstante in Gleichung (I.42) in diesem Falle mit der Elektrodenladung im Leitelektrolyt bei $\varphi = \varphi_1$ identisch, während die Integrationskonstante in Gleichung (I.43) dem σ-Wert im Leitelektrolyt ebenfalls bei $\varphi = \varphi_1$ entspricht. Es wird unter diesen Bedingungen von negativen (beginnend mit φ_1) zu positiven Potentialwerten integriert (Methode der sog. „umgekehrten Integration").

Da bei allen weiteren Adsorptionsberechnungen des organischen Stoffes nach Gleichung (I.37) nur die Änderung der Oberflächenspannung mit wachsender Konzentration des organischen Stoffes und nicht die Absolutwerte von σ bekannt sein müssen, kann man die Konstante σ^{max} bei Berechnung der Elektrokapillarkurve des Leitelektrolyten bedingt gleich Null setzen. Somit ist das Null-Ladungspotential im reinen Leitelektrolyt die einzige erforderliche Konstante, um die Adsorption aus Differentialkapazitätsmessungen unter den gegebenen Bedingungen berechnen zu können.

Der Nachteil dieser Methode besteht darin, daß sich das Gleichgewicht in der Doppelschicht bei geringen Konzentrationen des organischen Stoffes nicht rechtzeitig während einer Halbperiode des Wechselstromes einstellt. Man muß deshalb die experimentellen Kapazitätswerte — um auf Gleichgewichtswerte zu kommen — auf den Frequenzwert Null extrapolieren. Die durch diese Extrapolation auftretenden Fehler haben natürlich wesentlichen Einfluß auf die Genauigkeit der Meßwerte. Das ist eine Ursache dafür, daß die thermodynamische Methode zur Untersuchung der Adsorption organischer Stoffe auf der Basis von Kapazitätswerten keine umfassende Anwendung fand. Man benutzte sie zur Untersuchung der Thioharnstoff-Adsorption an Quecksilber aus Lösungen, die als Leitelektrolyt 0,1 n NaF enthielten [100], sowie gleichzeitig mit anderen Methoden zur Untersuchung der Anilin- und Phenoladsorption an Quecksilber [101, 102].

Literatur

[1] A. N. FRUMKIN, V. G. LEVIČ, Ž. fiz. chim., **21** (1947), 1135, 1183

[2] V. G. LEVIČ, *Physiko-chemische Hydrodynamik*", 2. Auflage, Moskau, Verl. math.-physikal. Lit., 1959, S. 581 (Fiziko-chimičeskaja gidrodinamika, Fizmatgiz Moskva)

[3] T. A. KRJUKOVA, A. N. FRUMKIN, Ž. fiz. chim., **23** (1949), 819

[4] S. G. MAJRANOVSKIJ, Elektrochimija, **1** (1965), 164

[5] J. KORYTA, S. VAVŘIČKA, J. Electroanalyt. Chem., **10** (1965), 451

[6] S. VAVŘIČKA, L. NĚMEC, J. KORYTA, Coll. Czech. Chem. Comm., **31** (1966), 947

[7] G. LIPPMAN, Ann. Chim. Phys., **5**, (1875), 494

[8] S. V. KARPAČEV, A. G. STROMBERG, Ž. fiz. chim., **10** (1937), 739; **13** (1939), 1831; **18** (1944), 47

[9] G. GOUY, C. r. **114** (1892), 22, 211, 657

[10] G. GOUY, Ann. Chim. Phys. (7), **29** (1903), 145

[11] A. N. FRUMKIN, „*Elektrokapillare Erscheinungen und Elektrodenpotentiale*", Odessa 1919 (Elektrokapilljarnye javlenija i elektrodnye potencialy)
[12] A. N. FRUMKIN, Z. phys. Chem., **103** (1923), 55
[13] A. N. FRUMKIN, Ergebn. exakt. Naturwiss., **7** (1928), 235
[14] F. O. KOENIG, Z. phys. Chem., **154** (1931), 454
[15] L. A. HANSEN, J. W. WILLIAMS, J. Phys. Chem., **39** (1934), 439
[16] A. MURTAZAEV, Acta physicochim. URSS, **12** (1940), 225
[17] A. N. FRUMKIN, V. A. KUZNECOV, R. J. KAGANOVIČ, Dokl. Akad. Nauk, SSSR, **155** (1964), 175
[18] G. GOUY, Ann. Phys., (9), **6** (1916), 5
[19] A. KÖNIG, Wied. Ann., **16** (1882), 1
[20] A. M. WORTHINGTON, Phil. Mag., **20** (1885), 51
[21] M. E. NICHOLAS, P. A. JOYNER, B. M. TESSEM, M. D. OLSON, J. Phys. Chem., **65** (1961), 1373
[22] A. BERGET, C. r., **114** (1892), 531
[23] J. BUTLER, J. Phys. Chem., **69** (1965), 3817
[24] J. ANDREAS, E. HAUSER, W. TUCKER, J. Phys. Chem., **42** (1938), 1001
[25] S. FORDHAM, Proc. Roy. Soc., **A 194** (1948), 1
[26] V. J. MELIK-GAJKAZJAN, Jzv. Tomskogo politechnič. in-ta (Mitt. des Polytechn. Inst. Tomsk), **136** (1965), 110, 133
[27] G. KUČERA, Ann. Phys., **11** (1903), 529, 698
[28] T. LOHNSTEIN, Ann. Phys., **20** (1906), 237, 606
[29] T. LOHNSTEIN, Z. phys. Chem., **64** (1908), 686; **84** (1913), 410
[30] W. D. HARKINS, E. C. HAMPHERY, J. Am. Chem. Soc., **38** (1916), 228
[31] S. R. CRAXFORD, H. A. MC.-KAY, J. Phys. Chem., **39** (1935), 545
[32] F. P. BOWDEN, H. K. RIDEAL, Proc. Roy. Soc., **A 120** (1928), 59, 80
[33] T. ERDEY-GRUZ, G. KROMREY, Z. phys. Chem., **A 157** (1931), 213
[34] I. M. BARCLAY, J. A. V. BUTLER, Trans. Faraday Soc., **36** (1940), 128
[35] R. J. BRODD, N. HACKERMAN, J. Electrochem. Soc., **104** (1957), 704
[36] J. J. MC-MULLEN, N. HACKERMAN, J. Electrochem. Soc., **106** (1959), 341
[37] J. S. RINEY, G. M. SCHMID, N. HACKERMAN, Rev. Sci. Instrum., **32** (1961), 588
[38] M. COSTA, C. r., **254**, (1962) 2937
[39] A. N. FRUMKIN, V. S. BAGOCKIJ, Z. A. JOFA, B. N. KABANOV, „*Kinetik von Elektrodenprozessen*", Verl. d. Moskauer Universität, 1952, S. 151 (Kinetik elektrodnych. processov)
[40] N. A. FEDOTOV, Ž. fiz. chim., **25** (1951), 3
[41] V. E. PAST, Z. A. JOFA, Dokl. Akad. Nauk. SSSR, **106** (1956), 1050; Ž. fiz. chim., **33** (1959), 913, 1230
[42] U. V. PALM, V. E. PAST, Dokl. Akad. Nauk SSSR, **146** (1962), 1374
[43] T. J. BORISOVA, M. A. PROSKURNIN, Ž. fiz. chem., **21** (1947), 463
[44] P. DELAHAY, R. DE LEVIE, A. M. GIULIANI, Electrochim. Acta, **11** (1966), 1141
[45] J. W. LOVELAND, P. J. ELVING, J. Phys. Chem., **56** (1952), 250, 255
[46] G. C. BARKER, R. L. FAIRCLOTH, "*Advances in Polarography*", Vol. 1. Pergamon press, 1960, p. 313
[47] B. B. DAMASKIN, O. A. PETRIJ, Ž. fiz. chim., **35** (1961), 1862
[48] M. A. PROSKURNIN, A. N. FRUMKIN, Trans. Faraday Soc., **31** (1935), 110
[49] T. I. BORISOVA, M. A. PROSKURNIN, Acta physicochim. URSS, **4** (1936), 819
[50] M. A. PROSKURNIN, M. A. VORSINA, Dokl. Akad. Nauk. SSSR, **24** (1939), 915

[51] B. Breyer, S. Hacobian, Austral. J. Sci. Res., **A 5** (1952), 500
Austral. J. Chem., **9** (1956), 7
[52] A. N. Frumkin, B. B. Damaskin, J. Electroanalyt. Chem., **3** (1962), 36
[53] A. Watanabe, F. Tsuji, S. Ueda, Bull. Inst. Chem. Res. Kyoto Univ., **33** (1955), 91
[54] A. Watanabe, J. Electrochem. Soc., **110** (1963), 72
[55] H. H. Bauer, P. J. Elving, Austral. J. Chem., **12** (1959), 343
J. Am. Chem. Soc., **82** (1960), 2091
[56] E. Niki, J. Electrochem. Soc. Japan, **23** (1955), 526
[57] J. H. Sluyters, J. J. C. Oomen, Rec. trav. chim., **79** (1960), 1101
[58] M. Breiter, H. Kammemaier, C. A. Knorr, Z. Elektrochem., **60** (1956), 37
[59] N. P. Gnusin, Ž. fiz. chim., **32** (1958), 689; Jzv. vuzov, Chimija i. chim. technol., **4** (1961), 760 (Hochschulmitt., Chem. u. chem. Technik)
[60] N. P. Gnusin, D. V. Savčik, Ž. fiz. chim., **35** (1961), 2151
[61] P. I. Dolin, B. V. Ershler, Acta physicochim. URSS, **13** (1940), 747
[62] D. C. Grahame, J. Am. Chem. Soc., **68** (1946), 301
[63] K. B. Karandeev, „*Brückenmeßmethoden*", Kiew, Staatl. Verl. Technik 1953 (Mostovye metogy izmerenij)
[64] K. M. Sobolevskij, Ju. A. Šakola, „*Schutz von Wechselstrommeßbrücken*", Kiew, Verl. der Akad. d. Wiss. d. USSR, 1960 (Zaščita mostov peremennogo toka)
[65] A. D. Nesterenko, „*Berechnungsgrundlagen für elektrische Ausgleichsmeßschaltungen*", Kiew, Verl. d. Akad. d. Wiss. d. USSR, 1960 (Osnovy rasčeta elektroizmeritel'nych schem uravnovešivanija)
[66] H. Gerischer, Z. Electrochem., **58** (1954), 9
[67] J. D. Ferry, J. Chem. Phys., **16** (1948), 737
[68] F. Krüger, Z. phys. Chem., **45** (1903), 1
[69] N. Thon, C. R., **198** (1934), 1219; **200** (1935), 54
[70] T. I. Borisova, M. A. Proskurnin, Acta physicochim. URSS, **12** (1940), 371
[71] V. J. Melik-Gajkazjan, P. J. Dolin, Arbeiten d. Inst. f. phys. Chemie d. Akad. d. Wiss. d. SSSR, **1** (1950), 115 (Trudy Jn-ta fiz. chimii AN SSSR)
[72] G. A. Tedoradze, Ž. fiz. chim., **38** (1964), 334
[73] B. B. Damaskin, Ž. fiz. chim., **32** (1958), 2199
[74] M. Cole, T. P. Hoar, CITCE. Proc., 8 (1958), 158
[75] G. C. Wood, M. Cole, T. P. Hoar, Electrochim. Acta, **3** (1960), 179
[76] W. Lorenz, F. Möckel, W. Müller, Z. Phys. Chem. (N. F.), **25** (1960), 145
[77] G. H. Nancollas, C. A. Vincent, Chem. a. Ind., (1961) 506
[78] W. Lorenz, Z. phys. Chem., (N. F.), **26** (1960), 424
[79] D. C. Grahame, J. Am. Chem. Soc., **63** (1941), 1207
[80] D. C. Grahame, J. Am. Chem. Soc., **71** (1949), 2975; J. Phys. Chem., **61** (1957), 701
[81] L. J. Boguslavskij, B. B. Damaskin, Ž. Fiz. chim., **34** (1960), 2099
[82] P. Kivalo, E. Haikola, Suomen kem., **34** (1961), *B* 131
[83] G. A. Tedoradze, L. L. Knoc, G. G. Dubovik, „Moderne wiss.-techn. u. industrielle Untersuchungsmeth.", Nr. 47-63-466/2, Moskau, Staatl. Forschungsinst. für wiss. u. techn. Information, 1963, S. 31 (Peredovoj naučno-techn. „i proizvodstv. opyt", GOSJNTJ)
[84] H. G. Nancollas, C. A. Vincent, J. Sci. Instrum. **40** (1963), 306
[85] C. O. Anderson, F. Möhl, E. Stenhagen, Acta Chem. Scand., **12** (1958), 415
[86] J. Schön, W. Mehl, H. Gerischer, Z. Electrochem., **59** (1955), 144
[87] S. B. Cfasman, Zav. lab., **25** (1960), 888

[88] Z. Kowalski, J. Srzednicki, Roczn. Chem., **36** (1962), 565
[89] Ja. M. Zolotovickij, G. A. Tedoradze, Mitt. d. Akad. d. Wiss. d. SSSR, Serie Chemie (1964) 2133 (Jzv. ANSSSR, serija chim.)
[90] L. Němec, Coll. Czech. Chem. Comm., **31** (1966), 1162
[91] P. Schubert, Z. Chem., **4** (1964), 11
[92] F. O. Koenig, J. Phys. Chem., **38** (1934), 111, 339
[93] S. R. Craxford, O. Gatty, J. Philpot, Phil. Mag. (7), **19** (1935), 965
[94] D. C. Grahame, R. B. Whitney, J. Am. Chem. Soc., **64** (1942), 1548
[95] R. Parsons, M. A. V. Devanathan, Trans. Faraday Soc., **49** (1953), 404
[96] R. Parsons, Trans. Faraday Soc., **51** (1955), 1518
[97] D. C. Grahame, R. P. Larsen, M. A. Poth., J. Am. Chem. Soc., **71** (1949), 2978
[98] D. C. Grahame, E. M. Coffin, J. P. Cummings, M. A. Poth, J. Am. Chem. Soc., **74** (1952), 1207
[99] D. A. Jenkins, R. J. Newcombe, Electrochim. Acta, **7** (1962), 685
[100] F. W. Schapink, M. Oudeman, R. W. Leu, J. N. Helle, Trans. Faraday Soc., **56** (1960), 415
[101] B. B. Damaskin, J. P. Mišutuškina, V. M. Gerovič, R. J. Kaganovič, Ž. fiz. chim., **38** (1964), 1797
[102] B. B. Damaskin, V. M. Gerovič, J. P. Gladkich, R. J. Kaganovič, Ž. fiz. chim., **38** (1964), 2495
[103] W. Lorenz, E. O. Schmalz, Z. Electrochem., **62** (1958), 301
[104] H. B. Herman, S. V. Tatwawadi, Anal. Chem., **35** (1963), 2210
[105] Ja. M. Zolotovickij, G. A. Tedoradze, A. B. Eršler, Electrochimija, **1** (1965), 828, 1280
[106] A. V. Gorodeckaja, A. N. Frumkin, A. S. Titievskaja, Ž. fiz. chim., **21** (1947), 675
[107] W. D. Harkins, F. E. Brown, J. Am. Chem. Soc., **41** (1919), 499
[108] P. Corbusier, L. Gierst, Anal. chim. Acta, **15** (1956), 254
[109] S. Sathyanarayana, Indian. J. Chem., **2** (1964), 474
[110] S. G. Meibuhr, Electrochim. Acta, **10** (1965), 215
[111] J. Koryta, L. Němec, J. Pivouka, L. Pospišil, J. electroanal. Chem., **20** (1969), 327
[112] B. E. Conway, L. G. M. Gordon, J. electroanal. Chem., **15** (1967), 7
[113] L. G. M. Gordon, J. Halpern, B. E. Conway, J. electroanal. Chem., **21** (1969), 83
[114] S. Trasatti, J. electroanal. Chem., **31** (1971), 17
[115] J. Lawrence, D. M. Mohilner, J. electrochem. Soc., **118** (1971), 259
[116] J. Lawrence, D. M. Mohilner, J. electrochem. Soc., **118** (1971), 1596
[117] D. J. Schiffrin, J. electroanal. Chem., **23** (1969), 168
[118] J. O'M. Bockris, K. Müller, H. Wroblowa, Z. Kovač, J. electroanal. Chem., **10** (1965), 416
[119] W. I. Melik-Gaikazjan, W. W. Worončichina, E. A. Zacharowa, Electrochimija, **4** (1968), 479
[120] B. Kastening, Z. Elektrochem., **68** (1964), 979
[121] R. G. Barradas, F. M. Kimmerde, E. M. L. Valeriote, J. Polarogr. Soc., **13** (1967), 30
[122] P. Delahay, D. J. Kelsh, J. electroanal. Chem., **16** (1968), 116
[123] F. Krüger, Z. Elektrochem., **16** (1910), 522, Ann. Physik, **21** (1906), 701
[124] M. Wien, Wied. Ann., **58** (1896), 37
[125] C. M. Gordon, Z. Elektrochem., **3** (1896) 163, Wied. Ann., **61** (1897), 1
[126] E. Neumann, Wied. Ann., **67** (1899), 499

[127 R. G. BARRADAS, F. M. KIMMERLE, Can. J. Chem., **45** (1967) 109
[128] G. TESSARI, P. DELAHAY, K. HOLUB, J. electroanal. Chem., **17** (1968), 69
[129] R. D. ARMSTRONG, W. P. RACE, H. R. THIRSK, Electrochim. Acta, **13** (1968), 215
[130] W. LORENZ, Z. phys. Chem., **224** (1963), 145
[131] R. TAMAMUSHI, K. MATSUDA, J. electroanal. Chem., **21** (1969), 123
[132] E. M. L. VALERIOTE, R. G. BARRADAS, J. electroanal. Chem., **12** (1966), 67
[133] J. CLAVILIER, Compt. Rend., C **263** (1966), 191
[134] L. NĚMEC, J. electroanal. Chem., **18** (1968), 467
[135] J. B. HAYTER, J. electroanal. Chem., **19** (1968), 181
[136] W. LORENZ, Exp. Techn. d. Phys., **19** (1971), 353
W. LORENZ, W. HELMSTREIT, Exp. Techn. d. Phys., **20** (1972), 131
W. LORENZ, H. SCHULZ, Exp. Techn. d. Phys., **20** (1972), 145
[137] R. PAYNE, J. electroanal. Chem., **19** (1968), 1
[138] R. N. O'BRIEN, P. SETO, J. electroanal. Chem., **18** (1968), 219
[139] Z. KOCZOROWSKI, J. DABKOWSKI, S. MINC, J. electroanal. Chem., **13** (1967), 189
[140] A. N. FRUMKIN, Svensk. Kem. Tidskr., **77** (1965), 300

2. Experimentelle Werte der Adsorption organischer Stoffe an flüssigen Elektroden

2.1. Elektrokapillarmessungen an Quecksilber in Anwesenheit organischer Verbindungen

Viele organische Verbindungen werden an der Oberfläche der Quecksilberelektrode adsorbiert. Ihre Adsorption senkt entsprechend der Grundgleichung der Elektrokapillarität (I.29) die Oberflächenspannung (σ). Einzelne Messungen der Oberflächenspannung in Anwesenheit organischer Stoffe wurden schon Ende des vergangenen Jahrhunderts ausgeführt [1, 2], jedoch wurden erst in den Arbeiten von Gouy [3] systematische Angaben über den Einfluß organischer Verbindungen auf die Elektrokapillarkurven erhalten.

Wie von Gouy nachgewiesen werden konnte, liegt die Elektrokapillarkurve bei Zusatz eines organischen Stoffes immer niedriger, als die gleiche Kurve in der Lösung eines indifferenten Elektrolyten. In der Nähe des Nulladungspotentials ist dabei eine maximale σ-Herabsetzung in der Lösung eines anorganischen Elektrolyten zu verzeichnen, sie geht mit wachsender negativer oder positiver Oberflächenladung zurück. Meist wird bei ausreichend negativer oder positiver Ladung keine Herabsetzung der Oberflächenspannung infolge der Wirkung des organischen Zusatzes beobachtet, die Elektrokapillarkurve stimmt dann trotz des Zusatzes mit der Kurve überein, die in der Lösung des Leitelektrolyten gemessen wird. Eine andere, oft vorkommende Besonderheit der Elektrokapillarkurven in Anwesenheit organischer Verbindungen ist die Verschiebung des elektrokapillaren Maximums, d. h. die Verschiebung des Nulladungspotentials.

Die in Anwesenheit organischer Stoffe zu beobachtenden Elektrokapillarkurven sind in ihrer Form äußerst verschiedenartig. Bei nicht zu geringen Zusätzen aliphatischer Verbindungen erhält man häufig charakteristische Kurven mit einer Unstetigkeit, wobei die schroffe Änderung des Anstiegs in solchen Elektrokapillarkurven in einigen Fällen bruchartig erscheint. Der Vergleich der σ,φ-Kurven, die in Lösungen mit Zusätzen organischer Stoffe aufgenommen wurden, die zu einer homologen Reihe gehören zeigt, daß die Herabsetzung der Oberflächenspannung und folglich auch die Adsorption des organischen Stoffes bei gleicher Konzentration mit wachsender Kettenlänge der organischen Verbindung sich verstärkt. Nach den Angaben von Kaganovič und Gerovič [4, 5] wird bei der Adsorption normaler Säuren, Alkohole und Amine der Paraffinreihe an Quecksilber aus ihren Lösungen in 1 n Na_2SO_4 die Traubesche Regel befolgt. Anders ausgedrückt: In Übereinstimmung mit der Gibbsschen Gleichung sinkt die Oberflächenspannung mit wachsender Konzentration des organischen Stoffes [6].

Die Erhöhung der Leitelektrolyt-Konzentration in Anwesenheit des organischen Stoffes führt nach GOUY [7] zur Herabsetzung der Oberflächenspannung. Im Falle eines oberflächen-inaktiven Elektrolyten (Na_2SO_4) wird die σ-Herabsetzung jedoch nicht durch die Adsorption der Ionen des Leitelektrolyten hervorgerufen, sondern durch die Erhöhung des chemischen Potentials des organischen Stoffes ($\mu_{org.}$). Wenn $\mu_{org.} = \text{const.}$ ist, wie das beispielsweise auf Lösungen zutrifft, die an organischem Stoff gesättigt sind und unterschiedliche Na_2SO_4-Gehalte aufweisen, dann bleibt auch die Oberflächenspannung näherungsweise konstant [6].

Mit anderen Worten verändern oberflächenaktive Ionen des Leitelektrolyten nicht nur das chemische Potential des organischen Stoffes in der Lösung, sondern beeinflussen auch die Struktur der elektrischen Doppelschicht, indem sie die Adsorption der organischen Moleküle entsprechend erhöhen oder reduzieren. So wird z. B. in Anwesenheit von J^--Anionen die die gegenseitige Abstoßung zwischen den adsorbierten $[(C_3H_7)_4N]^+$-Kationen herabsetzen, eine verstärkte Adsorption dieser organischen Kationen beobachtet [6]. Im gleichen Sinne setzt die spezifische Adsorption von Br^- und J^--Anionen die Adsorption von Äthylalkohol, Phenol und Salizylsäureanionen an Quecksilber herab [8].

In den Arbeiten von FRUMKIN [9] und BUTLER [10—11] wird die Verschiebung des Nulladungspotentials bei der Adsorption organischer Moleküle an der Quecksilberoberfläche teilweise auf das konstante Dipolmoment dieser Moleküle zurückgeführt. Somit entsteht bei der orientierten Adsorption dieser Dipole, die schon in den Arbeiten von GOUY [3] vermerkt ist, an der Phasengrenze Quecksilber/Lösung ein Potentialsprung, der der Verschiebung des Nulladungspotentials entspricht. FRUMKIN [12—13] verglich diese Verschiebung des Nulladungspotentials infolge der Adsorption verschiedener organischer Verbindungen am Quecksilber mit den adsorptionsbedingten Potentialsprüngen an der Phasengrenze Lösung/Luft.

Die Ergebnisse eines solchen Vergleichs für aliphatische, sauerstoffhaltige Verbindungen bewiesen, daß bei der Adsorption von Molekülen dieser Stoffe an beiden Phasengrenzen Potentialsprünge auftreten, die gleiche Vorzeichen und Größenordnungen aufweisen. Die experimentellen Werte können qualitativ interpretiert werden, wenn man voraussetzt, daß bei der Adsorption der organischen Stoffe Wasserdipole ausgetauscht werden, die ihren negativen Ladungsschwerpunkt (d. h. die Sauerstoffseite) in das Innere der Lösung, in Richtung der Moleküle des organischen Stoffes orientieren. Letztere orientieren ihre Kohlenwasserstoffkette auf die Phasengrenze, so daß die Orientierung der C—O-Bindung eine positive Potentialdifferenz zwischen äußerer Phase (Luft bzw. Quecksilber) und dem Inneren der Lösung hervorruft [14].

Andere Vorstellungen wurden in den Arbeiten von DEVANATHAN [15], sowie von BOCKRIS, DEVANATHAN und MÜLLER [16] entwickelt. Nach den Vorstellungen dieser Autoren wird die Verschiebung des Nulladungspotentials in Anwesenheit aliphatischer Verbindungen nur durch die aus der Doppelschicht verdrängten Wasserdipole verursacht, während die polare Gruppe des organischen Moleküls keinen Einfluß auf das Potentialgefälle hat und sich so verhält, als befände sich das Molekül außerhalb der Grenzen der Doppelschicht. Mit diesen Vorstellungen kann man schwerlich einverstanden sein, da sie der Elektrostatik widersprechen, wie das von FRUMKIN und DAMASKIN nachgewiesen wurde [17, 18]. Außerdem überschreitet nach BOCKRIS, DEVANATHAN und MÜLLER [16] die durch die Orientierung der Wasserdipole hervorgerufene Potentialdifferenz nicht den Wert von 0,1 V. Wenn man auf dem Boden dieser Theorie verharrt, dann ist nicht zu erklären, auf welche Weise die Adsorption des organischen Stoffes eine Verschiebung des Nulladungspotentials verursachen kann, die bis zu 0,5 V erreicht. Interessant ist, daß eine analoge Vorstellung von KAMIENSKI [19] entwickelt wurde, um die adsorptionsbedingten Potentialsprünge bei der Adsorption organischer Verbindungen an der Phasengrenze Wasser/Luft zu deuten. Jedoch konnte auch in diesem Falle von FRUMKIN [20] nachgewiesen werden, daß diese Theorie zu undiskutablen Werten für die chemische Energie der Kationen- und Anionenhydratation führt.

Der Vergleich der Potentialsprünge ($\Delta\varphi$) an den Phasengrenzen Lösung/Quecksilber und Lösung/Luft in Anwesenheit aromatischer Verbindungen ergibt starke Abweichungen sowohl in der Größenordnung, als auch für einige Fälle im Vorzeichen von $\Delta\varphi$. Die Potentialsprünge betragen z. B. für o- und p-Kresol an der Phasengrenze Quecksilber/Lösung $-0{,}20$ und $-0{,}29$ V, während sie an der Phasengrenze Luft/Lösung die Werte $+0{,}01$ und $+0{,}26$ V annehmen.

Anfangs glaubte man, daß die Verschiebung des Nulladungspotentials in negativer Richtung bei der Adsorption aromatischer Verbindungen an Quecksilber mit der Orientierung der Moleküle an der Quecksilberoberfläche zusammenhängt, da bei einer solchen Orientierung die Wechselwirkung der negativen Ladungsschwerpunkte der Atome der polaren Gruppen mit dem Metall erleichtert wird. Jedoch konnte GEROVIČ [21, 22] nachweisen, daß Verbindungen, wie beispielsweise Benzol, Naphthalin, Anthrazen, Phenanthren und Chrysen, trotz ihres unpolaren Charakters das Nulladungspotential ebenfalls in negativer Richtung verschieben. Dabei wächst die Adsorbierbarkeit dieser Verbindungen bei $\varepsilon > 0$ mit der wachsenden Benzolringzahl im Molekül des organischen Stoffes. Diese Ergebnisse bilden die Grundlage für die Annahme, daß das anomale Verhalten aromatischer Verbindungen an der Phasengrenze Quecksilber/Lösung nicht nur mit der vorwiegend ebenen Orientierung dieser Moleküle, sondern auch mit den Besonderheiten in der Struktur des Benzolringes verbunden ist.

Tatsächlich ergab der von GEROVIČ und Mitarb. [21—23] durchgeführte Vergleich des elektrokapillaren Verhaltens aromatischer und entsprechender hydroaromatischer Kohlenwasserstoffverbindungen sowie von Kohlenwasserstoffverbindungen mit unterschiedlicher Anzahl an Doppelbindungen, daß die Verschiebung des Nulladungspotentials in negativer Richtung und die Adsorption aromatischer Verbindungen bei hoher positiver Polarisation mit der Wechselwirkung zwischen den π-Elektronen des aromatischen Kerns und den positiven Ladungen der Quecksilberoberfläche zusammenhängen.

GEROVIČ und POLJANOVSKAJA [24] konnten nachweisen, daß beim Übergang von neutralen zu sauren Anilinlösungen, in denen das Anilin als Kation $[C_6H_5NH_3]^+$ enthalten ist, die Adsorption der organischen Teilchen bei positiven Oberflächenladungen abnimmt, aber nicht Null wird. Dieses Ergebnis bestätigt obige Annahme, daß nämlich die Wechselwirkungskräfte zwischen den positiven Oberflächenladungen und den π-Elektronen des aromatischen Kerns über die elektrostatische Abstoßung zwischen den organischen Kationen und der Oberfläche dominieren.

Zu einer analogen Schlußfolgerung kamen Blomgren und Bockris [39], die an Hand von Elektrokapillarkurven die Adsorption verschiedener aromatischer Amine an Quecksilber untersuchten: Anilin, o-Toluidin, 2,3- und 2,6-Dimethylanilin, Pyridin und Chinolin aus ihren Lösungen in 0,1 n HCl. Nach Blomgren und Bockris werden diese Stoffe vorwiegend als $[RNH_3]^+$-Ionen adsorbiert, die eben auf der Elektrodenoberfläche aufliegen. Die adsorbierte Menge ändert sich nur wenig mit steigendem Potential in Intervallen von 1 V. Dabei wird die Adsorption auf dem positiven Ast hauptsächlich durch die π-Elektronen-Wechselwirkung, hingegen auf dem negativen Ast durch Coulombsche Kräfte bestimmt.

Diese Ergebnisse wurden durch Conway und Barradas in der Folgezeit bestätigt [25]. In deren Arbeit wurden aus Elektrokapillarmessungen die Adsorptionsisotherme von Pyridin, Pyridinderivaten sowie Anilin aus 1 n KCl- und HCl-Lösungen berechnet. Aus den erhaltenen Isothermen wurden die freien Standard-Adsorptionsenergien dieser Verbindungen an der Oberfläche der Quecksilberelektrode abgeleitet. In neutralen Lösungen entsprechen die Adsorptionsgrenzwerte für die untersuchten Stoffe einer zur Oberfläche senkrechten Orientierung der adsorbierten Dipole, wobei diese Orientierung bereits bei um so niedrigeren Γ-Werten auftritt, je größer das π-Elektronendefizit des organischen Moleküls ist. Gleichzeitig entsprechen die Adsorptionsgrenzwerte in sauren Lösungen (1 n HCl), in denen Anilin sowie Pyridin und seine Derivate als Kationen auftreten, einer ebenen Anordnung der adsorbierten Teilchen, die durch die Wechselwirkung der π-Elektronen mit der Metalloberfläche begünstigt wird.

Das elektrokapillare Verhalten aromatischer und heterozyklischer Verbindungen mit π-Elektronenbindungen (Pyridin und seine Derivate) an Quecksilber wurde ebenfalls untersucht durch Antropov und Benergee [26], Gierst und Mitarb. [27, 28], Conway und Mitarb. [29, 30, 133, 134], Zwierzykovska [31] sowie Nürnberg und Wolff [32]. Eine Gegenüberstellung der experimentellen Ergebnisse und der theoretischen Vorstellungen dieser Autoren wurde unlängst in der Arbeit [33] vorgenommen.

In allen diesen Fällen übt die π-Elektronenwechselwirkung der adsorbierten Moleküle mit der Elektrodenoberfläche einen charakteristischen Einfluß auf das Adsorptionsverhalten der organischen Stoffe aus. Man muß hervorheben, daß die Substitution der Wasserstoffatome in den aromatischen Verbindungen durch Fluoratome zu einer π-Elektronendämpfung des aromatischen Kerns infolge der höheren Elektronenaffinität der Fluoratome führt. Dadurch kommt die π-Elektronenwechselwirkung bei der Adsorption von Molekülen des Pentafluoranilins, der Pentafluorbenzoinsäure und des Pentafluorphenols an Quecksilber praktisch nicht zur Geltung [34, 35].

In der Arbeit [36] wurden auch deutliche Adsorptionseffekte festgestellt, die in Abwesenheit von π-Elektronen eintreten und die bei ungeladener Quecksilberoberfläche in vieler Hinsicht den Erscheinungen ähnlich sind, die bei der Adsorption an der Phasengrenze Lösung/Luft beobachtet werden können. Die Adsorption organischer Kationen (Cyclohexylammoniumkationen) an einer positiv geladenen Oberfläche kann in einem solchen Falle nur bei Wechselwirkung mit spezifisch adsorbierten Anionen erfolgen. Die Arbeiten [37, 38, 135] beschäftigen sich mit der Untersuchung der Adsorption organischer Kationen, die keine π-Elektronenbindungen enthalten, wobei Elektrokapillarmessungen verwendet werden.

Mit der Frage über die Rolle funktioneller Gruppen bei der Adsorption organischer Moleküle oder Ionen an der Oberfläche der Quecksilberelektrode beschäftigen sich Blomgren, Bockris und Jesch [39]. In dieser Arbeit wurde an Hand elektrokapillarer Messungen detailliert die Adsorption organischer Verbindungen an Quecksilber untersucht, die als funktionelle Derivate von Butyl-, Phenyl- und Naphthylverbindungen anzusehen sind (Substituenten: $-OH$, $-CHO$, $-COOH$, $-CN$, $-SH$, $=CO$, $-NH_3^+$, $-SO_3^-$). Als Elektrolyt wurde eine 0,1 n HCl-Lösung verwendet. Für alle untersuchten Verbindungen wurden die Adsorptionsisotherme berechnet, aus denen dann die freie Standardadsorptionsenergie $\Delta\bar{G}_A^0$ bestimmt wurde.

Bei konstantem Bedeckungsgrad der Oberfläche mit dem organischen Stoff ($\theta = 0{,}25$) ist $\Delta\bar{G}_A^0$ für die Derivate eines gegebenen Radikals, wie es in [39] nachgewiesen werden konnte, in erster Näherung linear von ihren freien Standardlösungsenergien ($\Delta\bar{G}_S^0$) abhängig. Wenn man die Größen $\Delta\bar{G}_A^0$ und $\Delta\bar{G}_S^0$ gegen Null extrapoliert und von den erhaltenen Werten die unter bestimmten Annahmen berechnete Differenz der chemischen Standardpotentiale des Wassers an der Oberfläche und im Lösungsvolumen subtrahiert, erhält man Werte, die von den Autoren [39] als „wahre“ Standardadsorptionsenergien $(\Delta\bar{G}_A^0)_{wahr}$ bezeichnet wurden. Sie charakterisieren die Bindung des Quecksilbers mit den entsprechenden organischen Radikalen ohne Bezug zu deren funktionellen Substituenten. Folglich äußert sich nach Blomgren, Bockris und Jesch [39] die Rolle der funktionellen Gruppe bei der Adsorption organischer Moleküle hauptsächlich über die Auflösungsenergie dieser Verbindungen. Die Ergebnisse der Arbeiten [4, 5] sowie [40, 41] erlauben es jedoch nicht, vollständig mit einer solchen vereinfachten Deutung dieser Frage einverstanden zu sein.

Wie aus den Arbeiten [4, 5] hervorgeht, unterscheidet sich das Adsorptionsverhalten aliphatischer Alkohole, Säuren und Amine tatsächlich nicht allzu stark, wenn man es an den Phasengrenzen Lösung/Quecksilber und Lösung/Luft vergleicht. Trotzdem ist die Oberflächenaktivität bei den Säuren und besonders bei den Alkoholen an der Phasengrenze mit Quecksilber etwas geringer als an der Phasengrenze mit Luft, während im Falle des Amylamins und teilweise auch des Butylamins der umgekehrte Effekt beobachtet wird. Diese Unterschiede kann man nur mit der Annahme erklären, daß die polare Gruppe, obgleich sie in Richtung Lösung orientiert und folglich von der Quecksilberoberfläche abgewendet ist, dennoch einen gewissen Einfluß auf die Änderung der Adsorptionsarbeit beim Übergang von der freien Lösungsoberfläche zur Phasengrenze mit Quecksilber ausübt.

Ein geringer Unterschied in der Adsorbierbarkeit normaler aliphatischer Verbindungen an den Phasengrenzen mit Luft und mit Quecksilber bedeutet, daß der Gewinn an freier Energie, der bei Berührung des Quecksilbers mit den Kohlenwasserstoffenden der organischen Moleküle entsteht, etwa annähernd kompensiert wird durch den Bedarf an freier Energie für die Entfernung der adsorbierten Wassermoleküle. Eine solche Kompensation kann jedoch keine allgemeingültige Bedeutung besitzen, das wird bestätigt, wenn man die Adsorption organischer Verbindungen näher betrachtet, die zweidimensional an der Phasengrenze angelagert sind.

Eine zweidimensionale Anordnung kann man für Kohlenwasserstoffverbindungen erwarten, die keine polaren Gruppen enthalten bzw. bei geringen Bedekkungsgraden der Oberfläche. Unter diesen Bedingungen geht die Adsorbierbarkeit von n-Hexan beim Übergang zur Phasengrenze am Quecksilber spürbar zurück, wie das von KAGANOVIČ und Mitarb. [86] nachgewiesen werden konnte. So beträgt beispielsweise die σ-Abnahme an der Phasengrenze Lösung/Luft bei Sättigung einer 0,1 n CsCl-Lösung mit Hexan $\Delta\sigma = 5{,}0$ dyn/cm, während die Werte von $\Delta\sigma_{Hg}$ an der Phasengrenze zur ungeladenen Quecksilberoberfläche etwa 7mal kleiner sind. Der Rückgang des Gewinns an freier Energie beim Übergang des Kohlenwasserstoffmoleküls aus dem Lösungsvolumen zur Oberfläche ist darauf zurückzuführen, daß bei einer zweidimensionalen Orientierung der Kohlenwasserstoffmoleküle Wasser von der Quecksilberoberfläche verdrängt wird, hauptsächlich durch $=CH_2$-Gruppen, nicht aber durch $-CH_3$-Gruppen. Eine ähnliche Erscheinung ist noch ausgeprägter bei der Adsorption perfluorierter Verbindungen [51]. Folglich ist der Energiegewinn bei Benetzung des Quecksilbers durch $-CF_3$- und $=CF_2$-Gruppen weitaus geringer als bei Benetzung durch Wasser.

Die zweidimensionale Orientierung der adsorbierten Moleküle ist außer für Kohlenwasserstoffverbindungen offensichtlich auch für gesättigte aliphatische Verbindungen mit zwei und mehr funktionellen Gruppen charakteristisch. Unter diesen Bedingungen führt die Wechselwirkung der polaren Gruppe mit der Quecksilberoberfläche zu einer stärkeren Adsorbierbarkeit der organischen Verbindung an der Phasengrenze Lösung/Quecksilber als an der Phasengrenze Lösung/Luft. So beträgt beispielsweise in 1 m Glyzerinlösung $\Delta\sigma = 0{,}4$ an der Phasengrenze Lösung/Luft, während $\Delta\sigma_{Hg} = 9{,}3$ dyn/cm an der Phasengrenze Lösung/Quecksilber ist; analoge Werte erhält man für eine 1 m Sacharoselösung: $\Delta\sigma = 2{,}0$ und $\Delta\sigma_{Hg} = 23{,}8$ dyn/cm [13, 136]. Die zweidimensionale Anordnung für diese Verbindungen wird durch die Tatsache bestätigt, daß im Unterschied zu Stoffen mit einer polaren Gruppe die Verschiebung des Nulladungspotentials zur positiven Seite, die durch die Orientierung des Kohlenstoffs in der

C—O-Bindung zum Quecksilber hervorgerufen wird, hier praktisch gegen Null geht.

Wie bereits weiter oben hervorgehoben wurde, wird der grundlegende Unterschied im Adsorptionsverhalten aromatischer und heterocyclischer Verbindungen an der Phasengrenze zum Quecksilber gegenüber der Phasengrenze Lösung/Luft durch die Wechselwirkung der π-Elektronen ausgelöst. Jedoch spielt die Wechselwirkung des Quecksilbers mit der polaren Gruppe an der Phasengrenze Lösung/Quecksilber bei der Erhöhung der Adsorbierbarkeit dieser Verbindungen auch eine wesentliche Rolle. Die π-Elektronenwechselwirkung fördert die zweidimensionale Orientierung der Moleküle der aromatischen Stoffe an der Phasengrenze Lösung/Quecksilber, wobei andererseits dadurch die Wechselwirkung der polaren Gruppe mit dem Metall begünstigt wird. Somit kann die Einführung der polaren Gruppe in das Molekül der aromatischen Verbindung gleichzeitig zu einer Abnahme der Oberflächenaktivität an der Phasengrenze Lösung/Luft (infolge erhöhter Löslichkeit) und zu einem Anwachsen der Oberflächenaktivität an der Phasengrenze zum Quecksilber führen. Diese These kann am Beispiel von Benzol- und Anilinlösungen illustriert werden. Man erhält folgende Werte für eine 0,01 m

Benzollösung: $\Delta\sigma = 4{,}2$ und $\Delta\sigma_{\mathrm{Hg}} = 13{,}9$ dyn/cm; für eine 0,01 m

Anilinlösung: $\Delta\sigma = 0{,}3$ und $\Delta\sigma_{\mathrm{Hg}} = 17{,}4$ dyn/cm.

Die hier diskutierten Arbeiten bestätigen die Annahme, daß elektrokapillare Methoden für die Untersuchung der Adsorption an Quecksilber für die verschiedensten organischen Verbindungen weit verbreitet sind. Frumkin, Gorodezkaja und Čugunov [42] untersuchten mit dieser Methode die Bildung von Polyschichten bei der Adsorption von Kapronsäure und Phenol aus ihren gesättigten Lösungen an Quecksilber. Diese Polyschichten entstehen nicht unter analogen Bedingungen an der Phasengrenze Lösung/Luft. Weiterhin wäre auf die Anwendung elektrokapillarer Messungen zur quantitativen Bestimmung der Butylalkoholadsorption an Quecksilber hinzuweisen [43]; für die Bestimmung der tatsächlichen Dipolmomente [44] und der Dissoziationskonstanten [45] verschiedener organischer Säuren; für die Untersuchung der Adsorption verschiedener Alkaloide [46] und Netzmittel [47] an Quecksilber. Mit dieser Methode wurde auch die Adsorption von Kampfer [48], Dibenzylsulfoxid [49], verschiedenen aliphatischen Aminosäureestern [50] und fluorsubstituierten Verbindungen [51] an Quecksilber untersucht; ebenso die Adsorption von Polyäthylenglykol [52], verschiedenen waschaktiven organischen Stoffen [53] und Kumarin [54].[1])

[1]) *A. d. H.:* Neuere elektrokapillare Messungen und ihre Deutungen liegen für Äthylbromid [137], verschiedene C_4-Alkohole [138], Amylalkohol [139], Diäthylen-, Dipropylenglykol [140], n- und iso-Buttersäure [141], ω-Amino-önanthsäure [142], Diäthyläther [138], Äthylmethylketon [139], Cyclopentanon [143], Polyäthoxyverbindungen [144], Furanderivate [143], Dibenzoylweinsäure [145], Anilin und α-Naphthylamin [146, 147], o- und p-Nitranilin (in CH_3OH und DMF) [148], Chinon-Hydrochinon [149] und Pyridin und Derivate [150, 151] vor.

Die Untersuchung des elektrokapillaren Verhaltens eines Gemisches zweier organischer Substanzen, die in den Arbeiten von Butler und Ockrent [55] begonnen wurde, wird von Pamfilov und Mitarb. [56] sowie in der Folgezeit von Arakeljan und Tedoraze [130] weitergeführt. Interessant ist, daß sich die Gesetzmäßigkeiten für die gemeinsame Adsorption von n-Butylalkohol und Anilin wesentlich für die positiv und negativ geladene Quecksilberelektrode unterscheiden [130]. So wird bei $\varepsilon < 0$ eine wechselseitige Verstärkung der Adsorption beobachtet und die Elektrokapillarkurve im Lösungsgemisch Anilin + Butanol liegt unter den σ,φ-Kurven, die für die individuellen Lösungen der beiden Komponenten aufgenommen werden.

Gleichzeitig bewirkt die Anilinadsorption bei positiven Elektrodenladungen eine Minderung der Adsorbierbarkeit von n-C_4H_9OH. Unter diesen Bedingungen nähert sich die σ,φ-Kurve bei doppeltem Anilingehalt mit wachsendem $\varepsilon > 0$ der Elektrokapillarkurve für die reine Anilinlösung. Die Ursache für dieses unterschiedliche Verhalten des Anilin-n-Butylalkohol-Gemischs im Kathoden- und Anodenbereich der Elektrokapillarkurve ist offensichtlich in der verschiedenartigen Orientierung der adsorbierten Anilinmoleküle bei $\varepsilon > 0$ und $\varepsilon < 0$ zu suchen [40].[1])

2.2. Einfluß der Adsorption organischer Stoffe auf die Kapazität der Quecksilberelektrode

Die Differentialkapazität der elektrischen Doppelschicht ist eine sehr empfindliche Funktion der Adsorption organischer Moleküle an der Elektrodenoberfläche, wesentlich empfindlicher als die Oberflächenspannung. Andererseits ist diese Funktion gleichzeitig auch komplizierter, so daß die rein thermodynamische Berechnungsmethode der Adsorption auf der Basis von C,φ-Kurven, wie bereits früher bemerkt (s. Kapitel 1.3.), keine große Verbreitung fand. Von Schapink und Mitarb. [57] wurde mit dieser Methode quantitativ die Adsorption von Thioharnstoffmolekülen an Quecksilber aus den entsprechenden Lösungen in 0,1 n NaF (als Leitelektrolyt) untersucht. Auf der Grundlage der erhaltenen Werte kamen die Autoren zu dem Schluß, daß die Adsorptionsisotherme des Thioharnstoffs die Langmuir-Gleichung befolgen und die Adsorptionsenergie in erster Näherung linear vom Elektrodenpotential abhängt.

In allen anderen Arbeiten (s. z. B. [41]) wurde die rein thermodynamische Methode auf der Basis von Kapazitätswerten durch Berechnungen ergänzt, die auf bestimmten Modellvorstellungen über die Struktur der elektrischen Doppelschicht beruhen. Diese Ergebnisse werden in den Kapiteln 3. und 4. diskutiert, während im vorliegenden Abschnitt die qualitativen Gesetzmäßigkeiten der Differentialkapazitätskurven bei Anwesenheit verschiedener organischer Verbindungen betrachtet werden.

[1]) *A. d. H.:* Elektrokapillarmessungen zur Untersuchung der gleichzeitigen Adsorption von o- und p-Oxybenzoesäure findet man in [152].

Wenn man von der Form der Elektrokapillarkurven für aliphatische organische Stoffe ausgeht und die LIPPMAN-Gleichung

$$C = -d^2\sigma/d\varphi^2 \tag{II.1}$$

berücksichtigt, dann muß man für die Differentialkapazitätskurven unter diesen Bedingungen ein Bereich niedriger Kapazitätswerte erwarten, das auf beiden Seiten durch die Adsorptions—Desorptions-Maxima eingeschränkt wird, die

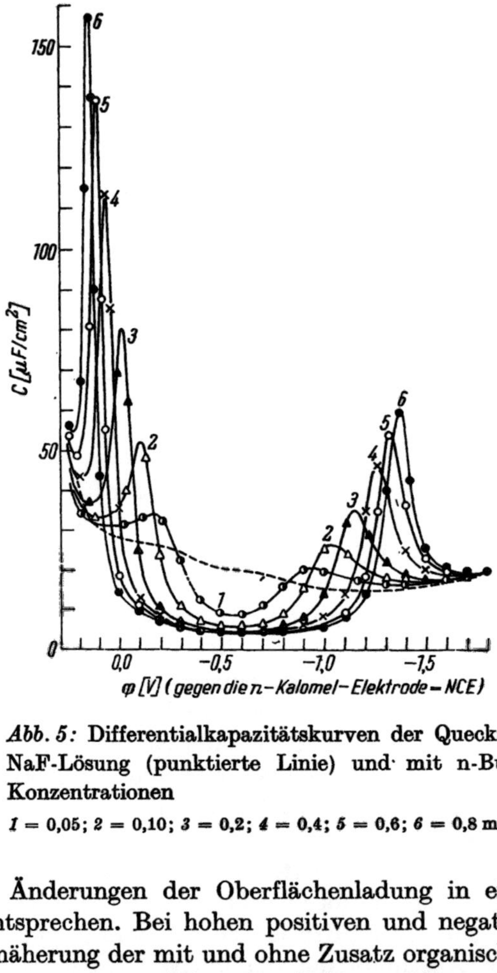

Abb. 5: Differentialkapazitätskurven der Quecksilberelektrode in reiner 0,1 n NaF-Lösung (punktierte Linie) und mit n-Butanol-Zusätzen in folgenden Konzentrationen

1 = 0,05; *2* = 0,10; *3* = 0,2; *4* = 0,4; *5* = 0,6; *6* = 0,8 m (Frequenz 400 Hz)

plötzlichen Änderungen der Oberflächenladung in einem schmalen Potentialintervall entsprechen. Bei hohen positiven und negativen Oberflächenladungen ist eine Annäherung der mit und ohne Zusatz organischer Stoffe aufgenommenen C,φ-Kurven zu erwarten. Die ersten Differentialkapazitätskurven der geschilderten Form wurden von PROSKURNIN und FRUMKIN [58] in einer mit n-Octylalkohol gesättigten Na_2SO_4-Lösung erhalten. Kapazitätskurven analoger Form wurden von KSENOFONTOV, PROSKURNIN und GORODECKAJA [59] in Äthylalkohol- und n-Butylalkohollösungen aufgenommen, während in einer Phenollösung der anodische Pik in der C,φ-Kurve nicht auftrat. Wie kurze Zeit später in der Arbeit [41] gezeigt werden konnte, ist dieser Effekt auf die starken Abstoßungskräfte zwischen den adsorbierten Phenolmolekülen bei $\varepsilon > 0$ zurückzuführen. Infolge dieser Abstoßungskräfte verändern sich der Bedeckungsgrad und die Oberflächenladung nur sehr langsam mit dem Elektrodenpotential.

Man muß hinzufügen, daß das Auftreten der Adsorptionsmaxima in den C,φ-Kurven in Anwesenheit organischer Stoffe thermodynamisch aus Meßwerten der Oberflächenspannung folgt, sie können somit nicht mit den Tangentialströmungen des Quecksilbers bei den Adsorptions-Desorptionsprozessen verbunden sein, wie das in der Literatur angenommen wurde [60, 61].

In der Arbeit von MELIK-GAJKAZJAN [62] wurden am Beispiel normaler, gesättigter Alkohole einige allgemeingültige Gesetzmäßigkeiten der Differentialkapazitätskurven in Anwesenheit aliphatischer Verbindungen abgeleitet. So verbreitert sich bei steigender Konzentration des organischen Stoffes das Minimum in der C,φ-Kurve, die Minimalkapazität strebt dabei einem Grenzwert der Größenordnung 4—5 $\mu F/cm^2$ zu (Abb. 5). Es nimmt ebenfalls die Höhe der Adsorptionspiks mit wachsender Konzentration des organischen Stoffes zu, während sich die Piks selbst verschieben: der kathodische Pik zu negativeren Potentialwerten, der anodische zu positiveren Potentialwerten.

In der gleichen Arbeit [62] stellte MELIK-GAJKAZJAN fest, daß in Lösungen mit n-Octyl- und n-Hexylalkohol polymolekulare Schichten an der Quecksilberoberfläche gebildet werden, diese Reaktion wird von einem Kapazitätsabfall bis auf 0,9 $\mu F/cm^2$ begleitet. In n-Butyl- und n-Amylalkohollösungen wird diese Polyschichtbildung nicht beobachtet.

Von GUPTA und SHARMA [63] wurde tensammetrisch der Struktureinfluß aliphatischer Alkohole auf ihre Oberflächenaktivität untersucht. Dazu nahmen sie C,φ-Kurven in 0,1 n KCl-Lösungen mit 5%igen Zusätzen folgender Alkohole auf: Methylalkohol, Äthylalkohol, n- und iso-Propylalkohol, n-, sek.-, iso- und tert.-Butylalkohol, n-Amylalkohol, Allylalkohol, Propylenglykol und Glyzerin. Aus den erhaltenen Werten folgt die qualitative Aussage, daß die Adsorption der Alkohole mit steigender Kohlenstoffkettenlänge zunimmt, ebenso bei abnehmender Verzweigung der Kohlenstoffkette bei gleicher Anzahl an Kohlenstoffatomen (d. h. tert.- < iso- < sek. — < n-), beim Übergang von ungesättigten zu gesättigten Alkoholen und bei abnehmender Zahl der Hydroxylgruppen.

In den folgenden Arbeiten der gleichen Autoren [64] wurde der Einfluß des pH-Wertes, der Pufferlösung, der Pufferkapazität, des indifferenten Elektrolyten sowie des Lösungsmittels auf die Form der C,φ-Kurven untersucht. Es konnte nachgewiesen werden, daß Puffer und pH-Wert die Form und die Lage der Adsorptions—Desorptions-Piks praktisch nicht beeinflussen. Wenn die Piks in den C,φ-Kurven bei ausreichend negativen Elektrodenladungen liegen, dann hat der Leitelektrolyt auf ihre Höhe keinen Einfluß, im entgegengesetzten Fall jedoch nimmt die Höhe des Adsorptionspiks in der Reihe KJ > KCNS > KCl > $KClO_4$ ab. Schließlich werden die Adsorptions—Desorptions-Piks in der C,φ-Kurve beim Übergang von wäßrigen Lösungen zu Lösungen in organischen

Lösungsmitteln (Methyl-, Äthyl- und iso-Propylalkohol, Pyridin, Aceton und Methyläthylketon) stark verkleinert oder verschwinden völlig.

Nach den Ergebnissen der Arbeit [65] wird der kathodische Pik in den C,φ-Kurven im Falle von Resorcin- und Phloroglucinalkohol höher und schmaler beim Übergang von sauren zu alkalischen Lösungen, die pH-Abhängigkeit führt jedoch unter diesen Bedingungen zu einer Änderung in der Art der adsorbierten Teilchen: statt neutraler Moleküle werden in alkalischen Lösungen nach Ansicht der Autoren [65] organische Ionen adsorbiert.

In verschiedenen Arbeiten [66—69, 153] wurden Differentialkapazitätsmessungen benutzt, um die Adsorption oberflächenaktiver Tetraalkylammo-

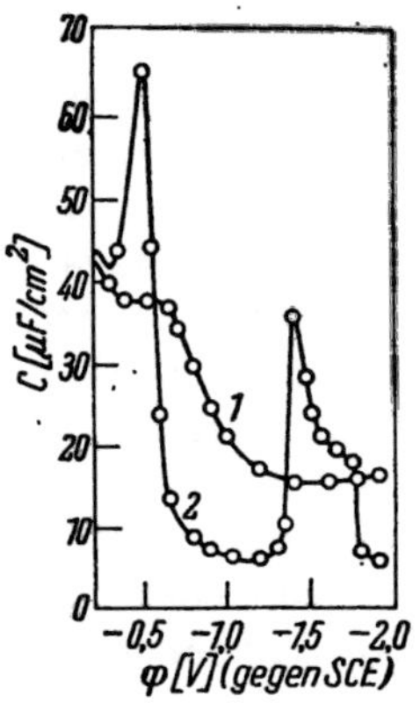

Abb. 6: Differentialkapazitätskurven der Quecksilberelektrode in 0,1 n H_2SO_4 (1) und in einer mit Methylmethacrylat gesättigten 0,1 n H_2SO_4-Lösung (2) [81]

nium-Kationen der Summenformel $[(C_nH_{2n+1})_4N]^+$ (mit $n = 1 - 6$) an Quecksilber zu untersuchen. Es zeigte sich, daß sich große organische Kationen ($n \geqq 3$) auf der Oberfläche der Quecksilberelektrode analog den neutralen, oberflächenaktiven Molekülen verhalten. So kommt es bei ausreichend negativen Potentialen, ungeachtet der elektrostatischen Anziehung, zu einer Desorption dieser Kationen von der Quecksilberoberfläche, die von einem charakteristischen Pik in der Differentialkapazitätskurve begleitet wird.

In den Arbeiten [47, 70—72] sind C,φ-Kurven wiedergegeben, die in Kampferlösungen an der Quecksilberelektrode aufgenommen wurden. Eine charakteristische Besonderheit dieser Kurven besteht in der Tatsache, daß die Desorption des Kampfers von der Quecksilberoberfläche von einem merklichen Sprung der differentiellen Kapazität begleitet wird, ohne daß sich deutlich ausgeprägte Adsorptions—Desorptions-Piks bilden. Analoge C,φ-Kurven werden außerdem bei $[(C_4H_9)_4N]^+$-Kationen in 1 n KJ-Leitelektrolyt [68] sowie in Nonylsäure-Lösungen [73] beobachtet. Die theoretischen Aspekte dieser Erscheinung werden im Kapitel 3. erörtert.

In Anwesenheit polymolekularer organischer Verbindungen beobachtet man in den C,φ-Kurven auch charakteristische Piks, die jedoch nach Miller und Grahame [74—77] nicht durch die vollständige Desorption der Polymermoleküle verursacht werden, sondern durch die Desorption nur eines Teils des adsorbierten

Makromoleküls. Mit Hilfe der Differentialkapazitätsmessung wurde auch die Adsorption von Polymethacrylsäure, Polylysin, Polyvinylpyridin, der Kopolymere des Äthylenoxids und des Laurylalkohols sowie von Polyvinylalkohol untersucht [74—80]. Wenn die C,φ-Kurve in der Lösung eines Monomeren aufgenommen wird, das polymere Produkt sich aber erst durch eine elektrochemisch iniziierte Polymerisationsreaktion bildet, dann kann die Polymeradsorption von einem plötzlichen Kapazitätsabfall unter diesen Bedingungen bei sehr negativen Potentialen (negativer als der kathodische Desorptions-Pik) begleitet werden, wie das auch aus Abb. 6 deutlich wird [81].

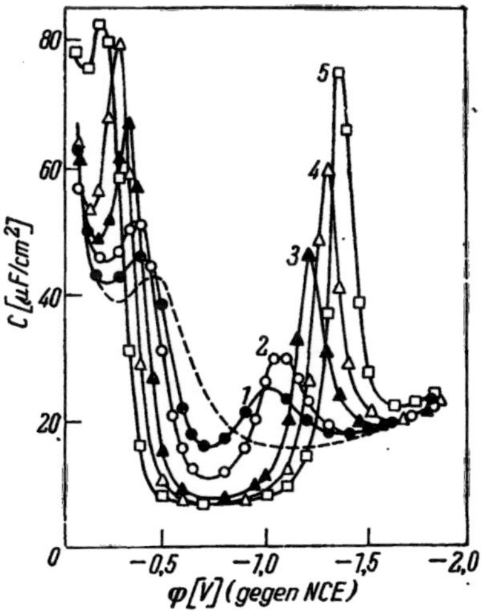

Abb. 7: Differentialkapazitätskurven der Quecksilberelektrode in reiner 1 n KCl (punktierte Linie) und mit Anilinzusätzen in folgenden Konzentrationen [40]

1 = 0,01; *2* = 0,02; *3* = 0,05; *4* = 0,1; *5* = 0,2 m (Frequenz 400 Hz)

Eine interessante Besonderheit zeigen die Differentialkapazitätskurven der Quecksilberelektrode in Anilin- und Pyridinlösungen [40, 82]. Bei Anilin erinnern die Differentialkapazitätskurven an C,φ-Kurven aliphatischer Verbindungen (vergleiche die Abb. 5 und 7). Jedoch ist die Analogie hier nur rein äußerlich. Während bei aliphatischen Verbindungen beide Maxima in den C,φ-Kurven mit Adsorptions-Desorptionsprozessen zusammenhängen, trifft das für Anilin nur auf die kathodischen Maxima zu. Die bei Anilin sehr deutlich ausgeprägten anodischen Maxima hängen mit der Neuorientierung der an der Quecksilberoberfläche adsorbierten Moleküle des organischen Stoffes zusammen: die senkrechte Anordnung der Moleküle, die für die negativ geladene Oberfläche charakteristisch ist, wird abgelöst durch eine flächenhafte Orientierung, bei der die π-Elektronen des Benzolringes mit den positiven Ladungen der Quecksilberoberfläche in Wechselwirkung treten.

Bei hohen positiven Ladungen fallen die C,φ-Kurven, die in reiner KCl-Lösung und in Lösungen mit Anilinzusätzen aufgenommen wurden, annähernd zusammen (Abb. 7), obwohl Anilinmoleküle in diesem Potentialbereich an der Quecksilberoberfläche adsorbiert werden, wie das aus elektrokapillaren Messungen folgt.

DJATKINA und DAMASKIN [83] konnten nachweisen, daß ein gleicher Effekt in allen untersuchten Potentialintervallen im Falle saurer Lösungen beobachtet wird, da das Anilin in diesen Lösungen hauptsächlich als Anilinium-Kation auftritt (Abb. 8). Bei $\varepsilon > 0$ kann man die an der Elektrodenoberfläche zweidimensional angeordneten Anilinmoleküle bzw. Aniliniumkationen als Fortsetzung der metallischen Oberfläche in Richtung der Lösung betrachten. Infolge dessen rücken die Doppelschichtbelegungen natürlich nicht weiter auseinander, folglich ändert sich die Doppelschichtkapazität entweder gar nicht oder nur sehr unbedeutend. Bei $\varepsilon < 0$ muß man jedoch zusätzlich eine starke Hydratation der

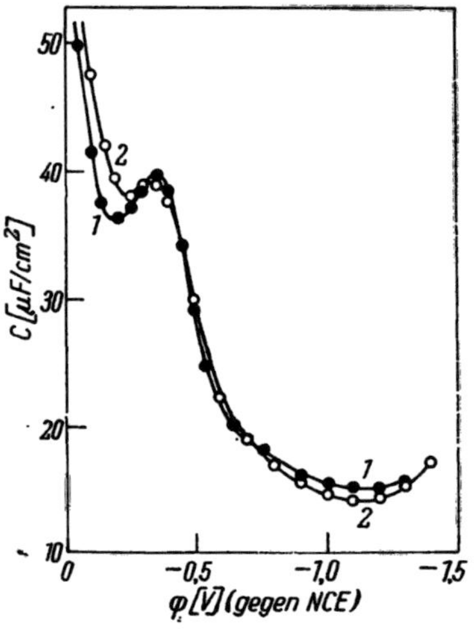

Abb. 8: **Differentialkapazitätskurven der Quecksilberelektrode in den Lösungen [83]**
1 = 0,1 n HCl;
2 = 0,1 n HCl + 0,1m Anilin
(Frequenz 400 Hz)

—NH_3^+-Gruppe berücksichtigen. Zu diesem Ergebnis kommt man auch infolge der geringen Abhängigkeit der differentiellen Kapazität der Quecksilberelektrode von der Adsorption der Butyl- und Amylammoniumkationen, die keine π-Elektronenbindungen enthalten.

In den Differentialkapazitätskurven wäßriger Benzol- und Toluollösungen treten ebenfalls zwei Piks auf [84, 85], aber wie der Vergleich dieser Werte mit den Ergebnissen von Elektrokapillarmessungen zeigt [86], entsprechen die anodischen Piks in den C,φ-Kurven im Gegensatz zum Anilin in diesen Systemen den Adsorptions-Desorptionsprozessen, eine Umorientierung der adsorbierten Moleküle spielt hier keine Rolle.[1]) Dieses Beispiel zeigt, daß viele Erscheinungen in der Struktur der elektrischen Doppelschicht bei Anwesenheit aromatischer Verbindungen noch unklar sind.

In verschiedenen Fällen ist die Form der Differentialkapazitätskurven für oberflächenaktive organische Stoffe sehr kompliziert. Beispielsweise beobachteten LOVELAND und ELVING [87] in gesättigten n-Heptyl- und n-Octylalkohollösungen vier Kapazitätspiks statt der zwei Adsorptions—Desorptions-Maxima,

[1]) *A. d. H.:* S. auch [154]

die normalerweise in oszillographisch erhaltenen Differentialkapazitätskurven auftreten. Die beiden äußeren Piks sind auf die völlige Desorption der Alkoholmoleküle von der Elektrodenoberfläche zurückzuführen, während die beiden inneren Piks nach Meinung der Autoren durch den Aufbau (oder die Zerstörung) einer zweiten Schicht adsorbierter Moleküle erklärt werden können; diese Moleküle bilden bei niedrigen Elektrodenladungen einen Mizellfilm. Man muß allerdings berücksichtigen, daß schon ein kurzzeitiges Spülen der Lösung mit einem inerten Gas ausreicht, um die Alkoholkonzentration in der Lösung herabzusetzen; die Differentialkapazitätskurven nehmen im allgemeinen nach einer solchen Behandlung die übliche Form mit zwei Adsorptions—Desorptions-Extrema an.

Auch GUPTA [88] gelangte zu der Annahme, daß sich kondensierte Mizellfilme bilden, als er tensammetrisch die Methylorange-Adsorption am Quecksilber untersuchte. Analoge Kapazitätspiks, die mit der Bildung und Zerstörung von Mizellfilmen zusammenhängen, wurden auch bei der Adsorption von Alkylsulfonsäure-Anionen an Quecksilber nachgewiesen, wenn sie ausreichend lange Kohlenstoffketten besaßen (12 und mehr Kohlenstoffatome) [89—91], gleiches gilt für die Adsorption von Natriumlaurat und Natriumcaprylat [92].

Ungewöhnliche C,φ-Kurven beobachteten OSTROVSKIJ und FISCHER [93, 94] bei einigen schwachen Basen, die gleichzeitig als effektive Korrosionsinhibitoren Verwendung finden. So ergibt Äthyldodecylsulfoxid in 6 n HCl eine C,φ-Kurve mit zwei ausgeprägten Minima, in denen die Kapazität bis auf annähernd 3 $\mu F/cm^2$ abfällt. Die Autoren beziehen das linke Minimum auf die Adsorption der freien Base und die sekundäre Adsorption des Sulfoxonium-Kations, das rechte Minimum dagegen auf die primäre Adsorption dieses Kations.

Sehr komplizierte Differentialkapazitätskurven mit mehreren Extrema unterschiedlicher Natur werden auch bei Kaliumxanthogenaten der Summenformel [C_nH_{2n+1} CSSK] mit $n = 1—12$ beobachtet [95].

Differentialkapazitätsmessungen sind für die qualitative Untersuchung der Adsorption verschiedener organischer Stoffe an der Oberfläche der Quecksilberelektrode weit verbreitet. Außer den schon zitierten Arbeiten wurde diese Methode in den Arbeiten [96—97] verwendet, um die Struktur dünner Filme, die durch Palmitin-, Olein- und Myristinsäure gebildet werden sowie die durch Cetylalkohol gebildeten Filme an der Phasengrenze Quecksilber/Lösung zu untersuchen. Weiterhin wurde die Methode eingesetzt, um die Adsorption von Thioharnstoff und seiner Derivate [98], von Pyridin und dessen Derivaten [99, 100], von Cyclohexan und seinen Derivaten [101] sowie einiger biologisch wichtiger Verbindungen zu untersuchen: Vitamin B_2 [102], DNS und RNS [103] sowie zum Vergleich der Adsorptionsfähigkeit der Salizylanilid- und 2-Hydroxy-3-Naphthylanilid-Derivate [104].[1])

[1]) *A. d. H.:* In der letzten Zeit wurden Messungen und Deutungen der differentiellen Kapazität (und teilweise auch der Oberflächenspannung) für folgende Verbindungen mitgeteilt: Dibromäthylen [155], verschiedene fluorierte aliphat. Verbindungen [156], 5-Chloro-1-pentanol [157], Octanol [158], Diäthylen-, Dipropylenglykol [140], Polyäthylenglykol [159],

Verschiedene Arbeiten beschäftigten sich mit der Differentialkapazitätsmessung in Gemischen zweier organischer Stoffe an der Quecksilberelektrode [105–111, 130]. Erwartungsgemäß treten die Moleküle der beiden organischen Verbindungen in der Adsorptionsschicht miteinander in Wechselwirkung, diese Tatsache wird von den C,φ-Kurven auch widergespiegelt. So wird bei der gemeinsamen Adsorption von n-Butylalkohol und Tetraalkylammonium-Kationen (mit $n = 1, 2$ und 4) die Butanoldesorption von der Quecksilberoberfläche bei negativen Potentialen um so geringer sein, je größer das Kation ist, dabei verringert sich das Maximum in der C,φ-Kurve in der Reihenfolge: $K^+ > [(CH_3)_4N]^+ > [(C_2H_5)_4N]^+ > [(C_4H_9)_4N]^+$ [106].

Nach Ansicht von GUPTA und SHARMA [110] gilt folgende Deutung:
Wenn beim gemeinsamen Zusatz zweier organischer Stoffe ein Gesamtpik der Adsorption–Desorption bei höheren Oberflächenladungen als für die Einzelkomponenten beobachtet wird (z. B. aliphatischer Alkohol + aliphatische Säure [105, 111]; Tetraalkylammonium-Kationen + β-Naphthylsulfonsäure [108]; $C_{12}H_{25}OSO_3Na + C_8H_{17}OH$ [109]; n-$C_5H_{11}OH$ + o-Kresol [110]), dann bilden die Moleküle dieser Stoffe Komplexe, die ebenfalls an der Elektrode adsorbiert werden. Bei Voraussetzung einiger Randbedingungen kann man die Wechselwirkung zwischen den Molekülen zweier Stoffe quantitativ abschätzen [111]. Wenn die Konzentrationsänderung eines der beiden Stoffe sich nur auf die Höhe des Adsorptions–Desorptions-Piks und nicht auf seine Lage auswirkt (wie z. B. bei iso-$C_5H_{11}OH$ + Cyclohexanol [105]; $C_{12}H_{25}OSO_3Na$ + Polyäthylenglykol [109]; Bromthymolblau + Pyridin [110]), dann kann man die Adsorption dieser beiden organischen Stoffe offensichtlich als unabhängig voneinander betrachten [110].[1])

2.3. Zusammenhang zwischen der Frequenzabhängigkeit der differentiellen Kapazität und der Adsorptionskinetik organischer Verbindungen

Die Form der mit einer Wechselstrommethode gemessenen C,φ-Kurven, insbesondere die Höhe der Maxima, ist frequenzabhängig, da bei ausreichend hohen Frequenzen die Einstellung des Adsorptionsgleichgewichts gegenüber der Poten-

Di-n-butyläther [160] [166], Ameisensäure [160], aliphat. Säuren $C_3 \ldots C_6$ [161], Nonylsäure [162], Fettsäuren [163], Oxalationen [164], ε-Aminocapronsäure [114], ω-Aminoönanthsäure [142], Thioharnstoff [166–169], Eosion, Riboflavin [158], Campher, Camphen, Pinen [162], tert. und quartern. Ammoniumsalze [170], Naphthalin [162, 171], Diphenyl [171], Phenylendiamin, Anilin und Derivate [135, 147] [172, 173], Pyridin und Derivate [133, 134, 150], Phthalationen [174], verschiedene zweibasische organische Säuren und Diamine [175], Kresole [176], Dioxybenzole [177], Pentafluorophenol [178], Chinon, Hydrochinon [179], Tetraphenylborat [180], Blutproteine [181], Benzo-X-diazole (X = O, S, Se) [182]; weiterhin Adsorptionsmessungen in Lösungsmittelgemischen (Sulfolan, $CH_3OH + H_2O$) [166, 183, 184] und nichtwäßrigen Lösungen (CH_3OH, DMF, Propylencarbonat) [146, 147, 171, 185].

[1]) *A. d. H.:* Gleichzeitige Adsorption zweier Verbindungen wurden mit Kapazitätsmessungen auch in [186–188] verfolgt.

tialänderung verzögert erfolgt. Dieses Problem wurde erstmals in den Arbeiten von FRUMKIN und MELIK-GAIKAZJAN näher untersucht [62, 112].

Wenn die Adsorption organischer Verbindungen an der Elektrodenoberfläche nicht durch die Bildung von Polyschichten oder Mizellfilmen erschwert wird, dann ist die Oberflächenladung eine Funktion des Potentials und des Bedeckungsgrades: $\varepsilon = \varepsilon(\varphi, \vartheta)$, folglich gilt

$$C = \frac{d\varepsilon}{d\varphi} = \left(\frac{\partial\varepsilon}{\partial\varphi}\right)_\vartheta + \left(\frac{\partial\varepsilon}{\partial\vartheta}\right)_\varphi \cdot \frac{\partial\vartheta}{d\varphi}. \tag{II.2}$$

Anders ausgedrückt, besteht die unter diesen Bedingungen gemessene differentielle Kapazität aus zwei Summanden, von denen einer als wahre Kapazität C_w, der andere als zusätzliche Kapazität $C_{zus.}$ bezeichnet wird:

$$C_w = \left(\frac{\partial\varepsilon}{\partial\varphi}\right)_\vartheta, \tag{II.3}$$

$$C_{zus.} = \left(\frac{\partial\varepsilon}{\partial\vartheta}\right)_\varphi \cdot \frac{d\vartheta}{d\varphi}. \tag{II.4}$$

In [62, 112] wurde nachgewiesen, daß $C_{zus.}$ eine Funktion der Wechselstromfrequenz ω ist, dessen Betrag von einem bestimmten Gleichgewichtswert, der $\omega = 0$ entspricht ($C_{zus.(\omega=0)}$), auf Null für $\omega \to \infty$ abfällt. Der Charakter der Frequenzabhängigkeit von $C_{zus.}$ wird dabei durch die Natur des Grenzstadiums im Verlaufe der Adsorption des organischen Stoffes bestimmt. Wenn beispielsweise die Diffusion gehemmt ist, dann kann die ω-Abhängigkeit von $C_{zus.}$ ausgedrückt werden durch die Gleichung

$$C_{zus.}(\omega) = C_{zus.(\omega=0)} \cdot \frac{2\left(\sqrt{\omega}/M + 1\right)}{\left(2\sqrt{\omega}/M + 1\right)^2 + 1}, \tag{II.5}$$

mit

$$M = \sqrt{2D}\Big/\left(\frac{\partial\Gamma}{\partial c}\right)_\varphi \tag{II.6}$$

(D = Diffusionskoeffizient des organischen Stoffes, c = seine Konzentration im Lösungsvolumen).

Gleichzeitig ergibt der Adsorptions—Desorptions-Prozeß die OHMsche Komponente der Elektrodenimpedanz. Wenn der Adsorptionsprozeß durch die Kapazität ($C_{zus.(\omega)}$) und den Widerstand ($R_{Proz.(\omega)}$) bei gegebener Frequenz charakterisiert wird und man annehmen kann, daß sie in einer äquivalenten elektrischen Kette parallel geschaltet sind, dann gilt bei gehemmter Diffusion [112]

$$R_{Proz.(\omega)} = \frac{\left[\left(2\sqrt{\omega}/M\right) + 1\right]^2 + 1}{2\omega C_{zus.(\omega=0)} \cdot \sqrt{\omega}/M}. \tag{II.7}$$

Aus den Gleichungen (II.6) und (II.7) folgt

$$\operatorname{ctg} \delta = C_{zus.(\omega)} \cdot R_{Proz.(\omega)} \cdot \omega = 1 + \frac{M}{\sqrt{\omega}}. \tag{II.8}$$

Die Abnahme von $C_{zus.}$ mit steigender Frequenz führt zu einem Verschwinden der Adsorptions—Desorptions-Piks in den bei hohen Frequenzen aufgenommenen C,φ-Kurven. Bei gegebener Frequenz ist die Dämpfung der Piks um so stärker, je geringer die Konzentration des adsorbierten Stoffes ist.

Bei der Untersuchung der Frequenzabhängigkeit der differentiellen Kapazität im Bereich der Adsorptions—Desorptions-Piks in Lösungen mit Normalalkoholen der Grenzkohlenwasserstoffe konnte MELIK-GAJKAZJAN [62] nachweisen, daß diese Abhängigkeit durch Gleichung (II.5) mit ausreichender Genauigkeit beschrieben wird. Folglich ist die Diffusion der Alkoholmoleküle zur Elektrodenoberfläche der gehemmte Prozeß bei der Adsorption dieser Alkohole.

Die geschilderte Theorie berücksichtigt aber nur zwei Grenzfälle: die Geschwindigkeit des Gesamtprozesses wird entweder durch die Diffusion der Moleküle des organischen Stoffes zur Elektrodenoberfläche oder durch die Adsorptionsgeschwindigkeit selbst bestimmt. BERZINS und DELAHAY [113] ermittelten eine allgemeingültige Lösung für dieses Problem, die gleichzeitig sowohl den Diffusions- als auch den Adsorptionsprozeß berücksichtigt. Bei der Ableitung der Grundgleichung nahmen sie an, daß die Adsorption der organischen Verbindungen durch die LANGMUIR-Isotherme beschrieben wird, während die Geschwindigkeitskonstanten der Adsorptions- und Desorptionsprozesse Exponentialfunktionen des Elektrodenpotentials darstellen. Eine genauere, von diesen Einschränkungen befreite Darstellung wurde kurze Zeit später von LORENZ [73] gegeben. Nach LORENZ gilt beim Auftreten von zwei Grenzstadien (Diffusion und Adsorption) statt Gleichung (II.8)

$$\operatorname{ctg} \delta = \frac{1 + \left(M/\sqrt{\omega}\right)}{1 + ML\sqrt{\omega}}, \tag{II.9}$$

mit

$$L = -1 \bigg/ \left(\frac{\partial v}{\partial \Gamma}\right)_{\varphi, c_S} \tag{II.10}$$

(v = Adsorptionsgeschwindigkeit, c_S = Konzentration des organischen Stoffes an der Elektrodenoberfläche).

Mit Hilfe von Gleichung (II.9) kann man die Austauschgeschwindigkeit v_0 des Adsorptions-Desorptionsprozesses bestimmen, wenn man den Diffusionskoeffizienten und den Adsorptionsgrenzwert kennt und eine bestimmte Gleichung der Adsorptionsisotherme vorgibt. Mit dieser Methode wurde von LORENZ und Mitarb. [73, 114—116] die Adsorptionskinetik verschiedener organischer Verbindungen an Quecksilber untersucht und nachgewiesen, daß die Zeitkonstante des Adsorptionsstadiums zwar klein ist, aber einen endlichen Meßwert in der Größenordnung von 10^{-5} sec besitzt.

Im Falle organischer Verbindungen mit ausreichend langer Kohlenstoffkette kommt es nach LORENZ [73] in der Oberflächenschicht zu einer zweidimensionalen Assoziation, die in starkem Maße die Frequenzabhängigkeit von ctg δ kompliziert. Eine solche Abhängigkeit der Funktion ctg δ von der Frequenz kann mit ausreichender Genauigkeit durch die von LORENZ [73] abgeleitete Gleichung

$$\operatorname{ctg} \delta = \frac{k_1 \left(k_2 + k_1 \frac{\sqrt{\omega}}{M}\right) + \left(\frac{\omega}{w_0}\right)^2 \left(k_3 + \frac{\sqrt{\omega}}{M}\right)}{\left[k_1^2 + \left(\frac{\omega}{w_0}\right)^2\right] \left(\frac{\omega}{v_0} + \frac{\sqrt{\omega}}{M}\right) + \frac{\omega}{w_0}(k_1 k_3 - k_2)} \tag{II.11}$$

beschrieben werden, wenn man annimmt, daß die Gleichgewichtsgeschwindigkeit der zweidimensionalen Assoziation w_0 in den Grenzen $10-1000\ \text{sec}^{-1}$ bleibt. In dieser Gleichung bedeuten k_1, k_2 und k_3 Konstanten, die die zweidimensionale Assoziation charakterisieren.

Entsprechend den von Lorenz entwickelten Vorstellungen [117] kann die Frequenzabhängigkeit der differentiellen Kapazität in konzentrierten Lösungen eines nichtadsorbierbaren Elektrolyten mit geringen Zusätzen eines spezifisch adsorbierbaren Stoffes auch benutzt werden, um die teilweise Ladungsüberführung auch dann zu bestimmen, wenn bei der spezifischen Adsorption eine kovalente Bindung zwischen den adsorbierten Teilchen und dem Quecksilber gebildet wird. Nach den von LORENZ und Mitarb. erhaltenen Werten [118, 119] wird eine teilweise Ladungsüberführung und folglich die Ausbildung einer kovalenten Bindung bei der Adsorption von Thioharnstoff- und 1,4-Benzohydrochinon-Molekülen an Quecksilber beobachtet, während bei der Adsorption von Molekülen verschiedener aliphatischer Verbindungen sowie von Tetraalkylammonium-Kationen keine Ausbildung einer kovalenten Bindung mit teilweiser Ladungsüberführung nachweisbar ist.[1])

Die kinetischen Gesetzmäßigkeiten, die mit der gleichzeitigen Adsorption zweier organischer Stoffe an der Elektrode zusammenhängen, wurden theoretisch in der Folgezeit von BELOKOLOS [120] betrachtet.[2])

Die Abhängigkeit der differentiellen Kapazität von der Wechselstromfrequenz führt zu einer Verzerrung der experimentellen C,φ-Kurven. Wie aus den Gleichungen (II.5) und (II.6) hervorgeht, ist die Änderung der Kapazität mit der Frequenz abhängig von der Ableitung $(\partial \Gamma / \partial c)_\varphi$ und damit von der Form der

[1]) *A. d. H.:* Eine zusammenfassende Darstellung zum partiellen Ladungsübergang findet man in [192]; weitere Messungen des partiellen Ladungsübergangs bei organischen Verbindungen in [179, 154].

[2]) *A. d. H.:* In der letzten Zeit wurden einige Aspekte der Auswertung von Impedanzdaten für die Adsorptionskinetik in [189, 190] weiter verfolgt, gewisse allgemeine Betrachtungen zur Untersuchung der Adsorption und Adsorptionskinetik findet man auch in [191].

Adsorptionsisotherme und der Bedeckung der Oberfläche mit dem organischen Stoff bei gegebenem Potential. Einige der aus dieser Tatsache folgenden Eigenschaften der sich nicht im Gleichgewichtszustand befindlichen Differentialkapazitätskurven werden in Kapitel 3. 4. 2. näher betrachtet.

Die Abhängigkeit der differentiellen Kapazität von der Wechselstromfrequenz kann nicht nur durch Adsorptions—Desorptions-Prozesse hervorgerufen werden, sondern auch durch andere kinetische Erscheinungen, die mit der Umbildung der Adsorptionsschicht bei Änderung des Elektrodenpotentials verbunden sind. Solche Prozesse finden beispielsweise bei der Bildung von Mizellfilmen an der Elek-

Abb. 9: Abhängigkeit der zusätzlichen Kapazität von der Wechselstromfrequenz berechnet nach Gleichung (II.5) bei $C_{zus.(\omega=0)} = 100\ \mu F/cm^2$

trodenoberfläche [89, 90] sowie bei einer plötzlichen Orientierungsänderung der am Quecksilber adsorbierten Moleküle aromatischer oder heterocyclischer Verbindungen [40, 82] statt. Diese Prozesse werden nicht von der Diffusion organischer Moleküle zur Elektrodenoberfläche begleitet, man kann daher voraussetzen, daß sie wesentlich schneller als die Adsorptions-Desorptionsprozesse verlaufen müssen. Tatsächlich konnte in den Arbeiten [90] und [130] nachgewiesen werden, daß die Kapazität mit steigender Frequenz des Wechselstroms im Potentialbereich, in dem ein Mizellfilm aus $C_{12}H_{25}OSO_3^-$-Anionen gebildet [90] sowie die Struktur der Adsorptionsschicht aus adsorbierten Anilinmolekülen umgebaut wird [130], bedeutend langsamer abfällt, als im Bereich der Adsorptions—Desorptions-Piks.

Die Gleichungen (II.5), (II.7) und (II.8) ermöglichen es, auf der Basis experimenteller Werte die Gleichgewichtswerte der differentiellen Kapazität in Anwesenheit organischer Stoffe zu bestimmen. Normalerweise extrapoliert man dazu die Kapazitätsmeßwerte auf $\omega = 0$ in den Koordinaten $C - \sqrt{\omega}$. Wie Abb. 9 (nach Gleichung (II.5)) zeigt, kann eine solche Extrapolation nur zu befriedigenden Ergebnissen (mit einer Genauigkeit von 2%) unter der Bedingung führen, daß $\sqrt{\omega}/M \leqq 0{,}4$ ist, d. h. bei ausreichend niedrigen Frequenzen. Zur näherungsweisen Bestimmung von M kann in diesem Fall Gleichung (II.8) benutzt werden.

Eine andere Bestimmungsmethode für $C_{zus.(\omega=0)}$ wurde von TEDORADZE und ARAKELJAN [121] entwickelt und besteht in der genauen Bestimmung der Größen $C_{zus.(\omega)}$ und $R_{Proz.(\omega)}$. Wenn man diese Werte kennt, kann man nach der aus den Gleichungen (II.5) und (II.7) abgeleiteten Formel

$$C_{zus.(\omega=0)} = \frac{C^2_{zus.(\omega)} R^2_{Proz.(\omega)} \omega^2 + 1}{[C_{zus.(\omega)} R_{Proz.(\omega)} \omega - 1] R_{Proz.(\omega)}} \tag{II.12}$$

den Gleichgewichtswert der differentiellen Kapazität berechnen. Formel (II.12) ist nur unter der Bedingung exakt, wenn die Diffusion des organischen Stoffes zur Elektrode gehemmt ist. Das Kriterium für die Erfüllung dieser Bedingung ist die Unabhängigkeit des berechneten $C_{zus.(\omega=0)}$-Wertes von der Wechselstromfrequenz.

Ein gutes Kriterium für die Gleichgewichtslage der durch Extrapolation oder Berechnung erhaltenen C,φ-Kurven ist auch die Übereinstimmung der Ladung ε, die durch Integration der C,φ-Kurve der Lösung einer organischen Verbindung zwischen genau den Potentialen erhalten wurde, die einer vollständigen Desorption des organischen Stoffes auf beiden Kurvenästen (anodischem und kathodischem) entsprechen, mit dem ε-Wert, der auf gleichem Wege bei Abwesenheit des adsorbierbaren Stoffes bestimmt wird.

2.4. Die Adsorption organischer Stoffe an anderen flüssigen Elektroden

Bei normalen Temperaturen, die nicht zur Zerstörung der organischen Stoffe führen, können sich außer Quecksilber nur einige Metallamalgame (z. B. des Thalliums und Indiums) sowie Gallium in flüssigem Zustand befinden. Experimentelle Angaben zur Adsorption organischer Verbindungen an diesen Elektroden sind nicht sehr zahlreich. Elektrokapillarkurven von Isoamylalkohol, Pyrogallol und Thioharnstoff an Thalliumamalgam wurden von FRUMKIN und GORODETSKAJA [122] aufgenommen. Gleiche Untersuchungen an flüssigem Gallium wurden für Isoamylalkohol, Phenol und Pyrogallol durchgeführt [123].[1]) In Abb. 10 sind die Elektrokapillarkurven in reinen Leitelektrolytlösungen und mit Isoamylalkoholzusätzen an Quecksilber, 57,5%igem Indiumamalgam und an Gallium dargestellt, die unter Verwendung sehr reiner Metalle erhalten wurden [124—126].

Wie aus Abb. 10 ersichtlich ist, sind die Elektrokapillarkurven an Indiumamalgam und Gallium qualitativ den entsprechenden Kurven an der Quecksilberelektrode analog: in allen Fällen wird der elektrokapillare Nullpunkt durch den Isoamylalkohol zu positiveren Potentialen verschoben, während bei hohen posi-

[1]) *A. d. H.:* Die Adsorption von Thioharnstoff und -derivaten wurde an Indiumamalgam [193] und an flüssigem Gallium [194, 195] untersucht, die Adsorption von Isoamylalkohol, Phenol und Hydrochinon an Gallium—Indium-Legierungen [196] und von Tetrabutylammoniumionen an flüssigem Gallium [197].

tiven und negativen Oberflächenladungen die Moleküle des organischen Stoffes von der Elektrodenoberfläche desorbiert werden.

Andererseits ist, wie aus der Abbildung zu erkennen ist, die Adsorbierbarkeit von Isoamylalkohol am Indiumamalgam und besonders am Gallium wesentlich geringer als am Quecksilber. Für das Gallium ist diese Erscheinung mit der starken Chemisorption der Wassermoleküle an der Oberfläche der Galliumelektrode bei $\varepsilon \geqq 0$ zu erklären [126].[1]) Infolge der Wasserchemisorption an der Gallium-

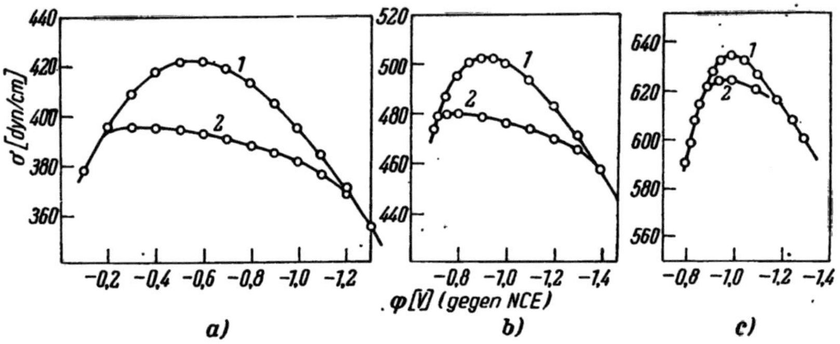

Abb. 10: Elektrokapillarkurven an verschiedenen Metallen [124—126]

a) an Quecksilber

1 = 1 n KCl + 0,1 n HCl; *2* = 1 n KCl + 0,1 n HCl + 0,1 m iso-$C_5H_{11}OH$;

b) an 57,5%igem Indiumamalgam

1 = 1 n Na_2SO_4 + 0,01 n H_2SO_4; *2* = 1 n Na_2SO_4 + 0,01 n H_2SO_4 + 0,14 m iso-$C_5H_{11}OH$;

c) an Gallium

1 = 1 n KCl + 0,1 n HCl; *2* = 1 n KCl + 0,1 n HCl + 0,1 m iso-$C_5H_{11}OH$

oberfläche ist die π-Elektronenwechselwirkung bei der Adsorption aromatischer Verbindungen am Gallium auch sehr schwach ausgebildet im Unterschied zu deren Adsorption am Quecksilber.

Die Differentialkapazitätskurven, die mit n-Hexylalkohol an 40%igem Thalliumamalgam [127] sowie mit verschiedenen n-Propyl- und tert.-Amylalkohol-Zusätzen an der flüssigen Galliumelektrode [128] aufgenommen wurden, bestätigen die aus Oberflächenspannungswerten abgeleiteten Vorstellungen. So sind beispielsweise die Werte der differentiellen Kapazität für n-C_3H_7OH und tert.-$C_5H_{11}OH$ am Quecksilber und am flüssigen Gallium bei gleichen negativen Oberflächenladungen praktisch gleichgroß [128]. Bei Annäherung an das Null-Ladungspotential kommt es jedoch an der Galliumelektrode zur Chemisorption von Wassermolekülen, wodurch die Adsorbierbarkeit des organischen Stoffes merklich abfällt und zu einer Kapazitätserhöhung im Bereich der Minima in der C,φ-Kurve führt.

[1]) *A. d. H.:* [198]

Aus dem Vergleich der Differentialkapazitätskurven für n-Hexylalkohol am Quecksilber und an 40%igem Thalliumamalgam [127] folgt, daß gleiche Hexanolzusätze zu 0,1 n KCl-Lösungen die Kapazität am Quecksilber in der Nähe des Nulladungspotentials bedeutend stärker erniedrigen als am 40%igen Thalliumamalgam. Dieser Effekt ist besonders deutlich für kleine n-$C_6H_{13}OH$-Konzentrationen ausgeprägt. Das gewonnene Ergebnis weist auf eine höhere Adsorptionsenergie von Hexanol am Quecksilber als an 40%igem Thalliumamalgam hin. Als Folge dieser Tatsache werden die Piks in den C,φ-Kurven am Quecksilber bei wesentlich höheren Oberflächenladungen beobachtet, als bei gleichen Hexanolkonzentrationen am Thalliumamalgam.

Andererseits sind, wie aus der Arbeit [129] folgt, die Oberflächenladungen von Quecksilber und 40%igem Thalliumamalgam, die den Desorptionspiks großer organischer Kationen ($[(C_4H_9)_4N]^+$, $[(C_5H_{11})_4N]^+$ und $[(C_6H_{13})_4N]^+$) entsprechen, annähernd gleich (obwohl sie am 40%igem Thalliumamalgam etwas niedriger sind). Das ist offensichtlich auf die negative Adsorption der Thalliumatome im Amalgam zurückzuführen [122], die die Oberflächenkonzentration des Amalgams bei hoher kathodischer Polarisation verringert.

Von Frumkin und Poljanovskaja [131] wurde für das System Quecksilber/ $TlNO_3$—KNO_3-Lösung eine Elektrokapillarkurve von ungewöhnlicher Form mit zwei Maxima erhalten, wobei das linke Maximum dem Null-Ladungspotential der Quecksilberelektrode in einer Thalliumsalz-Lösung entspricht, während das rechte Maximum dem Thalliumamalgam in einer praktisch Tl^+-ionenfreien Lösung zuzuordnen ist. Die Adsorption organischer Verbindungen (n-Butanol, n-Capronsäure, Phenol und Anilin) an der Phasengrenze Elektrode/Lösung in diesem System wurde in der letzten Zeit durch Andrusjov, Ajupova und Damaskin [132] untersucht.

Aus der Arbeit [132] folgt, daß in Anwesenheit von Anilin und Phenol erwartungsgemäß die Grenzflächenspannung in der Nähe der Null-Ladungspotentiale am stärksten abnimmt, während die n-Butanoladsorption im Bereich des linken Maximums der Elektrokapillarkurve nur bei sehr hohen n-Butanol-Konzentrationen merklich wird (die Adsorption der Capronsäure aus Tl^+-haltigen Lösungen wird durch die Bildung des unlöslichen Thalliumcapronats erschwert). Die Analyse der Elektrokapillarkurven im System Quecksilber/($TlNO_3$—KNO_3-Lösung + organischer Stoff) und deren Vergleich mit den entsprechenden σ,φ-Kurven für das System Quecksilber/(KNO_3-Lösung + organischer Stoff) zeigt, daß die Adsorption des organischen Stoffes durch die Thalliumadsorption (sowohl als Kationen, als auch als Atome) gestört wird, während andererseits die Thalliumadsorption ebenfalls durch die Adsorption des organischen Stoffes gestört wird. Der erstgenannte Effekt wird am deutlichsten im linken Teil der σ,φ-Kurven in Anwesenheit von n-Butanol wiedergegeben. In allen anderen Fällen überwiegt offensichtlich die Adsorption des organischen Stoffes, die die Adsorption der Thalliumkationen und -atome unterdrückt.

Literatur

[1] H. Luggin, Z. phys. Chem., **16** (1895), 677
[2] R. Luther, Z. phys. Chem., **19** (1896), 529
[3] G. Gouy, Ann. Chim. Phys. (8), **8** (1906), 291; (8) **9** (1906), 75
[4] R. I. Kaganovič, V. M. Gerovič, T. G. Osotova, Dokl. Akad. Nauk. SSSR **155** (1964), 893
[5] R. I. Kaganovič, V. M. Gerovič, Elektrochimija, **2** (1966), 977
[6] A. N. Frumkin, „*Elekrokapillare Erscheinungen und Elektrodenpotentiale*", Odessa 1919 (Elektrokapilljarnye javlenija i elektrodnye potencialy)
[7] G. Gouy, Ann. Phys., (9), **6** (1916), 5
[8] J. A. V. Butler, A. Wightman, J. Phys. Chem., **35** (1931), 3293
[9] A. N. Frumkin, J. Williams, Proc. Nat. Acad. Sci. U. S., **15** (1929), 400
[10] J. A. V. Butler, Proc. Roy. Soc., **A122** (1929), 399
[11] J. A. V. Butler, C. Ockrent, J. Phys. Chem., **34** (1930), 2286
[12] A. N. Frumkin, A. A. Donde, R. M. Kulvarskaja, Z. phys. Chem., **123** (1926), 321
[13] A. N. Frumkin, Ergebn. exakt. Naturwiss., **7** (1928), 235; Coll. Symp. Ann., **7** (1930), 89
[14] A. N. Frumkin, Z. phys. Chem., **111** (1924), 190
[15] M. A. V. Devanathan, Proc. Roy. Soc., **A267** (1962), 256
[16] J. O'M. Bockris, M. A. V. Devanathan, K. Müller, Proc. Roy. Soc., **A274** (1963), 55
[17] A. N. Frumkin, B. B. Damaskin, "*Modern Aspects of Electrochemistry*", V. 3 London, Butterworths, 1964, S. 149
[18] A. N. Frumkin, B. B. Damaskin, Ju. A. Čizmadžev, Elektrochimija, **2** (1966), 875
[19] B. Kamienski, Electrochim. Acta, **1** (1959), 272
[20] A. N. Frumkin, Electrochim. Acta, **2** (1960), 351
[21] M. A. Gerovič, O. G. Ol'man, Ž. fiz. chim., **28** (1954), 19
[22] M. A. Gerovič, Dokl. Akad. Nauk. SSSR, **96** (1954), 543; **105** (1955), 1278
[23] M. A. Gerovič, G. F. Rybal'čenko, Ž. fiz. chim., **32** (1958), 109
[24] M. A. Gerovič, N. S. Poljanovskaja, Wiss. Hochschulberichte, Chemie und chemische Technologie, **4** (1958), 651, (Naučnye doklady vysšej školy. Chimija i chim. technol.)
[25] B. E. Conway, R. G. Barradas, Electrochim. Acta, **5** (1961), 319, 349
[26] L. I. Antropov, S. N. Benergee, J. Indian. Chem. Soc., **35** (1958), 531; **36** (1959), 451
[27] L. Gierst, "*Transaction Symposium of Electrode Processes*", Philadelphia. New York, J. Wiley and Sons, 1959, S. 294
[28] L. Gierst, P. Herman, Z. analyt. Chem., **216** (1966), 238
[29] R. G. Barradas, P. G. Hamilton, B. E. Conway, J. Phys. Chem., **69** (1965), 3411
[30] B. E. Conway, R. G. Barradas, P. G. Hamilton, J. M. Parry, J. Electroanalyt. Chem., **10** (1965), 485
[31] I. Zwierzykovska, Roczn. Chem., **38** (1964), 663, 1169, 1195, 1367
[32] H. W. Nürnberg, G. Wolff, Coll. Czech. Chem. Comm., **30** (1965), 3997
[33] B. B. Damaskin, A. A. Survila, S. Ja. Vasina, A. I. Fedorova, Elektrochimija, **3** (1967), 825
[34] V. A. Kuznecov, B. B. Damaskin, Elektrochimija, **1** (1965), 1153
[35] B. B. Damaskin, M. M. Andrusjov, V. M. Gerovič, R. I. Kaganovič, Elektrochimija, **3** (1967), 667
[36] A. N. Frumkin, R. I. Kaganovič, E. S. Bit-Popova, Dokl. Akad. Nauk. SSSR, **141** (1961), 670

[37] M. A. V. Devanathan, M. J. Fernando, Trans. Faraday Soc., **58** (1961) 368
[38] I. Zwierzykovska, Roczn. chem., **39** (1965), 101
[39] E. Blomgren, J. O'M. Bockris, J. Phys. Chem., **63** (1959), 1475; E. Blomgren, J. O'M. Bockris, C. Jesch, J. Phys. Chem., **65** (1961), 2000
[40] B. B. Damaskin, I. P. Mišutuškina, V. M. Gerovič, R. I. Kaganovič, Ž. fiz. chim., **38** (1964), 1797
[41] B. B. Damaskin, V. M. Gerovič, I. P. Gladkich, R. I. Kaganovič, Ž. fiz. chim., **38** (1964), 2495
[42] A. N. Frumkin, A. V. Gorodezkaja, P. S. Chugunov, Acta physicochim. URSS, **1** (1934), 12
[43] T. A. Krjukova, A. N. Frumkin, Ž. fiz. chim., **23** (1949), 819
[44] R. Grand, Ann. Phys., **10** (1955), 738
[45] R. Grand, J. chim. phys. et phys. chim. biol., **60** (1963), 1315
[46] B. E. Conway, J. O'M. Bockris, B. Lovreček, CITCE, Proc., **6** (1955), 207
[47] M. A. Loškarev, M. A. Sevrjugina, Dokl. Akad. Nauk. SSSR, **108** (1956), 111; Wiss. Arbeiten d. chemotechn. Instit. Dnepropetrov, **12** (1961), 97, (Naučnye trudy Dnepropetrovskogo chimiko-technologičeskogo instituta)
[48] A. G. Stromberg, L. S. Zagajnova, Ž. fiz. chim, **31** (1957), 1042
[49] W. Palczewska, H. Wroblowa, Roczn. Chem., **32** (1958), 1333
[50] E. A. Ajkazjan, Izv. AN Armen. SSR, Chemie, **12** (1959), 9
[51] A. N. Frumkin, V. A. Kuznecov, R. I. Kaganovič, Dokl. Akad. Nauk. SSSR, **155** (1964), 175
[52] P. J. Hillson, J. Photogr. Sci., **11** (1963), 225
[53] J. Pasciak, Roczn. Chem., **37** (1963), 1233
[54] L. K. Partridge, A. C. Tansley, A. S. Porter, Electrochim. Acta, **11** (1966), 517
[55] J. A. V. Butler, C. Ockrent, J. Phys. Chem., **34** (1930), 2297, 2841
[56] A. V. Pamfilov, V. S. Kuzub, N. V. Palamarčuk, Dokl. Akad. Nauk. USSR, **6** (1960), 813
[57] F. W. Schapink, M. Oudeman, K. W. Leu, J. N. Helle, Trans. Faraday Soc., **56** (1960), 415
[58] M. A. Proskurnin, A. N. Frumkin, Trans. Faraday Soc., **31** (1935), 110
[59] A. Ksenofontov, M. A. Proskurnin, A. V. Gorodeckaja, Ž. fiz. chim. **12** (1938), 408
[60] K. S. G. Doss, V. K. Venkatesan, Proc. Indian. Acad. Sci., **A49** (1959), 129
[61] K. S. G. Doss, Bull. (India Sect.) Electrochem. Soc., **8** (1959), 84
[62] V. I. Melik-Gajkazjan, Ž. fiz. chim., **26** (1952), 560, 1184
[63] S. L. Gupta, S. K. Sharma, Koll. Z. u. Z. Polymere, **190** (1963), 40
[64] S. L. Gupta, S. K. Sharma, J. Indian. Chem. Soc., **41** (1964), 384, 663, 668
[65] R. Narayan, Electrochim. Acta, **7** (1962), 111
[66] A. N. Frumkin, B. B. Damaskin, Dokl. Akad. Nauk. SSSR, **129** (1959), 862
[67] N. V. Nikolaeva-Fedorovič, B. B. Damaskin, O. A. Petry, Coll. Czech. Chem. Comm., **25** (1960), 2981
[68] B. B. Damaskin, N. V. Nikolaeva-Fedorovič, Ž. fiz. chim., **35** (1961), 1279
[69] Tza Čjuan-sin', Chuan De-dun, Chuasjue sjuebao, **28** (1962), 5
[70] A. A. Moussa, H. M. Sammour, H. A. Ghaly, Egypt. J. Chem., **2** (1959), 169
[71] H. Jehring, Z. physik. Chem., **226** (1964), 59
[72] S. Sathyanarayana, J. Electroanalyt. Chem., **10** (1965), 56
[73] W. Lorenz, Z. Elektrochem., **62** (1958), 192
[74] I. R. Miller, D. C. Grahame, J. Am. Chem. Soc., **78** (1956), 3577; **79** (1957, 3006)

[75] I. R. Miller, D. C. Grahame, J. Colloid. Sci., **16** (1961), 23
[76] I. R. Miller, J. Phys. Chem., **64** (1960), 1790
[77] I. R. Miller, Trans. Faraday Soc., **57** (1961), 301
[78] S. Ueda, F. Tsuji, A. Watanabe, Bull. Inst. Chem. Res. Kyoto Univ., **38** (1960), 59
[79] A. Watanabe, F. Tsuji, S. Ueda, Koll. Z. u. Z. Polymere, **193** (1963), 39; **198** (1964), 87
[80] W. Wojciak, E. Dutkievicz, Roczn. Chem., **38** (1964), 271
[81] I. V. Šelepin, A. N. Frumkin, A. I. Fedorova, S. Ja. Vasina, Dokl. Akad, Nauk. SSSR, **154** (1964), 203
[82] L. D. Kljukina, B. B. Damaskin, Izv. AN SSSR, Chemie, (1963), 1022
[83] S. L. Djatkina, B. B. Damaskin, Elektrochimija, **2** (1966), 1340
[84] J. Dojlido, B. Behr, Roczn. Chem., **37** (1963), 1043
[85] B. A. Shenoi, K. R. Narasimhan, J. Scient. and Industr. Res., **B21** (1962), 262
[86] R. I. Kaganovič, V. M. Gerovič, O. Ju. Gusakova, Elektrochimija, **3** (1967), 946
[87] J. W. Loveland, P. J. Elving, J. Phys. Chem., **56** (1952), 935, 941, 945
[88] S. L. Gupta, Proc. Indian Acad. Sci., **A47** (1958), 254
[89] K. Eda, J. Chem. Soc. Japan, **80** (1959), 349, 708; **81** (1960), 689
[90] B. B. Damaskin, N. V. Nikolaeva-Fedorovič, R. V. Ivanova, Ž. fiz. chim., **34** (1960), 894
[91] H. Jehring, Chem. zvesti, **18** (1964), 313
[92] K. Eda, J. Chem. Soc. Japan, **80** (1959), 461, 465
[93] Z. Ostrowski, H. Fischer, Electrochim. Acta, **8** (1963), 1, 37
[94] Z. Ostrowski, H. A. Brune, H. Fischer, Electrochim. Acta, **9** (1964), 175
[95] W. Pötsch, K. Schwabe, J. prakt. Chem., **18** (1962), 1
[96] A. V. Gorodeckaja, A. N. Frumkin, Dokl. Akad. Nauk. SSSR, **18** (1938), 649
[97] A. V. Gorodeckaja, Ž. fiz. chim., **14** (1940), 371
[98] R. Narayan, V. K. Venkatesan, Proc. Indian. Acad. Sci., **A54** (1961), 109
[99] Ja. M. Zolotovickij, G. A. Tedoradze, Izv. AN SSSR, Ser. Chemie, (1964), 2133; Elektrochimija, **1** (1965), 1339
[100] G. A. Tedoradze, Ja. M. Zolotovickij, A. B. Eršler, Elektrochimija, **1** (1965), 1280
[101] K. Tsuji, Rev. Polarogr., **11** (1964), 233
[102] J. Sancho, J. G. Hurtado, P. Salmeron, An. Real. Soc. esp. fis. y quim., **B58** (1962), 511
[103] I. Miller, J. Mol. Biol., **3** (1961), 229, 357
[104] G. Palyi, H. Jehring, Coll. Czech. Chem. Comm., **30** (1965), 4339
[105] G. A. Dobren'kov, R. K. Bankovskij, „*Material der elektrochemischen Konferenz*" Kazan 1959, S. 74 („Materialy elektrochimičeskoj konferencii")
[106] P. A. Kirkov, Dokl. Akad. Nauk. SSSR, **135** (1960), 651
[107] T. Kambara, A. Hayashi, J. Joshimi, Rev. Polarogr., **10** (1962), 131
[108] Tza-Chuan-sin, Chou Yuen-hong, Chou Ging-yuen, et al., Scienta Sinica, **14** (1965), 63
[109] K. Eda, K. Takahasi, J. Chem. Soc. Japan, **85** (1964), 828
[110] S. L. Gupta, S. K. Sharma, Electrochim. Acta, **10** (1965), 151
[111] G. A. Tedoradze, R. A. Arakeljan, E. D. Belokolos, Elektrochimija, **2** (1966), 563
[112] A. N. Frumkin, V. I. Melik-Gajkazjan, Dokl. Akad. Nauk. SSSR, **77** (1951), 855
[113] T. Berzins, P. Delahay, J. Phys. Chem., **59** (1955), 906
[114] W. Lorenz, F. Möckel, Z. Elektrochem., **60** (1956), 507, 939
[115] W. Lorenz, Z. phys. Chem. (N. F.), **18** (1958) 1; **26** (1960), 424
[116] W. Lorenz, E. O. Schmalz, Z. Elektrochem., **62** (1958), 301

[117] W. Lorenz, Z. phys. Chem., **218** (1961), 272; **219** (1962), 421
[118] W. Lorenz, G. Krüger, Z. phys. Chem., **221** (1962), 231
[119] W. Lorenz, U. Gaunitz, Coll. Czech. Chem. Comm., **31** (1966), 1389
[120] E. D. Belokolos, Elektrochimija, **1** (1965), 498
[121] G. A. Tedoradze, R. A. Arakeljan, Dokl. Akad. Nauk. SSSR, **156** (1964), 1170
[122] A. N. Frumkin, A. V. Gorodetskaja, Z. phys. Chem., **136** (1928), 451
[123] A. Murtazajev, A. Gorodetskaja, Acta physicochim. URSS, **4** (1936), 75
[124] A. N. Frumkin, N. S. Poljanovskaja, N. B. Grigor'ev, Dohl. Akad. Nauk. SSSR, **157** (1964), 1455
[125] N. S. Poljanovskaja, A. N. Frumkin, Elektrochimija, **1** (1965), 538
[126] A. Frumkin, N. Poljanovskaja, N. Grigorjev, I. Bagotskaja, Electrochim. Acta, **10** (1965), 793
[127] A. N. Frumkin, O. A. Petrij, N. V. Nikolaeva-Fedorovič, Dokl. Akad. Nauk. SSSR, **147** (1962), 878
[128] N. B. Grigor'ev, I. A. Bagockaja, Elektrochimija, **2** (1966), 1449
[129] O. A. Petrij, Dissertation Universität Moskau, 1962
[130] R. A. Arakeljan, G. A. Tedoradze, Elektrochimija, **4** (1968), 144
[131] A. N. Frumkin, N. S. Poljanovskaja, Ž. fiz. chim., **32** (1958), 157
[132] M. M. Andrusjov, N. Ch. Ajupova, B. B. Damaskin, Elektrochimija, **2** (1966), 1480
[133] R. G. Barradas, P. G. Hamilton, B. E. Conway, Coll. Czech. chem. Comm. **32** (1967), 1790
[134] B. E. Conway, L. G. M. Gordon, J. phys. Chem., **73** (1969), 3609
[135] B. B. Damaskin, R. J. Kaganovič, V. M. Gerovič, S. L. Djatkina, Electrochimija **5** (1969), 507
[136] R. J. Kaganovič, B. B. Damaskin, L. M. Ganžina, Electrochimija, **4** (1968), 7
[137] S. Trasatti, G. Olivieri, J. electroanal. Chem., **27** (1970), App. 7
[138] E. Dutkiewicz, J. D. Garnish, R. Parsons, J. electroanal. Chem., **16** (1968), 505
[139] L. K. Partridge, A. C. Tansley, A. S. Porter, Electrochim. Acta, **13** (1968), 2029
[140] V. M. Gerovič, B. B. Damaskin, R. J. Kaganovič, Elektrochimija, **7** (1971), 1345
[141] K. M. Joshi, M. R. Bapat, S. W. Dhawale, Electrochim. Acta, **15** (1970), 1519
[142] N. A. Borovaja, B. B. Damaskin, Elektrochimija, **7** (1971), 571
[143] R. G. Barradas, J. M. Sedlak, Electrochim. Acta, **16** (1971), 2091
[144] S. G. Meibuhr, Electrochim. Acta, **14** (1969), 169
[145] A. Inesi, F. Rallo, L. Rampazzo, Trans. Farad. Soc., **64** (1968), 3340
[146] V. D. Bezuglij, L. A. Koršikov, V. B. Titova, Elektrochimija, **6** (1970), 1150
[147] L. A. Koršikov, V. B. Titova, N. V. Krupskaja, V. D. Bezuglij, Elektrochimija **5** (1969), 726
[148] V. D. Bezuglij, V. B. Titova, L. A. Koršikov, Elektrochimija, **7** (1971), 1752
[149] W. J. Plieth, J. electroanal. Chem., **23** (1969), 305
[150] R. J. Kaganovič, B. B. Damaskin, M. A. Suranova, Elektrochimija, **7** (1971), 1158
[151] B. B. Damaskin, V. F. Ivanov, V. F. Balašov, V. F. Chonina, Elektrochimija, **7** (1971), 127
[152] K. M. Joshi, S. Rajagopalan, Electrochim. Acta, **17** (1972), 479
[153] R. J. Meakins, J. Appl. Chem., **17** (1967), 157
[154] U. Gaunitz, W. Lorenz, Coll. Czech. chem. Comm., **36** (1971), 796
[155] I. G. Markova, L. G. Feokistov, Elektrochimija, **5** (1969), 1095
[156] V. M. Gerovič, R. J. Kaganovič, B. B. Damaskin, Elektrochimija, **5** (1969), 457

[157] K. Doblhofer, D. M. Mohilner, J. phys. Chem., **75** (1971), 1698
[158] H. Jehring, Z. phys. Chem., **229** (1965), 39
[159] G. A. Dobren'ko, L. T. Guseva, Elektrochimija, **7** (1971), 563
[160] J. Lawrence, R. Parsons, Trans. Farad. Soc., **64** (1968), 1656
[161] A. V. Čižov, S. D. Pirozkov, B. B. Damaskin, Elektrochimija, **5** (1969), 1227
[162] K. G. Baikerikar, S. Sathyanarayana, J. electroanal. Chem., **24** (1970), 333
[163] A. V. Čižov, B. B. Damaskin, Elektrochimija, **5** (1969), 1012
[164] W. P. Race, J. electroanal. Chem., **24** (1970), 315
[165] B. B. Damaskin, C. L. Djatkina, N. A. Borovaja, Elektrochimija, **6** (1970), 712
[166] J. D. Garnish, R. Parsons, Trans. Farad. Soc., **63** (1967), 1754
[167] R. Parsons, P. C. Symons, Trans. Farad. Soc., **64** (1968), 1077
[168] A. B. Eršler, I. M. Levinson, S. G. Mairanovskij, G. A. Tedoradze, Ju. B. Wolkenštein, Elektrochimija, **5** (1969), 880
[169] I. M. Ganžina, B. B. Damaskin, Elektrochimija, **6** (1970), 1715
[170] R. J. Meakins, M. G. Stevens, R. J. Hunter, J. phys. Chem., **73** (1969), 112
[171] R. J. Kaganovič, B. B. Damaskin, M. K. Kaiševa, Elektrochimija, **6** (1970), 1359
[172] B. B. Damaskin, S. L. Djatkina, Elektrochimija, **5** (1969), 124
[173] B. B. Damaskin, S. L. Djatkina, V. K. Venkatesan, Elektrochimija, **5** (1969), 524
[174] B. V. K. S. R. A. Tilak, M. A. V. Devanathan, J. phys. Chem., **73** (1969), 3582
[175] R. J. Kaganovič, B. B. Damaskin, M. M. Andrusov, Elektrochimija, **5** (1969), 745
[176] G. Manohar, S. Sathyanarayana, J. electroanal. Chem., **30** (1971), 301
[177] S. L. Djatkina, B. B. Damaskin, Elektrochimija, **5** (1969), 438
[178] B. B. Damaskin, M. M. Andrusov, V. M. Gerovič, R. J. Kaganovič, Elektrochimija, **3** (1967), 667
[179] W. Lorenz, K. H. Lubert, Z. phys. Chem., **241** (1969), 285; **246** (1971), 49
[180] C. Giomini, L. Rampazzo, J. phys. Chem., **76** (1972), 707
[181] G. Stoner, S. Srinivasan, J. phys. Chem., **74** (1970), 1088
[182] V. Š. Tsveniašvili, S. J. Ždanov, Z. V. Todres, Elektrochimija, **7** (1971), 28
[183] J. Lawrence, R. Parsons, J. phys. Chem., **73** (1969), 3577
[184] J. Lawrence, R. Parsons, Trans. Farad. Soc., **64** (1968), 751
[185] V. A. Kuznecov, N. G. Vasilkevič, B. B. Damaskin, Elektrochimija, **6** (1970), 1339
[186] H. Jehring, Z. physik. Chem., **246** (1971), 1
[187] G. A. Dobren'kov, G. D. Šilotkač, Elektrochimija, **6** (1970), 1416
[188] G. A. Dobren'kov, G. D. Šilotkač, Elektrochimija, **5** (1969), 863
[189] K. Takahashi, Electrochim. Acta, **13** (1968), 1609
[190] R. D. Armstrong, W. P. Race, H. R. Thirsk, J. electroanal. Chem., **16** (1968), 517
[191] F. Möllers, W. Jaenicke, J. electroanal. Chem., **18** (1968), 61
[192] W. Lorenz, Z. phys. Chem., **244** (1970) 65.
[193] R. Narayan, N. Hackerman, J. electrochem. Soc., **118** (1971), 1426
[194] I. A. Bagotskaja, S. A. Fatejev, N. B. Grigor'ev, N. G. Bardina, Elektrochimija, **6** (1970), 369
[195] N. B. Grigor'ev, S. A. Fatejev, I. A. Bagotskaja, Elektrochimija, **7** (1971), 223
[196] N. S. Poljanovskaja, A. N. Frumkin, Elektrochimija, **6** (1970), 246
[197] A. M. Morozov, I. A. Bagotskaja, E. A. Preis, Elektrochimija, **5** (1969), 40
[198] I. A. Bagotskaja, A. M. Morozov, N. B. Grigor'ev, Electrochim. Acta, **13** (1968), 873

3. Quantitative Theorie über den Einfluß des elektrischen Feldes auf die Adsorption organischer Stoffe an der Quecksilberelektrode

Erste Vorstellungen zur quantitativen Theorie über den Einfluß des elektrischen Feldes auf die Adsorption neutraler Moleküle an der Quecksilberoberfläche wurden von FRUMKIN in den Jahren 1925 und 1926 entwickelt [1—3]. Die Theorie berücksichtigte die Anziehungskräfte zwischen den adsorbierten Molekülen des organischen Stoffes; die Phasengrenze zwischen Elektrode und Lösung wird wie zwei parallel zueinander angeordnete Kondensatoren behandelt, wobei sich zwischen den Randplatten des einen Kondensators nur Moleküle des organischen Stoffes befinden, beim zweiten Kondensator dagegen nur Moleküle des Lösungsmittels (Wasser). Als experimentelle Grundlage für die Theorie dienten die Elektrokapillarkurven der Quecksilberelektrode in einer 1 n NaCl-Lösung mit unterschiedlichen Zusätzen von tert.-Amylalkohol.

Die Weiterentwicklung der Theorie über den Einfluß des elektrischen Feldes auf die Adsorption organischer Verbindungen basierte auf den Meßwerten der Differentialkapazität, die an der Quecksilberelektrode in Anwesenheit organischer Zusätze aufgenommen wurden. Das ist darauf zurückzuführen, daß die Differentialkapazität ein wesentlich empfindlicheres Merkmal für Änderungen der Doppelschichtstruktur ist, als die Oberflächenspannung. Untersuchungen in dieser Richtung wurden von DAMASKIN, TEDORADZE u. Mitarb. ausgeführt [4—34]. Im folgenden werden die Hauptergebnisse dieser Arbeiten diskutiert, die im wesentlichen die Verallgemeinerung und Weiterentwicklung der FRUMKINschen Theorie darstellen.[1])

3.1. Wahl der elektrischen Veränderlichen

Wenn die Adsorption der organischen Verbindung an der Elektrodenoberfläche reversibel ist und nicht durch die Bildung polymolekularer oder mizellartiger Schichten kompliziert wird, dann sind das Elektrodenpotential φ, die Elektroden-

[1]) *A. d. H.:* Neuere Entwicklungen dieser Vorstellungen sind in [86—100] zu finden; dabei wird u. a. in [86, 92] auf die Adsorption eines Stoffes in unterschiedlichen Positionen (Modell dreier paralleler Kondensatoren), auf die Rolle der Ladung und des partiellen Ladungsübergangs in [96, 88] und die Rolle der Polarität des Adsorbates in [90, 91, 94, 95, 100] eingegangen. Eine Übersicht bis 1969 gibt [101].

ladung ε und der Bedeckungsgrad θ der Oberfläche mit dem organischen Stoff gesetzmäßig miteinander gekoppelt. Diese Beziehung kann man mit zwei Varianten ausdrücken:

$$\varepsilon = \varepsilon(\varphi, \theta) \tag{III.1}$$

oder

$$\varphi = \varphi(\varepsilon, \theta). \tag{III.2}$$

Im ersten Falle ist das Elektrodenpotential die unabhängige elektrische Veränderliche, im zweiten Falle dagegen die Elektrodenladung.

Es gibt in der Literatur bis heute noch keine einheitliche Auffassung darüber, welche dieser beiden Größen, φ oder ε, vorzugsweise als unabhängige elektrische Veränderliche zu benutzen ist. So wird beispielsweise in den Arbeiten von Frumkin [1—3], Hansen u. Mitarb. [35, 36] sowie Lorenz u. Mitarb. [37—40, 102, 103] das Elektrodenpotential als unabhängige Veränderliche gewählt, während in den Arbeiten von Parsons [41, 42, 104—111], Devanathan [43, 112] sowie Bockris, Devanathan und Müller [44, 113] die Wahl auf die Elektrodenladung fällt. Die sich an diesem Problem entzündende Diskussion [11, 42, 45, 104, 113—115] veranlaßt uns, näher auf diese Frage einzugehen.

Wenn das Elektrodenpotential die unabhängige elektrische Veränderliche ist, dann kann man die Fundamentalgleichung der Elektrokapillarität für die verdünnte Lösung eines organischen Stoffes schreiben als

$$d\sigma = -\varepsilon d\varphi - RT\Gamma d \ln c = -\varepsilon d\varphi - A\theta d \ln c, \tag{III.3}$$

mit $A = RT\Gamma_m$ (Γ_m = Adsorptionsgrenzwert). Da $d\sigma$ in dieser Gleichung ein vollständiges Differential darstellt, erhält man

$$\frac{1}{A}\left(\frac{\partial \varepsilon}{\partial \ln c}\right)_\varphi = \left(\frac{\partial \theta}{\partial \varphi}\right)_c. \tag{III.4}$$

Aus dieser, von Gouy [46] abgeleiteten Gleichung folgt

$$\left(\frac{\partial \ln c}{\partial \varphi}\right)_\theta = -\left(\frac{\partial \ln c}{\partial \theta}\right)_\varphi \left(\frac{\partial \theta}{\partial \varphi}\right)_c = -\frac{1}{A}\cdot\left(\frac{\partial \varepsilon}{\partial \theta}\right)_\varphi. \tag{III.5}$$

Ist dagegen die Elektrodenladung die unabhängige elektrische Veränderliche, dann hat für die verdünnte Lösung eines organischen Stoffes die elektrokapillare Fundamentalgleichung die Form (s. Gleichung (I.39))

$$d\xi = \varphi d\varepsilon - RT\Gamma d \ln c = \varphi d\varepsilon - A\theta d \ln c. \tag{III.6}$$

Das vollständige Differential lautet

$$\frac{1}{A}\left(\frac{\partial \varphi}{\partial \ln c}\right)_\varepsilon = -\left(\frac{\partial \theta}{\partial \varepsilon}\right)_c. \tag{III.7}$$

Aus dieser Gleichung folgt

$$\left(\frac{\partial \ln c}{\partial \varepsilon}\right)_\theta = -\left(\frac{\partial \ln c}{\partial \theta}\right)_\varepsilon \left(\frac{\partial \theta}{\partial \varepsilon}\right)_c = \frac{1}{A}\left(\frac{\partial \varphi}{\partial \theta}\right)_\varepsilon. \tag{III.8}$$

Gleichung (III.8) stammt von Parsons [41].

Die rein thermodynamischen Gleichungen (III.5) und (III.8) führen zu einem experimentellen Kriterium, das die Zweckmäßigkeit der Wahl einer der beiden unabhängigen elektrischen Veränderlichen bestätigt.

Wir nehmen zuerst an, daß die experimentelle Abhängigkeit der Adsorption des organischen Stoffes von seiner Volumenkonzentration und dem Potential ausgedrückt werden kann als

$$Bc = f(\theta), \tag{III.9}$$

B = potentialabhängige Adsorptionsgleichgewichtskonstante;
$f(\theta)$ = potentialunabhängige Funktion des Bedeckungsgrades.

Es erscheint unter diesen Bedingungen zweckmäßig, das Elektrodenpotential als unabhängige elektrische Veränderliche zu wählen, weil die Isothermenform (III.9) in den angegebenen Koordinaten potentialunabhängig ist.

Aus Gleichung (III.9) folgt

$$\frac{d \ln B}{d\varphi} = -\left(\frac{\partial \ln c}{\partial \varphi}\right)_\theta. \tag{III.10}$$

Aus den Gleichungen (III.5) und (III.10) kann man ableiten

$$\left(\frac{\partial \varepsilon}{\partial \theta}\right)_\varphi = A\,\frac{d \ln B}{d\varphi} \tag{III.11}$$

und

$$\varepsilon = A\left(\frac{d \ln B}{d\varphi}\right)\theta + \varepsilon_0, \tag{III.12}$$

mit ε_0 = Integrationskonstante, gleich der Elektrodenladung für $\theta = 0$.

Für $\theta = 1$ und einem gegebenen Potential möge die Elektrodenladung ε' sein; dann gilt nach Gleichung (III.12)

$$\varepsilon' = A\left(\frac{d \ln B}{d\varphi}\right) + \varepsilon_0. \tag{III.13}$$

Aus den Gleichungen (III.12) und (III.13) folgt

$$\varepsilon = \varepsilon_0(1 - \theta) + \varepsilon'\theta. \tag{III.14}$$

Die Darstellung der Adsorptionsisotherme nach Gleichung (III.9) und die Wahl des Elektrodenpotentials als unabhängige elektrische Veränderliche entspricht folglich dem FRUMKINschen Modell zweier parallel zueinander angeordneter Kondensatoren [1, 3]. Die Kapazitäten dieser Kondensatoren ergeben sich entsprechend zu

$$C' = \frac{d\varepsilon'}{d\varphi} \quad \text{und} \quad C_0 = \frac{d\varepsilon_0}{d\varphi}. \tag{III.15}$$

Wenn man in erster Näherung annimmt, daß $C_0 = \text{const.}$ und $C' = \text{const.}$ sind, dann läßt sich die jeweilige potentialabhängige Funktion von ε_0 und ε' als Gerade darstellen, deren Gleichung man entsprechend Abb. 11 formulieren kann als

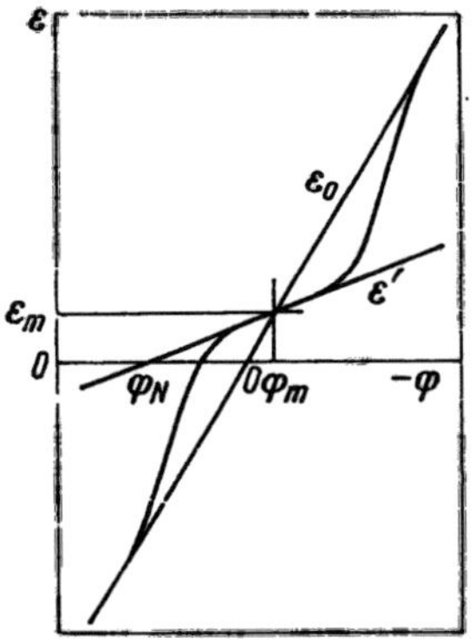

Abb. 11: Schematische Darstellung der Potentialabhängigkeit der Elektrodenladung für $C_0 = \text{const.}$ und $C' = \text{const.}$

$$\varepsilon_0 = C_0\varphi; \quad \varepsilon' = C'(\varphi - \varphi_N), \tag{III.16}$$

bezw. als

$$\varepsilon_0 = \varepsilon_m + C_0(\varphi - \varphi_m); \qquad \varepsilon' = \varepsilon_m + C'(\varphi - \varphi_m). \tag{III.16a}$$

Das Potential zählt man hier wie auch im folgenden vom Null-Ladungspotential bei $\theta = 0$ an. φ_N' entspricht dann der Verschiebung des Null-Ladungspotentials beim Übergang von $\theta = 0$ zu $\theta = 1$; φ_m und ε_m sind Abszisse und Ordinate des Schnittpunktes der Geraden $\varepsilon_0(\varphi)$ und $\varepsilon'(\varphi)$.

Wenn man die Gleichung (III.16) oder (III.16a) in (III.14) einführt, erhält man

$$\varepsilon = C_0\varphi\,(1 - \theta) + C'(\varphi - \varphi_N)\,\theta \tag{III.17}$$

oder

$$\varepsilon = \varepsilon_m + [C_0(1 - \theta) + C'\theta]\,(\varphi - \varphi_m). \tag{III.17a}$$

Aus Gleichung (III.17) folgt, daß die Abhängigkeit des Null-Ladungspotentials $(\varphi_{\varepsilon=0})$ vom Bedeckungsgrad ausgedrückt werden kann mit

$$\varphi_{\varepsilon=0} = \varphi_N\theta \Big/ \left[\frac{C_0}{C'}(1 - \theta) + \theta\right]. \tag{III.18}$$

Wie man aus Gleichung (III.18) ablesen kann, verläuft die Abhängigkeit $\varphi_{\varepsilon=0}$ von θ (oder von Γ) (bei Wahl des Potentials als elektrische Veränderliche) nicht linear. Die Abweichung vom linearen Verlauf ist um so stärker, je größer das Verhältnis C_0/C' ist.

Wir setzen nunmehr voraus, daß die Versuchswerte ausgedrückt werden können durch die Gleichung

$$Gc = f(\theta), \tag{III.19}$$

(G = ladungsabhängige Adsorptionsgleichgewichtskonstante; $f(\theta)$ = Funktion von θ). Es ist in diesem Falle zweckmäßig, die Elektrodenladung als unabhängige elektrische Veränderliche zu wählen, da die Form der Isotherme (III.19) in den angenommenen Koordinaten ladungsunabhängig ist.

Aus Gleichung (III.19) folgt

$$\frac{d \ln G}{d\varepsilon} = -\left(\frac{\partial \ln c}{\partial \varepsilon}\right)_\theta. \tag{III.20}$$

Aus den Gleichungen (III.8) und (III.20) kann man ableiten

$$\left(\frac{\partial \varphi}{\partial \theta}\right)_\varepsilon = -A\,\frac{d \ln G}{d\varepsilon}, \tag{III.21}$$

bzw.

$$\varphi = -A\left(\frac{d \ln G}{d\varepsilon}\right)\theta + \varphi_0, \tag{III.22}$$

mit φ_0 = Integrationskonstante, die dem φ-Wert bei $\theta = 0$ gemäß der vorgegebenen Ladung ε entspricht.

Wenn man das Potential bei gegebenen ε für $\theta = 1$ mit φ' bezeichnet, dann gilt

$$\varphi' = -A\left(\frac{d \ln G}{d\varepsilon}\right) + \varphi_0. \tag{III.23}$$

Aus den Gleichungen (III.22) und (III.23) folgt

$$\varphi = \varphi_0(1 - \theta) + \varphi'\theta. \tag{III.24}$$

Wenn man (III.24) nach ε bei θ = const. differenziert, erhält man

$$\frac{1}{C} = \frac{1 - \theta}{C_0} + \frac{\theta}{C'}. \tag{III.25}$$

Die Beschreibung der Adsorptionsisotherme nach Gleichung (III.18) und die sich daraus ableitende Wahl der Elektrodenladung als unabhängige elektrische Veränderliche entspricht im Modell der Reihenschaltung zweier Kondensatoren mit den Kapazitäten $C_0/(1 - \theta)$ und C'/θ. Die physikalische Interpretation eines solchen Modells ist sehr schwierig.

Mit anderen Worten, wenn die Kapazitäten C_0 und C' ladungsunabhängig sind, dann gilt nach Abb. 11 $\varphi_0 = \varepsilon/C_0$ und $\varphi' = \varepsilon/C' + \varphi_N$. In diesem Falle kann man Gleichung (III.24) auch schreiben als

$$\varepsilon = (\varphi - \theta\varphi_N) \Big/ \left(\frac{1-\theta}{C_0} + \frac{\theta}{C'}\right), \qquad \text{(III.26)}$$

setzt man in Gleichung (III.26) $\varepsilon = 0$, erhält man eine lineare Abhängigkeit des Null-Ladungspotentials von θ (oder Γ): $\varphi_{\varepsilon=0} = \theta\varphi_N$ (III.27).

Die Abhängigkeit der Adsorptionspotentialsprünge (die Differenz zwischen den Null-Ladungspotentialen bei gegebenem θ und bei $\theta = 0$) von Γ ermöglicht

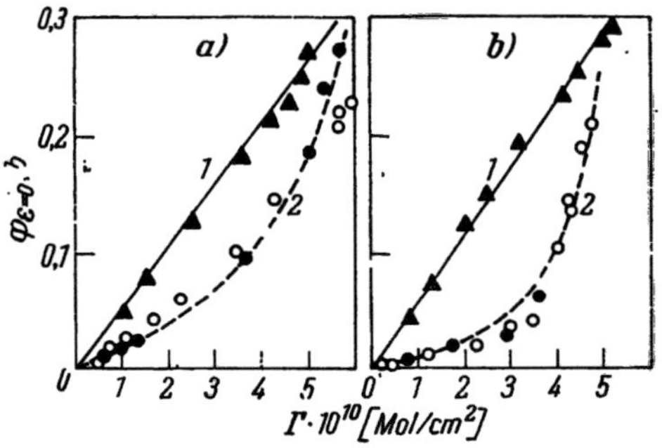

Abb. 12: Abhängigkeit des adsorptionsbedingten Potentialsprungs von der Adsorption des n-Propanols (*a*) und der Kapronsäure (*b*) an den Phasengrenzen Lösung/Luft (*1*) und Lösung/Quecksilber (*2*)

Datenquellen: ● – Maxima der Elektrokapillarkurven; ○ – Minima der Differentialkapazitätskurven in verdünnten Lösungen; Berechnungen für folgende Bedingungen: $a = \varphi_N = 0{,}31$ V; $C_0/C' = 3{,}5$; $\Gamma_m = 6 \cdot 10^{-10}$ Mol/cm²; $b = \varphi_N = 0{,}29$ V; $C_0/C' = 7$; $\Gamma_m = 5 \cdot 10^{-10}$ Mol/cm²; Grundelektrolyt: 0,01 n H_2SO_4.

die Entscheidung, ob die Gleichung (III.9) oder (III.19) befolgt wird und welche der beiden elektrischen Veränderlichen (φ oder ε) brauchbarer ist, um die Adsorption eines organischen Stoffes an der Phasengrenze zu untersuchen.

In Abb. 12 sind die nach zwei verschiedenen Methoden gewonnenen experimentellen Werte der Funktion $\varphi_{\varepsilon=0}$ (Γ) bei der Adsorption von n-Propylalkohol und n-Kapronsäure an Quecksilber dargestellt. Wie die Abbildung zeigt, weichen diese Funktionen merklich von einer Geraden ab und stimmen gut mit Gleichung (III.18) überein. Das gleiche Ergebnis wurde in der Arbeit [15] für die Adsorption von n-Valeriansäure nnd n-Amylamin an Quecksilber erhalten. Man muß dabei allerdings berücksichtigen, daß ein analoger Kurvenverlauf der Funktion $\varphi_{\varepsilon=0}$ (Γ) für Kampher [47], n-Butylamin [48] und verschiedene andere aliphatische Verbindungen [49] beobachtet wurde und man dafür eine andere Erklärung fand, die mit der Veränderung der Orientierung der adsorbierten Dipole in

Zusammenhang steht. Sofern in den gleichen Systemen an der Phasengrenze Lösung/Luft eine lineare Abhängigkeit des Adsorptionspotentials von Γ beobachtet wird (s. Abb. 12), kann eine solche Erklärung nicht als richtig anerkannt werden.[1])

Die gute Übereinstimmung der Versuchswerte der Funktion $\varphi_{\varepsilon=0}(\Gamma)$ mit Gleichung (III.18) zeigt, daß man die Phasengrenze zwischen Elektrode und wäßriger Lösung mit geringen Zusätzen des organischen Stoffes in erster Näherung als Modell zweier parallel geschalteter Kondensatoren ansehen kann. Die experimentelle Bestätigung der Gleichung (III.14) wurde auch in den Arbeiten von

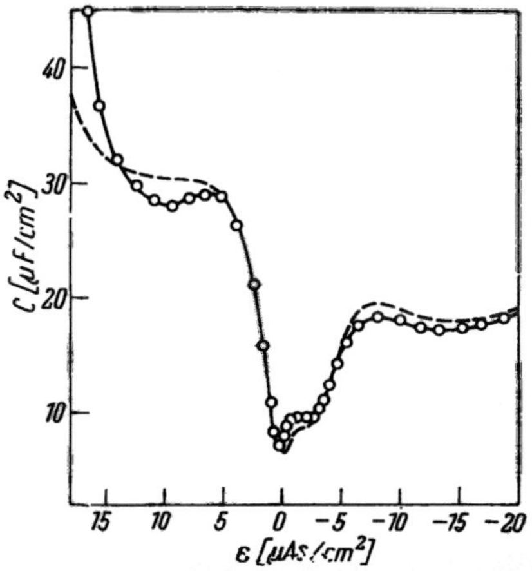

Abb. 13: Abhängigkeit der differentiellen Kapazität von der Ladung der Quecksilberelektrode in der Lösung 0,002 n NaF + 0,2 m n-C_3H_7OH [26]

——— Versuchswerte; ······ — berechnet nach GRAHAME auf der Grundlage von experimentellen Werten in der Lösung 0,1 n NaF + 0,2 m C_3H_7OH

BREITER und DELAHAY [50] sowie HANSEN u. Mitarb. [36] gegeben. Gleichzeitig wurde in der Arbeit [36] mit Hinweis auf OVERBEEK folgender Umstand hervorgehoben. Bei $\varepsilon = 0$ sind die Glieder $\varepsilon(1 - \theta)$ und $\varepsilon'\theta$ in Gleichung (III.14) ungleich Null, d. h. die Oberflächenbereiche besitzen eine Ladung. Um die Gleichungen (III.9) und (III.14) quantitativ zu beweisen, muß man nachträglich annehmen, daß die Adsorptionsschicht auf beiden Seiten durch Äquipotentialflächen begrenzt wird und die Kraftlinien über die gesamte Fläche senkrecht zu ihr verlaufen [26]. Diese Bedingungen können näherungsweise erfüllt werden, wenn sich die senkrecht zur Oberfläche orientierten Dipole des Wassers und des organischen Stoffes zwischen zwei Phasen mit ausreichend großen Dielektrizitätskonstanten befinden. Um diese Bedingungen exakt zu erfüllen, müssen beide Phasen unendlich große

[1]) *A. d. H.:* Weiterhin wurden Untersuchungen zur Kongruenz der Adsorptionsisothermen in [116—118] angestellt. In [116] wird für die Adsorption von 5-Chloro-1-Pentanol gezeigt, daß mit keinem der beiden speziellen Ansätze (III.9) und (III.19) kongruente Isothermen erhalten werden.

Dielektrizitätskonstanten aufweisen. Im Falle der Phasengrenze Lösung/Luft werden diese Bedingungen natürlich nicht erfüllt.

Es ist interessant, daß sich die Änderung der Leitelektrolytkonzentration nicht auf die Γ-Abhängigkeit von $\varphi_{\varepsilon=0}$ auswirkt [15]. Daraus folgt, daß der Potentialausgleich in wäßriger Phase nicht durch die Konzentration der Ionen in der diffusen Schicht, sondern durch die hohe Dielektrizitätskonstante des Wassers bestimmt wird (vgl. auch [51]). Diese Schlußfolgerung wird durch die gute Übereinstimmung der experimentellen Differentialkapazitätskurve in einer (0,002 n NaF + 0,2 m n-C_3H_7OH)-Lösung mit der nach der Methode von GRAHAME [52] berechneten Kurve bestätigt, wobei man zur Berechnung letzterer von experimentellen Werten einer (0,1 n NaF + 0,2 m n-C_3H_7OH)-Lösung ausgeht (s. Abb. 13). Diese Übereinstimmung zwischen Theorie und Experiment kann man nur unter der Bedingung beobachten, daß die adsorbierten Dipole des organischen Stoffes nicht die Ionenverteilung im diffusen Teil der Doppelschicht stören [26].

Aus den Versuchswerten folgt, daß sich sowohl aus der physikalischen Interpretation des Doppelschichtmodells, als auch aus der experimentellen Abhängigkeit des Adsorptionspotentials von der Adsorption die Schlußfolgerung ergibt, bei der Untersuchung der Adsorption organischer Verbindungen an der Phasengrenze Quecksilber/Lösung das Elektrodenpotential und nicht die Elektrodenladung als elektrische Veränderliche zu wählen.

3.2. Allgemeine Gesetzmäßigkeiten, die nicht von der konkreten Form der Adsorptionsisotherme abhängig sind

3.2.1. Abhängigkeit der Adsorptionsenergie vom Elektrodenpotential

Wir nehmen an, daß bei der Adsorption eines organischen Stoffes an der Elektrodenoberfläche Bedingungen realisiert werden, die der Gleichung (III.1) entsprechen, und daß sich das Adsorptionsgleichgewicht für jeden Potentialwert einstellt. In diesem Falle folgt aus den Gleichungen (III.11) und (III.17a)

$$\frac{d \ln B}{d\varphi} = -\frac{C_0 - C'}{A}(\varphi - \varphi_m) = -2\alpha(\varphi - \varphi_m), \tag{III.28}$$

mit

$$\alpha = \frac{C_0 - C'}{2A}. \tag{III.29}$$

Die Integration von Gleichung (III.28) und deren Potenzierung ergibt

$$B = B_m \exp\left[-\alpha(\varphi - \varphi_m)^2\right], \tag{III.30}$$

$B_m = B$-Wert bei $\varphi = \varphi_m$.

Andererseits hängt die Adsorptionsgleichgewichtskonstante B mit der freien Adsorptionsenergie des organischen Stoffes ($\Delta \bar{G}_A$) durch folgende Beziehung zusammen:

$$B = \frac{1}{55{,}5} \exp\left(-\frac{\Delta \bar{G}_A}{RT}\right). \tag{III.31}$$

Wenn somit die Form der Adsorptionsisotherme vom Elektrodenpotential unabhängig ist, die Doppelschichtkapazität aber mit wachsender Konzentration des organischen Stoffes bis zu einem Grenzwert C' absinkt, dann ist die Adsorptionsenergie des organischen Stoffes exponentiell (als Quadratfunktion) vom Elektrodenpotential abhängig.

Wie bereits durch FRUMKIN [1—3] nachgewiesen werden konnte, kann man das gleiche Ergebnis aus elektrostatischen Untersuchungen ableiten, wenn man den Adsorptionsprozeß neutraler Moleküle mit der Verringerung einer Kondensatorbelegung und mit dem Austausch des zwischen den Kondensatorplatten befindlichen Dielektrikums gegen ein anderes identifiziert. Tatsächlich muß bei Austausch von Wasser gegen einen organischen Stoff bei $\varphi = \text{const.}$ von der Kondensatorbelegung folgende Elektrizitätsmenge freiwerden: $(C_0 - C')\,\varphi$. Die dafür erforderliche Arbeit beträgt $(C_0 - C')\,\varphi^2$. Andererseits kommt es bei Austausch des Dielektrikums zu einer Verringerung der Energie des Doppelschichtkondensators um die Größe $1/2\,(C_0 - C')\,\varphi^2$. Im Ergebnis dieser beiden entgegengesetzten Effekte wird daher die Austauschbarkeit des Dielektrikums gleich

$$w_1 = (C_0 - C')\,\varphi^2 - \frac{1}{2}(C_0 - C')\,\varphi^2 = \frac{1}{2}(C_0 - C')\,\varphi^2. \tag{III.32}$$

Da die Dielektrizitätskonstante von Wasser größer als die des organischen Stoffes ist, gilt $C_0 - C' > 0$ und $w_1 > 0$. Anders gesagt, je größer $|\varphi|$ ist, um so größer ist die Arbeit, die man benötigt, um in der Doppelschicht Wasser durch einen organischen Stoff zu substituieren. Der umgekehrte Austausch verläuft freiwillig und beschleunigt sich proportional φ^2. Damit erklärt sich im Grunde genommen auch die Desorption organischer Moleküle bei ausreichend hohen positiven oder negativen Oberflächenladungen.

Wenn die Moleküle des organischen Stoffes ein Dipolmoment besitzen, dann entsteht bei ihrer orientierten Adsorption ein zusätzlicher Potentialsprung φ_N. Daher muß man bei Einführung eines solchen, „bereits polarisierten“ Dielektrikums in die Doppelschicht von deren Belegung zusätzlich $C'\varphi_N$ Coulomb abziehen. Die dafür erforderliche Arbeit bei $\varphi = \text{const.}$ ist gleich

$$w_2 = C'\varphi_N\varphi. \tag{III.33}$$

Die Größe w_2 wird positiv oder negativ in Abhängigkeit von den Vorzeichen von φ und φ_N; das Vorzeichen von φ_N wird hierbei durch die Molekülstruktur und die Eigenschaften der angrenzenden Phasen bestimmt.

Wenn man die gesamte Adsorptionsarbeit ($w_1 + w_2$) auf ein Mol des adsorbierten Stoffes (d. h. auf Γ_m) bezieht, dann erhält man entsprechend der BOLTZMANN-Gleichung für die Gleichgewichtskonstante der Adsorption den folgenden Ausdruck:

$$B = B_0 \exp\left[-\frac{1/2\,(C_0 - C')\,\varphi^2 + C'\varphi_N\varphi}{RT\cdot\Gamma_m}\right], \qquad \text{(III.34)}$$

$B^0 = B$-Wert bei $\varphi = 0$[1]).

Wenn man die Gleichungen

$$\alpha = \frac{C_0 - C'}{2RT\Gamma_m};\ \varphi_m = -\frac{C'\varphi_N}{C_0 - C'} \text{ und } B_m = B_0 \exp\left[\frac{(C'\varphi_N)^2}{2RT\Gamma_m(C_0 - C')}\right]$$

einführt, dann erhält man aus Gleichung (III.34) unmittelbar Gleichung (III.30).

In einer Arbeit von BUTLER [53] wurde Gleichung (III.30) auf der Grundlage der Molekularvorstellung des Adsorptionsprozesses erhalten, wobei die Moleküle des Wassers und des organischen Stoffes als polarisierbare Volumenelemente (P_w und P_A) betrachtet werden. Gleichzeitig wurden die Dipolmomente der Moleküle des Wassers μ_w und des organischen Stoffes μ_A berücksichtigt. Somit läßt sich der elektrische Anteil der Adsorptionsarbeit nach BUTLER [53] ausdrükken als

$$W = \left[\frac{1}{2}\,(P_w - P_A)\,X^2 + (\mu_w + \mu_A)\,X\right]\partial V, \qquad \text{(III.35)}$$

X = elektrische Feldstärke; ∂V = Volumenelement.

Wenn man wie BUTLER annimmt, daß X proportional φ ist, dann erhält man aus Gleichung (III.35) ohne Schwierigkeiten die Gleichung (III.30). Gleichung (III.35) ist tatsächlich der entsprechenden Gleichung der FRUMKINschen Theorie für die Summe der Arbeiten w_1 und w_2 analog, ihr einziger Unterschied besteht darin, daß Gleichung (III.35) die Volumeneigenschaften der dielektrischen Medien verwendet. Eine solche Auslegung ist nicht zulässig, wenn man das Verhalten eines Stoffes in der elektrischen Doppelschicht untersucht. Die FRUMKINsche Theorie benutzt deshalb die experimentell bestimmbaren Eigenschaften der Doppelschicht.

Andererseits wurde in den Arbeiten verschiedener Autoren [44, 54, 55] ein anderer Verlauf der Abhängigkeit der Adsorptionsenergie vom Elektrodenpotential gefunden. In den Arbeiten von BREYER und HACOBIAN [54] sowie MILLER [55] wurde z. B. bei den Berechnungen der elektrischen Adsorptionsenergie nur die Wechselwirkung der Dipolmomente des Wassers und des organischen Stoffes

[1]) Eine detailliertere Ableitung von Gleichung (III.34) unter Benutzung von Grundsätzen der Elektrostatik s. in Arbeit [3].

mit der geladenen Oberfläche berücksichtigt. Unter diesen Bedingungen entfällt in Gleichung (III.35) der erste Summand, folglich ändert sich, wenn X proportional φ ist, die Adsorptionsenergie linear mit dem Elektrodenpotential [54, 55].

Entsprechend der von BOCKRIS, DEVANATHAN und MÜLLER [44] entwickelten Theorie ist der den Verlauf des Adsorptionsprozesses organischer Verbindungen an der Phasengrenze Quecksilber/Elektrolyt in Abhängigkeit vom Elektrodenpotential bestimmende Hauptfaktor die Konkurrenz zwischen den organischen Molekülen und den Wassermolekülen. Die Wassermoleküle, die ungeordnet in der Umgebung der ungeladenen Quecksilberoberfläche verteilt sind, orientieren sich unter der Wirkung des Feldes, dadurch wird die Adsorption der organischen Verbindung erschwert. Das Potential einer maximalen Adsorption des organischen Stoffes entspricht somit dem Potential, bei dem die Zahl der Wasserdipole, die mit ihrem positiven Ende zur Elektrodenoberfläche orientiert sind, genau so groß ist wie die Zahl der Wasserdipole mit umgekehrter Orientierung. Die quantitative Theorie, die auf einer solchen Annahme beruht, aber die Bildungsenergie einer Ionendoppelschicht unberücksichtigt läßt, zeigt, daß sich in erster Näherung die Adsorptionsenergie linear mit der Größe

$$\frac{n\mu_w X}{kT} \cdot th \left(\frac{\mu_w X}{kT}\right) \text{ ändert}$$

(n = Zahl der Wassermoleküle, die durch ein Molekül des organischen Stoffes von der Oberfläche verdrängt werden; k = BOLTZMANN-Konstante).

Wie bereits gezeigt werden konnte, ist die Form der Adsorptionsisotherme im Falle der Adsorption aliphatischer Verbindungen am Quecksilber in erster Näherung unabhängig vom Elektrodenpotential, während sich die Doppelschichtkapazität mit wachsender Konzentration des organischen Stoffes bis zu einem Grenzwert C' verringert. Wenn aus diesen Bedingungen thermodynamisch die quadratische Abhängigkeit der Adsorptionsenergie vom Potential folgt, dann befinden sich die Modellvorstellungen, die zu einer anderen Abhängigkeit $\Delta \overline{G}_A$ von φ führen [44, 54, 55], im Widerspruch zur Thermodynamik.

3.2.2. *Gesetzmäßigkeiten der C,φ-Gleichgewichtskurven bei hohen Konzentrationen des organischen Stoffes*

Wenn wir die Gleichung (III.17a) nach dem Potential differenzieren und Gleichung (III.29) berücksichtigen, erhält man bei C_0 = const. und C' = const. für die differentielle Kapazität den folgenden Ausdruck:

$$C = C_0 - 2A\alpha\theta - 2A\alpha(\varphi - \varphi_m)\frac{d\theta}{d\varphi}. \qquad \text{(III.36)}$$

Aus den Gleichungen (III.9) und (III.30) folgt

$$B_m c \exp\left[-\alpha(\varphi - \varphi_m)^2\right] = f(\theta). \qquad \text{(III.37)}$$

Wenn man diese Gleichung logarithmiert und für $c = \text{const.}$ nach φ differenziert, erhält man nach Umformung

$$\frac{d\theta}{d\varphi} = -2\alpha\cdot(\varphi - \varphi_m)h, \tag{III.38}$$

mit

$$h = \left[\frac{\partial \ln f(\theta)}{\partial\theta}\right]^{-1}. \tag{III.39}$$

Die Funktion $d\theta/d\varphi = 0$ bei $\varphi = \varphi_m$ und folglich φ_m selbst entsprechen dem Potential einer maximalen Adsorption, da bei $\varphi = \varphi_m$ die θ,φ-Kurve ein Maximum durchläuft.

Wenn man Gleichung (III.38) in Gleichung (III.36) einführt, erhält man

$$C = C_0 - 2A\alpha\theta + 4A\alpha^2(\varphi - \varphi_m)^2 h. \tag{III.40}$$

Um die Lage der Extrema in der C,φ-Kurve zu bestimmen, muß man, ausgehend von Gleichung (III.40), den Wert der Ableitung $dC/d\varphi$ bestimmen. Wenn man dabei Gleichung (III.38) berücksichtigt, erhält man den Ausdruck

$$\frac{dC}{d\varphi} = 12A\alpha^2(\varphi - \varphi_m)h\left[1 - \frac{2}{3}\alpha(\varphi - \varphi_m)^2\frac{\partial h}{\partial\theta}\right]. \qquad [\text{III.41})$$

Aus Gleichung (III.41) ist ersichtlich, daß die Bedingung $dC/d\varphi = 0$, die den Extrema in der C,φ-Kurve entspricht, in drei Fällen erfüllt werden kann:

1. für $h = 0$;
2. für $\varphi = \varphi_m$ und
3. wenn der quadratische Ausdruck in der Klammer gleich Null wird.

Es gibt bis jetzt noch keine bestimmte Gleichung für die Funktion $f(\theta)$, aber nach den experimentellen Ergebnissen kann man annehmen, daß die θ-Abhängigkeit der Funktionen $f(\theta)$, $\ln f(\theta)$, $\partial \ln f(\theta)/\partial\theta$, h und $\partial h/\partial\theta$ die in Abb. 14 dargestellte Form hat.

Wie aus Abb. 14d ersichtlich ist, gilt $h = 0$ entweder für $\theta = 0$, was nach Gleichung (III.37) $c = 0$ oder $|\varphi - \varphi_m| \to \infty$ entspricht, oder für $\theta = 1$, was der Bedingung $c \to \infty$ gemäß der Wahl der Funktion $f(\theta)$ entspricht. Somit ist die erste Null-Bedingung der Ableitung $dC/d\varphi$ praktisch nicht realisierbar.

Die zweite Bedingung $\varphi = \varphi_m$ bestimmt die Lage des Minimums in den Differentialkapazitätskurven in Anwesenheit eines organischen Stoffes, das deshalb dem Potential der maximalen Adsorption entspricht. Die dritte Bedingung bestimmt die Lage der Maxima φ^{max} in den C,φ-Kurven in Anwesenheit eines organischen Stoffes. In diesem Falle gilt, wie aus Gleichung (III.41) folgt

$$\frac{\partial h}{\partial\theta} = \frac{3}{2\alpha(\varphi^{max} - \varphi_m)^2}. \tag{III.42}$$

Wir nehmen primär an, daß der Maximalwert der Ableitung $\partial h/\partial \theta$ bedeutend größer ist als 3/2 $(\varphi^{max} - \varphi_m)^2$, d. h.

$$\left(\frac{\partial h}{\partial \theta}\right)_m \gg \frac{3}{2\alpha\,(\varphi^{max} - \varphi_m)^2} \tag{III.43}$$

(s. Abb. 14e). Zur Erfüllung der Bedingung (III.43) trägt die Erhöhung der Konzentration des organischen Stoffes bei, da durch die Konzentrationserhöhung der Wert $(\varphi^{max} - \varphi_m)^2$ größer wird und sich die Attraktionskräfte zwischen den

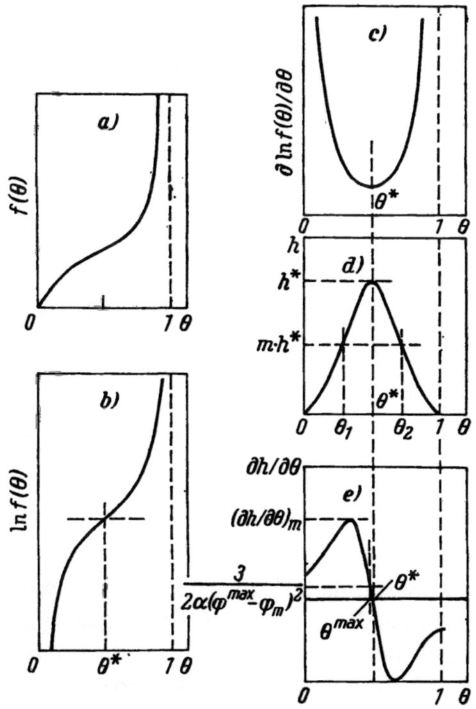

Abb. 14: **Schematische Darstellung der Abhängigkeit der Funktionen $f(\theta)$ (a); $\ln f(\theta)$ (b); $\partial \ln f(\theta)/\partial\theta$ (c); $h(d)$ und $\partial h/\partial\theta$ (e) vom Bedeckungsgrad θ der Oberfläche mit dem organischen Stoff**

adsorbierten Teilchen des organischen Stoffes verstärken. In letzterem Fall nimmt die Adsorptionsisotherme eine charakteristische S-Form an, das ist mit einer starken Erhöhung des Maximalwertes von h und folglich auch des Maximalwertes der Ableitung $\partial h/\partial\theta$ verbunden (s. Abb. 14e).

Bei Erfüllung der Bedingung (III.43) ist, wie aus Abb. 14e ersichtlich, der Bedeckungsgrad der Elektrode bei Potentialen, die den Piks in den C,φ-Kurven zuzuordnen sind, $(= \theta^{max})$ annähernd so groß wie der Bedeckungsgrad θ^*, der dem Maximum der Funktion h entspricht: $\theta^{max} \approx \theta^*$. Somit erhält man bei $\varphi = \varphi^{max}$ aus Gleichung (III.37)

$$Bc = B_m c \exp\left[-\alpha(\varphi^{max} - \varphi_m)^2\right] \approx f(\theta^*) = \text{const}. \qquad \text{(III.44)}$$

Wenn man Gleichung (III.44) logarithmiert und die Konstanten zusammenfaßt, erhält man

$$K + \lg c \approx \frac{\alpha}{2{,}3}(\varphi^{max} - \varphi_m)^2, \qquad \text{(III.45)}$$

mit

$$K = \lg\left[B_m/f(\theta^*)\right].$$

Folglich kann man bei Erfüllung der Bedingung (III.43), d. h. bei ausreichend starken Attraktionskräften zwischen den adsorbierten Teilchen und nicht zu

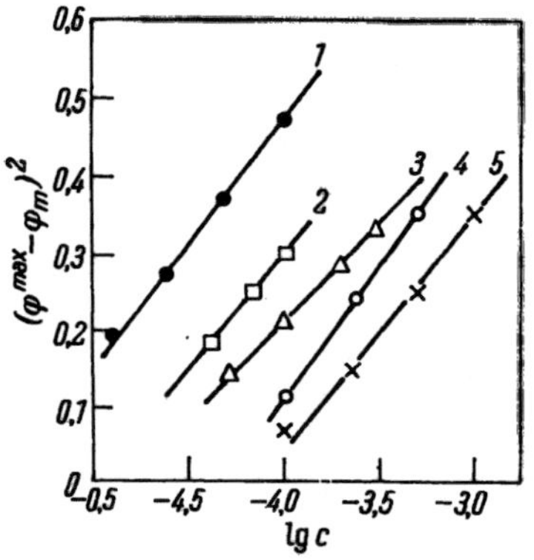

Abb. 15: Abhängigkeit der Pik-Potentiale (φ^{max}) in den Differentialkapazitätskurven von der Konzentration des organischen Stoffes (c) [37]
1 = Cyclohexanol; *2* = Isoamylalkohol; *3* = n-Butanol; *4* = Methyläthylketon; *5* = n-Buttersäure

geringen Konzentrationen des organischen Stoffes, eine quadratische Abhängigkeit zwischen dem Logarithmus der Konzentration des organischen Stoffes und den Potentialen, die den Piks in den C,φ-Kurven zuzuordnen sind, beobachten. Dieses Ergebnis wird in Abb. 15 durch Angaben illustriert, die der Arbeit [37] entnommen sind und für verschiedene organische Verbindungen aufgenommen wurden.

Bei Erfüllung der Bedingung (III.43) für $\varphi = \varphi^{max}$ erhält Gleichung (III.40) folgende Form:

$$C^{max} \approx C_0 - 2A\alpha\theta^* + 4A\alpha^2(\varphi^{max} - \varphi_m)^2 h^*. \qquad \text{(III.46)}$$

Wenn man in Gleichung (III.46) den Ausdruck für $(\varphi^{max} - \varphi_m)^2$ aus Gleichung (III.45) einführt und alle Konstanten zusammenfaßt, erhält man

$$C^{max} \approx K_1 \lg c + K_2, \qquad \text{(III.47)}$$

mit $K_1 = 4{,}6\,(C_0 - C')\,h^*$ und $K_2 = K_1 \lg\left[B_m/f(\theta^*)\right] + C_0(1 - \theta^*) + C'\theta^*$.

Man kann also bei ausreichend starken Attraktionskräften zwischen den adsorbierten Teilchen und nicht zu geringen Konzentrationen des organischen Stoffes eine lineare Abhängigkeit zwischen der Pikhöhe in den Differentialkapazitätskurven und dem Logarithmus der Konzentration des organischen Stoffes beobachten. Diese Behauptung wird durch die experimentellen Ergebnisse gut bestätigt [5, 34, 56] (Abb. 16).

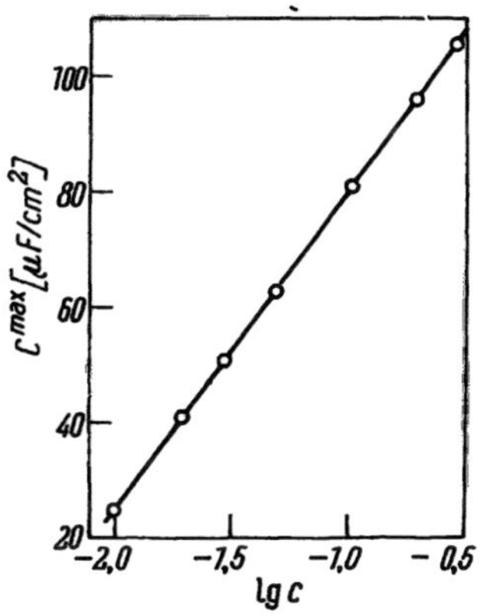

Abb. 16: Abhängigkeit der Höhe des kathodischen Piks in den Differentialkapazitätskurven (C^{max}) von der tert.-Amylalkohol-Konzentration (c) [5]

Wenn die Funktion h, die die Pikhöhe in der C,φ-Kurve bestimmt, einen bestimmten Anteil $m(0 < m < 1)$ der Funktion h^* ausmacht, dann ergibt die Lösung der Gleichung

$$h = mh^* \tag{III.48}$$

zwei Werte des Bedeckungsgrades: θ_1 und θ_2 (s. Abb. 14d). Die Kenntnis dieser beiden Werte ermöglicht es, die Pikbreite ($\Delta\varphi$) in der C,φ-Kurve bei einer bestimmten Höhe dieses Piks näherungsweise zu bestimmen. Tatsächlich folgt aus den Gleichungen (III.38) und (III.39)

$$-2\alpha\,(\varphi - \varphi_m)\,d\varphi = d\ln f(\theta). \tag{III.49}$$

Bei Integration dieser Gleichung muß man den linken Teil zwischen φ_1 und φ_2 integrieren, den rechten Teil zwischen θ_1 und θ_2. Die Potentiale φ_1 und φ_2 entsprechen dabei den Bedeckungsgraden θ_1 und θ_2. Wenn man berücksichtigt, daß $\varphi_1 - \varphi_2 = \Delta\varphi$ und $\dfrac{\varphi_1 + \varphi_2}{2} \approx \varphi^{max}$ ist, erhält man

$$2\alpha\,(\varphi^{max} - \varphi_m)\,\Delta\varphi \approx \ln\left[\frac{f(\theta_2)}{f(\theta_1)}\right]. \tag{III.50}$$

Die Gleichungen (III.39) und (III.50) stellen den Zusammenhang zwischen der Form des Piks in der C,φ-Kurve und der Form der Adsorptionsisotherme her, sie berücksichtigen folglich die Attraktionskräfte zwischen den adsorbierten Teilchen. Je steiler die Isotherme in ihrem mittleren Teil ist, d. h. dort, wo die $\ln f(\theta)$, θ-Kurven einen Knick aufweisen, um so größer ist der h^*-Wert und um so kleiner $\Delta\varphi$, da der Unterschied zwischen $f(\theta_1)$ und $f(\theta_2)$ dabei abnimmt (s. Abb. 14). Je stärker somit die Anziehung zwischen den adsorbierten Teilchen ist, desto höher und schmaler sind die Piks in den Differentialkapazitätskurven. Im Grenzfall, wenn $\theta = \theta^*$ gilt $\partial \ln f(\theta)/\partial\theta = 0$, $h^* \to \infty$, $\theta_2 = \theta_1$ und $\Delta\varphi \to 0$, entartet der Pik in der C,φ-Kurve zu einer vertikalen Linie.

Wenn die Ungleichung (III.43) nicht erfüllt wird, d. h., wenn die Attraktionskräfte zwischen den adsorbierten Teilchen nicht groß sind oder die Konzentration des organischen Stoffes sehr niedrig ist und sich dadurch die Pik-Potentiale in den C,φ-Kurven den φ_m-Werten nähern, dann wird θ^{max} abhängig von φ^{max} und ist nicht mehr konstant: $\theta^{max} \neq \theta^* = \text{const}$. Unter diesen Bedingungen muß man eine bestimmte Gleichung für die Adsorptionsisotherme festlegen, d. h. die Funktion $f(\theta)$, um die Abhängigkeit der Höhe und Lage der Piks in den C,φ-Kurven von der Konzentration des organischen Stoffes bestimmen zu können.

3.3. Auswahl und Begründung der Gleichung für die Adsorptionsisotherme

Von Parsons [41, 57] wird der Gedanke aufgegriffen, daß man die Ergebnisse, die aus den Gleichungen verschiedener Adsorptionsisotherme abgeleitet sind, mit experimentellen Ergebnissen vergleichen muß und man die Isotherme wählen soll, die am besten die experimentellen Werte wiedergibt.

In der Literatur sind die folgenden Adsorptionsisotherme beschrieben, die zum besseren Vergleich in analoger Form zusammengestellt sind:

1. Isotherme nach Henry

$$Bc = \theta. \tag{III.51}$$

2. Isotherme nach Freundlich

$$Bc^n = \theta, \tag{III.52}$$

mit $0 < n < 1$.

3. Isotherme nach Langmuir

$$Bc = \frac{\theta}{1-\theta}. \tag{III.53}$$

4. Isotherme nach Volmer

$$Bc = \frac{\theta}{1-\theta} \exp\left(\frac{\theta}{1-\theta}\right). \tag{III.54}$$

5. Isotherme nach Åmag

$$Bc^n = \frac{\theta}{1-\theta} \exp\left(\frac{\theta}{1-\theta}\right). \tag{III.55}$$

6. Isotherme nach Helfand—Frisch—Lebowitz [58]

$$Bc = \frac{\theta}{1-\theta} \exp\left[\frac{2-\theta}{(1-\theta)^2}\right]. \tag{III.56}$$

7. Isotherme nach Frumkin

$$Bc = \frac{\theta}{1-\theta} \exp(-2a\theta), \tag{III.57}$$

mit a = Größe, die die Wechselwirkung zwischen den adsorbierten Teilchen charakterisiert.

8. Isotherme nach Hill-de Boer

$$Bc = \frac{\theta}{1-\theta} \exp\left(\frac{\theta}{1-\theta}\right) \exp(-2a\theta). \tag{III.58}$$

9. Isotherme nach Parsons [42]

$$Bc = \frac{\theta}{1-\theta} \exp\left[\frac{2-\theta}{(1-\theta)^2}\right] \exp(-2a\theta). \tag{III.59}$$

10. Isotherme mit Virialkoeffizienten

$$Bc = \theta \exp(-2a\theta). \tag{III.60}$$

Im Unterschied zu den Gleichungen (III.57)—(III.59) ist die Größe a kleiner als Null, d. h., sie entspricht den Abstoßungskräften zwischen den adsorbierten Molekülen. Wenn infolge der Abstoßung die starren Moleküle nicht mehr kugelsymmetrisch angeordnet sind, dann wird die Größe a in Gleichung (III.60) durch die doppelte Fläche pro Mol der adsorbierten Moleküle bestimmt.

11. „Quadratwurzel"-Isotherme
Den Zusammenhang zwischen der Konzentration und dem Bedeckungsgrad kann man hier mit Hilfe zweier Gleichungen ausdrücken:

$$\frac{1}{\theta} = \frac{A}{\Delta\sigma} + \sqrt{-\frac{aA}{\Delta\sigma}}; \quad \ln(Bc) = \ln(\Delta\sigma) + 2\sqrt{-\frac{a\Delta\sigma}{A}}, \tag{III.61}$$

als Parameter tritt hierbei der zweidimensionale Druck $\Delta\sigma$ auf. Wie aus Gleichung (III.61) ersichtlich ist, ist der Faktor der intermolekularen Wechselwirkung hier auch immer negativ ($a < 0$), die Gleichung spiegelt folglich nur die Abstoßung zwischen den adsorbierten Molekülen wider.

12. Isotherme nach TEMKIN

$$Bc = \frac{\exp(a\theta) - 1}{1 - \exp[-a(1 - \theta)]}. \tag{III.62}$$

13. Isotherme nach LORENZ [39]

$$\theta = \frac{(1 + 1/Bc)^{\nu-1} + K_{ass.}}{(1 + 1/Bc)^{\nu} + K_{ass.}}, \tag{III.63}$$

mit $K_{ass.} = v_{Ass.}/v_{Dis.}$ = Gleichgewichtskonstante der Assoziation der adsorbierten Moleküle nach

$$\nu M \underset{v_{Dis.}}{\overset{v_{Ass.}}{\rightleftharpoons}} M_{\nu};$$

ν = „Assoziationsgrad", d. h. Mittelwert der Moleküle des organischen Stoffes im Assoziat.

14. Isotherme nach BLOMGREN—BOCKRIS [59] für die Adsorption parallel orientierter Dipole

$$Bc = \frac{\theta}{1 - \theta} \exp(p\theta^{3/2} - q\theta^{3}). \tag{III.64}$$

und für die Adsorption organischer Ionen

$$Bc = \frac{\theta}{1 - \theta} \exp(p\theta^{1/2} - q\theta^{3}). \tag{III.65}$$

In diesen Gleichungen sind $p > 0$ und $q > 0$ Konstanten, die sich durch das Dipolmoment (oder die Ladung), die Fläche, die durch das adsorbierte Molekül oder Ion belegt wird, und andere Parameter der adsorbierten Teilchen sowie durch die Dielektrizitätskonstante der Oberflächenschicht äußern.

Im Falle der Isotherme nach HENRI und FREUNDLICH gilt, wie sich leicht mit Hilfe der Gleichungen (III.40) und (III.42) beweisen läßt (s. [60]),

$$\varphi^{max} = \varphi_m \pm \sqrt{\frac{3}{2\alpha}} \tag{III.66}$$

und

$$\frac{C^{max} - C_0}{C_0 - C_m} = 2e^{-3/2}, \tag{III.67}$$

mit C_m — C-Wert für $\varphi = \varphi_m$.

Anders gesagt, die Potentiale der Maxima in den C, φ-Kurven müssen in diesem Fall unabhängig von der Konzentration des organischen Stoffes sein, während die Gesamtkapazität für $\varphi = \varphi^{max}$ größer sein muß als C_0 (um etwa 44,5% des Wertes, um den C_0 bei $\varphi = \varphi_m$ kleiner wird, s. auch [60]). Wie Abb. 15 zeigt, stimmen diese Ergebnisse nicht mit den experimentellen Werten überein. Somit können weder die Isothermen nach HENRI, noch nach FREUNDLICH benutzt werden, um die Differentialkapazitätskurven in Anwesenheit organischer Stoffe zu interpretieren.

Experimentell wurde nachgewiesen [39], daß die Adsorptionsisotherme vieler organischer Stoffe ein *S*-förmiges Aussehen aufweisen können. Das bedeutet, daß der Anstieg der Isotherme in ihrem Mittelteil bei $\theta = \theta^*$ größer sein muß, als der anfängliche Anstieg bei $\theta = 0$. Um eine *S*-förmige Isotherme zu erhalten, muß folgende Bedingung erfüllt sein:

$$\frac{f'(\theta^*)}{f'(0)} < 1, \tag{III.68}$$

hier bedeuten $f'(\theta^*)$ und $f'(0)$ die Werte für $\partial f(\theta)/\partial\theta$ bei $\theta = \theta^*$ und $\theta = 0$.

Die Analyse der Gleichungen (III.53)—(III.56) und (III.60)—(III.62) zeigt, daß sie die Bedingung (III.68) nicht erfüllen und daher auch nicht verwendet werden können, um die experimentellen, *S*-förmigen Adsorptionsisotherme zu beschreiben und deren Differentialkapazitätskurven zu erfüllen. Diese Behauptung wird am Beispiel der TEMKINschen Isotherme (III.62) erläutert.

Die Größe θ^* entspricht dem Maximum der Funktion h und wird unter Berücksichtigung von Gleichung (III.39) durch die Bedingung erfüllt:

$$\frac{\partial^2 \ln f(\theta)}{\partial\theta^2} = 0. \tag{III.69}$$

Wenn die Funktion $f(\theta)$ durch Gleichung (III.62) bestimmt wird, dann gilt

$$\frac{\partial^2 \ln f(\theta)}{\partial\theta^2} = -\frac{a^2\, sh\,(a/2)\, sh\,[(a/2)\,(1-2\theta)]}{\{ch\,(a/2) - ch\,[(a/2)\,(1-2\theta)]\}^2}. \tag{III.70}$$

Wenn man den Ausdruck (III.70) gleich Null setzt, erhält man $\theta^* = 0{,}5$. Weiterhin folgt aus Gleichung (III.62):

$$f'(\theta) = a\frac{e^{a\theta}\,(1-e^{-a})}{[1-e^{-a(1-\theta)}]^2}, \tag{III.71}$$

$$f'(0) = a/(1-e^{-a}) \tag{III.71a}$$

$$f'(\theta^*) = f'(0,5) = \frac{ae^{a/2}(1-e^{-a})}{(1-e^{-a/2})^2}. \tag{III.71b}$$

Somit gilt

$$\frac{f'(\theta^*)}{f'(0)} = \frac{e^{a/2}(1-e^{-a})^2}{(1-e^{-a/2})^2} = 4ch^2\,(a/4). \tag{III.72}$$

Wie aus dem Ausdruck (III.72) hervorgeht, ist $f'(\theta^*)/f'(0) \geqq 4$, unabhängig vom Vorzeichen und dem Absolutwert des Parameters a. Mit anderen Worten, die Ungleichung (III.68) wird im Falle der TEMKINschen Isotherme nicht erfüllt, folglich kann diese Isotherme auch nicht verwendet werden, um die C,φ-Kurven zu beschreiben, die S-förmigen Adsorptionsisothermen entsprechen.

Wie aus der Arbeit [39] folgt, beschreibt die Isotherme nach Lorenz (III.63) bei $\nu > 1$ und $K_{Ass.}$ in der Größenordnung von 10^4—10^5 die experimentellen, S-förmigen Adsorptionsisotherme mit guter Näherung. Bei $K_{Ass.} \to 0$ geht diese Isotherme in die LANGMUIR-Gleichung über, die als Grenzfall der LORENZschen Isotherme betrachtet werden kann, wenn die Dissoziationsgeschwindigkeit die Assoziationsgeschwindigkeit bei weitem übertrifft ($v_{Dis.} \gg v_{Ass.}$).

Um mit Hilfe der Gleichung (III.63) die Abstoßungskräfte zwischen den adsorbierten Teilchen beschreiben zu können, muß man formal annehmen, daß $\nu < 1$ ist. Damit verliert ν jedoch seinen physikalischen Sinn, weil diese Größe eine bestimmte Teilchenzahl im Assoziat darstellt und folglich immer größer oder gleich 1 sein muß.

Es ist somit nicht möglich, mit Hilfe der LORENZ-Isotherme die Abstoßungskräfte zwischen den adsorbierten organischen Teilchen zu beschreiben. Eine solche Abstoßung wird experimentell nicht selten beobachtet, beispielsweise bei der Adsorption der Kationen $[(CH_3)_4N]^+$ und $[(C_2H_5)_3HN]^+$ an Quecksilber [39].

Ein anderer Mangel der LORENZschen Isotherme besteht in der Verwendung zweier willkürlicher Konstanten ($K_{Ass.}$ und ν) zur Beschreibung der zweidimensionalen Wechselwirkung. Diesen Mangel gegenüber den Isothermen (III.57) bis (III.59) hat auch die Isotherme nach BLOMGREN und BOCKRIS (III.64) und (III.65). Außerdem ist es, wie in [61] nachgewiesen, unmöglich, bei niedrigeren Bedeckungsgraden der Oberfläche mit dem organischen Stoff ($\theta \leqq 0{,}6$) experimentell einen Unterschied zwischen den Isothermen nach FRUMKIN (III.57) und BLOMGREN—BOCKRIS (III.64) und (III.65) festzustellen, weil das eine θ-Bestimmung mit höherer Genauigkeit als 0,01 erfordert. Die aus Versuchswerten abgeleitete direktlineare Abhängigkeit $\Delta \bar{G}_A$ von $\theta^{3/2}$ (für neutrale Moleküle) oder $\Delta \bar{G}_A$ von $\theta^{1/2}$ (für Ionen) [59, 62, 63, 64] schließt daher nicht aus, daß bei der gegenwärtig erreichten Meßgenauigkeit auch die direktlineare Abhängigkeit $\Delta \bar{G}_A$ von θ auftritt, die der Gleichung (III.57) entspricht. Wenn die Isotherme nach BLOMGREN—BOCKRIS bei nicht allzu hohen θ-Werten nur die Abstoßungskräfte berücksichtigen (die Konstante p in den Gleichungen (III.64) und (III.65) ist entsprechend ihrer physikalischen Bedeutung immer positiv), dann muß man zur Beschreibung der experimentellen Werte Gleichung (III.57) bevorzugen.

Von den bereits diskutierten Isothermen (III.51)—(III.65) sind die Isotherme (III.57)—(III.59) am besten geeignet, die Differentialkapazitätskurven in Anwesenheit organischer Verbindungen zu beschreiben. In ihnen taucht nur eine willkürlich gewählte Konstante (a) auf, mit deren Hilfe die zweidimensionale Wechselwirkung zwischen den adsorbierten Teilchen erfaßt wird. In Abhängigkeit vom Vorzeichen dieser Attraktionskonstanten können die Gleichungen

(III.57)—(III.59) sowohl Anziehungs-, als auch Abstoßungskräfte beschreiben (entweder $a > 0$ oder $a < 0$).

Diese Behauptung wird durch Abb. 17 illustriert, in der die nach Gleichung (III.57) für verschiedene a-Werte berechneten Kurven dargestellt sind, die die θ-Abhängigkeit von der relativen Konzentration $c/c_{\theta=\theta*}$ wiedergeben. Analoge Kurven der Funktion θ von $c/c_{\theta=\theta*}$ werden auch nach den Gleichungen (III.58) und (III.59) erhalten. Wie die Abbildung zeigt, besitzt die Isotherme für $a < 0$ die Form einer logarithmischen Kurve infolge der Abstoßungskräfte zwischen

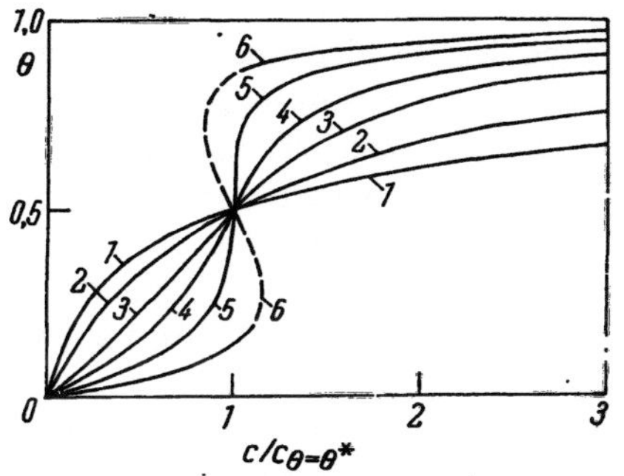

Abb. 17: Abhängigkeit des Bedeckungsgrades θ von der Bezugskonzentration $c/c_{\theta=\theta*}$, berechnet nach Gleichung (III.57) für verschiedene a-Werte
1 — $a = -1$; *2* — $a = 0$; *3* — $a = 1$; *4* — $a = 1{,}5$; *5* — $a = 2{,}0$; *6* — $a = 2{,}5$

den adsorbierten Teilchen, während die Isotherme für $a > 0$ ein S-förmiges Aussehen annimmt, das für die Anziehungskräfte charakteristisch ist.

Bei einem bestimmten kritischen Wert der Attraktionskonstanten a_{kr} für $\theta = \theta^*$ erscheint auf der Adsorptionsisotherme ein vertikaler Abschnitt. In diesem Fall entartet der Pik in der C,φ-Kurve in eine vertikale Linie, so wie das aus Gleichung (III.46) folgt. Wenn $a > a_{kr}$ gilt, dann entspricht der Teil der theoretischen Isotherme einem instabilen Zustand der Adsorptionsschicht (punktierter Teil der Kurve *6* in Abb. 17). Die instabilen Zustände, für die $d\theta/dc > 0$ gilt, können praktisch realisiert werden, während die Zustände, für die die Bedingung $d\theta/dc < 0$ gilt (insbesondere für $\theta = \theta^*$), nicht realisiert werden können. Somit ist in Anwesenheit eines adsorbierbaren Stoffes, für den $a > a_{kr}$ zutrifft, kein Pik in der C,φ-Kurve zu beobachten, der der Bedingung $\theta^{max} \approx \theta^*$ gehorcht. Andererseits kann man eine Hysterese-Kurve beobachten, wenn der Bereich instabiler θ-Werte realisiert werden kann, wodurch sich die Elektrodenpolarisation bei Aufnahme der C,φ-Kurve für verschiedene Spannungen sehr schnell ändert. Es ist interessant, daß alle hier genannten Erscheinungen von LORENZ [38] entdeckt wurden, als er die C,φ-Kurven für Nonylsäurelösungen in 1 n KCl-Lösung als Leitelektrolyt aufnahm.

Schließlich werden für $a = 0$, d. h. bei fehlender Wechselwirkung zwischen den adsorbierten Teilchen, die Gleichungen (III.57)—(III.59) umgewandelt in die entsprechenden Isotherme nach LANGMUIR (III.53), VOLMER (III.54) und HELFAND—FRISCH—LEBOWITZ (III.56).

Die θ^*- und a_{kr}-Werte für die Gleichungen (III.57)—(III.59) können aus der Gleichung (III.69) und der Bedingung $h^* = f(\theta^*)/f'(\theta^*) \to \infty$, d. h. $f'(\theta^*) = 0$, abgeleitet werden. Diese Werte sind in Tab. 1 zusammengestellt.

Somit genügen alle drei Gleichungen (III.57) bis (III.59) den Auswahlbedingungen der Funktion $f(\theta)$ und stimmen qualitativ mit den experimentellen Daten überein. Die weitere Aufgabe besteht nun in der Wahl einer dieser Gleichungen, um die Differentialkapazitätskurven in Anwesenheit organischer Verbindungen quantitativ zu interpretieren.

Neben der theoretischen Begründung der verschiedenen Gleichungsarten für die Adsorptionsisotherme [42, 65] haben Kriterien mit experimentellem Charakter große Bedeutung. Eines dieser, von TEDORADZE [12] vorgeschlagenen Kriterien beruht auf der Bestimmung der Abhängigkeit der Funktion $(\partial\theta/\partial c)_\varphi$ vom Bedekkungsgrad. Wie aus der Veröffentlichung [12] hervorgeht, ändert sich der θ-Wert bei dem diese Kurve ein Maximum (θ_M) durchläuft, in Abhängigkeit vom Wert der Attraktionskonstanten in Gleichung (III.57) zwischen 0 und 0,5; im Fall der Verwendung von Gleichung (III.58) trifft das auf den Bereich zwischen 0 und 0,333 zu, für Gleichung (III.59) auf den Bereich von 0—0,215. Es ist eindeutig, daß man mit Hilfe dieses Kriteriums nur unter der Bedingung $\theta_M > 0{,}333$ eine der drei betrachteten Gleichungen auswählen kann. Aus der Arbeit [12] geht weiterhin hervor, daß bei kleinen a-Werten (z. B. im Fall der FRUMKIN-Isotherme (III.57) für $a < 0{,}5$) die θ-Abhängigkeit der Funktion $(\partial\theta/\partial c)_\varphi$ im allgemeinen keine Extrema aufweist und folglich die vorgeschlagene Methode hier nicht mehr anwendbar ist.

Man muß deshalb allgemeinere Kriterien heranziehen, die eine eindeutige Wahl der Gleichung für die Adsorptionstherme ermöglichen [13]. Wie unschwer zu erkennen, kann man die Gleichungen (III.57)—(III.59) auch schreiben

$$Bc = f(\theta) = F(\theta) \cdot \exp(-2a\theta), \tag{III.73}$$

($F(\theta)$ = eine bestimmte, a — unabhängige Funktion von θ.)

Wenn man Gleichung (III.73) logarithmiert und anschließend nach θ differenziert (bei φ = const), erhält man

$$\left(\frac{\partial \ln c}{\partial\theta}\right)_\varphi = \frac{\partial \ln f(\theta)}{\partial\theta} = \frac{\partial \ln F(\theta)}{\partial\theta} - 2a. \tag{III.74}$$

Wenn man die Bedingung (III.69) berücksichtigt, kommt man zu dem Ergebnis, daß für $\theta = \theta^*$ die θ — $(\partial \ln c/\partial\theta)_\varphi$-Funktion ein Minimum durchläuft, das nur durch die Funktion $F(\theta)$ hervorgerufen wird und unabhängig von der Attraktionskonstanten a ist.

Die θ — $(\partial \ln c/\partial\theta)$-Kurven, die nach Gleichung (III.74) für die Isotherme (III.57)—(III.59) berechnet wurden, sind in Abb. 18a dargestellt; hierbei wurde die Attraktionskonstante so gewählt, daß im Minimum $(\partial \ln c/\partial\theta)_\varphi = 0$ wird,

Tabelle 1: Werte von θ^* und a_{kr} für die Isothermen nach FRUMKIN, HILL—DE BOER und PARSONS

Isotherme	θ^*	a_{kr}
(III.57)	0,500	2,000
(III.58)	$1/3 = 0{,}333$	3,375
(III.59)	$\frac{\sqrt{7}-2}{3} = 0{,}215$	5,841

damit ist eine Vergleichsmöglichkeit geschaffen. Wie aus Tab. 1 folgt, entspricht die Lage der Minima in diesen Kurven folgenden Werten für θ: 0,500; 0,333 und 0,215. Die Lage der Minima in den experimentellen θ — $(\partial \ln c/\partial\theta)_\varphi$-Kurven kann also als Kriterium für die bequeme Wahl einer Gleichung für die Adsorptionsisotherme (III.57)—(III.59) dienen.

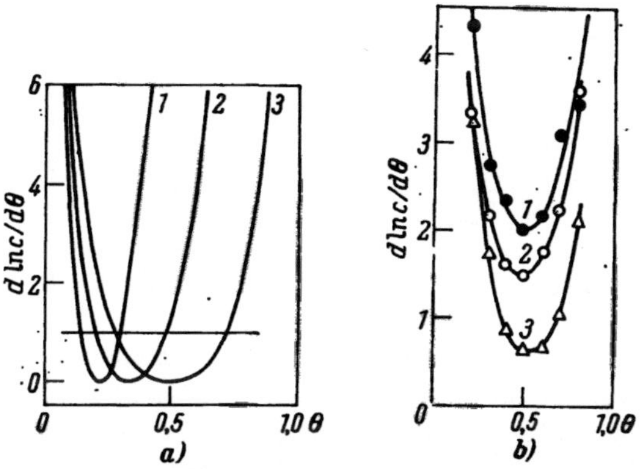

Abb. 18: Abhängigkeit der Funktion $(\partial \ln c/\partial\theta)_\varphi$ vom Bedeckungsgrad θ
a berechnet für die Isotherme nach PARSONS (*1*), HILL-DE BOER (*2*) und FRUMKIN (*3*); *b* experimentell erhaltene Adsorptionisotherme [13] für Anilin (*1*); n-Amylamin (*2*) und tert.-Amylalkohol (*3*)

Andererseits kann auch, wie aus Abb. 18a ersichtlich ist, die Differenz zwischen zwei θ-Werten bei der Bedingung $(\partial \ln c/\partial\theta) - (\partial \ln c/\partial\theta)_{min} = 1$, d. h. die Breite des Minimums $(\Delta\theta)$ in der θ — $(\partial \ln c/\partial\theta)$-Kurve, als Kriterium für die Wahl der Gleichung der Adsorptionsisotherme dienen. Die berechneten $\Delta\theta$-Werte für die Isothermen (III.57)—(III.59) betragen: 0,447; 0,281 und 0,158.

Die vorgeschlagene Methode wurde auf die Adsorption verschiedener organischer Verbindungen am Quecksilber angewendet [13]. Die experimentellen Adsorptionsisotherme wurden bei maximalen Adsorptionspotential $\varphi = \varphi_m$ bestimmt, wenn entsprechend Gleichung (III.36) und unabhängig von der konkreten Isothermengleichung gilt

$$C = C_0(1 - \theta) + C'\theta. \tag{III.75}$$

Diese Gleichung ermöglichte die Konstruktion experimenteller θ-c-Kurven, aus denen durch grafische Differentiation bei gegebenen θ-Werten die Werte von $(\partial \ln c/\partial\theta) = (1/c)\,(\partial c/\partial\theta)$ bestimmt werden konnten. Aus den auf diese Weise erhaltenen $(\partial \ln c/\partial\theta)_\varphi$ — θ-Kurven wurden sodann die experimentellen θ^*- und $\Delta\theta$-Werte bestimmt. Die gewonnenen Daten sind in Tab. 2 und in Abb. 18b zusammengestellt.

Wie aus der Abb. 18 und der Tab. 2 folgt, entspricht die Adsorption aller untersuchten organischen Verbindungen der FRUMKINschen Isotherme und kann nicht durch die Gleichungen (III.58) und (III.59) beschrieben werden.

Tabelle 2: θ^*- und $\Delta\theta$-Werte für einige organische Verbindungen

Untersuchtes System	θ^*	$\Delta\theta$
n-C_3H_7OH + 1n Na_2SO_4	0,48	0,48
n-$C_5H_{11}OH$ + 1n Na_2SO_4	0,53	0,45
tert.-$C_5H_{11}OH$ + 1n KF	0,54	0,46
n-$C_5H_{11}NH_2$ + 1n Na_2SO_4	0,49	0,45
iso-$C_5H_{11}NH_2$ + 1n Na_2SO_4	0,49	0,46
$[(C_4H_9)_4N]_2SO_4$ + 1n Na_2SO_4	0,55	0,50
$C_6H_5NH_2$ + 1n KCl	0,52	0,44
C_6H_5OH + 1n Na_2SO_4	0,45	0,32

Von allen von den Verfassern untersuchten Isothermen stimmt die FRUMKINsche Isotherme (III.57) am besten mit den experimentellen Adsorptionswerten verschiedener organischer Stoffe am Quecksilber überein. Deshalb erscheint es zweckmäßig, diese Isotherme für die Beschreibung der Differentialkapazitätskurven in Anwesenheit organischer Verbindungen zu verwenden.

Gleichung (III.57) wurde von FRUMKIN [1, 2] erhalten, indem er in die Zustandsgleichung der Oberflächenschicht

$$\Delta\sigma = -A \ln (1 - \theta) \tag{III.76}$$

ein Glied aufnahm, das die Attraktionskräfte zwischen den adsorbierten Teilchen berücksichtigte

$$\Delta\sigma = -A\,[\ln (1 - \theta) + a\theta^2]. \tag{III.77}$$

Die Verbindung der Gleichung (III.77) mit der Grundgleichung der Elektrokapillarität (III.3) ergibt tatsächlich unmittelbar die Isotherme nach FRUMKIN.

Später wurde Gleichung (III.57) statistisch von FOWLER und GUGGENHEIM [66] für die lokalisierte Adsorption von Teilchen aus der Gasphase abgeleitet.

Im Zusammenhang damit fand die Verwendung von Gleichung (III.57) bei der Betrachtung der nichtlokalisierten Adsorption von Ionen und Molekülen an der Phasengrenze flüssiges Metall (Quecksilber)/Lösung Widerspruch [42]. Diese Einwände sind jedoch nicht stichhaltig, da man die Erniedrigung der Grenzflächenspannung infolge der Adsorptionsschicht zweidimensional — analog dem osmotischen Druck konzentrierter Lösungen — deuten muß, und nicht in Analogie zu einem komprimierten Gas sehen darf [65]. Anders gesagt, bei der Adsorption aus Lösungen, wenn die Moleküle des Adsorbats Lösungsmittelmoleküle in der Oberflächenschicht verdrängen, ist die Bedingung einer lokalisierten Adsorption nicht gegeben, um die Gleichung nach LANGMUIR (III.53) oder nach FRUMKIN (III.57) zu erfüllen. Unter diesen Bedingungen kann Gleichung (III.57) statistisch [67] oder aus dem osmotischen Druck [65] abgeleitet werden, allerdings unter der Annahme, daß die adsorbierten Teilchen des Lösungsmittels und des gelösten Stoffes gleiche Flächen auf der Elektrodenoberfläche belegen. Der Vergleich des Platzbedarfs, der auf ein Wassermolekül entfällt (~ 10 Å^2), mit dem Platzbedarf entsprechend dem Adsorptionsgrenzwert vieler aliphatischer Verbindungen (~ 20—30 Å^2), widerspricht aber dieser Annahme.

Im Zusammenhang damit ist die Betrachtung einer Adsorptionsisotherme von Interesse, die berücksichtigt, daß bei der Adsorption eines Moleküls eines organischen Stoffes n Lösungsmittelmoleküle von der Oberfläche verdrängt werden. Die Gleichung einer solchen Isotherme ohne Berücksichtigung der Attraktionskräfte zwischen den adsorbierten Teilchen wurde von ŽUCHOVICKIJ [68] erhalten:

$$\frac{b_1}{b_2^n} = \frac{a_1}{a_2^n} \exp\left(\frac{\sigma_2 - \sigma_1}{RT\,\Gamma_m}\right), \tag{III.78}$$

(a_i = Aktivität im Lösungsvolumen; b_i = Aktivität in der Oberflächenschicht; die Indizes *1* und *2* gehören entsprechend zum gelösten Stoff und zum Lösungsmittel).

Wenn man annimmt, daß $b_1 = \theta$ und $b_2 = 1 - \theta$ ist, dann kann man die Gleichung (III.78) für kleine Konzentrationen des organischen Stoffes, wenn $a_1 \approx c$ und $a_2 \approx 55{,}5$ sind, auch schreiben als

$$Bc = \frac{\theta}{(1-\theta)^n} \tag{III.79}$$

oder unter Berücksichtigung der Attraktionskräfte zwischen den adsorbierten Teilchen

$$Bc = \frac{\theta}{(1-\theta)^n} \exp(-2a\theta). \tag{III.79a}$$

Gleichung (III.79) wurde von DAHMS und GREEN [69] benutzt, Gleichung (III.79a) dagegen von DAMASKIN [20] und PARSONS [45].

Andererseits kann man die Aktivitäten des organischen Stoffes und des Wassers in der Oberflächenschicht als die entsprechenden Molanteile (Molenbrüche) ansehen, d. h.

$$b_1 = \frac{\Gamma_1}{\Gamma_1 + \Gamma_2} = \frac{\theta}{\theta + n\,(1 - \theta)} \quad \text{und} \quad b_2 = \frac{\Gamma_2}{\Gamma_1 + \Gamma_2} = \frac{n(1 - \theta)}{\theta + n\,(1 - \theta)}.$$

In diesem Fall folgt aus Gleichung (III.78)

$$Bc = \frac{\theta}{n(1 - \theta)^n}\,(1 - \theta + \theta/n)^{n-1} \tag{III.80}$$

oder unter Berücksichtigung der Attraktionskräfte

$$Bc = \frac{\theta}{n(1 - \theta)^n}\,(1 - \theta + \theta/n)^{n-1} \cdot \exp\,(-2a\theta). \tag{III.80a}$$

Gleichung (III.80) wurde von Bockris und Swinkels [70], Gleichung (III.80a) von Kastening und Holleck [71] erhalten.

Es ist eindeutig zu erkennen, daß für $n = 1$ die beiden Gleichungen (III.79a) und (III.80a) in die Frumkinsche Isotherme (III.57) übergehen. Für $n \to \infty$ geht Gleichung (III.80a) in die Isotherme nach Hill—de Boer (s. [71]) über, während Gleichung (III.79a) keinen analogen Grenzfall aufzuweisen hat. Die Gegenüberstellung der verschiedenen Aussagen der Gleichungen (III.79) und (III.80), die unlängst von Damaskin [84] durchgeführt wurde, zeigt, daß man gegenwärtig keine der beiden Isothermen (III.79a) und (III.80a) bevorzugt verwenden kann.

Wenn man den allgemeinen Ausdruck (III.39) für die Funktion h auf die Isothermen (III.79a) und (III.80a) anwendet, erhält man entsprechend

$$h = \left[\frac{1 + (n - 1)\theta}{\theta(1 - \theta)} - 2a\right]^{-1} \tag{III.81}$$

und

$$h = \left[\frac{1}{\theta(1 - \theta)\,(1 - \theta + \theta/n)} - 2a\right]^{-1}. \tag{III.82}$$

Die Maxima dieser Funktionen sowie die Minima in den θ — $(\partial \ln c/\partial\theta)_\varphi$-Kurven lauten

$$\theta^* = \frac{1}{1 + \sqrt{n}} \tag{III.83a}$$

und

$$\theta^* = \frac{2n - 1 - \sqrt{n^2 - n + 1}}{3(n - 1)}. \tag{III.83b}$$

Im folgenden sind die nach Formel (III.83) für verschiedene n-Werte berechneten θ^*-Werte aufgeführt:

n	0,5	1	2	3	4	∞
θ^* nach (III.83a)	0,585	0,500	0,415	0,366	0,333	0
θ^* nach (III.83b)	0,577	0,500	0,423	0,394	0,378	0,333

Der Vergleich dieser Angaben mit den in Tab. 2 angeführten Daten zeigt, daß für alle untersuchten Verbindungen mit Ausnahme des Phenols der Wert für $n \approx 1$ beträgt. Offensichtlich ist dieses Ergebnis darauf zurückzuführen, daß ein Adsorptionsplatz auf der Quecksilberoberfläche nicht nur durch ein Wassermolekül, sondern durch eine Gruppe gebundener Wassermoleküle belegt wird. Thermodynamisch bedeutet das, daß die Arbeit, die durch den Übergang einer solchen Molekülgruppe (als eine Einheit betrachtet) von der Oberfläche in das Lösungsinnere verbraucht wird, niedriger ist als die Summe der Überführungsarbeiten für jedes einzelne Molekül. Als Bestätigung für diese These kann die S-förmige Gestalt der Adsorptionsisotherme für Wasserdampf an Quecksilber gelten, die in den Arbeiten [72—74][1]) erhalten wurde und auf die hohen Anziehungskräfte zwischen den adsorbierten H_2O-Molekülen deutet.

Die Annahme einer Assoziation der an der Quecksilberoberfläche adsorbierten Wassermoleküle rechtfertigt theoretisch die Verwendung der FRUMKINschen Isothermengleichung (III.57) als halbempirische Grundlage, um die Adsorption von Molekülen organischer Stoffe an der Phasengrenze Quecksilber/Elektrolyt zu betrachten.

3.4. Aussehen der Differentialkapazitätskurven in Anwesenheit organischer Stoffe, deren Adsorption die Frumkinsche Isotherme befolgt

3.4.1. Aussehen der C, φ-Kurven unter Gleichgewichtsbedingungen

Wie bereits früher ausgeführt wurde, hängt der Wert des Bedeckungsgrades im Maximum der C,φ-Kurve, d. h. θ^{max}, im allgemeinen von der Lage des Maximums, d. h. von φ^{max} ab und ist nicht konstant gleich θ^*. Im folgenden werden einige Eigenschaften der Differentialkapazitätskurven unter Gleichgewichtsbedingungen diskutiert; die Kurven folgen aus Gleichung (III.42) unter Verwendung der FRUMKINschen Isotherme (III.57) mit einem konstanten Wert der Attraktionskonstanten a = const. Da Gleichung (III.42) unter der Voraussetzung C_0 = const. und C' = const. abgeleitet wurde, müssen diese Bedingungen auch auf die erhaltenen Ergebnisse bezogen werden.

[1]) Die Angaben über die Wasserdampfadsorption am Quecksilber, die in den Arbeiten [75—77] enthalten sind, widersprechen diesem Ergebnis, jedoch ist diese Divergenz nach [73] und [74] offensichtlich auf die unzureichende Sauberkeit bei der Versuchsdurchführung in [75—77] zurückzuführen.

Im Fall der FRUMKINschen Isotherme gilt

$$h = \frac{\theta(1-\theta)}{1-2a\theta\,(1-\theta)} \tag{III.84}$$

(s. z. B. Gleichung (III.82) für $n = 1$) und

$$\frac{\partial h}{\partial \theta} = \frac{1-2\theta}{[1-2a\theta\,(1-\theta)]^2}. \tag{III.85}$$

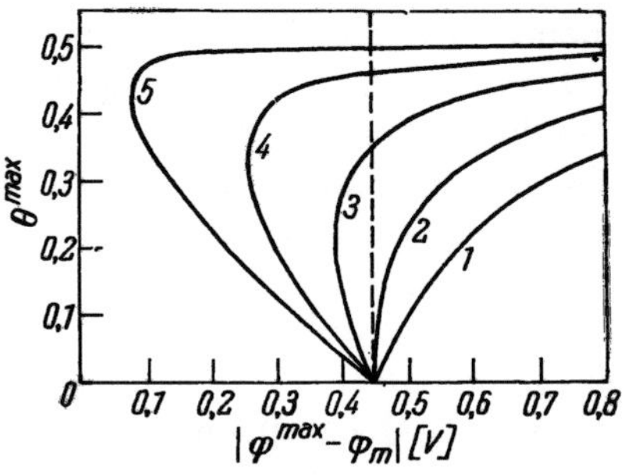

Abb. 19: Abhängigkeit der Maximalbedeckung (θ^{max}) vom Pikpotential (φ^{max}) bei verschiedenen Werten der Attraktionskonstanten a

1 – $a = 0$; *2* – $a = 0{,}5$; *3* – $a = 1{,}0$; *4* – $a = 1{,}5$; *5* – $a = 1{,}9$; ······ – Grenzwert von $|\varphi^{max} - \varphi_m|$ bei $c \to 0$

Aus den Gleichungen (III.42) und (III.85) folgt, daß das Potential des Piks φ^{max} mit dem Bedeckungsgrad bei $\varphi = \varphi^{max}$, d. h. θ^{max}, durch folgenden Ausdruck zusammenhängt:

$$\varphi^{max} = \varphi_m \pm \sqrt{3/2\alpha} \cdot \frac{1 - 2a\theta^{max}\,(1-\theta^{max})}{\sqrt{1-2\theta^{max}}}. \tag{III.86}$$

Die berechneten Werte der Abhängigkeit θ^{max} von $|\varphi^{max} - \varphi_m|$ bei $\alpha = 7{,}5\ \mathrm{V}^{-2}$ und verschiedenen Werten der Attraktionskonstante gemäß dieser Gleichung sind in Abb. 19 dargestellt. Wie aus der Abbildung folgt, verringern sich die Abweichungen zwischen θ^{max} und θ^*, je weiter sich das Potential der Piks vom maximalen Adsorptionspotential entfernt, d. h. mit wachsender Konzentration des organischen Stoffes. Jedoch wird auch bei $a < 1$ für eine relativ große Differenz zwischen φ^{max} und φ_m ($|\varphi^{max} - \varphi_m| \sim 0{,}7$—$0{,}8$ V) eine bedeutende Abweichung des θ^{max}-Wertes vom θ^*-Grenzwert 0,5 beobachtet. Bei abnehmender Konzentration des organischen Stoffes, wenn $\theta^{max} \to 0$ geht, streben die Maxima in den Differentialkapazitätskurven bei beliebigen a-Werten gegen die Größe $\varphi_m \pm \sqrt{3/2\,\alpha}$, die nach Gleichung (III.66) erhalten wird, wenn die Adsorption des organischen Stoffes durch die HENRI-Gleichung ausgedrückt werden kann.

Wenn nach Gleichung (III.86) die Ableitung $[\partial(\varphi^{max} - \varphi_m)/\partial\theta^{max}]_{\theta_{max}=0}$ bestimmt und gleich Null gesetzt wird, dann erhält man für a entsprechend dieser Bedingung den Wert 0,5. Daraus folgt, daß bei $a \leqq 0{,}5$ jedem θ^{max}-Wert nur ein Wert der Differenz $|\varphi^{max} - \varphi_m|$ zugeordnet werden kann, während bei $a > 0{,}5$ jedem Wert $|\varphi^{max} - \varphi_m|$ zwei θ^{max}-Werte entsprechen (s. Abb. 19). Anders gesagt, bei $a \leqq 0{,}5$ entspricht einer bestimmten Lage des Maximums in der C,φ-Kurve nur ein bestimmter Wert des Bedeckungsgrades der Oberfläche mit dem organischen Stoff. Andererseits können bei $a > 0{,}5$ einer beliebigen Lage des Maximums in der C,φ-Kurve, für die $|\varphi^{max} - \varphi_m| < \sqrt{3/2\alpha}$ gilt, jeweils zwei Werte des Bedeckungsgrades entsprechen: der eine für große Konzentrationen des organischen Stoffes, der andere für geringere Konzentrationen. Man muß in letzterem Fall erwarten, daß sich bei abnehmender Konzentration des organischen Stoffes die Potentiale der Piks in den C,φ-Kurven anfangs einander nähern werden, dann aber wieder divergieren und sich asymptotisch dem Wert $\varphi_m \pm \sqrt{3/2\alpha}$ nähern.

Um diese Behauptung zu prüfen, muß man die Abhängigkeit des Ausdrucks $(\varphi^{max} - \varphi_m)$ vom Logarithmus der Konzentration des organischen Stoffes berechnen. Dazu kann man Gleichung (III.37) benutzen, aus der im Falle der FRUMKINschen Isotherme (III.57) folgt

$$K + \lg c = \frac{\alpha}{2{,}3}(\varphi^{max} - \varphi_m)^2 + \lg\frac{\theta^{max}}{1 - \theta^{max}} + \frac{a}{2{,}3}(1 - 2\theta^{max}), \qquad \text{(III.87)}$$

mit

$$K = \lg[B_m/f(\theta^*)] = \lg B_m + \frac{a}{2{,}3}.$$

Wie man sich unschwer überzeugen kann, geht Gleichung (III.87) für $\theta^{max} \approx \theta^* = 0{,}5$ in die bereits früher erhaltene Gleichung (III.45) über. Wenn man bestimmte $(\varphi^{max} - \varphi_m)$-Werte vorgibt, dann kann man nach der in Abb. 19 dargestellten Grafik entsprechende θ^{max}-Werte erhalten und daraus nach Gleichung (III.87) die Werte von $(K + \lg c)$ berechnen. Die so berechnete Abhängigkeit der Funktion $(K + \lg c)$ von $(\varphi^{max} - \varphi_m)$ bei $a = 0$; $a = 1$; $a = 1{,}9$ sowie dem parabolischen Grenzwert, der $\theta^{max} \approx \theta^* = 0{,}5$ entspricht, ist in Abb. 20 dargestellt.

Aus der Abbildung geht hervor, daß bei hohen Konzentrationen des organischen Stoffes sich die Funktion $\lg c$ von φ^{max} der parabolischen Grenzfunktion nähert, die durch Gleichung (III.45) bestimmt wird, während bei $c \to 0$, wenn θ^{max} ebenfalls gegen Null strebt, $\varphi^{max} \to \varphi_m \pm \sqrt{3/2\alpha}$ geht. Diese Grenzfunktionen sind in Abb. 20 punktiert dargestellt.

Der Übergang von einem Grenzfall zum anderen ist jedoch, wie das aus Abb. 20 ersichtlich wird, in starkem Maße vom Wert der Attraktionskonstanten abhängig. So gibt es für $a \leqq 0{,}5$, wie bereits oben bemerkt, für die $\theta^{max} - |\varphi^{max} - \varphi_m|$-Funktion nur eine Lösung, und mit abnehmender Konzentration des organischen

Stoffes rücken die Piks in den $C,_\varphi$-Kurven allmählich dichter zusammen und nähern sich dem Grenzwert $\varphi_m \pm \sqrt{3/2\alpha}$. Wenn $a = 0$ ist, kann dieser Übergang durch eine Gleichung ausgedrückt werden, die aus den Gleichungen (III.86) und (III.87) abgeleitet ist:

$$K + \lg c = \frac{\alpha}{2,3}(\varphi^{max} - \varphi_m)^2 + \lg\left[\frac{(\varphi^{max} - \varphi_m)^2 - 3/2\alpha}{(\varphi^{max} - \varphi_m)^2 + 3/2\alpha}\right]. \qquad \text{(III.88)}$$

Die Auswertung nach dieser Gleichung zeigt (s. Kurve 1 in Abb. 20), daß in einem ausreichend breiten Konzentrationsintervall des organischen Stoffes eine praktisch lineare Abhängigkeit zwischen $\lg c$ und φ^{max} beobachtet wird, die

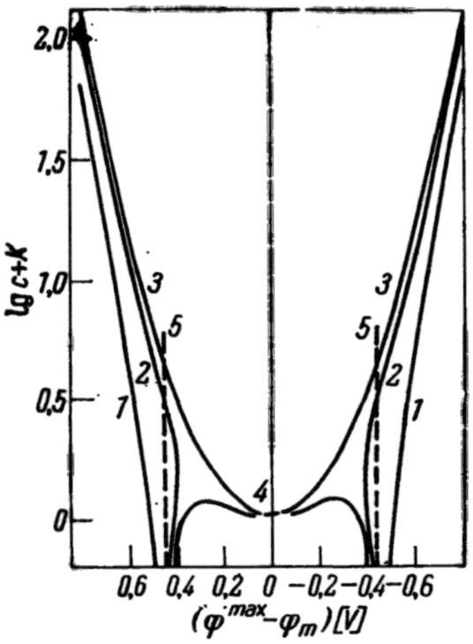

Abb. 20: Abhängigkeit der Pikpotentiale in den Differentialkapazitätskurven (φ^{max}) von der Konzentration des organischen Stoffes (c), berechnet nach den Gleichungen (III.86) und (III.87) für $\alpha = 7,5\,V^{-2}$

1 — $a = 0$; *2* — $a = 1{,}0$; *3* — $a = 1{,}9$;
4 — Grenzwert entsprechend Gleichung (III.45);
5 — Grenzwert für $c \to 0$

erstmals in den Arbeiten [54, 78] bemerkt wurde. Wie jedoch aus Gleichung (III.88) folgt, ist auch für diesen Sonderfall in einem breiten Konzentrationsintervall die Annahme einer linearen Abhängigkeit zwischen φ^{max} und $\lg c$ falsch [54, 55], gar nicht zu sprechen von Systemen, für die $a > 0$ ist.

Für $a > 0{,}5$, wie schon bei der Betrachtung der Abhängigkeit θ^{max} von $|\varphi^{max} - \varphi_m|$ erläutert, nähern sich die Piks in den C,φ-Kurven anfangs bei abnehmender Konzentration des organischen Stoffes und entfernen sich dann wieder voneinander (Kurve 2 in Abb. 20), wobei sie sich dem Grenzwert $\varphi_m \pm \sqrt{3/2\alpha}$ nähern. Als charakteristisches Beispiel für diesen Fall kann die φ^{max} — $\lg c$-Funktion für das System 1 n Na_2SO_4 + n-C_3H_7OH dienen [22].

Wie aus Abb. 20 ersichtlich ist, entsprechen einem $\lg c$-Wert in einem ausreichend schmalen Konzentrationsbereich bei Werten der Attraktionskonstanten nahe zwei ($a = 1{,}9$) auf jedem Ast der C,φ-Kurve drei Extrema: zwei Maxima, die durch ein Minimum getrennt sind. Wenn man den kathodischen Ast der C,φ-Kurve bei $a = 1{,}9$ und $(\lg c + K) = 0{,}05$ berechnet, wird diese Abhängigkeit deutlich, wie sie auch in Abb. 21a wiedergegeben ist. Dieser relativ seltene

Effekt wurde in der Arbeit [79] am kathodischen Ast der C,φ-Kurve in der Lösung 0,5 n CsCl + 10^{-3} n $C_{12}H_{25}OSO_3Na$ beobachtet und ist in Abb. 21b dargestellt. Ein analoges Ergebnis erhielten TEDORADZE und ZOLOTOVICKIJ [23] in einer $6 \cdot 10^{-3}$ m Lösung von 2,6-Dimethylpyridin in einem 0,5 n KCl-Leitelektrolyt.

Wenn man eine bestimmte Gleichung der Adsorptionsisotherme annimmt, kann man die Abhängigkeit der Pikhöhe in der C,φ-Kurve vom $\lg c$ bei beliebigen Werten der Attraktionskonstanten und bei beliebigen Konzentrationen

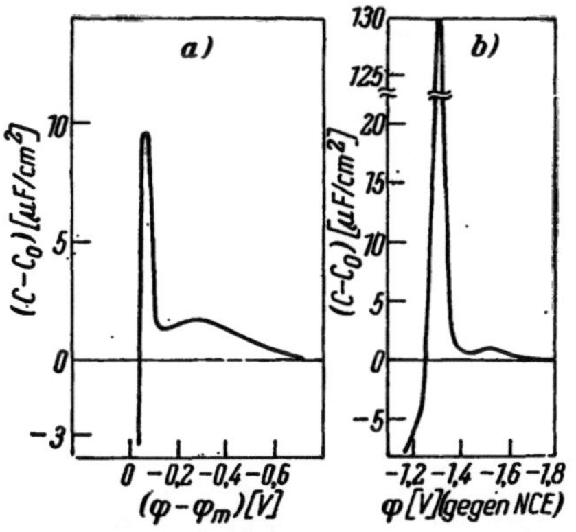

Abb. 21: Kathodische Bereiche von Differentialkapazitätskurven
a berechnet unter der Vorgabe: $a = 1{,}9$; $\alpha = 7{,}5\ \mathrm{V}^{-2}$; $A = 1\ \mu\mathrm{J/cm}^2$; $B_m c = 0{,}168$ (entsprechend $\lg c + K = 0{,}05$); *b* experimentelle Ergebnisse in der Lösung 0,5 n CsCl + 10^{-3} n $C_{12}H_{25}OSO_3Na$

des organischen Stoffes berechnen. Tatsächlich erhält man unter Benutzung der FRUMKINschen Isotherme (III.57) aus Gleichung (III.40) (dargestellt für $\varphi = \varphi^{max}$)

$$C^{max} = C_0 - 2A\alpha\theta^{max} + 4A\alpha^2\,(\varphi^{max} - \varphi_m)^2\,\frac{\theta^{max}\,(1 - \theta^{max})}{1 - 2a\theta^{max}\,(1 - \theta^{max})}. \qquad \text{(III.89)}$$

Wenn man bestimmte θ^{max}-Werte vorgibt, dann kann man nach Gleichung (III.86) die ihnen entsprechenden $(\varphi^{max} - \varphi_m)$-Werte berechnen, aus ihnen dann wiederum nach den Gleichungen (III.87) und (III.89) die einander ergänzenden Werte für $(C^{max} - C_0)$ und $(\lg c + K)$. Die auf diese Weise berechnete Abhängigkeit $(C^{max} - C_0)$ von $(\lg c + K)$ für drei Werte der Attraktionskonstanten ist in Abb. 22 wiedergegeben, in der sie verglichen wird mit der direktlinearen Funktion nach Gleichung (III.47). Die Konstanten K_1 und K_2 lauten in dieser Gleichung unter Verwendung der FRUMKINschen Isotherme (III.57):

$$K_1 = \frac{2{,}3(C_0 - C')}{2 - a}\,; \quad K_2 = \frac{2{,}3(C_0 - C')}{2 - a}\left(\lg B_m + \frac{a}{2{,}3}\right) + \frac{C_0 + C'}{2}.$$

Wie Abb. 22 zeigt, wird die Höhe der Piks in der C,φ-Kurve in Abhängigkeit vom $\lg c$ in weitem Konzentrationsintervall des organischen Stoffes in guter Näherung durch eine Gerade wiedergegeben. Dieser Umstand erklärt den experimentell beobachtbaren linearen Zusammenhang zwischen C^{max} und $\lg c$ (s. Abb. 16).

Von Bedeutung ist die Verbindung zwischen Oberflächenbedeckung mit dem organischen Stoff beim maximalen Adsorptionspotential (gekennzeichnet durch

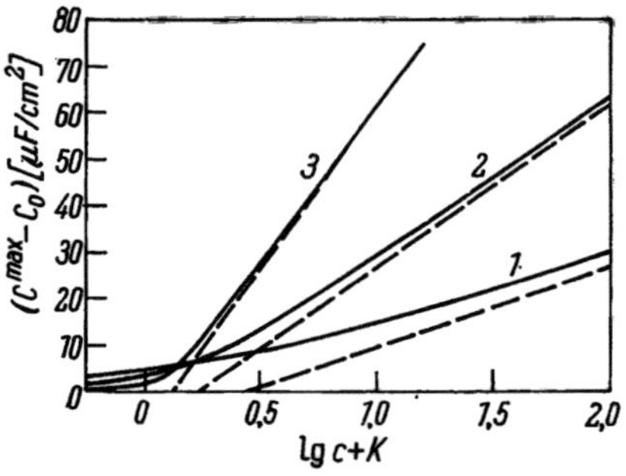

Abb. 22: Abhängigkeit der Pikhöhe in der C,φ-Kurve (C^{max}) von der Konzentration des organischen Stoffes (c) für verschiedene Werte der Attraktionskonstanten

1 – $a = 0$; *2* – $a = 1{,}0$; *3* – $a = 1{,}5$; ······ – theoretischer Wert für $\theta^{max} \approx \theta^* = 0{,}5$ und die gleichen a-Werte

θ_m) mit θ^{max}. Eine solche Beziehung kann folgendermaßen erhalten werden. Aus Gleichung (III.37) folgt, wenn man schreibt statt $\varphi = \varphi^{max}$ und statt $\theta = \theta_m$:

$$f(\theta_m) = f(\theta^{max}) \exp [\alpha(\varphi^{max} - \varphi_m)^2]. \tag{III.90}$$

Wenn man hier den der FRUMKINschen Isotherme (III.57) entsprechenden Ausdruck für $f(\theta)$ und den Wert $(\varphi^{max} - \varphi_m)$ aus Gleichung (III.86) einführt, erhält man schließlich [23]

$$\frac{\theta_m}{1-\theta_m} \exp(-2a\theta_m) = \frac{\theta^{max}}{1-\theta^{max}} \exp\left\{\frac{3\,[1 - 2a\theta^{max}(1-\theta^{max})]^2}{2\,(1-2\theta^{max})} - 2a\theta^{max}\right\}. \tag{III.91}$$

Die nach Gleichung (III.91) berechneten $\theta^{max} - \theta_m$-Kurven für verschiedene Werte der Attraktionskonstanten sind in Abb. 23 dargestellt. In Übereinstimmung mit früheren Annahmen nähert sich θ^{max} seinem Grenzwert $\theta^* = 0{,}5$ bei um so niedrigeren θ_m-Werten, je größer die Attraktionskonstante a ist. Bei niedrigen Konzentrationen des organischen Stoffes, die $\theta_m < 0{,}5$ entsprechen, und bei beliebigen a-Werten, für die $\theta^{max} \ll \theta^*$ wird, geht die quadratische

Abhängigkeit zwischen φ^{max} und lg c sowie die Linearität zwischen C^{max} und lg c verloren. Aus Abb. 23 ist auch ersichtlich, daß für $1{,}7 \leqq a \leqq 2$ der gleiche θ_m-Wert drei Extremwerten von θ^{max} zugeordnet werden kann: zwei von ihnen entsprechen Maxima in den C,φ-Kurven, einer dagegen einem Minimum. Die charakteristische Form der Differentialkapazitätskurven unter diesen Bedingungen wurde bereits diskutiert (s. Abb. 21).

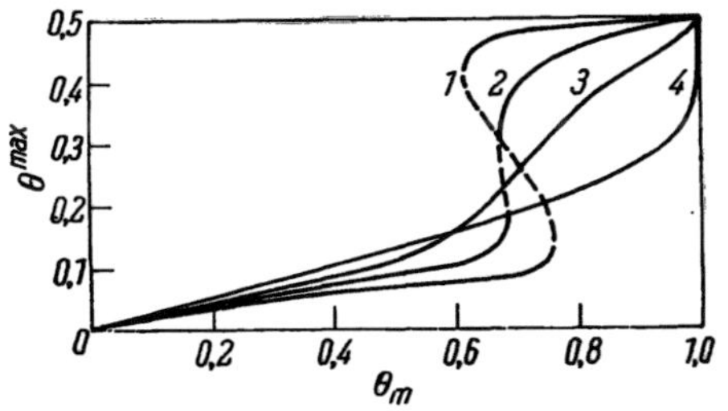

Abb. 23: Abhängigkeit der Extremwerte θ^{max} vom Bedeckungsgrad beim Potential der maximalen Adsorption (θ_m) und für verschiedene Werte der Attraktionskonstanten nach Gleichung (III.91) berechnet

1 — $a = 1{,}9$; *2* — $a = 1{,}7$; *3* — $a = 1{,}3$; *4* — $a = 0$; ····· — dieser Kurventeil entspricht einem Minimum in den Differentialkapazitätskurven

3.4.2. *Aussehen der C,φ-Kurven, die sich nicht in der Gleichgewichtslage befinden*

Wenn sich die experimentell gemessenen C,φ-Kurven außerhalb der Gleichgewichtslage befinden, dann ist die Aufklärung der Gesetzmäßigkeiten bedeutungsvoll, die die Differentialkapazitätskurven unter dieser Bedingung und bei Zusatz eines organischen Stoffes beschreiben. Einige dieser Gesetze wurden von Tedoradze und Zolotovickij [23] diskutiert. Die Autoren benutzten zur Beschreibung des Zusammenhangs zwischen dem Pik-Potential und θ^{max} jedoch Gleichung (III.86), die aber für C,φ-Kurven unter Gleichgewichtsbedingungen aufgestellt wurde. Die Anwendung dieser Gleichung ist mit der Annahme vergleichbar, daß φ^{max} von der Wechselstromfrequenz unabhängig ist; beides ist im Normalfall nicht richtig. Tatsächlich werden die Piks in den C,φ-Kurven mit wachsender Wechselstromfrequenz zunehmend kleiner, auf ihre Lage hat die Potentialabhängigkeit der wahren Kapazität außerdem größten Einfluß. Schließlich verschwinden für $\omega \to \infty$ die Piks in den C,φ-Kurven vollständig, da unter diesen Bedingungen $C \to C_w$ geht. Folglich kann man die in [23] erhaltenen Ableitungen für die sich nicht im Gleichgewicht befindlichen C,φ-Kurven nur als erste Näherung bei der Lösung der gestellten Aufgabe ansehen. Wir werden uns im Zusammenhang damit mit den genauen Ableitungen befassen, die die aus der Gleichgewichtslage verschobenen Differentialkapazitätskurven in Anwesenheit eines organischen Stoffes beschreiben und diese mit den entsprechenden Gesetzmäßigkeiten vergleichen, die bereits früher für die C,φ-Kurven in Gleichgewichtslage erhalten wurden [24].[1])

Es wird angenommen, daß die Abhängigkeit der Kapazität von der Wechselstromfrequenz ausschließlich durch die Diffusion des organischen Stoffes zur Elektrodenoberfläche bestimmt wird, das entspricht experimentellen Werten bei nicht zu hohen Frequenzen [37, 80]. Unter diesen Bedingungen gilt gemäß [80] (s. Gleichung (II.5))

$$C_{zus.(\omega)} = C_{zus.(\omega=0)} \frac{N+2}{(N+1)^2+1}, \tag{III.92}$$

mit

$$N = \sqrt{\frac{2\omega}{D}} \left(\frac{\partial \Gamma}{\partial c}\right)_{\varphi} = \frac{\Gamma_m}{c} \sqrt{\frac{2\omega h}{D}}, \tag{III.93}$$

D = Diffusionskoeffizient des organischen Stoffes.

Aus den Gleichungen (III.40) und (III.92) folgt, daß die Gesamtkapazität bei gegebener Frequenz ω gleich ist

$$C_{(\omega)} = C_0 - 2A\alpha\theta + 4A\alpha^2 (\varphi - \varphi_m)^2 h \frac{N+2}{(N+1)^2+1}. \tag{III.94}$$

Unschwer ist zu erkennen, daß die Abweichung der Kapazität $C_{(\omega)}$ von ihrem Grenzwert $C_{(\omega=0)}$ durch den Faktor N bestimmt wird. Im Grenzfall für $N = 0$ geht Gleichung (III.94) über in Gleichung (III.40), während für $N \gg 2$, d. h. bei $\frac{N+2}{(N+1)^2+1} \approx \frac{1}{N}$, aus den Gleichungen (III.93) und (III.94) folgt

$$C_{(\omega)} \approx C_0 - 2A\alpha\theta + \frac{4A\alpha^2 (\varphi - \varphi_m)^2 c}{\Gamma_m} \sqrt{\frac{D}{2\omega}}. \tag{III.95}$$

Aus Gleichung (III.95) kann man ableiten, daß für $N \gg 2$ Adsorptionsmaxima in den C,φ-Kurven vollständig fehlen. Wenn man Gleichung (III.95) nach dem Potential differenziert, erhält man

$$\frac{dC_{(\omega)}}{d\varphi} = 4A\alpha^2 (\varphi - \varphi_m) \left(h + \frac{2c}{\Gamma_m} \sqrt{\frac{D}{2\omega}}\right), \tag{III.96}$$

dieser Ausdruck ist nur für $\varphi = \varphi_m$ gleich Null, wenn die Bedingung $dC/d\varphi = 0$ einem Minimum in den C,φ-Kurven entspricht.

Im folgenden soll jetzt ein allgemeiner Zusammenhang zwischen dem Potential der Piks in den aus der Gleichgewichtslage verschobenen C,φ-Kurven und θ^{max}

[1]) *A. d. H.:* Neuere Untersuchungen über die Integration von Kapazitätskurven bei $\omega \neq 0$ s. [119].

abgeleitet werden, wobei angenommen wird, daß die Adsorption des organischen Stoffes durch die FRUMKINsche Isotherme (III.57) beschrieben wird. Wenn man die Gleichung (III.38) sowie die für die FRUMKINsche Isotherme geltende Bedingung

$$\frac{dN}{d\varphi} = -2\alpha\,(\varphi - \varphi_m)N\,\frac{1-2\theta}{[1-2a\theta\,(1-\theta)]^2} \qquad \text{(III.97)}$$

berücksichtigt und Gleichung (III.94) nach dem Potential differenziert, erhält man

$$\frac{dC_{(\omega)}}{d\varphi} = 4A\alpha^2\,(\varphi-\varphi_m)\,h\left\{1+\frac{2\,(N+2)}{(N+1)^2+1}\right.$$
$$\left. -\,2\alpha\,(\varphi-\varphi_m)^2\,\frac{1-2\theta}{[1-2a\theta\,(1-\theta)]^2}\cdot\frac{4(N+1)}{[(N+1)^2+1]^2}\right\}. \qquad \text{(III.98)}$$

Aus Gleichung (III.98) geht hervor, daß sich die Lage des Minimums in den C,φ-Kurven ($\varphi = \varphi_m$) auch bei ω-Änderung nicht verändert. Der Ausdruck für die Pik-Potentiale erhält somit folgende Form:

$$\varphi^{max} - \varphi_m = \pm\sqrt{3/2\alpha}\cdot\frac{1+2a\theta^{max}\,(1-\theta^{max})}{\sqrt{1-2\theta^{max}}}$$
$$\times\sqrt{\frac{[(N+2)^2+2]\,[(N+1)^2+1]}{12\,(N+1)}}. \qquad \text{(III.99)}$$

Die unmittelbare Berechnung der θ^{max}-Abhängigkeit der φ^{max}-Werte aus der Gleichung (III.99) ist leider nicht möglich, weil der Faktor N selbst eine Funktion von φ^{max} und θ^{max} ist. Wenn man den Ausdruck für c aus der Isothermengleichung (III.37) und den Ausdruck für h aus der Gleichung (III.84) in die Gleichung (III.93) einsetzt, erhält man

$$N = k\cdot\frac{\exp\,[-\alpha(\varphi-\varphi_m)^2]\,(1-\theta)^2\exp\,(2a\theta)}{1-2a\theta\,(1-\theta)}, \qquad \text{(III.100)}$$

mit

$$k = \Gamma_m B_m\sqrt{2\omega/D}.$$

Für $\varphi = \varphi^{max}$ erhält der Ausdruck (III.100) das Aussehen

$$N^{max} = k\,\frac{\exp\,[-\alpha(\varphi^{max}-\varphi_m)^2]\,(1-\theta^{max})^2\exp\,(2a\theta^{max})}{1-2a\theta^{max}\,(1-\theta^{max})}. \qquad \text{(III.100a)}$$

Um die $\theta^{max},\varphi^{max}$-Funktion der aus der Gleichgewichtslage verschobenen Differentialkapazitätskurven zu bestimmen, ist somit die gemeinsame Lösung der Gleichungen (III.99) und (III.100a) erforderlich. Bei einem gegebenen α-Wert wird diese Funktion durch zwei Parameter bestimmt: die Attraktionskonstante a und die Konstante k, die den Grad der Verschiebung der C,φ-Kurven aus der Gleichgewichtslage charakterisiert.

Die Gleichungen (III.99) und (III.100a) können graphisch folgendermaßen gelöst werden. Es wird ein φ_1^{max}-Wert ausgewählt, man berechnet damit den Wert der rechten Seite von Gleichung (III.99) in Abhängigkeit von θ^{max}. Danach wird die Abszisse (oder die Abszissen) der Schnittpunkte dieser Kurve mit der Geraden $y = (\varphi_1^{max} - \varphi_m)$ bestimmt. Entsprechend Gleichung (III.99) ist die Abszisse

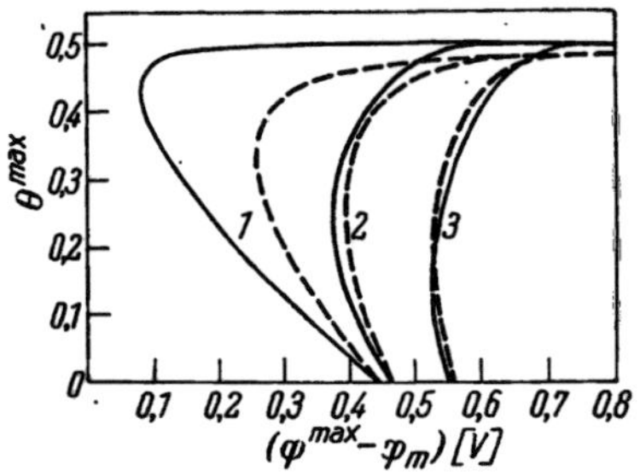

Abb. 24: Abhängigkeit des maximalen Bedeckungsgrades θ^{max} von den Pik-Potentialen φ^{max}, berechnet für $a = 1{,}9$ (ausgezogene Linie) und $a = 1{,}5$ (punktiert) sowie für verschiedene Werte des die Verschiebung aus der Gleichgewichtslage charakterisierenden Parameters k

1 — $k = 0$; *2* — $k = 1$; *3* — $k = 5$

gleich θ_1^{max}, d. h. sie entspricht dem gegebenen φ_1^{max}-Wert. Jetzt wird erneut ein Wert φ_2^{max} festgelegt und auf die gleiche Weise θ_2^{max} bestimmt usw.

Mit dieser Methode wurden in der Veröffentlichung [24] die $\theta^{max},\varphi^{max}$-Kurven für $\alpha = 7{,}5\ V^{-2}$ und folgende a- und k-Werte berechnet: $a = 1{,}5$ und $1{,}9$; $k = 1$ und 5. Wenn man annimmt, daß für aliphatische Verbindungen in erster Näherung $\Gamma_m \approx 5 \cdot 10^{-10}$ Mol/cm² [14] und $D \approx 9 \cdot 10^{-6}$ cm/sec [81] betragen, dann kann man bei einer Wechselstromfrequenz von 400 Hz ($\omega = 2\pi \cdot 400$) erwarten, daß die ausgewählten k-Werte etwa $B_m \approx 84{,}5\ \text{Mol}^{-1} \cdot l$ und $B_m \approx 421$ l/Mol entsprechen, d. h., sie werden bei einer ausreichend langen Kohlenwasserstoffkette der organischen Verbindung realisiert. Die Berechnungsergebnisse sind in Abb. 24 dargestellt, in der zum besseren Vergleich auch die Gleichgewichtskurven der $\theta^{max},\varphi^{max}$-Funktion wiedergegeben sind, die nach Gleichung (III.86) bei $\alpha = 7{,}5\ V^{-2}$ für $a = 1{,}5$ und $1{,}9$ berechnet wurden. Wie aus der Abbildung ersichtlich ist, unterscheiden sich die aus der Gleichgewichtslage verschobenen Kurven merklich von den analogen Gleichgewichtskurven, wobei der Unterschied um so größer ist, je größer die Parameter a und k sind. Erst bei ausreichend hohen $|\varphi^{max} - \varphi_m|$-Werten, d. h. bei ausreichend hohen Konzentrationen des organischen Stoffes, werden die beiden Kurvenarten für die gleichen a-Werte deckungsgleich. Daraus folgt, daß es nur dann berechtigt ist, Gleichung (III.86) zur Interpretation der Eigenschaften der aus der Gleichgewichtslage verschobenen C,φ-Kurven zu benutzen — so wie es in der Arbeit [23] getan wurde —, wenn die Konzentrationen des organischen Stoffes nicht zu niedrig und die Wechselstromfrequenzen nicht zu hoch gewählt werden.

Der Vergleich der gewonnenen Ergebnisse mit den in Abb. 19 angegebenen Daten zeigt, daß prinzipiell die Änderung der $\theta^{max},\varphi^{max}$-Funktion bei größer werdendem k einer Abnahme des Effektivwertes der Attraktionskonstanten entspricht. Auch der folgende Fakt verdient Beachtung. Bei gleichen k-Werten liegen die für verschiedene a-Werte berechneten $\theta^{max},\varphi^{max}$-Kurven sehr nahe

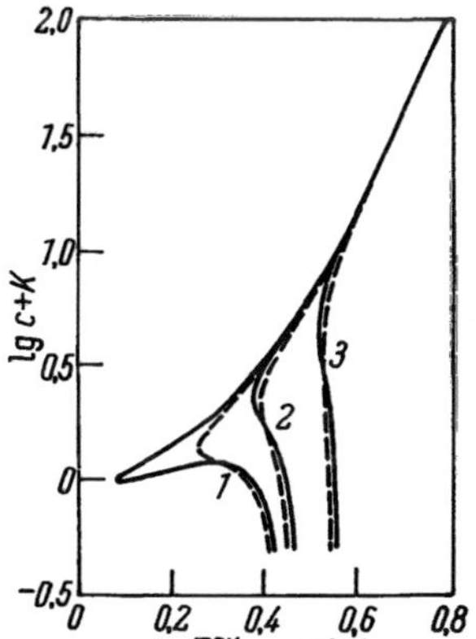

Abb. 25: Abhängigkeit der Pikpotentiale (φ^{max}) von der Konzentration des organischen Stoffes (c), berechnet für $a = 1,9$ (ausgezogene Linie) und $a = 1,5$ (punktiert) sowie verschiedene k-Werte

1 — $k = 0$; *2* — $k = 1$; *3* — $k = 5$

beieinander. Folglich hat die Attraktionskonstante für die aus der Gleichgewichtslage verschobenen C,φ-Kurven nur relativ geringen Einfluß auf die Form der $\theta^{max},\varphi^{max}$-Kurven.

Wenn die vorgegebenen $|\varphi^{max} - \varphi_m|$-Werte und die ihnen zugehörigen θ^{max}-Werte, die aus Abb. 24 stammen, in Gleichung (III.87) eingeführt werden, dann geben die so gewonnenen Ergebnisse die Abhängigkeit der Pik-Potentiale in den aus der Gleichgewichtslage verschobenen C,φ-Kurven von der Konzentration des organischen Stoffes wider. Die Ergebnisse einer solchen Berechnung für die hier ausgewählten Parameter $a = 1,5$ und $1,9$ sowie $k = 1$ und 5 stimmen mit den entsprechenden Gleichgewichtskurven in Abb. 25 vergleichsweise überein. Diese Abbildung bestätigt vor allem die Annahmen, die bei der Untersuchung der $\theta^{max},\varphi^{max}$-Abhängigkeit gemacht wurden, insbesondere: die merkliche Abweichung der aus der Gleichgewichtslage verschobenen Kurven von den Gleichgewichtskurven bei niedrigen Konzentrationen des organischen Stoffes; die Zunahme dieser Abweichung mit wachsenden Parametern a und k; die Abweichung von den Gleichgewichtskurven in Richtung niedrigerer Werte der effektiven Attraktionskonstanten (vgl. mit Abb. 20); die Annäherung der Kurven untereinander bei gleichen k-Werten für verschiedene Werte der Attraktionskonstanten.

Abb. 25 zeigt auch deutlich, daß mit wachsendem Parameter k jenes Potentialintervall merklich kleiner wird, in dem die Adsorptionsmaxima der aus der

Gleichgewichtslage verschobenen Differentialkapazitätskurven beobachtet werden. Das Potentialbereich in der Nähe von φ_m und für niedrige Konzentrationen des organischen Stoffes, d. h. nach Gleichung (III.100a) für kleine θ^{max}-Werte, entspricht der Bedingung $N \gg 2$. Deshalb fehlen in Übereinstimmung mit frühen diskutierten Grenzfällen (s. auch die Gleichungen (III.95) und (III.96)) in den aus

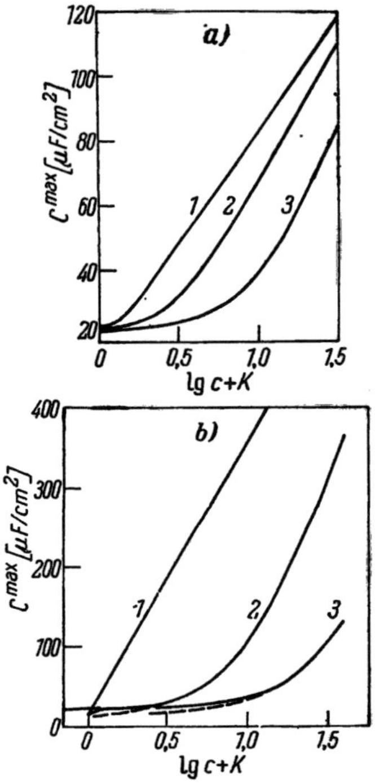

Abb. 26: Abhängigkeit der Pikhöhe in den C,φ-Kurven (C^{max}) von der Konzentration des organischen Stoffes (c), berechnet für $a = 1{,}5$ (a) und $a = 1{,}9$ (b) sowie verschiedene k-Werte
$1 - k = 0$; $2 - k = 1$; $3 - k = 5$

der Gleichgewichtslage verschobenen C, φ-Kurven in diesem Bereich die Adsorptionsmaxima.

Schließlich folgt weiterhin aus Abb. 25, daß man schon bei $k = 1$ in der aus der Gleichgewichtslage verschobenen Differentialkapazitätskurve für $a = 1{,}9$ nicht mehr die für die C,φ-Kurven in Gleichgewichtslage charakteristischen beiden Adsorptionsmaxima auf beiden Zweigen der C,φ-Kurve (s. Abb. 21) beobachten kann. Es ist nur noch ein Maximum übriggeblieben, das größeren $|\varphi^{max} - \varphi_m|$-Werten zuzuordnen ist. Eine analoge Behauptung wurde von Tedoradze und Zolotovickij [23] bei der direkten Berechnung des kathodischen Astes der C,φ-Kurve nach Gleichung (III.94) aufgestellt.

Wenn man die φ^{max}-Abhängigkeit von θ^{max} kennt und bestimmte Werte der Konstanten A und C_0 vorgibt, kann man mit den Gleichungen (III.94), (III.100a) und (III.87) auch die Abhängigkeit der Pikhöhe der Kapazität ($C^{max}_{(\omega)}$) vom Logarithmus der Konzentration des organischen Stoffes für die aus der Gleichgewichtslage verschobenen Kurven berechnen. Die Ergebnisse einer solchen

Rechnung, wobei man für $A = 1\ \mu$Joule/cm² und für $C_0 = 20\ \mu F/\text{cm}^2$ vorgab, sind zusammen mit den entsprechenden C^{max},lg c-Kurven bei Erfüllung der Gleichgewichtsbedingung in Abb. 26 dargestellt.

Wie die Abbildung zeigt, wird zwischen den beiden Arten der (C^{max},lg c)-Kurven eine ausgeprägte Divergenz beobachtet, wobei im Unterschied zu den Abb. 24 und 25 diese Divergenz bei den willkürlich ausgewählten k-Werten in diesem Fall in allen untersuchten Konzentrationsintervallen des organischen Stoffes auftritt. Dieses Ergebnis wird verständlich, wenn man berücksichtigt, daß die Verschiebung der C,φ-Kurven aus der Gleichgewichtslage sich bedeutend stärker auf die Höhe der Adsorptions—Desorptions-Piks auswirkt, als auf ihre Lage. Somit ist der gegenüber der' Gleichgewichtslage versetzte Pik immer dann wesentlich niedriger als der Gleichgewichts-Pik, wenn ihre Potentiale praktisch gleich sind. Das drückt sich in einer deutlichen Abweichung der ($C^{max}_{(\omega)}$,lg c)-Kurve von einer Geraden bei den angenommenen k-Werten in einem breiten Konzentrationsintervall des organischen Stoffes aus. Deshalb kann die Linearität der (C^{max},lg c)-Kurve als hinreichender Hinweis dafür dienen, ob sich die untersuchten C,φ-Kurven nicht allzu stark aus der Gleichgewichtslage entfernen.

Die in der Arbeit [23] benutzte Näherung erweist sich für diė C^{max},lg c-Kurven als äußerst brauchbar. Dies ist deutlich in der Abb. 26b zu erkennen, in der die mit Hilfe dieser Näherung berechneten C^{max},lg c-Kurven punktiert wiedergegeben sind. Hier wird außerdem eine Divergenz im Bereich niedriger Konzentrationen des organischen Stoffes beobachtet, das entspricht bei $c \to 0$ exakt $C^{max} \to C_0$, während in der Näherungsrechnung $C^{max} \to C_0 - A\alpha$ geht. Da im allgemeinen und hauptsächlich für $a \approx 2$ $C^{max} \gg A$ ist, haben die verschiedenen Grenzwerte für C^{max} bei $c \to 0$ wenig Einfluß auf den Charakter der C^{max}, lg c-Funktion. Damit ist auch die gute Übereinstimmung der Näherungsmethode mit der exakten Rechnung zu erklären, die in der Arbeit [23] benutzt wurde, um die Höhe der Kapazitätspiks in Abhängigkeit von der Konzentration des organischen Stoffes zu beschreiben.

Aus der Vielzahl experimenteller Angaben über die Adsorption organischer Stoffe folgt, daß mit zunehmender Länge der Kohlenwasserstoffkette die Adsorptionsenergie der organischen Moleküle, die durch die Größe B_m fixiert ist, und folglich auch der Wert des Parameters k anwächst. Andererseits kann man auch in der gleichen Größenordnung eine Erhöhung der Attraktionskonstanten a erwarten. Somit muß man unter Berücksichtigung der gewonnenen Ergebnisse erwarten, daß bei gleicher Frequenz des Wechselstroms die Abweichungen von den C,φ-Gleichgewichtskurven in einer homologen Reihe um so größer werden, je höhermolekular die untersuchte organische Verbindung und damit ihr Molekulargewicht ist.

3.5. Quantitative Interpretation der vollständigen Differentialkapazitätskurve in Anwesenheit eines organischen Stoffes

Bis jetzt wurde bei der Betrachtung der Gesamteigenschaften der Differentialkapazitätskurven in Anwesenheit eines organischen Stoffes angenommen, daß die Kapazität bei $\theta = 0$ und $\theta = 1$ unabhängig vom Elektrodenpotential ist, d. h. $C_0 = \text{const.}$ und $C' = \text{const.}$ gelten. Tatsächlich wird aber die Bedingung $C_0 = \text{const.}$ nicht erfüllt, wie aus den Messungen der C,φ-Kurven in reinen Leitelektrolytlösungen folgt. Wahrscheinlich wird die Bedingung $C' = \text{const.}$ auch nicht streng befolgt, da jedoch die Kapazität für den bedeckten Teil der Oberfläche zumeist wesentlich geringer ist als C_0, kann man als Näherungswert $C' = \text{const.}$ gelten lassen und die Potentialabhängigkeit nur für C_0 berücksichtigen. In diesem Fall bleibt Gleichung (III.16) für die Ladung der vollständig bedeckten Oberfläche ε' richtig, während ε_0 als Ladung der Oberfläche bei $\theta = 0$ dargestellt werden kann als

$$\varepsilon_0 = \int_0^\varphi C_0 d\varphi. \qquad \text{(III.101)}$$

Damit wird die Oberflächenladung in Anwesenheit eines organischen Stoffes gemäß Gleichung (III.14) gleich

$$\varepsilon = \varepsilon_0(1 - \theta) + C'(\varphi - \varphi_N)\,\theta. \qquad \text{(III.102)}$$

Wenn man Gleichung (III.13) berücksichtigt, erhält man

$$\frac{d \ln B}{d\varphi} = -\frac{\varepsilon_0 - C'(\varphi - \varphi_N)}{A}, \qquad \text{(III.103)}$$

daraus erhält man nach Integration und folgender Potentierung

$$B = B_0 \exp\left[-\frac{E + C'\varphi\,(\varphi_N - \varphi/2)}{A}\right], \qquad \text{(III.104)}$$

mit B_0 — B-Wert bei $\varphi = 0$ und

$$E = \int_0^\varphi \varepsilon_0 d\varphi = \int_0^\varphi\!\!\int_0^\varphi C_0 d\varphi^2, \qquad \text{(III.105)}$$

(E = Abnahme der Grenzflächenspannung infolge der Adsorption von Ionen des indifferenten Elektrolyten).

Gleichung (III.104) ermöglicht es, in Verbindung mit der Isothermengleichung (III.57) und bei Vorgabe der Konstanten A, B_0, C', φ_N und a sowie der experimentellen C_0,φ-Kurve die Potentialabhängigkeit des Bedeckungsgrades zu berechnen. Zuerst wird bei gegebenem φ aus der Gleichung (III.104) der Wert B

berechnet, danach an Hand der nach Gleichung (III.57) konstruierten θ,Bc-Funktion bei gegebenem a θ bestimmt. Anschließend wird ein neuer φ-Wert gewählt und die ihm zugehörige Größe θ bestimmt usw.

Die Kentnnis der θ,φ-Abhängigkeit gestattet es, aus Gleichung (III.77) die Abnahme der Grenzflächenspannung bei Adsorption organischer Moleküle zu berechnen und auf diese Art die Elektrokapillarkurve in Anwesenheit des organischen Stoffes zu erhalten. Solche Berechnungen für verschiedene Konzentrationen von tertiärem Amylalkohol in 1 n NaCl-Lösung wurden von FRUMKIN [1, 3] ausgeführt, sie zeigten hinreichend gute Übereinstimmung zwischen Theorie und Experiment.

Wenn die Adsorption des organischen Stoffes die Isotherme (III.9) befolgt, dann erhält man für die Differentialkapazität in Anwesenheit des organischen Stoffes den Ausdruck

$$C = \left(\frac{\partial \varepsilon}{\partial \varphi}\right)_\theta + \left(\frac{\partial \varepsilon}{\partial \theta}\right)_\varphi \left(\frac{d\theta}{d\varphi}\right) = \left(\frac{\partial \varepsilon}{\partial \varphi}\right)_\theta + \left(\frac{\partial \varepsilon}{\partial \theta}\right)_\varphi \frac{d \ln B}{d\varphi} h. \qquad \text{(III.106)}$$

Die Funktionen $(\partial\varepsilon/\partial\varphi)_\theta$ und $(\partial\varepsilon/\partial\theta)_\varphi$ sind ohne Schwierigkeit aus der Gleichung (III.102) abzuleiten, die Funktion $d \ln B/d\varphi$ aus Gleichung (III.104).

Wenn man die Werte dieser Funktionen sowie den Ausdruck für h (s. Gleichung III.84)) in die Gleichung (III.106) einsetzt, erhält man

$$C = C_0(1-\theta) + C'\theta + \frac{[\varepsilon_0 + C'(\varphi_N - \varphi)]^2}{A} \cdot \frac{\theta(1-\theta)}{1 - 2a\theta\,(1-\theta)}. \qquad \text{(III.107)}$$

Eine analoge Gleichung wurde von HANSEN u. Mitarb. [35] abgeleitet, die sie zur Berechnung des scheinbaren Bedeckungsgrades der Oberfläche mit dem organischen Stoff einsetzten

$$\theta_{schein.} = (C_0 - C)/(C_0 - C').$$

Bei gegebenen Konstanten A, C', φ_N, a, der experimentellen C_0,φ-Kurve und der bereits berechneten θ,φ-Kurve kann man mit Gleichung (III.107) die Abhängigkeit der differentiellen Kapazität vom Elektrodenpotential in Anwesenheit eines organischen Stoffes berechnen. Die Ergebnisse einer solchen Rechnung für Konstanten, die der Adsorption von tert.-Amylalkohol an Quecksilber entsprechen [3, 39], sind in Abb. 27a dargestellt. Zum Vergleich sind in Abb. 27b die experimentellen C,φ-Kurven in 0,9 n NaF mit entsprechenden Zusätzen von tert.-Amylalkohol wiedergegeben.

Wie die Abbildung zeigt, stimmen Form und Lage der theoretischen und experimentellen Kurven gut überein. Jedoch sind die experimentellen anodischen Kapazitätspiks wesentlich höher als die berechneten, während umgekehrt die kathodischen Piks niedriger ausfallen. Eine analoge Divergenz wird auch in der Arbeit [35] für die Adsorption von n-Valeriansäure an Quecksilber beobachtet. Eine detaillierte Gegenüberstellung der experimentellen und theoretisch berechneten Elektrokapillarkurven in Anwesenheit von tert.-$C_5H_{11}OH$ [3] ergibt aber doch wesentliche Unterschiede zwischen ihnen, die aber für σ,φ-Kurven nicht so erheblich sind wie für C,φ-Kurven.

Die verschiedenen Bestimmungsmethoden für die Attraktionskonstante a, die in Kapitel 4. betrachtet werden, zeigen, daß alle diese Unterschiede zwischen den experimentellen und berechneten Funktionen auf die Abhängigkeit der Konstanten a vom Elektrodenpotential zurückzuführen sind. Die Potential-

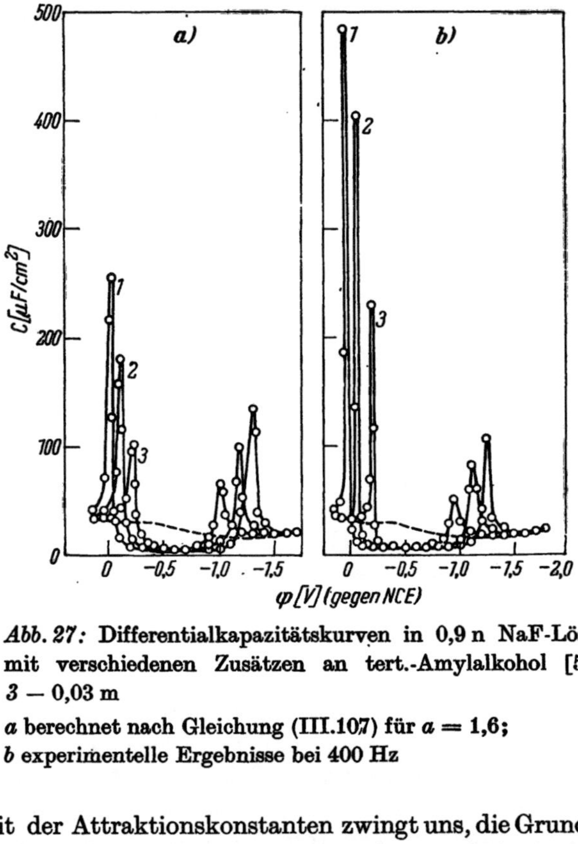

Abb. 27: Differentialkapazitätskurven in 0,9 n NaF-Lösung (punktiert) und mit verschiedenen Zusätzen an tert.-Amylalkohol [5] *1* — 0,3; *2* — 0,1; *3* — 0,03 m

a berechnet nach Gleichung (III.107) für $a = 1{,}6$;

b experimentelle Ergebnisse bei 400 Hz

abhängigkeit der Attraktionskonstanten zwingt uns, die Grundgleichungen für die Berechnung der differentiellen Kapazität in Anwesenheit eines organischen Stoffes neu zu durchdenken, da sie unter der Bedingung $a = \text{const.}$ aufgestellt wurden [29].

Die Adsorption des organischen Stoffes an der Elektrodenoberfläche soll der Frumkinschen Isotherme (III.57) gehorchen, wobei jetzt a eine Funktion des Elektrodenpotentials ist: $a = a(\varphi)$. Wenn man die Gleichung (III.57) logarithmiert und anschließend nach dem Potential differenziert, erhält man nach algebraischen Transformationen

$$\frac{d\theta}{d\varphi} = \left(\frac{d \ln B}{d\varphi} + 2\theta\,\frac{da}{d\varphi}\right) \cdot h, \qquad \text{(III.108)}$$

wobei h bereits früher durch Gleichung (III.84) ausgedrückt wurde. Andererseits ergibt die Differentiation nach φ bei $\theta = \text{const.}$

$$\left(\frac{\partial \ln c}{\partial \varphi}\right)_\theta = -\left(\frac{d \ln B}{\partial \varphi} + 2\theta \frac{da}{\partial \varphi}\right). \qquad \text{(III.109)}$$

Bei Berücksichtigung der thermodynamischen Gleichung (III.5) ergibt sich

$$\frac{d \ln B}{\partial \varphi} + 2\theta \frac{da}{d\varphi} = \frac{1}{A}\left(\frac{\partial \varepsilon}{\partial \theta}\right)_\varphi. \qquad \text{(III.110)}$$

Für die zusätzliche Kapazität kann man somit schreiben

$$C_{zus.} = \frac{1}{A}\left(\frac{\partial \varepsilon}{\partial \theta}\right)_\varphi^2 \cdot h = A\left(\frac{\partial \ln c}{\partial \varphi}\right)_\theta^2 \cdot h. \qquad \text{(III.111)}$$

Die Integration von Gleichung (III.110) führt zu

$$\varepsilon = \text{const.} + A \frac{d \ln B}{\partial \varphi}\theta + A\theta^2 \frac{da}{d\varphi}, \qquad \text{(III.112)}$$

mit const. = Integrationskonstante, gleich ε_0, da für $\theta = 0$ $\varepsilon = \varepsilon_0$ ist. Wenn bei $\theta = 1$ $\varepsilon = \varepsilon' = C'(\varphi - \varphi_N)$ gilt, ergibt sich

$$\varepsilon_0 + A \frac{d \ln B}{d\varphi} + A \frac{da}{d\varphi} = C'(\varphi - \varphi_N), \qquad \text{(III.113)}$$

mit

$$\frac{d \ln B}{d\varphi} = -\frac{\varepsilon_0 + C'(\varphi_N - \varphi)}{A} - \frac{da}{d\varphi}. \qquad \text{(III.113a)}$$

Die Integration dieser Gleichung von 0 bis φ mit anschließender Potenzierung ergibt

$$B = B_0 \exp\left[\frac{E + C'\varphi(\varphi_N - \varphi/2)}{A}\right] \exp(a_0 - a), \qquad \text{(III.114)}$$

mit a_0 — a-Wert bei $\varphi = 0$, statt Gleichung (III.104), für die $a = \text{const.}$ angenommen wurde. Andererseits entsteht beim Einsetzen von Gleichung (III.113a) in (III.112) folgende Gleichung für die Oberflächenladung:

$$\varepsilon = \varepsilon_0(1 - \theta) + C'\theta(\varphi - \varphi_N) - A \frac{da}{d\varphi}\theta(1 - \theta). \qquad \text{(III.115)}$$

Unschwer ist zu erkennen, daß bei $a = \text{const.}$ Gleichung (III.115) in Gleichung (III.102) übergeht. Aus Gleichung (III.115) folgt

$$\left(\frac{\partial \varepsilon}{\partial \varphi}\right)_\theta = C_0(1 - \theta) + C'\theta - A \frac{d^2 a}{d\varphi^2}\theta(1 - \theta) \qquad \text{(III.116)}$$

und

$$\left(\frac{\partial \varepsilon}{\partial \theta}\right)_\varphi = -\varepsilon_0 + C'(\varphi - \varphi_N) - A \frac{da}{d\varphi}(1 - 2\theta), \tag{III.117}$$

so daß in Übereinstimmung mit den Gleichungen (III.106) und (III.111) die differentielle Kapazität in Anwesenheit eines organischen Stoffes ausgedrückt werden kann als

$$C = C_0(1 - \theta) + C'\theta - A \frac{d^2a}{d\varphi^2}\theta(1 - \theta)$$
$$+ \frac{\left[\varepsilon_0 + C'(\varphi_N - \varphi) + A \frac{da}{d\varphi}(1 - 2\theta)\right]^2}{A} \cdot \frac{\theta(1 - \theta)}{1 - 2a\theta(1 - \theta)}. \tag{III.118}$$

Für $a = \text{const.}$ geht Gleichung (III.118) über in Gleichung (III.107). In Verbindung mit der Isothermengleichung (III.57) und bei bekannten Werten der Konstanten A, C', B_0 und φ_N kann man mit Hilfe der Gleichungen (III.114),

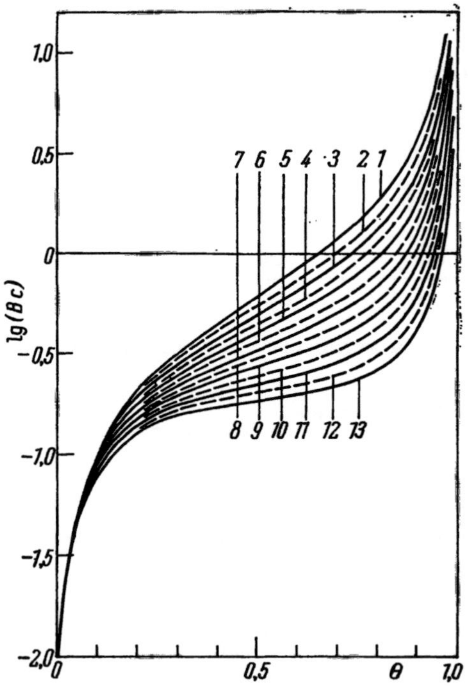

Abb. 28: **Berechnete Adsorptionsisotherme nach Gleichung (III.57), dargestellt als Funktion lg (Bc) von θ bei verschiedenen Werten der Attraktionskonstanten a**

1 – 0,5; *2* – 0,6; *3* – 0,7; *4* – 0,8; *5* – 0,9; *6* – 1,0; *7* – 1,1; *8* – 1,2; *9* – 1,3; *10* – 1,4; *11* – 1,5; *12* – 1,6; *13* – 1,7

(III.115) und (III.118) die Potentialabhängigkeit des Bedeckungsgrades, der Elektrodenladung und der differentiellen Kapazität bei einer beliebig vorgegebenen Funktion $a = a(\varphi)$ berechnen. Für die Berechnung der Elektrokapillarkurven in Anwesenheit eines organischen Stoffes kann man, nachdem die θ,φ-Kurve unter Berücksichtigung der Potentialabhängigkeit von a bestimmt wurde, auch Gleichung (III.77) verwenden, die bei beliebigen Funktionen $a = a(\varphi)$ richtig bleibt.

Zuerst soll die Abhängigkeit des Bedeckungsgrades vom Elektrodenpotential berechnet werden. Der Einfachheit halber wird dazu nach Gleichung (III.114) zuerst die Potentialabhängigkeit von $\lg B$ berechnet, danach wird aus der nach Gleichung (III.57) für verschiedene a-Werte konstruierten grafischen Darstellung der $\lg(Bc),\theta$-Funktionen (s. Abb. 28) die θ,φ-Abhängigkeit für beliebige Konzentrationen des organischen Stoffes bestimmt. Nach der Bestimmung der θ,φ-Abhängigkeit kann man mit Hilfe der Gleichungen (III.77) und (III.118) relativ einfach die vollständigen σ,φ- und C,φ-Kurven berechnen.

Für viele organische Verbindungen beobachtet man eine lineare Potentialabhängigkeit der Attraktionskonstanten

$$a = a_0 + \beta\varphi \qquad \text{(III.119)}$$

(a_0 und β = Konstanten), wodurch natürlich die Rechnungen vereinfacht werden. Wenn man berücksichtigt, daß in diesem Fall $da/d\varphi = \beta$ und $d^2a/d\varphi^2 = 0$ ist, erhält man aus den Gleichungen (III.114), (III.115) und (III.118) entsprechend

$$B = B_0 \exp\left[-\frac{E + C'\varphi(\varphi_N - \varphi/2)}{A}\right] \cdot \exp(-\beta\varphi), \qquad \text{(III.120)}$$

$$\varepsilon = \varepsilon_0(1 - \theta) + C'\theta(\varphi - \varphi_N) - \beta A\theta(1 - \theta) \qquad \text{(III.121)}$$

und

$$C = C_0(1 - \theta) + C'\theta + \frac{[\varepsilon_0 + C'(\varphi_N - \varphi) + \beta A(1 - 2\theta)]^2}{A} \cdot \frac{\theta(1 - \theta)}{1 - 2a\theta(1 - \theta)}. \qquad \text{(III.122)}$$

Die Berechnungen nach diesen Gleichungen, die für verschiedene aliphatische Verbindungen ausgeführt wurden (n-C_3H_7OH; n-C_4H_9OH; n-, iso- und tert.-$C_5H_{11}OH$; n-$C_4H_9NH_2$; n- und iso-$C_5H_{11}NH_2$; n-C_4H_9COOH und $C_2H_5COC_2H_5$ [5, 10, 16, 21, 22]), stimmen mit den experimentellen Werten gut überein. Eine besonders überzeugende Bestätigung der entwickelten Theorie ist die Übereinstimmung der experimentellen und theoretisch berechneten C,φ-Kurven, insbesondere weil, wie das oben dargestellt wurde, die differentielle Kapazität eine äußerst empfindliche Funktion der Struktur der elektrischen Doppelschicht in Anwesenheit organischer Stoffe ist. Abb. 29 illustriert die Kongruenz zwischen Theorie und Experiment am Beispiel von Elektrokapillar- und Differentialkapazitätskurven für 1 n Na_2SO_4-Lösungen mit verschiedenen Zusätzen von n-Propanol.

Wie in Kapitel 2. dargestellt wurde, wird der Charakter der Adsorption organischer Moleküle im Fall aromatischer und heterozyklischer Verbindungen mehr oder weniger stark durch die Wechselwirkung der π-Elektronen mit den Ladungen

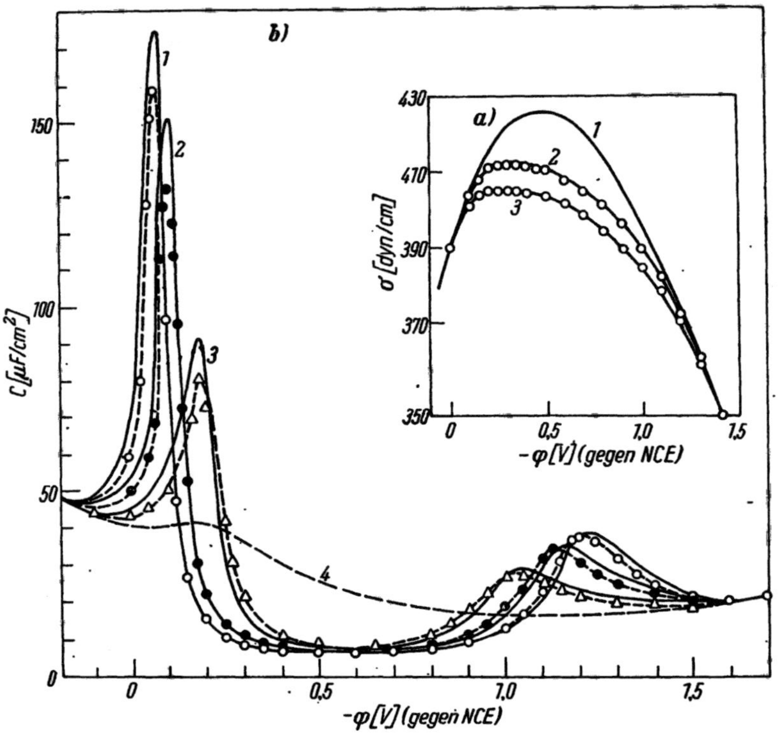

Abb. 29: Vergleich der theoretischen und experimentellen Elektrokapillar- (*a*) und Differentialkapazitätskurven (*b*) für das System 1 n Na_2SO_4 + n-C_3H_7OH

a) durchgezogene Linien = experimentelle Werte; Kreise = theoretische Werte; n-C_3H_7OH-Konzentrationen: *1* — 0; *2* — 0,2; *3* — 0,4 m

b) Punkte und unterbrochene Linien = experimentelle Werte; durchgezogene Linien = theoretische Werte; n-C_3H_7OH-Konzentrationen: *1* — 0,6; *2* — 0,4; *3* — 0,2; *4* — 0 m [22]

der Elektrodenoberfläche beeinflußt. Wenn diese Wechselwirkung für θ = const. die Orientierung der adsorbierten Moleküle bei veränderter Elektrodenladung nicht verändert, dann können die Gleichungen (III.120) und (III.122) zusammen mit den Gleichungen (III.57) und (III.77) benutzt werden, um die θ,φ-, σ,φ- und C,φ-Kurven zu berechnen. Dieser Fall wird bei der Adsorption von Phenol aus stark verdünnten Lösungen an der Quecksilberelektrode realisiert, sofern die Phenoladsorption nicht durch die Bildung polymolekularer Schichten kompliziert wird [18, 82]. Der Vergleich zwischen Theorie und Experiment wird in Abb. 30

angetreten. Wie aus der Abbildung hervorgeht, stimmen die berechneten Γ,φ- und C,φ-Kurven befriedigend mit den experimentellen Angaben überein. Nichtsdestoweniger drückt sich der Einfluß der π-Elektronenwechselwirkung in einer merklich schlechteren Übereinstimmung zwischen Theorie und Experiment beim Phenol gegenüber den Kurven aliphatischer Verbindungen aus[1]).

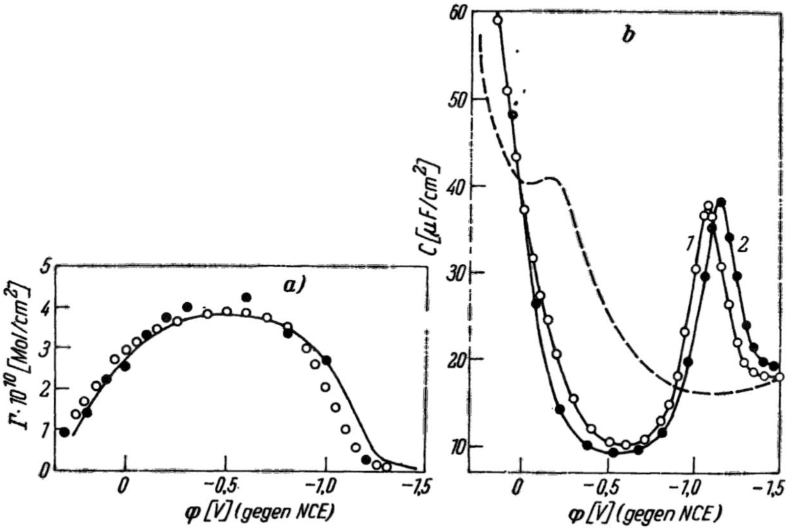

Abb. 30: Vergleich der theoretischen und experimentellen Werte der Abhängigkeit der Adsorption (*a*) und der differentiellen Kapazität (*b*) vom Potential der Quecksilberelektrode für das System 1.n Na_2SO_4 + 0,05 m Phenol

a) ——— – Berechnungen nach den Gleichungen (III.57) und (III.120); • – mit der Gibbsschen Gleichung aus experimentellen elektrokapillaren σ,φ-Kurven erhaltene Werte; ○ – Werte wie oben, aber die σ,φ-Kurven wurden durch doppelte Integration aus Kapazitätskurven gewonnen;

b) ------ – experimentelle C,φ-Kurve in 1 n Na_2SO_4-Lösung; *1* – experimentelle Werte der differentiellen Kapazität; *2* – Berechnungen nach Gleichung (III.122) [18]

In verschiedenen anderen Fällen führt die π-Elektronenwechselwirkung der adsorbierten Moleküle mit der Elektrodenoberfläche dazu, daß bei Änderung des Elektrodenpotentials eine Umorientierung dieser Moleküle erfolgt, die von charakteristischen Piks in den C,φ-Kurven begleitet wird (s. Kapitel 2.2. und Abb. 7). Ein markantes Beispiel ist in dieser Beziehung das Verhalten der am Quecksilber adsorbierten Anilinmoleküle: die für die negativ geladene Oberfläche charakteristische vertikale Molekülanordnung geht bei $\varepsilon > 0$ in eine dichte,

[1]) Die Divergenz zwischen Theorie und Experiment kann beim Phenol teilweise auch dadurch verursacht werden, daß statt der Isothermengleichungen (III.79a) oder (III.80a) mit $n = 2$, die mit diesem Wert besser als andere auf das System 1n Na_2SO_4 + C_6H_5OH zutreffen, in der Arbeit [18] zur Beschreibung der C,φ-Kurven die Frumkinsche Isotherme benutzt wurde, die diesen Gleichungen bei $n = 1$ entspricht.

flächenförmige Ordnung über, bei der die π-Elektronen des Benzolringes mit den positiven Ladungen der Quecksilberoberfläche in Wechselwirkung treten. Die potentialabhängige Veränderung des Charakters der Adsorption der Anilinmoleküle führt dazu, daß die unter diesen Bedingungen berechneten Differentialkapazitätskurven nur den kathodischen Ast der experimentellen C,φ-Kurve richtig widerspiegeln können. Die berechneten und experimentellen C,φ-Kurven beim Übergang zu $\varepsilon > 0$ stimmen nicht mehr überein (Abb. 31).

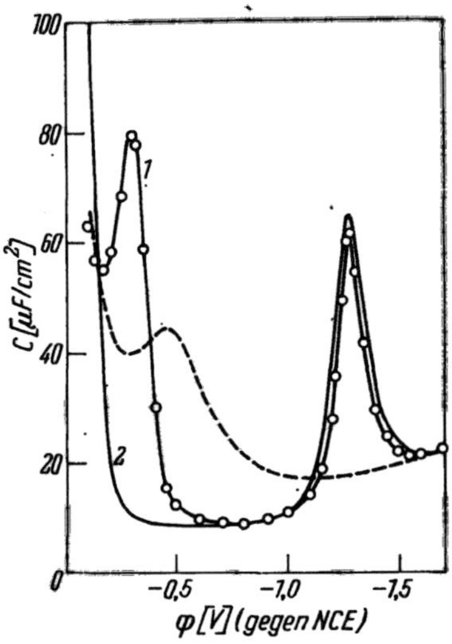

Abb. 31: Differentialkapazitätskurven in reiner 1 n KCl-Lösung (unterbrochene Linie) und bei 0,1 m Anilinzusatz [17]
1 – Versuchsergebnisse (400 Hz);
2 – Rechenwerte nach Gleichung (III.122)

Aus den angeführten Beispielen folgt, daß man die Ausweitung der hier dargelegten quantitativen Interpretation der Adsorptionserscheinungen, in der die π-Elektronenwechselwirkung nicht berücksichtigt wurde, auf aromatische und heterozyklische Verbindungen nur mit großen Vorbehalten vornehmen kann.

3.6. Ursachen und Konsequenzen der Abhängigkeit der Attraktionskonstanten vom Elektrodenpotential

1926 konnte Frumkin zeigen [1, 3], daß eine der Ursachen für die Potentialabhängigkeit der Attraktionskonstanten die Änderung der Fläche S sein kann, die von einem adsorbierten Molekül eingenommen wird und natürlich durch die Zunahme der adsorbierten Menge Γ des organischen Stoffes beeinflußt wird. Wenn wir in erster Näherung annehmen, daß S linear mit Γ abnimmt und damit auch mit $\theta_S = \Gamma/\Gamma_m$, wobei θ_S unter diesen Bedingungen noch nicht dem Bedeckungsgrad $\theta = \Gamma S$ entspricht, erhält die Gleichung der Geraden $S-\Gamma$ die Form

$$S = \frac{k}{\Gamma_m} - \frac{k-1}{\Gamma_m^2}\Gamma, \tag{III.123}$$

mit $k = S_{\theta=0}/S_{\theta=1}$. Aus Gleichung (III.123) erhält man

$$\theta = \Gamma S = k\theta_S - (k - 1)\theta_S^2. \qquad \text{(III.124)}$$

Wenn man Gleichung (III.124) in (III.102) einführt, erhält man

$$\varepsilon = \varepsilon_0[1 - k\theta_S + (k - 1)\theta_S^2] + C'(\varphi - \varphi_N)[k\theta_S - (k - 1)\theta_S^2]. \qquad \text{(III.125)}$$

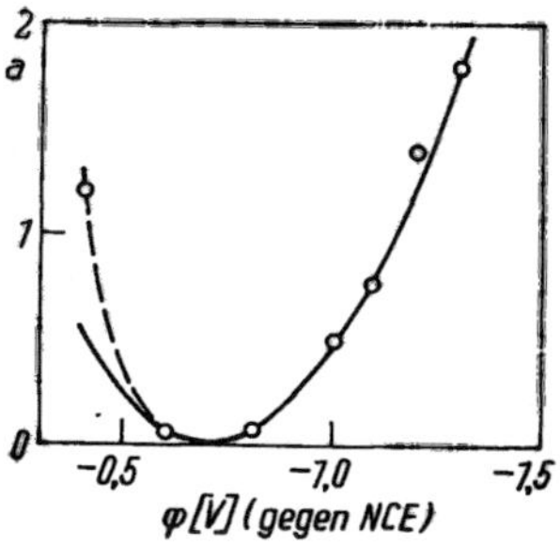

Abb. 32: Potentialabhängigkeit der Attraktionskonstanten im System 1 n $Na_2SO_4 + [(C_4H_9)_4N]_2SO_4$ [6]
—— = Werte nach Gleichung (III.127) für $a_0 = 0{,}3$; $k = 1{,}38$; $C' = 4{,}5\ \mu F/cm^2$; $\varphi_N = 0{,}7$ V; $A = 0{,}51\ \mu J/cm^2$; Punkte und unterbrochene Linie – Versuchswerte

Wenn man die Gleichungen (III.125) und (III.115) miteinander vergleicht und berücksichtigt, daß in Gleichung (III.115) $\theta = \Gamma/\Gamma_M = \theta_S$ ist, erhält man nach einer algebraischen Transformation

$$\frac{da}{d\varphi} = (k - 1)\,\frac{\varepsilon_0 + C'(\varphi_N - \varphi)}{A}, \qquad \text{(III.126)}$$

woraus folgt

$$a = a_0 + (k - 1)\,\frac{E + C'\varphi(\varphi_N - \varphi/2)}{A}. \qquad \text{(III.127)}$$

Wenn also als Ursache für die Potentialabhängigkeit der Attraktionskonstanten die Abnahme von S mit wachsender Oberflächenbedeckung in Frage kommt, dann muß die a,φ-Funktion parabelförmig sein. Eine solche a,φ-Abhängigkeit wird bei der Adsorption von Tetrabutylammoniumkationen an Quecksilber beobachtet (Abb. 32). Hierbei wird, das zeigt die Abbildung, eine hinreichende Übereinstimmung zwischen der experimentellen und der nach Gleichung (III.127) berechneten Funktion festgestellt. Alle Konstanten in dieser Gleichung (mit Ausnahme von a_0) wurden aus unabhängigen Messungen bestimmt [6].

Zeigt die a,φ-Funktion jedoch einen linearen Verlauf, wie das bei den meisten untersuchten organischen Verbindungen der Fall ist [5, 8, 16, 18, 21, 22], dann wird die Elektrodenladung durch Gleichung (III.121) beschrieben. Wenn man annimmt, daß die Größe φ_N in Gleichung (III.102) nicht konstant ist, sondern als Funktion des Bedeckungsgrades $\varphi_N(\theta)$ angesehen werden muß, dann erhält man nach dem Gleichsetzen der Gleichungen (III.102) und (III.121)

$$\varphi_N(\theta) = \varphi_N + \frac{\beta A}{C'}(1 - \theta). \qquad \text{(III.128)}$$

Die lineare a,φ-Änderung wird somit formal durch die äquivalente lineare Änderung der Funktion $\varphi_N(\theta)$ in Abhängigkeit von θ ausgedrückt. Dieser Fakt kann dadurch hervorgerufen werden, daß sich die Orientierung der adsorbierten Moleküle mit wachsendem θ sehr stark verändert, wobei eine Änderung des Dipolmomentes eintritt.

Für $\theta = 1$ gilt $\varphi_N(1) = \varphi_N$, während für $\theta = 0$ gilt

$$\varphi_N(0) = \varphi_N{}^0 = \varphi_N + \beta A/C', \tag{III.129}$$

der Wert $\varphi_N(\theta) = \varphi_N{}^0$ entspricht hier einer solchen Verschiebung des Nullladungspotentials beim Übergang von $\theta = 0$ zu $\theta = 1$, bei der die Orientierung der adsorbierten Dipole so erhalten bleibt, wie sie in einer Schicht mit unendlich kleiner Bedeckung vorliegt.

Aus der Beziehung (III.129) folgt, daß für $\beta < 0$ $\varphi_N{}^0 < \varphi_N$ gilt. Das muß auch so sein, da bei unendlich kleiner Bedeckung die Moleküle der organischen Stoffe vorwiegend parallel zur Phasengrenzfläche angeordnet sind [83] und die Dipolkomponente in Richtung Oberfläche bei einer solchen Anordnung kleiner werden muß. Andererseits gilt für $\beta > 0$ $\varphi_N{}^0 > \varphi_N$, d. h. der adsorptionsbedingte Potentialsprung müßte mit wachsendem Bedeckungsgrad kleiner werden; das ist physikalisch wenig wahrscheinlich. Folglich ist nur eine solche lineare Potentialabhängigkeit der Attraktionskonstanten durch eine Orientierungsänderung der adsorbierten Dipole organischer Stoffe mit wachsendem Bedeckungsgrad zu erklären, für die $da/d\varphi = \beta < 0$ gilt. Eine solche Abhängigkeit wird auch tatsächlich für aromatische und heterocyclische Verbindungen (Pyridin [8, 61]; Phenol [18] sowie o- und n-Toluidin) beobachtet, für die die Größe β sich in den Grenzen von -2 bis -3 bewegt. Gleichzeitig war für alle untersuchten aliphatischen Verbindungen in NaF- oder Na_2SO_4-Grundelektrolyt $\beta > 0$ (von 0,06 bis 0,73). Im Zusammenhang damit wird im folgenden auf eine weitere mögliche Ursache für die Linearität der a,φ-Funktion eingegangen [28].

Wie bereits im Kapitel 3.1. bemerkt wurde, kann entsprechend der Frumkinschen Vorstellung [3] die Phasengrenze zwischen Elektrode und wäßriger Lösung mit geringen Zusätzen an organischem Stoff in erster Näherung wie zwei parallel geschaltete Kondensatoren behandelt werden. Um dieses Modell (im folgenden als Modell (I) bezeichnet) genau zu befolgen, müßten beide Phasen (Metall und Lösung) unendlich große Dielektrizitätskonstanten besitzen.

Wenn hingegen nur eine der beiden aneinandergrenzenden Phasen eine hohe Dielektrizitätskonstante besitzt, dann ist die Gleichung des Modells (I), (III.17), auf ein solches System nicht anwendbar. Unter diesen Bedingungen kann man statt Gleichung (III.17) eine von Hansen und Mitarb. [36] aufgestellte Gleichung benutzen:

$$\varepsilon = [C_0(1 - \theta) + C'\theta] \cdot (\varphi - \varphi_N\theta). \tag{III.130}$$

Diese Gleichung entspricht ebenfalls dem Modell zweier parallel geschalteter Kondensatoren, da der Wert der wahren Kapazität $(\partial\varepsilon/\partial\varphi)_\theta$ in beiden Fällen einheitlich und gleich $C_0(1 - \theta) + C'\theta$ ist. Aber im Unterschied zum Modell (*I*) entspricht eine der beiden Kondensatorbelegungen nicht dem Äquipotentialwert. Das Modell nach Gleichung (III.130) wird als Modell (*II*) bezeichnet.

Am einfachsten sind die Modelle (*I*) und (*II*) nach ihrer θ- (oder Γ-)Abhängigkeit des adsorptionsbedingten Potentialsprungs $\varphi_{\varepsilon=0}$ zu unterscheiden, da nach Gleichung (III.18) Modell (*I*) eine nichtlineare Abhängigkeit ergibt, während Modell (*II*) der Gleichung (III.27) entspricht. Wenn sich die Orientierung der adsorbierten Dipole mit wachsendem Bedeckungsgrad nicht verändert, dann kann man auf der Basis des oben Gesagten erwarten, daß Modell (*I*) annähernd auf die Bedingungen an der Phasengrenze Quecksilber/wäßrige Lösung und Modell (*II*) annähernd auf die Bedingungen an der Phasengrenze Lösung/Luft zutreffen. Abb. 12 bestätigt diese Annahme experimentell.

Da jedoch die Dielektrizitätskonstante des Wassers wesentlich niedriger ist als die Dielektrizitätskonstante des Metalls, weist die lösungsseitige Oberfläche des Doppelschichtkondensators kein streng äquipotentiales Verhalten aus (s. [85]). Anders gesagt, man muß infolge des diskreten Charakters der adsorbierten Dipole des organischen Stoffes erwarten, daß die reale Phasengrenze zwischen Elektrode und Lösung vom Modell (*I*) in Richtung Modell (*II*) in bestimmtem Maße abweicht.

Wenn Modell (*I*) realisiert wird, dann folgt aus dem Vergleich der Gleichungen (III.17) und (III.115)

$$da/d\varphi = 0; \quad a = \text{const.} \tag{III.131}$$

Wenn dagegen Modell (*II*) realisiert wird, dann erhält man aus der Gegenüberstellung der Gleichungen (III.115) und (III.130)

$$\frac{da}{d\varphi} = \frac{\varphi_N(C_0 - C')}{A}; \quad a = a_0 + \varphi_N(C_0 - C') \cdot \varphi/A. \tag{III.132}$$

Somit führt der Übergang von Modell (*I*) zu Modell (*II*) zur linearen Potentialabhängigkeit der Attrationskonstanten bei positivem Wert des Koeffizienten $\beta = \varphi_N(C_0 - C')/A$. Wenn man in Anlehnung an experimentelle Ergebnisse $\varphi_N \approx 0{,}3$; $A \approx 1$ und $C_0 - C' \approx 15$ annimmt, dann erhält man $\beta \approx 4{,}5$; das ist um eine Größenordnung größer als die experimentellen β-Werte für aliphatische Verbindungen. Mit anderen Worten bedeutet das, daß das Verhalten der realen Phasengrenze zwischen Elektrode und Lösung nur wenig vom Verhalten des Modells (*I*) abweicht und sich daher faktisch kaum dem Verhalten des Modells (*II*) nähert. Das erklärt die lineare Potentialabhängigkeit der Attraktionskonstanten mit positivem Wert des Koeffizienten β.

Im folgenden sollen einige Schlußfolgerungen aus der Potentialabhängigkeit der Attraktionskonstanten näher beleuchtet werden [32]. Wenn man zusätzlich annimmt, daß $C_0 = \text{const.}$ ist, dann kann man die Gleichungen (III.120), (III.122) sowie (III.108) umschreiben

$$B = B_k \exp\left[-\alpha(\varphi - \varphi_k)^2\right], \qquad \text{(III.133)}$$

$$C = C_0 - 2A\alpha\theta + 4A\left[\alpha(\varphi - \varphi_k) - \beta\theta\right]^2 h \qquad \text{(III.134)}$$

und

$$d\theta/d\varphi = -2h\left[\alpha(\varphi - \varphi_k) - \beta\theta\right], \qquad \text{(III.135)}$$

wobei α nach wie vor durch die Beziehung (III.29) bestimmt wird, während die Konstanten φ_k und B_k aus folgenden Ausdrücken berechnet werden:

$$\varphi_k = -\frac{C'\varphi_N + A\beta}{C_0 - C'}; \quad B_k = B_0 \exp\left(\alpha\varphi_k^2\right).$$

Wenn das Potential in den Gleichungen (III.133)—(III.135) vom konstanten φ_k-Wert abgezogen wird, dann kann man Gleichung (III.119) ebenfalls umschreiben

$$a = a_k + \beta(\varphi - \varphi_k), \qquad \text{(III.136)}$$

mit $a_k = a$-Wert bei $\varphi = \varphi_k$.

Dadurch erhält die Funktion h die Form

$$h = \frac{\theta(1-\theta)}{1 - 2a_k\theta(1-\theta) - 2\beta\theta(1-\theta)(\varphi - \varphi_k)}. \qquad \text{(III.137)}$$

Um die Extrema in der Differentialkapazitätskurve zu bestimmen, muß man Gleichung (III.134) nach dem Potential differenzieren und $dC/d\varphi = 0$ setzen

$$\frac{dC}{d\varphi} = -2A\alpha\frac{d\theta}{d\varphi} + 8A\left[\alpha(\varphi - \varphi_k) - \beta\theta\right]\left(\alpha - \beta\frac{d\theta}{d\varphi}\right)h + 4A\left[\alpha(\varphi - \varphi_k) - \beta\theta\right]^2\frac{dh}{d\varphi}.$$

(III.138)

Die Größe $d\theta/d\varphi$ wird durch Gleichung (III.135) bestimmt, während man für $dh/d\varphi$ nach (III.137) erhält

$$\frac{dh}{d\varphi} = \frac{\partial h}{\partial\theta}\frac{d\theta}{d\varphi} + \frac{\partial h}{\partial a}\frac{da}{d\varphi} = \frac{1-2\theta}{\theta^2(1-\theta)^2}h^2\frac{d\theta}{d\varphi} + 2h^2\beta. \qquad \text{(III.139)}$$

Wenn man (III.139) und (III.135) in Gleichung (III.138) einsetzt und eine algebraische Umformung vornimmt, erhält man [32]

$$dC/d\varphi = 4Ax\left[3\alpha + 6\beta x - 2x^2\frac{1-2\theta}{\theta^2(1-\theta)^2}\right], \qquad \text{(III.140)}$$

mit

$$x = h[\alpha(\varphi - \varphi_k)\beta] = \frac{\theta(1-\theta)\,[\alpha(\varphi - \varphi_k) - \beta\theta]}{1 - 2a_k\theta\,(1-\theta) - 2\beta\theta\,(1-\theta)\,(\varphi - \varphi_k)}. \tag{III.141}$$

Wenn man den rechten Teil der Gleichung (III.140) gleich Null setzt, erhält man zwei Bedingungen für Extrema in den C,φ-Kurven. Die erste Bedingung lautet $x = 0$ und entspricht einem Minimum in der C,φ-Kurve. Da bei $x = 0$

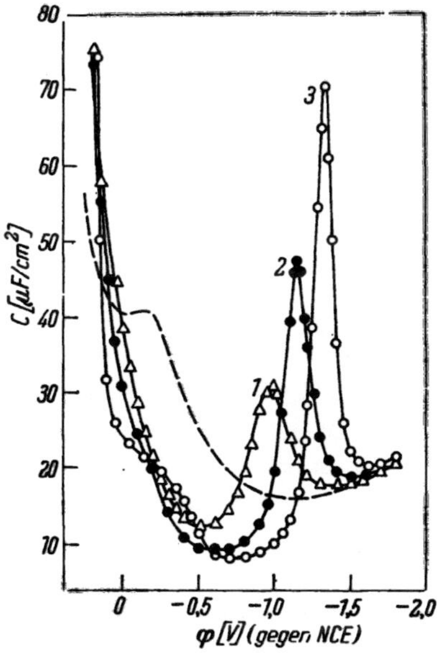

Abb. 33: Differentialkapazitätskurven der Quecksilberelektrode in 1 n Na_2SO_4-Lösung (unterbrochene Linie) und bei Zusatz verschiedener Phenolmengen [18]
1 – 0,02; *2* – 0,1; *3* – 0,4 m (400 Hz)

auch $d\theta/d\varphi = 0$ gilt (s. Gleichungen (III.135) und (III.141)), entspricht das Minimum in den C,φ-Kurven dem maximalen Adsorptionspotential φ_m. Aus Gleichung (III.141) folgt, daß

$$\varphi_m = \varphi_k + \beta\theta_m/\alpha, \tag{III.142}$$

(θ_m = maximaler Bedeckungswert bei gegebener Konzentration des organischen Stoffes).

Wenn θ_m mit wachsender Konzentration größer wird, dann muß sich gemäß Gleichung (III.142) das Minimum in der Differentialkapazitätskurve bei wachsender Konzentration des organischen Stoffes verschieben (in positiver Richtung für $\beta > 0$ und in negativer Richtung für $\beta < 0$). Da $\theta_m < 1$ und $\alpha \sim 6-12$ betragen, tritt dieser Effekt nur deutlich auf, wenn die Bedingung $|\beta| \geqq 1$ erfüllt wird. Diese Annahme wird experimentell hinreichend gut bei der Adsorption von Pyridin [8] und Phenol an Quecksilber bestätigt (s. Abb. 33).

Die zweite Bedingung für das Auftreten von Extrema in den C,φ-Kurven wird durch folgende quadratische Gleichung nach x bestimmt:

$$\frac{2(1-2\theta)}{\theta^2(1-\theta)^2}\,x^2 - 6\beta x - 3\alpha = 0, \tag{III.143}$$

sie entspricht einem Adsorptions—Desorptions-Maximum (Pik) in den Differentialkapazitätskurven. Wenn man diese Gleichung nach x auflöst und die Gleichung (III.141) berücksichtigt, erhält man nach einer algebraischen Umformung einen

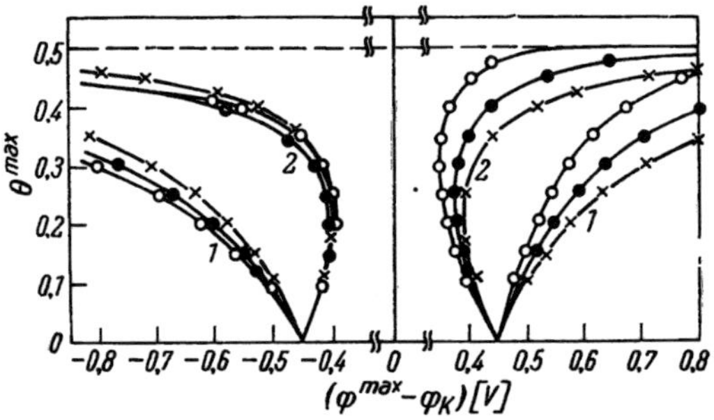

Abb. 34: Abhängigkeit der Pikpotentiale in den Differentialkapazitätskurven (φ^{max}) vom Bedeckungsgrad der Oberfläche mit dem organischen Stoff bei diesen Potentialen (θ^{max}) bei linearem $a\varphi$-Verlauf [32]
1 — $a_k = 0$; *2* — $a_k = 1$; × — $\beta = 0$; • — $\beta = 1$; o — $\beta = 2$

Ausdruck für die Abhängigkeit der Pik-Potentiale in den C,φ-Kurven (φ^{max}) vom Bedeckungsgrad der Oberfläche bei diesem Potential (θ^{max})

$$\varphi^{max} - \varphi_k =$$

$$= \frac{\left[3\beta\theta(1+\theta) \pm \sqrt{9\beta^2\theta^2(1-\theta)^2 + 6\alpha(1-2\theta)}^{1}\right][1-2a_k\theta(1-\theta)] + 2\beta\theta(1-\theta)}{\left[3\beta\theta(1-\theta) \pm \sqrt{9\beta^2\theta^2(1-\theta)^2 + 6\alpha(1-2\theta)}^{1}\right]2\beta\theta(1-\theta) + 2\alpha(1-2\theta)} \tag{III.144}$$

(zur Vereinfachung wurde in Gleichung (III.144) statt θ^{max} einfach nur θ geschrieben). Für $\beta = 0$ wird nach Gleichung (III.142) $\varphi_k = \varphi_m$ und Gleichung (III.144) geht über in Gleichung (III.86), die dem Sonderfall $a =$ const. entspricht.

Die Berechnung der Funktion θ^{max} in Abhängigkeit von $(\varphi^{max} - \varphi_k)$ wurde nach Gleichung (III.144) für zwei a_k-Werte (0 und 1) sowie drei β-Werte (0, 1 und 2) ausgeführt und das Ergebnis in Abb. 34[1]) dargestellt. Wie aus der Abbildung ersichtlich ist, beeinflußt die Erhöhung von β für $(\varphi^{max} - \varphi_k) > 0$ wesentlich die

[1]) Unschwer ist zu erkennen, daß die Gleichung (III.144) hinsichtlich des β-Vorzeichens symmetrisch ist. Deshalb wurden nur positive β-Werte analysiert.

$\theta^{max},(\varphi^{max} - \varphi_k)$-Funktion; dabei nähert sich θ^{max} erwartungsgemäß mit wachsendem β schneller seinem Grenzwert $\theta^* = 0{,}5$. Ein unerwartetes Ergebnis erhält man bei negativen $(\varphi^{max} - \varphi_k)$-Werten (bzw. was das gleiche ist, bei $(\varphi^{max} - \varphi_k) > 0$ und $\beta < 0$). Man könnte annehmen, daß je größer β ist, der a-Wert bei einem gegebenen negativen $(\varphi^{max} - \varphi_k)$-Wert um so kleiner (s. Gleichung (III.137)) wird und sich folglich auch θ^{max} um so langsamer seinem Grenzwert 0,5 nähert. Wie aber aus der Abb. 34 folgt, hat β in diesem Bereich sehr wenig Einfluß auf die θ^{max}, $(\varphi^{max} - \varphi_k)$-Funktion, insbesondere für $a_k = 1$.

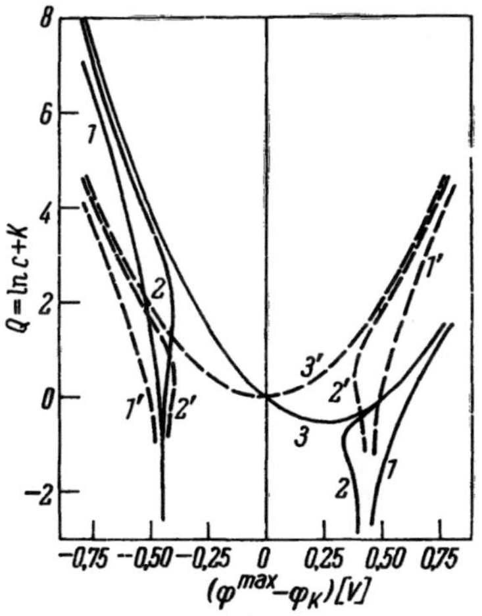

Abb. 35: Abhängigkeit der Pikpotentiale in den Differentialkapazitätskurven (φ^{max}) von der Konzentration des organischen Stoffes (c) bei linearem a,φ-Verlauf ($\beta = 2$) (ausgezogene Linie) sowie für $a = \text{const}$ (unterbrochene Linie) [32]

1 und *1'* – $a_k = 0$; *2* und *2'* – $a_k = 1$; *3* und *3'* – Grenzwert, entsprechend $\theta_{max} = 0{,}5$

Wenn man berücksichtigt, daß die Größe a in der Gleichung (III.87) durch die Beziehung (III.136) ausgedrückt werden kann, dann ist es möglich, bei Kombination der Gleichungen (III.87) und (III.144) die Abhängigkeit der Pik-Potentiale in den C,φ-Kurven vom Logarithmus der Konzentration des organischen Stoffes zu bestimmen.

Die auf diese Weise berechnete Funktion $Q = K + \ln c$ in Abhängigkeit von $(\varphi^{max} - \varphi_k)$ für zwei a_k-Werte (0 und 1) bei $\beta = 2$ ist in Abb. 35 dargestellt. Zum besseren Vergleich ist in die gleiche Abbildung punktiert die entsprechende Kurve bei $\beta = 0$ (d. h. für $a = \text{const.}$) eingezeichnet. Wie aus der Abbildung ersichtlich ist, ist die Abhängigkeit der Pik-Potentiale von der Konzentration des organischen Stoffes bei linearem a,φ-Verlauf asymmetrisch. Das asymmetrische Verhalten verstärkt sich natürlich mit wachsendem $|\beta|$-Wert. Bereits für $\beta = 2$ unterscheiden sich die Konzentrationsbereiche, in denen sich die $Q,(\varphi^{max} - \varphi_k)$-Kurven einem Grenzwert entsprechend $\theta^* = 0{,}5$ nähern, des anodischen und kathodischen Kurvenastes um annähernd zwei Größenordnungen.

Schließlich ist es nicht mehr schwer, den Zusammenhang zwischen der Pikhöhe in der Differentialkapazitätskurve und der Konzentration des organischen Stoffes zu erfassen, wenn man die Gleichung (III.134) und die bereits berechneten $\theta^{max},(\varphi^{max} - \varphi_k)$- und $Q,(\varphi^{max} - \varphi_k)$-Funktionen dazu verwendet. Der Grenzwert

C^{max} in Abhängigkeit von der Konzentration des organischen Stoffes entspricht $\theta^{max} \approx \theta^* = 0{,}5$ und kann ausgedrückt werden durch die Gleichung [32]

$$C^{max} - C_0 \approx A\alpha \left[\frac{4\alpha Q + \beta^2 + 4\beta\left(\beta \pm \sqrt{\beta^2 + \alpha Q}\right)}{\alpha(4 - 2a_k) - 2\beta\left(\beta \pm \sqrt{\beta^2 + \alpha Q}\right)} - 1\right]. \quad \text{(III.145)}$$

Aus Gleichung (III.145) folgt, daß erstens die Abhängigkeit des Grenzwertes C^{max} von $\ln c$ auch dann nicht linear ist, wenn $\beta \neq 0$ ist, und sie sich zweitens wesentlich für anodische und kathodische Piks in den Differentialkapazitätskurven unterscheidet. Eine genaue und eine näherungsweise Berechnung der

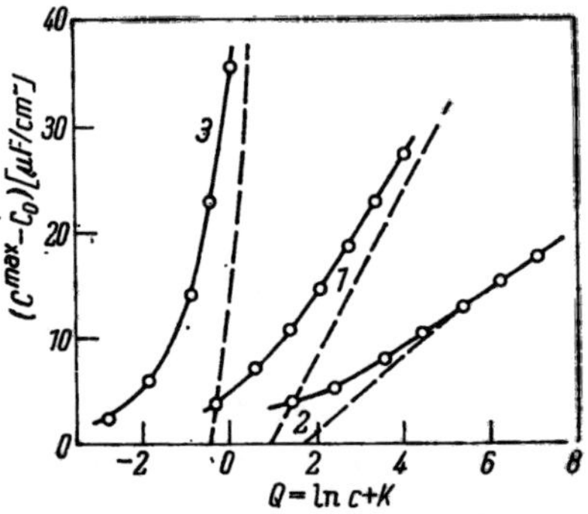

Abb. 36: Höhe der Adsorptionspiks in den Differentialkapazitätskurven (C^{max}) in Abhängigkeit von der Konzentration des organischen Stoffes (c) für a = const (*1*) sowie bei linearer a,φ-Funktion ($\beta = 2$) für kathodische (*2*) und anodische Piks (*3*) [32]

durchgezogene Kurven = exakte Funktion; unterbrochene Kurven = Grenzwert, entsprechend $\theta^{max} = 0{,}5$; in allen Fällen $a_k = 0$

Pikhöhen in den C,φ-Kurven in Abhängigkeit von der Konzentration des organischen Stoffes für $a_k = 0$ und $\beta = 2$ ist gemeinsam mit dem früher diskutierten Fall a = const. = 0 in Abb. 36 dargestellt.

Aus Abb. 36 ist ersichtlich, daß sich bei großen β-Werten ($\beta = 2$) die Höhen der kathodischen und anodischen Piks in den C,φ-Kurven für eine gegebene Konzentration des organischen Stoffes sehr stark unterscheiden müssen. Diese Annahme wird gut am Beispiel der Phenoladsorption (s. Abb. 33) bestätigt, für die $\beta = -2{,}05$ beträgt [18]. In diesem konkreten Fall führt die Potentialabhängigkeit der Kapazität C_0 zu einem praktisch völligen Verschwinden der (theoretisch sowieso sehr niedrigen) anodischen Piks in den C,φ-Kurven. Bei niedrigen positiven β-Werten (aliphatische Verbindungen) ist die a,φ-Abhängigkeit eine Ursache, daß die anodischen Piks in den C,φ-Kurven höher als die kathodischen sind (s. Abb. 27 und 29).

Aus Gleichung (III.145) geht hervor, daß für

$$\alpha(4 - 2a_k) - 2\beta\left(\beta + \sqrt{\beta^2 + \alpha Q}\right) = 0 \quad \text{(III.146)}$$

$C^{max} - C_0 \to \infty$ geht. Das hängt damit zusammen, daß sich das Pikpotential mit wachsender Konzentration des organischen Stoffes von φ_k entfernt, bis die Attraktionskonstante, die sich linear mit φ verändert, ungleich zwei wird. Unter diesen Bedingungen entartet, wie schon oben bemerkt, der Gleichgewichtspik in der C,φ-Kurve zu einer vertikalen Linie. Aus der Bedingung (III.146) folgt, daß diese Erscheinung beobachtet wird für

$$Q_{a=2} = (2 - a_k)\left[\frac{\alpha}{\beta^2}(2 - a_k) - 2\right]. \tag{III.147}$$

Wenn $Q > Q_{a=2}$ ist, dann gilt bei positiven Oberflächenladungen und $\beta > 0$ (oder bei $\varepsilon < 0$ und $\beta < 0$) $a > 2$. Unter diesen Bedingungen haben die Differentialkapazitätskurven eine anomale Form, wie das in [32] nachgewiesen wurde, dabei wird die Höhe des Adsorptionspiks mit wachsender Attraktionskonstante kleiner. Wenn somit die Attraktionskonstante linear mit dem Potential wächst und in dem untersuchten Potentialintervall den Wert $a = 2$ erreicht, dann muß die Funktion der Pikhöhe in den C,φ-Kurven in Abhängigkeit von der Konzentration des organischen Stoffes ein Maximum durchlaufen. Experimentell wurde dieses Verhalten auch bei der Pyridinadsorption an Quecksilber beobachtet.

Die lineare Potentialabhängigkeit der Attraktionskonstanten kann auch dazu führen, daß unter diesen Bedingungen das Potential der maximalen Adsorption φ_m, bestimmbar aus der Beziehung $d\theta/d\varphi = 0$, bereits nicht mehr der maximalen Senkung der Grenzflächenspannung $\Delta\sigma$ entspricht. Aus Gleichung (III.77) ergibt sich

$$\frac{d(\Delta\sigma)}{d\varphi} = -A\left(-\frac{1}{1-\theta}\frac{d\theta}{d\varphi} + 2a\theta\frac{d\theta}{d\varphi} + \beta\theta^2\right) \tag{III.148}$$

und folglich

$$\left[\frac{d(\Delta\sigma)}{d\varphi}\right]_{\varphi_m} = -A\beta\theta_m^2. \tag{III.149}$$

Bei $\beta > 0$ ist der φ_m-Wert somit positiver als das $\Delta\sigma$-Maximum, während er für $\beta < 0$ negativer ist. Die experimentellen Ergebnisse der Pyridin- [8] und Phenoladsorption [18] an Quecksilber stimmen mit dieser Annahme überein.[1])

Literatur

[1] A. N. Frumkin, Arbeiten des Karpov-Institutes, Heft 4 (1925), 56; 5 (1926), 3

[2] A. N. Frumkin, Z. phys. Chem., 116 (1925), 466

[3] A. N. Frumkin, Z. Phys., 35 (1926), 792; A. N. Frumkin, B. B. Damaskin, "*Modern Aspects of Electrochemistry*", Vol. 3, London, Butterworths, 1964, S. 149

[4] B. B. Damaskin, Dokl. Akad. Nauk. SSSR, 144 (1962), 1073

[1]) *A. d. H.:* Über anomale Formen von Adsorptionspiks s. auch [120].

[5] B. B. Damaskin, N. B. Grigor'ev, Dokl. Akad. Nauk. SSSR, **147** (1962), 135
[6] B. B. Damaskin, S. Vavržička, N. B. Grigor'ev, Ž. fiz. chim., **36** (1962), 2530
[7] B. B. Damaskin, G. A. Tedoradze, Dokl. Akad. Nauk. SSSR, **152** (1963), 1151
[8] L. D. Kljukina, B. B. Damaskin, Izv. AN SSSR, Chemie, (1963), 1022
[9] B. B. Damaskin, Ž. fiz. chim., **37** (1963), 2483
[10] B. B. Damaskin, Electrochim. Acta, **9** (1964), 231
[11] B. B. Damaskin, J. Electroanalyt. Chem., **7** (1964), 155
[12] G. A. Tedoradze, Dokl. Akad. Nauk. SSSR, **155** (1964), 1423
[13] B. B. Damaskin, Dokl. Akad. Nauk. SSSR, **156** (1964), 128
[14] G. A. Tedoradze, R. A. Arakeljan, ebenda **156** (1964), 1170
[15] A. N. Frumkin, B. B. Damaskin, V. M. Gerovič, R. I. Kaganovič, ebenda **158** (1964), 706
[16] R. Lerkch, B. B. Damaskin, Ž. fiz. chim., **38** (1964), 1154; **39** (1965), 211
[17] B. B. Damaskin, I. P. Mišutuškina, V. M. Gerovič, R. I. Kaganovič, ebenda, **38** (1964), 1797
[18] B. B. Damaskin, V. M. Gerovič, I. P. Gladkich, R. I. Kaganovič, ebenda, **38** (1964), 2495
[19] B. B. Damaskin, G. A. Tedoradze, Electrochim. Acta, **10** (1965), 529
[20] B. B. Damaskin, Elektrochimija, **1** (1965), 63
[21] V. K. Venkatesan, B. B. Damaskin, N. V. Nikolaeva-Fedorovič, Ž. fiz. chim., **39** (1965), 129
[22] B. B. Damaskin, R. Lerkch, ebenda, **39** (1965), 495
[23] G. A. Tedoradze, Ja. M. Zolotovickij, Elektrochimija, **1** (1965), 201
[24] B. B. Damaskin, ebenda, **1** (1965), 255
[25] B. B. Damaskin, S. L. Djatkina, ebenda, **1** (1965), 706
[26] A. N. Frumkin, B. B. Damaskin, A. A. Survila, ebenda, **1** (1965), 738
[27] B. B. Damaskin, Ž. fiz. chim., **39** (1965), 1636
[28] B. B. Damaskin, Elektrochimija, **1** (1965), 1123
[29] B. B. Damaskin, Usp. chim. (Fortschr. d. Chemie), **34** (1965), 1764
[30] Ja. M. Zolotovickij, G. A. Tedoradze, Elektrochimija, **1** (1965), 1339
[31] G. A. Tedoradze, R. A. Arakeljan, E. D. Belokolos, ebenda, **2** (1966), 563
[32] B. B. Damaskin, S. L. Djatkina, ebenda, **2** (1966), 981; **3** (1967), 531
[33] G. A. Tedoradze, Promotion, Moskau 1965, Inst. f. Elektrochemie der Akad. d. Wiss. d. UdSSR
[34] B. B. Damaskin, A. A. Survila, L. E. Rybalka, Elektrochimija, **3** (1967), 146
[35] R. S. Hansen, R. E. Minturn, D. A. Hickson, J. Phys. Chem., **60** (1956), 1185; **61** (1957), 953
[36] R. S. Hansen, D. J. Kelsh, D. H. Grantham, ebenda, **67** (1963), 2316
[37] W. Lorenz, F. Möckel, Z. Elektrochem., **60** (1956), 507
[38] W. Lorenz, ebenda, **62** (1958), 192
[39] W. Lorenz, F. Möckel, W. Müller, Z. phys. Chem. (N. F.), **25** (1960), 145
[40] W. Lorenz, W. Müller, ebenda, **25** (1960), 161
[41] R. Parsons, Trans. Faraday Soc., **51** (1955), 1518
[42] R. Parsons, J. Electroanalyt. Chem., **7** (1964), 136
[43] M. A. V. Devanathan, Proc. Roy. Soc., **A 264** (1961), 133; **A 267** (1962), 256
[44] J. O'M. Bockris, M. A. V. Devanathan, K. Müller, ebenda, **A 274** (1963), 55
[45] R. Parsons, J. Electroanalyt. Chem., **8** (1964), 93
[46] G. Gouy, Ann. Phys., **7** (1917), 129

[47] A. G. Stromberg, L. S. Zagajnova, Ž. fiz. chim., **31** (1957), 1042
[48] I. Zwierzykowska, Roczn. Chem., **39** (1965), 101
[49] R. G. Barradas, P. G. Hamilton, B. E. Conway, J. Phys. Chem., **69** (1965), 3411
[50] M. Breiter, P. Delahay, J. Amer. Chem. Soc., **81** (1959), 2938
[51] N. F. Mott, R. Parsons, R. J. Watts-Tobin, Phil. Mag. (75), **7** (1962), 483
[52] D. C. Grahame, Chem. Rev., **41** (1947), 441
[53] J. A. V. Butler, Proc. Roy. Soc., **A 122** (1929), 399
[54] B. Breyer, S. Hacobian, Austral. J. Sci. Res., **A 5** (1952), 500
[55] I. R. Miller, Electrochim. Acta, **9** (1964), 1453
[56] M. Senda, J. Tachi, Rev. Polarogr. (Japan), **10** (1962), 79
[57] R. Parsons, J. Electroanalyt. Chem., **5** (1963), 397
[58] E. Helfand, H. L. Frisch, J. L. Lebowitz, J. Chem. Phys., **34** (1961), 1037
[59] E. Blomgren, J. O'M. Bockris, J. Phys. Chem., **63** (1959), 1475
[60] R. Parsons, „*Advances in Electrochemistry*", Vol. 1, New York, Interscience Publ., 1961, S. 1
[61] B. B. Damaskin, A. A. Survila, S. Ja. Vasina, A. I. Fedorova, Elektrochimija, **3** (1967), 825
[62] B. E. Conway, R. G. Barradas, Electrochim. Acta, **5** (1961), 319, 349
[63] B. E. Conway, R. G. Barradas, P. G. Hamilton, J. M. Parry, J. Electroanalyt. Chem., **10** (1965), 485
[64] I. Zwierzykowska, Roczn. Chem., **38** (1964), 663, 1169, 1195, 1367
[65] A. N. Frumkin, J. Electroanalyt. Chem., **7** (1964), 152
[66] R. Fowler, E. A. Guggenheim, "*Statistical Thermodynamics*", Cambridge, University Press, 1939, S. 431
[67] E. A. Guggenheim, Trans. Faraday Soc., **41** (1945), 150
[68] A. A. Žuchovickij, Ž. fiz. chim., **18** (1944), 214
[69] H. Dahms, M. Green, J. Electrochem. Soc., **110** (1963), 1075
[70] J. O'M. Bockris, D. A. J. Swinkels, J. Electrochem. Soc., **111** (1964), 736
[71] B. Kastening, L. Holleck, Talanta, **12** (1965), 1259
[72] H. M. Cassel, F. Salditt, Z. phys. Chem., **A 155** (1931), 321
[73] B. P. Bering, K. A. Iojleva, Izv. AN SSSR, Chemie, (1955), 9
[74] M. E. Nicholas, P. A. Joyner, B. M. Tessem, M. D. Olson, J. Phys. Chem., **65** (1961) 1373
[75] C. Kemball, Proc. Roy. Soc., **A 187** (1946), 73; **A 190** (1947), 117
[76] S. V. Karpačev, M. V. Smirnov, Z. S. Volčenkova, Ž. fiz. chim., **27** (1953), 1228
[77] N. K. Roberts, J. Chem. Soc., 1907 (1964)
[78] K. S. G. Doss, A. Kalyanasundaram, Curr. Sci., **20** (1951), 199; Proc. Indian. Acad. Sci., **A 35** (1952), 27
[79] B. B. Damaskin, N. V. Nikolaeva-Fedorovič, R. V. Ivanova, Ž. fiz. chim., **34** (1960), 894
[80] A. N. Frumkin, V. I. Melik-Gajkazjan, Dokl. Akad. Nauk. SSSR, **77** (1951), 855
[81] J. Thovert, C. R., **135** (1901), 579
[82] A. N. Frumkin, A. V. Gorodetskaja, P. S. Chugunov, Acta physicochim. URSS, **1** (1934), 12
[83] I. Langmuir, Colloid Sympos. Monogr., **3** (1925), 75
[84] B. B. Damaskin, Elektrochimija, **3** (1967), 1390
[85] J. R. MacDonald, C. A. Barlow, J. Am. Chem. Soc., **113** (1966), 978
[86] B. B. Damaskin, J. Electroanal. Chem., **21** (1969), 149

[87] B. B. Damaskin, J. Electroanal. Chem., **23** (1969), 431
[88] A. Frumkin, O. Petrii, B. B. Damaskin, J. Electroanal. Chem., **27** (1970), 81
[89] B. B. Damaskin, A. Frumkin, A. Chizhov, J. Electroanal. Chem., **28** (1970), 93
[90] B. B. Damaskin, A. Frumkin, J. Electroanal. Chem., **34** (1972), 191
[91] J. O'M. Bockris, J. Electroanal. Chem., **34** (1972), 201
[92] B. B. Damaskin, Elektrochimija, **5** (1969), 346
[93] B. B. Damaskin, Elektrochimija, **5** (1969), 606
[94] V. A. Kirjanov, V. S. Krylov, Elektrochimija, **6** (1970), 412
[95] V. A. Kirjanov, V. S. Krylov, B. B. Damaskin, Elektrochimija, **6** (1970), 533
[96] A. N. Frumkin, O. A. Petrii, B. B. Damaskin, Elektrochimija, **6** (1970), 614
[97] B. B. Damaskin, Elektrochimija, **6** (1970), 1135
[98] B. B. Damaskin, A. V. Čižov, Elektrochimija, **6** (1970), 1140
[99] B. B. Damaskin, A. V. Čižov, Elektrochimija, **6** (1970), 1711
[100] V. S. Krylov, N. B. Grigor'ev, Elektrochimija, **7** (1971), 511
[101] B. B. Damaskin, Elektrochimija, **5** (1969), 771
[102] U. Gaunitz, W. Lorenz, Coll. Czech. chem. Comm., **36** (1971), 796
[103] W. Lorenz, K. H. Lubert, Z. phys. Chem., **241** (1969), 285; **246** (1971), 49
[104] E. Dutkiewicz, J. D. Garnish, R. Parsons, J. Electroanal. Chem., **16** (1968), 505
[105] J. Lawrence, R. Parsons, Trans. Farad. Soc., **64** (1968), 1656
[106] J. D. Garnish, R. Parsons, Trans. Farad. Soc., **63** (1967), 1754
[107] R. Parsons, P. C. Symons, Trans. Farad. Soc., **64** (1968), 1077
[108] J. Lawrence, R. Parsons, J. phys. Chem., **73** (1969), 3577
[109] J. Lawrence, R. Parsons, Trans. Farad. Soc., **64** (1968), 751
[110] J. M. Parry, R. Parsons, Trans. Farad. Soc. **59** (1963), 241; J. electrochem. Soc., **113** (1966), 992
[111] R. Parsons, F. G. R. Zobel, Trans. Farad. Soc., **62** (1966), 3511
[112] B. V. K. S. R. A. Tilak, M. A. V. Devanathan, J. phys. Chem., **73** (1969), 3582
[113] J. O'M. Bockris, E. Gileadi, K. Müller, Electrochim. Acta, **12** (1967), 1301
[114] A. N. Frumkin, B. B. Damaskin, A. A. Survila, J. Electroanal. Chem., **16** (1968), 493
[115] B. B. Damaskin, Elektrochimija, **4** (1968), 6
[116] K. Doblhofer, D. M. Mohilner, J. phys. Chem., **75** (1971), 1698
[117] S. Trasatti, G. Olivieri, J. Electroanal. Chem., **27** (1970), App. 7
[118] E. Gileadi, J. Electroanal. Chem., **30** (1971), 123; B. B. Damaskin, J. Electroanal. Chem., **30** (1971), 129
[119] B. B. Damaskin, S. L. Djatkina, Elektrochimija, **7** (1971), 260
[120] A. B. Eršler, N. N. Ovsiannikov, G. A. Tedoradze, Elektrochimija, **6** (1970), 1428

4. Nichtthermodynamische Berechnungsmethoden der Adsorption organischer Stoffe an Elektroden

Die thermodynamischen Methoden zur Untersuchung der Adsorption organischer Verbindungen, die im Kapitel 1.3. betrachtet wurden und auf der Fundamentalgleichung der Elektrokapillarität sowie experimentellen Daten der Kapazität oder der Grenzflächenspannung beruhen, erfordern bei der Auswertung grafische Differentiationsverfahren, bei deren Anwendung die Berechnungsgenauigkeit stark beeinträchtigt wird. Im Zusammenhang damit rückte die Entwicklung nichtthermodynamischer Methoden in den Mittelpunkt des Interesses, deren Prinzip im wesentlichen in der Auswahl einer bestimmten Gleichung der Adsorptionsisotherme sowie im Vergleich experimenteller Meßgrößen (Grenzflächenspannung, Doppelschichtkapazität) mit den Ergebnissen besteht, die man aus der Fundamentalgleichung der Elektrokapillarität nach Einführung der ausgewählten Adsorptionsisotherme erhält.

4.1. Methode des zweidimensionalen Drucks

In der von Parsons [1] entwickelten Methode werden bei verschiedenen Konzentrationen des adsorbierten Stoffes die experimentellen Werte des Oberflächendrucks bei konstanter Ladung ($\Delta\xi$) (oder bei konstantem Potential ($\Delta\sigma$)) mit den $\Delta\xi$- (oder $\Delta\sigma$-) Werten verglichen, die mit einer jeweils bestimmten Gleichung der Adsorptionsisothermen berechnet wurden. Praktisch wird dabei zuerst die Funktion $\Delta\xi$ von $\lg c$ bei verschiedenen $\varepsilon = \text{const.}$ (oder $\Delta\sigma$ von $\lg c$ bei verschiedenen $\varphi = \text{const.}$) konstruiert. Wenn durch Verschieben dieser Kurven längs der Abszisse alle Versuchswerte in einer Gesamtkurve untergebracht werden können, dann ist die Form der Isotherme, nach der die Adsorption des untersuchten Stoffes abläuft, unabhängig von der entsprechenden elektrischen Veränderlichen. In diesem Fall wird jetzt die Funktion $\lg(\Delta\xi)$ von $\lg c$ (bzw. $\lg(\Delta\sigma)$ von $\lg c$) grafisch dargestellt und mit den entsprechenden grafischen Darstellungen auf der Basis verschiedener anderer Adsorptionsisotherme verglichen. Wenn die Zustandsgleichung nur einen veränderlichen Parameter enthält (z. B. die Langmuir- und Volmer-Gleichungen sowie die Isotherme mit Virialkoeffizienten), dann kann man aus einem solchen Vergleich den Adsorptionsgrenzwert Γ_m sowie die Adsorptionsenergie $\Delta\overline{G}_A$ bestimmen. Das soll im folgenden am Beispiel der LANGMUIR-Isotherme erklärt werden

$$Bc = \theta/(1 - \theta), \qquad \text{(IV.1)}$$

für die die Zustandsgleichung die Form hat

$$\Delta\sigma = -A \ln (1 - \theta). \qquad \text{(IV.2)}$$

In diesem Fall gelten

$$\lg c = \lg [\theta/(1 - \theta)] - \lg B \qquad \text{(IV.1a)}$$

und

$$\lg (\Delta\sigma) = \lg [-\ln (1 - \theta)] + \lg A. \qquad \text{(IV.2a)}$$

Somit wird die Form der $\lg (\Delta\sigma)$,$\lg c$-Kurve durch die funktionelle Abhängigkeit $\lg [-\ln (1 - \theta)]$ von $\lg [\theta/(1 - \theta)]$ bestimmt und die Gegenüberstellung der Versuchs- und Berechnungsergebnisse ermöglicht es, die Größen $\lg A$ und $\lg B$ zu ermitteln. Die ermittelten Größen stehen mit dem Adsorptionsgrenzwert des organischen Stoffes ($A = RT\Gamma_m$) sowie mit der freien Adsorptionsenergie ($\lg B = -1{,}74 - \Delta\overline{G}_A/2{,}3\, RT$; s. Gleichung (III.31)) in Zusammenhang.

PARSONS wertete mit dieser Methode Meßergebnisse aus [2], die von SCHAPINK und Mitarb. [3] bei Messungen der differentiellen Kapazität in 0,1 n NaF-Lösungen mit verschiedenen Thioharnstoffzusätzen erhalten wurden. Es zeigte sich, daß die experimentellen Werte der Harnstoffadsorption an Quecksilber nicht durch die LANGMUIR-Isotherme, wie ursprünglich [3] angenommen wurde, sondern wesentlich besser durch die Virialkoeffizienten-Isotherme (III.60) beschrieben werden. In analoger Weise wurde von PARRY und PARSONS [4] die Adsorption von m-Phenylendisulfonat-Ionen an Quecksilber und von DUTKIEWICZ und PARSONS [5] die Thioharnstoffadsorption aus Formamidlösungen an Quecksilber untersucht.[1]) Im ersteren Fall wurde die TEMKINsche Isotherme (III.62) zur Beschreibung der theoretischen und experimentellen $\Delta\xi$,$\lg c$-Kurven verwendet, im zweiten Fall dagegen die FRUMKINsche Isotherme (III.57).

Durch die Anwendung der Methode des zweidimensionalen Drucks auf die genannten Systeme gelang der Nachweis, daß der Charakter der Thioharnstoff-Adsorption an Quecksilber aus wäßrigen und aus Formamidlösungen viele Analogien aufweist. So orientieren sich in beiden Fällen die Dipole der adsorbierten Harnstoffmoleküle senkrecht zur Quecksilberoberfläche, zwischen ihnen werden beachtliche Abstoßungskräfte registriert. Weiterhin kann man in beiden Systemen die annähernd lineare Abhängigkeit der freien Adsorptionsenergie $\Delta\overline{G}_A$ von der Elektrodenladung ε beobachten. Die lineare $\Delta\overline{G}_A$, ε-Abhängigkeit sowie die

[1]) *A. d. H.:* Ebenso wurde die Adsorption von Thioharnstoff aus wäßrigen Lösungen [42] und aus Methanol [43] und die Adsorption von Acetanilid aus wäßrigen Lösungen [44] von PARSONS und Mitarbeitern untersucht. Für die Beschreibung der Adsorption von Sulfolan aus Gemischen mit Wasser wurde eine FLORY—HUGGINS-Isotherme verwendet [45].

Abstoßungskräfte zwischen den adsorbierten Teilchen sind auch für die m-Phenylendisulfonat-Anionen charakteristisch, die jedoch im Unterschied zu den Thioharnstoffmolekülen in der Adsorptionsschicht parallel zur Quecksilberoberfläche angeordnet sind.

Die Methode des zweidimensionalen Drucks wurde von PAYNE [6, 7] sowie DUTKIEWICZ und PARSONS [8] auch für die Untersuchung der Adsorption anorganischer Anionen (J^-, NO_3^-, ClO_4^-) an Quecksilber eingesetzt.

Bedauerlicherweise besitzt diese einfach zu handhabende Methode verschiedene ernsthafte Mängel, wie in der Folgezeit von PARSONS [9] erkannt wurde. Der wichtigste Mangel macht sich bei der Verwendung solcher Isothermen bemerkbar, deren Zustandsgleichung zwei veränderliche Parameter enthält: A und die Attraktionskonstante a (z. B. die Isothermen nach FRUMKIN (III.57), HILL—DE BOER (III.58), PARSONS (III.59) und TEMKIN (III.62)). Die experimentelle Bestimmung der Adsorptionsparameter durch Gegenüberstellung der theoretisch und experimentell aufgestellten grafischen lg $(\Delta\xi)$,lg c-Funktionen bei $\varepsilon = \text{const.}$ (bzw. der lg $(\Delta\sigma)$,lg c-Funktionen bei $\varphi = \text{const.}$) verliert ihre Eindeutigkeit. Man kann tatsächlich durch Variierung des Parameters a erreichen, daß die Form der theoretischen und experimentellen lg $(\Delta\xi)$,lg c-Kurven auch bei Benutzung verschiedener Adsorptionsisotherme übereinstimmen. Das führt natürlich in erster Linie zu stark differierenden Werten des Parameters $A = RT\Gamma_m$ für ein und dieselbe Verbindung. Diese Feststellung kann am Beispiel der Adsorption von m-Phenylendisulfonat-Anionen am Quecksilber illustriert werden. Wie von PARSONS [9] mit einer genaueren, auf Messungen der differentiellen Kapazität beruhende Methoden (diese Methode wird im Abschnitt 4.4. erläutert) gezeigt werden konnte, wird die Adsorption dieser Anionen durch die verbesserte Isotherme nach HELFAND—FRISCH—LEBOWITZ (III.59) beschrieben, wobei der Adsorptionsgrenzwert, ausgedrückt in elektrischen Einheiten, 38 μCoul/cm^2 beträgt. In einer früheren Arbeit dagegen [4] wurden, wie bereits oben angeführt, die experimentellen $\Delta\xi$,lg c-Kurven für die Adsorption der m-Phenylendisulfonat-Anionen mit theoretischen Kurven verglichen, die auf der Basis der TEMKINschen Isotherme (III.62) bei entsprechend ausgewähltem Wert der Attraktionskonstanten berechnet wurden. Dadurch erhielt man für den Adsorptionsgrenzwert 26,8 μCoul/cm^2, einen etwa 1,4mal kleineren Wert als der tatsächliche, richtige Wert.

Die Zufälligkeit der Auswahl der Adsorptionsisotherme in allen jenen Fällen, wenn die Zustandsgleichung zwei veränderliche Parameter enthält, verhindert natürlich von vornherein eine eindeutige Aussage über die Änderung der Attraktionskonstanten bei Änderung des Elektrodenpotentials oder der Elektrodenladung mit Hilfe der Methode des zweidimensionalen Drucks (s. Kapitel 3.6.). Dieser Umstand beeinträchtigt in starkem Maße die Information, die man mit dieser Methode über die Adsorption organischer Verbindungen erhalten kann.

Schließlich fällt noch die sehr geringe Genauigkeit der besprochenen Methode auf. Dieser Mangel kann an folgendem Beispiel verdeutlicht werden. In der Arbeit [10] konnte PARSONS nachweisen, daß die Form der $\Delta\xi$,lg c-Kurven für

Lösungen von n-Butanol in 0,1 n NaF-Grundelektrolyt unabhängig von der Ladung der Quecksilberelektrode ist, während die Form der $\Delta\sigma$,lg c-Kurven für das gleiche System potentialunabhängig ist. Aus den experimentellen Angaben, die für verschiedene aliphatische Verbindungen darunter auch n-Butanol erhalten wurden, folgt, daß alle Kurven der Elektrodenladung in Abhängigkeit vom Potential für verschiedene Konzentrationen des organischen Stoffes einen gemeinsamen Schnittpunkt mit den Koordinaten φ_m und ε_m besitzen (s. Abb. 11). In diesem Punkt, der einem Minimum der Differentialkapazitätskurven entspricht, sind die Adsorptionsisotherme bei konstanter Ladung und bei konstantem Potential übereinstimmend. Wenn aber die Form der Adsorptionsisotherme potentialunabhängig ist, dann wird der Zusammenhang zwischen der Kapazität bei $\varphi = \varphi_m$ und dem Bedeckungsgrad θ_φ ausgedrückt durch die Gleichung

$$C = C_0(1 - \theta_\varphi) + C'\theta_\varphi, \qquad \text{(IV.3)}$$

wenn dagegen die Form der Adsorptionsisotherme ladungsunabhängig ist, dann lautet die äquivalente Gleichung für den Zusammenhang der Kapazität im Punkte $\varepsilon = \varepsilon_m$ mit der Oberflächenbedeckung θ_ε

$$\frac{1}{C} = \frac{1 - \theta_\varepsilon}{C_0} + \frac{\theta_\varepsilon}{C'} \qquad \text{(IV.4)}$$

(s. Kapitel 3.1.). Es ist zu bemerken, daß im Fall der n-Butanoladsorption am Quecksilber die Formeln (IV.3) und (IV.4) zu keiner übereinstimmenden Form der Adsorptionsisotherme führen können, so daß folglich das von PARSONS [10] erhaltene Ergebnis (ε-unabhängige Form der $\Delta\xi$,lg c-Kurve bei gleichzeitiger φ-Unabhängigkeit der Form der $\Delta\sigma$,lg c-Kurve) auf die unzureichende Genauigkeit der Methode des zweidimensionalen Drucks zurückzuführen ist.

Aus den Gleichungen (IV.3) und (IV.4) folgt

$$\theta_\varphi = \frac{k\theta_\varepsilon}{1 - \theta_\varepsilon + k\theta_\varepsilon} \quad \text{oder} \quad \theta_\varepsilon = \frac{\theta_\varphi}{k(1 - \theta_\varphi) + \theta_\varphi}, \qquad \text{(IV.5)}$$

mit $k = C_0/C'$.

Es wird zunächst angenommen, daß die Form der Adsorptionsisotherme, die mit Gleichung (IV.3) erhalten wird, durch die FRUMKINsche Gleichung beschrieben werden kann

$$Bc = \frac{\theta_\varphi}{1 - \theta_\varphi} \exp(-2a\theta_\varphi) \qquad \text{(IV.6)}$$

(aus der Arbeit [11] folgt, daß diese Annahme quantitativ für das System 0,1 n NaF + n-C_4H_9OH bei $a = 1{,}27$ erfüllt wird). Die nach Formel (IV.4) berechnete Adsorptionsisotherme kann folgender Gleichung entsprechen

$$Bc = \frac{k\theta_\varepsilon}{1 - \theta_\varepsilon} \exp\left(-\frac{2ak\theta_\varepsilon}{1 - \theta_\varepsilon + k\theta_\varepsilon}\right), \qquad \text{(IV.7)}$$

die durch Einsetzen von (IV.5) in (IV.6) erhalten wird. Wie unschwer zu erkennen ist, ist die Form der Gleichungen (IV.6) und (IV.7) nur dann kongruent, wenn eine der beiden Bedingungen erfüllt wird: 1. $k = 1$, d. h. $C_0 = C'$ oder 2. $a = 0$, d. h., wenn die Adsorption des untersuchten Stoffes durch die LANGMUIR-Isotherme beschrieben werden kann.

Es wird weiterhin angenommen, daß die nach Formel (IV.4) erhaltene Adsorptionsisotherme durch die FRUMKINsche Gleichung beschrieben wird, d. h.

$$Bc = \frac{\theta_\varepsilon}{1 - \theta_\varepsilon} \exp(-2a\theta_\varepsilon). \qquad \text{(IV.8)}$$

In diesem Fall erhält man entsprechend (IV.5) und (IV.8) für die nach Formel (IV.3) berechnete Adsorptionsisotherme die Gleichung

$$Bc = \frac{\theta_\varphi}{k(1 - \theta_\varphi)} \exp\left[-\frac{2a\theta_\varphi}{k(1 - \theta_\varphi) + \theta_\varphi}\right]. \qquad \text{(IV.9)}$$

Wie auch im ersten Fall sind die Formen der Gleichungen (IV.8) und (IV.9) nur dann kongruent, wenn eine der beiden Bedingungen erfüllt ist: $k = 1$ oder $a = 0$. Keine dieser Bedingungen wird durch das System 0,1 n NaF + n-C_4H_9OH erfüllt, die Werte betragen hier $k \approx 4{,}5$ und $a \approx 1{,}27$. Daher bestätigen die von PARSONS [10] erhaltenen Ergebnisse für dieses System nur die unzureichende Genauigkeit der Meßmethode sowie die Annahme, daß diese Methode nicht benutzt werden kann, um das Problem der Auswahl einer unabhängigen elektrischen Veränderlichen zu lösen.

Wesentlich genauer sind Modellmethoden, die auf Messungen der differentiellen Kapazität in Anwesenheit organischer Verbindungen beruhen. Wie bereits im Kapitel 3.3. gezeigt wurde, stimmt von 14 Gleichungen verschiedener Isotherme die FRUMKINsche Isotherme (III.57) bzw. für den allgemeineren Fall die durch Gleichung (III.79a) ausgedrückte Isotherme am besten mit den experimentellen Daten verschiedener organischer Stoffe für deren Adsorption an Quecksilber überein. Es wird deshalb bei der Entwicklung von Modellmethoden zur Bestimmung von Adsorptionsparametern organischer Stoffe, die auf Messungen der Doppelschichtkapazität fußen, im folgenden auf die Gleichung der FRUMKINschen Isotherme zurückgegriffen

$$Bc = \frac{\theta}{1 - \theta} \exp(-2a\theta), \qquad \text{(IV.10)}$$

in der entsprechend den Angaben in Kapitel 3.1. die Adsorptionsgleichgewichtskonstante B eine Funktion des Elektrodenpotentials und nicht der Elektrodenladung ist.

4.2. Bestimmung der Attraktionskonstanten bei verschiedenen Elektrodenpotentialen

4.2.1. Bestimmung der Attraktionskonstanten beim Potential der maximalen Adsorption aus der Form der Adsorptionsisotherme

Wie aus der Gleichung (III.106) folgt, ist beim Potential der maximalen Adsorption (für $d\theta/d\varphi = 0$) die zusätzliche Kapazität gleich Null, die differentielle Gesamtkapazität folglich gleich $(d\varepsilon/d\varphi)_\theta$, d. h. sie wird durch die Gleichung (III.116) ausgedrückt. Wie das Experiment zeigt, nähert sich die Größe $(d^2a/d\varphi^2)$ normalerweise dem Wert Null, so daß der dritte Summand in Gleichung (III.116) vernachlässigt werden kann. Daher ist beim Potential der maximalen Adsorption in erster Näherung Gleichung (IV.3) richtig, aus der der Bedeckungsgrad bestimmt werden kann

$$\theta = \frac{C_0 - C}{C_0 - C'}, \tag{IV.11}$$

wenn der Wert C' bekannt ist. Normalerweise kann C' mit ausreichender Genauigkeit durch Extrapolation einer $1/C,1/c$-Kurve für $\varphi = \varphi_m$ auf $1/c = 0$ erhalten werden. Obwohl Gleichung (IV.11) den Potentialbereich einer maximalen Adsorption, in dessen Grenzen Minima in den Differentialkapazitätskurven auftreten, einschränkt, wirkt sie sich außerordentlich vorteilhaft auf die Bestimmung der Adsorptionsisotherme für organische Stoffe aus.

Von Laitinen und Mosier [12] wurden dreißig verschiedene organische Stoffe untersucht und auf der Grundlage von Gleichung (IV.11) die Adsorptionsisotherme an Quecksilber abgeleitet. Dabei konnten sie feststellen, daß deren Form näherungsweise der Form der Langmuir-Isotherme entspricht. Wenn aber die Konzentration des organischen Stoffes niedrig, seine Adsorbierbarkeit dagegen sehr groß war, dann stellte sich bei Verwendung einer Tropfelektrode mit relativ kurzer Tropfperiode (8—10 sec) wahrscheinlich das Adsorptionsgleichgewicht nicht mehr ein, da die Zeit zu dessen Ausbildung faktisch zu kurz war [13—15]. Das schränkt die Bedeutung der Ergebnisse in Arbeit [12] ein, die sich auf die Form der Adsorptionsisotherme beziehen.

Frumkin und Damaskin [16] leiteten aus Messungen der differentiellen Kapazität in 1 n KJ-Lösungen mit verschiedenen $[(C_4H_9)_4N]J$-Zusätzen die Feststellung ab, daß die Adsorptionsisotherme für Tetrabutylammonium-Kationen an Quecksilber entsprechend Gleichung (IV.10) S-förmig ausgebildet sind und dadurch die starken Attraktionskräfte zwischen den adsorbierten Teilchen verdeutlichen. Gleichzeitig wurde bei Benutzung einer Tropfelektrode für niedrige Konzentrationen, in Übereinstimmung mit der Aussage in [13—15], die gesamte Menge der adsorbierten Teilchen durch die Diffusion bestimmt, man konnte sie in erster Näherung nach der Ilkovič-Gleichung [17] berechnen. Eine analoge Aussage wurde später von Biegler und Laitinen [18] gemacht, die die

ILKOVIČ-Gleichung ebenfalls auf die Adsorption von Leukoriboflavin aus verdünnten Lösungen an der Tropfelektrode anwendeten.[1])

LORENZ und Mitarb. [19, 20] bestimmten mit Gleichung (IV.11) aus Daten der differentiellen Kapazität die Adsorptionsisotherme verschiedener Amine an Quecksilber, daneben untersuchten sich noch Alkohole und organische Kationen. Sie konnten nachweisen, daß bei dominierendem Anteil der Anziehungskräfte zwischen den adsorbierten Teilchen (höhere Alkohole und Amine) die Adsorptionsisotherme *S*-förmiges Aussehen aufweisen. Wenn aber die Abstoßungskräfte zwischen den adsorbierten Teilchen dominieren (z. B. für $[(CH_3)_4N]^+$; $[(C_2H_5)_3HN]^+$), dann liegt die Adsorptionsisotherme noch unterhalb der LANGMUIR-Isotherme. In Verbindung mit diesen Ergebnissen erscheinen die von LAITINEN und MORINAGA [21] erhaltenen Daten sehr unwahrscheinlich, nach denen die Adsorptionsisotherme von n-Nonylsäure durch die LANGMUIR-Isotherme beschrieben wird.

Von DOBREN'KOV und BANKOVSKIJ [22] wurde der funktionelle Zusammenhang zwischen der Kapazität beim Potential der maximalen Adsorption und dem Bedeckungsgrad benutzt, um die gleichzeitige Adsorption zweier organischer Stoffe an der Elektrodenoberfläche zu untersuchen.

Um aus der Form der nach Gleichung (IV.11) berechneten Adsorptionsisotherme die Attraktionskonstante a zu bestimmen und sie in die FRUMKINsche Isotherme (IV.10) einzuführen, verfährt man wie folgt. Zuerst wird aus der grafischen Darstellung der θ,c-Kurve die Konzentration des organischen Stoffes für $\theta = 0{,}5$ bestimmt, sodann wird die gewonnene experimentelle Isotherme in den Koordinaten $\theta, y = c/c_{\theta=0,5}$ dargestellt.

Die Einführung relativer Konzentrationen ist möglich, da in die FRUMKINsche Isotherme (IV.10) die Größe B nicht eingeht. Aus Gleichung (IV.10) folgt für $\theta = 0{,}5$

$$Bc_{\theta=0,5} = \exp(-a). \tag{IV.12}$$

Wenn man Gleichung (IV.10) durch Gleichung (IV.12) teilt, erhält man

$$y = \frac{c}{c_{\theta=0,5}} = \frac{\theta}{1-\theta} \exp[a(1-2\theta)]. \tag{IV.13}$$

Wenn man Gleichung (IV.13) nach a auflöst, ergibt sich

$$a = \frac{2{,}3}{1-2\theta} \lg\left[\frac{y(1-\theta)}{\theta}\right]. \tag{IV.14}$$

Wenn man nun in diese Beziehung die Werte für θ und y aus den experimentellen θ,y-Kurven einsetzt, erhält man verschiedene Werte der Attraktionskonstanten, aus denen das arithmetische Mittel gebildet wird.

[1]) *A. d. H.:* Diese Methode wurde auch für die Adsorption von Erythrosin herangezogen [46].

Aus Gleichung (IV.13) folgt außerdem

$$\frac{dy}{d\theta} = \exp\left[a\,(1 - 2\theta)\right] \frac{1 - 2a\theta(1 - \theta)}{(1 - \theta)^2}, \tag{IV.15}$$

$$\text{für} \quad \theta = 0 \quad (dy/d\theta)_{\theta=0} = e^a, \tag{IV.15a}$$

$$\text{für} \quad \theta = 0{,}5 \quad (dy/d\theta)_{\theta=0{,}5} = 4 - 2a. \tag{IV.15b}$$

Die Beziehungen (IV.15a) und (IV.15b) sind somit zwei weitere grafische Bestimmungsmethoden für a aus der Form der experimentellen Adsorptionsisotherme, deren Prinzip in Abb. 37 schematisch dargestellt ist.

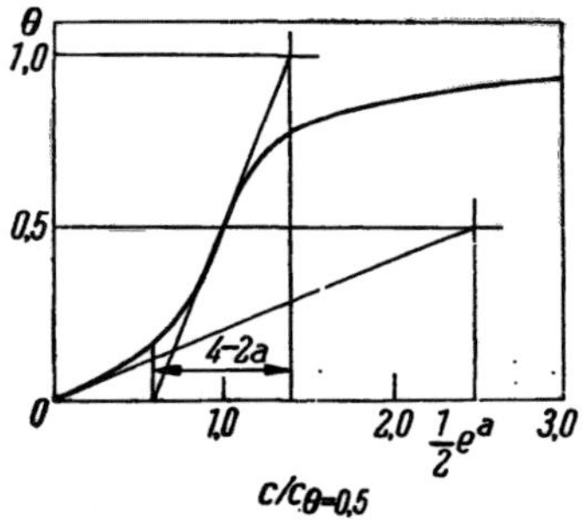

Abb. 37: Schematische Darstellung der graphischen Bestimmung der Attraktionskonstanten aus dem Anstieg der experimentellen Adsorptionsisotherme

Aus dem erhaltenen Mittelwert der Attraktionskonstanten kann man nach Gleichung (IV.13) eine theoretische y,θ-Funktion berechnen, die zweckmäßigerweise mit der experimentellen, in den gleichen Koordinaten dargestellten Isotherme verglichen wird. Eine gute Übereinstimmung der theoretischen und experimentellen Ergebnisse ist einerseits der Beweis dafür, daß die Adsorption der untersuchten organischen Verbindung tatsächlich durch die FRUMKINsche Isotherme (IV.10) beschrieben wird, sie bestätigt andererseits, daß der Wert der Attraktionskonstanten für $\varphi = \varphi_m$ richtig bestimmt wurde.

4.2.2. *Bestimmung der Attraktionskonstanten bei Pik-Potentialen in C,φ-Kurven unter Gleichgewichtsbedingungen*

Es wird zunächst angenommen, daß die Attraktionskräfte zwischen den adsorbierten Teilchen ausreichend stark und die Konzentration des organischen Stoffes nicht allzu niedrig sind, so daß die Bedingung (III.43) erfüllt wird, für die $\theta^{max} \approx \theta^* = 0{,}5$ gilt. Unter diesen Bedingungen wird die Pikhöhe in der C,φ-Kurve durch die Funktion h bestimmt, die für die FRUMKINsche Isotherme (IV.10) folgendes Aussehen hat

$$h = \frac{\theta(1 - \theta)}{1 - 2a\theta(1 - \theta)}. \tag{IV.16}$$

Wenn man diese Gleichung nach θ auflöst, erhält man

$$\theta = \frac{1}{2}(1 \pm r), \qquad \text{(IV.17)}$$

mit

$$r = \sqrt{\frac{2 - 2h(2 - a)}{1 + 2ah}}. \qquad \text{(IV.18)}$$

Wenn $\theta = \theta^* = 0{,}5$ gilt, dann durchläuft die Funktion h ein Maximum

$$h^* = \frac{1}{4 - 2a}. \qquad \text{(IV.19)}$$

Wenn h ein bestimmter Teil der Strecke h^* ist und mit m bezeichnet wird, erhält man aus Gleichung (IV.17) zwei Werte θ_1 und θ_2, die für $\theta^{max} \approx 0{,}5$ der relativen Pikhöhe in der C,φ-Kurve entsprechen: $m = C_{zus.}/C_{zus.}^{max}$. Die Größe r ist hierbei eine eindeutige Funktion von a. Wenn man den Wert $h = m/(4 - 2a)$ in Gleichung (IV.18) einführt, erhält man

$$r = \sqrt{\frac{(2 - a)(1 - m)}{2 - a(1 - m)}}. \qquad \text{(IV.20)}$$

Im Sonderfall für $m = 1/2$ oder $m = 3/4$ gilt

$$r_{1/2} = \sqrt{\frac{2 - a}{4 - a}} \quad \text{und} \quad r_{3/4} = \sqrt{\frac{2 - a}{8 - a}}. \qquad \text{(IV.20a)}$$

Bringt man die Bedeckungsgrade θ_1 und θ_2 mit den zugehörigen Potentialwerten (φ_1 und φ_2) in Verbindung, dann ist die Funktion der Attraktionskonstanten a bei einer bestimmten, relativen Pikhöhe bestimmend für die Pikbreite in der C,φ-Kurve. Dazu geht man von den Gleichungen (III.108) und (III.109) aus und erhält

$$\frac{d\theta}{d\varphi} = -\left(\frac{\partial \ln c}{\partial \varphi}\right)_\theta h = -\left(\frac{\partial \ln c}{\partial \varphi}\right)_\theta \cdot \frac{\theta(1 - \theta)}{1 - 2a\theta(1 - \theta)}. \qquad \text{(IV.21)}$$

Wenn man berücksichtigt, daß die Bedingung $\theta^{max} \approx 0{,}5$ äquivalent ist der Beziehung

$$\frac{\partial \ln c}{\partial \varphi^{max}} \approx \left(\frac{\partial \ln c}{\partial \varphi}\right)_{\theta=0{,}5}, \qquad \text{(IV.22)}$$

dann erhält man aus Gleichung (IV.21)

$$-\left(\frac{\partial \ln c}{\partial \varphi^{max}}\right) d\varphi \approx \frac{1 - 2a\theta(1 - \theta)}{\theta(1 - \theta)}\, d\theta. \qquad \text{(IV.23)}$$

Der linke Teil der Gleichung (IV.23) wird sodann in den Grenzen von φ_1 bis φ_2 integriert, da diese beiden Grenzwerte die Pikbreite bei gegebener relativer Pikhöhe bestimmen (Abb. 38), der rechte Teil der Gleichung von θ_1 bis θ_2, da diese beiden Werte den Potentialwerten φ_1 und φ_2 entsprechen und mit Gleichung (IV.17) bestimmt werden können. Wenn man jetzt das LAGRANGEsche Theorem über das arithmetisch-geometrische Mittel berücksichtigt, erhält man

$$\left|\frac{\partial \ln c}{\partial \varphi^{max}}\right|_{MW} \Delta\varphi \approx 2\left(\ln \frac{1+r}{1-r} - ar\right), \tag{IV.24}$$

hierbei wird r durch Gleichung (IV.20) bestimmt, während der Ausdruck $\left|\frac{\partial \ln c}{\partial \varphi^{max}}\right|_{MW}$ dem Mittelwert des Anstiegs der $\ln c,\varphi^{max}$-Kurve im Potentialintervall $\varphi_1 - \varphi_2$ entspricht und annähernd $\varphi = \varphi^{max}$ beträgt. Wenn man die

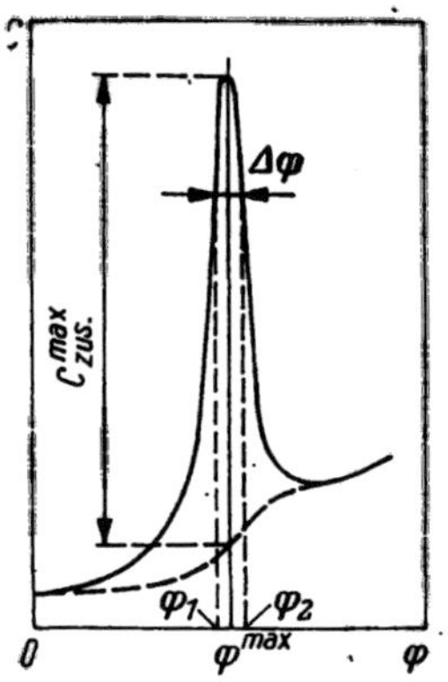

Abb. 38: Bestimmung der Pikbreite bei gegebener relativer Pikhöhe

Tabelle 3: Abhängigkeit der Funktion $f(a)$ von der Attraktionskonstanten a

a	$f(a)$		a	$f(a)$	
	$m = 1/2$	$m = 3/4$		$m = 1/2$	$m = 3/4$
2,0	0	0	1,4	162,64	86,96
1,9	12,60	6,16	1,3	200,35	108,71
1,8	34,59	17,30	1,2	239,50	131,76
1,7	61,88	31,53	1,1	279,87	156,00
1,6	92,83	48,13	1,0	321,21	181,27
1,5	126,65	66,72	0,8	406,30	234,71

Pikbreite $\Delta\varphi$ in mV ausdrückt und vom natürlichen zum dekadischen Logarithmus übergeht, dann kann man Gleichung (IV.24) schreiben als

$$f(a) = 1000\left(\lg \frac{1+r}{1-r} - r\,\frac{a}{2{,}3}\right) \approx \frac{\Delta\varphi}{2}\left|\frac{\partial \lg c}{\partial \varphi^{max}}\right|_{MW}, \tag{IV.25}$$

mit $f(a)$ = eindeutige Funktion von a, man kann sie berechnen aus den Gleichungen (IV.20) und (IV.25). Die berechneten Werte der Funktion $f(a)$ für $m = 1/2$ und $m = 3/4$ sind in Tab. 3 zusammengestellt, die grafische Darstellung der Funktion $f(a)$ in Abhängigkeit von der Attraktionskonstanten ist in Abb. 39 wiedergegeben.

Da der rechte Teil von Gleichung (IV.25) gleich ist der Funktion $f(a)$ und experimentell leicht bestimmt werden kann, kann man aus der in Abb. 39 gegebenen grafischen Darstellung ohne Schwierigkeiten den Wert der Attraktionskonstanten für die Pikpotentiale in den C,φ-Kurven ableiten.

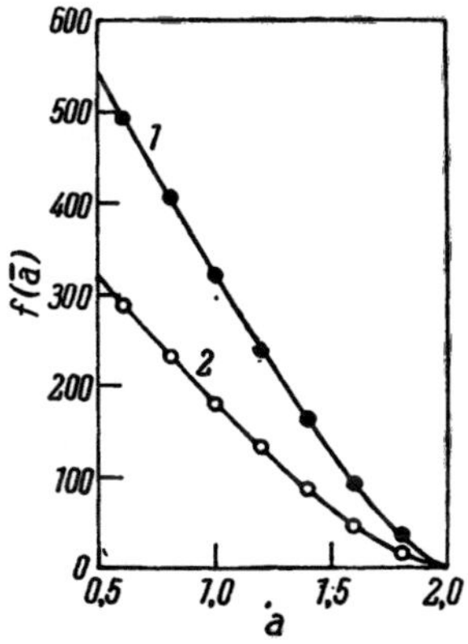

Abb. 39: Abhängigkeit der Funktion $f(a)$ von der Attraktionskonstanten
1 — $m = 1/2$; *2* — $m = 3/4$

Einen sehr genauen Wert des Ausdrucks $\left|\frac{\partial \lg c}{\partial \varphi^{max}}\right|$ kann man aus der Formel

$$\frac{\partial \lg c}{\partial \varphi^{max}} \approx \left(\frac{\partial \lg c}{\partial \varphi}\right)_{\theta=0,5} = \frac{\varepsilon_0 + C'(\varphi_N - \varphi^{max})}{2,3\,A} \qquad \text{(IV.26)}$$

ausrechnen, die aus den Gleichungen (III.109) und (III.113a) folgt. Die in diese Formel eingehenden Konstanten φ_N und A werden aus der experimentellen $\lg c,\varphi^{max}$-Kurve bestimmt; im folgenden Abschnitt wird diese Bestimmungsmethode näher beschrieben.

Eine andere Methode zur Bestimmung der Attraktionskonstanten beim Potential $\varphi = \varphi^{max}$ beruht auf der Abhängigkeit der Pikhöhe von a. Wenn man jetzt annimmt, daß die Bedingung (III.43) erfüllt wird und folglich $\theta^{max} \approx 0,5$ gilt, dann kann man aus Gleichung (III.118) bei Vernachlässigung der $d^2a/d\varphi^2$-Glieder für die Pikhöhe ableiten

$$C^{max} \approx \frac{C_0 + C'}{2} + \frac{[\varepsilon_0 + C'(\varphi_N - \varphi^{max})]^2}{2A(2-a)}, \qquad \text{(IV.27)}$$

woraus man bei Kenntnis von φ_N und A (s. Abschnitt 4.3.) unschwer a bestimmen kann.

Schließlich kann die Attraktionskonstante im Potentialbereich der Piks in den C,φ-Kurven bei Erfüllung der Bedingung (III.43) aus dem Anstieg der Geraden bestimmt werden, die man für die Abhängigkeit der Pikhöhe von $\lg c$ erhält (s. Gleichung (III.47)). Voraussetzung ist, daß K_1 in Gleichung (III.47), d. h. der Tangens des Anstiegs der C^{max},lg c-Kurve, im Fall der FRUMKINschen Isotherme gleich ist

$$K_1 \doteq \frac{2{,}3(C_0 - C')}{2 - a}. \tag{IV.28}$$

Die Anwendbarkeit der Methoden zur Bestimmung der Attraktionskonstanten werden ganz allgemein durch die Bedingung (III.43) eingeschränkt. Um die Anwendungsgrenzen dieser Methoden zu fixieren, wurden in der Arbeit [23] C,φ-Kurven nach den Gleichungen (III.40) und (IV.16) für folgende Bedingungen berechnet: $C_0 = 20\ \mu F/\text{cm}^2$; $C' = 5\ \mu F/\text{cm}^2$; $A = 1\ \mu J/\text{cm}^2$; $|\varphi^{max} - \varphi_m| = 0{,}7$ V für $a = 1$ und $a = 0{,}5$. Aus diesen theoretisch berechneten Kurven wurden mit den oben beschriebenen Methoden die Werte der Attraktionskonstanten bestimmt. Die gewonnenen Ergebnisse sind in Tab. 4 zusammengefaßt. Aus der Tabelle folgt, daß der mittlere Fehler bei der Bestimmung der Attraktionskonstanten für $a = 1$ etwa 5%, für $a = 0{,}5$ aber 42% beträgt.

Die oben beschriebenen Methoden zur Bestimmung der Attraktionskonstanten im Bereich der Piks in den C,φ-Kurven können folglich mit ausreichender Genauigkeit nur für die Bedingung $a \geqq 1$ angewendet werden. Im Fall eines linearen a,φ-Verlaufs bezieht sich diese Bedingung, wie aus der im Kapitel 3.6.

Tabelle 4: Vergleich der vorgegebenen und berechneten Werte der Attraktionskonstanten a

vorgegebener a-Wert	Berechnete a-Werte			
	aus der Pikbreite $m = 1/2$	aus der Pikbreite $m = 3/4$	aus der Pikhöhe	aus dem Anstieg der C^{max},lg c-Kurven
1,0	0,93	0,94	0,95	0,98
0,5	0,23	0,29	0,27	0,37

durchgeführten Analyse folgt, nur auf den Wert der Attraktionskonstanten beim Potential

$$\varphi_k = -\frac{C'\varphi_N + A\beta}{C_0 - C'}, \tag{IV.29}$$

d. h. auf $a_k \geqq 1$. Gleichzeitig können die a-Werte im Bereich der Piks in den C,φ-Kurven wesentlich kleiner als eins werden, aber das findet keinen Niederschlag bei der Erfüllung der Bedingung $\theta^{max} \approx 0{,}5$ (s. Abb. 34) und wirkt sich auch nicht auf die Anwendbarkeit der beschriebenen Methoden zur Bestimmung der Attraktionskonstanten aus.

Wenn $a_k < 1$ ist, dann wird der Zusammenhang zwischen der Pikhöhe und der Attraktionskonstanten durch die Gleichungen (III.86) und (III.89) ausgedrückt. Wenn man aus diesen Gleichungen die Größe a entfernt, erhält man nach algebraischen Umformungen [24]

$$\frac{(K^{max} + \theta^{max})^2 (1 - 2\theta^{max})}{(\theta^{max})^2 (1 - \theta^{max})^2} = 6\alpha(\varphi^{max} - \varphi_m)^2, \tag{IV.30}$$

mit $K^{max} = (C^{max} - C_0)/(C_0 - C')$.

Bei bekanntem Wert $\alpha = (C_0 - C')/2A$ (s. Abschnitt 4.3.) kann man mit Gleichung (IV.30) den Bedeckungsgrad beim Pikpotential θ^{max} bestimmen. Gleichung (IV.30) ist sehr einfach zu lösen, wenn man von der Bedingung $0 < \theta^{max} < 0,5$ ausgeht.

Wenn man θ^{max} kennt, kann man schließlich aus Gleichung (III.89) die gesuchte Größe a beim Pikpotential berechnen. Man erhält bei Auflösung der Gleichung (III.89) nach a

$$a = \frac{1}{2\theta^{max}(1 - \theta^{max})} - \frac{\alpha(\varphi^{max} - \varphi_m)^2}{K^{max} + \theta^{max}}. \tag{IV.31}$$

Wenn für ein gegebenes System $a \geqq 1$ ist, dann gilt $\theta^{max} \approx 0,5$ und aus Gleichung (IV.31) folgt

$$C^{max} \approx \frac{C_0 + C'}{2} + \frac{(C_0 - C')^2 (\varphi^{max} - \varphi_m)^2}{2A(2 - a)}. \tag{IV.32}$$

Bei Berücksichtigung der C_0,φ-Abhängigkeit geht Gleichung (IV.32) über in die bereits betrachtete Beziehung (IV.27).

4.2.3. *Bestimmung der Attraktionskonstanten bei Pik-Potentialen aus C,φ-Kurven, die sich nicht in der Gleichgewichtslage befinden*

Im Kapitel 3.4.2. wurden verschiedene Eigenschaften von Differentialkapazitätskurven, die sich außerhalb der Gleichgewichtslage befinden, in Anwesenheit organischer Verbindungen erörtert; dabei konnte festgestellt werden, daß die Abweichung von der Gleichgewichtslage mit wachsender Adsorptionsenergie des organischen Stoffes und sich verstärkenden Attraktionskräften zwischen den adsorbierten Molekülen größer wird. Andererseits sind schwache Attraktionskräfte zwischen den adsorbierten organischen Molekülen normalerweise charakteristisch für schwach adsorbierte Stoffe mit niedrigem Molekulargewicht. Unter diesen Bedingungen werden merkliche Adsorptionseffekte nur bei ausreichend hohen Konzentrationen des organischen Stoffes beobachtet, wenn nämlich die Abweichungen der Kapazität von den Gleichgewichtswerten bei Wechselstromfrequenzen in der Größenordnung von 50—400 Hz vernachlässigt werden können. Daher kann man die Bestimmung der Attraktionskonstanten aus C,φ-Kurven, die sich nicht in der Gleichgewichtslage befinden, vollständig durch die Bedingung $a \geqq 1$ eingrenzen, bei der die Näherungsbeziehung (IV.23) erfüllt wird [25]. Bei Berücksichtigung des Theorems über den Mittelwert nach LAGRANGE und Integration des linken Teils der Gleichung (IV.23) von φ_1 bis φ_2 erhält man wieder den Ausdruck $\Delta\varphi \left|\frac{\partial \ln c}{\partial \varphi^{max}}\right|_{MW}$, mit $\Delta\varphi = |\varphi_2 - \varphi_1|$ = Pikbreite bei gegebener relativer Höhe. Aber im Unterschied zu den sich im Gleichgewicht befindenden C,φ-Kurven basieren hier die Oberflächenbelegungswerte θ_1 und θ_2, denen die Potentialwerte φ_1 und φ_2 entsprechen, nicht auf der Gleichung $h = 3/4\, h^*$ und können folglich auch nicht aus den Gleichungen (IV.16) und (IV.20) berechnet werden. Die Werte θ_1 und θ_2 können aus der Bedingung erfüllt werden:

$$C_{zus.(\omega)} = 3/4 \cdot C^{max}_{zus.(\omega)}. \tag{IV.33}$$

Wie aus Gleichung (III.94) folgt, ist diese Bedingung für C,φ-Kurven außerhalb der Gleichgewichtslage der folgenden Gleichung äquivalent

$$h \frac{N+2}{(N+1)^2+1} = \frac{3}{4} h^{max} \frac{N^{max}+2}{(N^{max}+1)^2+1}. \tag{IV.34}$$

Für $a \geqq 1$ kann man mit hinreichender Genauigkeit annehmen, daß $h^{max} \approx h^* = 1/(4-2a)$ gilt. Außerdem kann man in Übereinstimmung mit Gleichung (III.93) die Größe N als $n \cdot h$ mit $n = \frac{\Gamma_m}{c}\sqrt{2\omega/D}$ darstellen. Aus Gleichung (IV.34) erhält man somit

$$\frac{(nh+2)\,h}{(nh+1)^2+1} \approx \frac{3}{4} \cdot \frac{n+2(4-2a)}{(n+4-2a)^2+(4-2a)^2}. \tag{IV.35}$$

Wenn man die aus dem Ausdruck (IV.16) bestimmbare Größe h darstellt als $h = x/(1-2ax)$, mit $x = \theta(1-\theta)$ und Gleichung (IV.35) nach x auflöst, erhält man unschwer

$$x = \frac{B - \sqrt{B^2 - AC}}{A}; \tag{IV.36}$$

mit

$$A = (4a-n)(8a^2-4an+n^2) - 8(40a^2-20an+n^2) + 128(4a-n);$$

$$B = 128 - 8(4a-n) - (16a^2-8an-n^2); \quad C = 6(8-4a+n).$$

In der Formel (IV.36) steht vor der Wurzel ein Minuszeichen, damit das Ergebnis mit dem Grenzfall $n = 0$ übereinstimmt, der der C,φ-Kurve in Gleichgewichtslage entspricht.

Bei Kenntnis der Wertes von $x = \theta(1 - \theta)$ können die beiden θ-Werte bestimmt werden, die den Potentialen φ_1 und φ_2 in der C,φ-Kurve entsprechen (s. Abb. 38)

$$\theta = \frac{1 \pm \sqrt{1 - 4x}}{2}. \tag{IV.37}$$

Diese Werte θ_1 und θ_2 werden als Integrationsgrenzen bei der Integration der rechten Seite von Gleichung (IV.23) für C,φ-Kurven verwendet, die sich nicht in der Gleichgewichtslage befinden. Man erhält

$$\left|\frac{\partial \ln c}{\partial \varphi^{max}}\right|_{MW} \Delta\varphi \approx 2\left(\ln \frac{1 + \sqrt{1 - 4x}}{1 - \sqrt{1 - 4x}} - a\sqrt{1 - 4x}\right). \tag{IV.38}$$

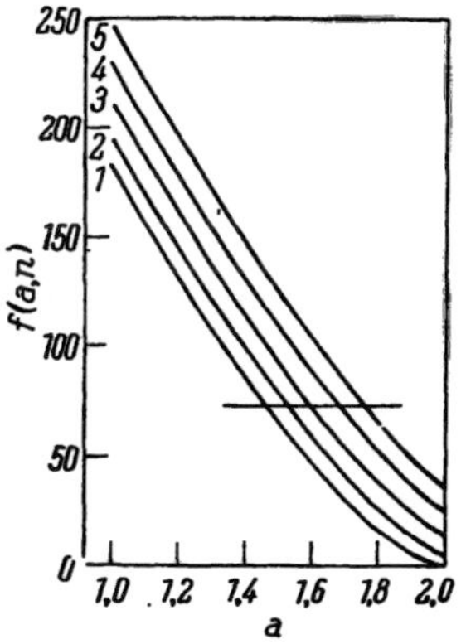

Abb. 40: Abhängigkeit der Funktion $f(a, n)$ von der Attraktionskonstanten bei $m = 3/4$ für folgende n-Werte
1 – 0; *2* – 0,5; *3* – 1,0; *4* – 1,5; *5* – 2

Wenn man jetzt ebenfalls $\Delta\varphi$ in mV ausdrückt und von den natürlichen zu den dekadischen Logarithmen übergeht, dann ist Gleichung (IV.38) zu schreiben als

$$f(a, n) = 1000\left(\lg \frac{1 + \sqrt{1 - 4x}}{1 - \sqrt{1 - 4x}} - \frac{a}{2{,}3}\sqrt{1 - 4x}\right) \approx \frac{\Delta\varphi}{2}\left|\frac{\partial \lg c}{\partial \varphi^{max}}\right|_{MW}, \tag{IV.39}$$

mit $f(a, n)$ = Funktion von a und n, zu berechnen aus den Gleichungen (IV.36) und (IV.39). Die berechneten Werte der Funktion $f(a, n)$ für $n = 0$; 0,5; 1,0; 1,5 und 2,0 im a-Intervall von 1 bis 2 sind in Abb. 40 dargestellt.

Diese Angaben können benutzt werden, um die Attraktionskonstante näherungsweise aus experimentellen Differentialkapazitätskurven, die sich nicht in der Gleichgewichtslage befinden, zu bestimmen. Dazu berechnet man nach Gleichung (IV.39) die Werte der Funktion $f(a, n)$ aus den experimentellen Größen $\Delta\varphi$ und $\partial \lg c/\partial\varphi^{max}$ und konstruiert aus den der grafischen Darstellung analog Abb. 40 entnommenen Werten eine a,n-Kurve. Eine solche Funktion ist für $f(a, n) = 70$ in Abb. 41 dargestellt. Um a zu bestimmen, ist weiterhin die Kenntnis der Größe $n = \frac{\Gamma_m}{c} \sqrt{2\omega/D}$ erforderlich. Die Werte c und ω sind experimentell zugänglich. Das Verfahren zur Bestimmung von Γ_m wird im folgenden Abschnitt beschrieben. Hinsichtlich des Diffusionskoeffizienten D kann man davon ausgehen, daß sich diese Werte für die verschiedenen organischen Moleküle nicht allzu stark voneinander unterscheiden; da die Größe n von $\sqrt{D}$ abhängig ist, kann man in erster Näherung mit dem Wert $D \approx 9 \cdot 10^{-6}$ cm²/sec rechnen [26].

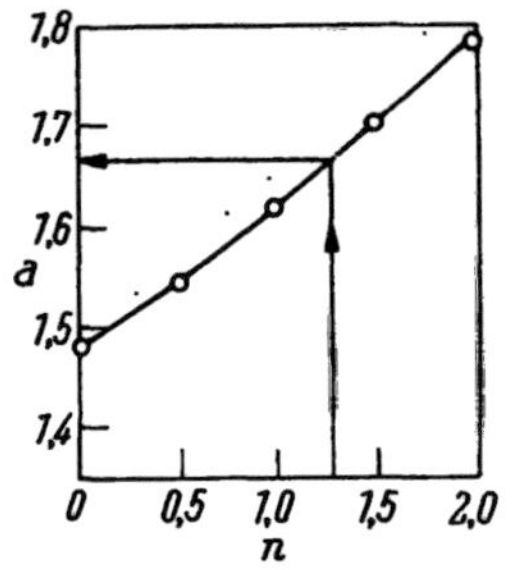

Abb. 41: Abhängigkeit der Attraktionskonstanten von n bei $f(a, n) = 70$

Wenn n bekannt ist, kann man unschwer aus der grafisch dargestellten a,n-Kurve den Wert der Attraktionskonstanten a erhalten. Wie Abb. 41 zeigt, kann man einen in erster Näherung linearen Verlauf der a,n-Funktion annehmen

$$a \approx a_{eff} + bn = a_{eff} + b \frac{\Gamma_m}{c} \sqrt{2\omega/D}, \tag{IV.40}$$

mit a_{eff} = effektiver Wert der Attraktionskonstanten, wobei die Verschiebung der C,φ-Kurven aus der Gleichgewichtslage unberücksichtigt bleibt; b = Koeffizient, annähernd 0,15. Die Benutzung der Gleichung (IV.40) ist hinreichend gerechtfertigt, da zur Bestimmung der Größe n ein Näherungswert des Diffusionskoeffizienten verwendet wird.

Die diskutierte Berechnungsmethode der Attraktionskonstanten aus C,φ-Kurven, die sich nicht in der Gleichgewichtslage befinden, enthält verschiedene Vereinfachungen und Näherungen (insbesondere $\theta^{max} \approx 0{,}5$), die entsprechend ihrem Charakter zu kleineren a-Werten führen müssen. Um diesen Einfluß zu kontrollieren, wurden nach den Gleichungen (III.94) und (III.100) in Verbindung mit der Gleichung (III.30) und der Frumkinschen Isotherme (IV.10) einige Bereiche der sich nicht in der Gleichgewichtslage befindenden C,φ-Kurven mit folgenden vorgegebenen Konstanten berechnet: $C_0 = 20\ \mu F/\text{cm}^2$; $\alpha = 7{,}5\ \text{V}^{-2}$; $A = 1\ \mu J/\text{cm}^2$; $k = 5$; $|\varphi^{max} - \varphi_m| = 0{,}65$ V für zwei Werte der Attraktionskonstanten $a = 1{,}5$ und 1,9 [27]. Aus den theoretisch berechneten C,φ-Kurven wurden dann mit Hilfe der beschriebenen Methode die a-Werte bestimmt und in Tab. 5 zusammengestellt.

Wie die Tabelle zeigt, erhält man mit dem Wert $b = 0{,}2$ richtige Ergebnisse für die Attraktionskonstante.

Man kann daher für die Bestimmung der Attraktionskonstanten aus den sich nicht in der Gleichgewichtslage befindlichen C,φ-Kurven mit ausreichender Genauigkeit die folgende halbempirische Beziehung benutzen:

$$a \approx a_{eff} + 0{,}2\,\frac{\Gamma_m}{c}\sqrt{2\omega/D} \approx a_{eff} + 236\,\frac{\Gamma_m\sqrt{\nu}}{c}, \qquad \text{(IV.40a)}$$

(ν = Wechselstromfrequenz in Hz).

Tabelle 5: Vergleich der vorgegebenen und berechneten Werte der Attraktionskonstanten

vorgegebener a-Wert	Berechneter Wert: ohne Berücksichtigung der Verschiebung der C,φ-Kurven aus der Gleichgewichtslage	unter Berücksichtigung der Verschiebung der C,φ-Kurven aus der Gleichgewichtslage: $b = 0{,}15$	$b = 0{,}2$
1,5	1,30	1,45	1,50
1,9	1,60	1,81	1,89

Den Gebrauch der Formel (IV.40a) kann man am Beispiel der Adsorption aliphatischer Alkohole an Quecksilber demonstrieren [11]. Wie die Berechnung zeigt, konnten für n-Propanol und n-Butanol die im Zusammenhang mit der Verschiebung der C,φ-Kurven aus der Gleichgewichtslage verwendeten Korrekturen vernachlässigt werden. Bei Amylalkohol und besonders n-Hexanol sind die Unterschiede zwischen dem wahren Wert der Attraktionskonstanten und a_{eff} schon wesentlich (Tab. 6).

Wie von Tedoradze und Arakeljan [28] nachgewiesen werden konnte, können zuverlässige Werte der Attraktionskonstanten auch aus der Höhe der aus der Gleichgewichtslage verschobenen C,φ-Kurven erhalten werden, wenn

Tabelle 6: Vergleich der wahren und effektiven Werte der Attraktionskonstanten für n-Amyl- und n-Hexylalkohol

n-$C_5H_{11}OH$: c in m	kathodischer Pik: a_{eff}	kathodischer Pik: a	anodischer Pik: a_{eff}	anodischer Pik: a	n-$C_6H_{13}OH$: c in m	kathodischer Pik: a_{eff}	kathodischer Pik: a	anodischer Pik: a_{eff}	anodischer Pik: a
0,15	1,30	1,31	1,66	1,67	0,03	1,46	1,53	1,74	1,81
0,10	1,26	1,28	1,60	1,62	0,016	1,32	1,46	1,67	1,81
0,05	1,21	1,26	1,59	1,64	0,008	1,23	1,50	1,53	1,80

man zunächst nach Gleichung (II.12) (s. Kapitel 2.3.) den Gleichgewichtswert der Pikhöhe bestimmt und danach die Beziehung (IV.27) zur weiteren Berechnung benutzt. Diese Methode macht jedoch neben den Kapazitätsmessungen auch die genaue Bestimmung des ohmschen Anteils der Adsorptionsimpedanz erforderlich, das verursacht zusätzliche experimentelle Schwierigkeiten.

Mit den beschriebenen Methoden kann man auf der Grundlage experimenteller Angaben die Attraktionskonstante in verschiedenen Bereichen der C,φ-Kurve bestimmen und somit auch die Abhängigkeit des Wertes a vom Elektrodenpotential ableiten.

Zumeist wird eine lineare a,φ-Abhängigkeit erhalten. Die a-Werte, die mit verschiedenen Methoden für das System 1 n Na_2SO_4 + n-C_4H_9OH gewonnnen

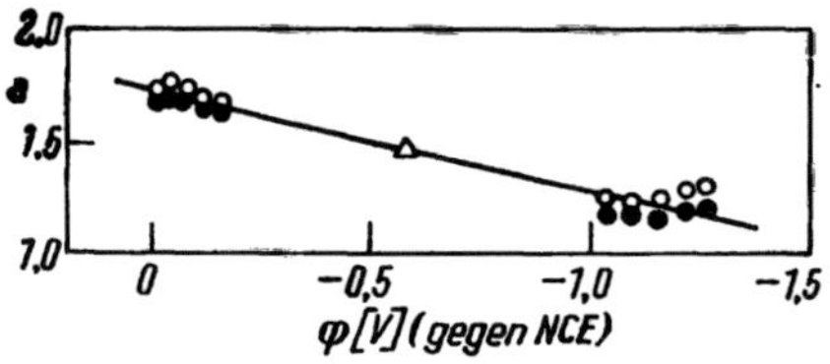

Abb. 42: Abhängigkeit der Attraktionskonstanten vom Potential der Quecksilberelektrode für das System 1 n Na_2SO_4 + n-C_4H_9OH

Die Angaben wurden erhalten: aus der Pikhöhe in den C,φ-Kurven (○); aus der Pikbreite in den C,φ-Kurven (•) und aus der Form der Adsorptionsisotherme (Δ)

wurden und die die lineare Abhängigkeit der Attraktionskonstanten vom Elektrodenpotential verdeutlichen, sind in Abb. 42 dargestellt. Aus der grafischen Darstellung geht die Schwierigkeit der Bestimmung der Konstanten a_0 und β, die in die Gleichung (III.119) eingehen, nicht hervor. Wesentlich seltener wird ein parabolischer Verlauf der Potentialabhängigkeit der Attraktionskonstanten beobachtet (s. Abb. 32). Die Ursachen für die a,φ-Abhängigkeit wurden bereits im Kapitel 3.6. diskutiert.

4.3. Bestimmungsmethoden des adsorptionsbedingten Potentialsprungs, des Grenzwerts der adsorbierten Menge des organischen Stoffes sowie der freien Adsorptionsenergie

Der adsorptionsbedingte Potentialsprung wird durch die Größe φ_N, der Grenzwert der adsorbierten Menge des organischen Stoffes durch die Größe Γ_m in der Gleichung

$$A = RT\Gamma_m \tag{IV.41}$$

und die freie Adsorptionsenergie für $\varphi = 0$ und $\theta = 0$ durch die Größe B_0 in

$$-\Delta \bar{G}_A^0 = RT \ln (55{,}5\, B_0) \tag{IV.42}$$

bestimmt.

Die Aufgabe besteht deshalb darin, die genannten Größen φ_N, A und B_0 aus experimentellen Differentialkapazitätskurven und teilweise aus Elektrokapillarkurven abzuleiten.

Wenn die Bedingung $a \geqq 1$ erfüllt wird, können die Größen φ_N, A und B_0 aus den Bereichen der lg c,φ^{max}-Kurve bestimmt werden, die ausreichend hohen Konzentrationen des organischen Stoffes entsprechen. Unter diesen Bedingungen kann man mit hinreichender Genauigkeit $\theta^{max} \approx 0{,}5$ annehmen. Aus der Isothermengleichung (IV.10) sowie der Gleichung (III.114) läßt sich somit die Näherungsgleichung dieser Kurve entwickeln

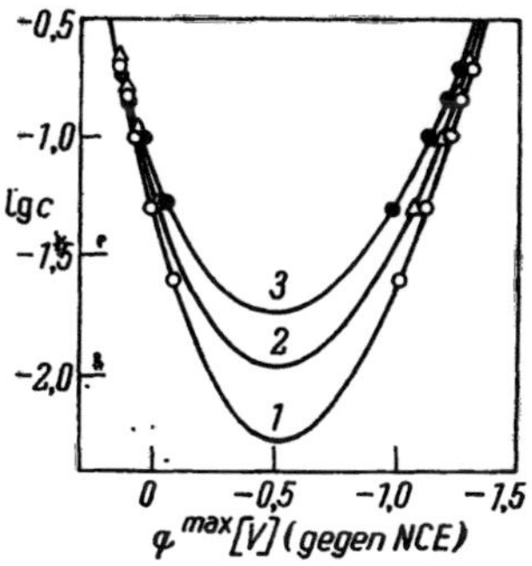

Abb. 43: Abhängigkeit der Pikpotentiale in den Differentialkapazitätskurven (φ^{max}) von der n-Amylalkohol-Konzentration für das System 0,1 n NaF + n-$C_5H_{11}OH$ bei verschiedenen Temperaturen [11]

1 — 25; *2* — 50; *3* — 75 °C. Durchgezogene Linien — Berechnungen nach Gleichung (IV.43); Punkte — experimentelle Werte

$$\lg c \approx -\lg B_0 - a_0/2{,}3 + \frac{E + C'\varphi^{max}(\varphi_N - \varphi^{max}/2)}{2{,}3\,A}. \qquad \text{(IV.43)}$$

Abb. 43 verdeutlicht die gute Übereinstimmung dieser Gleichung mit den experimentellen Werten, die für das System 0,1 n NaF + n-$C_5H_{11}OH$ bei drei verschiedenen Temperaturen (25, 50 und 75 °C) gewonnen wurden [11]. Dadurch wird es möglich, Gleichung (IV.43) als Grundlage für die Bestimmung der Konstanten φ_N, A und B_0 aus den experimentellen Kurven (lg c,φ^{max}-Funktionen) anzuwenden. Wenn man den Schnittpunkt der lg c,φ^{max}-Kurve mit der Geraden lg c = const. (s. Abb. 44) bestimmt, dann erhält man in Übereinstimmung mit Gleichung (IV.43)

$$\varphi_N \approx \frac{E_2 - E_1}{C'(\varphi_1 - \varphi_2)} + \frac{\varphi_1 + \varphi_2}{2}. \qquad \text{(IV.44)}$$

Die Wahl der Potentiale φ_1 und φ_2, die in die Formel (IV.44) eingehen, geht klar aus Abb. 44a hervor, während E_1 und E_2 Werte der Funktion E (s. Gleichung (III.105)) bei den Potentialen φ_1 und φ_2 darstellen.

Vorteilhaft ist es, die Schnittpunkte der lg c,φ^{max}-Kurve mit mehreren Geraden lg c = const. zu bestimmen, nach Formel (IV.44) die zugehörigen φ_N-Werte zu berechnen und aus ihnen den Mittelwert zu bilden.

Um A zu bestimmen, benutzt man Gleichung (IV.43) für zwei Konzentrationswerte des organischen Stoffes: ein hoher Wert c_h und ein niedriger Wert c_n. Wie aus Abb. 44b hervorgeht, erhält man für jeden Ast der $\lg c,\varphi^{max}$-Kurve zwei, diesen Konzentrationen entsprechende Potentialwerte φ_h und φ_n. Andererseits entspricht jedem Potentialwert ein Wert der Funktion E (s. Gleichung (III.105)). Wenn man nun Gleichung (IV.43) für c_h und für c_n entwickelt und einen Wert durch den anderen ausdrückt, erhält man nach entsprechender Umformung

$$A \approx \frac{\Delta E + C'\varphi_N(\varphi_h - \varphi_n) - (\varphi_h^2 - \varphi_n^2)\,C'/2}{2{,}3\,\Delta \lg c}, \tag{IV.45}$$

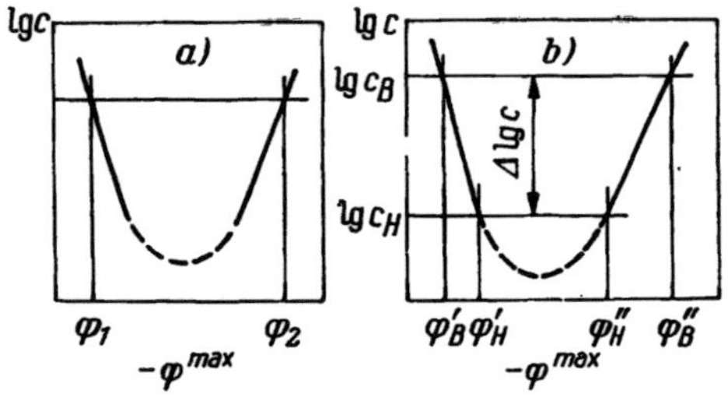

Abb. 44: Schematische Darstellung der Abhängigkeit $\lg c$ vom Pikpotential (φ^{max}), um die Bestimmung von φ_N (*a*) und A (*b*) zu erläutern

mit $\Delta E = E(\varphi_h) - E(\varphi_n)$ und $\Delta \lg c = \lg c_h - \lg c_n$. Formel (IV.45) wird auf beide Äste der $\lg c,\varphi^{max}$-Kurve angewendet, danach erhält man die Konstante A als Mittelwert.

Jetzt sind außer B_0 bereits alle Konstanten in Gleichung (IV.43) bekannt, sie kann deshalb unmittelbar zur B_0-Bestimmung verwendet werden. Dazu ist es zweckmäßig, die Potentialabhängigkeit der folgenden Funktion zu berechnen:

$$P(\varphi) = -a_0/2{,}3 + \frac{E + C'\varphi(\varphi_N - \varphi/2)}{2{,}3\,A}. \tag{IV.46}$$

Die mittlere Abweichung dieser Funktion von den experimentellen Abschnitten der $\lg c,\varphi^{max}$-Kurven bei ausreichend hohen Konzentrationen des organischen Stoffes ist gleich $-\lg B_0$, wie aus den Gleichungen (IV.43) und (IV.46) folgt. Auf diese Weise kann die letzte, noch unbekannte Konstante B_0 bestimmt werden.

Wenn infolge der starken Abhängigkeit der Attraktionskonstanten vom Elektrodenpotential die Adsorptions—Desorptions-Piks nur auf den kathodischen (oder anodischen) Ästen der C,φ-Kurven beobachtet werden (s. Abb. 38) oder wenn die Bedingung $a \geqq 1$ nicht erfüllt wird, dann kann φ_N aus der Potentialabhängigkeit der Ladung bei sehr hohen Konzentrationen des organischen Stoffes bestimmt werden. Wie aus der Beziehung (III.115) folgt, hat unter diesen Bedingungen die Gleichung der Tangente, die die ε,φ-Kurve im Punkt mit dem geringsten Anstieg (d. h. bei $\theta \approx 1$) berührt, die Form

$$\varepsilon' = C'(\varphi - \varphi_N). \tag{IV.47}$$

Folglich schneidet diese Tangente die Abszisse im Punkt $\varphi = \varphi_N$ (s. Abb. 11).

Schließlich kann man, wie es in der Arbeit [29] abgeleitet wurde, φ_N durch Extrapolation der Konzentrationsfunktion des Nulladungspotentials $\varphi_{\varepsilon=0}$ auf $1/c = 0$ erhalten; hierbei wird $\varphi_{\varepsilon=0}$ aus der Lage des Minimums in den C,φ-Kurven für stark verdünnte Leitelektrolytlösungen bestimmt (s. Abb. 13). Ein Mangel dieser Methode besteht in den hohen experimentellen Schwierigkeiten, die bei der Arbeit mit stark verdünnten Leitelektrolytlösungen (10^{-4} bis 10^{-3} n) auftreten.

Um A bei der Bedingung $a < 1$ zu bestimmen, ist folgende Methode am vorteilhaftesten [24]. Zunächst konstruiert man beim Potential der maximalen Adsorption $\varphi = \varphi_m$ nach Gleichung (IV.11) die Adsorptionsisotherme in den Koordinaten $\theta, y = c/c_{\theta=0,5}$. Aus der so erhaltenen Isotherme wird nunmehr nach Gleichung (IV.14) a für $\varphi = \varphi_m$ sowie für eine ausgewählte Konzentration des organischen Stoffes, für die die Elektrokapillarkurve aufgenommen wurde, der θ-Wert bestimmt. Somit sind für $\varphi = \varphi_m$ in der Zustandsgleichung, die der FRUMKINschen Isotherme entspricht, außer A alle Größen bekannt:

$$\Delta\sigma = -A[\ln(1-\theta) + a\theta^2]. \tag{IV.48}$$

Die Bestimmung des Adsorptionsgrenzwertes Γ_m, die auf der Messung der Beträge der Adsorptionsimpedanz $R_{P(\omega)}$ und $C_{zus.(\omega)}$ beruht, wurde unter Benutzung von Gleichung (III.107) von TEDORADZE und ARAKELJAN [28] ausgeführt. Wie unschwer demonstriert werden kann, gilt für die FRUMKINsche Isotherme (IV.10)

$$\left(\frac{\partial\Gamma}{\partial c}\right)_\varphi = \frac{\Gamma_m}{c}\cdot\frac{\theta(1-\theta)}{1-2a\theta(1-\theta)}. \tag{IV.49}$$

Die Verbindung dieser Gleichung mit der Gleichung (III.107) ergibt nach einer algebraischen Transformation folgenden Ausdruck für $\Gamma_m{}^2$:

$$\Gamma_m{}^2 = \frac{[\varepsilon_0 + C'(\varphi_N - \varphi)]^2\, c}{RTC_{zus.(\omega=0)}}\cdot\left(\frac{\partial\Gamma}{\partial c}\right)_\varphi. \tag{IV.50}$$

Aus den Gleichungen (II.6) und (II.8) folgt

$$\left(\frac{\partial\Gamma}{\partial c}\right)_\varphi = \sqrt{\frac{2D}{\omega}}\cdot\frac{1}{C_{zus.(\omega)}R_{P(\omega)}\omega - 1}. \tag{IV.51}$$

Teilt man Gleichung (IV.51) durch Gleichung (II.12), erhält man

$$\left(\frac{\partial\Gamma}{\partial c}\right)_\varphi \Big/ C_{zus.(\omega=0)} = \frac{\sqrt{2D\omega}\,R_{P(\omega)}}{C^2_{zus.(\omega)}R^2_{P(\omega)}\omega^2 + 1}. \tag{IV.52}$$

Wenn man (IV.52) in (IV.50) einsetzt, ergibt sich der endgültige Ausdruck für $\Gamma_m{}^2$:

$$\Gamma_m{}^2 = \frac{[\varepsilon_0 + C'(\varphi_N - \varphi)]^2 \, c R_{P(\omega)} \sqrt{2D\omega}}{RT(C^2_{zus.(\omega)} R^2_{P(\omega)} \omega^2 + 1)}. \tag{IV.53}$$

Wenn man statt der Gleichung (III.107), die nur für $a = \text{const.}$ richtig ist, für $\Gamma_m{}^2$ die allgemeinere Beziehung (III.118) verwendet, dann ist diese Methode nur für die Bedingung $\theta^{max} \approx 0{,}5$ anwendbar, d. h. für $a \geqq 1$.

Um B_0 für die Bedingung $a < 1$ zu bestimmen, kann man folgende Methode anwenden. Zuerst wird bei den Potentialen der maximalen Adsorption φ_m (wenn $a = a(\varphi)$ gilt, dann ist φ_m abhängig von c) mit der Gleichung (IV.11) die Adsorptionsisotherme konstruiert und die Konzentration für $\theta = 0{,}5$ bestimmt. Damit entsprechen in Gleichung (IV.12) die Größen B und a $\varphi = \varphi_m$ bei $\theta_m = 0{,}5$, aus den Gleichungen (III.114) und (IV.12) erhält man folglich

$$B_0 c_{\theta_m = 0,5} \cdot \exp\left[-\frac{E_m + C'\varphi_m(\varphi_N - \varphi_m/2)}{A}\right] \cdot \exp(a_0 - a_m) = \exp(-a_m), \tag{IV.54}$$

mit E_m — Wert der Funktion E bei $\varphi = \varphi_m$ für $\theta_m = 0{,}5$.

Aus der Gleichung (IV.54) folgt

$$B_0 = \frac{\exp(-a_0)}{c_{\theta_m = 0,5}} \cdot \exp\left[\frac{E_m + C'\varphi_m(\varphi_N - \varphi_m/2)}{A}\right], \tag{IV.55}$$

aus diesem Ausdruck ist B_0 relativ einfach zu berechnen, wenn φ_m für $\theta_m = 0{,}5$ bekannt ist. Experimentell kann man φ_m aus der Lage des Minimums in der C,φ-Kurve erhalten, die einer Konzentration des organischen Stoffes von $c = c_{\theta_m = 0,5}$ entspricht.

Wenn φ_m nicht allzu groß ist ($\sim 0{,}1$ V), wie das im allgemeinen der Fall ist, dann kann man Gleichung (IV.55) vereinfachen. Bei Berücksichtigung der Abhängigkeit der Werte a und C_0 vom Elektrodenpotential kann φ_m gemäß (III.108) und (III.113a) ausgedrückt werden durch die Gleichung

$$\varphi_m = -\frac{C'\varphi_N}{K_0 - C'} + A \frac{da}{d\varphi} (2\theta_m - 1), \tag{IV.56}$$

mit $K_0 = \varepsilon_0/\varphi$ — integrale Kapazität in der reinen Grundelektrolytlösung. Da $\theta_m = 0{,}5$ gilt, vereinfacht sich Gleichung (IV.56) zu

$$\varphi_m = -\frac{C'\varphi_N}{K_0 - C'}. \tag{IV.56a}$$

Wenn man annimmt, daß $E_m \approx K_0 \cdot \varphi_m{}^2/2$ ist, und man diesen Wert sowie die Gleichung (IV.56a) in (IV.55) einführt, dann ergibt sich für B_0 folgende Näherungsbeziehung

$$B_0 \approx \frac{exp\,(-a_0)}{c_{\theta_m=0,5}} \cdot \exp\left[-\frac{(C'\varphi_N)^2}{2(K_0 - C')A}\right]. \tag{IV.57}$$

Die in diesem und in den vorhergehenden Abschnitten beschriebenen Methoden wurden von DAMASKIN, SURVILA und RYBALKA [11] benutzt, um den Einfluß der Kettenlänge und der Temperatur auf die Adsorption aliphatischer Alkohole an der Oberfläche einer Quecksilberelektrode zu untersuchen. Die gewonnenen Ergebnisse sind in Tab. 7 dargestellt, wobei die Konstanten, die den Adsorptionszustand des organischen Stoffes charakterisieren, folgende Dimensionen besitzen: a_0 = dimensionslos; $\beta = V^{-1}$; $C' = \mu F/cm^2$; $\varphi_N = V$; $A = \mu J/cm^2$; Γ_m = Mol/cm²; S = Å²/Molekül; $B_0 = l$/Mol; $-\bar{G}_A^0$ = kcal/Mol.

Tabelle 7: Adsorptionsparameter für aliphatische n-Alkohole

Alkohol	t [°C]	a_0	β	C'	φ_N	A	$\Gamma_m \cdot 10^{10}$	S	B_0	$-\Delta\bar{G}_A^0$
C_2H_5OH	25	0,80	—	6,40	0,36	—	—	—	0,41	1,86
n-C_3H_7OH	25	1,11	0,18	4,85	0,33	1,40	5,66	29,5	3,00	3,05
	25	1,28	0,20	4,80	0,24	1,28	5,18	32,2	11,2	3,83
n-C_4H_9OH	50	1,33	0,17	5,07	0,18	1,41	5,25	31,6	6,61	3,81
	75	1,35	0,06	5,15	0,16	1,50	5,19	32,0	4,52	3,83
	25	1,48	0,27	4,20	0,21	1,20	4,85	34,2	39,9	4,58
n-$C_5H_{11}OH$	50	1,49	0,24	4,45	0,18	1,32	4,90	33,9	20,0	4,52
	75	1,50	0,17	4,55	0,17	1,45	5,00	33,3	11,8	4,51
n-$C_6H_{13}OH$	25	1,68	0,26	3,85	0,20	1,14	4,61	36,2	154,0	5,39

Wie aus der Tabelle hervorgeht, wird eine deutliche Zunahme der Attraktionswechselwirkung zwischen den adsorbierten Alkoholmolekülen beim Übergang von Äthylalkohol zu n-Hexanol beobachtet; ausgehend von physikalischen Erwägungen muß man das auch erwarten. Außer dieser Verstärkung der Anziehungskräfte zwischen den adsorbierten Molekülen bewirkt das Wachstum der Kettenlänge auch eine geringe Zunahme des Kurvenanstiegs der a,φ-Funktion, d. h. von β. Wie im Kapitel 3.6. abgeleitet wurde, ist $\beta > 0$ ein Ausdruck für den diskreten Charakter der adsorbierten Dipole des organischen Stoffes, der bei größerer Kettenlänge der organischen Moleküle sich in bestimmtem Maße verstärkt.

Wenn man von der Gleichung des Plattenkondensators ausgeht, nimmt erwartungsgemäß der Kapazitätsgrenzwert C' mit wachsender Kettenlänge ab. Die quantitative Anwendung dieser Gleichung auf die Kapazität C' zeigt, daß die Dielektrizitätskonstante in der elektrischen Doppelschicht unter diesen Bedingungen wesentlich größer ist als die Dielektrizitätskonstante des Mediums, das ausschließlich aus solchen Kohlenwasserstoffketten besteht [30]. Das bedeutet, das auch für $\theta = 1$ in der elektrischen Doppelschicht Wassermoleküle vorhanden sind, deren Dielektrizitätskonstante größer wird. Mit dieser Annahme stimmen die Flächenwerte überein, die auf ein adsorbiertes Molekül für $\theta = 1$ entfallen (S) und die wesentlich größer sind als die Fläche, die einer unverzweigten Kohlenwasserstoffkette in kondensierten Filmen hochmolekularer Alkohole oder Säuren entspricht (ungefähr 20—21 Å^2).

Ungeachtet der relativ geringen Genauigkeit der φ_N-Bestimmung nach Gleichung (IV.44) ($\pm 0{,}04$ V) beobachtet man eine deutliche Abschwächung des adsorptionsbedingten Potentialsprungs beim Übergang von Äthanol zu n-Hexanol. Dieses Ergebnis wird durch genauere Methoden bestätigt, die auf der Bestimmung des Nulladungspotentials in Gegenwart des organischen Stoffes aus der Lage des Minimums in der C,φ-Kurve in der sehr verdünnten Leitelektrolytlösung beruhen [29]. In bestimmtem Grade kann man diesen Effekt mit der Vergrößerung der von einem Alkohol belegten Fläche in Zusammenhang bringen, die bei wachsender Länge der Kohlenwasserstoffkette beobachtet werden kann (s. Tab. 7), da sich mit der Vergrößerung von S die Wahrscheinlichkeit erhöht, daß die Alkoholdipole von der vertikalen Orientierung an der Phasengrenzfläche abweichen. Man muß aber eine φ_N-Erhöhung für höhere Alkohole unbedingt erwarten, wenn sie an der Phasengrenzfläche kondensierte Filme bilden ($S \approx 21$ Å^2). Daher muß φ_N mit wachsender Kettenlänge ein Minimum durchlaufen.

Wenn man den B_0-Wert für Äthanol unberücksichtigt läßt, dann trifft für die übrigen Alkohole entsprechend den Literaturangaben die Traubesche Regel mit einem Mittelwert von $k = 3{,}7$ zu.

Eine Temperaturerhöhung verursacht eine geringfügige Zunahme der Attraktionskonstanten und eine Verkleinerung des Koeffizienten, der die Abweichung des Systems vom Modell zweier parallel geschalteter Kondensatoren infolge des diskreten Charakters der adsorbierten Dipole des organischen Stoffes charakterisiert. Letztgenannter Effekt ist in Übereinstimmung mit einfachen physikalischen Erwägungen etwas stärker für Alkohole mit kürzerer Kettenlänge ausgeprägt. Wie aus der Tab. 7 ersichtlich ist, sind Γ_m und $-\Delta \bar{G}_A^0$ praktisch temperaturunabhängig. Somit kann man unter Berücksichtigung der Gleichungen (IV.41) und (IV.42) die Änderungen der Größen A und B_0 in Abhängigkeit von der Temperatur unkompliziert berechnen.

4.4. Adsorptionsberechnungen aus der Abhängigkeit der differentiellen Kapazität von der Konzentration des organischen Stoffes nach Parsons

Parsons [9] entwickelte eine Methode, die auf der Vorstellung beruht, daß die Form der Adsorptionsisotherme unabhängig von der Elektrodenladung ist, d. h. von Gleichung (III.19) ausgegangen werden kann. Wie im Kapitel 3.1. gezeigt wurde, beweisen die experimentellen Angaben über die Abhängigkeit des Nullladungspotentials ($\varphi_{\varepsilon=0}$) von der Adsorption verschiedener organischer Verbindungen, daß diese Vorstellung für $C' < C_0$ nicht zutreffend ist.

Im Zusammenhang damit wird die PARSONS-Methode auf der Grundlage der Annahme diskutiert, nach der die Adsorption des organischen Stoffes in erster Näherung durch Gleichung (III.9) beschrieben wird und folglich auch die Beziehung (III.12) erfüllt, die man schreiben kann als

$$\varepsilon - \varepsilon_0 = A\theta \frac{d \ln B}{d\varphi}. \tag{IV.58}$$

Wenn man (IV.58) nach dem Potential differenziert, erhält man

$$\begin{aligned} C - C_0 &= A\theta \frac{d^2 \ln B}{d\varphi^2} + A \frac{\partial\theta}{\partial \ln B} \cdot \left(\frac{d \ln B}{d\varphi}\right)^2 \\ &= A\theta \frac{d^2 \ln B}{d\varphi^2} + A \left(\frac{d \ln B}{d\varphi}\right)^2 h. \end{aligned} \tag{IV.59}$$

Zunächst wird angenommen, daß die Adsorptionsenergie eine lineare Funktion des Elektrodenpotentials ist. In diesem Falle gilt $d \ln B/d\varphi = \text{const.}$ (s. Gleichung (III.31)) und folglich $d^2 \ln B/d\varphi^2 = 0$. Dadurch vereinfacht sich Gleichung (IV.59) zu

$$C - C_0 = A \left(\frac{d \ln B}{d\varphi}\right)^2 h, \tag{IV.60}$$

d. h. die Größe $(C - C_0)$ ist eine proportionale Funktion von h.

Die Abhängigkeit der Funktion h von $\ln c$ wird unter der Bedingung bestimmt, daß die Adsorption des organischen Stoffes durch die FRUMKINsche Isotherme (IV.10) beschrieben werden kann. Bei Logarithmieren der Gleichung (IV.10) ergibt sich

$$\ln B + \ln c = \ln \frac{\theta}{1 - \theta} - 2a\theta. \tag{IV.61}$$

Wenn man die θ-Werte durch die Funktion h entsprechend den Gleichungen (IV.17) und (IV.18) ersetzt und eine Reihenentwicklung vornimmt, erhält man

$$\ln c = -a - \ln B \pm \left(\ln \frac{1 + r}{1 - r} - ar\right), \tag{IV.62}$$

wobei r durch die Beziehung (IV.18) bestimmt wird. Die Funktion h und folglich auch die Größe $(C - C_0)$ muß bei $\varphi = \text{const.}$ in Abhängigkeit von $\ln c$ ein Maximum durchlaufen, das dem Wert $r = 0$ entspricht. Unter dieser Bedingung gilt $h = h^*$ und $\ln c = -a - \ln B$. Wenn $(C - C_0)$ ein bestimmter Teil m (z. B. 1/2 oder 3/4) vom Maximalwert dieser Differenz $(C - C_0)_{max}$ ist, dann gilt $h = mh^*$, r wird durch die Gleichung (IV.20) ausgedrückt und die Breite der $(C - C_0)$,lg c-

Kurve bei gegebener relativer Höhe (Δ lg c) ist eine Funktion der Attraktionskonstanten

$$\Delta \lg c = 2\left(\lg \frac{1+r}{1-r} - \frac{a}{2{,}3} \cdot r\right). \tag{IV.63}$$

Wenn man die Gleichungen (IV.25) und (IV.63) vergleicht, ist festzustellen, daß die Funktion $f(a)$, für die die Angaben in Abb. 39 und Tab. 3 enthalten sind, mit Δ lg c in relativ einfacher Beziehung steht

$$f(a) = 500 \cdot \Delta \lg c. \tag{IV.64}$$

Dadurch kann man aus der grafischen Darstellung $f(a) - a$, ausgehend von der Breite der experimentellen $(C - C_0)$,lg c-Kurven bei $\varphi = \text{const.}$ die Attraktionsbeziehung zwischen den adsorbierten Teilchen bestimmen.

Wenn man die dem Maximum der $(C - C_0)$,lg c-Kurve bei $\varphi = \text{const.}$ entsprechende Konzentration c^* kennt, kann man mit dem bereits bestimmtem Wert a die Konstante des Adsorptionsgleichgewichts B bei verschiedenen Elektrodenpotentialen nach folgender Formel bestimmen:

$$\lg B = -a/2{,}3 - \lg c^*. \tag{IV.65}$$

Wenn man lg B und den Wert der Attraktionskonstanten kennt, dann kann man aus der grafisch dargestellten und aus der Adsorptionsisotherme berechneten lg (Bc),θ-Kurve (s. Abb. 28) für jede Konzentration den θ-Wert und somit auch nach Gleichung (IV.16) die Funktion h bestimmen. Nach Gleichung (IV.60) muß die grafische Darstellung von C in Abhängigkeit von h bei $\varphi = \text{const.}$ für verschiedene Konzentrationen des organischen Stoffes eine Gerade mit dem Anstieg $A(d \ln B/d\varphi)^2$ ergeben.

Andererseits ist der Anstieg der ε,θ-Geraden bei $\varphi = \text{const.}$ laut Gleichung (IV.58) gleich $Ad \ln B/d\varphi$. Damit kann man $A = RT\Gamma_m$ und $d \ln B/d\varphi$ bestimmen. Eine weitere Möglichkeit zur Bestimmung von $d \ln B/d\varphi$ besteht in der Berechnung des Anstiegs der lg B,φ-Geraden, sofern B bei verschiedenen Potentialen aus der Beziehung (IV.65) bereits bekannt ist.

Aus Gleichung (III.34) folgt, daß die Adsorptionsenergie linear vom Potential abhängig ist, wenn die Bedingung $C_0 = C'$ erfüllt ist. In diesem Falle gilt

$$\frac{d \ln B}{d\varphi} = -\frac{C'\varphi_N}{A}, \tag{IV.66}$$

aus der Größe des Differentialquotienten $d \ln B/d\varphi$ kann man somit den adsorptionsbedingten Potentialsprung φ_N bestimmen, während aus man der Gleichung

$$B = B_0 \cdot \exp\left(-\frac{C'\varphi_N\varphi}{A}\right) \tag{IV.67}$$

B_0 berechnen kann, wenn alle anderen Größen bekannt sind.

Die Bedingung $C_0 \approx C'$ wird in erster Näherung bei der Adsorption von Thioharnstoff [2], m-Phenylendisulfonat-Ionen [4] sowie anorganischen Anionen [6—8] an Quecksilber erfüllt. Bei Erfüllung dieser Bedingung sind die Ergebnisse, wie das in 4.1. gezeigt wurde (s. auch Kapitel 3.1.), nicht mehr von der Vorstellung abhängig, die der nichtthermodynamischen Methode zugrunde liegt: $B(\varphi)c = f(\theta)$ oder $G(\varepsilon)c = f(\theta)$. Diese Schlußfolgerung wurde experimentell von PAYNE [7] bestätigt. Daher können die von PARSONS [9] erhaltenen Ergebnisse über die Adsorption von Thioharnstoff, m-Phenylendisulfonat-Anionen und J^--Ionen verwendet werden, um die beschriebene Methode bei Erfüllung der Bedingung $d^2 \ln B/d\varphi^2 \approx 0$ zu erläutern.

Wenn die Adsorptionsenergie eine quadratische Funktion des Elektrodenpotentials ist, kann die Adsorptionsgleichgewichtskonstante B durch die Gleichung (III.30) ausgedrückt werden. Unter diesen Bedingungen gilt für die differentielle Kapazität Gleichung (III.40), die man am vorteilhaftesten schreibt als

$$C - C_0 = -2A\alpha\theta + 4A\alpha^2(\varphi - \varphi_m)^2 h. \tag{IV.68}$$

Weiterhin erhält man nach einer einfachen Umformung aus Gleichung (III.17a)

$$(\varepsilon - \varepsilon_m) - (\varepsilon_0 - \varepsilon_m) = -2A\alpha\theta(\varphi - \varphi_m). \tag{IV.69}$$

Aus Gleichung (IV.69) folgt

$$\frac{\varepsilon - \varepsilon_m}{\varphi - \varphi_m} - \frac{\varepsilon_0 - \varepsilon_m}{\varphi - \varphi_m} = -2A\alpha\theta, \tag{IV.69a}$$

oder

$$K - K_0 = -2A\alpha\theta, \tag{IV.70}$$

mit K und K_0 = integrale Kapazitäten für eine Lösung mit Zusatz des organischen Stoffes bzw. für die reine Leitelektrolytlösung, bezogen auf das Potential der maximalen Adsorption und nicht auf das Nulladungspotential.

Wenn man Gleichung (IV.70) in (IV.68) einführt, erhält man

$$(C - C_0)_\varphi - (K - K_0)_\varphi = 4A\alpha^2(\varphi - \varphi_m)^2 h, \tag{IV.71}$$

bzw. in der allgemeineren Form

$$(C - C_0)_\varphi - (K - K_0)_\varphi = A\left(\frac{d \ln B}{d\varphi}\right)^2 h. \tag{IV.72}$$

Wenn man die Gleichungen (IV.60) und (IV.72) miteinander vergleicht, kommt man zu dem Ergebnis, daß man für die quadratische Abhängigkeit der Adsorptionsenergie vom Elektrodenpotential statt der $(C_0 - C)$,lg c-Kurve eine $[(C - C_0)_\varphi - (K - K_0)_\varphi]$,lg c-Kurve darstellen und analysieren muß. Die weitere Berechnung der Adsorptionsparameter erfolgt vollkommen analog zu dem oben geschilderten Beispiel der linearen Potentialabhängigkeit der Adsorptionsenergie.

Es ist jedoch noch unklar, in welchem Maße die Methode nach PARSONS benutzt werden kann, um die Adsorption organischer Verbindungen zu untersuchen, deren Attraktionskonstante eine Funktion des Elektrodenpotentials ist.

Es ist bekannt, daß DUTKIEWICZ und PARSONS [5] bei der Untersuchung der Thioharnstoff-Adsorption aus Formamidlösungen an Quecksilber von ihrer Methode abwichen, als sie die Potentialabhängigkeit von a bestimmen wollten.

4.5. Bestimmungsmethode nach Devanathan

Die nichtthermodynamische Methode nach DEVANATHAN [31, 32] beruht auf der Vorstellung, wonach sich die von der Oberflächenladung abhängigen Potentialdifferenzen der spezifisch adsorbierten Ionen und organischen Moleküle additiv bei konstanter Elektrodenladung zusammensetzen. Davon ausgehend ist der physikalische Sinn aber noch unklar, wenn die Einführung des organischen Stoffes in die Oberflächenschicht nicht deren Dielektrizitätskonstante beeinflußt. DEVANATHAN [31] erhielt folgenden Ausdruck für die Abhängigkeit der Adsorption von der Elektrodenladung:

$$\frac{d\Gamma}{d\varepsilon} = \left(\frac{1}{C} - \frac{1}{C_0}\right) \cdot \frac{K_{org}}{e_0}, \tag{IV.73}$$

e_0 = Elementarladung; K_{org} = Größe mit der Dimension der Kapazität, gleich $D/2\pi l$; D = Dielektrizitätskonstante in der Schicht zwischen der Metalloberfläche und der äußeren HELMHOLTZschicht; l = effektive Länge der organischen Dipole mit dem Dipolmoment μ, gleich μ/e_0.

Bei der Ableitung der Gleichung (IV.73) in der Arbeit [31] wird die Beziehung verwendet, nach der die Potentialdifferenz zwischen dem Metall und dem Dielektrikum in Gegenwart einer Schicht adsorbierter Dipole $\Delta\varphi_{org}$ gleich ist

$$\Delta\varphi_{org} = -2\,\frac{\Gamma\mu}{D}. \tag{IV.74}$$

Statt des angenommenen Koeffizienten 4 erscheint im rechten Teil der Gleichung (IV.74) der Koeffizient 2. Dieser Austausch wird folgendermaßen motiviert: die Dipolschicht besitzt im Dielektrikum nur eine begrenzte Ausdehnung, deren Potential verringert sich mit dem Abstand von dieser Schicht unter Berücksichtigung des Raumwinkels, unter dem die Schicht von einem bestimmten Punkt aus gesehen wird. Bei unendlichem Abstand von der Dipolschicht geht das Potential gegen Null, während das Potential im Metall konstant bleibt. Dadurch beträgt die Potentialdifferenz zwischen zwei Punkten, die sich entsprechend im Metall und im Dielektrikum befinden, bei großen Entfernungen von der Phasengrenze nur die Hälfte des Wertes, der für den Potentialabfall innerhalb der Dipolschicht gemessen wird ($4\pi\Gamma\mu/D$). Die Anwendung dieser Überlegung auf die Dipolschicht, die sich auf beiden Seiten des Dielektrikums ausbildet, führt zu dem Ergebnis, daß bei ausreichend großem Abstand von der Phasengrenze die orientierte Dipolschicht im allgemeinen keine Potentialdifferenz verursacht. Man kann aus diesem Grunde einer solchen Konzeption und Vorstellung nicht zustimmen.

Die Ursache für die falsche Schlußfolgerung besteht in folgendem [33]. Man muß sich eine Doppelschicht vorstellen, die eine Scheibe mit dem Radius R bedeckt. Die Potentialänderung im Dielektrikum außerhalb der Schicht bezieht sich nur auf Abstände, die mit R vergleichbar sind, während man für Abstände, die im Vergleich mit R klein sind, in den Ausdruck für die Potentialdifferenz zwischen zwei Punkten auf beiden Seiten der Dipolschicht den Koeffizient 4 einführen muß. Eine ebene Grenze zwischen zwei Phasen muß man als unendlich ausgedehnte Fläche ansehen, folglich ist in den rechten Teil der Gleichung (IV.74) der Koeffizient 4 bei beliebiger Lage der Punkte einzuführen, zwischen denen die Potentialdifferenz bestimmt wird. Der gleiche Wert 4 wird auch für eine geschlossene Phasengrenze erhalten (z. B. ein Quecksilbertropfen in einer Elektrolytlösung).

Auf den genannten Fehler in den Überlegungen Devanathans verwiesen auch Macdonald und Barlow [34]. Trotzdem wurde diese fehlerhafte Vorstellung in die Theorie von Bockris—Devanathan—Müller [35] übernommen, das macht alle quantitativen Berechnungen entsprechend dieser Theorie zweifelhaft.

Man muß hinzufügen, daß in einer späteren Arbeit von Devanathan und Tilak [36] dem Koeffizienten 2 in Gleichung (IV.74) eine andere Deutung gegeben wurde. Diese geht davon aus, daß das organische Molekül nicht vollständig in den starren Teil der Doppelschicht eingebaut ist und deshalb ein Teil des adsorptionsbedingten Potentialsprungs (annähernd 0,5) durch die hohe Dielektrizitätskonstante in der diffusen Schicht kompensiert wird. Wie in [37] nachgewiesen wurde, steht auch diese Erklärung im Widerspruch zur Elektrostatik.

Gleichung (IV.73) kann aus Gleichung (III.17) abgeleitet werden, wenn man annimmt, daß $C' = C_0 = \text{const.}$ ist. Wenn diese Bedingung erfüllt wird, erhält man tatsächlich aus (III.17)

$$\varepsilon = C_0(\varphi - \varphi_N \cdot \Gamma/\Gamma_m). \tag{IV.75}$$

Bei Differentiation der Gleichung (IV.75) nach dem Potential ergibt sich

$$C = \frac{d\varepsilon}{d\varphi} = C_0\left(1 - \frac{\varphi_N}{\Gamma_m}\cdot\frac{\partial\Gamma}{\partial\varphi}\right) = C_0\left(1 - \frac{\varphi_N}{\Gamma_m}\cdot\frac{\partial\Gamma}{\partial\varepsilon}\,C\right), \tag{IV.76}$$

mit

$$\frac{\partial\Gamma}{\partial\varepsilon} = (1/C - 1/C_0)\cdot\frac{\Gamma_m}{\varphi_N}. \tag{IV.77}$$

Wenn man in dieser Gleichung φ_N durch $e_0\Gamma_m/K_{org}$ ersetzt, erhält man Gleichung (IV.73).

Gleichung (IV.73) wurde von Devanathan benutzt [31], um die Thioharnstoffadsorption aus den in der Arbeit [3] erhaltenen C,φ-Kurven zu berechnen. Man muß allerdings dabei beachten, daß nach den in [3] angeführten Kapazitätswerten bei verschiedenen ε die Bedingung $C_0 = C'$ für die Thioharnstoffadsorption nur eine sehr grobe Näherung darstellt (s. auch [38]).

Wenn K_{org} bekannt ist, kann man aus Gleichung (IV.73) die Abhängigkeit des Differentialquotienten $d\Gamma/d\varepsilon$ von ε und somit auch Γ bestimmen, da bei hohen negativen ε-Werten Γ gegen Null geht. Um K_{org} zu berechnen, setzte DEVANATHAN den experimentellen μ-Wert von Harnstoff 4,89 sowie $D = 7{,}19$ ein. Letzterer Wert wird von ihm nach Kapazitätsmessungen in Kaliumhalogenid-Lösungen als der wahrscheinlichste Wert betrachtet. Die auf diese Weise berechneten Γ-Werte stimmen näherungsweise mit thermodynamischen Ergebnissen überein; die Übereinstimmung geht jedoch verloren, sobald in Gleichung (IV.74) der Koeffizient 2 statt 4 erscheint.

Die von DEVANATHAN vorgeschlagene Methode zur Adsorptionsberechnung zeichnet sich durch ihre Unkompliziertheit aus. Die willkürliche Festlegung einiger Voraussetzungen bei der Ableitung der Gleichung (IV.73) sowie die willkürliche Wahl der Größe D innerhalb der Doppelschicht, die Vorstellung über die zur Oberfläche senkrechte Anordnung aller adsorbierten Dipole und die Konstanz der μ-Werte im Doppelschichtfeld läßt die mit dieser Methode gewonnenen Ergebnisse jedoch zweifelhaft erscheinen.

DEVANATHAN benutzte die von ihm entwickelte Methode, um die Adsorption aliphatischer Verbindungen mit einer polaren Gruppe und einer Kohlenwasserstoffkette zu bestimmen [32]. Da die Vorstellung über die Konstanz der D-Werte bei der Adsorption nicht mehr aufrechterhalten werden konnte, führte DEVANATHAN in Gleichung (IV.73) eine Korrektur ein, die diese Änderung der D-Werte berücksichtigte. Dabei ging er von einer Beziehung aus, die in gewissem Maße der Gleichung (III.14) analog ist, nämlich

$$D = D_0(1 - \theta) + D'\theta = D_0(1 - \alpha\theta), \tag{IV.78}$$

D_0 = Dielektrizitätskonstante ohne Zusatz organischer Moleküle; D' = Dielektrizitätskonstante der Kohlenwasserstoffkette und $\alpha = (D_0 - D')/D_0$.

Auf Grund von Gleichung (IV.78) ergab sich die Schlußfolgerung, wonach der Einfluß des Übergangs von D_0 zu D auf die Kapazität durch folgende Beziehung berücksichtigt werden kann:

$$C = D/4\pi l = C_0(1 - \alpha\theta), \tag{IV.79}$$

oder

$$(1 - \alpha\theta)/C = 1/C_0. \tag{IV.79a}$$

Wenn man auf der Basis von Gleichung (IV.79a) den Ausdruck für C in Gleichung (IV.73) korrigiert, ergibt sich

$$\frac{1 - \alpha\theta}{C} = \frac{1}{C_0} + \frac{e_0}{K_{org}} \cdot \frac{d\Gamma}{d\varepsilon}. \tag{IV.80}$$

Der neue Ausdruck wurde benutzt, um θ aus Kapazitätswerten für n-Amylalkohol nach BREITER und DELAHAY [39] zu berechnen. Man kann jedoch mit der Ableitung der Gleichungen (IV.79) und (IV.80) nicht voll einverstanden sein, da C der differentiellen Kapazität entspricht, während die Gleichung (IV.79) offensichtlich die integrale Kapazität bestimmt. Außerdem kann selbst Gleichung (IV.73), wie oben dargelegt, nicht begründet werden, wenn $C_0 \neq C'$ ist.

Es ist nicht schwer, einen richtigen Ausdruck für $(1 - \alpha\theta)/C$ auf Grund der in Gleichung (IV.78) enthaltenen Annahmen bei fehlendem Dipoleffekt zu erhalten:

$$\varepsilon = \frac{4\pi D}{l}\varphi = \frac{4\pi D_0(1-\alpha\theta)}{l}\varphi = C_0(1-\alpha\theta)\varphi. \tag{IV.81}$$

Wenn man Gleichung (IV.81) nach ε differenziert, erhält man nach einer Umformung

$$\frac{1-\alpha\theta}{C} = \frac{1}{C_0} + \frac{\alpha}{\Gamma_m}\cdot\frac{\partial\Gamma}{\partial\varepsilon}\varphi. \tag{IV.82}$$

Das zweite Glied auf der rechten Seite von Gleichung (IV.82) fehlt in Gleichung (IV.79a); in der Größenordnung stimmt es jedoch mit dem zweiten Glied im rechten Teil der Gleichung (IV.80) überein, während es bei $|\alpha\varphi| > |\varphi_N|$ dieses im Absolutwert übertrifft.

Der Ausdruck für $(1 - \alpha\theta)/C$, der sowohl den Dipoleffekt, als auch die Kapazitätsänderung bei Adsorption des organischen Stoffes berücksichtigt, kann aus Gleichung (III.17) abgeleitet werden, wenn man näherungsweise $C_0 = \text{const.}$ und $C' = \text{const.}$ setzt und nach DEVANATHAN annimmt, daß diese Größen der jeweiligen Dielektrizitätskonstanten proportional sind, d. h., es muß gelten

$$C'/C_0 = D'/D_0 = 1 - \alpha. \tag{IV.83}$$

Wenn man so wie oben φ_N durch $e_0\Gamma_m/K_{org}$ substituiert und entsprechend umformt, erhält man

$$\frac{1-\alpha\theta}{C} = \frac{1}{C_0} + \frac{\partial\Gamma}{\partial\varepsilon}\left(\frac{e_0}{K_{org}}\cdot\frac{C'}{C_0} + \frac{\alpha\varphi}{\Gamma_m}\right). \tag{IV.84}$$

Gleichung (IV.84) unterscheidet sich von Gleichung (IV.80) sowohl durch den Koeffizienten des ersten Gliedes in der Klammer, der wesentlich kleiner ist als eins, als auch — und das ist besonders wichtig — durch die Aufnahme des zweiten Gliedes in der Klammer. Die beiden Gleichungen stimmen nur überein, wenn $C' = C_0$, d. h. $\alpha = 0$ angenommen werden kann.

Gleichung (IV.84) macht verständlich, warum die von DEVANATHAN für n-Amylalkohol nach Gleichung (IV.80) berechneten θ-Werte beim Potential der maximalen Adsorption gut mit den in der Arbeit [39] nach Gleichung (III.14) berechneten Werten übereinstimmen. Bei $\varphi = \varphi_m$ wird $\partial\Gamma/\partial\varepsilon = 0$ und die beiden Gleichungen stimmen dadurch überein.

Die Anwendung der nach Gleichung (IV.78) berechneten Dielektrizitätskonstante zur Bestimmung der Kapazität setzt voraus, daß die Adsorption des organischen Stoffes nicht die Dicke der elektrischen Doppelschicht beeinflußt. Eine Bestätigung dieser Annahme sieht DEVANATHAN darin, daß die Kapazität in wäßrigen Lösungen aliphatischer Verbindungen mit einer Kohlenwasserstoffkette, die durch eine polare Gruppe abgeschlossen wird, einen Minimalwert von 5—6 $\mu F/cm^2$ erreicht und nicht von der Kettenlänge abhängig ist. Der Minimalwert der Kapazität beträgt jedoch in Oktanollösungen 4,5 $\mu F/cm^2$ [40], für Nonansäure etwa 2 $\mu F/cm^2$ [41], für eine Monoschicht Cetylalkohol 1,03 $\mu F/cm^2$ und für eine Monoschicht Oleinsäure 1,15 $\mu F/cm^2$ [30]. Für Cetylalkohol kommt die Dicke der aus Kapazitätswerten berechneten Monoschicht einer Moleküllänge sehr nahe. In keinem dieser genannten Fälle gibt es Hinweise für die Bildung polymolekularer Schichten. Somit führt die Vergrößerung der Kettenlänge zweifellos zu einer Zunahme der Dicke der elektrischen Doppelschicht. Niedrige Kapazitätswerte, die bei der Bildung von Polyschichten beobachtet werden können, verweisen auch darauf, daß die adsorbierten Kohlenwasserstoffketten die Annäherung hydratisierter Ionen an die Oberfläche der Quecksilberelektrode stören.

Aus dem bisher Gesagten folgt, daß die von DEVANATHAN entwickelte Methode, nach der die Adsorption organischer Stoffe mit Hilfe der Differentialkapazitätskurven bestimmt werden kann, eine Anzahl entscheidender Mängel enthält und daher nicht akzeptiert werden kann. Diese Einschätzung wird nicht durch die in einigen Fällen erzielte Übereinstimmung der nach dieser Methode erhaltenen Werte mit thermodynamisch berechneten eingeschränkt.

Literatur

[1] R. PARSONS, Trans. Faraday Soc., **51** (1955), 1518
[2] R. PARSONS, Proc. Roy. Soc., **A 261** (1961), 79
[3] F. W. SCHAPINK, M. OUDEMAN, K. W. LEU, J. N. HELLE, Trans. Faraday Soc., **56** (1960), 415
[4] J. M. PARRY, R. PARSONS, Trans. Faraday Soc., **59** (1963), 241
[5] E. DUTKIEWICZ, R. PARSONS, J. Electroanalyt. Chem., **11** (1966), 196
[6] R. PAYNE, J. Chem. Phys., **42** (1965), 3371
[7] R. PAYNE, J. Phys. Chem., **69** (1965) 4113; **70** (1966), 204
[8] E. DUTKIEWICZ, R. PARSONS, J. Electroanalyt. Chem., **11** (1966), 100
[9] R. PARSONS, ebenda, **7** (1964), 136
[10] R. PARSONS, ebenda, **8** (1964), 93
[11] B. B. DAMASKIN, A. A. SURVILA, L. E. RYBALKA, Elektrochimija, **3** (1967), 146.
[12] H. A. LAITIENEN, B. MOSIER, J. Amer. Chem. Soc., **80** (1958), 2363
[13] P. DELAHAY, P. TRACHTENBERG, ebenda, **79** (1957), 2355; **80** (1958), 2094
[14] V. G. LEVIČ, B. I. CHAJKIN, E. D. BELOKOLOS, Elektrochimija, **1** (1965), 1273
[15] L. NĚMEC, Coll. Czech. Chem. Comm., **31** (1966), 1162
[16] A. N. FRUMKIN, B. B. DAMASKIN, Dokl. Akad. Nauk. SSSR, **129** (1959), 862
[17] J. KORYTA, Coll. Czech. Chem. Comm., **18** (1953), 206

[18] T. Biegler, H. A. Laitinen, J. Phys. Chem., **68** (1964), 2374
[19] W. Lorenz, F. Möckel, W. Müller, Z. phys. Chem., (N. F.), **25** (1960), 145
[20] W. Lorenz, W. Müller, ebenda, **25** (1960), 161
[21] H. A. Laitinen, K. Morinaga, J. Colloid. Sci., **17** (1962), 628
[22] G. A. Dobren'kov, R. K. Bankovskij, „*Materialien der elektrochemischen Konferenz*", Kasan 1959, S. 74; Izv. VUZov, Chimija i chimičeskaja technologija, **5** (1962), 75
[23] B. B. Damaskin, G. A. Tedoradze, Dokl. Akad. Nauk. SSSR, **152** (1963), 1151
[24] B. B. Damaskin, R. Lerkch, Ž. fiz. chim., **39** (1965), 495
[25] B. B. Damaskin, S. L. Djatkina, Elektrochimija, **1** (1965), 706
[26] J. Thovert, C. R., **135** (1901), 579
[27] B. B. Damaskin, Elektrochimija, **1** (1965), 255
[28] G. A. Tedoradze, R. A. Arakeljan, Dokl. Akad. Nauk. SSSR, **156** (1964), 1170
[29] A. N. Frumkin, B. B. Damaskin, A. A. Survila, Elektrochimija, **1** (1965) 738
[30] A. N. Frumkin, A. V. Gorodeckaja, Dokl. Akad. Nauk. SSSR, **18** (1938), 649
[31] M. A. V. Devanathan, Proc. Roy. Soc., **A 264** (1961), 133
[32] M. A. V. Devanathan, ebenda, **A 267** (1962), 256
[33] A. N. Frumkin, B. B. Damaskin, "*Modern Aspects of Electrochemistry*", Vol. 3, London, Butterworths, 1964, S. 149
[34] J. R. Macdonald, C. A. Barlow, J. Chem. Phys., **39** (1963), 412
[35] J. O'M. Bockris, M. A. V. Devanathan, K. Müller, Proc. Roy. Soc., **A 274** (1963), 55
[36] M. A. V. Devanathan, B. V. K. S. R. A. Tilak, Chem. Rev., **65** (1965), 635
[37] A. N. Frumkin, B. B. Damaskin, Ju. A. Čizmadžev, Elektrochimija, **2** (1966), 875
[38] A. M. Morozov, N. B. Grigor'ev, I. A. Bagockaja, ebenda, **3** (1967), 585
[39] M. Breiter, P. Delahay, J. Am. Chem. Soc., **81** (1959), 2938
[40] M. A. Proskurnin, A. N. Frumkin, Trans. Faraday Soc., **31** (1935), 110
[41] W. Lorenz, Z. Elektrochem., **62** (1958), 192
[42] R. Parsons, P. C. Symons, Trans. Farad. Soc., **64** (1968), 1077
[43] J. D. Garnish, R. Parsons, Trans. Farad. Soc., **63** (1967), 1754
[44] R. Parsons, F. G. R. Zobel, Trans. Farad. Soc., **62** (1966), 3511
[45] J. Lawrence, R. Parsons: J. Phys. Chem., **73** (1969), 3577
[46] P. W. Board, D. Britz, R. V. Holland, Electrochim. Acta, **13** (1968), 1633

TEIL II

Adsorption organischer Verbindungen an Festelektroden

Erste Untersuchungen der Adsorptionsprozesse an festen Elektroden wurden von FRUMKIN und Mitarb. [1—10] sowie BUTLER [11][1]) vorgenommen. Sie untersuchten die Adsorption von Wasserstoff, Sauerstoff und Halogenid-Ionen an Platinmetallen und am Gold. Quantitative Untersuchungen der Adsorption organischer Stoffe an festen Metallen waren erst vor etwa 10—15 Jahren aufgenommen worden. Gegenwärtig besitzen diese Adsorptionsprobleme besondere Bedeutung im Zusammenhang mit der Aufklärung der Elektrooxydationsprozesse organischer Stoffe, des Mechanismus der Wirkung von Korrosionsinhibitoren, der Elektrosynthese organischer Verbindungen sowie der Rolle organischer Zusätze bei der elektrolytischen Abscheidung von Metallen.

Bei der Untersuchung der Adsorption organischer Stoffe an festen Elektroden gibt es eine Vielzahl experimenteller Schwierigkeiten im Vergleich mit den Messungen an flüssigen Elektroden. So kann beispielsweise das Kapillarelektrometer, ein Hauptinstrument für Adsorptionsmessungen an flüssigen Metallen, nicht für gleiche Messungen an festen Oberflächen verwendet werden. Impedanzmessungen an der Grenzfläche, durch die man eine quantitative Information über den Oberflächenzustand der flüssigen Elektrode erhält, besitzen aus verschiedenen Gründen nur beschränkte Anwendbarkeit für bestimmte Festelektroden (z. B. für Metalle der Platingruppe). Eine quantitative Untersuchung der Adsorption organischer Verbindungen an festen Metallen wurde nach Entwicklung der radioaktiven Indikatormethode, von potentiostatischen, galvanostatischen Impulsmethoden u. a. Verfahren möglich. Jedoch können auch gegenwärtig die Adsorptionsmessungen an festen Metallen noch nicht mit der gleichen hohen Genauigkeit wie an der Quecksilberelektrode ausgeführt werden. Das ist sowohl auf die beschränkten Möglichkeiten der verwendeten Methoden, als auch auf die spezifischen Besonderheiten fester Oberflächen zurückzuführen.

Im Gegensatz zur flüssigen Elektrode weist die Oberfläche fester Elektroden bestimmte Inhomogenitäten auf (Risse, Mikroporen usw.), dadurch ist die wahre Oberfläche bedeutend größer als die geometrische. Die wahre Elektrodenoberfläche wird normalerweise mit folgenden Methoden bestimmt: BET-Methode, Messungen

[1]) *A. d. H.:* und [11a].

der Doppelschichtkapazität, Messungen der Adsorption von Wasserstoff, Sauerstoff oder organischen Verbindungen an den Metallen.

Die BET-Methode, die auf der Adsorption inerter Gase bei niedrigen Temperaturen beruht [12], wird zur Bestimmung relativ großer Oberflächen (in der Größenordnung von 10—100 cm^2 und mehr) benutzt [13]. Die Meßgenauigkeit dieser Methode beträgt etwa 10—15%. Ein Mangel dieser Methode besteht in dem Umstand, daß die Oberflächenmessungen unter Bedingungen durchgeführt werden, die stark von den experimentellen Bedingungen in der Elektrochemie abweichen.

Bei der Oberflächenbestimmung mit Hilfe der Doppelschichtkapazität muß man einen bestimmten Wert der Doppelschichtkapazität pro cm^2 der wahren Oberfläche voraussetzen. Gewöhnlich nimmt man an, daß im Bereich der Kationenadsorption die Doppelschichtkapazität 17—20 $\mu F/cm^2$ beträgt, im Bereich der Anionenadsorption dagegen 40 $\mu F/cm^2$. Diese Annahme wurde bisher nicht für alle Metalle experimentell überprüft. In solchen Fällen, in denen hinreichend genaue Messungen der Doppelschichtkapazität erfolgten, konnte man Differenzen zwischen den Kapazitätswerten verschiedener Metalle bei gleichen Potentialen (in bezug auf das Nulladungspotential) beobachten [14]. Außerdem ist die für verschiedene Metalle gemessene Elektrodenkapazität nicht mit der Doppelschichtkapazität formal gleichzusetzen, da sie in unterschiedlich starkem Maße durch verschiedene elektrochemische Prozesse hervorgerufen wird. In solchen Fällen ist die Oberflächenbestimmung mit der skizzierten Methode äußerst ungenau.

In verschiedenen Arbeiten [15] wurde die Oberfläche pulverförmiger Elektroden aus der Gewichtszunahme bei Adsorption eines organischen Stoffes mit hohem Molekulargewicht bestimmt. Mit Hilfe bestimmter Modellvorstellungen über die Orientierung und den Querschnitt der adsorbierten Moleküle konnte dann daraus die Oberfläche berechnet werden. Kleine Oberflächen sind analog aus der Adsorption organischer Stoffe zu berechnen, die radioaktive Isotope enthalten [16—18].

Die Meßergebnisse der wahren Elektrodenoberfläche aus der Adsorption organischer Stoffe können beträchtlich gegenüber den BET-Messungen differieren [19]. Das ist offensichtlich im Zusammenhang mit der Ausbildung von Mikrorissen und Mikrospalten auf der Elektrodenoberfläche zu sehen, da diese Struktur-Inhomogenitäten für große organische Moleküle unzugänglich sind. Die Oberflächenbestimmung mit Hilfe dieser Methode ist auch im Falle einer polymolekularen Adsorption sehr erschwert.

Bei der experimentellen Untersuchung der Wasserstoffadsorption an Platin (und Rhodium) wird die wahre Elektrodenoberfläche aus der Menge des adsorbierten Wasserstoffs abgeleitet in der Annahme, daß bei einem Wasserstoffdruck von 1 atm auf jedes Oberflächenatom des Platins genau ein Atom des adsorbierten Wasserstoffs entfällt [21][1]). Die adsorbierte Wasserstoffmenge wird aus der

[1]) Normalerweise nimmt man an, daß pro cm^2 der wahren Platinoberfläche $1{,}31 \cdot 10^{15}$ Platin atome vorhanden sind, d. h. die adsorbierte Wasserstoffmenge beträgt 210 μCoul. Diese

Länge des Wasserstoffbereichs der Ladungskurve oder durch Integration über den Bereich in der potentiodynamischen I,φ-Kurve bestimmt, der der Wasserstoffadsorption entspricht (unter Berücksichtigung der Elektrizitätsmenge, die für die Aufladung der Doppelschicht verbraucht wird). Die mit dieser Methode erhaltenen Ergebnisse für die Platin- und Rhodiumoberfläche befinden sich in guter Übereinstimmung mit den Ergebnissen der BET-Methode [22, 23]. Die Bestimmung der Oberfläche einer Palladiumelektrode aus der Wasserstoffsorption wurde in der Literatur ebenfalls diskutiert [24].

In verschiedenen Arbeiten [20] wurde die Oberfläche von Platinmetallen aus der Sauerstoffadsorption berechnet, wobei bestimmte Annahmen über die Struktur der Oxidschicht auf der Oberfläche gemacht wurden.

Neben anderen Schwierigkeiten, mit denen man bei der Untersuchung der Adsorption an festen Elektroden zu rechnen hat, sind die Vorbehandlung und der Zustand der Elektrodenoberfläche von entscheidender Bedeutung und besitzen größten Einfluß auf die Adsorptionseigenschaften der Elektrode. Die ideale Polarisierbarkeit, die Oxydation der Oberfläche sowie die Metallauflösung komplizieren ebenfalls beträchtlich die Adsorptionsmessungen und die Auswertung der Ergebnisse. Die Meßanordnung mit stationären Elektroden setzt eine sorgfältige Reinigung der Lösungen von oberflächenaktiven Verunreinigungen voraus.

Die Adsorption organischer Verbindungen an festen Elektroden wird nicht nur durch physikalische Kräfte hervorgerufen, sondern erfolgt zumeist unter gleichzeitiger Ausbildung einer chemischen Wechselwirkung zwischen der Metalloberfläche und dem Adsorbat, wobei in Einzelfällen eine vollständige Deformation der Moleküle beobachtet werden kann. Die Chemisorptionsprozesse an vielen Feststoffelektroden sind daher wesentlich stärker ausgeprägt, als am Quecksilber. Infolgedessen treten hohe Adsorptionswärmen organischer Stoffe an festen Metallen auf, der Adsorptionsprozeß wird durch hohe Aktivierungsenergien charakterisiert. Im Unterschied zur Quecksilberelektrode bildet sich das Adsorptionsgrenzstadium an festen Metallen in einigen Fällen als unmittelbare Wechselwirkung des organischen Stoffes mit der Elektrodenoberfläche aus. Bei der Chemisorption wird im Gegensatz zur physikalischen Adsorption nur die Bildung von Monoschichten beobachtet.

Eine wichtige Besonderheit von festen Elektroden ist die energetische Inhomogenität der Oberfläche. Bei Adsorptionsuntersuchungen muß man die Textur der festen Oberfläche berücksichtigen, d. h. die bevorzugte Orientierung gleicher Kristallflächen sowie das Auftreten von Defekten im Kristallgitter.

Das Vermögen vieler Feststoffelektroden, Wasserstoff und Sauerstoff zu adsorbieren, verweist auf den wesentlichen Unterschied im Charakter der Adsorption organischer Stoffe in Abhängigkeit vom Elektrodenpotential im Vergleich mit analogen Bedingungen am Quecksilber [25].

Werte entsprechen der kristallographischen Fläche (100), werden aber zur Oberflächenbestimmung einer polykristallinen Probe verwendet. Die Anzahl der Platinatome auf den Kristallebenen (110) und (111) beträgt jeweils $0{,}93 \cdot 10^{15}$ und $1{,}51 \cdot 10^{15}$.

5. Untersuchungsmethoden der Adsorption organischer Stoffe an festen Elektroden

5.1. Adsorptionsbestimmung aus der Änderung der Oberflächenspannung

Es gibt gegenwärtig noch keine Methoden, mit denen man die Absolutwerte der Oberflächenspannung an der Phasengrenze zwischen fester Elektrode und Lösung bestimmen kann. Jedoch eine ganze Reihe von Methoden, die auf der Untersuchung der mechanischen Eigenschaften und der Benetzbarkeit von Metallen durch Lösungen beruhen, ermöglichen die Bestimmung der Abhängigkeit der Oberflächenspannung vom Elektrodenpotential und von der Zusammensetzung der Lösung. Deshalb werden in erster Linie diese Methoden diskutiert, obwohl sie bis jetzt noch keine allgemeine und breite Anwendung bei der Untersuchung der Adsorption organischer Stoffe an festen Elektroden gefunden haben.

Für flüssige Metalle ist die Arbeit, die zur isothermen Vergrößerung der Oberfläche um einen Quadratzentimeter unter reversiblen Prozeßbedingungen aufgewendet werden muß, das Maß für die Oberflächenspannung. Die Vergrößerung der Oberfläche eines festen Metalles (mechanische Dispergierung) wird von irreversiblen Veränderungen begleitet, da gleichzeitig die Zerstörung des Kristallgitters damit bewirkt wird. Deshalb ist die Dispergierungsarbeit bei Festkörpern größer als die Oberflächenspannung. Außerdem besitzen die Festkörper eine inhomogene Oberfläche, die durch die Ausbildung von Bereichen unterschiedlichen Energieinhaltes und somit auch unterschiedlicher Oberflächenspannung charakterisiert ist (differenzierte kristallographische Orientierung einzelner Kristallite, Defekte im Kristallgitter usw.).

Ungeachtet dieser komplizierten Zusammenhänge werden verschiedene mechanische Eigenschaften fester Metalle, wie Härte, Standfestigkeit, Reibungskoeffizient u. a., hauptsächlich durch die Oberflächenspannung bestimmt. Dieser funktionelle Zusammenhang wird beispielsweise bei der Bestimmung des Null-Ladungspotentials der Metalle benutzt. Je nach Änderung der mechanischen Eigenschaften in Abhängigkeit vom Potential kann man das Adsorptionsbereich des organischen Stoffes bestimmen sowie seine Adsorbierbarkeit qualitativ beurteilen [26—30].

In den Arbeiten von Rebinder u. Mitarb. [27, 31, 32] wurde gezeigt, daß die Härte der Metalle potentialabhängig ist und in der Form den Elektrokapillarkurven gleicht, die für flüssige Metalle gewonnen werden. Die Metallhärte ermöglicht eine Aussage über die Dispergierbarkeit des Metalls. Bei der Dispergierung kommt es zur Bildung und Ausweitung von Mikrorissen. Die Geschwindigkeit dieses Prozesses wächst mit abnehmender Oberflächenspannung des Metalls. Deshalb wird die Härte der Metalle bei Verschiebung des Elektrodenpotentials in positiver oder negativer Richtung (bezogen auf das Null-Ladungspotential des jeweiligen Metalles) sowie bei Adsorption organischer Stoffe an der Phasengrenze Elektrode/Lösung herabgesetzt. Man benutzt häufig die Pendelmethode zur Härtebestimmung [33—35]. Diese Methode ist im folgenden erklärt. Ein Pendel mit zwei Spitzen aus Wolframcarbid wird auf die Metalloberfläche aufgesetzt. Beim Schwingen des Pendels deformieren und zerstören diese Spitzen die Metall-

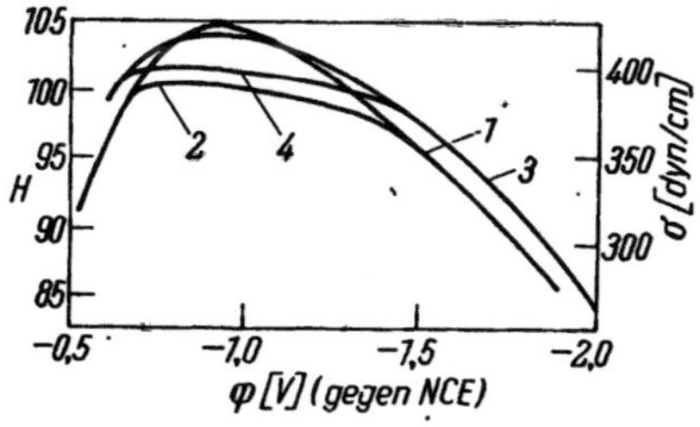

Abb. 45: Potentialabhängigkeit der Festigkeit von Thallium in 1 n Na_2SO_4 (*1*) und 1 n Na_2SO_4 + 0,185 m iso-$C_5H_{11}OH$ (*2*) [27] sowie die Elektrokapillarkurven von 41,5%igem Thalliumamalgam in 1 n Na_2SO_4 (*3*) und 1 n Na_2SO_4 + 0,175 m iso-$C_5H_{11}OH$ (*4*) [36]

oberfläche und die Schwingungsamplitude des Pendels verringert sich. Aus dem Dämpfungsgrad der Schwingungen kann man die Härte des Metalles (H) berechnen:

$$H = -\frac{1}{\frac{d \ln a}{dt}}, \tag{V.1}$$

a = Amplitude der Pendelschwingungen.

In Abb. 45 sind die Härtekurven von Thallium und die Elektrokapillarkurven eines 41,5%igen Thalliumamalgams in 1 n Na_2SO_4 mit Isoamylalkohol-Zusätzen dargestellt. Das Maximum in der Härtekurve fällt mit dem elektrokapillaren Maximum zusammen. Die mit diesen Methoden bestimmten Adsorptionsbereiche des organischen Stoffes fallen ebenfalls zusammen.

In verschiedenen Arbeiten wurden die Metalle mit Ultraschall oder mit Hilfe von Schleifmittelsuspensionen dispergiert [37]. Der Dispersionsgrad wurde aus dem Gewichtsverlust der Probe bestimmt. Eine minimale Gewichtsabnahme der Elektrode entspricht dem Null-Ladungspotential.

Die Messung der Streckverformung der Metalle bei Dauerbelastung in Abhängigkeit vom Elektrodenpotential zeigt, daß sich der Deformationsgrad bei abnehmender Oberflächenspannung erhöht [38, 39]. Dieses charakteristische mechanische Verhalten kann auch bei der Bestimmung des Null-Ladungspotentials und bei der Untersuchung der Adsorption organischer Stoffe benutzt werden. Dazu dient unter anderem die Ableitung der potentialabhängigen Dehnung der Probe (Δl). Eine minimale Längenänderung der Probe ist in der Nähe des Null-Ladungspotentials zu beobachten.

In Abb. 46 sind die von Venstrem und Rebinder [38] an einem Blei-Einkristall in 0,1 n Na_2SO_4-Lösung erhaltenen Werte dargestellt. Das Kurvenminimum entspricht einem Potential von —0,6 V (gegen die Normalwasserstoffelektrode, NHE). Das Null-Ladungspotential für Blei (—0,64 V) [40, 41], bestimmt aus Differentialkapazitätskurven in verdünnten Lösungen, befindet sich in guter

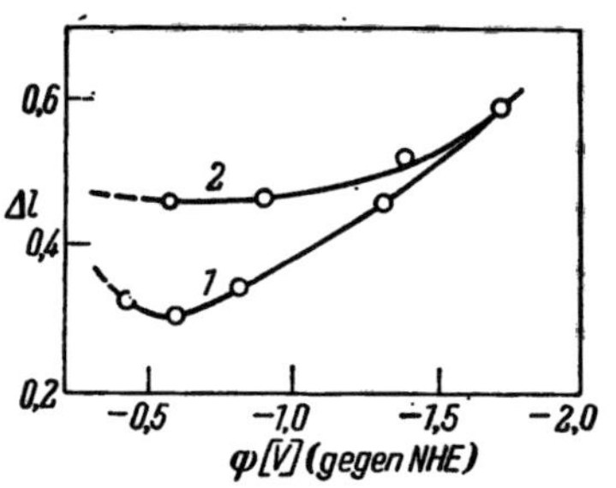

Abb. 46: Abhängigkeit der spezifischen Dehnung von Bleieinkristallen vom Potential in wäßrigen Lösungen [38]

1 — 0,1 n Na_2SO_4;
2 — 0,1 n Na_2SO_4 + 0,07m $C_{16}H_{33}C_6H_4SO_3Na$

Übereinstimmung mit diesen experimentellen Ergebnissen. Der Zusatz von Natrium-Hexadecylbenzolsulfonat (0,07 n) zu dieser 0,1 n Na_2SO_4-Lösung erhöht die Deformierbarkeit der Probe. Bei hohen negativen Potentialen wird das Hexadecylbenzolsulfonat nicht auf der Metalloberfläche adsorbiert und die $\Delta l,\varphi$-Kurven, die in reiner Lösung und bei Zusatz des organischen Stoffes aufgenommen werden, fallen zusammen. Ostrovskij (s. [30]) konnte nachweisen, daß die Streckgrenze für Kadmium eine „elektrokapillare" Potentialabhängigkeit aufweist und das Maximum der Streckgrenze mit dem Null-Ladungspotential des Metalles übereinstimmt. Weiterhin wurde der Einfluß der Adsorption oberflächenaktiver Stoffe auf die plastische Deformation von Zink, Kadmium, Zinn und Gold von Masing u. Mitarb. [42, 43] untersucht.[1])

In verschiedenen Arbeiten [28, 29, 31, 44], die sich mit der Messung des Reibungskoeffizienten befassen, konnte nachgewiesen werden, daß die Potentialabhängigkeit der Reibungszahlen für Platin, Nickel, Kadmium, Blei und Kupfer ebenfalls die Form einer Elektrokapillarkurve annimmt. Die Abnahme der Reibungszahlen bei wachsender Oberflächenladung ist mit der zunehmenden Quellwirkung der elektrischen Doppelschicht zwischen den gleitenden Oberflächenschichten des Metalles verknüpft [31]. Das Maximum des Reibungskoeffizienten stimmt wiederum mit dem Potential am elektrokapillaren Maximum in sehr guter Näherung überein.[2])

[1]) *A. d. H.:* Die elektrokapillaren Eigenschaften wurden auch durch Dehnung einer Drahtelektrode gemessen [186].

[2]) *A. d. H.:* Eine Bestimmung des Nulladungspotentials aus der Steighöhe an einer Metallplatte wurde in [187] ausgeführt.

Die hier besprochenen Methoden ermöglichen die Präzisierung des Null-Ladungspotentials für viele Metalle, deren Null-Ladungspotentiale bisher mit anderen Methoden bestimmt wurden. Die genannten Methoden können für die Messung des Null-Ladungspotentials in konzentrierten Lösungen oder bei Ablauf reversibler Prozesse eingesetzt werden, wenn bei der Messung der Doppelschichtkapazität mit Hilfe von Wechselstrom zu hohe Kapazitätswerte erhalten werden. Die Meßergebnisse sind jedoch wenig zuverlässig, weil sich elektrochemische Reaktionsprodukte auf der Elektrodenoberfläche oder in den an die Metalloberfläche angrenzenden Schichten ansammeln und eine Änderung der mechanischen Eigenschaften des Metalls hervorrufen können. So ist beispielsweise atomarer Wasserstoff ein wichtiges Reaktionsprodukt, der in das Metall diffundiert und seine Sprödigkeit beträchtlich erhöht.

Von Gochstein [45, 189] wurde eine Methode vorgeschlagen, mit der man unmittelbar die Änderung der Oberflächenspannung fester Metalle in Abhängigkeit von einer Potentialänderung bestimmen kann. Das Potential einer in den Elektrolyt eintauchenden oder einer *L*-förmigen, die Elektrolytoberfläche berührenden Elektrode ändert sich linear mit der Zeit. Gleichzeitig fließt durch die Elektrode ein Wechselstrom mit niedriger Amplitude und der Spannung $\Delta\varphi = \Delta\varphi_0 \cdot \cos \omega t$. Eine Potentialänderung ruft eine Änderung der Oberflächenspannung der Elektrode hervor, die mit der Lippman-Gleichung beschrieben werden kann. Bei einer sinusförmigen Potentialänderung kann die Wechselkomponente der Oberflächenspannung als Summe der harmonischen Schwingungen mit den Frequenzen ω, 2ω, 3ω usw. betrachtet werden. Bei $\Delta\varphi < 0{,}1$ V kann man alle Schwingungskomponenten außer der ersten vernachlässigen. Die Schwingungen der Oberflächenspannung werden auf ein Piezoelement übertragen, das starr mit der Elektrode gekoppelt ist. Im Piezoelement bildet sich eine Potentialdifferenz aus, die mit einer Spezialapparatur registriert wird. Am Null-Ladungspotential durchlaufen die $[\Delta\sigma/\Delta\varphi],\varphi$-Kurven ein Minimum ($[\Delta\sigma/\Delta\varphi] = 0$), weil die Amplitude der ersten harmonischen Schwingung gegen Null geht. Bei Änderung des Vorzeichens der Oberflächenladung kommt es zu einer Phasenverschiebung der harmonischen Schwingung um π. Dieser Fakt ist deshalb von großer Bedeutung, weil man dadurch das Null-Ladungspotential von den Bereichen unterscheiden kann, in denen eine Stufe in der kontinuierlichen Änderung der Oberflächenspannung beobachtet wird, die aber keine Beziehungen zum Null-Ladungspotential aufweisen. Die genannte Erscheinung wurde vom Autor im System $Pt/J^- + J_2$ festgestellt. Es wurden auch Messungen am Silber ausgeführt und das Null-Ladungspotential des Silbers zu $-0{,}7$ V gegen NHE bestimmt, das entspricht dem aus Differentialkapazitätsmessungen erhaltenen Wert von $\varphi = -0{,}7$ V [46].

Man kann diese Methode einsetzen, um φ_{NE} in konzentrierten Lösungen zu bestimmen; wahrscheinlich auch, um die Adsorption organischer Verbindungen an festen Metallen zu untersuchen. Adsorptionsmessungen dieser Art wurden aber noch nicht ausgeführt.

Eine andere Gruppe umfaßt Methoden der Adsorptionsmessung, die den

Grenzwinkel der Benetzung des Metalles mit dem Lösungsmittel in Anwesenheit oberflächenaktiver organischer Stoffe betsimmen.

Die Form des Tropfens eines flüssigen organischen Stoffes (oder Gasbläschens), der auf einer ebenen horizontalen Elektrodenoberfläche ruht, ist abhängig vom Verhältnis der Oberflächenspannungswerte an den Phasengrenzflächen Elektrolyt—Elektrode (σ_{12}), Elektrode—organische Flüssigkeit (bzw. Gas) (σ_{13}) sowie Elektrolyt—organische Flüssigkeit (bzw. Gas) (σ_{23}).[1]) Der Gleichgewichtszustand des Tropfens wird durch das Kräftegleichgewicht bestimmt:

$$\cos \vartheta = \frac{\sigma_{13} - \sigma_{12}}{\sigma_{23}}, \tag{V.2}$$

mit ϑ = Grenzwinkel (Abb. 47a). Eine notwendige Bedingung zur Erfüllung von Gleichung (V.2) ist die Indifferenz der organischen Flüssigkeit (bzw. Gas) gegenüber dem Metall und der Lösung.

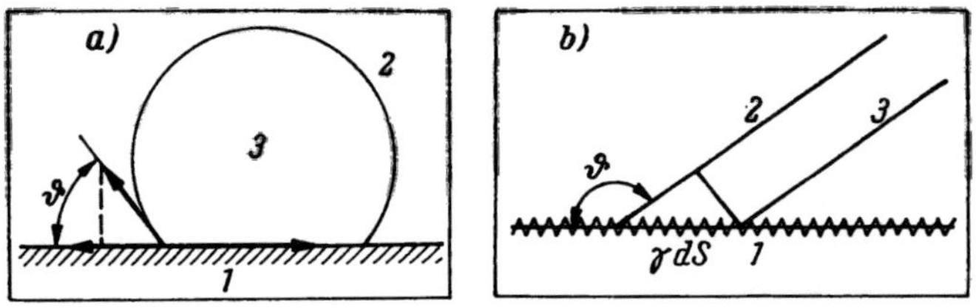

Abb. 47: Schematische Darstellung der Oberflächenkräfte an einer Dreiphasengrenze (*a*) sowie des Einflusses der Oberflächenrauhigkeit auf den Grenzwinkel (*b*)

1 — Metall; *2* — Lösung; *3* — organischer Stoff (Gas)

Die Größe des Grenzwinkels ist abhängig vom Elektrodenpotential. Diese Erscheinung wurde erstmals von Möller [47] untersucht, Frumkin u. Mitarb. [48—50] fanden eine brauchbare theoretische Deutung.

σ_{23} ist potentialunabhängig, während sich σ_{13} geringfügig mit dem Elektrodenpotential ändert. Genau genommen ist σ_{13} die Oberflächenspannung an der Phasengrenze zwischen dem Metall mit einem adsorbierten Elektrolytfilm und dem organischen Stoff (bzw. dem Gas). Deshalb beobachtet man eine minimale Änderung von σ_{13}, wenn sich das Potential ändert, aber dieser Effekt ist wesentlich schwächer ausgeprägt gegenüber der Änderung der Oberflächenspannung σ_{12}. Die Potentialabhängigkeit von σ_{12} wird durch die Lippman-Gleichung für elektrokapillare Erscheinungen beschrieben. Wenn man diese Erwägungen beachtet, dann kann man entsprechend Gleichung (V.2) die Änderung des Kontaktwinkels mit der σ_{12}-Änderung kombinieren. Die ϑ,φ-Kurve muß dann die Form einer Elektrokapillarkurve aufweisen. Der Maximalwert des Grenzwinkels wird dem Null-Ladungspotential der Elektrode entsprechen.

[1]) In einigen Arbeiten [54, 55], die die atmosphärische Korrosion untersuchen, wird das Verhalten eines Wassertropfens auf der Metalloberfläche in der Gasphase bestimmt.

Je nach der Änderung von Lage und Form der ϑ,φ-Kurve kann man die Verschiebung des Null-Ladungspotentials bei der Adsorption oberflächenaktiver organischer Stoffe abschätzen und qualitativ ihre Adsorbierbarkeit an der Metalloberfläche bestimmen. Diese Methode wurde jedoch bis zum heutigen Zeitpunkt hauptsächlich angewendet, um die Adsorption organischer Stoffe an der Quecksilberoberfläche zu untersuchen [51, 52], da die Messungen an festen Metallen mit großen Schwierigkeiten verbunden sind. Dazu gehört beispielsweise das Auftreten einer Hysterese zwischen den Grenzwinkelwerten bei Verbreiterung oder Einengung der Tropfen- (bzw. Gasbläschen-) basis.

Die Erhöhung des Rauhigkeitskoeffizienten γ (das Verhältnis zwischen der wahren und der scheinbaren Metalloberfläche) verändert außerdem den Grenzwinkel, das wird aus der folgenden Überlegung deutlich [53]. Wenn sich der Tropfen im Gleichgewichtszustand befindet, dann ist die Arbeit, die benötigt wird, um die Tropfenbasis auf einen unendlich kleinen Wert zu bringen, gleich Null. Wenn man den Rauhigkeitsfaktor der Basisfläche des Tropfens berücksichtigt, dann vergrößert sie sich um γdS (Abb. 47b), die Phasengrenze Metall—Elektrolyt wird um den gleichen Wert verringert, während sich die Phasengrenze Elektrolyt—organische Flüssigkeit um cos $(180° - \vartheta')\, dS$ vergrößert. Man erhält somit $\sigma_{13}\gamma dS + \sigma_{23} \cos \vartheta' dS - \sigma_{12}\gamma dS = 0$,

$$\cos \vartheta' = \frac{\gamma(\sigma_{13} - \sigma_{12})}{\sigma_{23}} = \gamma \cos \vartheta, \tag{V.3}$$

ϑ' = experimenteller Wert des Grenzwinkels, ϑ = Grenzwinkel für eine ideal ebene Oberfläche.

Im betrachteten Fall wird der Grenzwinkel bei γ-Zunahme größer. Nur bei ϑ-Werten, die gleich 90° sind bzw. diesem Wert sehr nahekommen, hat der Rauhigkeitsfaktor keinen oder fast keinen Einfluß auf die Größe des Grenzwinkels. Deshalb ist es notwendig, die Metalloberfläche sorgfältig zu schleifen.

Vor kurzem wurde von BONNEMAY u. Mitarb. [56] eine Meßmethode zur Aufnahme von Elektrokapillarkurven an festen Elektroden vorgeschlagen. Auf ein Blättchen aus Plexiglas mit einer Fließrinne (Durchmesser 0,05 mm) wurde eine dünne Kupferschicht aufgetragen. Danach wurde dieses Blättchen mit einem weiteren, ebenfalls kupferbeschichteten, ebenen Plexiglasblättchen vollkommen abgedeckt. In der so entstandenen Kapillare wurde die Verschiebung des Flüssigkeitsmeniskus in Abhängigkeit vom Kupferpotential in 1 n Na_2SO_4-Lösung gemessen. Die Stellung des Meniskus in der Kapillare wurde röntgenographisch bestimmt.

Das Verhältnis zwischen Meniskushöhe (h) und Kapillarradius (r) wird durch folgende Formel ausgedrückt:

$$h = \frac{2\sigma_{23} \cos \vartheta}{\varrho g r}. \tag{V.4}$$

ϑ = Grenzwinkel, ϱ = Elektrolytdichte, σ_{23} = Oberflächenspannung an der Phasengrenze Flüssigkeit/Gas, g = Erdbeschleunigung.

Wenn man Gleichung (V.2) in (V.4) einsetzt, erhält man

$$h = \frac{2(\sigma_{13} - \sigma_{12})}{\varrho g r}. \tag{V.5}$$

Da σ_{13} praktisch potentialunabhängig ist, kann man Gleichung (V.5) nach dem Potential differenzieren und erhält

$$dh = -\frac{2}{\varrho g r}\, d\sigma_{12}. \tag{V.6}$$

Die LIPPMAN-Gleichung kann man auch in anderer Form schreiben:

$$\frac{d\sigma_{12}}{d\varphi} = -C\varphi, \tag{V.7}$$

(φ = Elektrodenpotential, als Differenz zum Null-Ladungspotential).

Nach Einführung von Gleichung (V.7) in (V.6) und einer erneuten Differentiation nach dem Potential kann man die Doppelschichtkapazität berechnen

$$C = \frac{\varrho g r}{2} \frac{d^2 h}{d\varphi^2} \quad \text{bei} \quad C = \text{const}. \tag{V.8}$$

Aus der Relation (V.4) folgt, daß dem Null-Ladungspotential ein Minimum in der h,φ-Kurve entspricht, wenn die Elektrokapillaritätsgesetze befolgt werden. Die Kapillaroberfläche muß dazu sorgfältig poliert werden. Wenn der Rauhigkeitsfaktor der Oberfläche gleich γ ist, dann werden die nach Gleichung (V.8) berechneten Kapazitätswerte γ-mal kleiner sein als die wahren Kapazitätswerte der Doppelschicht.

Unter Gleichgewichtsbedingungen gehorcht die Flüssigkeit in der Kapillare der Gleichung

$$h\pi r^2 \varrho g = 2\pi r \gamma \sigma_{23} \cos \vartheta, \tag{V.9}$$

da der Rauhigkeitsfaktor hauptsächlich den Wert des Kapillarmantels und weniger das Volumen beeinflußt. Daher gilt

$$h = \frac{2\gamma\sigma_{23} \cos \vartheta}{\varrho g r}. \tag{V.10}$$

Wenn man die Reihenfolge der Überlegungen wiederholt, die zur Ableitung von Gleichung (V.8) führten, erhält man

$$C' = \frac{\varrho g r}{2\gamma} \frac{d^2 h}{d\varphi^2} = \frac{C}{\gamma}, \tag{V.11}$$

(C' = Kapazitätswerte, die aus experimentellen Ergebnissen nach Gleichung (V.7) berechnet wurden). Somit wird die wahre (effektive) Kapazität gleich

$$C = C'\gamma. \tag{V.12}$$

Diese Methode wurde aber bisher noch nicht für Adsorptionsuntersuchungen organischer Stoffe eingesetzt.[1])

5.2. Besonderheiten der Messung der Doppelschichtkapazität an festen Metallen

Wechselstrommeßmethoden der Doppelschichtkapazität und die Kapazitätsbestimmung aus dem Potentialabfall wurden in Kapitel 1. besprochen. Diese Methoden können auch für die Untersuchung der Adsorptionserscheinungen an festen Elektroden verwendet werden.

Die Messungen der Doppelschichtkapazität an Metallen mit hoher Wasserstoffüberspannung bei kathodischen Potentialen unterscheiden sich prinzipiell nicht von den Messungen am Quecksilber. In anderen Fällen muß man die Kapazitätsmessung mit Wechselstrom durchführen, obwohl gleichzeitig verschiedene elektrochemische Prozesse mit merklicher Geschwindigkeit ablaufen (Abscheidung und Ionisierung von Wasserstoff und Sauerstoff, Metallauflösung u. a.). Im einfachsten Fall, wenn der elektrochemische Prozeß irreversibel verläuft, kann man die Kapazität der elektrischen Doppelschicht bestimmen, indem man die in einer Reihenschaltung gemessene Elektrodenimpedanz auf eine Parallelschaltung von Kapazität und Widerstand umrechnet. Diese Transformation erfolgt nach der Formel [9]:

$$C_2 = \frac{C_1}{1 + \omega^2 C_1^2 R_1^2}, \quad R_2 = R_1 \left(1 + \frac{1}{\omega^2 C_1^2 R_1^2}\right), \tag{V.13}$$

C_1 = Kapazität in der Reihenschaltung; R_1 = Widerstand in der Reihenschaltung nach Abzug des Lösungswiderstandes; $\omega = 2\pi\gamma$-Kreisfrequenz; γ = Wechselstromfrequenz; C_2 und R_2 = Kapazität und Widerstand in der Parallelschaltung.

Die Parallelschaltung von C_2 und R_2 entspricht einer Schaltung, in der C_2 die Kapazität der elektrischen Doppelschicht und R_2 der Polarisationswiderstand darstellen. Das trifft nur dann zu, wenn die Elektrodenreaktionen nicht von einer Adsorption der Reaktionszwischenprodukte (H, FeOH usw.) begleitet werden. Bei Berücksichtigung der Adsorptionsprozesse werden die äquivalenten elektrischen Schaltungen äußerst kompliziert [9, 57—60, 121].

Oft wird jedoch bei Doppelschichtkapazitätsmessungen kein Korrekturfaktor für den für elektrochemische Reaktionen verbrauchten Strom eingeführt. Es werden deshalb die Bedingungen betrachtet, bei denen die Kapazität der elektrischen

[1]) *A. d. H.:* Meßwerte des Null-Ladungspotentials von Metallen findet man auch in [190].

Doppelschicht gemessen werden kann, ohne auf eine Parallelschaltung transformieren zu müssen. Bei einer Potentialänderung um $\Delta\varphi$ wird Wechselstrom für die Aufladung der Doppelschicht und für Elektrodenreaktionen[1]) verbraucht

$$\Delta I = Cj\omega\Delta\varphi - \Delta i_K + \Delta i_A, \tag{V.14}$$

(C = Doppelschichtkapazität; $j = \sqrt{-1}$). Zur Vereinfachung wird angenommen, daß Anoden- und Kathodenreaktion irreversibel verlaufen

$$i_K = n_1 F k_1 \exp\left[-\frac{\alpha n_1 F\varphi}{RT}\right], \tag{V.15}$$

$$i_A = n_2 F k_2 \exp\left[\frac{\beta n_2 F\varphi}{RT}\right], \tag{V.16}$$

(α und β = Durchtrittsfaktoren der Kathoden- und Anodenreaktion; n_1 und n_2 = Elektronenzahl). Man erhält unter der Annahme $\Delta\varphi \ll RT/nF$:

$$\Delta i_K = n_1 F k_1 \exp\left[-\frac{\alpha n_1 F(\varphi + \Delta\varphi)}{RT}\right] - n_1 F k_1 \exp\left[-\frac{\alpha n_1 F\varphi}{RT}\right]$$

$$\simeq -i_K \frac{\alpha n_1 F\Delta\varphi}{RT} \tag{V.17}$$

$$\Delta i_A \simeq i_A \frac{\beta n_2 F}{RT} \Delta\varphi. \tag{V.18}$$

Wenn man die Gleichungen (V.17) und (V.18) in (V.14) einsetzt und die so erhaltene Gleichung durch $\Delta\varphi$ teilt, erhält man

$$\frac{1}{Z} = Cj\omega + i_K \frac{\alpha n_1 F}{RT} + i_A \frac{\beta n_2 F}{RT}$$

oder nach Umformung und Teilung durch den Imaginär- und Realteil

$$Z = \frac{A}{A^2 + C^2\omega^2} + \frac{C\omega^2}{j\omega(A^2 + C^2\omega^2)}, \tag{V.19}$$

mit

$$A = i_K \frac{\alpha n_1 F}{RT} + i_A \frac{\beta n_2 F}{RT} \quad \text{oder} \quad A = 2{,}3\left(\frac{i_K}{b_K} + \frac{i_A}{b_A}\right).$$

[1]) Das erste Glied erhält man durch Einführung des Ausdrucks $\Delta\varphi = \Delta\varphi_0 \exp[j\omega t]$ (mit $\Delta\varphi_0$ — Spannungsamplitude des Wechselstroms) in $C\dfrac{d\Delta\varphi}{d\Delta t}$.

Aus dem Ausdruck (V.19) kann man mit der Impedanz der Reihenschaltung

$$Z = R_1 + 1/C_1 j\omega \tag{V.20}$$

erhalten

$$C_1 = A^2/C\omega^2 + C, \tag{V.21}$$

wobei

$$C_1 = C \quad \text{ist, wenn} \quad A^2/C\omega^2 \ll C \quad \text{ist}.$$

Bei ausreichend negativen Potentialen gilt für $C = 20\ \mu F/\mathrm{cm}^2$

$$A \simeq 2{,}3\,\frac{i_K}{b_K}; \quad b_K = 0{,}12\ \mathrm{V}; \quad \frac{i_K}{\gamma} \ll 0{,}6 \cdot 10^{-15}\ \mathrm{A/cm^2 \cdot Hz}.$$

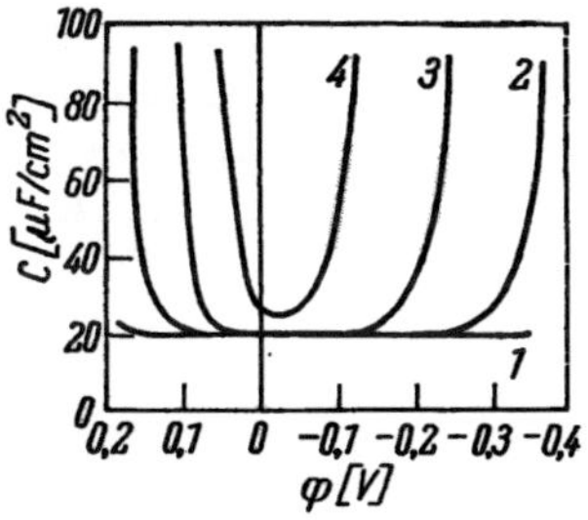

Abb. 48: Differentialkapazitätskurven, berechnet nach Gleichung (V.21) für eine Reihenschaltung der Kapazität und des Widerstandes bei verschiedenen Stromwerten der Selbstauflösung

1 – 10^{-6}; *2* – 10^{-5}; *3* – 10^{-4}; *4* – 10^{-3} A/cm²; die vertikale Linie gibt die Lage des stationären Potentials φ_{st} wieder

Bei ausreichend positiven Potentialen gilt

$$A \simeq 2{,}3\,\frac{i_A}{b_A}; \quad b_A = 0{,}06\ \mathrm{V}; \quad \frac{i_A}{\gamma} \ll 0{,}3 \cdot 10^{-5}\ \mathrm{A/cm^2 \cdot Hz}.$$

In Abb. 48 sind die nach Gleichung (V.21) berechneten Kapazitätskurven für verschiedene Stromwerte bei Selbstauflösung der Elektrode ($b_K = 0{,}12$ V, $b_A = 0{,}06$ V, $\gamma = 800$ Hz)[1]) dargestellt. Wie aus der Abbildung hervorgeht, beginnt bei $i \geqq 10^{-5}$ A/cm² bereits für ausreichend geringe Potentialabweichungen von φ_{st} eine Verzerrung der Kapazitätskurve.

Von verschiedenen Autoren werden Impedanzmessungen benutzt, um den Widerstand des Adsorptionsfilms zu bestimmen [61, 62], wobei die Messungen bei niedrigen Wechselstromfrequenzen (1000 Hz und weniger) ausgeführt werden. Wesentlich an dieser Methodik ist, daß die Elektrodenimpedanz zuerst in der reinen Leitelektrolytlösung gemessen wird, und anschließend bei Inhibitorzusatz,

[1]) b_A und b_K wurden ausgewählt nach ihrer Häufigkeit bei der Untersuchung der Wasserstoffabscheidung und Metallauflösung.

der an der Oberfläche adsorbiert wird. Die Widerstandsänderung nach dem Inhibitorzusatz drückt sich unmittelbar als Filmwiderstand aus. Deshalb nehmen die Autoren an, daß die Vergleichsschaltung der Elektrode als Reihenschaltung der Doppelschichtkapazität und des Lösungswiderstandes angesehen werden kann. In Wirklichkeit ist aber das Bild komplizierter, da die Vergleichsschaltung ausgedrückt werden muß (im einfachsten Fall) als Parallelschaltung der Doppelschichtkapazität und des Polarisationswiderstandes, wobei zu letzterem der Lösungswiderstand in Reihe geschaltet ist. Wahrscheinlich kann man damit teilweise die Abweichung der Widerstandswerte des Adsorptionsfilmes, die von MACHU [61] erhalten wurden, von den Angaben anderer Autoren [63] erklären. Die Berechnung des Filmwiderstandes nach der Methode in den Arbeiten [61, 62] ist nur bei hohen Frequenzen möglich (in der Größenordnung von 10—50 kHz), wenn man nämlich die Leitfähigkeit des Zweiges des Polarisationswiderstandes gegenüber der Leitfähigkeit der Doppelschichtkapazität vernachlässigen kann.

Wechselstrommessungen der Adsorption organischer Stoffe an Silber, Nickel, Eisen und anderen Metallen wurden in den Arbeiten [46, 64—67] ausgeführt. Dabei schätzte man die θ-Werte nach der Formel

$$\theta = \frac{C_0 - C}{C_0 - C'} \quad \text{(V.22)}$$

ab (C_0 = Doppelschichtkapazität im Leitelektrolyt, C = Kapazität bei Zusatz des organischen Stoffes, C' = Doppelschichtkapazität bei vollständiger Bedeckung der Elektrodenoberfläche mit dem organischen Stoff).

Ein wesentlicher Mangel der Messungen an festen Elektroden ist die Frequenzabhängigkeit der Kapazität, die von den meisten Autoren mit der Rauhigkeit der Oberfläche erklärt wird. Das Polieren der Oberfläche, das Abschmelzen der Elektroden oder der Einsatz von Einkristallen reduziert die Frequenzabhängigkeit der Kapazität ganz beträchtlich [14, 41, 68].

Für die Kapazitätsmessungen an festen Elektroden benutzt man auch die Potentialabfallmethode [69—75]. Eine mathematische Analyse dieser Methode und eine Abschätzung ihrer Möglichkeiten werden von FRUMKIN [76] und GRAHAME [77] vorgenommen. Wenn an der Elektrode die Reaktion

$$0 + ne^- \rightleftharpoons R \quad \text{(V.23)}$$

abläuft und das Elektrodenpotential unter der Einwirkung einer äußeren kathodischen Polarisation um η_0 gegenüber dem Gleichgewichtspotential verschoben wird, dann wird beim Abschalten der äußeren Spannungsquelle die elektrische Doppelschicht durch die Reaktion entladen, die an der Elektrodenoberfläche abläuft. Wie bereits in Kapitel 1. aufgezeigt, kann die Änderung des Elektrodenpotentials bei Abschaltung der Kette beschrieben werden durch die Formel

$$\eta_0 - \eta = \frac{b}{2,3} \ln \left[\frac{ti_0}{bC} \cdot 2,3 + 1 \right], \quad \text{(V.24)}$$

(i_0 = Strom bei η_0; η = Überspannung zur Zeit t nach Abschalten der Kette; b = Anstieg der Polarisationskurve η, lg i). Bei Integration der Gleichung wird vorausgesetzt, daß die Kapazität potentialunabhängig ist und man die Geschwindigkeit der reversiblen Reaktion (V.23) vernachlässigen kann. Wenn die Elektrodenkapazität potentialabhängig ist, dann kann man Gleichung (V.24) nur für kleine Bereiche des Potentialabfalls anwenden, wobei noch vorausgesetzt werden muß, daß die Kapazität in einem schmalen Potentialintervall konstant ist. Der Bedeckungsgrad der Oberfläche mit dem organischen Stoff wird nach Gleichung (V.22) berechnet. Um die Doppelschichtkapazität zu berechnen, wird das Potential unmittelbar nach dem Abschalten des Stromes gemessen, wenn nämlich gilt

$$2{,}3\,\frac{t i_0}{bC} \ll 1. \tag{V.25}$$

In diesem Falle vereinfacht sich Gleichung (V.24) zu

$$\eta_0 - \eta \simeq \frac{t i_0}{C}. \tag{V.26}$$

Wenn die Ungleichung (V.25) befolgt wird, dann muß das Potential, wie eine einfache Überschlagsrechnung zeigt, in einer äußerst kurzen Zeiteinheit registriert werden. Diese Zeiteinheit ist um so kürzer, je größer der anfängliche Polarisationsstrom ist. Wenn $C = 20\,\mu F/\mathrm{cm}^2$, $b = 0{,}12$ V und $i_0 = 10\,\mathrm{mA/cm}^2$ betragen, dann gilt

$$t \ll \frac{20 \cdot 10^{-6} \cdot 0{,}12}{2{,}3 \cdot 10^{-2}}\ \mathrm{sec} = 10^{-4}\ \mathrm{sec}.$$

Die Potentialmessung nach dem Ausschaltvorgang in solch kurzen Zeiteinheiten ist mit großen experimentellen Schwierigkeiten verbunden. Man verwendet dazu spezielle elektronische Ausrüstungen [78—85]. Interessant ist die Veröffentlichung [84], in der eine Anlage verwendet wird, die mit einem serienmäßig gefertigten Oszillograph ENO-I arbeitet.

Wenn die Reaktion teilweise reversibel verläuft, dann wird Gleichung (V.25) wesentlich komplizierter und die Analyse der Potentialabfallkurven erschwert [77]. In diesem Fall fällt das Potential langsamer ab, und die berechnete Kapazität übertrifft wesentlich die Doppelschichtkapazität. Hohe Kapazitätswerte (200—350 $\mu F/\mathrm{cm}^2$) erhält man bei Ionisierung des adsorbierten, atomaren Wasserstoffs [71, 72] oder anderer Übergangsverbindungen [74]. Erhöhte Kapazitätswerte kann man auch bei der elektrolytischen Oxydation der adsorbierten Stoffe [86, 87] und bei der pH-Verschiebung zu alkalischen Werten in der elektrodennahen Schicht beobachten, wenn das Elektrodenpotential vom pH der Lösung abhängig ist.

Der Einfluß des reversiblen Prozesses auf die Kapazität schränkt den Anwendungsbereich der Methode ein. Normalerweise werden die Messungen ausgeführt, wenn die Geschwindigkeit des reversiblen Prozesses niedrig ist und die gemessene Kapazität der Doppelschichtkapazität entspricht.

Die Geschwindigkeit der Potentialänderung in Abhängigkeit von der Zeit wächst außerdem mit der Erhöhung des Polarisationsstromes während der Vorbehandlung der Elektrode. Bei hohen Stromdichten können die adsorbierten Teilchen nicht innerhalb der zur Verfügung stehenden kurzen Zeit ionisiert werden. Deshalb entspricht die Konzentration dieser Teilchen bei Potentialabfall nicht der stationären Konzentration, und die aus der Kapazität berechnete Adsorptionsisotherme charakterisiert einen nichtstationären Elektrodenzustand.

Die hier beschriebene Methode wurde angewendet, um die Adsorption von Naphthochinolin, Akridin und Äthylchinolin an Nickel [88], o-Phenanthrolin, Phenylthioharnstoff und verschiedenen anderen Inhibitoren an Eisen [89], Ameisensäure an Platin, Palladium und Gold [86, 87] sowie die Adsorption verschiedener organischer Stoffe bei hohen anodischen Potentialen an Platin [90] zu untersuchen. Eine Variante der Potentialabfallmethode sind galvanostatische Impulsmethoden [91].

Die Adsorptionsmessung organischer Stoffe an Platinmetallen wird durch die gleichzeitige Adsorption von Wasserstoff oder Sauerstoff kompliziert. Deshalb ist die Analyse der Meßergebnisse erschwert und die erhaltenen Angaben können hauptsächlich nur für eine qualitative Charakterisierung der Adsorption verwendet werden. Weiter unten werden die grundlegenden experimentellen Ergebnisse betrachtet, die bei der Untersuchung der Adsorption organischer Stoffe an Platinmetallen erhalten werden, um die Schwierigkeiten zu illustrieren, die bei Impedanzmessungen und der Deutung der Ergebnisse auftreten. Differentialkapazitätskurven an Platinmetallen in Elektrolytlösungen ohne Zusatz organischer Stoffe wurden in einer Übersicht von Frumkin diskutiert [21].

Chejfec und Krasikov [92] untersuchten die Adsorption von Caprylsäure, Natriumcaprylat, Diphenylamin, Nonylalkohol und Kampfer an einer glatten Platinelektrode in 2 n H_2SO_4-, 0,5 n Na_2SO_4- und 0,5 n NaOH-Lösungen bei einer Wechselstromfrequenz von 50 Hz. Die Autoren beobachteten Maxima in den Differentialkapazitätskurven in Anwesenheit oberflächenaktiver organischer Zusätze, die sie mit der Desorption der organischen Stoffe bei ausreichend hohen Oberflächenladungen erklärten. Aber in den Bereichen nach den Desorptionspiks gab es zwischen den Kurven für die Lösung des organischen Stoffes und des Leitelektrolyten trotzdem keine Kongruenz. In den Bereichen der Adsorptionspotentiale der organischen Stoffe war die Elektrodenkapazität wesentlich geringer als in der Leitelektrolytlösung. Obgleich die erhaltenen Werte als Beweis für die Adsorption der organischen Stoffe dienen, führte die Anwendung niedriger Wechselstromfrequenzen offensichtlich bei den Messungen in starkem Maße zur Aufnahme des Einflusses der Adsorption auf die Pseudokapazität der Bildung und Ionisierung von adsorbiertem Wasserstoff und Sauerstoff an der Platinoberfläche.

Die Behauptungen von Chejfec und Krasikov über das Auftreten von Desorptionspiks der Caprylsäure und des Diphenylamins wurden nicht von

BREITER [93] bestätigt. BREITER stellte sogar fest, daß diese Stoffe mit merklicher Geschwindigkeit im Bereich der Adsorptionspotentiale oxydiert werden.

Eine Kapazitätsabnahme bei glattem Platin in 1 n H_2SO_4-Lösungen, die mit Hexanol gesättigt waren, wurde von SEVAST'JANOV und LEJKIS [94] beobachtet. Aber Desorptionspiks des Hexanols konnten sie im Bereich negativer Potentiale nicht feststellen.

Nach Angaben der Veröffentlichung [95] wird die Kapazität der Platinelektrode in schwefelsaurer Lösung im Potentialbereich von 0,2 bis 1,8 V auch durch Äthylalkohol merklich gesenkt. In der im Potentialbereich von 0,05 bis 1,9 V aufgenommenen C,φ-Kurve wird ein flaches Minimum zwischen 0,4 und 0,9 V beobachtet, wobei sich die Breite und die Lage des Minimums auch nicht bei Erhöhung der Äthanolkonzentration von 1 auf 5 Gew.-% veränderten. Diese Ergebnisse wurden von den Autoren mit der Annahme einer stabilen Chemisorption (keine physikalische Adsorption) des Äthylalkohols am Platin interpretiert.

Versuche zur quantitativen Bestimmung der Adsorption von Amyl- und Methylalkohol an glatten Platinmetall- und Goldelektroden mit der Impedanzmethode wurden von BREITER [93, 96, 97] unternommen. Er konnte nachweisen, daß Amylalkohol [93] die Kapazität der glatten Platinelektrode im Potentialintervall zwischen 0,3 und 1,2 V herabsetzt. Aus der Kapazitätsabnahme bei verschiedenen Amylalkoholkonzentrationen wurde nach Gleichung (V.22) die Potentialabhängigkeit des Oberflächenbedeckungsgrades berechnet. Ein Adsorptionsmaximum des Amylalkohols wurde bei Potentialen um 0,5—0,6 V gegen die Normalwasserstoffelektrode (NHE) beobachtet. Die Lage des Maximums kann man mit dem Einfluß der Wasserstoff- und Sauerstoffadsorption auf die Alkoholadsorption erklären.

Während der Messungen wurde eine stark zeitabhängige Änderung der Elektrodenkapazität festgestellt, die sowohl mit der geringen Adsorptionsgeschwindigkeit des Alkohols, als auch mit dem zeitabhängigen Aktivitätsrückgang der glatten Elektrode in Zusammenhang steht. In der Arbeit [96] wurde die Methanoladsorption an glattem Platin in 1 n $HClO_4$-Lösung als Funktion des Potentials und der Konzentration untersucht. Die Messungen erfolgten bei einer Wechselstromfrequenz von 300 Hz und linearer Änderung des Elektrodenpotentials mit einer Geschwindigkeit von 30 mV/sec in anodischer und kathodischer Richtung zwischen 0,1 und 1,6 V. Bei der Aufnahme im anodischen Bereich wurde ein Abfall der Elektrodenkapazität im Potentialintervall zwischen 0,1 und 1 V beobachtet. Eine Pseudokapazität für die Wasserstoffionisierung trat auch bei Methanolkonzentrationen oberhalb 0,1 m auf. Die Kapazitätszunahme für $\varphi > 1$ V erklärte BREITER mit der Desorption des Methanols infolge seiner Oxydation. Im Potentialbereich der Sauerstoffadsorption liegt die C,φ-Kurve der Methanollösung höher als die Kurve des Leitelektrolyten, das ist auf die Besonderheiten der Oxidschichtbildung am Platin in Anwesenheit von Methanol in der Lösung zurückzuführen.

Bei der Potentialabtastung in kathodischer Richtung stimmen die Kurven des Leitelektrolyten und der methanolhaltigen Lösung zwischen 1,6 und 0,8 V überein, unabhängig von der Methanolkonzentration (bis 1 m). Das deutet darauf hin, daß praktisch kein Methanol an der anodisch oxydierten Platinelektrode adsorbiert wird. Qualitativ stimmen die erhaltenen Angaben mit den Ergebnissen der Adsorptionsbestimmung von Methanol mit der potentiostatischen Impulsmethode [98] überein. Zur Berechnung von θ in methanolischen Lösungen benutzte Breiter die Gleichungen (V.22) und (V.27)

$$\theta = C'/C. \tag{V.27}$$

Man kann Gleichung (V.22) nur anwenden, wenn die Bedingung $C < C_0$ erfüllt ist, da in bestimmten Potentialintervallen die umgekehrte Bedingung gilt. Deshalb setzte der Autor Gleichung (V.27) ein, die jedoch auf keiner physikalisch begründeten Vorstellung der Adsorption beruht und bei niedrigen θ-Werten nicht anwendbar ist. Der Vergleich der Berechnungsergebnisse nach den Gleichungen (V.22) und (V.27) mit potentiostatischen Meßergebnissen [98] ergab eine annähernde Übereinstimmung der θ-Werte $> 0{,}7$ bei Schwankungen um 15%. Breiter weist darauf hin, daß quantitative Angaben mit der Impedanzmethode bei geringer Wechselstromfrequenz nur bei Doppelschichtpotentialen erhalten werden konnten.

In der Arbeit [97] veröffentlicht Breiter Angaben zur Adsorption von Methanol (in Konzentrationen von 10^{-3} bis 1 m) in Perchlorsäure an Platin, Palladium, Rhodium, Indium und Gold. Die Messungen wurden bei linearer Potentialänderung (30 mV/sec) im Potentialintervall zwischen 0,07—1,4 V für Pt, Rh, Ir und Au sowie zwischen 0,2 und 1,0 V für Pd bei einer Frequenz von 1 kHz ausgeführt. Der Autor führt die Abnahme der Wasserstoff-Pseudokapazität und der Doppelschichtkapazität bei Methanolzusatz, die Methanoldesorption bei anodischen Potentialen infolge der Oxydation des adsorbierten Stoffes und die ausgeprägte Hysteresis der Kurven bei Potentialänderung in anodischer und kathodischer Richtung an. Nach den Meßergebnissen wurden Kurven des Kapazitätsabfalls $(C_0 - C)$ in Abhängigkeit von der Methanolkonzentration konstruiert. Der schwächste Adsorptionseffekt in Anwesenheit von Methanol wurde am Gold beobachtet, an dem praktisch das Methanol nicht oxydiert wurde. Die Form der $(C_0 - C),c$-Kurven am Pt, Ir und Au verweist auf eine maximale Bedeckung jener Oberflächenbereiche, an denen Methanol adsorbiert werden kann.

Die Adsorption von Methanol an einer polykristallinen Goldelektrode wurde auch von Schmid und Hackermann [99] bei 25 °C und 5 °C in 1 n $HClO_4$ gemessen. Die Messungen erfolgten unter stufenförmiger Änderung der an der Elektrode anliegenden Stromdichte (Δi), wobei die dabei zu beobachtende Änderung des Anstiegs der Potential—Zeit-Kurve $\left(\Delta \frac{d\varphi}{dt}\right)$ registriert wurde. Das Verhältnis dieser Größen wurde als differentielle Kapazität der Elektrode charakterisiert[1]). Die Autoren verfolgten die Erhöhung der Elektrodenkapazität bei Methanolzusatz und das Auftreten von Maxima in der Kurve, die mit der Desorption des Methanols bei ausreichend positiven und negativen Oberflächenladungen erklärt werden.

Die Kapazität in Anwesenheit von Alkoholen mit sehr langer Kohlenstoffkette war niedriger als für Methanol, übertraf jedoch im Adsorptionsbereich der organischen Stoffe die Doppelschichtkapazität für die Leitelektrolytlösung. Die in [99] erhaltenen experimentellen Angaben widersprechen den oben erläuterten Ergebnissen von Breiter. Die Annahme der Autoren, daß Desorptionspiks im Bereich der Kapazitätserhöhungen bei der Adsorption organischer Stoffe auftreten können, ist nicht richtig, wie aus den im ersten Teil abgeleiteten theoretischen Vorstellungen hervorgeht.

5.3. Adsorptionsuntersuchungen mittels elektrochemischer Oxydation und Reduktion der adsorbierten organischen Stoffe

Wenn der an der Elektrode adsorbierte organische Stoff in einem bestimmten Potentialintervall oxydiert oder reduziert werden kann, dann kann die Elektrizitätsmenge, die für seine Oxydation oder Reduktion aufgewendet werden muß, prinzipiell als Maß für die Adsorption des Stoffes dienen. Bei Benutzung dieser Methode muß man in erster Linie die Möglichkeit berücksichtigen, daß die Meßergebnisse infolge der Diffusion des organischen Stoffes aus dem Inneren der Lösung während der Oxydation oder Reduktion der Adsorptionsschicht und infolge der elektrochemischen Umwandlungen entstellt werden können. Um Komplikationen zu vermeiden, ersetzt man die zu untersuchende Lösung, die den organischen Stoff enthält, durch eine Leitelektrolytlösung, in der dann die Oxydation oder Reduktion des adsorbierten Stoffes erfolgt (Methode der elektrochemischen Oxydation oder Reduktion in der Adsorptionsschicht), oder man benutzt Impulsmeßmethoden.

5.3.1. Methode der elektrochemischen Oxydation (Reduktion) in der Adsorptionsschicht

Erstmals wurde diese Methode von Šlygin u. Mitarb. [101, 102] sowie Pavela [103] an der platinierten Platinelektrode verwendet. Detaillierter wurde dann die Methode in den Arbeiten [104, 105] beschrieben. Die Elektrode wird in die

[1]) In der Arbeit [100] wurde die Adsorption von Allylalkohol in 0,1 n H_2SO_4 aus der Erhöhung des Anstiegs der Ladungskurve einer Pt/Pt-Elektrode im Potentialintervall zwischen 0,3 und 0,6 V bei Anwesenheit des organischen Stoffes bestimmt. Da in dem genannten Potentialintervall an der Platinoberfläche aus der Leitelektrolytlösung Wasserstoff und Sauerstoff adsorbiert werden (s. im folgenden) und sich deren Adsorption bei Zusatz des organischen Stoffes verändert, kann diese Methode nur als Näherungsmethode betrachtet werden. Außerdem ist im gleichen Potentialbereich die Oxydation der organischen Stoffe möglich.

Lösung des organischen Stoffes eingetaucht und so lange in ihr belassen, bis sich das Adsorptionsgleichgewicht eingestellt hat. Danach wird die Elektrode mit einer ausreichend großen Leitelektrolytmenge gewaschen und bei konstanter Stromdichte anodisch oder kathodisch bis zu den Potentialen der Sauerstoff- oder Wasserstoffabscheidung polarisiert. Normalerweise ist jetzt die Elektrizitätsmenge, die zur Polarisation der Elektrode nach dem Auswaschen des organischen Stoffes verbraucht wird, höher als die Elektrizitätsmenge, die notwendig ist, um die Abscheidungspotentiale des Sauerstoffs oder Wasserstoffs in der Leitelektrolytlösung zu erreichen. Die Differenzmenge wird für die Oxydation oder Reduktion

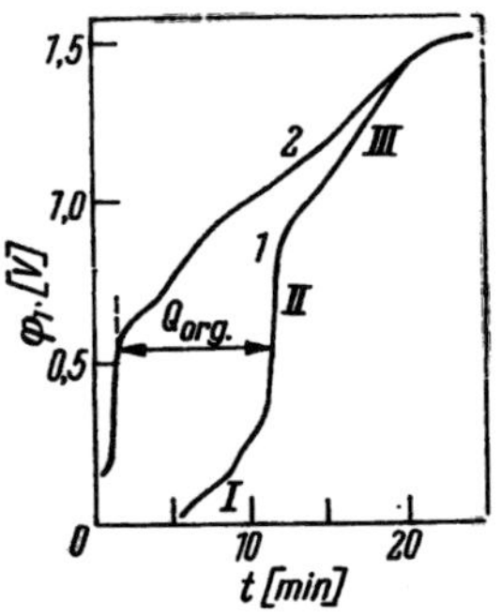

Abb. 49: Anodische Ladungskurven einer Pt/Pt-Elektrode in 1 n H_2SO_4 (*1*) und nach dem Kontakt mit Butanol (*2*)

Q_{org} – Elektrizitätsmenge, die für die Oxydation des adsorbierten organischen Stoffes verbraucht wird; Stromdichte bei der Aufnahme der Kurven: $3 \cdot 10^{-4}$ A/cm²

des adsorbierten Stoffes verbraucht und läßt die Abschätzung der Menge des adsorbierten Stoffes zu.

In Abb. 49 sind die Ladungskurven einer Pt/Pt-Elektrode in der Leitelektrolytlösung[1]) (*1*) sowie in Anwesenheit von an der Elektrodenoberfläche adsorbiertem Butanol (*2*) dargestellt, wobei das Butanol in 1 n H_2SO_4 bei einer bei $\varphi = 0{,}5$ V abgeschalteten Kette mit einer Konzentration von 0,5 m gelöst war. In der Ladungskurve werden für den Leitelektrolyt drei Bereiche beobachtet: Wasserstoff- (*I*), Doppelschicht-[2]) (*II*) und Sauerstoffbereich (*III*). Bei Zusatz des organischen Stoffes ändert sich der Verlauf der Ladungskurve wesentlich. Wenn man bei einem bestimmten Potential beginnt, fallen die Ladungskurven (*1*) und (*2*) zusammen, das verweist auf die vollständige Oxydation der adsorbierten Stoffe bis zu Produkten, die nicht mehr an der Elektrode adsorbiert werden. In Abb. 49 ist die grafische Bestimmung der Elektrizitätsmenge dargestellt, die zur Oxydation des adsorbierten Butylalkohols verbraucht wird.

1) Die Meßanordnung und die Meßergebnisse der Ladungs- und potentiostatischen Kurve in Lösungen ohne organische Zusätze wurden ausführlich von FRUMKIN [21] diskutiert.

2) Wie bereits aus den Angaben der Arbeit [3] abgeleitet wurde, ist in schwefelsauren Lösungen bei Potentialen des Doppelschichtbereichs die Adsorption von Gasen möglich. Nach Messungen mit markierten Atomen [178] beträgt die Kapazität der Pt/Pt-Elektrode im Doppelschichtbereich etwa 36 μF/cm², während man aus dem Anstieg der Ladungskurve im Potentialintervall zwischen 0,4 und 0,7 V einen Wert von 70 μF/cm² berechnet. Das bestätigt die Annahme in der Arbeit [3]. In [179] wurde gezeigt, daß bei Potentialen des Doppelschichtbereichs Sauerstoff am Platin adsorbiert ist.

In den Arbeiten [106—108] wurde das Elektrodenpotential bei Adsorptionsuntersuchungen nach der beschriebenen Methode linear mittels eines Potentiostaten verändert, während die für die Oxydation der Adsorptionsprodukte verbrauchte Elektrizitätsmenge der schraffierten Fläche entspricht, die durch die potentiostatischen Kurven *1* und *2* umschrieben wird (Abb. 50).

Die Methode der elektrochemischen Oxydation (Reduktion) der Adsorptionsschicht ist eine anschauliche Illustration der Adsorption der organischen Stoffe schlechthin. Ihre Anwendung für quantitative Untersuchungen wird jedoch durch verschiedene Bedingungen eingeschränkt:

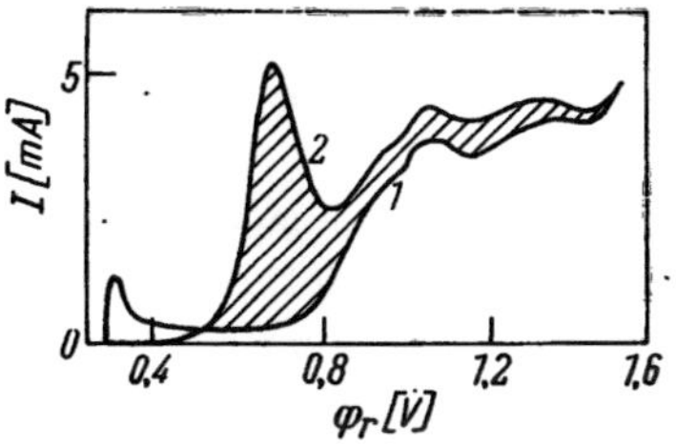

Abb. 50: Potentiostatische I,φ-Kurven einer Pt/Pt-Elektrode in 0,1 n H_2SO_4 (*1*) und nach dem Kontakt der Elektrode mit Äthanol (*2*) Geschwindigkeit des Potentialvorschubs: $v = 5$ mV/sec

1. Beim Waschen der Elektrode darf der organische Stoff nur in unbedeutendem Maße desorbiert und der adsorbierte Stoff nicht beliebigen, wesentlichen Veränderungen unterworfen werden (Umlagerung der Moleküle, Dimerisation usw.) [109, 110]. Somit kann die Methode nur bei irreversibler Adsorption der organischen Stoffe angewendet werden.
2. Der adsorbierte Stoff und die Zwischenprodukte seiner Umsetzung während der Polarisation der Elektrode werden nur durch elektrochemische Oxydation oder Reduktion entfernt.
3. Die Elektrode muß eine ausreichend ausgebildete Oberfläche besitzen. Auch geringe Mengen an organischen Verunreinigungen und Sauerstoff in der Lösung des Leitelektrolyten können beim Waschen die Meßergebnisse an glatten Elektroden völlig verfälschen.
4. Die Abschätzung der Oberflächenbedeckung mit der beschriebenen Methode setzt im allgemeinen die Kenntnis der Zusammensetzung des adsorbierten Stoffes und die Summengleichung seiner Oxydation oder Reduktion voraus.

Mit Hilfe der elektrochemischen Oxydation in der Adsorptionsschicht bestimmte Pavela [103] erstmals die Konzentrationsabhängigkeit der Methanoladsorption an der platinierten Platinelektrode. Der Vergleich dieser Ergebnisse mit den von Breiter und Gilman [98] mit der potentiostatischen Impulsmethode erhaltenen Bedeckungswerten ergibt die Übereinstimmung der mit verschiedenen Methoden erhaltenen Ergebnisse bei hohen Oberflächenbedeckungen. Diese Tatsache kann als Beweis dafür dienen, daß die erste Bedingung (s. oben) erfüllbar ist.[1]) Eine analoge Annahme folgt aus dem Vergleich der Angaben von Breiter und Gilman und der Arbeit [106] sowie [108].

[1]) Die Unterschiede bei niedrigen Bedeckungsgraden können damit verbunden sein, daß Pavela die mögliche Oxydation des Methanols durch Sauerstoff während des Auswaschens der Elektrode unbeachtet ließ [111], außerdem kann durch den Waschprozeß der ungenügend fest gebundene Methanolanteil entfernt werden [180].

Unabhängig von den wesentlichen Einschränkungen fand die Methode breite Anwendung für die Untersuchung der Adsorption verschiedener organischer Stoffe an den Metallen der Platingruppe sowie ihrer Legierungen (Pt, Rh, Pd, Pt + Ru, Pd + Ru u. a.). Man erhielt mit ihrer Hilfe wertvolle Kenntnisse über die Eigenschaften der adsorbierten Teilchen. Ein großer Vorteil der Methode im Vergleich mit den im folgenden beschriebenen Impulsmethoden besteht in der Möglichkeit, das Verhalten der adsorbierten organischen Stoffe für die Polarisation der Elektroden bei geringen Stromdichten oder bei niedrigen Potentialänderungsgeschwindigkeiten zu untersuchen.

5.3.2. *Potentiostatische und galvanostatische Impulsmethoden*

1962 wurde von BREITER und GILMAN [98] vorgeschlagen, schnelle anodische potentiostatische Impulse[1]) für die Untersuchung der Methanoladsorption an einer glatten Platinelektrode anzuwenden. Bei dieser Methode taucht die Elektrode bei einem bestimmten Potential in die zu untersuchende Lösung, sodann wird eine

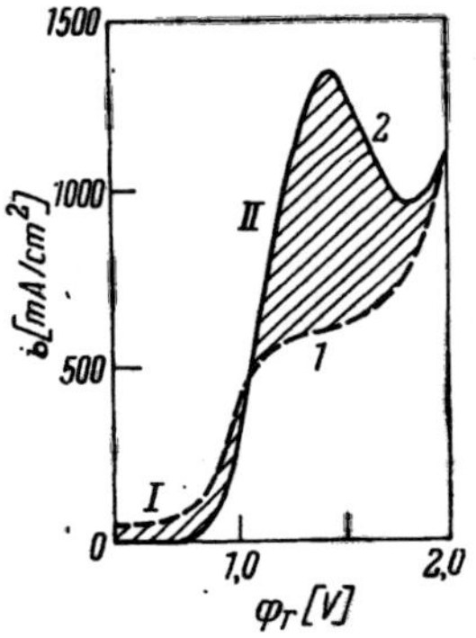

Abb. 51: Potentiostatische i,φ-Kurven einer glatten Platinelektrode in 1 n $HClO_4$ (*1*) und in 1 n $HClO_4$ + 1 m CH_3OH (*2*) [98]

Das Anfangspotential für die Aufnahme der Kurven entspricht dem Potential in einer stromlosen Kette in Gegenwart von Methanol. Potentialvorschub: 800 mV/sec

schnelle potentiostatische Potentialabtastung vorgenommen. Die Elektrodenpotential-Strom-Funktion wird oszillographisch registriert. In der Veröffentlichung [98] wurden nichtstationäre anodische Strom—Potential-Kurven in 1 n $HClO_4$-Leitelektrolytlösung mit verschiedenen Methanolzusätzen aufgenommen. Die erhaltenen Kurven sind in Abb. 51 dargestellt.

Die Elektrizitätsmenge, die aus der Differenz der schraffierten Flächen *II* und *I* (s. Abb. 51) bestimmt wird, beträgt

$$Q'_{org} = \int_0^t i_2 \, dt - \int_0^t i_1 \, dt. \qquad (V.28)$$

[1]) Gewöhnlich bringt man die Entwicklung der potentiostatischen Methode mit der Arbeit von WILL und KNORR [112] in Zusammenhang. Diese Methode wurde jedoch gleichzeitig zur Untersuchung der Platin-Elektrode von KOLOTYRKIN und ČEMODANOV [113] angewendet.

Im allgemeinen wird Q'_{org} durch folgende Gleichung ausgedrückt:

$$Q'_{org} = Q_{org} + Q''_{org} + \Delta Q_C + \Delta Q_0, \tag{V.29}$$

Q_{org} = Ladung, die der Oxydation des an der Elektrode adsorbierten Stoffes während des anodischen Impulses entspricht; Q''_{org} = Ladung, die der Oxydation des Stoffes entspricht, der während des Impulses durch Diffusion zur Elektrode wandert; ΔQ_C = Differenz der Elektrizitätsmengen, die für die Aufladung der Doppelschichtkapazität in Lösungen mit und ohne Zusatz des organischen Stoffes verbraucht werden; ΔQ_0 = Differenz der Elektrizitätsmengen, die für die Oxydation der Oberfläche in Lösungen mit und ohne organische Zusätze verbraucht werden.

Die Anwendbarkeit der potentiostatischen Impulstechnik für die Untersuchung der Adsorption organischer Stoffe beruht auf folgenden Bedingungen:

1. Die Geschwindigkeit der Potentialabtastung muß so groß sein, daß man die Diffusion des organischen Stoffes aus dem Lösungsinneren während des Impulses vernachlässigen kann ($Q''_{org} \sim 0$).
2. Während des Impulses muß die Gesamtmenge des adsorbierten Stoffes oxydiert werden und am Ende der Abtastzeit soll die Elektrodenoberfläche frei von organischen Teilchen sein.
3. Die Doppelschichtkapazität und die Adsorptions-Pseudokapazität, die auf die Bildung einer Oxidschicht auf der Elektrodenoberfläche zurückzuführen ist, ändern sich nicht wesentlich durch die Anwesenheit der organischen Moleküle auf der Oberfläche ($\Delta Q_C \ll Q_{org}$ $\Delta Q_0 \sim 0$).
4. Die Zahl der Elektronen, die an der Oxydation eines adsorbierten Teilchens beteiligt sind, ist vom Bedeckungsgrad der Oberfläche unabhängig.
5. Der adsorbierte Stoff und die Reaktionszwischenprodukte können von der Oberfläche nur durch elektrochemische Oxydation entfernt werden.

Die Erfüllung der genannten Bedingungen setzt voraus, daß $Q'_{org} = Q_{org}$ gilt. Die Oberflächenbedeckung mit dem organischen Stoff (θ) wird somit nach folgender Formel berechnet:

$$\theta = \frac{Q_{org}}{Q_{org}^{max}}, \tag{V.30}$$

(Q_{org}^{max} = Maximalladung, die für die Oxydation des organischen Stoffes erforderlich ist).

Statt der schnellen potentiostatischen Methode kann auch die anodische galvanostatische Impulsmethode angewendet werden. Die galvanostatische Methode unterscheidet sich nicht prinzipiell von der potentiostatischen und beruht auf den gleichen Vorstellungen.

Um die Erfüllbarkeit der ersten Bedingung zu kontrollieren, werden potentiostatische Kurven in der zu untersuchenden Lösung bei verschiedenen Abtastgeschwindigkeiten aufgenommen und Q'_{org} in Abhängigkeit von der Abtastgeschwindigkeit verändert. Auf diese Weise ist es möglich, eine Abtastgeschwindigkeit für den Grenzwert von Q'_{org} zu bestimmen.

Wie bereits in [98] nachgewiesen wurde, muß man eine Abtastgeschwindigkeit von $v > 200$ V/sec wählen, um die Adsorption in 1 m CH_3OH-Lösung zu messen.

Bei niedrigen Konzentrationen des organischen Stoffes sowie bei Elektroden mit großer Oberfläche kann die Potentialvorschubgeschwindigkeit wesentlich reduziert werden. Beispielsweise ist an porösen Platin—Teflon-Elektroden [114] bei der Untersuchung der Äthan- und Methan-Adsorption eine Abtastgeschwindigkeit von 0,1 bis 0,4 V/sec völlig ausreichend. Die Anwendung hoher Vorschubgeschwindigkeiten (> 0,92 V/sec) war unter diesen Bedingungen unmöglich, weil die Form der potentiostatischen Kurven infolge des OHMschen Potentialabfalls in der Elektrode selbst stark verzerrt wurde.

Um die Erfüllbarkeit der zweiten Bedingung zu kontrollieren, vergleicht man die I,φ-Kurven der untersuchten Lösung, die mit dem ersten und dem folgenden potentiostatischen Impuls aufgenommen wurden. Wenn die zweite Bedingung erfüllt wird, muß die mit dem zweiten Impuls erhaltene Kurve mit der Kurve des Leitelektrolyten übereinstimmen. Wenn bei der Untersuchung der Methanol- und Kohlenmonoxid-Adsorption am glatten Platin die zweite Bedingung sogar bei Abtastgeschwindigkeiten bis 2000 V/sec — wie das in den Arbeiten [98, 115] ausgeführt ist — erfüllt wird, so wurde bei der Oxydation von adsorbiertem Äthylen und Acetylen [116] die der Oxydation der Adsorptionsschicht entsprechende Ladung bereits bei $v = 10$ V/sec in Lösungen, die mit einem Argon-Kohlenwasserstoffgemisch mit einem Kohlenwasserstoffgehalt von 1% gesättigt waren, von der Abtastgeschwindigkeit unabhängig.

Bei höheren Abtastgeschwindigkeiten wurde ein Teil des Stoffes während des ersten anodischen Impulses nicht vollständig oxydiert, und der Q'_{org}-Wert verringerte sich. Die meßbare Ladung Q'_{org} entsprach somit nur einem Bruchteil a der wahren Ladung, die der adsorbierten Stoffmenge äquivalent ist

$$Q'_{org} = aQ_{org}. \qquad (V.31)$$

Die Größe a ($a \leqq 1$) kann man für jede Abtastgeschwindigkeit berechnen, wenn die Lösungen nur geringe Konzentrationen des adsorbierten Stoffes enthalten. Man kann den Wert anschließend benutzen, um Q_{org} aus den Meßwerten für konzentrierte Lösungen zu berechnen.

Die größten Fehler entstehen, wenn die dritte Bedingung nur unvollständig erfüllt wird. So konnte z. B. in der Arbeit [117] gezeigt werden, daß bei hohen Methanolkonzentrationen die Sauerstoffadsorption an der Platinoberfläche merklich beeinflußt wird. Für eine sehr genaue Berechnung jenes Elektrizitätsanteils, der für die Oxydation der Oberfläche während des anodischen Impulses verbraucht wird, schlug BRUMMER [118, 119] vor, anodische und kathodische Impulse gemeinsam zu benutzen. Sofort nach der Oxydation des adsorbierten Stoffes durch einen anodischen Impuls wird an die Elektrode ein kathodischer Impuls angelegt. In der während des letzten Impulses aufgenommenen Kurve beobachtet man Stufen, die der Reduktion der durch den anodischen Impuls gebildeten Oxidschicht sowie der Aufnahme des adsorbierten Wasserstoffs entsprechen. Aus der Höhe der ersten Stufe kann man die Menge des adsorbierten Sauerstoffs bestimmen, aus der Höhe der zweiten Stufe kann man ableiten, ob der adsorbierte Stoff vollständig oxydiert wurde (s. unten).[1])

Man muß betonen, daß mit der anodisch potentiostatischen Impulsmethode bei der Untersuchung der Adsorption organischer Stoffe nur die Gesamtelektrizitätsmenge bestimmt wird, die für die Oxydation des adsorbierten Stoffes aufgewendet werden muß. Da die Messungen bei hohen Potentialabtastgeschwindigkeiten durchgeführt werden, sind die aufgenommenen I,φ-Kurven nichtstationär und können nicht unmittelbar verwendet werden, um eine Aussage über den Mechanismus der Oxydation des Stoffes zu gewinnen. Eine solche Schlußfolgerung gilt auch für solche Fälle, wenn schnelle potentiostatische Impulse benutzt werden, um den Oxydationsmechanismus in der Lösung vorhandener organischer Stoffe aufzuklären. Die Möglichkeiten potentiostatischer und galvanostatischer Methoden zur Untersuchung der elektrochemischen Oxydation und der Adsorption organischer Stoffe wurden von Conway, Gileadi u. Mitarb. [121—123][2]) analysiert.

5.4. Untersuchungsmethoden der Adsorption organischer Stoffe auf der Basis der adsorptiven Verdrängung

Oikawa und Mukaibo [124] sowie Franklin und Sothern [125] bestimmten bei der Untersuchung der Adsorption von Essigsäure und Nitrilen an Platin die Abnahme der an der Oberfläche adsorbierten Wasserstoffmenge, sobald die Elektrode mit der Lösung des organischen Stoffes in Kontakt kommt. Die Methode wird in der Literatur als kathodische Impulsmethode bezeichnet.

Nach dieser Methode mißt man primär mit potentiostatischen oder galvanostatischen, kathodischen Impulsen die Elektrizitätsmenge ${}_SQ_H$, die verbraucht wird, um eine Monoschicht adsorbierter Wasserstoffatome auf der Elektrode in der Leitelektrolytlösung zu schaffen. Danach wird analog die adsorbierte Wasserstoffmenge ${}_0Q_H$ bestimmt, wenn die Elektrode in eine Lösung mit dem organischen Stoff bei gegebenem Potential eintaucht. Der Bedeckungsgrad der Elektrodenoberfläche mit dem organischen Stoff kann mit der folgenden Gleichung bestimmt werden

$$\theta = \frac{{}_SQ_H - {}_0Q_H}{{}_SQ_H}. \tag{V.32}$$

Wie von Breiter [93] gezeigt werden konnte, besagt Gleichung (V.32), daß alle Wasserstoffadsorptions-Zentren auch für die Adsorption des organischen Stoffes zugänglich sind. Infolge der sterischen Hinderungen, die bei einer voll-

[1]) *A. d. H.:* Diese Methode ist kritisiert [191] und verbessert [192—194] worden.

[2]) Galvanostatische Impulsmethoden können auch verwendet werden, um die Adsorption an der Quecksilberelektrode zu untersuchen [120].

ständigen Bedeckung der Oberfläche mit dem organischen Stoff auftreten, behält die Elektrode in Wirklichkeit aber die Fähigkeit, eine bestimmte Wasserstoffmenge Q_H zu adsorbieren. Deshalb wurde vorgeschlagen [126], die Oberflächenbedeckung nach der folgenden Gleichung zu berechnen:

$$\theta = \frac{{}_SQ_H - {}_0Q_H}{{}_SQ_H - Q_H}. \qquad \text{(V.33)}$$

Die kathodische Impulsmethode kann angewendet werden, wenn folgende Bedingungen erfüllt sind:

1. Während des Impulses kommt es nicht zur Desorption oder zu einer zusätzlichen Adsorption des organischen Stoffes an der Elektrodenoberfläche.
2. Der organische Stoff wird bei der kathodischen Elektrodenpolarisation während der Impulsdauer nicht reduziert.
3. Während des Impulses darf keine wesentliche Wasserstoffmenge in das Metall diffundieren.
4. Bei einem kathodischen Impuls wird in der Grundelektrolytlösung die Oberfläche vollständig mit adsorbiertem, atomarem Wasserstoff bedeckt. Wenn sich auf der Oberfläche keine Monoschicht des adsorbierten Wasserstoffs ausbildet, dann ist die Methode nur anwendbar, wenn der organische Stoff nur an den gleichen Zentren wie der Wasserstoff adsorbiert wird.
5. Die Menge des adsorbierten Wasserstoffs wird nur infolge der Besetzung eines Teils der Plätze mit dem organischen Stoff kleiner, es wird keine Abnahme des adsorbierten Wasserstoffs beobachtet, die sich auf die Erniedrigung seiner Bindungsenergie mit der Oberfläche in Anwesenheit des organischen Stoffes o. ä. zurückführen läßt.

Bei der Untersuchung der Methanoladsorption mit potentiostatischen, kathodischen Impulsen wurde von Bagockij und Vasil'ev [126] das Potential mit einer Geschwindigkeit von $v \sim 40$ V/sec abgetastet. Bei galvanostatischen Messungen unter analogen Bedingungen wurde die Stromdichte zu 0,06 A/cm² gewählt [98], das erwies sich als ausreichend zur Erfüllung der ersten Bedingung. In Lösungen, die mit Äthylen und Acetylen gesättigt sind, ist nach Gilman [116] ein Potentialvorschub in der Größenordnung von 300 V/sec erforderlich. Für $v < 60$ V/sec sind die Ergebnisse ganz eindeutig verfälscht, da die adsorbierten Stoffe, Äthylen und Acetylen, reduziert und desorbiert werden. Die Propanadsorption wurde von Brummer u. Mitarb. [127] galvanostatisch mit der kathodischen Impulsmethode bei Stromdichten von 100—200 mA/cm² untersucht.

Die Genauigkeit der Bestimmung des Bedeckungsgrades nach der kathodischen Impulsmethode hängt wesentlich von der Meßgenauigkeit für die Elektrizitätsmenge ab, die für die Sekundärprozesse verbraucht werden: Sauerstoffionisierung (wenn das Potential, bei dem die Adsorption gemessen wird, im Sauerstoffbereich liegt), Aufladung der Doppelschicht und Abscheidung von molekularem Wasserstoff. In den Arbeiten [115, 116, 126, 130] sind verschiedene Methoden angewendet worden, um den Stromverbrauch für die Wasserstoffabscheidung zu berechnen (Abb. 52). Bagockij und Vasil'ev [126] beschränkten die Messungen der potentiostatischen, kathodischen Kurven auf den negativen Potentialbereich mit stationären Polarisationskurven der Wasserstoffabscheidung in der gleichen Lösung und extrapolierten diese auf positivere Potentiale.

Mit der kathodischen und der zuvor beschriebenen anodischen Impulsmethode kann man verschiedene Eigenschaften der adsorbierten organischen Moleküle bestimmen, beide Methoden ergänzen sich gegenseitig. So reagiert die kathodische Impulsmethode empfindlich auf die Art der Adsorption des organischen Stoffes, unabhängig von der Natur der adsorbierten organischen Teilchen. Deshalb kann man mit ihr zwischen ein- und zweidimensionaler Adsorption der Moleküle [115]

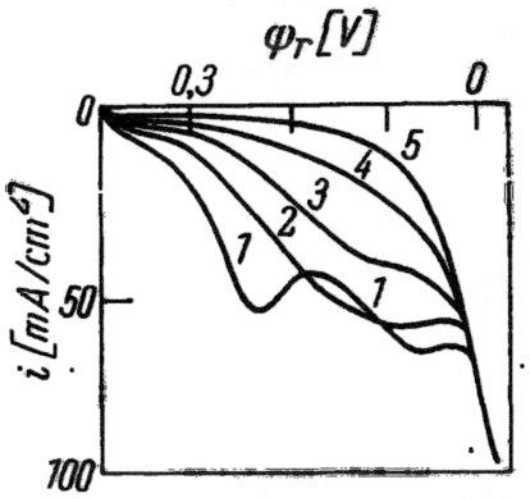

Abb. 52: Kathodische potentiostatische Kurven einer glatten Platinelektrode in einer mit Äthan gesättigten 1 n $HClO_4$, aufgenommen bei verschiedenen Zeiten während der Äthanadsorption bei $\varphi = 0{,}4$ V und einem Potentialvorschub von 50 V/sec [130].

1 — nach 10 sec (die Kurve fällt mit der im Grundelektrolyt aufgenommenen Kurve zusammen); *2* — 20 sec; *3* — 100 sec; *4* — 500 sec; *5* — 1000 sec. $\Delta_s Q_H$ wird als Differenz der von Kurve *1* und den anderen Kurven begrenzten Flächen bestimmt

unterscheiden, man kann außerdem mit ihrer Hilfe den Charakter der Verteilung des organischen Stoffes auf der Oberfläche zwischen den Zentren mit unterschiedlicher H_{ads}-Bindungsenergie aufklären. Die anodische Impulsmethode ermöglicht es dagegen, die für die Oxydation des adsorbierten Stoffes erforderliche Ladung zu bestimmen, außerdem kann man mit ihrer Hilfe — wie es im folgenden näher betrachtet wird — die teilweise Oxydation oder Dehydrierung der organischen Moleküle bei der Adsorption bestimmen.

Wenn die Messungen mit der kathodischen Impulsmethode im Potentialbereich der Wasserstoffadsorption ausgeführt werden, dann kann man die Abnahme der adsorbierten Wasserstoffmenge nur bei Potentialen bestimmen, die zwischen den Versuchspotentialen und den Abscheidungspotentialen des molekularen Wasserstoffs liegen. Man kann dadurch zu niedrige Ergebnisse erhalten [128]. Deshalb muß man anodische und kathodische Impulsmethoden kombinieren, um die Adsorption des organischen Stoffes im Bereich der Wasserstoffadsorption bestimmen zu können. Um die Adsorption des organischen Stoffes mit der kathodischen Impulsmethode zu bestimmen, wurde in der Arbeit [129] an die Platinelektrode kurzzeitig (ungefähr einige msec) ein Potential von 0,5 V (gegen die reversible Wasserstoffelektrode) angelegt, nachdem die Elektrode mit dem organischen Stoff in Berührung getreten war. Bei diesem Potential wurde der zuvor adsorbierte Wasserstoff ionisiert, so daß man anschließend, beginnend bei

$\varphi = 0,5$ V, die kathodische Kurve aufnehmen konnte. Mit speziellen Versuchen konnte nachgewiesen werden, daß die kurzzeitige Elektrodenpolarisation bei 0,5 V keinen negativen Einfluß auf die Meßergebnisse hatte.

Um die Adsorptionserscheinungen an der Platinelektrode zu untersuchen, entwickelte GILMAN [115] die potentiodynamische Mehrimpulsmethode, die eine ganze Reihe von Operationen umfaßt und mit deren Hilfe es möglich ist, einen reproduzierbaren Zustand der Elektrodenoberfläche zu gestalten sowie die Eigenschaftsänderungen der Elektrode bei der Adsorption zu bestimmen. Zuerst wurde diese Methode zur Untersuchung der Kohlenmonoxid-Adsorption angewendet. Um das Wesen der Methode zu verdeutlichen, ist in der Abb. 53 die

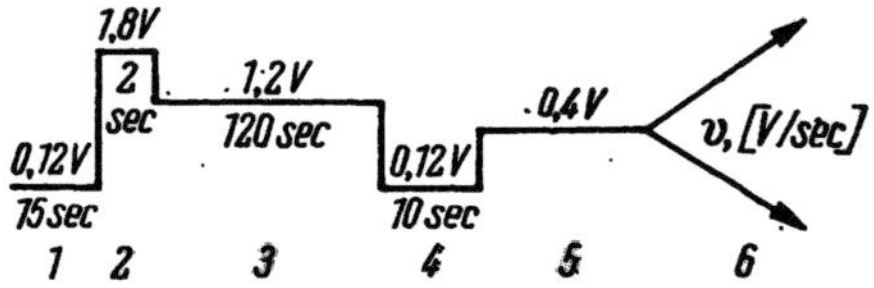

Abb. 53: Reihenfolge der potentiostatischen Rechteckimpulse, die GILMAN [130] zur Untersuchung der Äthanadsorption an glattem Platin benutzte

Reihenfolge der Impulse dargestellt, so wie sie in der Arbeit [130] benutzt wurden, um die Äthanadsorption an der glatten Platin-Mikroelektrode zu untersuchen. Im Stadium 1 wird ein geringes anodisches Potential an die Elektrode angelegt und die Lösung mit Äthan gesättigt. Danach wird das Potential auf 1,8 V erhöht, wobei sich die Oberfläche mit einer Sauerstoff-Adsorptionsschicht bedeckt, die die Kohlenwasserstoff-Adsorption behindert. Bei diesem Potential wird weiterhin der zuvor adsorbierte Stoff oxydiert. Im Stadium *3* bleibt die an der Oberfläche vorhandene passive Oxidschicht erhalten, so daß der Kohlenwasserstoff nicht adsorbiert werden kann. Bei 1,2 V wird kein gasförmiger Sauerstoff abgeschieden, in der Lösung stellt sich daher ein Äthangleichgewicht ein. Stadium 4 ist notwendig, um die Oxidschicht zu reduzieren. Danach wird das Arbeitspotential (Stadium *5*) an die Elektrode angelegt, bei dem die Äthanadsorption verläuft. An das Stadium *5*, dessen Dauer durch die gestellte Aufgabe bestimmt wird, schließt sich der anodische oder kathodische potentiostatische Potentialvorschub an.

Die potentiodynamische Mehrimpulsmethode wurde auch an einer leitenden Platinschwarz-Teflon-Halbmikroelektrode angewendet [114]. Den Beweis für die Anwendbarkeit der Methode für Adsorptionsuntersuchungen an organischen Stoffen lieferten Messungen unter Bedingungen, bei denen der Adsorptionsprozeß durch die Diffusion begrenzt war [116].

GIRINA, FIOŠIN und KAZARINOV [181] bestimmten die Adsorption von Acetationen bei hohen anodischen Potentialen an der Platinelektrode aus der Abnahme der SO_4^{2-}-Adsorption, wobei die SO_4^{2-}-Anionen durch die CH_3COO^--Ionen verdrängt wurden.

5.5. Adsorptionsuntersuchung organischer Stoffe mit Hilfe radioaktiver Indikatoren

Die Messungen unter Einsatz radioaktiver Indikatoren erhielten in den vergangenen Jahren wachsende Bedeutung für Adsorptionsuntersuchungen an festen Elektroden [133]. Eine kritische Einschätzung der verschiedenen radioaktiven Untersuchungsmethoden wurde in den Arbeiten [134, 135] vorgenommen.

Die einfachste, aber nicht mehr aktuelle Methode beruht auf der Messung der Aktivität der Elektrodenoberfläche, wobei die Elektrode nach Adsorption des radioaktiven Stoffes aus der Lösung herausgenommen wird. Die Elektrode befindet sich eine bestimmte Zeit in dem Elektrolyt mit dem radioaktiven organischen Stoff, wird dann aus der Lösung herausgenommen und mit dem Lösungs-

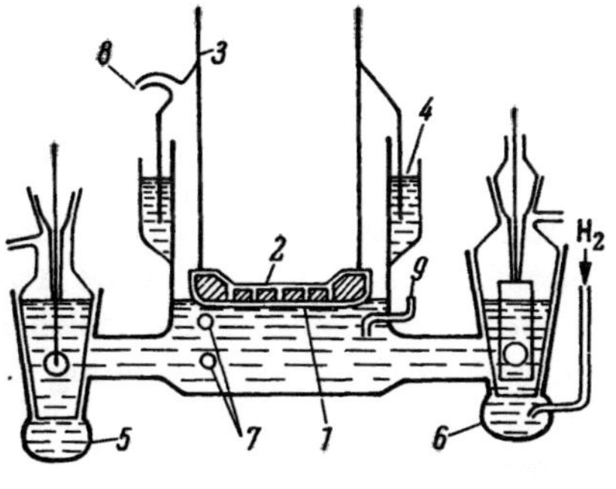

Abb. 54: Schematische Darstellung der Zelle für die Messungen mit radioaktiven Indikatoren nach der Folienmethode [143]

1 — Arbeitselektrode; *2* — Zählrohrfenster; *3* — Wände des Zählrohres; *4* — Wasserverschluß; *5* — Hilfselektrode; *6* — Vergleichselektrode; *7* — Gaseintritt; *8* — Gasaustritt; *9* — Lösungszufuhr

mittel abgespült, um Spuren der radioaktiven Lösung von der Oberfläche zu entfernen. Indem man die Aktivität der Meßoberfläche mit einer Eichaktivität vergleicht, wird die Menge des adsorbierten Stoffes bestimmt. Ein Mangel dieser Methode besteht in der Adsorptionsmessung bei gestörtem Adsorptionsgleichgewicht. Außerdem wird ein Teil des Stoffes beim Abspülen der Probe mit dem Lösungsmittel entfernt, wodurch natürlich die Meßgenauigkeit negativ beeinflußt wird. Die genannte Methode kann auch benutzt werden, um die Adsorption chemisorbierter Stoffe zu messen. Mit dieser Methode wurden Adsorptionsuntersuchungen der Stearin- und Perfluoroktansäure sowie Thioharnstoff an Eisen, Nickel, Kupfer und anderen Metallen [17, 19, 136—138] ausgeführt.

Von Bockris u. Mitarb. [135, 139] wurden zwei Methoden entwickelt und angewendet, um Adsorptionsmessungen organischer Stoffe an festen Elektroden mit markierten Atomen auszuführen.

Der ersten Methode [139] liegt ein von Joliot [140] angewendetes Prinzip zugrunde (Abb. 54). Das Wesen der Methode besteht in der Bestimmung der an der Elektrode adsorbierten Stoffmenge aus der Aktivität der der Lösung gegenüberliegenden Elektrodenseite. Dazu legt man auf das Fenster des Zählrohres eine dünne Folie des zu untersuchenden Metalls und ordnet das ganze über der Versuchslösung an. Bei Annäherung des Zählrohres an die Lösung wird die Radioaktivität als Funktion des Abstandes von der Flüssigkeitsoberfläche bestimmt. Wenn das Metall mit der Lösung Kontakt bekommt, erhöht sich seine Aktivität infolge der Adsorption des organischen Stoffes sprunghaft. Die Menge des adsorbierten Stoffes wird aus der Differenz der Radioaktivitätswerte vor und nach dem Kontakt zwischen Elektrode und Lösung bestimmt. Der Aktivitätswert vor der Kontaktaufnahme kann durch Extrapolation des Abstandes zwischen Zählrohr und Lösung auf Null erhalten werden. Die Radioaktivität des Grundelektrolyten kann man auch unmittelbar bestimmen, wenn man eine Verbindung mit markierten Atomen verwendet, die nicht spezifisch an der Verbrauchselektrode adsorbiert wird. Verschiedentlich kann man dafür eine mit C^{14} markierte Natriumkarbonat-Lösung verwenden.

Die beschriebene Methode ist brauchbar für Metalle, die man in Form sehr dünner Folien (bis 20 μm) herstellen oder als dünne Schicht auf die Folie aus einem anderen Metall auftragen kann. Deshalb bezeichnet man die Methode manchmal als Folienmethode. Man muß so dünne Elektrodenfolien einsetzen, damit die Strahlungsadsorption in der Metallschicht verschwindend gering wird.

Flannery und Walker [141] schlugen zur Erhöhung der Empfindlichkeit der Methode vor, die Metallschicht auf Glimmer, Teflon oder ein anderes Material aufzutragen, das nur in geringem Maße die radioaktive Strahlung adsorbiert; diese Metallschicht wird als Versuchselektrode verwendet. Eine hohe Empfindlichkeit wird nur dann erreicht, wenn die Dicke einer solchen Elektrode nicht einige Tausend Ångström überschreitet. Die Herstellung solch dünner Schichten, die gleichzeitig ausreichend fest sein und sich wie Äquipotentialelektroden verhalten müssen, ist experimentell sehr schwierig und erschwert die Anwendung dieser Methodik.

Die Folienmethode findet bei radioaktiven Indikatoren mit weicher β-Strahlung (C^{14}, S^{35}) und Lösungen mit Adsorbatkonzentrationen unter 10^{-3} Mol/l Anwendung. Bei höheren Konzentrationen der organischen Stoffe nimmt die Radioaktivität in der Nähe der Elektrode bei der Adsorption im Vergleich mit der hohen Gesamtaktivität des Grundelektrolyten nur relativ wenig zu. Die Methode wurde angewendet, um die Adsorption von Thioharnstoff [139, 142, 143], Naphthalin, Benzol und Phenanthren [144, 145] an Gold, von Äthylen [146, 147] und Benzol [148] an Platinschwarz auf einer Goldfolie sowie von Butan [141] an einem Platinfilm auf Glimmer zu untersuchen.

Für Adsorptionsmessungen an solchen Metallen, die nicht in Form sehr dünner Filme gewonnen werden können, wurde in der Arbeit [135] ein Verfahren entwickelt, nach dem die adsorbierte Stoffmenge bestimmt wird, wenn die Versuchselektrode aus der Lösung entfernt ist (Bandmethode). Dazu wird die Elektrode, die als unendliches Metallband (Dicke $\sim 50\ \mu$m) ausgebildet ist, durch eine elektrolytische Zelle gezogen. Das Band bleibt so lange in der Lösung, bis sich das Adsorptionsgleichgewicht eingestellt hat, wird dann aus der Zelle herausgenommen und zwischen zwei Zählrohren hindurchgeführt, die die Gesamtmenge des radioaktiven Materials auf dem Band bestimmen. Die Schichtdicke der Flüssigkeit (und folglich auch die darin enthaltene Menge des radioaktiven Stoffes) wird aus der Kapazitätsänderung des Kondensators berechnet, zwischen dessen Platten das Band hindurchläuft. Man subtrahiert von der Gesamtaktivität des Bandes den Teil der Radioaktivität, der auf die Substanz entfällt, die in dem das Band benetzenden Lösungsfilm enthalten ist. Der noch verbleibende Wert entspricht der an der Metalloberfläche adsorbierten Stoffmenge.

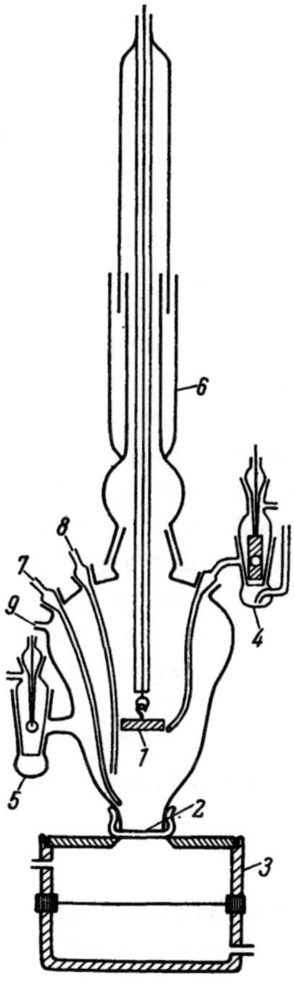

Abb. 55: Schema des Gerätes für die Messungen mit radioaktiven Indikatoren [132]

1 – Arbeitselektrode; *2* – Zellenboden, mit einer Polyäthylenfolie abgedeckt; *3* – Zähler; *4* – Vergleichselektrode; *5* – Hilfselektrode; *6* – Wasserverschluß; *7* – Lösungszufuhr; *8* und *9* – Gasein- und -austritt

Die Fehler der Bandmethode werden durch die Radioaktivität der vom Band mitgeschleppten Lösung und durch die Ungenauigkeit der potentiostatischen Messungen beim Austritt des Bandes aus der Zelle infolge der OHMschen Verluste (nach dem Austritt des Bandes aus der Zelle wird dessen Potential nicht mehr kontrolliert) verursacht. Mit der beschriebenen Methode wurde die Adsorption von n-Decylamin an Kupfer, Nickel, Eisen, Blei und Platin [149] sowie von Naphthalin an Kupfer, Nickel, Eisen und Platin [150] gemessen. In späteren Arbeiten wird die radioaktive Indikator-Band-Methode nicht benutzt, da ihre Genauigkeit gegenüber der Folienmethode wesentlich geringer ist.

Von KAZARINOV [132] wurde eine Adsorptions-Meßmethode entwickelt, bei der sich die Elektrode für die Aktivitätsbestimmung am Boden der Zelle befindet, der aus einer Membran aus dünnem Glas, Polyäthylen, Glimmer oder einem anderen Material besteht (Abb. 55). Die gemessene Radioaktivität setzt sich zusammen aus den Aktivitäten des adsorbierten Stoffes, der Lösungsschicht zwischen Membran und Elektrode, des an der Membran adsorbierten Stoffes und des Grundelektrolyten. In der Arbeit werden Lösungswege angegeben, um die Menge des radioaktiven Stoffes aus der gemessenen Gesamtaktivität zu bestimmen. Die Methode wurde angewendet, um die Hexanol-Adsorption an der Pt/Pt-Elektrode zu untersuchen.[1])

Die radioaktiven Adsorptionsmessungen sind im Unterschied zu den vorher behandelten Methoden Direktbestimmungsmethoden. Jedoch erwies sich im allgemeinen die Meßgenauigkeit in den angeführten Arbeiten für die radioaktiven Methoden niedriger als bei den Impulsmethoden. Außerdem ergibt sich bei den radioaktiven Methoden nur die Gesamtmenge des an der Elektrode adsorbierten Kohlenstoffs (für die Adsorption C^{14}-haltiger organischer Stoffe). Bei der Adsorption organischer Stoffe an Platinmetallen kommt es, wie im folgenden noch aufgezeigt wird, in verschiedenen Fällen zu Strukturänderungen, so daß die radiometrischen Methoden nicht für Strukturuntersuchungen der Adsorptionsschicht benutzt werden können. Schwierigkeiten bei radioaktiven Messungen treten auch durch gleichzeitige Wasserstoff-, Sauerstoff- und Kohlenwasserstoffentwicklung auf, da die entwickelten Gase den Zutritt der organischen Stoffe zur Elektrode behindern. Anormal hohe Adsorptionswerte treten auf, wenn der organische Stoff durch eine Oxidschicht auf der Elektrode adsorbiert wird. Das tritt ein, wenn die Messungen unter Bedingungen ausgeführt werden, die die Bildung von Phasenoxiden begünstigen.

Die zuverlässigsten Ergebnisse bei Adsorptionsmessungen an festen Elektroden erhält man, wenn die elektrochemischen und radiometrischen Methoden kombiniert angewendet werden.[2])

5.6. Adsorptionsbestimmung aus der Gewichtszunahme des Adsorbens oder der Abnahme des adsorbierten Stoffes in der Lösung

Diese Methoden beruhen auf der Bestimmung der Gewichtsänderung des Adsorbens oder der Konzentrationsänderung des Adsorbats in der Lösung. Die Adsorptionsmessung nach der Gewichtsänderung des Adsorbens wurde von HACKERMAN u. Mitarb. [151, 152] eingeführt. Die Methode kann angewendet werden, um die Adsorption schwerflüchtiger organischer Stoffe aus einem organischen Lösungsmittel mit hohem Dampfdruck zu untersuchen. In den Arbeiten

[1]) *A. d. H.:* Eine radiochemische Methode zur Messung der Adsorption an platiniertem Platin ist in [195] angegeben.

[2]) *A. d. H.:* Einen Vergleich zwischen radiochemischen und elektrochemischen Messungen der Adsorption von Benzol an Platin gibt [196].

[151—153] wurde die Adsorption hochmolekularer Alkohole, Säuren, Ester, Amine, Nitrile, Thioharnstoffderivate und verschiedener anderer Stoffe an einer Stahlpulverelektrode untersucht. Als Lösungsmittel wurde Benzol benutzt. Das Gerät für die Adsorptionsmessungen ist in Abb. 56 dargestellt.

Das Stahlpulver wurde vor Versuchsbeginn in Benzol aufgeschlämmt, danach getrocknet und abgewogen. Dieser Arbeitsgang wurde solange wiederholt, bis das Pulver ein konstantes Gewicht aufwies. Danach wurde das Pulver in das Glasröhrchen (*2*) im Gefäß (*1*) gefüllt, das die Lösung des oberflächenaktiven Stoffes in Benzol (*5*) enthält. Das Glasröhrchen wurde durch

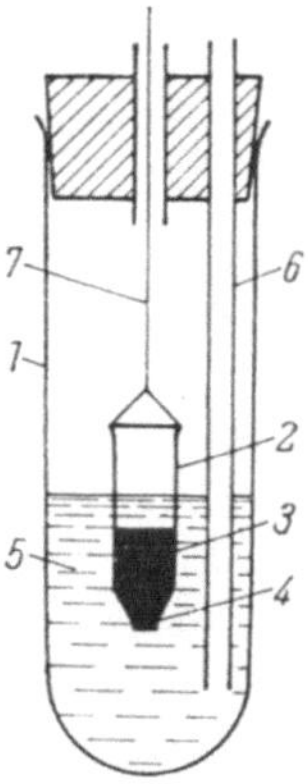

Abb. 56: Apparatur zur Adsorptionsbestimmung nach dem Gewicht des Adsorbens [151]

1 — Glasgefäß; *2* — Glasröhrchen; *3* — Adsorptionsmittel; *4* — Glasfritte; *5* — Lösung; *6* — Röhrchen zum Lösungsaustausch

eine Glasfritte (*4*) nach unten abgeschlossen, so daß die Lösung ungehindert Zutritt zu dem Pulver hat. Nach Einstellung des Adsorptionsgleichgewichtes wurde das Glasröhrchen aus dem Gefäß (*1*) entfernt, das Pulver im Vakuum getrocknet und das trockene Pulver zusammen mit dem Glasröhrchen gewogen. Die Gewichtsdifferenz zwischen den Wägungen vor und nach der Adsorption entsprach dem Gewicht des adsorbierten Stoffes. In verdünnten Lösungen kann sich die Konzentration des gelösten Stoffes durch die Adsorption verringern. Um die Konzentration des untersuchten Stoffes in der Lösung konstant zu halten, wird die verarmte Lösung über eine Zuführung (*6*) mit dem verbrauchten Stoff wieder angereichert. Nach Angaben der Autoren beträgt die Meßgenauigkeit der Methode 5%. Man muß beachten, daß die Lufttrocknung des Pulvers unerwünscht ist, da das zu einer teilweisen Passivierung der Eisenoberfläche und somit zu einer Änderung seiner elektrochemischen und Adsorptionseigenschaften führt [154].

Wenn das Adsorbens eine große spezifische Oberfläche im Vergleich mit dem Lösungsvolumen besitzt, dann wird die Adsorption der oberflächenaktiven Stoffe von einer merklichen Konzentrationsänderung der Lösung begleitet. Diese Erscheinung wurde von Frumkin u. Mitarb. [3, 4] benutzt, um die Adsorption anorganischer Ionen an platiniertem Platin zu untersuchen. Wenn das Gesamtvolumen der Lösung bekannt ist, dann ist es nicht schwierig, aus der Konzentrationsänderung die Menge des adsorbierten Stoffes zu berechnen.

Die Adsorption organischer Stoffe wurde aus Konzentrationsänderungen ihrer Lösungen an Metallpulvern [16, 155, 185] oder Metallnetzen [156, 157] bestimmt. Die Konzentrationsänderungen können mit verschiedenen Methoden je nach der Natur des Stoffes und der Konzentration der Lösung kontrolliert werden.

In den Arbeiten [156—158] wurde die Konzentration des organischen Stoffes spektrophotometrisch aus der Abnahme des Adsorptionsmaximums bestimmt. Mit Hilfe dieser Methode untersuchten CONWAY, BARRADAS und ZAWIDZKI [156] die Adsorption von Akridin, Chinolin und anderen Stoffen an Kupfer, Nickel und Silber im Konzentrationsintervall von $5 \cdot 10^{-7}$ bis 10^{-4} m. CAVALLARO, FELLONI und TRABANELLI [158] untersuchten die Adsorption von Tolylthioharnstoff und Diphenylthioharnstoff an Eisen in salzsauren Lösungen.

In konzentrierten Lösungen oberflächenaktiver Stoffe kann man die Konzentration unmittelbar aus dem Gewicht des gelösten Stoffes nach dem Verdampfen des Lösungsmittels bestimmen. Die Gewichtsdifferenz des gelösten Stoffes vor und nach der Adsorption entspricht der adsorbierten Stoffmenge. Auf diese Weise wurde die Adsorption verschiedener Fettsäuren aus Benzol an Nickel und Platin [153] bestimmt. In den Arbeiten [159, 160] ermittelte man die Konzentration des Stoffes durch Titration, in den Veröffentlichungen [161, 162] dagegen aus dem Rückgang des elektrokapillaren Maximums an Quecksilber. Um die Adsorption von Natriumbenzoat, Dicyclohexylamin und anderen Stoffen an Eisen und Magnetit zu messen, wendeten BALEZIN u. Mitarb. [163, 164] eine chromatografische Methode an. Daneben wurden auch andere Verfahren entwickelt, um die Konzentration des Stoffes in der Lösung während der Adsorptionsprozesse zu bestimmen [155, 165].

Die geschilderte Adsorptionsmessung nach der Konzentrationsänderung des Stoffes in der Lösung ist deshalb von so großem Interesse, weil man damit die Adsorptionserscheinungen untersuchen kann, ohne das Adsorptionsgleichgewicht zu stören. Im Gegensatz dazu führt man bei verschiedenen anderen Methoden (verschiedene radiochemische Methoden, die Adsorptionsmessung nach dem Adsorbensgewicht) diese Messungen erst nach Entfernung des Adsorbens aus der Lösung durch. Dieser Umstand kannn zu großen Fehlern bei der Untersuchung reversibler Adsorptionsprozesse führen.

Adsorptionsmessungen mit der erörterten Methode kann man jedoch nur in relativ verdünnten Lösungen des organischen Stoffes ausführen.

5.7. Weitere Methoden der Adsorptionsuntersuchung an festen Elektroden

Die in den vorhergehenden Abschnitten erläuterten Methoden sind natürlich noch keine erschöpfende Darstellung aller Möglichkeiten, nach denen Adsorptionsuntersuchungen organischer Stoffe ausgeführt werden können.[1])

[1]) *A. d. H.:* Zur Untersuchung von Adsorptionserscheinungen wird in der letzten Zeit der photoelektrische Effekt [197—201] herangezogen. Entsprechend den theoretischen Vor-

Eine ganze Reihe von Arbeiten [166—168] benutzt die Elektronenbeugung. So beobachteten z. B. BOWDEN und MOORE [168], daß die dichtgepackte Adsorptionsschicht des Äthylstearats an Platin bei Temperaturerhöhung auf 34 °C (Schmelztemperatur des Äthylstearats) schmolz, während die Äthylstearat-Monoschicht an Kadmium erst bei 110 °C zu schmelzen begann („Neuorientierung“). Letztere Temperatur nähert sich sehr stark der Schmelztemperatur von Kadmiumstearat. Auf der Grundlage dieser Beobachtungen zogen die Wissenschaftler die Schlußfolgerung, daß die Äthylstearat-Adsorption am Platin durch physikalische Kräfte hervorgerufen wird, während sie am Kadmium auf die Chemisorption der Verbindung zurückzuführen ist.

Um die Packungsdichte der Moleküle in der Adsorptionsschicht und die Länge der adsorbierten Moleküle zu bestimmen, wurde die ellipsometrische Methode[1]) angewendet [169, 170].

Diese Methoden ermöglichen es, genauere Kenntnis von den Adsorptionserscheinungen zu gewinnen, finden aber noch keine breite Anwendung. Anwendungshinweise für die Infrarotspektroskopie bei der Untersuchung von Adsorptionserscheinungen sind in der Arbeit [184] enthalten.[2])

Die Adsorption organischer Stoffe an Elektroden verursacht eine Verringerung der Geschwindigkeit verschiedener elektrochemischer Reaktionen [172].

In einer Vielzahl von Arbeiten (s. z. B. [173—176]) werden Versuche unternommen, um Angaben über die Reaktionskinetik in Anwesenheit oberflächenaktiver Stoffe für die Berechnung des Bedeckungsgrades der Oberfläche mit dem organischen Stoff zu nutzen. Grundlage für solche Berechnungen war (hauptsächlich) die Vorstellung, daß die Moleküle des adsorbierten Stoffes mechanisch einen Teil der Elektrodenoberfläche abschirmen, indem sie die Reaktionsgeschwindigkeit in diesen Bereichen praktisch auf Null im Vergleich mit der Reaktionsgeschwindigkeit an der freien Oberfläche absinken lassen. Zur Bestimmung von θ wird folgende Gleichung benutzt:

$$\theta = 1 - i/i_0, \tag{V.34}$$

(i und i_0 = Strom mit und ohne Zusatz des organischen Stoffes bei konstantem Potential). Der Strom bei vollständiger Bedeckung der Elektrodenoberfläche wird vernachlässigt. Eine notwendige Bedingung für die Berechnung ist die Konstanz des Anstiegs der Polarisationskurve bei steigender Konzentration des organischen Stoffes. Bei der Berechnung nach Gleichung (V.34) wird nicht beach-

stellungen [201—203] ist das Null-Ladungspotential mit dem photoelektrischen Effekt bestimmbar [204]. Experimentelle Untersuchungen [205—212] zeigen eine Abhängigkeit des Effekts von der Adsorption organischer Stoffe [211—213].

1) Die ellipsometrische Methode wurde benutzt, um dünne Kalomelschichten auf Quecksilber [182] sowie den Zustand von adsorbiertem Sauerstoff auf Platin [183] aufzuklären.

2) *A. d. H.:* Neuerdings werden auch spektroskopische Messungen an optisch transparenten Elektroden zur Untersuchung der Adsorption organischer Verbindungen herangezogen [214, 215].

tet, daß die adsorbierten Moleküle die Ladung der Elektrodenoberfläche verändern und hemmende oder stimulierende Wirkung auf die Reaktionsgeschwindigkeit an den bedeckten Oberflächenbereichen infolge einer Änderung des φ_1-Potentials ausüben können [177]. Aber auch bei Berücksichtigung dieses Faktors zeigen die aus kinetischen Daten erhaltenen Adsorptionsisotherme der organischen Stoffe bedeutende Abweichungen gegenüber den Ergebnissen der direkten Adsorptionsmessungen [175, 176].

In den Arbeiten von Bagockij, Vasil'ev u. Mitarb. [131, 126] wurde der Einfluß der Adsorption verschiedener organischer und anorganischer Stoffe auf die Oxydationsgeschwindigkeit von Methanol, Ameisensäure und molekularem Wasserstoff an der glatten Platinelektrode in 1 n $HClO_4$ und 1 n LiOH untersucht. Die Bedeckung der Oberfläche mit den untersuchten Stoffen wurde nach Gleichung (V.34) berechnet. Auf die gleiche Art erhielt man Angaben über die Adsorption höherer aliphatischer (von n-C_3H_7OH bis $C_7H_{15}OH$) und Iso-Alkohole (iso-$C_5H_{11}OH$, tert-$C_5H_{11}OH$). Qualitativ stimmen die Berechnungen der Oberflächenbedeckung mit organischen und anorganischen Stoffen in Abhängigkeit vom Elektrodenpotential mit den Meßergebnissen anderer Methoden, z. B. der radioaktiven Indikatormethode [132], überein.

Literatur

[1] A. N. Frumkin, A. I. Šlygin, Dokl. Akad. Nauk. SSSR, **2** (1934), 176

[2] A. I. Šlygin, A. N. Frumkin, Acta physicochim. URSS, **3** (1935), 791

[3] A. I. Šlygin, A. N. Frumkin, V. I. Medvedovskij, ebenda, **4** (1936), 911

[4] A. N. Frumkin, A. I. Šlygin, ebenda, **5** (1936), 819; Izv. AN SSSR, Chemie, (1936), 773

[5] B. Eršler, M. Proskurnin, Acta physicochim. URSS, **6** (1937), 195

[6] B. V. Eršler, ebenda, **7** (1937), 327

[7] B. V. Eršler, G. A. Deborin, A. N. Frumkin, ebenda, **8** (1938), 565

[8] A. I. Šlygin, B. V. Eršler, ebenda, **11** (1939), 45; A. Šlygin, E. Razumovskaja, K. Rosental', Ž. fiz. chim., **13** (1939), 1079; B. V. Eršler, Ž. fiz. chim., **13** (1939), 1092

[9] P. I. Dolin, B. V. Eršler, Acta physicochim. URSS, **13** (1940), 747; Ž. fiz. chim., **14** (1940), 886; P. I. Dolin, B. V. Eršler, A. N. Frumkin, Acta physicochim. URSS, **13** (1940), 779; Ž. fiz. chim., **14** (1940), 907

[10] G. A. Deborin, B. V. Eršler, Ž. fiz. chim., **14** (1940), 708

[11] J. Pearson, J. A. V. Butler, Trans. Faraday Soc., **34** (1938), 1163

[11a] J. A. V. Butler, G. Armstrong, Proc. Roy. Soc. (London), **A 137** (1932), 604; G. Armstrong, F. Himsworth, J. A. V. Butler, Proc. Roy. Soc. (London), **A 143** (1933), 90

[12] S. Brunauer, P. H. Emmett, E. Teller, J. Am. Chem. Soc., **60** (1938), 309

[13] P. Chinebault, A. Schürenkämper, J. Phys. Chem., **69** (1965), 2300

[14] Tza Čjuan-Sin, Z. A. Iofa, Dokl. Akad. Nauk. SSSR, **131** (1960), 137; A. N. Frumkin, N. S. Poljanovskaja, N. B. Grigor'ev, ebenda, **157** (1964), 1445; U. V. Palm, V. E. Past, R. Ja. Pulleritz, Elektrochimija, **2** (1966), 604

[15] H. A. Smith, J. F. Fuzek, J. Am. Chem. Soc., **68** (1946), 229

[16] H. A. Smith, K. A. Allen, J. Phys. Chem., **58** (1954), 449
[17] J. J. Bordeaux, N. Hackerman, ebenda, **61** (1957), 1323
[18] J. Kivel, F. C. Albers, D. A. Olsen, R. E. Johnson, ebenda, **67** (1963), 1235
[19] R. J. Adames, H. L. Weisbecker, W. J. McDonald, J. Electrochem. Soc., **111** (1964), 774
[20] M. Breiter, K. Hoffmann, C. Knorr, Z. Elektrochem., **61** (1957), 1168; T. B. Warner, S. Schuldiner, J. Electrochem. Soc., **111** (1964), 992
[21] A. N. Frumkin, "*Advances in Electrochemistry and Electrochemical Engineering*", v. 3 ed. P. Delahay, New York, Interscience Publishers, 1963, S. 283
[22] G. P. Chomčenko, A. I. Pletjuškina, G. D. Vovčenko, „*Katalytische Reaktionen in flüssiger Phase*", Alma-Ata, Verl. d. Wiss. d. Kasan. SSSR, 1963, S. 295
[23] M. R. Tarasevič, K. A. Radjuškina, R. Ch. Burštein, Elektrochimija, **3** (1967), 455
[24] R. Ch. Burštein, M. R. Tarasevič, V. S. Vilinskaja, Elektrochimija, **3** (1967), 349
[25] A. N. Frumkin, Dokl. Akad. Nauk. SSSR, **154** (1964), 1432
[26] P. A. Rebinder, N. A. Kalinovskaja, Ž. fiz. chim., **5** (1934), 332
[27] P. A. Rebinder, E. K. Venstrem, ebenda, **19** (1945), 1; Acta physicochim. URSS, **19** (1944), 36; Dokl. Akad. Nauk. SSSR, **68** (1949), 329
[28] J. O'M. Bockris, R. Parry-Jones, Nature, **17** (1953), 930
[29] J. P. Bowden, D. Tabor, "*Properties of the Metallic Surfaces*", Inst. Metall., 1953
[30] V. I. Lichtman, E. D. Ččukin, P. A. Rebinder, „*Physikochemische Mechanik der Metalle*", Moskau, Verl. d. Akad. d. Wiss. d. UdSSR, 1962
[31] E. K. Venstrem, V. I. Lichtman, P. A. Rebinder, Dokl. Akad. Nauk. SSSR, **107** (1956), 105
[32] D. I. Lejkis, E. K. Venstrem, ebenda, **112** (1957), 97
[33] V. D. Kuznecov, Ž. prikl. chim., **6** (1929), 33
[34] V. D. Kuznecov, V. V. Lavrent'eva, Z. Kristallogr., **80** (1931), 54
[35] P. A. Rebinder, N. A. Kalinovskaja, Ž. teor. Fiz., **2** (1932), 726
[36] A. Frumkin, A. Gorodetskaja, Z. phys. Chem., **136** (1928), 451
[37] F. I. Kukoz, S. A. Semenčenko, Elektrochimija, **1** (1965), 1454; **2** (1966), 74
[38] E. K. Venstrem, P. A. Rebinder, Ž. fiz. chim., **26** (1952), 1847
[39] V. I. Lichtman, P. A. Rebinder, G. V. Karpenko, „*Einfluß eines oberflächenaktiven Mediums auf die Deformation der Metalle*", Moskau, Verl. d. Akad. d. Wiss. d. UdSSR, 1954
[40] T. I. Borisova, B. V. Eršler, A. N. Frumkin, Ž. fiz. chim., **22** (1948), 925
[41] T. I. Borisova, B. V. Eršler, ebenda, **24** (1950), 337
[42] A. Pfützenreuter, G. Masing, Z. Metallkunde, **42** (1951), 361
[43] W. Klinkenberg, K. Lücke, G. Masing, ebenda, **44** (1955), 362
[44] D. N. Staicopolus, J. Electrochem. Soc., **108** (1961), 900
[45] A. Ja. Gochštein, Elektrochimija, **2** (1966), 1061, 1318
[46] D. I. Lejkis, Dokl. Akad. Nauk. SSSR, **135** (1960), 1429
[47] H. G. Möller, Ann. Phys., **27** (1968) 665; Z. Phys. Chem., **65** (1908), 226
[48] A. N. Frumkin, A. V. Gorodeckaja, B. N. Kabanov, N. I. Nekrasov, Ž. fiz. chim., **3** (1932), 351
[49] A. V. Gorodeckaja, B. N. Kabanov, ebenda, **4** (1933), 529
[50] A. N. Frumkin, V. S. Bagockij, Z. A. Iofa, B. N. Kabanov, „*Kinetik von Elektrodenprozessen*", Verl. d. Moskauer Univ., 1952
[51] B. Kabanov, M. Ivaničšenko, Izv. AN SSSR, Chemie, (1936), 755

[52] E. Černeva, A. Gorodeckaja, Ž. fiz. chim., **13** (1939), 1117
[53] R. N. Wenzel, Ind. Eng. Chem., **28** (1936), 988
[54] J. E. Berger, J. Phys. Chem., **69** (1965), 2598
[55] R. A. Erb, ebenda, **69** (1965), 1306
[56] M. Bonnemay, G. Brönoel, P. Jonville, E. Levart, C. R., **260** (1965), 5262
[57] B. V. Eršler, Ž. fiz. chim., **22** (1948), 683
[58] D. C. Grahame, J. Electrochem. Soc., **99** (1952), 370C
[59] V. V. Batrakov, Z. A. Iofa, Elektrochimija, **1** (1965), 123
[60] D. I. Lejkis, ebenda, **1** (1965), 472
[61] W. Machu, V. K. Gouda, Werkstoffe u. Korrosion, **13** (1962), 745
[62] H. Grubitsch, F. Hilbert, ebenda, **17** (1966), 289
[63] J. O'M. Bockris, B. E. Conway, J. Phys. Colloid. Chem., **53** (1949), 527
[64] P. J. Hilson, Trans. Faraday Soc., **48** (1952), 462
[65] V. V. Losev, Dokl. Akad. Nauk. SSSR, **88** (1953), 499
[66] T. Murakawa, N. Hackerman, Corros. sci., **4** (1964), 387
[67] Z. A. Iofa, V. V. Batrakov, Cho Ngok Ba, Electrochim. Acta, **9** (1964), 1645
[68] R. deLevie, ebenda, **10** (1965), 113
[69] A. N. Frumkin, N. A. Aladžalova, Ž. fiz. chim., **18** (1944), 493
[70] Ja. M. Kolotyrkin, ebenda, **20** (1946), 667; **31** (1957), 659
[71] V. E. Past, Z. A. Iofa, ebenda, **33** (1959), 1230
[72] V. V. Sobol', Z. A. Iofa, Dokl. Akad. Nauk. SSSR, **138** (1961), 1151
[73] Ja. V. Durdin, L. Kiš, V. I. Kravcov, „*Arbeiten d. IV. Elektrochemie-Kongresses*", Moskau, Verl. d. Akad. d. Wiss. d. UdSSR, 1959, S. 102
[74] J. O'M. Bockris, H. Kita, J. Electrochem. Soc., **108** (1961), 676
[75] U. V. Palm, V. E. Past, Dokl. Akad. Nauk. SSSR, **146** (1962), 1374; Elektrochimija, **1** (1965), 602
[76] A. N. Frumkin, Acta physicochim. URSS, **18** (1943), 23; Discuss. Faraday Soc., **1** (1947), 57
[77] D. C. Grahame, J. Phys. Chem., **57** (1953), 257
[78] A. Hickling, Trans. Faraday Soc., **33** (1937), 1540
[79] A. Hickling, F. Salt, ebenda, **36** (1940), 1226; **37** (1941), 450
[80] N. A. Fedotov, Ž. fiz. chim., **25** (1951), 3
[81] V. E. Past, Z. A. Iofa, Dokl. Akad. Nauk. SSSR, **106** (1956), 1050; Ž. fiz. chim., **33** (1959), 913
[82] H. Fischer, M. Seipt, G. Morlock, Z. Elektrochem., **59** (1955), 440
[83] M. Seipt, "*Proceedings of the 7-the Meeting of CITCE*", Lindau, 1955, S. 67
[84] U. V. Palm, V. E. Past, V. R. Reben, Ž. fiz. chim., **35** (1961), 1136
[85] V. I. Kravcov, ebenda, **35** (1961), 1144
[86] B. E. Conway, M. Dzieciuch, Can. J. Chem., **41** (1963), 21, 38, 55
[87] B. E. Conway, E. Gileadi, M. Dzieciuch, Electrochim. Acta, **8** (1963), 143
[88] O. Völk, H. Fischer, ebenda, **5** (1961), 112
[89] Ch. Jamaoko, V. Lorenz, H. Fischer, „*Grundlegende Fragen der modernen theoretischen Elektrochemie*", 14. CITCE-Tagung, Moskau, „Mir", 1965, S. 464
[90] L. A. Mirkind, M. Ja. Fiošin, Dokl. Akad. Nauk. SSSR, **154** (1964), 1163
[91] W. R. Busing, W. W. Kauzmann, J. Chem. Phys., **20** (1952), 1129
[92] V. L. Chejfec, B. S. Krasikov, Dokl. Akad. Nauk. SSSR, **94** (1954), 101
[93] M. W. Breiter, J. Electrochem. Soc., **109** (1962), 42
[94] E. S. Sevast'janov, D. I. Lejkis, Izv. AN SSSR, Chemie, (1964), 450

[95] R. A. Rightmire, R. L. Rowland, D. L. Bools, D. L. Beals, J. Electrochem. Soc., **111** (1964), 242
[96] W. Breiter, Electrochim. Acta, **7** (1962), 533
[97] M. W. Breiter, ebenda, **8** (1963), 973
[98] M. W. Breiter, S. Gilman, J. Electrochem. Soc., **109** (1962), 622
[99] G. M. Schmid, N. Hackermann, ebenda, **110** (1963), 440
[100] T. I. Počekaeva, Ž. fiz. chim., **35** (1961), 1606
[101] A. I. Šlygin, M. E. Manželej, Lehrbriefe d. Kisinevsker Univers., **8** (1953), 13
[102] A. I. Šlygin, „*III. Elektrochemie-Konferenz*", Moskau, Verl. d. Akad. d. Wiss. d. UdSSR, 1953, S. 322
[103] T. O. Pavela, Ann. Acad. sci. Fennicae, Ser. A, v. 59, 1954
[104] A. N. Frumkin, B. I. Podlovčenko, Dokl. Akad. Nauk. SSSR, **150** (1963), 349
[105] B. I. Podlovčenko, Z. A. Iofa, Ž. fiz. chim., **38** (1964), 211
[106] Chira Lal, O. A. Petrij, B. I. Podlovčenko, Elektrochimija, **1** (1965), 316
[107] J. Giner, Electrochim. Acta, **9** (1964), 63
[108] P. R. Johnson, A. T. Kuhn, J. Electrochem. Soc., **112** (1965), 599
[109] D. V. Sokol'skij, „*Hydrierung in Lösungen*", Alma-Ata, Verl. d. Akad. d. Wiss. d. Wiss. d. Kasach. SSR.
[110] A. V. Šaškina, I. I. Kulakova; Ž. fiz. chim., **35** (1961), 1846
[111] B. I. Podlovčenko, O. A. Petrij, E. P. Gorgonova, Elektrochimija, **1** (1965), 182
[112] F. Will, C. Knorr, Z. Elektrochem., **64** (1960), 258, 270
[113] Ja. M. Kolotyrkin, A. N. Čemodanov, Dokl. Akad. Nauk. SSSR, **134** (1960), 128
[114] L. W. Niedrach, S. Gilman, I. Weinstock, J. Elektrochem. Soc., **112** (1965), 1161; L. W. Niedrach, ebenda, **113** (1966), 645
[115] S. Gilman, J. Phys. Chem., **67** (1963), 78
[116] S. Gilman, Trans. Faraday Soc., **62** (1966), 466
[117] O. A. Chasova, Ju. B. Vasil'ev, V. S. Bagockij, Elektrochimija, **1** (1965), 82
[118] S. B. Brummer, J. Phys. Chem., **69** (1965), 562
[119] S. B. Brummer, J. I. Ford, ebenda, **69** (1965), 1355
[120] G. A. Tedoradze, A. B. Eršler, Usp. chim., **34** (1965), 1865
[121] B. E. Conway, E. Gileadi, H. Angerstein-Kozlowska, J. Elektrochem. Soc., **112** (1965), 341; B. E. Conway, N. Marincic, D. Gilroy, E. Rudd, ebenda, **113** (1966), 1144; E. Gileadi, B. E. Conway, "*Modern Aspects of Electrochemistry*", v. 3, London, Butterworths, 1964, S. 347; B. E. Conway, "*Theory and Principles of Electrode Processes*", New York, Ronald Press, 1965
[122] S. Srinivasan, E. Gileadi, Electrochim. Acta, **11** (1966), 321
[123] E. Gileadi, G. Stoner, J. O'M. Bockris, J. Electrochem. Soc., **113** (1966), 585
[124] M. Oikawa, T. Mukaibo, J. Electrochem. Soc. Japan, **20** (1962), 568
[125] T. C. Franklin, R. D. Sothern, J. Phys. Chem., **58** (1954), 951
[126] V. S. Bagockij, Ju. B. Vasil'ev, Electrochim. Acta, **11** (1966), 1439; „*Fortschritte der Elektrochemie organischer Verbindungen*", Moskau, Verl. „Wiss.", 1966, S. 38
[127] S. B. Brummer, J. I. Ford, M. J. Turner, J. Phys. Chem., **69** (1965), 3424
[128] M. W. Breiter, J. Electrochem. Soc., **112** (1965), 1244
[129] S. B. Brummer, M. J. Turner, "*Hydrocarbon Fuel Cell Technology*", ed. by S. Baker, New York—London, Academic Press, 1965, S. 409
[130] S. Gilman, Trans. Faraday Soc., **61** (1965), 2546
[131] S. S. Beskorovajnaja, Ju. B. Vasil'ev, V. S. Bagockij, Elektrochimija, **2** (1966), 1029

[132] V. E. KAZARINOV, ebenda, **2** (1966), 1170

[133] N. A. BALAŠOVA, V. E. KAZARINOV, Usp. chim., **34** (1965), 1721

[134] V. E. KAZARINOV, N. A. BALAŠOVA, Versuch Nr. 17-63-883/7, Moskau, GOSINTI, 1963, S. 18

[135] M. GREEN, D. A. J. SWINKELS, J. O'M. BOCKRIS, Rev. Sci. Instruments, **33** (1962), 20

[136] J. W. SHEPARD, J. P. RYAN, J. Phys. Chem., **60** (1956), 127

[137] A. I. FIL'KO, Veröff. d. MGPI „Lenin", **146** (1960), 62

[138] T. K. ROSS, D. H. JONES, „*Symposium Européen sur les Inhibiteurs de Corrosion*", Ferrara, 1960; Compt. rend., 1961, S. 163

[139] E. A. BLOMGREN, J. O'M. BOCKRIS, Nature, **186** (1960), Nr. 4721, 305

[140] F. JOLIOT, J. Chim. Phys., **27** (1930), 119

[141] R. J. FLANNERY, D. C. WALKER, Coll. "*Hydrocarbon Fuel Cell Technology*", ed. by S. BAKER, New York, London, Acad. Press, 1965, S. 335

[142] J. O'M. BOCKRIS, Z. phys. Chem., **214** (1960), 1

[143] H. WROBLOWA, M. GREEN, Electrochim. Acta, **8** (1963), 679

[144] M. GREEN, H. DAHMS, J. Electrochem. Soc., **110** (1963), 1075

[145] M. GREEN, H. DAHMS, ebenda, **110** (1963), 466

[146] H. DAHMS, M. GREEN, J. WEBER, Nature, **196** (1962), 1310

[147] E. GILEADI, B. T. RUBIN, J. O'M. BOCKRIS, J. Phys. Chem., **69** (1965), 3335

[148] W. HEILAND, E. GILEADI, J. O'M. BOCKRIS, ebenda, **70** (1966), 1207

[149] J. O'M. BOCKRIS, D. A. J. SWINKELS, J. Electrochem. Soc., **111** (1964), 736

[150] J. O'M. BOCKRIS, M. GREEN, D. A. J. SWINKELS, ebenda, **111** (1964), 743

[151] E. L. COOK, N. HACKERMAN, J. Phys. Coll. Chem., **55** (1951), 549

[152] N. HACKERMAN, A. H. ROEBUCK, Ind. Eng. Chem., **46** (1954), 1481

[153] A. C. MAKRIDES, N. HACKERMAN, ebenda, **47** (1955), 1773

[154] N. A. ŠURMOVSKAJA, R. CH. BURŠTEIN, Ž. prikl. chim., **30** (1957), 1176

[155] E. B. GREENHILL, Trans. Faraday Soc., **45** (1949), 625

[156] B. E. CONWAY, R. G. BARRADAS, T. ZAWIDZKI, J. Phys. Chem., **62** (1958), 676

[157] B. E. CONWAY, R. G. BARRADAS, "*Transactions Symposium of Electrode Processes*" Philadelphia, New York, J. Wiley a. Sons, 1959, S. 229

[158] L. CAVALLARO, L. FELLONI, G. TRABANELLI, „*Symposium Européen sur les Inhibiteurs de Corrosion*", Ferrara, 1960, Compt. rend., 1961, S. 111

[159] E. HEYMANN, E. BYE, Koll. Z., **59** (1932), 153

[160] C. C. NATHAN, Corrosion, **12** (1956), 161t

[161] Z. A. IOFA, E. M. LJACHOVECKAJA, K. ŠARIFOV, Dokl. Akad. Nauk. SSSR, **84** (1952), 543

[162] G. S. PARFENOV, P. I. ČERVJAKOV, „*Materialien der wiss. Konferenz*", Omsk 1963, S. 210

[163] S. A. BALEZIN, P. G. KUZNECOV, I. A. PODOL'NYJ, „*Korrosionsinhibitoren*", Moskau—Leningrad, Verl. „Schiffsbau", 1965, S. 5

[164] S. A. BALEZIN, I. M. ŽURAVLEV, I. A. PODOL'NYJ, ebenda, S. 18

[165] E. HUTCHINSON, Trans. Faraday Soc., **63** (1947), 439

[166] N. HACKERMAN, E. E. GLENN, J. Phys. Chem., **54** (1950), 497

[167] J. V. SANDERS, Research (London), **2** (1949), 586

[168] F. P. BOWDEN, A. C. MOORE, Trans. Faraday Soc., **47** (1951), 900

[169] A. ROTHEN, Rev. Sci. Instr., **28** (1957), 283

[170] J. KRÜGER, Corrosion, **22** (1966), 88

[171] C. O. TIMMONS, W. A. ZISMAN, J. Phys. Chem., **69** (1965), 984

[172] A. N. Frumkin, Electrochim. Acta, **9** (1964), 465; Dokl. Akad. Nauk. SSSR, **85** (1952), 373
[173] W. Müller, W. Lorenz, Z. phys. Chem., **27** (1961), 23
[174] T. P. Hoar, R. D. Holliday, J. Appl. Chem., **3** (1953), 502
[175] A. Aramata, P. Delahay, J. Phys. Chem., **68** (1964), 880
[176] K. Venkatesan, N. V. Nikolaeva-Fedorovič, B. B. Damaskin, Ž. fiz. chim., **34** (1965), 129
[177] R. Parsons, "*Advances in Electrochemistry and Electrochemical Engineering*", v. 1, ed. P. Delahay, New York, Interscience Publishers, 1961, S. 2
[178] V. E. Kazarinov, N. A. Balašova, Dokl. Akad. Nauk. SSSR, **157** (1964), 1174
[179] R. V. Marvet, O. A. Petrij, Elektrochimija, **3** (1967), 901
[180] B. I. Podlovčenko, A. N. Frumkin, V. F. Stenin, ebenda, **4** (1968), 339
[181] G. P. Girina, M. Ja. Fiošin, V. E. Kazarinov, ebenda, **1** (1965), 478
[182] J. O'M. Bockris, M. A. V. Devanathan, A. K. N. Reddy, Proc. Roy. Soc., London, Ser. A, **279** (1964), 327
[183] A. K. N. Reddy, M. Genshaw, J. O'M. Bockris, J. Electroanal. Chem., 8 (1964), 406
[184] E. Gileadi, B. Piersma, "*Modern Aspects of Electrochemistry*", Nr. 4, ed. by O'M. Bockris, New York, Plenum Press, 1966, S. 47
[185] M. S. Platonov, Ž. RFChO, **61** (1929), 1055
[186] T. R. Beck, J. Phys. Chem., **73** (1969), 466
[187] I. Morcos, H. Fischer, J. electroanal. Chem., **17** (1968), 7
[188] V. S. Srinivasan, Th. Kuwana, J. phys. Chem., **72** (1968), 1144
[189] A. J. Gochstein, Zav. Lab., **32** (1966), 815; Dokl. Akad. Nauk, **174** (1967), 394; **181** (1968), 137; **183** (1968), 859; **187** (1969), 601; Elektrochimija, **4** (1968), 248, 619, 665, 886; **5** (1969), 637, 1019; Electrochim. acta, **15** (1970), 219
[190] J. O'M. Bockris, S. D. Argade, E. Gileadi, Electrochim. acta, **14** (1969), 1259
[191] S. Gilman, J. phys. Chem., **70** (1966), 2880
[192] S. B. Brummer, K. Cahill, J. electroanal. Chem., **16** (1968), 207
[193] S. B. Brummer, K. Cahill, J. electroanal. Chem., **21** (1969), 463
[194] S. B. Brummer, J. phys. Chem., **71** (1967), 2838
[195] G. Horányi, F. Nagy, J. electroanal. Chem., **32** (1971), 275; **34** (1972), 240
[196] E. Gileadi, L. Duić, J. O'M. Bockris, Electrochim. acta, **13** (1968), 1915
[197] G. C. Barker, A. W. Gardner, D. S. Sammon, J. electrochem. Soc., **113** (1966), 1182
[198] M. Heyrovsky, Z. phys. Chem., **52** (1967), 1
[199] P. Delahay, J. electrochem. Soc., **113** (1966), 1198
[200] P. Delahay, V. S. Srinivasan, J. phys. Chem., **70** (1966), 420
[201] Ju. Ja. Gurevič, A. M. Brodskij, V. G. Levič, Elektrochimija, **3** (1967), 1302
[202] A. M. Brodskij, Ju. Ja. Gurevič, Dokl. Akad. Nauk SSSR, **178** (1968), 868
[203] A. M. Brodskij, Ju. Ja. Gurevič, Ž ETP, **54** (1968), 213
[204] Ju. V. Pleskov, Z. A. Rotenberg, J. electroanal. Chem., **20** (1969), 1
[205] Ju. Ja. Gurevič, Z. A. Rotenberg, Elektrochimija, **4** (1968), 529
[206] Z. A. Rotenberg, Ju. Ja. Gurevič, Elektrochimija, **4** (1968), 984
[207] Z. A. Rotenberg, Ju. Ja. Gurevič, Ju. V. Pleskov, Elektrochimija, **4** (1968), 1086
[208] L. I. Koršunov, Ja. M. Zolotovitskij, V. A. Benderskij, Elektrochimija, **4** (1968), 499
[209] Z. A. Rotenberg, Ju. Pleskov, Elektrochimija, **4** (1968), 826

[210] V. P. SHARMA, P. DELAHAY, G. G. SUSBIELLES, G. TESSARI, J. electroanal. Chem. **16** (1968), 285
[211] L. I. KORŠUNOV, JA. M. ZOLOTOVITSKIJ, V. A. BENDERSKIJ, Elektrochimija **7** (1971), 985
[212] Z. A. ROTENBERG, JU. V. PLESKOV, Elektrochimija **5** (1969) 982; **6** (1970), 418
[213] A. M. BRODSKIJ, S. V. ŠEBERSTOV, Elektrochimija **6** (1970), 1762
[214] J. W. STROJEK, TH. KUWANA, J. electroanal. Chem. **16** (1968), 471

6. Adsorption organischer Stoffe an Metallen mit hoher und mittlerer Wasserstoffüberspannung

6.1. Potentialabhängigkeit der Adsorption

Die Analyse der Angaben über die Adsorption organischer Stoffe an Metallen mit hoher und mittlerer Wasserstoffüberspannung ergibt, daß in den meisten Fällen die Menge des adsorbierten Stoffes vom Elektrodenpotential abhängig ist. In vielfacher Hinsicht ist die Adsorption organischer Stoffe an festen Metallen mit hoher Wasserstoffüberspannung prinzipiell den Adsorptionserscheinungen an Flüssigmetall-Elektroden ähnlich, die in den Kapiteln 2. und 3. behandelt wurden. Daneben offenbart die Analyse der Literaturangaben natürlich auch wesentliche Unterschiede, die besonders deutlich beim Übergang zu Metallen mit mittlerer Wasserstoffüberspannung hervortreten[1]).

Möglicherweise kann eine Änderung des Aggregatzustandes des Metalls zu einer bedeutenden Änderung seiner Adsorptionseigenschaften führen. Die von Gorodeckaja und Proskurnin [1] an festem und flüssigem Quecksilber bei Äthanolzusatz durchgeführten Versuche zeigten jedoch, daß die Form der Differentialkapazitätskurven und die Größe der Doppelschichtkapazität in Anwesenheit eines organischen Stoffes praktisch gleich sind und somit nicht vom Aggregatzustand des Quecksilbers abhängen. Zur gleichen Auffassung gelangten in der Folgezeit auch Lejkis und Sevast'janov [2], als sie die Hexanoladsorption am flüssigen und festen Gallium sowie Woodschen Metall untersuchten. Bei der Aushärtung der Woodschen Legierung wurde lediglich eine unbedeutende Kapazitätserhöhung beobachtet, was mit der Vergrößerung der Elektrodenoberfläche infolge der Änderung des spezifischen Volumens des Metalls erklärt werden kann [3].

Die Kurven der differentiellen Kapazität C als Funktion des Elektrodenpotentials φ, die an monokristallinen und geschmolzenen Elektroden aus Blei, Thallium, Wismut und Silber [4—9] aufgenommen wurden, haben die gleiche Form wie an Quecksilber. Für Wismut und Blei [6, 8] konnten sogar quantitative Übereinstimmungen festgestellt werden. In Abb. 57 sind die C,φ-Kurven für eine tropfenförmige polykristalline Wismut- und eine flüssige Quecksilberelektrode

[1]) Die Einteilung in Metalle mit hoher und mittlerer Wasserstoffüberspannung wurde willkürlich vorgenommen. Es wird angenommen, daß Metalle mit einer Tafelkonstante $a > 0{,}8$ V eine hohe, im Bereich $0{,}55\ \text{V} < a \leqq 0{,}8$ V dagegen eine mittlere Wasserstoffüberspannung aufweisen.

dargestellt. Das Potential wurde unter Berücksichtigung des Nulladungspotentials φ_{NL} dieser Metalle gewählt.

Wie auch an der Quecksilberelektrode beobachtet man eine maximale Adsorption organischer Stoffe an festen Metallen mit hoher Wasserstoffüberspannung bei Potentialen, die in der Nähe des Nulladungspotentials liegen. Die C,φ-Kurven in Anwesenheit organischer Alkohole erinnern in ihrer Form an Kapazitätskurven am Quecksilber.

Bei Potentialen in der Nähe des Ladungsnullpunktes tritt in den C,φ-Kurven ein ausgeprägtes Minimum auf, das durch die Adsorption der Alkoholmoleküle

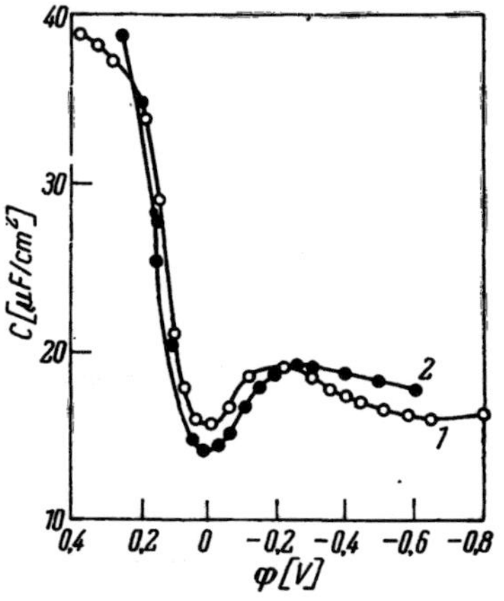

Abb. 57: Potentialabhängigkeit der Kapazität einer Quecksilber- (*1*) und Wismutelektrode (*2*) in 0,01 n KCl-Lösung [8]

entsteht. Bei negativeren Potentialen wird der Alkohol desorbiert, und man beobachtet in den C,φ-Kurven einen charakteristischen Desorptions-Pik. Desorptions-Piks wurden im kathodischen Potentialbereich für Thallium und Blei bei Amylalkoholzusatz [4, 10], für Blei und Antimon bei Hexanolzusatz [11] und für Wismut in Anwesenheit von Octylalkohol [8] erhalten. Die Untersuchung der Alkoholadsorption an diesen Metallen im Bereich sehr negativer Potentiale mit dem Ziel, einen zweiten Desorptions-Pik nachzuweisen, wurden durch die Oxydation der Elektrodenoberfläche erschwert. An der Silberelektrode konnte Lejkis [12] zwei Hexanoldesorptions-Piks nachweisen: bei einem gegenüber dem Nulladungspotential jeweils positiveren und negativeren Potentialwert (Abb. 58).

Die Desorptionspiks für feste Metalle haben keine so große Ausdehnung (hinsichtlich Potentialbereich und Höhe) wie am Quecksilber. Wahrscheinlich steht die Änderung der Pik-Dimensionen an festen Metallen mit der energetischen Inhomogenität der Oberfläche und den gehemmten Adsorptions- und Desorptionsprozessen organischer Stoffe in Zusammenhang.

In Tab. 8 sind die Desorptionspotentiale gesättigter aliphatischer Alkohole für verschiedene feste Metalle und Quecksilber, bezogen auf ihr Nulladungspotential, ausgeführt.

Tabelle 8: Potentialwerte der Desorptionspiks von Alkoholen, bezogen auf die Nulladungspotentiale der Metalle

Metall	Zusammensetzung der Lösung	φ in V
Tl	1 n KCl + n-Amylalkohol (0,1 Mol/l)	−0,4 [4]
Pb	1 n KCl + n-Amylalkohol (0,1 Mol/l)	−0,53 [10]
Hg	1 n Na_2SO_4 + n-Amylalkohol ($5 \cdot 10^{-2}$ Mol/l)	−0,73 [55]
Ag	1 n Na_2SO_4 + n-Hexylalkohol (ges.)	−0,5 [11]
Pb	1 n Na_2SO_4 + n-Hexylalkohol (ges.)	−0,55 [11]
Sb	1 n Na_2SO_4 + n-Hexylalkohol (ges.)	−0,5 [11]
Hg	1 n KCl + n-Hexylalkohol (ges.)	−0,7 ··· −0,75 [37]
Bi	0,1 n KCl + n-Octylalkohol (ges.)	−0,65 ··· −0,70 [8]
Hg	1 n KNO_3 + n-Octylalkohol (ges.)	−0,60 [56]

Wie aus der Tabelle ersichtlich ist, ist das Desorptionspotential von Hexanol für Silber, Blei und Antimon nahezu gleichgroß, es unterscheidet sich aber merklich vom Desorptionspotential am Quecksilber.

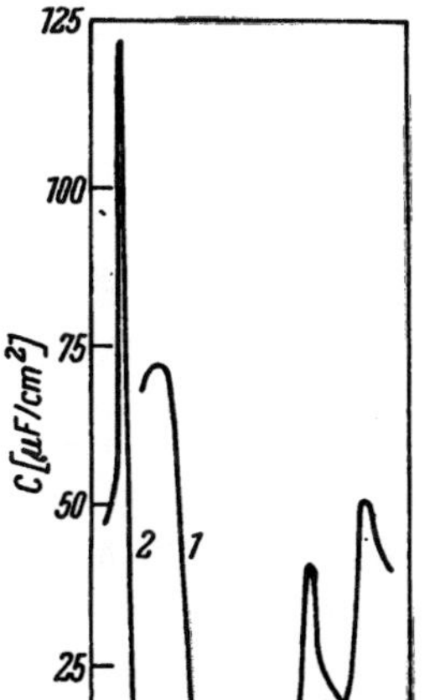

Abb. 58: Differentialkapazitätskurven in einer mit Hexanol gesättigten 1 n Na_2SO_4-Lösung an Silber (*1*) und Quecksilber (*2*) [12]

Der Desorptionspik des Hexanols am Antimon ist weniger scharf ausgeprägt. Man kann ihn nur bei Wechselstromfrequenzen von 400 Hz und weniger beobachten. Auch die Desorption von Amylalkohol an Thallium und Blei verläuft bei wesentlich positiveren Potentialen im Vergleich mit der Amylalkoholdesorption am Quecksilber.

Maxima in der Kapazitätskurve, die der Desorption der organischen Stoffe zuzuschreiben sind, werden auch an Silber, Kupfer, Zinn, Wismut und Blei in

0,5 n Na_2SO_4-Lösungen beobachtet, die ein Gemisch aus β-Naphthol, Thymol und Diphenylamin enthalten [13].

Sehr gründlich wurde die Adsorption von Diphenylamin sowie von α- und β-Naphthol an Blei in wäßrigen KCl- und $NaClO_4$-Lösungen untersucht [14]. Die Autoren [14] konnten keine Desorptionspiks beobachten.

Mit der Adsorption von Tetraalkylammonium-Kationen an Zink und Wismut beschäftigen sich die Arbeiten [7, 15]. Im Bereich der maximalen Adsorption von Tetrabutylammonium — (TBA) — Kationen am Zink-Einkristall wird die Kapazität von 21 auf 7 $\mu F/cm^2$ herabgesetzt. Bei der Potentialverschiebung

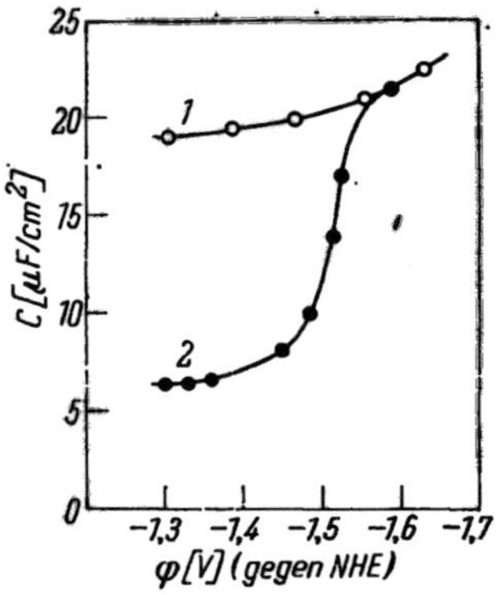

Abb. 59: Kapazitätskurven an einem Zinkeinkristall in 1 n KCl-Lösung mit Tetrabutylammonium-Sulfatzusatz [7]
1 — 0; *2* — $1 \cdot 10^{-3}$ m TBA-SO_4

zu negativeren Werten nimmt die Menge der adsorbierten Kationen ab, bei $\varphi = -1{,}5$ V werden die TBA-Kationen vollständig desorbiert (Abb. 59). Diese Desorption wird jedoch nicht vom Auftreten eines Desorptionspiks in den Differentialkapazitätskurven begleitet. Palm, Past und Pullerits [15] konnten ebenfalls keine Desorptionspiks an Wismut in Anwesenheit von Tetraalkylammonium-Kationen beobachten. Tetraäthylammonium-(TEA)-Kationen werden an Wismut besser adsorbiert als Tetramethylammonium-(TMA)-Kationen. Die Differentialkapazitätskurven wurden in 0,005 n K_2SO_4-Lösungen mit Zusätzen der verschiedenen Tetraalkylammonium-Sulfate unterschiedlicher Konzentration aufgenommen (von 10^{-5} bis $3 \cdot 10^{-3}$ n für TMA, von 10^{-6} bis 10^{-2} n für TEA und von 10^{-7} bis 10^{-2} n für TBA). Die TMA- und TEA-Adsorption verkleinert den diffusen Anteil der elektrischen Doppelschicht, und die Kapazität im Minimum der C,φ-Kurve, die der maximalen Ausdehnung der diffusen Doppelschicht entspricht, wächst. Dabei wird das Nulladungspotential φ_{NL} zu positiveren Potentialen verschoben. Ein analoges Verhalten wurde bereits früher von Damaskin und Nikolaeva-Fedorovič [16] an der Quecksilberelektrode beobachtet.

TBA-Kationen werden an Wismut wesentlich besser als TMA- und TEA-Kationen adsorbiert. Bei einer Konzentration von 10^{-7} n wird die Doppelschichtkapazität in einem breiten Potentialintervall herabgesetzt (s. Abb. 60). Bei Konzentrationen von 10^{-5}—10^{-4} n sinkt die Kapazität von 18—19 auf 7—5 $\mu F/$

cm². Bei einer TBA-Konzentration von 10^{-4} n tritt in der C,φ-Kurve ein schwaches Maximum auf, das die Autoren mit der Strukturänderung der Adsorptionsschicht in Analogie zu den Adsorptionserscheinungen an der Quecksilberoberfläche erklären [16].

Das gegenwärtig vorliegende, nicht sehr umfangreiche Material zur Adsorption organischer Stoffe an festen Metallen mit hoher Wasserstoffüberspannung weist darauf hin, daß es eine ganze Reihe allgemeiner gemeinsamer Gesetzmäßigkeiten

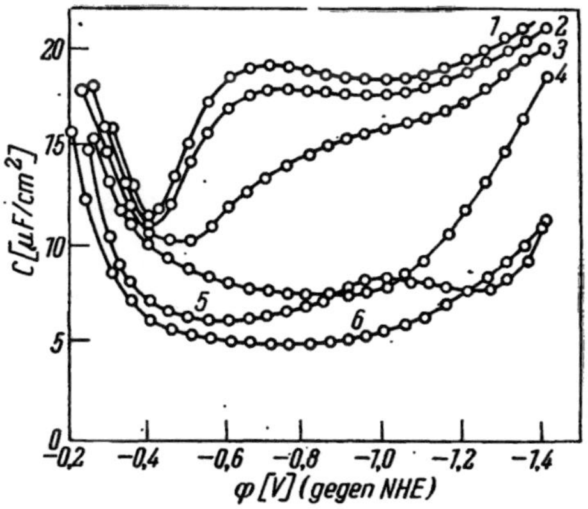

Abb. 60: Kapazitätskurven an Wismut in einer 0,005 n K_2SO_4-Lösung mit TBA-Zusatz [8]
1 – 0; *2* – 10^{-7}; *3* – 10^{-6}; *4* – 10^{-5}; *5* – 10^{-4}; *6* – 10^{-3} m

bei den Adsorptionserscheinungen an diesen Metallen und an Quecksilber gibt. Man kann jedoch schwerlich gleiche Adsorptionseigenschaften für Quecksilber und andere Metalle erwarten, da alle Parameter der FRUMKINschen Isotherme [17], mit deren Hilfe die Adsorption organischer Verbindungen an Quecksilber beschrieben wird, in einem solchen Fall gleich sein müßten. Wie in Kapitel 3. gezeigt wurde, kann die FRUMKINsche Isotherme bei verschiedenen Elektrodenpotentialen in der folgenden Form geschrieben werden:

$$Bc = \frac{\theta}{1-\theta} \exp(-2a\theta), \tag{VI.1}$$

mit

$$B = B_0 \exp\left[-\frac{\iint C_0 d\varphi^2 + C_\varphi' (\varphi_N - \varphi/2)}{RT\,\Gamma_m}\right],$$

(φ = Elektrodenpotential, gemessen gegen φ_{NL} bei $\theta = 0$).

Die gleiche Adsorbierbarkeit eines organischen Stoffes an Quecksilber und einem beliebigen anderen Metall (M) ist nur möglich, wenn alle folgenden Parameter gleich sind:

1. die Adsorptionsgleichgewichtskonstante bei φ_{NL}: $B_0^{Hg} = B_0^{M}$;
2. die Kapazität der elektrischen Doppelschicht im Grundelektrolyt, $C_0^{Hg} = C_0^{M}$ bei allen Elektrodenpotentialen;
3. die Doppelschichtkapazität bei der Grenzbedeckung der Metalloberfläche mit dem organischen Stoff $C'_{Hg} = C_M'$;
4. die adsorptionsbedingten Potentialsprünge, die bei der Adsorption des organischen Stoffes entstehen, $\varphi_N^{Hg} = \varphi_N^{M}$;
5. die Packungsdichte der organischen Moleküle an verschiedenen Metallen bei vollständiger Bedeckung, $\Gamma_m^{Hg} = \Gamma_m^{M}$;
6. die Attraktionskonstante $a_{Hg} = a_M$.

Es ist eindeutig, daß die Bedingungen 1.—6. nicht realisiert werden können, wenn die Adsorptionsparameter nicht nur von der Natur des adsorbierten Stoffes, sondern auch von der Natur des Metalles abhängen.

Um die Wirkung der organischen Inhibitoren auf die Metallkorrosion sowie den Mechanismus der Reduktionsprozesse verschiedener organischer Verbindungen zu klären und ihre Adsorbierbarkeit an festen Elektroden zu bestimmen, wurde von Antropov [18—20] eine „F-Skala der Potentiale" (entsprechend der Terminologie Antropovs) aufgestellt. Das Prinzip dieser Skala besteht darin, die Elektrodenpotentiale auf das Nulladungspotential des untersuchten Metalls zu beziehen. Metalle mit einem nach der F-Skala gleichen Potentialwert haben nach Antropov die gleiche Struktur der elektrischen Doppelschicht. Es wird angenommen, daß die Adsorptionsbedingungen des organischen Stoffes für alle Metalle bei dem gleichen F-Potentialwert auch einheitlich und von der Natur des Metalles unabhängig sind. Das am besten für Adsorptionsuntersuchungen geeignete Metall ist Quecksilber. Deshalb werden die Daten über die Adsorption von Inhibitoren, die am Quecksilber gewonnen wurden, auf andere Metalle übertragen.

Man kann in Abhängigkeit vom Potential des Metalles entsprechend der F-Skala vorhersagen, was für eine Verbindungsklasse vorwiegend an der Metalloberfläche adsorbiert wird und folglich auch, welcher Inhibitor das Metall oder die Legierung am besten vor Korrosion schützen wird. In Abb. 61 ist qualitativ die Verteilung der elektrischen Ladungen an Zink mit Thalliumeinschlüssen in sauren Lösungen bei stationärem Potential (nach Antropov) dargestellt. Im vorliegenden Beispiel beträgt das stationäre Potential des Zinks (φ_{st}) in 1 n H_2SO_4 —0,75 V gegen NHE. Wenn man den Wert des Nulladungspotentials φ_{NL} verwendet, kann man die Potentiale des Zinks und Thalliums nach der F-Skala ermitteln[1])

$$F_{Tl} = \varphi_{st} - \varphi_{NL} = -0{,}75 - (-0{,}80) = 0{,}05\ \mathrm{V}$$

$$F_{Zn} = \varphi_{st} - \varphi_{NL} = -0{,}75 - (-0{,}63) = -0{,}12\ \mathrm{V}.$$

[1]) Die Nulladungspotentiale wurden den Angaben Antropovs entnommen [20].

Beim Vergleich dieser Potentiale mit Elektrokapillarmessungen wird deutlich, daß am Zink kationenaktive (Tetraalkylammonium-Kationen, Amine) und neutrale (Hexyl-, Octylalkohol, Kamphor u. a.) organische Verbindungen am besten adsorbiert werden, während es am Thallium anionenaktive und neutrale organische Verbindungen sind. Folglich erreicht man eine vollständigere Bedekkung der Zinkoberfläche in Anwesenheit von Thalliumeinschlüssen, wenn man als Inhibitor neutrale organische Stoffe einsetzt. Wenn man Sauerstoff oder ein anderes sehr starkes Oxydationsmittel der Lösung zusetzt, kommt es zu einer

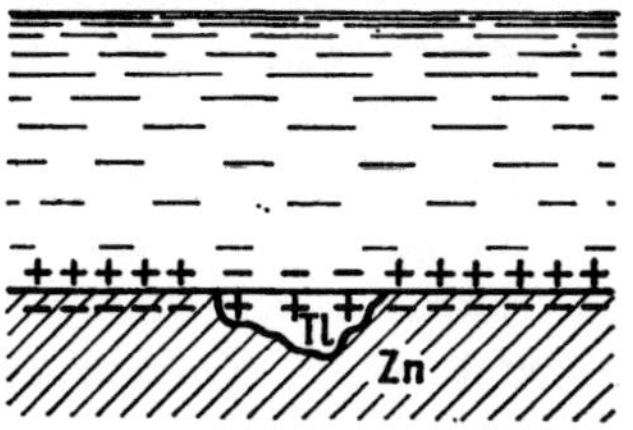

Abb. 61: Schematische Darstellung der Ladungsverteilung an der Zinkoberfläche mit einem Thalliumeinschluß bei stationärem Potential von —0,75 V gegen NHE [20]

beträchtlichen Verschiebung des stationären Potentials des Metalles in Richtung positiverer Potentiale. Dabei können die organischen Stoffe, die bei den Ausgangswerten des stationären Potentials adsorbiert werden und die Geschwindigkeit der Metallkorrosion wesentlich vermindern, nach der Potentialverschiebung zu positiveren Werten desorbiert werden. Auf der Grundlage dieser Vorstellungen erklärte Antropov [21] die von Elze und Fischer [22, 23] gewonnenen Ergebnisse, nach denen Äthylchinolinjodid, das die Auflösung von Eisen in sauren Lösungen inhibiert, bei Zusatz eines Oxydationsmittels (Eisen-III-Salze, Chromsäure) seine Inhibitorwirkung verliert.

Antropov [20, 21, 24] verwendete die Angaben über die Adsorption verschiedener Amine aus Quecksilber, um ihre inhibierende Wirkung auf die Korrosion von Eisen in Schwefelsäure- und Salzsäurelösungen zu erklären. Er stellte fest, daß die Korrosionsstabilität von Eisen in Anwesenheit aliphatischer und aromatischer Amine, Chinoline, Pyridine und etlicher Sulfoderivate proportional der Abnahme der Oberflächenspannung des Quecksilbers in Lösungen gleicher Zusammensetzung wächst. Die aufgefundenen Parallelen bei der Änderung dieser beiden Parameter lassen aber noch nicht die Annahme zu, daß die Adsorption organischer Stoffe an diesen Metallen (Quecksilber und Eisen) unter einheitlichen Bedingungen abläuft.

Weitere, mit den Vorstellungen von Antropov korrespondierende Auffassungen von der Adsorption organischer und anorganischer Ionen an festen Elektroden wurden von De [25], Gatos [26] u. a. [27—33] vertreten. Die Ergebnisse der Adsorptionsmessungen für eine Reihe aliphatischer und aromatischer Amine sowie Benzoat-, Silikat- und Phosphationen, die an der Quecksilberelektrode erhalten wurden, wurden von den genannten Autoren als Grundlage benutzt, um das Verhalten von Eisen und anderen Metallen in neutralen und sauren Lösungen in Anwesenheit oberflächenaktiver Ionen zu deuten. Fischer und Seiler

[34] gingen bei der Diskussion der Besonderheiten, die bei der Wasserstoffabscheidung am Eisen, der anodischen Auflösung von Eisen in salzsauren Lösungen, der elektrolytischen Fällung von Nickel sowie anderen Prozessen in Anwesenheit von α- und β-Naphthochinolin beobachtet werden, ebenfalls von den Vorstellungen ANTROPOVS aus.

Die oben zitierten Auffassungen ermöglichten es, eine Reihe experimenteller Angaben zu erklären und unterstrichen noch einmal die bedeutungsvolle Rolle des Nulladungspotentials für die Adsorptionserscheinungen. Daneben gibt es experimentelle Daten, die im Widerspruch zu den Annahmen ANTROPOVS stehen; diese Tatsache ist auf die Nichterfüllung der bereits vorn angeführten Bedingungen 1.—6. zurückzuführen. So zeigten beispielsweise Elektrokapillar- und Kapazitätsmessungen am Gallium [35, 36], daß sich die Struktur der elektrischen Doppelschicht im Bereich niedriger negativer und besonders positiver Elektrodenladungen wesentlich von der Doppelschichtstruktur an Quecksilber bei nach der F-Skala gleichen Potentialwerten unterscheidet. Beim Nulladungspotential in 1 n Na_2SO_4 beträgt die differentielle Kapazität am Gallium 135 $\mu F/cm^2$, während sie sich am Quecksilber auf 29,5 $\mu F/cm^2$ beläuft [35]. Dieser Unterschied in der Doppelschichtstruktur ist auf die Chemisorption von Wassermolekülen am Gallium zurückzuführen. In der reinen Grundelektrolytlösung ist die Struktur der elektrischen Doppelschicht für Gallium und Quecksilber bei gleicher, ausreichend negativer Ladung der Metalloberfläche gleich, das trifft aber bereits nicht mehr auf nach der F-Skala gleiche Potentiale zu [36].

In mehreren anderen Arbeiten wurde nachgewiesen, daß Hexanol an Quecksilber, Nickel und Eisen jeweils verschiedenartig adsorbiert wird. MELIK-GAJKAZJAN [37] konnte zeigen, daß in 1 n, mit Hexanol gesättigter KCl-Lösung die Hexanolmoleküle am Quecksilber in einem breiten Potentialintervall von 0 bis —0,9 V (gegen NHE) adsorbiert werden. Dabei kommt es zur Ausbildung einer monomolekularen, im Bereich niedrigerer Potentiale sogar polymolekularer Hexanolschichten. Ein vollkommen anderes Bild zeigt sich am Eisen und Nickel. Nach Kapazitätsmessungen wird Hexanol am Eisen praktisch nicht adsorbiert [38]. Offensichtlich ist die Adsorptionsenergie der Wassermoleküle am Eisen größer als die Adsorptionsenergie der organischen Verbindung, deshalb sind die Hexanolmoleküle nicht in der Lage, die Wassermoleküle aus der elektrischen Doppelschicht zu verdrängen. Am Nickel wird Hexanol etwas besser als am Eisen adsorbiert, aber wesentlich schlechter als am Quecksilber. So sinkt die Kapazität der elektrischen Doppelschicht an der Nickelelektrode lediglich von 19 auf 15 bis 16 $\mu F/cm^2$ in einer salzsauren, mit Hexanol gesättigten Lösung [39]. Ganz offensichtlich sind für Quecksilber, Eisen und Nickel die Konstanten B_0 sowie eine Reihe anderer Parameter unterschiedlich.

Die Natur des Metalles muß sich bei der Adsorption oberflächenaktiver organischer und anorganischer Ionen äußern. Ionen, die an einem bestimmten Metall eine hohe Oberflächenaktivität besitzen, sind wenig aktiv oder sogar inaktiv an einem anderen Metall. Beispielsweise sind die Hydroxylionen oberflächeninaktiv am Quecksilber sogar bei relativ hohen pH-Werten der Lösung [40], sie werden dagegen gut am Eisen adsorbiert [41]. In der Arbeit [42] wurde der Versuch unternommen, den Zusammenhang zwischen der Natur des Metalles und der Adsorbierbarkeit des Inhibitors zu ergründen.

Für Metalle mit einer mittleren Wasserstoffüberspannung ist vielfach auch die Abhängigkeit der Menge des adsorbierten Stoffes vom Potential charakteristisch.

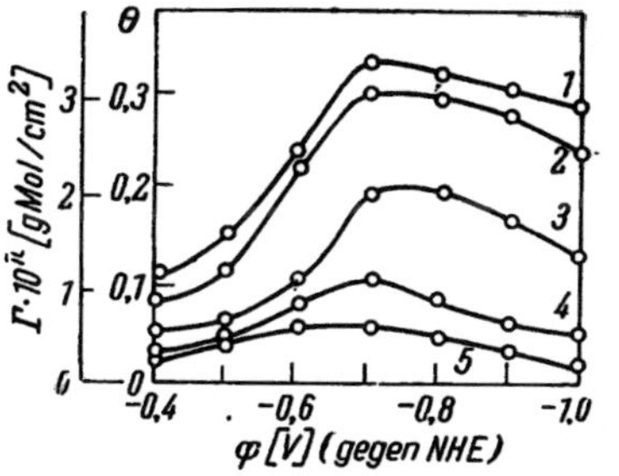

Abb. 62: Adsorption von n-Decylamin an Nickel aus einer 0,9 n $NaClO_4$-Lösung (pH 12) [43]

1 — $7{,}5 \cdot 10^{-5}$; *2* — $5 \cdot 10^{-5}$; *3* — $2{,}5 \cdot 10^{-5}$; *4* — 10^{-5}; *5* — $0{,}5 \cdot 10^{-5}$ m n-Decylamin

Die am Nickel in Anwesenheit von Hexylammoniumchlorid aufgenommenen Kapazitätskurven [39] zeigen, daß diese Verbindung relativ gut vom Metall adsorbiert wird. Die Adsorption des Hexylammonium-Kations verläuft bei sehr negativen Oberflächenladungen. Bei positiveren Potentialen geht die Adsorption zurück, und bei einem Potential von —0,2 bis —0,15 V (gegen NHE) kommt es, entsprechend der Kapazitätskurve, zur Desorption der organischen Kationen von der Elektrodenoberfläche. Eine noch stärkere Potentialabhängigkeit der Kapazität wird für die Nickelelektrode in Anwesenheit von Toluolsulfosäuren in 1 n HCl beobachtet. In der C,φ-Kurve erscheint ein Maximum, dessen Höhe mit steigender Toluolsulfosäurekonzentration wächst. Dieses Maximum ist außerdem sehr breit. Im gesamten Potentialbereich von —0,1 bis —0,45 V, in dem Kapazitätsmessungen (Frequenz 312 Hz) ausgeführt wurden, war die Kapazität in Anwesenheit des organischen Stoffes höher als in der reinen 1 n HCl-Lösung. Der Vergleich dieser Ergebnisse mit den an anderen festen Metallen [4, 8, 10—12] gewonnenen Angaben macht es nicht möglich, die Kapazitätszunahme mit der Desorption der organischen Moleküle zu erklären. Deshalb ist die Kapazitätserhöhung im vorliegenden Fall wahrscheinlich mit dem Ablauf elektrochemischer Prozesse an der Elektrode verbunden.

Bockris, Swinkels und Green [43, 44] konnten mit Hilfe markierter Atome nachweisen, daß sich die Adsorption von Decylamin und Naphthalin an Blei, Kupfer. Eisen und Nickel in $NaClO_4$-Lösungen merklich in Abhängigkeit vom Potential ändert. In den Γ,φ-Kurven tritt in einem bestimmten Potentialbereich (φ_m) ein Adsorptionsmaximum der organischen Verbindungen auf. Die Abb. 62 und 63 zeigen die auf die scheinbare Oberfläche bezogenen Resultate der Adsorptionsmessungen am Nickel in Anwesenheit von Decylamin und Naphthalin. Ein gleichartiger Kurventyp wurde auch an anderen Metallen erhalten. Die potentialabhängige Änderung der Adsorption organischer Verbindungen erklärten die Autoren auf der Grundlage der Vorstellungen, die vom Mechanismus konkurrierender Adsorptionsreaktionen zwischen den Lösungsmittelmolekülen und den Molekülen des gelösten Stoffes an der Metalloberfläche ausgehen. Man muß allerdings hinzufügen, daß die Autoren in ihren Überlegungen die Änderung der Polarisierbarkeit der Adsorptionsschicht beim Austausch der Moleküle des organischen Stoffes durch die Wassermoleküle unberücksichtigt ließen. Aus den Abb. 62 und 63 ist ersichtlich, daß φ_m im Vergleich mit dem Nulladungspotential φ_{NL} zu wesentlich negativeren Potentialwerten verschoben ist (in der Arbeit [43] wurde $\varphi_{NL} = -0{,}47$ V verwendet), praktisch aber nicht von der Decylamin- und Naphthalin-Konzentration abhängig ist; das gilt gleichermaßen für Blei, Kupfer und

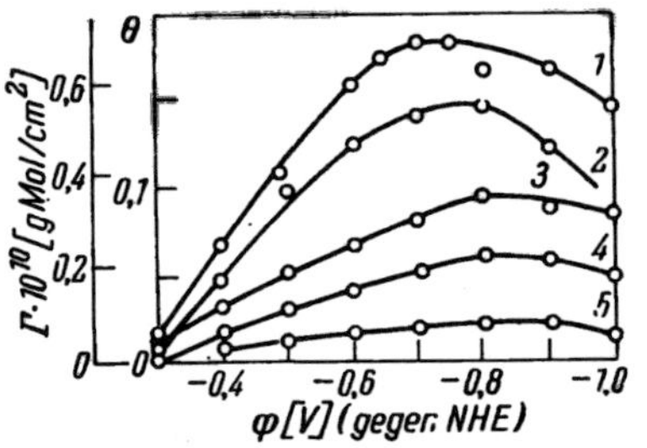

Abb. 63: Naphthalin-Adsorption an Nickel aus einer 1 n $NaClO_4$-Lösung (pH 12) [44]
1 — $7{,}5 \cdot 10^{-5}$; *2* — $5{,}6 \cdot 10^{-5}$; *3* — $3{,}8 \cdot 10^{-5}$; *4* — $1{,}9 \cdot 10^{-5}$; *5* — $0{,}8 \cdot 10^{-5}$m Naphthalin

Nickel. Diese Konzentrationsunabhängigkeit ist ein Hinweis dafür, daß die Dipolmomente für Decylamin und Naphthalin nahe Null liegen. Die φ_m-Verschiebung gegenüber dem Nulladungspotential wird von Bockris und Mitarb. [43] mit dem Unterschied in der Adsorptionsenergie der Wasserdipole bei positiver und negativer Ladung der Elektrodenoberfläche begründet.

Die Autoren [43] nahmen an, daß die Naphthalinmoleküle an der Eisen-, Nickel- und Bleioberfläche eben angeordnet sind, während sie an der Kupferoberfläche eine vertikale Orientierung aufweisen. Bei der Adsorption der Decylaminmoleküle am Blei, Kupfer und Nickel sind die Kohlenwasserstoffenden der Moleküle zum Metall orientiert, während die NH_2-Gruppe in die Lösung ragt. Am Eisen verschiebt sich φ_m bei steigender Decylaminkonzentration zu negativeren Potentialwerten. Nach Meinung der Autoren ist das auf die Orientierung der Decylaminmoleküle mit der NH_2-Gruppe zur Eisenoberfläche zurückzuführen. Die unterschiedliche Orientierung der Decylaminmoleküle an Metallen mit ähnlichen chemischen Eigenschaften (Eisen, Nickel) bleibt jedoch unerklärlich.

Die φ_m-Verschiebung kann offensichtlich auch mit dem Einfluß der Oxydationsprodukte der Metalle im Zusammenhang stehen, da ein Teil der Adsorptionsmessungen bei wesentlich positiveren Potentialen im Vergleich mit dem stationären Potential ausgeführt wurden. Die stationären Potentiale von Eisen und Nickel in den untersuchten $NaClO_4$-Lösungen (pH 12) betragen etwa $-0{,}7$ V [45, 46], während φ_m für Decylamin an diesen Metallen $-0{,}7$ bis $-0{,}9$ bzw. $-0{,}8$ V beträgt. Unter diesen Bedingungen bilden sich an den Metalloberflächen Verbindungen des Typs MOH, während bei hohen negativen Potentialen atomarer Wasserstoff adsorbiert wird. Wie im folgenden noch näher erläutert wird, können die Reaktionsprodukte elektrochemischer Umsetzungen großen Einfluß auf die Adsorption der organischen Stoffe ausüben. Ausführlich wird diese Frage am Beispiel der Platinmetalle im Kapitel 7. erörtert.

Der Konkurrenzmechanismus bei der Adsorption von Wasser- und Mercaptanmolekülen an Kupferpulver wurde von Fujii und Mitarb. [47, 48] untersucht. Die Wassermoleküle blockieren die Kupferoberfläche, bei Mercaptanzusatz ist deshalb praktisch keine Mercaptanadsorption zu beobachten, so daß dieses auch die Auflösung des Kupferpulvers nicht beeinflußt. Bei Dibutylätherzusatz zur Lösung bildet der Äther Wasserstoffbrücken zu den Wassermolekülen und schwächt dadurch die Bindung der Lösungsmittelmoleküle mit der Metalloberfläche. Die Abnahme dieser Bindungsenergie ermöglicht es jetzt, daß die Marcaptanmoleküle die Wassermoleküle von einem großen Teil der Kupferoberfläche verdrängen und selbst am Metall adsorbiert werden. Die Inhibitorwirkung des Mercaptans wächst folglich an. Die Autoren [47, 48] nehmen an, daß die Mercaptanadsorption nach folgendem Schema abläuft:

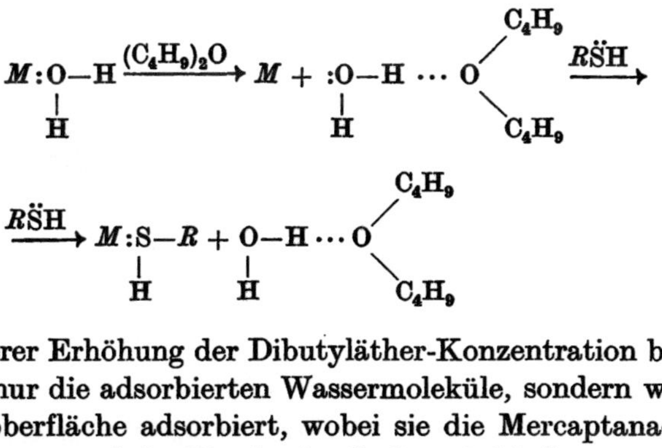

(1)

Bei weiterer Erhöhung der Dibutyläther-Konzentration binden die Äthermoleküle nicht nur die adsorbierten Wassermoleküle, sondern werden auch selbst an der Metalloberfläche adsorbiert, wobei sie die Mercaptanadsorption behindern. Der Bedeckungsgrad der Kupferoberfläche mit Merkaptanmolekülen sowie deren Inhibitorwirkung gehen zurück. Die Änderung der Wasser-, Mercaptan- und Dibutyläther-Konzentrationen in der Lösung während des Ablaufs der geschilderten Prozesse wurde mit einem Infrarotspektrometer sowie chromatographisch verfolgt.

Für Metalle der Eisengruppe ist die Abhängigkeit der Adosprtion organischer Stoffe vom Potential nicht so stark ausgeprägt[1]). Man kann diesen Fakt wahrscheinlich teilweise damit erklären, daß ein Teil der Moleküle des organischen Stoffes, der an der Metalloberfläche infolge elektrostatischer oder van der Waalscher Kräfte adsorbiert ist, eine feste chemische Bindung mit den Oberflächenatomen des Metalls eingeht. Die Geschwindigkeit dieses Übergangs ist von der Natur des Metalls, der Natur des organischen Stoffes sowie dem Potential abhängig, bei dem die Adsorptionsuntersuchungen ausgeführt werden. Die Adsorp-

[1]) Es ist zu bemerken, daß im Zusammenhang mit dem Ablauf elektrochemischer Prozesse die Messungen der differentiellen Kapazität auf ein schmaleres Potentialintervall als für Quecksilber und andere Metalle mit hoher Wasserstoffüberspannung begrenzt sind.

tionsenergie der Moleküle oder Ionen, die die chemische Bindung mit dem Metall eingehen, ist höher, als die Adsorptionsenergie der Wassermoleküle. Die Chemisorption oganischer Stoffe an Metallen der VIII. Übergangsgruppe des Periodensystems ist damit zu erklären, daß die Atome dieser Metalle ein unvollständig mit Elektronen besetztes *d*-Niveau aufweisen. Die organischen Ionen oder Moleküle mit einem freien Elektronenpaar besetzen mit ihren freien Elektronen das *d*-Niveau des Metalls. Man nimmt an, daß nur ein Elektronenpaar eine solche Bindung eingehen kann.

Hackermann u. Mitarb. [49—53] konten am Beispiel vieler organischer Stoffklassen (aliphatische Säuren, Aldehyde, Ketone, Amine, Alkohole, Äther u. a.)

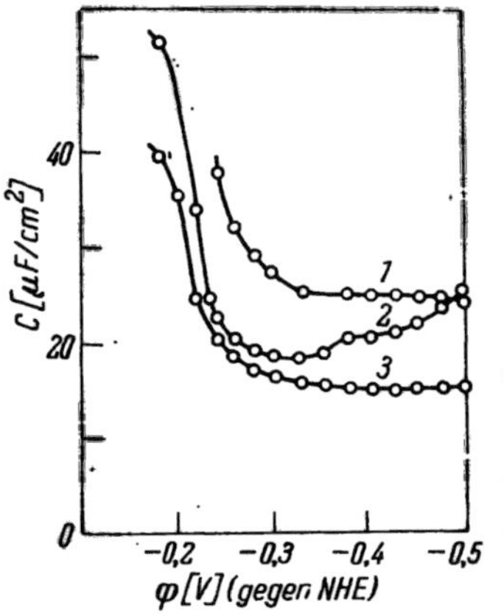

Abb. 64: **Differentialkapazitätskurven an Eisen in einer 1 n H_2SO_4 [54].**
1 — reine Lösung; *2* — $5 \cdot 10^{-3}$ m Nonansulfonsäure bei $\varphi = -0{,}5$ V; *3* — gleicher Zusatz, aber bei $\varphi = -0{,}25$ V

nachweisen, daß die Adsorption dieser Stoffe an Stahlpulver teilweise irreversibel ist. Die Menge der irreversibel adsorbierten Stoffe entspricht einer Monoschicht-Bedeckung und ändert sich praktisch kaum auch bei wiederholtem Waschen des Stahlpulvers mit Benzol. Die Abb. 64 zeigt Differentialkapazitätskurven, die in 1 n H_2SO_4 an einer polierten Eisenelektrode aufgenommen wurden [54]. Wenn man bei —0,5 V (gegen NHE) Nonansulfonsäure zusetzt, dann beobachtet man nach einer Stunde noch keine Adsorption der Säure am Eisen. Die Adsorption beginnt bei einem Potential von —0,48 V und wächst mit steigendem Potential. Bei Potentialen von —0,3 bis —0,32 V (nahe dem Nulladungspotential; s. Tab. 12, S. 239) erreicht die Säureadsorption ein Maximum und verläuft irreversibel. Wenn man die Substanz beim stationären Potential der Eisenelektrode (—0,25 V) zusetzt, dann kommt es auch bei negativeren Potentialen nicht zu einer Desorption der Säure; die Potentialabhängigkeit der Kapazität verläuft dann entsprechend Kurve *3* (Abb. 64).[1])

[1]) *A. d. H.:* In der letzten Zeit wurden Kapazitätskurven und Daten über die Potentialabhängigkeit der Adsorption von aliphatischen Alkoholen an Pb [240, 241], Cu [242], Ag [243, 244] und Bi [245, 246], von verschiedenen aliphatischen Verbindungen an Pb [247] und Ni [248], von Phenol an Bi [249], Thioharnstoff an Pb [250] mitgeteilt.

Die Menge des an der Elektrodenoberfläche adsorbierten Stoffes kann auch indirekt vom Potential abhängig sein, wenn es zur Auflösung oder elektrolytischen Fällung des Metalles kommt. Diese Effekte werden im folgenden Abschnitt diskutiert.

6.2. Einfluß der Auflösung und elektrolytischen Fällung der Metalle auf die Konzentration des adsorbierten Stoffes

Die Auflösung und elektrolytische Abscheidung von Metallen wird von einer Erneuerung der Elektrodenoberfläche begleitet. Die Geschwindigkeit dieses Prozesses ist abhängig vom Elektrodenpotential. Der adsorbierte Stoff geht teilweise zusammen mit den Metallionen in Lösung, während bei der elektrolytischen Metallabscheidung ein Teil des adsorbierten Stoffes in den elektrolytischen Niederschlag eingebaut wird. Bei einer ausreichend schnellen Erneuerung der Metalloberfläche ist die Konzentration des adsorbierten Stoffes niedriger als seine Gleichgewichtskonzentration, da seine Adsorptionsgeschwindigkeit kleiner als die Bildungsgeschwindigkeit der neuen Oberfläche wird.

6.2.1. Metallauflösung

Auf dem anodischen Ast der φ,lg i-Polarisationskurven am Eisen, Kobalt und Nickel wird in Anwesenheit adsorbierter anorganischer Ionen (S^{2-}, J^-, Br^-) und oberflächenaktiver Stoffe ein markanter Rückgang des Kurvenanstiegs be-

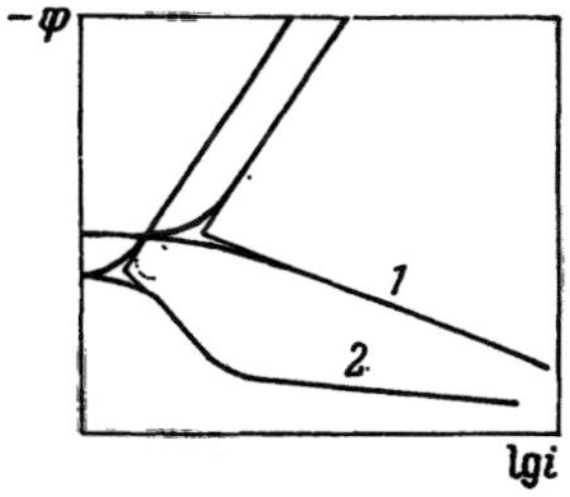

Abb. 65: Schematische Darstellung von Polarisationskurven in reiner Säurelösung (*1*) und bei Zusatz des organischen Stoffes (*2*)

obachtet [38, 57–61]. Dieses Beispiel ist in Abb. 65 dargestellt. Bei hohen anodischen Stromdichten entfernen sich die adsorbierten Teilchen zusammen mit Metallatomen mit hoher Geschwindigkeit von der Elektrodenoberfläche. Es kommt zur Störung des Gleichgewichts zwischen den adsorbierten Molekülen und den Molekülen des gelösten Stoffes. Die Überspannung des anodischen Prozesses wird geringer, und die in der reinen Säurelösung sowie in Anwesenheit des oberflächenaktiven Stoffes aufgenommenen Polarisationskurven gleichen sich einander an. Die Desorption wurde unter vereinfachten Bedingungen von Heusler und Cartledge [58] am Beispiel der an Eisen adsorbierten J^--Anionen und Kohlenmonoxid untersucht. Die aufgefundenen Gesetzmäßigkeiten kann man auch verwenden, um die Desorption organischer Stoffe allgemein zu erklären. Die Autoren [58] stellten folgende Behauptungen auf:

1. die Metalloberfläche ist homogen, so daß die Adsorption mit der LANGMUIR-Isotherme beschrieben werden kann, und
2. das ψ_1-Potential, das bei der Adsorption der Teilchen auftritt, ist nicht groß und kann vernachlässigt werden.

Die Desorption der oberflächenaktiven Stoffe steht mit der Kinetik der anodischen Metallauflösung in engem Zusammenhang. In der Literatur gibt es verschiedene Erklärungen für den Auflösungsmechanismus von Eisen in sauren Lösungen, von denen die Mechanismen nach HEUSLER [62] und BOCKRIS [63] große Verbreitung fanden.

Nach HEUSLER verläuft die Metallauflösung in zwei Stadien:

$$Fe + OH^- \rightleftharpoons FeOH_{kat} + e^-, \tag{2}$$

$$FeOH_{kat} + Fe + OH^- \rightarrow FeOH_{kat} + FeOH^+ + 2e^-. \tag{3}$$

Im ersten Reaktionsstadium bildet sich auf der Eisenoberfläche der Katalysator $FeOH_{kat}$, der das zweite Stadium beschleunigt, das die Reaktionsgeschwindigkeit begrenzt. Die Auflösungsgeschwindigkeit von Eisen in Abwesenheit des adsorbierten organischen Stoffes ist gleich

$$i = kq \cdot c_{OH^-} \exp\left(\frac{2\beta\varphi F}{RT}\right), \tag{VI.2}$$

k = Reaktionsgeschwindigkeitskonstante; c_{OH^-} = Konzentration der OH^--Ionen¹); β = Durchtrittskoeffizient; q = Katalysatorkonzentration, die gemäß dem Stadium (2) bei kleinen Bedeckungsgraden gleich ist

$$q = k' \cdot c_{OH^-} \exp\left(\frac{\varphi F}{RT}\right). \tag{VI.3}$$

Bei Adsorption eines Inhibitors ist der Teil der freien Elektrodenoberfläche, für die der HEUSLER-Mechanismus zutrifft, gleich $1 - \theta$ (θ = Bedeckungsgrad der Oberfläche mit dem Inhibitor). Der Strom an der unbesetzten Oberfläche beträgt dann

$$i = k(1 - \theta)qc_{OH^-} \exp\left(\frac{2\beta\varphi F}{RT}\right), \tag{VI.4}$$

mit

$$q = k'(1 - \theta)c_{OH^-} \exp\left(\frac{\varphi F}{RT}\right).$$

¹) Die Ableitung entspricht verdünnten Lösungen des organischen Stoffes. Man nimmt an, daß $a_{OH^-} \simeq c_{OH^-}$.

An der mit dem Inhibitor bedeckten Oberfläche verläuft der Prozeß nach dem gleichen Mechanismus, aber mit geringerer Geschwindigkeit als an der freien Oberfläche. An der freien Oberfläche reagiert ein Metallatom mit den OH^--Ionen der Lösung und gleichzeitig geht ein adsorbiertes Molekül oder Ion des organischen Stoffes von der bedeckten Oberfläche in die Lösung über, ähnlich den Eisen-II-Ionen.

Die Desorptionsgeschwindigkeit beträgt

$$i_3 = k_3\theta(1 - \theta)c_{OH^-} \exp\left(\frac{2\beta'\varphi F}{RT}\right), \tag{VI.5}$$

(k_3 = Geschwindigkeitskonstante der Metallionisierung; β' = Durchtrittskoeffizient an der bedeckten Oberfläche). Unter stationären Bedingungen ist die Desorptionsgeschwindigkeit gleich der Adsorptionsgeschwindigkeit des organischen Stoffes

$$i_3 + i_2 = i_1,$$

$$k_3\theta(1 - \theta)c_{OH^-} \exp\left(\frac{2\beta'\varphi F}{RT}\right) + k_2\theta = k_1(1 - \theta)c_{org}, \tag{VI.6}$$

(i_1 = Adsorptionsgeschwindigkeit; i_2 = Desorptionsgeschwindigkeit unter Gleichgewichtsbedingungen; c_{org} = Konzentration des organischen Stoffes im Innern der Lösung). Aus Gleichung (VI.6) kann man die Verbindung zwischen φ und θ ableiten

$$\varphi = \frac{RT}{2\beta' F} \ln\left[\left(1 - \frac{k_2}{k_1}\cdot\frac{1}{c_{org}}\cdot\frac{\theta}{1-\theta}\right)\frac{k_1}{k_3}\cdot\frac{c_{org}}{c_{OH^-}}\cdot\frac{1}{\theta}\right]. \tag{VI.7}$$

Wenn die Desorptionsgeschwindigkeit des organischen Stoffes infolge der Metallauflösung klein ist, d. h. wenn $i_2 \gg i_3$ gilt, dann ist der Bedeckungsgrad potentialunabhängig und wird durch die LANGMUIR-Isotherme[1]) bestimmt

$$\theta = \frac{\frac{k_1}{k_2} c_{org}}{1 + \frac{k_1}{k_2} c_{org}}. \tag{VI.8}$$

Bei hohen positiven Potentialen wird die Desorption durch die Auflösung des Metalles bestimmt, und es gilt $i_2 \ll i_3$. Hier kommt die Abhängigkeit des Be-

[1]) Im allgemeinen ist θ unter Gleichgewichtsbedingungen potentialabhängig, wie im Kapitel 3. und im vorherigen Abschnitt gezeigt wurde. Im vorliegenden Fall nimmt man zur Vereinfachung eine Potentialunabhängigkeit von θ an.

deckungsgrades vom Potential durch folgende Beziehung zum Ausdruck:

$$\theta = \frac{k_1}{k_3} \cdot \frac{c_{org}}{c_{OH^-}} \exp\left(-\frac{2\beta'\varphi F}{RT}\right). \tag{VI.9}$$

Aus Gleichung (VI.9) folgt, daß der Bedeckungsgrad mit wachsendem Potential rasch absinkt und der Stromanteil an der freien Oberfläche größer wird. Diesem Zustand entspricht ein markanter Rückgang des Anstiegs in den Polarisationskurven. In Abb. 66 ist die Potentialabhängigkeit des Bedeckungsgrades für drei Konzentrationen des organischen Stoffes (10^{-2}, 10^{-3} und 10^{-4} g-Äquiv./l) nach

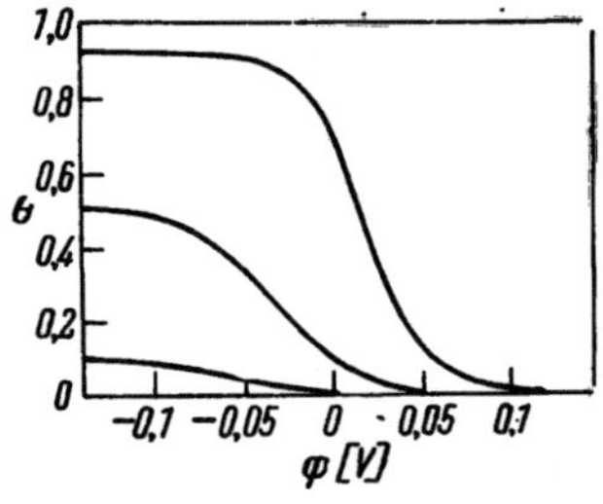

Abb. 66: Abhängigkeit des Bedeckungsgrades vom Potential, berechnet nach Gleichung (VI7).

Berechnungen von Batrakov entsprechend Gleichung (VI.7) dargestellt. Zu diesen Konzentrationen gehören die θ-Werte 0,91; 0,5 und 0,091 bei hohen negativen Potentialen, wenn man i_3 vernachlässigen kann. Für die Berechnungen wurden $k_1 = 1$; $k_2 = 10^{-3}$ Coul/cm² · sec · g-Äquiv. und $k_3 c_{OH^-} = 10^{-2}$ Coul/cm² · sec gewählt. Wie aus der Abbildung ersichtlich ist, wird eine plötzliche θ-Änderung in Abhängigkeit von φ nur bei hohen θ-Werten beobachtet. Deshalb findet man beim Übergang zu niedrigen Bedeckungsgraden, die sehr geringen Konzentrationen des organischen Stoffes in der Lösung entsprechen, kaum ein Potential oder Potentialbereich in den φ,lg i-Kurven, bei oder in dem ein starker Rückgang des Anstiegs der Polarisationskurve zu verzeichnen ist. Das wurde auch bei der Ausführung der experimentellen Arbeiten [58, 61] festgestellt.

Für θ = const. kann man aus Gleichung (VI.9) das Potential ableiten

$$\varphi = \frac{2{,}3RT}{2\beta' F}\,(\ln c_{H^+} + \lg c_{org} + \text{const.}). \tag{VI.10}$$

Wenn $\beta' = 0{,}5$ beträgt, dann wird das Potential φ, bei dem sich der Anstieg der Polarisationskurve stark ändert, zu positiveren Potentialwerten bei wachsender Inhibitorkonzentration: $(\partial\varphi/\partial \lg c_{org})_{c_{H^+}\theta} = 58$ mV sowie bei pH-Abnahme: $(\partial\varphi/\partial \lg c_{H^+})_{c_{org}\theta} = 58$ mV, verschoben. Die in der Arbeit [58] erhaltenen Angaben zur Adsorption von J^--Ionen stehen in guter Übereinstimmung mit der Theorie. In der Tab. 9 sind die Ergebnisse über den Einfluß der Konzentration der organischen Inhibitoren und des pH der Lösung auf das Desorptionspotential φ zusammengefaßt.

Die Werte der in Tab. 9 angeführten Koeffizienten unterscheiden sich von den theoretischen Werten. Diese Abweichungen haben verschiedene Ursachen:

1. die Schwierigkeit einer genauen Bestimmung des Desorptionspotentials;
2. die Notwendigkeit, die Koeffizienten bei $\theta = \text{const.}$ und $i_2 \ll i_3$ zu bestimmen, was nicht exakt bei der alleinigen Betrachtung von Polarisationskurven zu realisieren ist;
3. das vereinfachte Desorptionsmodell. Jamaoka und Fischer [61] wiesen darauf hin, daß man auch die Änderung des ψ_1-Potentials bei der Adsorption von Molekülen (Ionen) des organischen Stoffes berücksichtigen muß.

Tabelle 9: Abhängigkeit des Desorptionspotentials von der Konzentration der organischen Stoffe und dem pH in salzsauren Lösungen

Stoff	$(\partial\varphi/\partial \lg c_{org})_{c_{H^+},\theta}$, mV	$(\partial\varphi/\partial \lg c_{H^+})_{c_{org},\theta}$ mV
Phenylthioharnstoff [61]	55—80	50—100
o-Phenanthrolin [61]	30—50	40— 50
Propargylalkohol [75]	—	50
Tribenzylmethylammoniumsulfat	40—50	—

Eine geringe Adsorbierbarkeit des organischen Stoffes kann eintreten, wenn man an Metalle mit hoher Austauschstromdichte beim Gleichgewichtspotential einen äußeren Polarisationsstrom anlegt und die Austauschstromdichte höher als die Adsorptionsgeschwindigkeit ist [64]. Beispielsweise ist für das System $Ag–AgClO_4$ die Auswahl eines oberflächenaktiven, am Silber adsorbierbaren Stoffes schwierig, da die Austauschstromdichte 24 ± 5 A/cm² beträgt [65, 66]. Ein gleiches Ergebnis kann man beim stationären Potential erwarten, wenn die Selbstauflösungsstromdichte höher ist als die Adsorptionsgeschwindigkeit[1]).

6.2.2. Elektrolytische Metallabscheidung

Bei der kathodischen Metallabscheidung ist die Konzentration des organischen Stoffes an der Elektrodenoberfläche niedriger als die Gleichgewichtskonzentration des adsorbierten Stoffes ohne elektrolytische Fällung. Diese Differenz ist um so größer, je geringer die Adsorptionsgeschwindigkeit des organischen Stoffes und je höher die Geschwindigkeit der elektrolytischen Abscheidung sind. Andererseits haben die oberflächenaktiven Stoffe Einfluß auf das Wachstum und die Bildung der Kristalle. Diese Tatsache benutzt man in der Galvanotechnik, um die Eigenschaften elektrolytischer Beschichtungen zu verbessern (Glanzbildner, Zusätze zur Oberflächenglättung). Die gegenseitige Beeinflussung der Adsorption organi-

[1]) *A. d. H.:* Adsorptionserscheinungen durch Einfluß grenzflächenaktiver Stoffe auf die Strom-Spannungskurve wurden in letzter Zeit für Cu [251] und Fe [252] mitgeteilt.

scher Stoffe und der Kinetik des Kristallwachstums wurde von VAGRAMJAN [67], GORBUNOVA [68] und LOŠKAREV [69, 70] untersucht.

Es gibt gegenwärtig eine Fülle von Material, das sich mit der elektrolytischen Metallabscheidung in Gegenwart von oberflächenaktiven organischen Stoffen befaßt (s. z. B. die Monographien [71—73, 239]). Es wurden aber kaum quantitative Messungen der Adsorption der organischen Stoffe unter diesen Bedingungen ausgeführt.

VOLK und FISCHER [74] konnten nachweisen, daß bei der elektrolytischen Abscheidung von Nickel aus einer (1 m $NiCl_2$ + 20 g/*l* H_3BO_3)-Lösung (pH 2) die

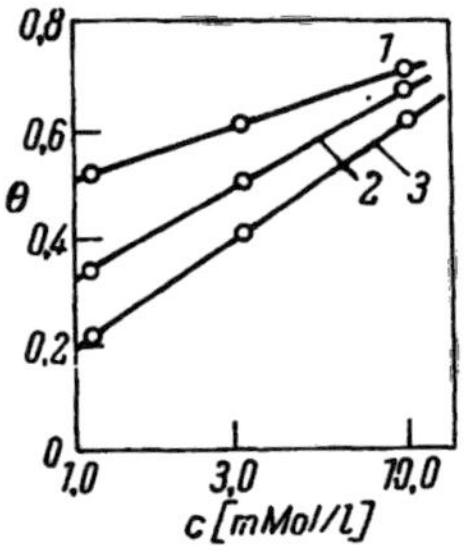

Abb. 67: Abhängigkeit des Bedeckungsgrades von der 2-Butindiol-1,4-Konzentration bei verschiedenen Stromdichten der elektrolytischen Nickelfällung
1 — 10^{-3}; *2* — $5 \cdot 10^{-3}$; *3* — 10^{-2} A/cm² [74]

Adsorption von 2-Butindiol-1,4 und Propargylalkohol mit wachsender Fällungsstromdichte zurückgeht. Abb. 67 zeigt die Ergebnisse der Adsorptionsmessungen für 2-Butindiol-1,4. Bei steigender Alkoholkonzentration nimmt die Adsorptionsgeschwindigkeit zu, und der Bedeckungsgrad ist in geringem Maße abhängig von der Stromdichte. Diese Grundsätze werden verletzt, wenn chemische Änderungen in der Struktur der adsorbierten Ionen (Moleküle) eintreten.[1])

Die Kompliziertheit der elektrolytischen Abscheidungsprozesse und die geringe Zahl experimenteller Angaben über die Adsorption organischer Stoffe erschweren die mathematische Analyse dieser Erscheinungen.[2])

6.3. Gemeinsame Adsorption von Anionen und Kationen

Organische, kationenbildende Stoffe werden an Eisen, Nickel und Kobalt in Schwefelsäure- und Perchlorsäurelösungen nur in sehr geringem Maße adsorbiert [38, 57, 61, 76, 77]. Die Adsorption der organischen Kationen wächst sprunghaft in den Schwefelsäure- oder Perchlorsäurelösungen an, wenn sie Halogenidionen enthalten, bzw. in Halogenwasserstoffsäuren selbst [57, 76, 78—82]. Die Adsorption und inhibierende Wirkung organischer Kationen sowie organischer Oniumverbindungen (Ammonium-, Oxonium-, Sulfoniumverbindungen u. a.)

[1]) *A. d. H.:* Die Adsorption von Cumarin wurde aus Metallabscheidungspotentialen [253] und auch mit der rotierenden Scheibenelektrode [254] untersucht.

[2]) *A. d. H.:* Über den Einfluß organischer Stoffe auf die Kupferabscheidung wurde in [255] berichtet.

steigen beim Übergang von Cl^-- zu Br^-- und besonders J^--Ionen. Die Ausbildung von Elektronenbindungen zwischen den Metallatomen und den Halogenidionen führt zur Chemisorption der Ionen an der Metalloberfläche. Besonders fest ist die Chemisorption der J^--Ionen, die den größten Ionenradius aufweisen. Dieser begünstigt die leichte Deformierbarkeit der Elektronenhülle des Ions. Nach den Vorstellungen von Iofa [83, 84] haben die adsorbierten Halogenidionen eine Funktion als Bindeglied zwischen den Metallatomen und den organischen Kationen. Die Adsorptionsenergie der organischen Kationen wächst, und sie substituieren die Wassermoleküle an der Metalloberfläche. Die Adsorption der Oniumverbindungen verläuft nach dem gleichen Mechanismus, da in sauren Lösungen die Moleküle dieser Stoffe Protonen addieren und als Kationen auftreten. Die Kationenbildung bei Aminen, Sulfoxiden, Sulfamiden und anderen Verbindungen erfolgt nach folgendem Schema:

$$R_3X + H_3O^+ \rightarrow [R_3XH]^+ + H_2O, \tag{4}$$

$$R_2SO + H_3O^+ \rightarrow [R_2SOH]^+ + H_2O, \tag{5}$$

$$R_3AsO + H_3O^+ \rightarrow [R_3AsOH]^+ + H_2O, \tag{6}$$

$$RH{-}N{-}\underset{\underset{\textstyle S}{\|}}{C}{-}N{-}RH + H_3O^+ \rightarrow [RNH{-}\underset{\underset{\textstyle SH}{|}}{C}{-}RNH]^+ + H_2O, \tag{7}$$

(R = aromatische oder aliphatische Radikale; X = N, P oder As).

Die Zunahme der Adsorption organischer Kationen kann man auch mit der Änderung der Oberflächenladung des Metalls in Gegenwart von Halogenidionen erklären [76, 85]. Die Eisenoberfläche in 1 n H_2SO_4 besitzt bei einem stationären Potential von $-0{,}25$ bis $-0{,}27$ V (gegen NHE) eine positive Ladung, da φ_{NL} $-0{,}37$ bis $-0{,}40$ V beträgt (s. Tab. 12, S. 239); positiv geladene Ionen werden an der gleichnamig geladenen Oberfläche schlecht adsorbiert. Bei der Chemisorption von Halogenidionen addiert sich deren Ladung unmittelbar zur Ladung der Metalloberfläche, dadurch wird das Nulladungspotential φ_{NL} zu positiveren Potentialwerten verschoben[1]). Die Metalloberfläche trägt jetzt bei dem gleichen stationären Potential eine negative Ladung, und die Kationen werden infolge elektrostatischer Kräfte von der Metalloberfläche angezogen.

In Abb. 68 sind C,φ-Kurven dargestellt, die in 1 n H_2SO_4 an zonengeschmolzenem Eisen in Anwesenheit von Tribenzylamin (TBZA) und J^--Ionen aufgenommen wurden.

Die Messungen der differentialen Kapazität der elektrischen Doppelschicht zeigten, daß die Adsorption von Oniumverbindungen (Chinolin, Dimethylanilin [82] und o-Phenanthrolin [61]) in Gegenwart von Cl^--Ionen zunimmt.

[1]) Bei der Adsorption von Halogenidionen an Quecksilber wird das Nulladungspotential φ_{NL} zu hohen negativen Potentialen verschoben (s. Kapitel 7.9.).

Eine Zunahme der Adsorption organischer kationenbildender Stoffe wird auch bei Zusatz von HS^-- und CNS^--Ionen beobachtet [38, 86, 87]. Die Abnahme der Doppelschichtkapazität bei gleichzeitiger Anwesenheit von Tribenzylamin (10^{-3} m) und Sulfidionen (10^{-2} n) ist wesentlich stärker als bei alleinigem Zusatz von TBZA (10^{-3} m) (Abb. 69). Der Mechanismus der gemeinsamen Adsorption

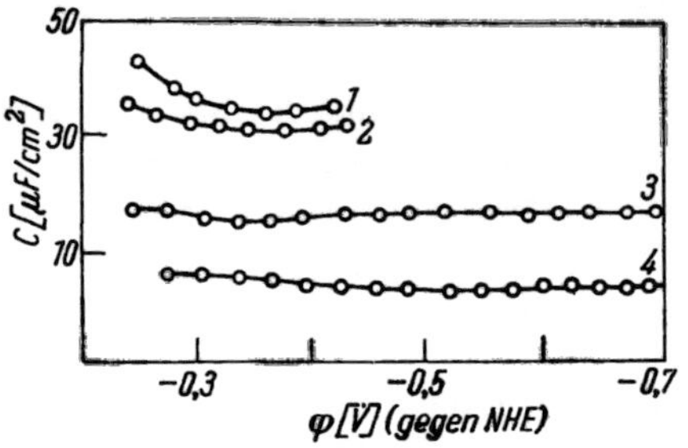

Abb. 68: Differentialkapazitätskurven an Eisen in 1 n H_2SO_4
1 – reine Lösung; *2* – 10^{-3} m TBZA; *3* – 10^{-2} n KJ; *4* – 10^{-3} m TBZA + 10^{-2} n KJ

von HS^- -und CNS^--Ionen und organischen Kationen ist der gleiche, wie auch im Falle der gleichzeitigen Adsorption von Halogenid-Ionen und organischen Stoffen.

Einige Beimengungen im Eisen und Stahl fördern die Adsorption von Inhibitoren. So werden von Stählen mit hohem Schwefelgehalt Oniumverbindungen aus schwefelsauren Lösungen wesentlich besser adsorbiert als von reinem Eisen.

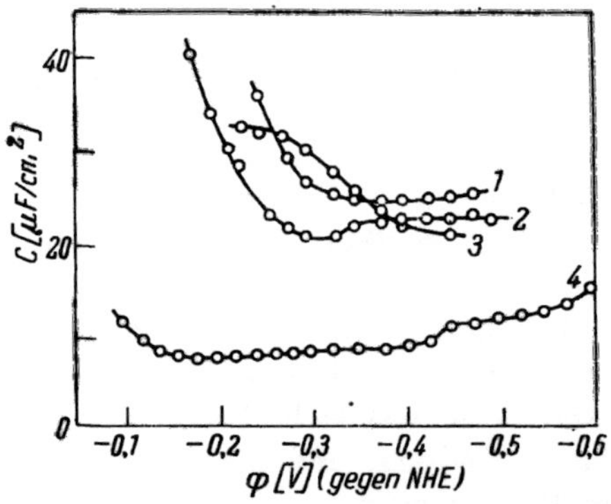

Abb. 69: Differentialkapazitätskurven an Eisen in 1 n H_2SO_4 [38]
1 – reine Lösung; *2* – $3 \cdot 10^{-4}$ m TBZA; *3* – $2 \cdot 10^{-4}$ n H_2S; *4* – $2 \cdot 10^{-4}$ n H_2S + $3 \cdot 10^{-4}$ m TBZA

Diese Tatsache steht mit der Bildung von Sulfidionen bei der Stahlauflösung und der gemeinsamen Adsorption dieser Ionen mit organischen Kationen in Zusammenhang [86, 88]. Deshalb kann man die Adsorptionseigenschaften von Eisen und Quecksilber nur vergleichen, wenn man zonengeschmolzenes und spektralreines Eisen einsetzt.

IOFA, BATRAKOV und CHO NGOC BA [83] beobachteten die Zunahme der Adsorption organischer Kationen in Gegenwart organischer Anionen. In Abb. 70 sind die Kapazitätsmeßwerte in 1 n H_2SO_4 mit Tribenzylamin- und Benzolsulfonsäure-Zusatz dargestellt. Wie aus der Abbildung ersichtlich ist, wird die Erhöhung der Tribenzylamin-Adsorption von einer Verbreiterung des Adsorptionspotentialbereichs begleitet.

Die Adsorption neutraler organischer Moleküle (Hexylalkohol, Kampfer) ändert sich bei Zusatz von Halogenidionen zur Lösung nur wenig. Für Kampfer

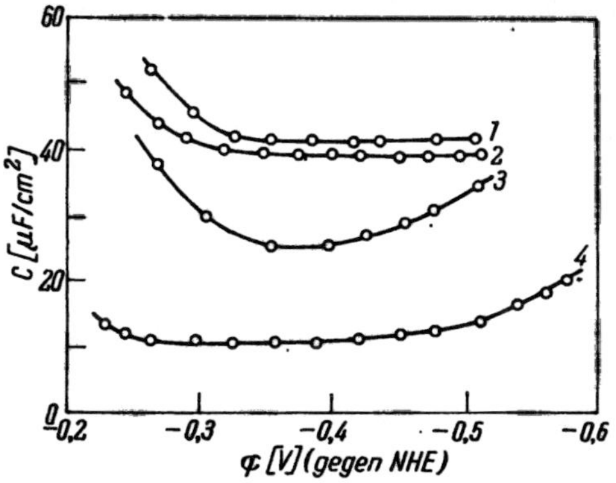

Abb. 70: Differentialkapazitätskurven an Eisen in 1 n H_2SO_4 [83]

1 – reine Lösung; *2* – 10^{-3} m TBZA; *3* – 10^{-2} m Benzolsulfonsäure; *4* – 10^{-3} m TBZA + 10^{-2} m Benzolsulfonsäure

ist jedoch in einem sehr schmalen Potentialintervall vor Erreichen des Desorptionspotentials eine Erhöhung der Adsorption festzustellen (Abb. 71). Die organischen Anionen (Sulfonsäuren, Propionsäure) werden in Anwesenheit von Halogenidionen am Eisen praktisch nicht adsorbiert [79, 82]. Die gemeinsame Adsorption von Anionen und organischen Kationen ist offensichtlich in starkem Maße auf die elektrostatische Anziehung zwischen den Ionen zurückzuführen,

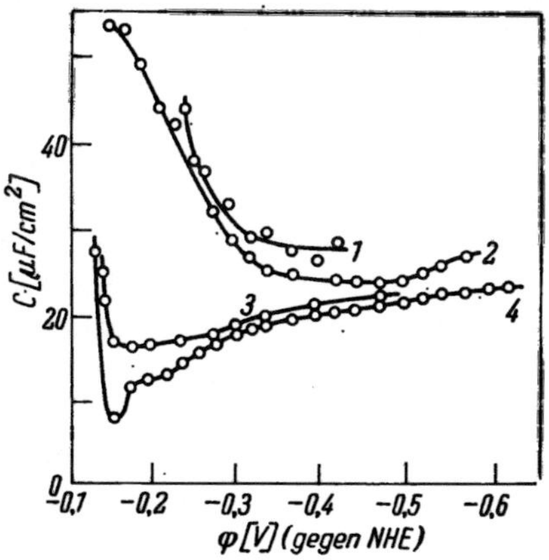

Abb. 71: Differentialkapazitätskurven an Eisen in 1 n H_2SO_4

1 – reine Lösung; *2* – $2 \cdot 10^{-4}$ m Kampfer; *3* – $2 \cdot 10^{-3}$ n KJ; *4* – $2 \cdot 10^{-4}$ m Kampfer + $2 \cdot 10^{-3}$ n KJ unter deren Einfluß Ionenpaare Anion—Kation an der Metalloberfläche gebildet werden. Der Vollständigkeit halber ist zu erwähnen, daß in der Literatur die Erhöhung der Adsorption aller drei Typen organischer Stoffe am Kadmium in Gegenwart von J^--Ionen beschrieben wird [89].

Die starke Adsorption der Tetraalkylammonium-Halogenide (Tetrabutylammonium-Bromid, Tetrabutylammonium-Jodid u. a.) sowie von Äthylchinolinjodid [84, 90], Thioharnstoff und dessen Derivaten [91] kann man hauptsächlich mit der kombinierten Adsorption der organischen und anorganischen Ionen erklären, die bei der Dissoziation der organischen Verbindungen in wäßrigen Lösungen entstehen. Sulfidionen bilden sich beim Zerfall von Thioharnstoff und dessen Derivaten (Phenylthioharnstoff, Diphenylthioharnstoff, n-Tolylthioharnstoff, Allylphenylthioharnstoff u. a.). Sehr eingehend wurde die Adsorption von Thioharnstoff an Eisen [92, 93] und Kupfer [94—96] untersucht.

In der Literatur gibt es widersprechende Vorstellungen über den Zerfallsmechanismus von Thioharnstoff an Eisen [52, 84, 92, 97—101].

In allen Mechanismen taucht jedoch Schwefelwasserstoff als Zerfallsprodukt des Thioharnstoffs auf, der an der Metalloberfläche abgeschieden wird und radiometrisch gemessen werden kann, wenn man von markiertem Thioharnstoff (S^{35}) ausgeht. In sauren Lösungen kann der Thioharnstoffzerfall nach folgendem Schema verlaufen:

$$(NH_2)_2CS + 6e^- + 8H^+ \rightarrow H_2S + CH_3NH_3^+ + NH_4^+. \qquad (8)$$

Nach Meinung von Llopis und Mitarb. [95, 96] kann der Zerfall von Thioharnstoff und dessen Derivaten durch den gelösten Sauerstoff verursacht werden:

$$(RNH)_2CS + {}^1/_2O_2 \rightarrow (RNH)_2CO + S^{2-}. \qquad (9)$$

Filko [92] konnte nachweisen, daß sich die Schwefelstoffwassermenge mit wachsender Korrosionsgeschwindigkeit des Eisens erhöht. Die Zerfallsgeschwindigkeit von Thioharnstoff nimmt bei erhöhter kathodischer Polarisation zu, wobei die Thioharnstoffkonzentration an der Eisenoberfläche zurückgeht [93]. Die Thioharnstoffadsorption verläuft offenbar in zwei Stadien. Zuerst werden die Moleküle an der Metalloberfläche infolge des freien Elektronenpaares am Schwefelatom adsorbiert. Danach unterliegen die adsorbierten Thioharnstoffmoleküle einer langsamen chemischen Umwandlung, in deren Verlauf neben den Thioharnstoffmolekülen auch deren Zerfallsprodukte an der Eisenoberfläche auftreten.

Das Metall hat wesentlichen Einfluß auf die Zerfallsgeschwindigkeit von Thioharnstoff. Der Thioharnstoffzerfall verläuft an einer Nickeloberfläche schneller als z. B. an Kupfer [102—105]. Mit radioaktiven Indikatoren konnte festgestellt werden, daß bei hohen Thioharnstoffkonzentrationen (10^{-3} Mol/l) am Kupfer hauptsächlich unzerfallene Thioharnstoffmoleküle adsorbiert werden. Bei geringeren Konzentrationen (10^{-5} Mol/l) werden vorwiegend Zerfallsprodukte adsorbiert. Der Thioharnstoffzerfall am Nickel wird mit wachsender katodischer Polarisation gehemmt, während unter diesen Bedingungen der Zerfall am Eisen beschleunigt wird (s. oben).

Die Thioharnstoffadsorption an Eisen und Kupfer verläuft an der gesamten Elektrodenoberfläche gleichmäßig [93, 94]. Spektrophotometrische Messungen bestätigen, daß der Thioharnstoff auch am Nickel gut adsorbiert wird [106].

Thioharnstoffderivate zerfallen bei Einwirkung von Wasserstoff, der an den Metallen abgeschieden wird, ebenfalls unter Schwefelwasserstoffbildung. Der Zerfallsmechanismus von Thioharnstoffderivaten wurde bisher nur wenig untersucht. Für Phenylthioharnstoff nimmt man folgendes Schema an [61]:

$$C_6H_5NCSNH_2 + 8H + 2H^+ \rightarrow C_6H_5NH_3^+ + CH_4 + H_2S + NH_4^+. \qquad (10)$$

Offensichtlich kommt es an der Oberfläche von Eisen und anderen Metallen zur Adsorption sowohl von Zerfallsprodukten der Thioharnstoffderivate (S^{2-}-

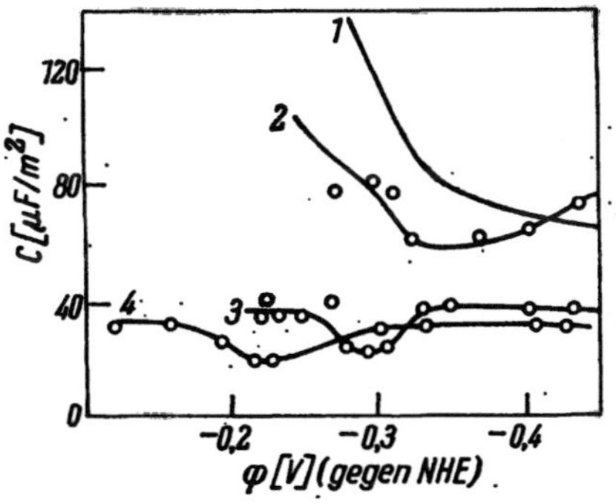

Abb. 72: Differentialkapazitätskurven an Eisen in HCl (pH 2) bei Phenylthioharnstoffzusatz [61]
1 — 0; *2* — 10^{-5}; *3* — 10^{-4}; *4* — 10^{-3} m

Ionen und organische Kationen), als auch von Molekülen, die chemisch unverändert geblieben sind. Letztere werden an der Metalloberfläche unter Bildung von Elektronenbindungen zwischen dem Schwefelatom und den Metallatomen chemisorbiert. Möglicherweise kann die Adsorption von Thioharnstoff und seinen Derivaten in bestimmten Fällen auch durch die Wechselwirkung zwischen den Metallatomen und der NH_2-Gruppe hervorgerufen werden, da das Stickstoffatom ebenso wie das Schwefelatom ein freies Elektronenpaar besitzt. Infrarotspektren bestätigen die mögliche Existenz von Metall—Stickstoff- und Metall—Schwefel-Bindungen in den Komplexverbindungen des Thioharnstoffs mit Metallen [107, 108].

Abb. 72 zeigt Differentialkapazitätskurven einer Eisenelektrode bei Phenylthioharnstoffzusatz in salzsauren Lösungen. Die Kapazität wurde aus dem Potentialabfall berechnet. Die Phenylthioharnstoffadsorption wächst mit steigender Konzentration und erreicht bei 10^{-3} m praktisch den Sättigungswert. Bei hohen Inhibitorkonzentrationen tritt in den C,φ-Kurven ein Minimum auf, dessen Ursache unklar ist. Die Lage des Minimums entspricht etwa annähernd dem stationären Elektrodenpotential.

In dem untersuchten pH-Bereich (von 2 bis 3) bleibt der Adsorptionsgrad des Phenylthioharnstoffs fast unverändert. Nach Angaben von Machu und Gouda [109] wird Di-o-Tolylthioharnstoff sehr gut an Zink, Aluminium und Zinn chemisorbiert, weniger gut dagegen an Nickel und Kupfer. An Silber wird nach Meinung der Autoren nur eine physikalische Adsorption beobachtet. Die Adsorption von Tolylthioharnstoff und des symmetrischen Diphenylthioharnstoffs an Eisen in salzsauren Lösungen wurde von CAVALLARO, FELLONI und TRABANELLI [91] untersucht.

6.4. Abhängigkeit der Adsorption organischer Stoffe von der Konzentration Adsorptionsisotherme. Adsorptionskinetik

Die experimentelle Abhängigkeit der Adsorption organischer Stoffe von ihrer Konzentration an Metallen mit hoher und mittlerer Wasserstoffüberspannung wird hinreichend gut durch die Isotherme nach LANGMUIR, TEMKIN und FRUMKIN beschrieben.

In allgemeiner Form können diese Isotherme wie folgt ausgedrückt werden:

$$Bc = \frac{\theta}{1-\theta}, \tag{VI.11}$$

$$\theta = \frac{1}{f} \ln \left[\frac{1 + B_{max}c}{1 + B_{min}c}\right], \tag{VI.12}$$

$$Bc = \frac{\theta}{1-\theta} \exp(-2a\theta), \tag{VI.13}$$

$B = k_1/k_2$ = Adsorptionsgleichgewichtskonstante, die dem Verhältnis der Geschwindigkeitskonstanten der Adsorption und Desorption entspricht und mit der freien Adsorptionsenergie nach $B = \exp(-\Delta G_a/RT)$ zusammenhängt; B_{max}, B_{min} = Adsorptionsgleichgewichtskonstanten, die dem höchsten und niedrigsten Wert der Adsorptionsenergie entsprechen; c = Konzentration des Stoffes in der Lösung (in Mol/l); f = Inhomogenitätsfaktor der Oberfläche, der die Änderung der Adsorptionsenthalpie mit dem Bedeckungsgrad charakterisiert; a = Attraktionskonstante.

Bei mittleren Bedeckungsgraden, wenn $B_{max}c \gg 1$ und $B_{min}c \ll 1$ ist, vereinfacht sich Gleichung (VI.12) zu [110]

$$\theta = \frac{1}{f} \ln (B_{max}c). \tag{VI.14}$$

Scheinbar ist für die Adsorption an festen Elektroden mit Oberflächeninhomogenitäten die LANGMUIR-Isotherme nicht erfüllbar. In verschiedenen Arbeiten konnte aber nachgewiesen werden, daß die Oberflächenbedeckung gerade mit dieser Isotherme beschrieben werden kann. Man erhielt diese Ergebnisse bei Adsorptionsuntersuchungen in organischen Lösungsmitteln [111, 112]. Beispielsweise befolgt die Stearinsäure-Adsorption aus Cyclohexan an Stahlblättchen die LANGMUIR-Isotherme [111]. Zur Beschreibung der Adsorption aliphatischer Amine mit verzweigten und unverzweigten Kohlenstoffketten aus Benzol an

Eisenpulver konnte die gleiche Isotherme verwendet werden [112]. Aus Potentialverschiebungen wurde abgeleitet, daß in wäßrigen, salzsauren Lösungen die Bedeckung der Eisenoberfläche mit o-Phenanthrolin- und Phenylthioharnstoff-Molekülen ebenfalls durch die LANGMUIR-Isotherme beschrieben werden kann [61]. GLATOS [113] untersuchte die Adsorption von Natriumbenzoat an Stahl in NaCl-Lösungen (pH 7,5). Bei niedrigen Bedeckungsgraden im Bereich von 0,07 bis 0,16 befolgt die Adsorptionsmonoschicht die Isotherme nach FREUNDLICH.

Die Bedeckung einer inhomogenen Oberfläche mit dem organischen Stoff entsprechend der LANGMUIR-Isotherme kann man teilweise mit der Wirkung zweier, sich kompensierender Faktoren erklären. Einerseits sinkt die freie Adsorptionsenergie mit wachsendem Bedeckungsgrad, andererseits verstärken sich die Anziehungskräfte zwischen den adsorbierten Molekülen, d. h., die Wirkung der exponentiellen Glieder der TEMKINschen und FRUMKINschen Isotherme (s. (VI.12) und (VI.13)) wird kompensiert. Wenn die Bedeckung die LANGMUIR-Isotherme befolgt, dann ist die freie Adsorptionsenergie einfach zu berechnen. Dazu ist Gleichung (VI.11) umzuformen nach

$$\frac{c}{55{,}5} \exp\left(-\Delta G_a/RT\right) = \frac{\theta}{1-\theta}. \qquad \text{(VI.15)}$$

Nach Logarithmierung kann ΔG_a unschwer bestimmt werden.

Wenn das adsorbierte organische Molekül an der Phasengrenze Metall/Lösung n Wassermoleküle verdrängt, dann gilt nach BOCKRIS u. Mitarb. [43] die LANGMUIR-Isotherme in anderer Form[1]):

$$\frac{c}{55{,}5} \exp\left(-\Delta G_a/RT\right) = \frac{\theta}{[(1-\theta)n]^n} [\theta + n(1-\theta)]^{n-1}. \qquad \text{(VI.16)}$$

Nach dieser Gleichung berechneten BOCKRIS u. Mitarb. [43, 44] die Adsorptionsenergie von Naphthalin an Eisen, Nickel und Kupfer. Sie nahmen an, daß die Naphthalinmoleküle an der Oberfläche von Nickel und Eisen waagerecht ($n = 6$), an der Kupferoberfläche dagegen senkrecht ($n = 2$) angeordnet sind.

Die Adsorptionsenergie von n-Decylamin an den gleichen Metallen ist abhängig vom Bedeckungsgrad. Die Autoren führten das auf seitwärts gerichtete Anziehungskräfte zwischen den adsorbierten Molekülen zurück (in Gleichung (VI.13) ist $a > 0$). Deshalb wurde ΔG_a für n-Decylamin bei $\theta \to 0$ bestimmt. Die berechneten Werte sind in Tab. 10 enthalten.

Die Autoren [43, 44] stellten fest, daß die Potentialänderung der Kupferelektrode keinen Einfluß auf die $\Delta G_a,\theta$-Abhängigkeit bei der n-Decylamin-Adsorption besitzt. Die berechneten Adsorptionsenergien für Naphthalin und n-Decylamin sind praktisch von der Natur des Metalles unabhängig. Diese

[1]) Wie auf den Seiten (79/80) bereits bemerkt wurde, gilt Gleichung (VI.16) nicht für ein System, in dem ein organisches Molekül n Lösungsmittelmoleküle von der Oberfläche verdrängt.

Tabelle 10: Freie Adsorptionsenergie ΔG_a von Naphthalin und n-Decylamin an Metallen (kcal/Mol)

Metall	Naphthalin [44]	n-Decylamin [43]	Metall	Naphthalin	n-Decylamin
Ni	−6,0	−6,8	Cu	−7,0	−7,3
Fe	−7,0	−6,6	Pb	—	−6,2

Tatsache ist als Hinweis auf den physikalischen Charakter der Adsorption dieser Stoffe anzusehen.

Im folgenden soll untersucht werden, aus welchen Anteilen sich die Adsorptionsenergie ΔG_a zusammensetzt, wenn der Adsorptionsprozeß reversibel ist. Bei Adsorption des organischen Stoffes an der Metalloberfläche verdrängt jedes Molekül des organischen Stoffes n Wassermoleküle. Die freie Energie dieses Prozesses entspricht der Differenz zwischen den freien Adsorptionsenergien des organischen Stoffes ($\Delta G''$) und des Wassers ($\Delta G'$):

$$\Delta G_a = \Delta G'' - n\Delta G'. \tag{VI.17}$$

Um $\Delta G'$ und $\Delta G''$ zu berechnen, gingen die Autoren [43] von einem reversiblen Kreisprozeß aus, der der Adsorption—Desorption des Wassers und des organischen Stoffes unter isothermen Bedingungen entspricht:

$$\Delta G' = \Delta G_1' - RT \ln p_{H_2O}, \tag{VI.18}$$

$$\Delta G'' = \Delta G_1'' - RT \ln p_{org} + RT \ln (c_{ges}/c), \tag{VI.19}$$

$\Delta G_1'$ — Änderung der freien Energie bei der Adsorption von Wasser aus der Dampfphase ($p = 1$ at) an der Metalloberfläche; $\Delta G_1''$ — gleiche Größe für den organischen Stoff; p_{H_2O}, p_{org} — Dampfdruck der mit Wasser bzw. dem organischen Stoff gesättigten Gasphase bei der Temperatur T; c_{ges} = Konzentration einer gesättigten Lösung des organischen Stoffes in Wasser; c = Konzentration des organischen Stoffes in Wasser (niedrige Konzentrationen).

Wenn man die Gleichungen (VI.18) und (VI.19) in (VI.17) einführt, erhält man

$$\Delta G_a = \Delta G'' - n\Delta G' = \Delta G_1'' - n\Delta G_1' - RT \ln \frac{p_{org}}{p^n_{H_2O}} + RT \ln \frac{c_{ges}}{c}. \tag{VI.20}$$

Für die freie Standardenergie ist der Molenbruch des organischen Stoffes gleich eins, deshalb nimmt der Ausdruck (VI.20) schließlich folgende Form an[1]):

$$\Delta G_a^0 = \Delta G_0'' - n\Delta G_0' = \Delta G''_{1,0} - n\Delta G'_{1,0} - RT \ln \frac{p_{org}}{p^n_{H_2O}} + RT \ln \frac{c_{ges}}{55,5}. \tag{VI.21}$$

[1]) Der Molenbruch des organischen Stoffes beträgt $X = \frac{c}{c + c_{H_2O}} \simeq \frac{c}{c_{H_2O}} = \frac{c}{55,5}$ somit ist für $X = 1$, $c = 55,5$.

Die beiden ersten Glieder der Gleichung (VI.21) sind von der Wechselwirkungsenergie zwischen dem organischen Stoff bzw. dem Wasser und der Metalloberfläche abhängig. Die Glieder drei und vier charakterisieren die Eigenschaften des Stoffes (Dampfdruck und Löslichkeit). Aus der Gleichung folgt somit, daß die Adsorption des organischen Stoffes mit abnehmender Löslichkeit größer wird. Wenn $\Delta G''_{1,0}$ und $\Delta G'_{10}$ von der Natur des Stoffes und des Metalles unabhängig sind und die Dampfdrucke der organischen Stoffe in der gleichen Größenordnung liegen, dann müssen die für diese Stoffe konstruierten Adsorptionsisotherme in den Koordinaten Γ und c/c_{ges} zusammenfallen. Das wird durch die Ergebnisse der Arbeit [114] bestätigt.

Tamamushi und Tamaki [114] untersuchten die Adsorption von Dodecylammoniumchlorid (DAC), Tetradecylammoniumchlorid (TAC), Hexadecylammoniumchlorid (HAC) und verschiedenen anderen organischen Stoffen mit langer Kohlenwasserstoffkette aus wäßrigen Lösungen an Aluminiumpulver. Mit wachsender Länge der Kohlenwasserstoffkette sinkt die Löslichkeit der organischen Verbindungen in den wäßrigen Lösungen, in äquivalentem Maße steigt aber ihre Adsorbierbarkeit. Für HAC ist eine merkliche Adsorption bei niedrigeren Konzentrationen als für TAC und DAC zu beobachten. Um den gleichen Bedeckungsgrad zu erreichen, muß die Konzentration der Stoffe in der Reihe HAC $<$ TAC $<$ DAC zunehmen. Die Adsorptionsisotherme in den angegebenen Koordinaten Γ, c/c_{ges} fallen für DAC, TAC und HAC praktisch zusammen. Hansen und Clampit [115] konnten jedoch bei der Untersuchung der Adsorption von Capron-, Capryl- und Önanthsäure an Silber und Kupfer eine solche Gesetzmäßigkeit nicht beobachten.

Die meisten untersuchten organischen Stoffe befolgen bei der Adsorption an der Nickel- und Eisenoberfläche die Temkinsche Isotherme. Logarithmische Adsorptionsisothermen wurden von Volk und Fischer [74] für 2-Butindiol-1,4 (s. Abb. 67), Propargylalkohol, n-Äthylchinolin und β-Naphthochinolin an Nickel erhalten. Hackerman u. Mitarb. [116] stellten fest, daß die Adsorption von Poly-(4-Vinylpyridin), Poly-(4-Vinylpiperidin) und Polyäthylenamin an Stahlpulver durch die Temkinsche Isotherme beschrieben wird. Bei Kapazitätsmessungen mit Wechselstrom konnte nachgewiesen werden [84, 117], daß die Adsorption von Allylphenylthioharnstoff in 1 n H_2SO_4 und von Tribenzylmethylammoniumsulfat in 1 n HCl in Eisen mit der Temkinschen und Frumkinschen Isotherme ($a < 0$) beschrieben werden kann. Die experimentellen Ergebnisse sind in Abb. 73 dargestellt. In der gleichen Abbildung sind auch die aus Polarisationskurven berechneten Adsorptionsisothermen enthalten. Die Kurven *3* und *4* wurden aus der Änderung der Abscheidungsgeschwindigkeit von Wasserstoff bei kathodischer Polarisation in Anwesenheit des organischen Stoffes berechnet. Der Anstieg der Polarisationskurven, der zur Berechnung des Bedeckungsgrades diente, änderte sich nicht bei steigender Konzentration des organischen Stoffes.

Wie Abb. 73 zeigt, hemmen Allylphenylthioharnstoff und Tribenzylmethylammoniumsulfat die Wasserstoffabscheidung infolge ihrer abschirmenden

Wirkung und der Änderung des ψ_1-Potentials. Das wird deutlich, da die aus den Polarisationskurven bestimmten θ-Werte wesentlich höher sind, als die nach Gleichung (V.22) berechneten. Damit werden die im Kapitel 5.8. diskutierten Vorstellungen bestätigt. Ein solcher Vergleich wird in der Literatur praktisch nicht angestellt. Man findet nur einen Hinweis [115], daß die Adsorptionsisothermen von Caprylsäure an Silber, die aus den Polarisationskurven und

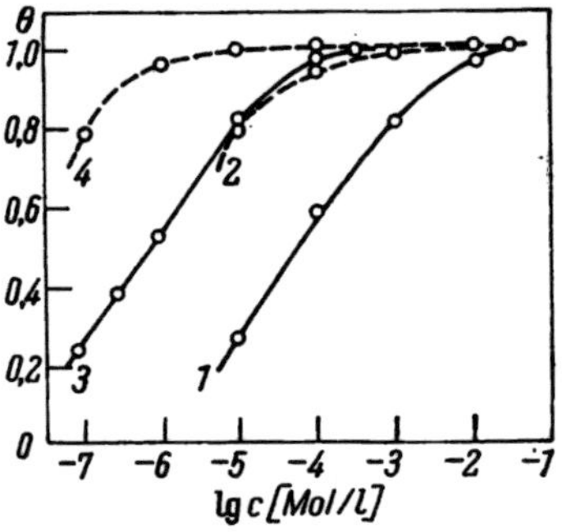

Abb. 73: Isotherme der Tribenzylmethylammoniumsulfat-Adsorption (*1*, *2*) aus 1 n HCl ($\varphi = -0{,}4$ V) und Allylphenylthioharnstoff-Adsorption (*3*, *4*) aus 1 n H_2SO_4 ($\varphi = -0{,}25$ V gegen NHE), berechnet aus dem Kapazitätsabfall in der Doppelschicht (*1*, *3*) und aus den Polarisationskurven (*2*, *4*)

Kapazitätswerten berechnet wurden, zusammenfallen. In [115] wurde zur θ-Berechnung aus der Änderung der Doppelschichtkapazität die folgende Gleichung benutzt:

$$\theta = 1 - C/C_0. \qquad \text{(VI.22)}$$

Als Grundelektrolyt wurde eine Lösung aus 0,1 n $HClO_4$ + 0,001 n KCl verwendet.

Gleichung (VI.22) folgt aus Gleichung (V.22), wenn man annimmt, daß die Doppelschichtkapazität bei vollständiger Oberflächenbedeckung gleich Null ist. Eine solche Annahme gestattet Berechnungen nur bei niedrigen Bedeckungsgraden, deshalb sind die für mittlere und hohe Bedeckungsgrade in [115] erhaltenen Ergebnisse ungenau. Über die Adsorptionskinetik organischer Stoffe an festen Metallen mit hoher und mittlerer Wasserstoffüberspannung finden sich in der Literatur nur sehr spärliche Informationen. Einige wenige Angaben beziehen sich auf die Adsorptionskinetik in organischen Lösungsmitteln [111, 118].

Die Untersuchung der Adsorption von radioaktiver Essig- und Stearinsäure an Eisen, Aluminium und Kupfer aus Cyclohexan-Lösungen ergaben, daß die Adsorptionsgeschwindigkeit der Säuren proportional ihrer Konzentration wächst. Das Adsorptionsgleichgewicht stellt sich nach 100—200 min ein und ist von der Essigsäurekonzentration (0,004—0,00025 n) abhängig [111]. Aber auch in diesen Arbeiten wurden nicht die Gesetzmäßigkeiten der Adsorptionskinetik untersucht.

In der Katalysetheorie benutzt man die Gleichung von Roginskij und Zel'dovič [119], um die Kinetik der gehemmten chemischen Adsorption eines Stoffes an einer inhomogenen Oberfläche zu charakterisieren:

$$d\theta/dt = k \cdot \exp(-b\theta), \qquad \text{(VI.23)}$$

(k, b = Konstanten). In integraler Form lautet diese Gleichung

$$\theta = \frac{1}{b} \ln \left(\frac{k}{b} t + 1 \right). \tag{VI.24}$$

Bei hinreichend langer Adsorptionszeit gilt $(k/b) \cdot t \gg 1$, der Ausdruck (VI.24) vereinfacht sich zu

$$\theta = \frac{1}{b} \ln \left(\frac{k}{b} t \right). \tag{VI.25}$$

BATRAKOV, IOFA u. a. fanden bestätigt, daß die Adsorptionsgeschwindigkeit von Allylphenylthioharnstoff an α-Kobalt in 1 n H_2SO_4 eine Funktion der Zeit ist und Gleichung (VI.25) befolgt. Die Änderung der Menge des adsorbierten Stoffes wurde aus dem Kapazitätsabfall der elektrischen Doppelschicht nach

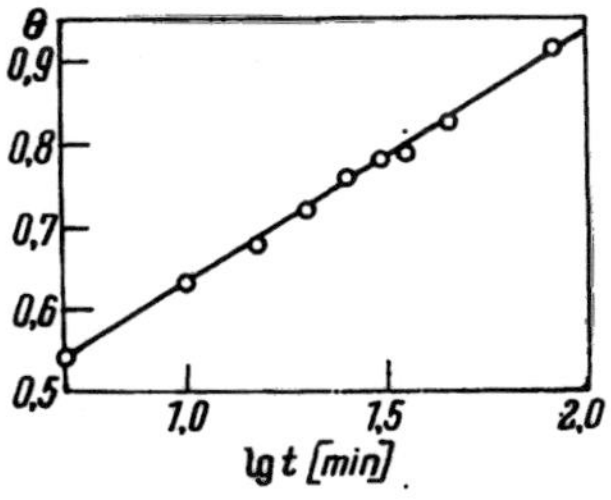

Abb. 74: Abhängigkeit des Bedeckungsgrades vom Logarithmus der Adsorptionszeit, gemessen an Elektrolyt-Kobalt bei Zusatz von $5 \cdot 10^{-6}$ m Allylphenylthioharnstoff in 1 n H_2SO_4 bei $\varphi = -0{,}3$ V gegen NHE

Zusatz des organischen Stoffes zur Leitelektrolytlösung bestimmt. Der Bedeckungsgrad wurde aus den Kapazitätswerten nach Gleichung (V.22) berechnet. Die experimentellen Werte lagen annähernd auf einer Geraden (Abb. 74). Es konnte darüber hinaus festgestellt werden, daß die Adsorptionsgeschwindigkeit des Allylphenylthioharnstoffs auch vom Elektrodenpotential abhängig ist und einen Maximalwert in der Nähe des stationären Potentials (—0,1 V gegen NHE) erreicht. Der Bedeckungsgrad der Kobaltoberfläche in Abhängigkeit von der Allylphenylthioharnstoff-Konzentration wird durch die TEMKINsche Isotherme beschrieben.

Mit radioaktiven Indikatoren wurde der Austausch zwischen Thioharnstoffmolekülen untersucht, die an Eisen adsorbiert bzw. in 2 n H_2SO_4 gelöst waren [92]. Dazu variierte man die Konzentration des zuvor am Eisen adsorbierten, radioaktiven Thioharnstoffs sowie die Konzentration des normalen, in 2n H_2SO_4 gelösten Thioharnstoffs. Die Radioaktivität des Metalls wurde in unterschiedlichen Zeitintervallen gemessen. In Lösungen mit einem Thioharnstoffgehalt von 10 mMol/l sank die Radioaktivität des Metalls im Verlaufe einer Stunde nach Eintauchen des Eisens in die Lösung stark ab. Der Aktivitätsschwund des Metalls ist hauptsächlich auf den Austausch der an der Elektrodenoberfläche adsorbierten Moleküle durch die in der Lösung vorhandenen zurückzuführen.

Man darf diese Tatsache dagegen nicht mit dem Rückgang der Adsorbatkonzentration infolge Auflösung der Eisenoberfläche (s. 6.2.) erklären. Die dazu durchgeführten Kontrollversuche in reinen 2 n H_2SO_4-Lösungen ergaben, daß sich die Radioaktivität des Metalls im gleichen Zeitintervall nur unwesentlich veränderte.

Die Adsorptionsgeschwindigkeit organischer Stoffe kann durch die Diffusion der Adsorbatmoleküle zur Elektrode begrenzt werden. Dieser Fall wurde von Kudrjavcev u. Mitarb. [104, 105] bei der Untersuchung der Thioharnstoffadsorption an der rotierenden Nickel—Kupfer-Scheibenelektrode beobachtet. Die Untersuchung erfolgte unter Verwendung radioaktiver Indikatoren sowie durch Messung der Doppelschichtkapazität [104]. Die Kumarinadsorption an Nickel wird offensichtlich auch durch die Diffusion begrenzt.

6.5. Einfluß der mechanischen und thermischen Vorbehandlung auf die Adsorptionseigenschaften der Elektroden

Die Oberfläche des festen Metalls ist energetisch inhomogen. Die freie Oberflächenenergie ist abhängig von der Orientierung der Kristalle und wächst mit steigender Defektkonzentration an der Oberfläche (Dislokationen, Leerstellen, mikroskopische Kristallbaufehler). Die Oberflächenbereiche des Metalls mit erhöhter freier Energie sind in ihrem elektrochemischen und Adsorptionsverhalten sehr aktiv. Die Vorbehandlung hat wesentlichen Einfluß auf die Substruktur des Metalls. Beispielsweise zeigt sich bei gewalztem Metall eine bestimmte Orientierung der Kristallflächen zur Oberfläche (Oberflächentexturierung). Beim Glühen des Metalls kommt es zur Kristallerholung und Rekristallisation, wobei die Konzentration der Kristallgitterdefekte sowie die Umorientierung der Kristallflächen stark eingeschränkt werden. Diese Änderungen des Oberflächenzustandes können natürlich nicht ohne Einfluß auf die elektrochemischen Eigenschaften und das Adsorptionsverhalten des Metalls bleiben. Der Einfluß der Oberflächentextur auf die elektrochemischen Prozesse wurde in dem Übersichtsartikel [120] und anderen Veröffentlichungen untersucht. In der Literatur finden sich jedoch nur vereinzelt Veröffentlichungen zum Einfluß der mechanischen und thermischen Vorbehandlung auf die Adsorptionseigenschaften der Metalle.

Der Einfluß der thermischen Vorbehandlung (Glühen) wurde am Beispiel der Akridinadsorption aus wäßrigen Lösungen an Kupfer untersucht [121]. Die Akridinadsorption an dem ausgeglühten Metall war niedriger als am unvorbehandelten Metall. Den Adsorptionsrückgang nach dem Glühen erklärten die Autoren mit dem Einschmelzen einzelner Oberflächenrauhigkeiten. Der Einfluß der Deformation und thermischen Vorbehandlung von Platin auf die Schwefelsäureadsorption wurde von Balašova und Žmakin [122] untersucht. Die Schwefelsäureadsorption an Platinblättchen, die auf Biegung beansprucht wurden, oder an gestrecktem Platindraht war etwa 10—20mal höher als an dem ausgeglühten Metall. Die Autoren konnten feststellen, daß durch das Glühen die Adsorption wesentlich herabgesetzt wird, wenn man bei 700—800 °C glüht.

Bei diesen Temperaturen verläuft die Rekristallisation des Platins mit hoher Geschwindigkeit.

Der Einfluß der Metallvorbehandlung auf die Adsorption stand auch im Mittelpunkt der Arbeiten [123, 124]. CAMPBELL [118] fand, daß die 15%ige Deformation von Kupfer, Eisen und Aluminium die Stearinsäureadsorption aus Cyclohexan erhöht. Die Menge des adsorbierten Stoffes wächst linear mit Zunahme der Deformation. Wenn die Probe nach der Deformation bei 600 °C geglüht wurde, dann ging die Säureadsorption in gleichem Maße wie am nichtdeformierten Metall zurück. Die Adsorptionsgeschwindigkeit am deformierten Metall war auch höher als am geglühten Metall. Die wachsende Adsorbierbarkeit der Stearinsäure wurde mit der steigenden Konzentration von Dislokationspunkten erklärt, die aktive Adsorptionszentren darstellen. Die thermische Vorbehandlung des Metalls kann zur Veränderung seines Auflösungsmechanismus führen [125].

Einige indirekte Angaben über den Einfluß der Dislokationskonzentration auf die katalytischen Eigenschaften und das Adsorptionsverhalten des Metalls wurden von japanischen Wissenschaftlern erhalten [126—129]. Sie untersuchten den Zerfall von Wasserstoffperoxid, Äthanol, Diazoniumsalzen und anderen Verbindungen an Kupfer und Silber, die durch Kaltwalzen und anschließende thermische Behandlung bei verschiedenen Temperaturen vorbehandelt wurden. Bei Temperaturerhöhung in der Vorbehandlungsphase sinkt die katalytische Aktivität der Metalle. Es wurde beobachtet, daß in zwei engen Temperaturintervallen die Zerfallsgeschwindigkeit dieser Stoffe stark zurückgeht. Die Autoren erklärten diese Tatsache mit dem Rückgang der Zahl der Leerstellen und Dislokationspunkte auf der Metalloberfläche. Die Reduzierung der Zahl der Dislokationspunkte verläuft bei höherer Temperatur als die Besetzung von Leerstellen.

Die Adsorption organischer Verbindungen ist weiterhin abhängig von der kristallographischen Orientierung der Kristallflächen. Bei der elektrolytischen Metallabscheidung kann man in Anwesenheit oberflächenaktiver organischer Stoffe häufig das bevorzugte Wachstum bestimmter Kristallflächen beobachten [72], das bestätigt die ebenfalls bevorzugte Adsorption der organischen Verbindungen an den verschiedenen Kristallflächen. VOZDVIŽENSKIJ und ZAJNULLINA [130] untersuchten die Adsorption organischer Stoffe an Zinkeinkristallen. Auf Grund der unterschiedlichen Potentialänderung der einzelnen Einkristallflächen kamen sie zu dem Ergebnis, daß die oberflächenaktiven Stoffe am stärksten an den Basis- und Prismaflächen adsorbiert werden. Beispiele für den Einfluß einer bestimmten Orientierung der Kristallflächen und der Packungsdichte der Atome in den einzelnen kristallographischen Richtungen auf die Geschwindigkeit katalytischer Prozesse [131] und auf die Geschwindigkeit elektrochemischer Reaktionen [238] sind in der Literatur vorhanden.

Bei Adsorptions- und Korrosionsmessungen wird die Metalloberfläche normalerweise gereinigt. Das führt zu einer Deformation der Oberflächenschichten des Metalls und verändert seine adsorptive und chemische Aktivität. So konnten CAPLAN und COHEN [132] zeigen, daß Eisen, das bei 900 °C geglüht und anschließend poliert wurde, bei Erwärmung durch Sauerstoff schneller oxydiert wurde als geglühtes und unpoliertes Eisen. Je gröber dabei das benutzte Poliermittel war, um so stärker wurden die Oberflächenschichten des Metalls deformiert und um so stärker war die Oxydation des Eisens.

Iofa, Batrakov und Nikiforova [133, 134][1]) untersuchten das Adsorptionsverhalten von kaltgewalztem, zonengeschmolzenem und Armco-Eisen, wobei die Metalle in Wasserstoffatmosphäre (200—300 mm Hg-Säule) 6 Stunden bei 600 und 750—800 °C vorbehandelt wurden[2]). Diese Temperaturen wurden deshalb gewählt, weil die Eisenrekristallisation bei 500—600 °C beginnt[3]). Bei Temperaturerhöhung auf 750—800 °C wächst die Rekristallisationsgeschwindigkeit beträchtlich an, man kann daher bei höheren Glühtemperaturen eine merkliche Änderung des Adsorptionsverhaltens von Eisen erwarten. Der Einfluß der thermischen Vorbehandlung auf die Adsorptionseigenschaften von Eisen wurden in sauren Lösungen am Beispiel der Tribenzylamin- (TBA), Allylphenylthioharnstoff- (APTH) und Jodäthylchinolin- (JÄCh) Adsorption untersucht.

Die TBA-Adsorption wurde in 1 n HCl aus Doppelschichtkapazitäts-Messungen mit Wechselstrom (Frequenz 800 Hz) bestimmt. Die TBA-Konzentration wurde zwischen 10^{-6} bis 10^{-3} m variiert. Der Vergleich der Meßergebnisse ergab, daß TBA an der Oberfläche von zonengeschmolzenem Eisen, das bei 600 °C (*I*) geglüht wurde, besser adsorbiert wird als an Eisen, das bei 750 °C (*II*) geglüht wurde. Bei einer TBA-Konzentration von 10^{-4} m wird der Grenzwert der Oberflächenbedeckung von Eisen I erreicht, bei weiterer Konzentrationserhöhung des organischen Stoffes sinkt die Kapazität der elektrischen Doppelschicht praktisch nicht weiter. Für Eisen II wird auch bei einer TBA-Konzentration von 10^{-3} m der Adsorptionsgrenzwert noch nicht erreicht. Der Kapazitätsabfall der elektrischen Doppelschicht beträgt für Eisen II bei einer TBA-Konzentration von 10^{-3} m 10 $\mu F/cm^2$ (30 $\mu F/cm^2$ im Grundelektrolyt), für Eisen I dagegen 20 $\mu F/cm^2$ (30—35 $\mu F/cm^2$ im Grundelektrolyt).

Die APTH-Adsorption aus 1 n H_2SO_4 ist ebenfalls am Eisen I wesentlich höher. Abb. 75 zeigt die nach Formel (VI.22) berechneten Werte der Doppelschichtkapazität und des Bedeckungsgrades der Oberfläche für Eisen I und II in Abhängigkeit vom Logarithmus der APTH-Konzentration bei $\varphi = -0{,}35$ V (gegen NHE). Die berechneten θ-Werte liegen in diesen Koordinaten auf einer Geraden. Die Oberflächenbedeckung wird durch die Temkinsche Isotherme beschrieben. Während man für Eisen I einen Grenzwert der Oberflächenbedeckung beobachten kann, der offensichtlich mit der Bildung einer Monoschicht zusammenhängt, entspricht der θ-Wert für Eisen II nur etwa einer halben Monoschicht. Zur Berechnung von θ für Eisen II wurde ein C'-Wert verwendet, der der Kapazität

[1]) *A. d. H.:* S. auch [256].

[2]) Das zonengeschmolzene Eisen enthielt folgende Beimengungen (in %): C $< 10^{-3}$, Mn $< 10^{-5}$, P $< 10^{-3}$, S $< 10^{-4}$, Si $\simeq 10^{-3}$, N $= 10^{-4}$. Armco-Eisen enthielt die Beimengungen (in %): C = 0,04, Mn = 0,02, S = 0,03, P = 0,03.

[3]) Ganz allgemein ist die Temperatur des Rekristallisationsbeginns abhängig vom Deformationsgrad des Metalls [135].

bei vollständiger Oberflächenbedeckung am Eisen I entspricht[1]). Für die Isothermen in Abb. 75 wurde der Koeffizient f berechnet, der die energetische Inhomogenität der Oberfläche charakterisiert. Die thermische Behandlung verändert diese energetische Oberflächeninhomogenität beträchtlich. Für Eisen, das bei 600 °C geglüht wurde, beträgt $f = 3{,}2$, während er bei 750 °C einen Wert von $f = 6{,}45$ erreicht.

Analoge Isotherme erhielt man bei Adsorptionsmessungen mit JÄCh aus 1 n H_2SO_4. Die JÄCh-Konzentration wurde in den Grenzen von 10^{-8} bis 10^{-2} variiert. An Eisen I erreicht die JÄCh-Adsorption in 10^{-4} m-Lösungen den Sättigungswert

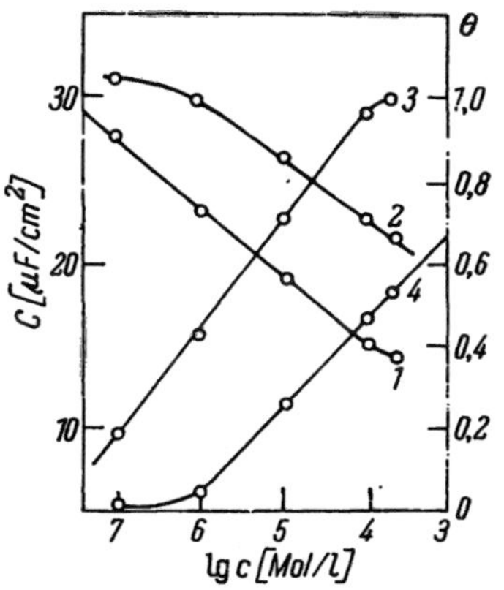

Abb. 75: Abfall der Doppelschichtkapazität (*1, 2*) und theoretische Isotherme der Allylphenylthioharnstoff-Adsorption (*3, 4*) in 1 n H_2SO_4 an zonengeschmolzenem Eisen nach Erhitzen auf 600 °C (*1, 3*) und 750 °C (*2, 4*)

und ändert sich auch bei weiterer Konzentrationserhöhung auf 10^{-2} m nicht mehr. An Eisen II bleibt die JÄCh-Adsorption auch in 10^{-2} m Lösungen gering. Man kann weiterhin feststellen, daß das Glühen von zonengeschmolzenem Eisen in Argonatmosphäre oder im Vakuum ($5 \cdot 10^{-5}$ mm Hg-Säule, Zusatz von Titanschwamm zur Sauerstoffadsorption) den gleichen Einfluß auf das Adsorptionsverhalten von Eisen hat, wie auch das Glühen in Wasserstoffatmosphäre.

Die Adsorption oberflächenaktiver Stoffe wird von einer Erhöhung der Wasserstoffüberspannung und einer Hemmung der anodischen Eisenauflösung begleitet. Den Unterschied im Adsorptionsverhalten von Eisen I und II kann man mit dem Einfluß der thermischen Vorbehandlung auf die Metallstruktur und die Aktivität der Adsorptionszentren erklären. Beim Glühen kommt es zur Kristallerholung und Rekristallisation des Eisens, das führt zur Aufhebung der Restspannungen, zu einer Neuorientierung der Kristalle, zur Reduzierung der

[1]) Um die vollständige Adsorptionsisotherme zu konstruieren, wurden die Kapazitätsmessungen an verschiedenen Elektroden ausgeführt, die sich in der Größe ihrer wahren Oberfläche unterschieden. Da die Kapazitätswerte im Intervall von 30—40 $\mu F/cm^2$ in reiner 1 n H_2SO_4 schwankten, wurden die Kapazitätswerte in der reinen Grundelektrolytlösung für die θ-Berechnung auf den gleichen Wert (30 $\mu F/cm^2$) umgerechnet. Es zeigte sich, daß sich die Doppelschichtkapazität für verschiedene Elektroden nicht veränderte, die Kapazitätsschwankungen sind auf ungenaue Oberflächenmessungen zurückzuführen.

Dislokationskonzentration und anderer Fehlerstellen im Kristallgitter. Die Röntgenanalyse von Eisen I und II ergab, daß nach sechsstündigem Glühen bei 600 °C Eisen I noch Restspannungen aufwies, während Eisen II der Gleichgewichtsstruktur näher kam. Der Abstand zwischen den Eisenatomen im Kristallgitter war nach dem Glühen bei 600 °C merklich kleiner ($d = 2{,}8643$ Å), als der in der Literatur angegebene Wert ($d = 2{,}8664$—$2{,}8661$ Å) [136]. Für Eisen II kam dieser Wert den Literaturangaben sehr nahe ($d = 2{,}8661$ Å). Bei 600 °C verläuft die Rekristallisation langsamer als bei 750 °C, das sechsstündige Glühen bei 600 °C beseitigt daher die Deformation nicht vollständig (das Kristallgitter ist komprimiert).

Die während der Rekristallisation ablaufende Umorientierung der Kristalle kann das Adsorptionsverhalten des Metalls wesentlich verändern. Deshalb wurde das Adsorptionsverhalten der einzelnen Flächen eines Eiseneinkristalls bestimmt. Dazu wurden die Polarisationskurven an den Kristallflächen (100), (110) und (111) eines Transformatorstahl-Einkristalls aufgenommen, der folgende Zusammensetzung aufweist (in Gew.-%): C = 0,0093; Si = 3,04; Mn = 0,13; S = 0,0064; P = 0,0075; Cr = 0,025; Cu = 0,12; N = 0,012 und O = 0,007. Die Polarisationskurven wurden in 1 n KOH und in der gleichen Lösung mit einem 10^{-4} n Na_2S-Zusatz aufgenommen. Der Na_2S-Zusatz hat unterschiedlichen Einfluß auf die Wasserstoffüberspannung (η) an den Kristallflächen (100), (110) und (111) (Tab. 11). In der Tabelle sind auch Angaben über die Wirkung von J^--Ionen auf die Wasserstoffüberspannung in schwefelsauren Lösungen aufgenommen.

Tabelle 11: **Erhöhung der Wasserstoffüberspannung (in mV) bei Zusatz oberflächenaktiver Anionen**

Lösung	Flächenindex		
	(100)	(110)	(111)
1 n KOH + $1 \cdot 10^{-4}$ n Na_2S	50—70	30	5
1 n H_2SO_4 + $1 \cdot 10^{-4}$ KJ	90	—	5—10

Wie aus der Tabelle hervorgeht, ist die Kristallfläche (100) am aktivsten, die Fläche (111) am wenigsten aktiv. Leider wurden noch keine direkten Adsorptionsmessungen in anderen Lösungen an den verschiedenen Kristallflächen des Einkristalls ausgeführt.

Von großem Interesse ist die Untersuchung des Einflusses der Deformation des getemperten Metalles auf seine elektrochemischen Eigenschaften und sein Adsorptionsverhalten. Bekanntermaßen erhöht die Deformation die Dislokationsdichte im Innern des Metalls und die Anzahl der Dislokationslinien, die an seiner Oberfläche auftreten. Es wurden Polarisations- und Adsorptionsmessungen an Stahl-20-Draht sowie an zonengeschmolzenem Eisen ausgeführt. Der Stahldraht wurde verstreckt und ein Teil der Probe anschließend bei 800 °C 8 Stunden getempert. Die in 1 n H_2SO_4 mit 10^{-4} m JÄCh-Zusatz aufgenommenen kathodischen Polarisationskurven zeigten, daß die Adsorption der organischen Verbindung am deformierten Metall größer war, als an den thermisch behandelten Proben. Die Wasserstoffüberspannung ist in 1 n H_2SO_4 an beiden Probentypen gleich, bei Zusatz von 10^{-4} m JÄCh aber wächst die Wasserstoffüberspannung am deformierten Draht auf 65—70 mV, am thermisch behandelten Draht dagegen nur auf 30—35 mV. Die Kapazitätsmessungen am geglühten und deformierten Stahldraht bestätigten auch, daß die deformierten Proben JÄCh stärker adsorbierten. Bei JÄCh-Adsorption sank die Kapazität von 35 auf 32 $\mu F/cm^2$ (geglühte Probe) bzw. auf 29 $\mu F/cm^2$ (deformierte Probe). Der Anteil der Deformation war hierbei jedoch nicht bekannt.

Der bei 800 °C thermisch behandelte Draht aus zonengeschmolzenem Eisen wurde um 3, 5 und 10% gedehnt. Die Verstreckung erfolgte mit konstanter Geschwindigkeit von 0,03 mm/min in einer Spezialapparatur. Danach wurden die Polarisations- und Differentialkapazitätskurven aufgenommen. Die Werte für die Änderung der Wasserstoffüberspannung ($\Delta\eta$) am Eisen bei 10^{-5} m JÄCh-Zusatz in 1 n H_2SO_4 lauten:

Deformation (%)	$\Delta\eta$ (mV)	Deformation (%)	$\Delta\eta$ (mV)
0	0	5	30
3	5—10	10	60—70

Die Angaben besagen, daß die Adsorptionsfähigkeit des Eisens mit zunehmender Deformation wächst. Die Differentialkapazitätskurven bestätigen dieses Ergebnis. Bei Zusatz von 10^{-4} m JÄCh zu einer 1 n H_2SO_4-Lösung sinkt die Doppelschichtkapazität von 35 $\mu F/cm^2$ (im Grundelektrolyt) auf 27 $\mu F/cm^2$ (bei 10%iger Deformation) bzw. 34 $\mu F/cm^2$ (bei 0%iger Deformation). Das JÄCh wird praktisch nicht an dem thermisch vorbehandelten Draht aus zonengeschmolzenem Eisen adsorbiert. Die Tatsache der wesentlich höheren JÄCh-Adsorption am thermisch vorbehandelten Stahldraht ist mit der höheren Dislokationskonzentration im Stahl-20 zu erklären, weil die Anwesenheit von Kohlenstoff, Phosphor und anderen Elementen die Dislokationen bei der Kristallisation des Stahls „konserviert". Man kann die Dislokationskonzentration bei der Deformation ungefähr abschätzen. Aus selektiven Ätzwerten [137] und elektronenmikroskopischen Untersuchungen [138] läßt sich eine empirische Beziehung ableiten, die die Abhängigkeit der Dislokationsdichte (m) von der Deformation des reinen Eisens (Δl) charakterisiert.

$$m = m_0 + k\,\Delta l^{\alpha}, \qquad \text{(VI.26)}$$

(m_0 = Dislokationsdichte in der geglühten Probe, k und α = Konstanten). Die Beziehung wird im Intervall der relativen Deformation $10^{-3} < \Delta l < 10^{-1}$ erfüllt. Die k- und α-Werte wurden der Arbeit [138] entnommen: $k = 2{,}2 \cdot 10^9$, $\alpha = 0{,}8$.

In den thermisch vorbehandelten Metallkristallen schwankt die Dislokationsdichte gewöhnlich im Intervall von $10^6 - 10^8$ pro cm^2.

Nach SEGELMAN, MOKROV und IVANOV beträgt die Dislokationskonzentration in Draht aus zonengeschmolzenem Eisen, das bei 830 °C vorbehandelt wurde, 10^7 pro cm^2. Dieser Wert diente als Richtgröße für m_0. Aus Gleichung (VI.26) ergaben sich folgende Dislokationskonzentrationen: $1{,}3 \cdot 10^8$; $1{,}9 \cdot 10^8$ und $3{,}3 \cdot 10^8$ entsprechend für 3-, 5- und 10-%ige Deformation.

Die Zunahme der Adsorptionsfähigkeit des Eisens kann mit der Ausbildung charakteristischer Stufen in Verbindung gebracht werden, die an den Kristallflächenversetzungen infolge der Deformation entstehen. Die Atome an den Kanten der Versetzungen können aktivere Adsorptionszentren als die Dislokationen sein. Die Erwärmung des deformierten Eisens auf 750—800 °C führt jedoch zu einer starken Einschränkung seiner Adsorptionsfähigkeit, während sich das Mikrorelief der Oberfläche bei dieser Temperatur nur geringfügig verändert. Daraus folgt, daß die Bildung der Versetzungen nicht die Hauptursache für die Änderung der Adsorptionsfähigkeit des Eisens ist. Man kann aber auch annehmen, daß infolge der Verstreckung des Drahtes Mikrorisse gebildet werden, die zu einer Adsorptionserhöhung und Vergrößerung der wahren Elektrodenoberfläche führen. FOROULIS und UHLIG [139, 140] kamen zu dieser Annahme, als sie die Erhöhung der Auflösungsgeschwindigkeit von Eisen nach der Deformation, die in [141] beobachtet wurde, erklären wollten. Die Messungen der Doppelschichtkapazität ergaben, daß sich bei einer Deformation bis zu 10% die wahre Drahtoberfläche praktisch kaum veränderte. Die Kapazitätswerte an thermisch vorbehandelten und deformierten Metallen lagen eng zusammen.

In der Literatur wird auch darauf hingewiesen, daß die Deformation polykristalliner Metalle häufig zu einer Kristallorientierung auf die Oberfläche der Probe führt [142]. Aber normalerweise wird diese bevorzugte Orientierung im Polykristall erst bei Verminderung des Probenquerschnitts um 10—20% infolge der Deformation bemerkbar. Bei den von den Verfassern dieses Kapitels durchgeführten Messungen war die Dickenänderung der Eisenprobe infolge der Deformation wesentlich geringer. Deshalb muß offensichtlich die Erhöhung der Adsorptionsfähigkeit des Eisens nach der Deformation mit der erhöhten Dislokationskonzentration im Zusammenhang stehen.

Auf der Grundlage des angeführten Materials und der Literaturangaben ergibt sich folgendes Bild von der Änderung der Oberflächenstruktur des polykristallinen Eisens. Nach der Kaltverformung des Eisens werden die Kristalle vorwiegend mit den sehr aktiven Flächen (100) und (110) in Richtung Oberfläche orientiert, es erhöht sich außerdem die Dislokationskonzentration. Diese Überlegungen werden durch Literaturangaben bestätigt, die sich mit der Oberflächentextur von Transformatorstahl und Eisen bei der Walzverformung befassen [143, 144]. Durch die Behandlung bei 750 °C und höheren Temperaturen kommt es zur Rekristallisation. Die Kristallstruktur des Metalles strebt dabei den Gleichgewichtszustand an. Die Konzentration der Defekte des Metallgitters nimmt ab, es kommt zu einer teilweisen Neuorientierung der Kristallflächen, wobei sich die Kristallflächen mit der geringsten Oberflächenenergie (z. B. (111)) auf die Metalloberfläche orientieren. Diese Erscheinung verringert die Adsorptionsaktivität des Eisens nach der thermischen Behandlung bei hohen Temperaturen.

Gegenwärtig verfügen wir jedoch noch nicht über die erforderlichen Angaben, um entscheiden zu können, welche Erscheinung die Adsorption oberflächenaktiver Stoffe stärker beeinflußt: die Kristallorientierung oder die Dislokationskonzentration.

6.6. Abhängigkeit der Adsorption organischer Stoffe von ihrer Struktur

Der Einfluß der Struktur organischer Stoffe auf ihre Adsorption aus wäßrigen Lösungen wurde bisher nur unzureichend untersucht. Hansen und Clampit [115] untersuchten die Adsorption von Capron-, Önanth- und Caprylsäure sowie von Heptylalkohol an Kupfer und Silber. Die Adsorption nahm mit wachsender Kettenlänge in der Reihenfolge Capron- < Önanth- < Caprylsäure zu. Beim Vergleich der Adsorptionsfähigkeit von Heptanol, n-Heptanal und Önanthsäure wurde eine ungewöhnliche Reihenfolge beobachtet: Heptanol wurde am Kupfer besser als die Önanthsäure adsorbiert, aber nicht so gut wie der entsprechende Aldehyd. Die Adsorptionsmessungen erfolgten in diesen Versuchen über die Bestimmung der Doppelschichtkapazität aus dem Potentialabfall.

Wesentlich mehr Arbeiten beschäftigen sich mit der Adsorption organischer Stoffe mit langer Kohlenwasserstoffkette aus organischen Lösungsmitteln. Hackerman um Mitarb. [49—53] sowie verschiedene andere Autoren [111, 112, 145—148] stellten fest, daß in den meisten Fällen Parallelen zwischen der Änderung der Adsorbierbarkeit der oberflächenaktiven Stoffe aus organischen Lösungsmitteln und der Inhibitorwirkung dieser Verbindungen in wäßrigen Lösungen beobachtet werden können. Bei wachsender Adsorbierbarkeit der organischen Stoffe nimmt auch ihre Inhibitorwirkung auf die Metallauflösung in wäßrigen Lösungen zu[1]).

Die Adsorption aus organischen Lösungsmitteln erfolgt erwartungsgemäß polymolekular. Erst nach dem Waschen der Metalloberfläche mit dem Lösungsmittel verbleiben auf der Oberfläche chemisorbierte Teilchen, die einer monomolekularen Bedeckung entsprechen. Die Menge des chemisorbierten Stoffes (Thiole, Amine, Alkohole, Nitrile) ist bei Verbindungen mit hohem Molekulargewicht nicht von der Länge der Kohlenwasserstoffkette abhängig [147].

Die weitaus meisten Arbeiten untersuchen die Wirkung organischer Stoffe auf die Metallkorrosion. Die Hemmung der Reaktionsgeschwindigkeit (Metallauflösung, Wasserstoffabscheidung u. a.) geben einen qualitativen Hinweis auf die Adsorbierbarkeit der organischen Stoffe. Es soll hier jedoch nicht der Einfluß der Struktur der organischen Stoffe auf die Reaktionskinetik untersucht werden,

[1]) Eine Ausnahme tritt dann auf, wenn der adsorbierte organische Stoff den elektrochemischen Prozeß stimuliert.

da das dazu vorhandene experimentelle Material in verschiedenen Monographien bereits zusammengestellt ist.

In den Arbeiten, die sich mit diesem Problem befassen, wird festgestellt, daß die Adsorption oberflächenaktiver organischer Stoffe mit steigendem Molekulargewicht und wachsendem Dipolmoment zunimmt. Die beste Adsorbierbarkeit besitzen Moleküle mit assymmetrischer Struktur. Nach ihrer Adsorbierbarkeit ordnen sich die aliphatischen Verbindungen in die folgende Reihe ein: Säuren > Amine > Alkohole > Äther. Die Moleküle der organischen Stoffe mit aktiven Gruppen — Elektronendonatoren (—CN, —CNS, —CNO, =CO, —CHO, $-NH_2$) — werden an solchen Metalloberflächen chemisorbiert, deren Elektronenniveaus (z. B. das *d*-Niveau) ungesättigt sind. Die *R*-Substituenten in der Kohlenwasserstoffkette haben Einfluß auf die Aktivität dieser Gruppen. Ihr Einfluß nimmt mit wachsendem Abstand zwischen aktiver Gruppe und Substituent ab. Hohe Adsorptionsaktivität besitzen Äthylen- [99] und besonders Acetylenderivate [149—151] infolge der Wechselwirkung der π-Elektronen mit den Oberflächenatomen des Adsorbens. Die Ausbildung chemischer Bindungen zwischen den ungesättigten Kohlenwasserstoffen und den Metallatomen wurde in den Arbeiten [152, 153] bestätigt, als man Eisen- und Kobalt-Komplexverbindungen mit Acetylenderivaten erhielt.

Nach Hayward und Trapnell [154] ist eine hohe Austrittsarbeit der Elektronen aus dem Metall und ein niedriges Ionisierungspotential des Adsorbats bzw. der umgekehrte Fall, d. h. geringe Elektronenaustrittsarbeit und hohes Ionisierungspotential eine hinreichende Bedingung für die Ausbildung von Chemisorptionsbindungen. Folglich muß die mögliche Bildung von Chemisorptionsverbindungen nicht unbedingt von der Existenz ungesättigter Elektronenorbitals abhängig sein.

Bei erhöhter Elektronendichte am aktiven Atom entstehen chemisorptive Elektronenbindungen zwischen Metall und organischem Stoff bedeutend leichter. Hackerman und Makrides [50] schlugen vor, die Adsorbierbarkeit der Verbindungen nach dem Wert ihres Ionisierungspotentials zu bestimmen. Je niedriger das Ionisierungspotential ist, um so besser wird die Verbindung adsorbiert. So wird beispielsweise Äthylamin (Ionisierungspotential 9,32 eV) besser an Metallen mit hoher Elektronenaustrittsarbeit adsorbiert als Äthanol (10,60 eV).

Um die unterschiedliche Adsorbierbarkeit der organischen Verbindungen mit einfachem Molekülaufbau und nur einem Adsorptionszentrum erklären zu können, verwendeten verschiedene Autoren [50, 155—157] die Hammet-Funktion. Diese Funktion findet in der organischen Chemie Anwendung zur Beschreibung der Korrelationsgeschwindigkeit chemischer Reaktionen [158].

Grundlage für die Hammet-Gleichung bildeten Ergebnisse, die man erhält, wenn man die Dissoziationskonstanten von Benzoesäurederivaten mit dem Substituenten *R* in m- oder p-Stellung (*I*) (Nullserie) mit der Reaktionsfähigkeit aromatischer Verbindungen einer anderen Serie mit dem aktiven Zentrum *Y* und dem gleichen Substituenten *R* (*II*) vergleicht. Hierbei entsprechen *Y* — NH_2; OH und *R* — NH_2; OCH_3; Cl; COOH; NO_2 u. a. [159]. Hammet stellte fest, daß die Gleichgewichtskonstante (Geschwindigkeit) der Reaktion des organischen Stoffes mit dem Substituenten R (k_R)

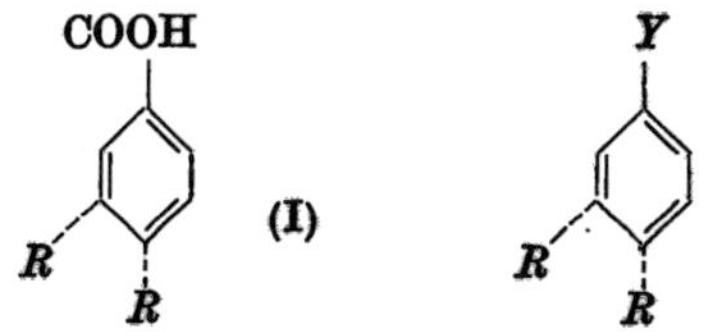

(I) (II)

und die Gleichgewichtskonstante (Geschwindigkeit) der Reaktion der organischen Verbindung der gleichen Serie, aber ohne Substituenten (k_0) über folgende Beziehung miteinander verbunden sind:

$$\lg (k_R/k_0) = \varrho \cdot \sigma \tag{VI.27}$$

(ϱ und σ = Korrelationskonstanten).

σ charakterisiert den Einfluß des Substituenten auf die Gleichgewichtskonstante (Geschwindigkeit) der Ionisierungsreaktion, der Substitution oder der Reaktion eines anderen Typs und ist von der Art des aktiven Zentrums Y unabhängig. Elektronenakzeptor-Substituenten (F, Cl, Br, $COCH_3$, COOH usw.) erhöhen die Ionisierungskonstante der R-substituierten Säuren, während sie durch Elektronendonatoren (NH_2, $N(CH_3)_2$, OCH_3, CH_3 usw.) herabgesetzt wird. Daher hat σ im ersten Fall ein positives, im zweiten Fall dagegen ein negatives Vorzeichen. Mit anderen Worten, σ charakterisiert den Einfluß des Substituenten R auf die Elektronendichte am Reaktionszentrum des Moleküls. ϱ charakterisiert den Einfluß des Substituenten auf die Reaktionsgeschwindigkeit bei gegebener Molekülstruktur, d. h. die Übertragung des Einflusses des Substituenten R durch das Molekül unter Berücksichtigung seiner Struktur auf die Elektronendichte am Reaktionszentrum. ϱ ist für eine Reaktionsserie mit der Gruppe Y (z. B. OH) konstant und wird für die Korrelationsgeschwindigkeit chemischer Reaktionen beim Übergang von einer Serie zur anderen eingeführt. Für die Benzoesäurederivate (s. oben) ist $\varrho = 1$.

Die Korrelationskonstanten hängen mit der Änderung der freien Reaktionsenergie wie folgt zusammen:

$$\Delta\Delta G/2{,}3\,RT = -\varrho\sigma$$

oder

$$\Delta\Delta G = \varrho\Delta\Delta G_0, \tag{VI.28}$$

wobei $\Delta\Delta G_0$ zur Nullserie (Benzoesäuren) gehört und der Änderung der freien Reaktionsenergie beim Übergang von der unsubstituierten zur R-substituierten Verbindung innerhalb einer Serie entspricht.

Donahue und Nobe [157] schlugen vor, die Adsorption wie eine reversible chemische Reaktion zu behandeln

$$RY + M \rightleftharpoons RY \cdots M, \tag{11}$$

RY = organischer Stoff mit dem Adsorptionszentrum Y und dem Substituenten R; M = Metall; $RY \cdots M$ = chemisorbierte Verbindung an der Metalloberfläche.

Dann gilt für das Adsorptionsgleichgewicht bei $c = 1$

$$k_R = \theta/(1 - \theta) \qquad \text{(VI.29)}$$

Für den unsubstituierten organischen Stoff beträgt der Oberflächenbedeckungsgrad θ_0, k_0 kann man dann mit der gleichen Gleichung (VI.29) ausdrücken. Nach Logarithmierung der Konstantenrelation erhält man

$$\lg k_R/k_0 = \lg \frac{\theta\,(1 - \theta_0)}{\theta_0\,(1 - \theta)}. \qquad \text{(VI.30)}$$

Wenn man den Ausdruck (VI.30) in (VI.27) einsetzt, ergibt sich

$$\lg \frac{\theta\,(1 - \theta_0)}{\theta_0\,(1 - \theta)} = \varrho\sigma^{1)}. \qquad \text{(VI.31)}$$

Gleichung (VI.31) wurde nicht durch unmittelbare Adsorptionsmessungen an Metallen überprüft. Snyder [160] konnte nachweisen, daß die Adsorption substituierter Pyridine, Aniline, Indole und Chinoline aus ihren Pentanlösungen an Aluminiumoxid die Beziehung (VI.28) befolgt. Er stellte darüber hinaus fest, daß die Pyridinadsorption zunimmt, wenn sich in Stellung *3* sowohl Elektronendonator- als auch Elektronenakzeptor-Substituenten befinden.

Donahue und Nobe [157] brachten durch Umformung und einige Vereinfachungen die Hammet-Gleichung mit der Metallkorrosion in Verbindung, sie erhielten dabei folgende Beziehung:

$$\lg \frac{(1 - I)}{(1 - I_0)} = \varrho\sigma, \qquad \text{(VI.32)}$$

(I = Verhältnis zwischen der Korrosionsgeschwindigkeit des inhibierten Metalles und der Korrosionsgeschwindigkeit des Metalles in der reinen Lösung). Der Ausdruck (VI.32) ist bei konstanter Inhibitorenkonzentration richtig und wird z. B. durch methyl-substituierte Pyridine erfüllt, die die Eisenauflösung in wäßrigen Lösungen inhibieren [161]. Für Anilin und seine Derivate erhöht sich die Inhibitorwirkung, wenn die Substituenten zunehmend elektronegativen oder elektropositiven Charakter aufweisen [162]. Es ist möglich, daß beim Übergang von elektronegativen zu elektropositiven Substituenten die Anilinmoleküle in der elektrischen Doppelschicht umorientiert werden.

[1]) Gleichung (VI.31) kann in allgemeingültiger Form abgeleitet werden, wenn die Stoffkonzentration in der Lösung c beträgt. Voraussetzung dafür sind gleiche Konzentrationen des unsubstituierten und des R-substituierten Stoffes.

Die genannten Vorstellungen über den Einfluß der Struktur der organischen Verbindungen auf die Adsorption weisen verschiedene Mängel auf:

1. Die Rolle der Doppelschicht bleibt unberücksichtigt. Das elektrische Feld der Doppelschicht muß aber wesentlichen Einfluß auf die Elektronendichte des Adsorptionszentrums des Moleküls ausüben.
2. Das Adsorbens und die Rolle des Lösungsmittels werden ebenfalls vernachlässigt.
3. Es wird die adsorptionsbedingte Wechselwirkung nur zwischen einem Atom des organischen Moleküls und der Metalloberfläche angenommen; das ist nicht immer richtig[1]).
4. Die Inhomogenität der Adsorbensoberfläche bleibt unberücksichtigt.
5. Weiterhin wird die Rolle des sterischen Faktors in den Adsorptionserscheinungen vernachlässigt.
6. Bei Ableitung von Gleichung (VI.32) wird angenommen, daß sich die inhibierende Wirkung nur in der mechanischen Abschirmung der Oberfläche ausdrückt.

6.7. Einfluß von Adsorptions- und Zwischenprodukten auf die Adsorption der organischen Stoffe

Elektrochemische Prozesse an festen Metallen werden oft durch Adsorption von Reaktionszwischenprodukten oder Reaktionsprodukten an der Elektrodenoberfläche infolge geringer Löslichkeit und der Diffusionshemmung ihres Abtransportes begleitet. Die Oberflächenbedeckung mit dem adsorbierten Stoff oder die Veränderung der Elektrodenoberfläche haben großen Einfluß auf die Adsorption der organischen Stoffe. Das Auftreten der Übergangsverbindung an der Elektrodenoberfläche ist abhängig vom Verhältnis der Geschwindigkeitskonstanten der Ablagerung und des Abtransportes des adsorbierten Stoffes. Bei kathodischer Polarisation besteht der Prozeß der Wasserstoffabscheidung aus mehreren

[1]) Zumeist werden die organischen Moleküle waagerecht an der Metalloberfläche adsorbiert. In erster Linie trifft das auf die aromatischen Verbindungen zu, die infolge der π-Elektronenwechselwirkung zwischen Molekül und Oberfläche adsorbiert werden [44, 163]. Auf die Möglichkeit der Wechselwirkung der π-Elektronen mit der Metalloberfläche verweisen die Meßwerte der Elektronenaustrittsarbeit aus Nickel in Anwesenheit von adsorbiertem Benzol [164]. Ungesättigte Kohlenwasserstoffe und polyfunktionelle organische Moleküle (Aminosäuren, Trithiometasulfate, ungesättigte Kohlenwasserstoffe u. a.) können auch mit mehreren Atomen an der Metalloberfläche adsorbiert werden. Die Chemisorption von Trithiometasulfaten der allgemeinen Formel [165]

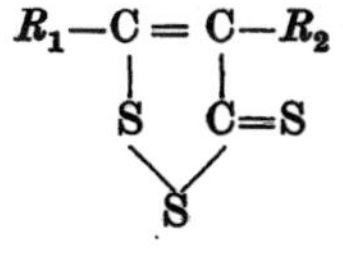

erfolgt durch Elektronenwechselwirkung der Gruppe —S—C=S mit den benachbarten Metallatomen an den Kristallflächen (110) und (100), weil der Abstand zwischen den S-Atomen in der genannten Gruppe genau so groß ist wie der Abstand zwischen den benachbarten Atomen im Kristallgitter des Eisens.

Stadien. In Abhängigkeit vom pH des Mediums verläuft die Wasserstoffabscheidung infolge der Entladung von Hydroxonium-Ionen oder Wassermolekülen an der Elektrodenoberfläche. Die nach Reaktion (12) gebildeten adsorbierten Wasserstoffatome werden teilweise wieder ionisiert oder durch einen elektrochemischen (13) bzw. Rekombinationsmechanismus (14) von der Oberfläche entfernt:

$$H_3O^+ (H_2O) + e^- \rightarrow H_{ads} + H_2O(OH^-), \tag{12}$$

$$H_{ads} + H_3O^+(H_2O) + e^- \rightarrow H_2 + H_2O(OH^-), \tag{13}$$

$$H_{ads} + H_{ads} \rightarrow H_2. \tag{14}$$

Die Menge des atomaren Wasserstoffs an der Metalloberfläche ist vom Verhältnis der Reaktionskonstanten der genannten Prozesse abhängig [166—168].

Wenn die Entladung der Hydroxonium-Ionen (12) gehemmt ist, dann geht die Wasserstoffbedeckung der Oberfläche gegen Null. Diesen Fall kann man am Eisen, Nickel und Kobalt in sauren Lösungen beobachten. Dabei kommt die gemessene differentielle Kapazität dem Wert der Doppelschichtkapazität nahe, und der Kapazitätswert ist praktisch potentialunabhängig [38, 61, 80, 169—171].

In alkalischem Medium ist am Eisen, Nickel und Kobalt die Entfernung des Wasserstoffs nach den Mechanismen (13) und (14) gehemmt. Die Differentialkapazitätswerte sind bedeutend höher als die Werte der Doppelschichtkapazität und außerdem potentialabhängig [169—173]. Untersuchungen der Wasserstoffdiffusion durch eine Eisenmembran in alkalischen Lösungen bestätigen ebenfalls diese Annahmen [167, 174, 175]. Die Wasserstoffadsorption an Metallen der Eisengruppe beginnt in alkalischem Medium bei Potentialwerten, die wesentlich positiver als das stationäre Elektrodenpotential sind. Gleichzeitig werden bei diesen Potentialen an der Oberfläche von Eisen, Nickel und Kobalt OH^--Ionen adsorbiert, weil die Auflösung des Eisens und der beiden anderen Metalle unter Bildung der Übergangsverbindung MOH_{ads} verläuft, die mit OH^--Ionen im Gleichgewicht steht [176, 177]

$$Fe + OH^- \rightleftharpoons FeOH_{ads} + e^-. \tag{15}$$

In einigen Potentialbereichen treten somit an der Elektrodenoberfläche gleichzeitig H-Atome und OH^--Ionen auf. In Abb. 76 ist die Potentialabhängigkeit der Differentialkapazität dargestellt, die an zonengeschmolzenem Eisen in 1 n KOH (Frequenz des Wechselstroms 800 Hz) gemessen wurde. Das Potential bezieht sich auf das Potential der Wasserstoffelektrode in der gleichen Lösung. Die C,φ-Kurve kann man in drei unabhängige Kurventeile zerlegen, die der Adsorption der OH^--Ionen (1) sowie von Wasserstoff mit hoher (2) und niedriger (3) Bindungsenergie gegenüber der Eisenoberfläche entsprechen. Bereits früher wurde eine ähnliche Kurve an Nickel durch Weininger und Breiter [173] erhalten, nur waren die Maxima in dieser C,φ-Kurve nicht so klar ausgeprägt. Die schlechte Adsorbierbarkeit organischer Stoffe an Eisen und Nickel in alkalischen Lösungen kann man mit dem Vorhandensein adsorbierter Teilchen (OH^-, H) an der Oberfläche dieser Metalle in Verbindung bringen, deren Adsorptionsenergie höher ist als die Adsorptionsenergie einer Reihe organischer Stoffe (Tribenzylamin, Tetrabutylammoniumsulfat, Naphthalinsulfonsäure, Oktanol, Capronsäure) [172].

Es existieren aber auch andere Erklärungen für die geringe Adsorbierbarkeit organischer Stoffe. Verschiedene Autoren [178] erklären diesen Fakt mit der hohen negativen Oberflächenladung, bei der die Kationen der Alkalimetalle und der Wassermoleküle die Moleküle der organischen Stoffe aus der elektrischen Doppel-

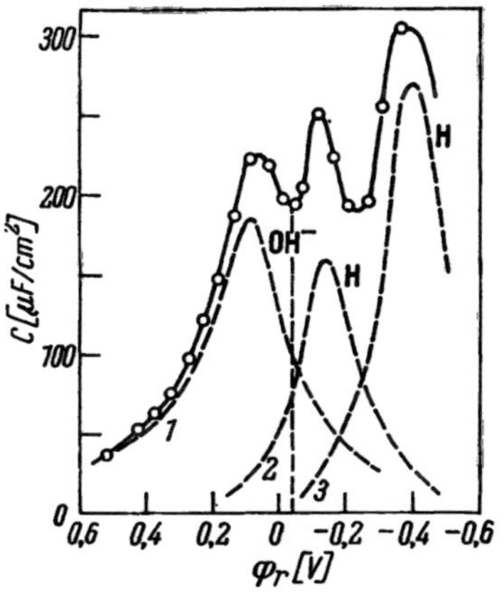

Abb. 76: **Differentialkapazitätskurven an Eisen in 1 n KOH**

Die senkrechte, punktierte Linie entspricht dem stationärem Potential (Potentialmessungen gegen die reversible Wasserstoffelektrode)

schicht verdrängen. Es wird dabei vorausgesetzt, daß sich das in sauren Lösungen gemessene Null-Ladungspotential von Eisen ($\varphi_{NL} = -0{,}37 \cdots -0{,}40$ V) beim Übergang zu alkalischen Lösungen nicht verändert, d. h., daß die Potentialdifferenz zwischen stationärem Potential und φ_{NL} etwa $-0{,}5$ V beträgt. Die adsorbierten Wasserstoffatome und OH^--Ionen können jedoch die Lage des Null-Ladungspotentials beeinflussen, so daß offensichtlich die φ_{NL}-Werte in sauren und alkalischen Lösungen nicht mehr übereinstimmen.

Andere Autoren nehmen an, daß die niedrige Adsorbierbarkeit der organischen Stoffe mit der Bildung von Oxiden auf der Metalloberfläche verbunden ist, die die hydrophilen Eigenschaften des Metalls verstärken [172, 179, 180].

In alkalischen Lösungen werden am Eisen nur solche Verbindungen adsorbiert, die selbst bzw. deren Oxydationsprodukte (bei anodischer Polarisation) eine chemische Bindung mit dem Metall eingehen. So konnte gezeigt werden, daß organische Stoffe, die chemische Verbindungen mit Eisenionen bilden (Phenol, Tannin, Alizarin), unter diesen Bedingungen gut am Eisen adsorbiert werden [172, 180]. Losev und Kabanov [172] führten die Adsorption dieser Stoffe auf die Bildung einer chemischen Verbindung zwischen den oben genannten organischen Stoffen und den hydratisierten Eisenoxiden zurück. Insbesondere für Alizarin nahmen sie die Bildung von Eisenalizarinat der folgenden Zusammensetzung an:

```
   /OH
Fe—OH
   \Alizarin.
```

Die Adsorption der genannten Verbindungen erfolgte gehemmt und war nach 20—30 min beendet. Bei Potentialen positiver als +0,1 V (gegen NHE) wurden die Stoffe wieder desorbiert. Tannin wurde außerdem chemisch oxidiert. Am Nickel verlief die Adsorption der organischen Verbindungen etwas besser als am Eisen [181].

In schwefelsauren Lösungen wird bei anodischer Polarisation am Eisen die Adsorption von OH^--Ionen beobachtet. Nach dem Mechanismus nach Bockris [63] und Heusler [62] wird die Eisenauflösung von der Bildung eines adsorbierten Zwischenproduktes begleitet, das mit den OH^--Ionen im Gleichgewicht steht. Deshalb erscheint auf dem anodischen Ast der C,φ-Kurve eine Pseudokapazität (s. Abb. 64), die mit dem gleichen Prozeß im Zusammenhang zu sehen ist, wie bei Reaktion (15) in alkalischen Lösungen [38, 171, 182] bzw. mit der Reaktion

$$Fe + 2H_2O \rightleftharpoons FeOH_{ads} + H_3O^+ + e^-. \qquad (16)$$

Nach Heusler [62] ist die Oberflächenbelegung mit FeOH-Teilchen, die als Katalysator bei der Eisenauflösung eine Rolle spielen, gering. Sie dürften deshalb keinen unmittelbaren Einfluß auf die Adsorption oder Desorption des organischen Stoffes zeigen. Nach Bockris [63] erreicht die Oberflächenbedeckung mit der Übergangsverbindung FeOH den Wert 1, wenn die Entfernung dieser Verbindung bei weiterer Eisenauflösung gehemmt erfolgt. Dabei können die adsorbierten OH^--Ionen die Moleküle des adsorbierten Stoffes von der Metalloberfläche verdrängen. Bis jetzt gibt es jedoch noch kein ausreichendes experimentelles Material, um einen der genannten Mechanismen anzuwenden.

An der Oberfläche vieler Metalle bilden sich bei Berührung mit Luftsauerstoff Oxide, die in einigen Fällen auch durch kathodische Polarisation nicht mehr entfernt werden können. Das trifft in erster Linie auf die Metalle der Eisengruppe zu. Die Anwesenheit von Oxiden auf der Metalloberfläche beeinflußt deren Adsorptionseigenschaften. In wäßrigen Lösungen verleihen die Oxide der Metalloberfläche stärker hydrophilen Charakter. Infolge der Oxide erhöht sich die Benetzbarkeit von Nickel, Kadmium, Titan, Chrom und Kupfer relativ stark [183]. Die gewachsene Adsorptionsenergie der Wassermoleküle führt zur Abnahme der Adsorption organischer Verbindungen. Durch Grenzwinkelmessungen konnte gezeigt werden, daß Natriumdodecylsulfat an Kupfer, das bis zur Durchführung des Versuches mit Luft in Berührung stand, wesentlich schlechter adsorbiert wird. An der oxydierten Silberoberfläche wurde praktisch keine Adsorption beobachtet.

Oxide reduzieren auch erwartungsgemäß die Adsorbierbarkeit oberflächenaktiver Stoffe aus organischen Lösungsmitteln. So sind beispielsweise die Adsorption und die Adsorptionsgeschwindigkeit von 4-Äthylpyridin aus Cyclohexan und von Stearinsäure aus Benzol an mit einer geringen Sauerstoffmenge voroxidiertem Eisenpulver geringer als an reduziertem Eisenpulver [116, 145]. Das gleiche Verhalten wurde auch bei der Adsorption von Stearinsäure aus Cyclohexan an Kupfer beobachtet. Die Stearinsäureadsorption wurde durch den Oxidfilm merklich gehemmt und das Adsorptionsgleichgewicht stellte sich erst nach 7 Tagen ein, während die Adsorption an der reinen Metalloberfläche schon nach 20 min beendet war. Organische Stoffe (n-Propylamin, Benzol) werden auch aus der Gasphase nicht so gut an der oxydierten Metalloberfläche (Nickel, Kupfer) adsorbiert [184]. SCHWABE [185] hebt hervor, daß die Anwesenheit von Oxiden an der Metalloberfläche den Charakter der Adsorption organischer Stoffe verändern kann. Dibenzylsulfoxid und Dicyclohexylammoniumnitrit werden an Armco-Eisen chemisorbiert und hemmen dessen Auflösung in sauren und neutralen Lösungen. An der oxydierten Eisenoberfläche werden die Moleküle der organischen Stoffe nur durch VAN DER WAAALsche Kräfte gebunden. Deshalb werden die erwähnten Inhibitoren in wäßrigen Lösungen durch Lösungsmittelmoleküle von der Metalloberfläche verdrängt und verlieren dadurch ihre inhibierende Wirkung.

BALEZIN und Mitarb. [186] wiesen chromatographisch nach, daß Benzoationen aus wäßrigen Lösungen besser am Eisen als am Magnetit adsorbiert werden. Dicyclohexylammoniumnitrit dagegen wurde besser am Magnetit adsorbiert.

6.8. Chemische Veränderungen des adsorbierten Stoffes an der Elektrodenoberfläche

Die Adsorption verschiedener organischer Stoffe an der Metalloberfläche wird von chemischen Veränderungen der adsorbierten Teilchen begleitet. Diese Umwandlungen sind potentialabhängig und stehen mit den an der Elektrode ablaufenden elektrochemischen Prozessen in Zusammenhang. Die Bildung neuer Teilchen an der Elektrodenoberfläche führt zu einer Veränderung der Inhibitorwirkung der organischen Stoffe gegenüber den Elektrodenreaktionen (sekundäre Inhibierung). Im allgemeinen finden sich bei chemischen Umwandlungen auf der Elektrodenoberfläche sowohl Moleküle des Ausgangsstoffes als auch deren Umwandlungsprodukte.

Der Thioharnstoffzerfall bei der Adsorption an Eisen wurde bereits früher betrachtet. In der Literatur ist Material über die chemischen Veränderungen verschiedener anderer Stoffe veröffentlicht. HORNER [187, 188] stellte fest, daß Oniumsalze bei kathodischer Polarisation von Eisen reduziert werden. So werden Triphenylbenzylphosphonium- und Triphenylbenzylarsoniumionen entsprechend zu Triphenylphosphin und Triphenylarsin reduziert:

$$[(C_6H_5)_3P - CH_2 - C_6H_5]^+ \rightarrow (C_6H_5)_3P, \quad (17)$$

$$[(C_6H_5)_3As - CH_2 - C_6H_5]^+ \rightarrow (C_6H_5)_3As. \quad (18)$$

Die Reduktionsgeschwindigkeit dieser Verbindungen wächst bei negativeren Potentialen. LORENZ und FISCHER [189] wiesen mit Hilfe galvanostatischer Impulsmessungen und stationärer Polarisationskurven nach, daß die Adsorption und die Inhibitorwirkung der Ausgangsstoffe und deren Reduktionsprodukte am Eisen in 1 n HCl annähernd gleich waren. Die Adsorption des Reduktionsproduktes wächst stark an, wenn seine Löslichkeit im Vergleich mit dem Ausgangsstoff abnimmt. Dibenzylsulfoxid wird in sauren Lösungen am Eisen schlecht adsorbiert und erhöht nur unwesentlich die Überspannung der elektrochemischen Prozesse. Durch den an der Elektrodenoberfläche abgeschiedenen Wasserstoff wird das Sulfoxid zu Sulfid reduziert, dessen Löslichkeit geringer ist als die Löslichkeit von Sulfoxid. Nach SCHWABE [185] katalysiert das Eisen diesen Prozeß. Die Adsorption des Dibenzylsulfids ist wesentlich höher die des Sulfoxids, sie wächst proportional mit der Zeit und führt zur Bildung polymolekularer Schichten.

Die Dibenzylsulfoxidadsorption an Kupfer und Nickel wurde von SMIALOWSKI und SZKLARSKA-SMIALOWSKA [190] spektrophotometrisch untersucht. Aldehyde und ungesättigte Kohlenwasserstoffe werden ebenfalls durch Wasserstoff reduziert, der sich bei kathodischer Polarisation und bei stationärem Potential abscheidet [191]. Die durch Aldehydreduktion entstehenden Alkohole werden schlechter an der Metalloberfläche adsorbiert, das führt zu einem allmählichen Rückgang der Inhibitorwirkung der Aldehyde. In der Literatur gibt es Hinweise dafür, daß Äthylenderivate neben der Reduktion auch zu Polymerisationsreaktionen führen (Acrylnitril am Eisen) [150].

ROGERS und TAYLOR [192] konnten zeigen, daß Cumarin, Zimtsäure, Propargylalkohol und 2-Butindiol-1,4 bei elektrolytischer Nickelfällung reduziert werden. Die Versuche wurden in $NiSO_4$-, $NiCl_2$- und H_3BO_3-haltiger Lösung bei 48,5 °C durchgeführt. Die Reduktionsprodukte wurden chromatographisch, IR- und NMR-spektrometrisch analysiert. Cumarin (*I*) wird nach zwei Parallelreaktionen reduziert. Bei der einen entsteht als Reduktionsprodukt Orthohydrocumarinsäure (*II*), bei der anderen Hydroxyphenylpropanol (*III*), das weiter bis zum o-Propylphenol (*IV*) reduziert wird:

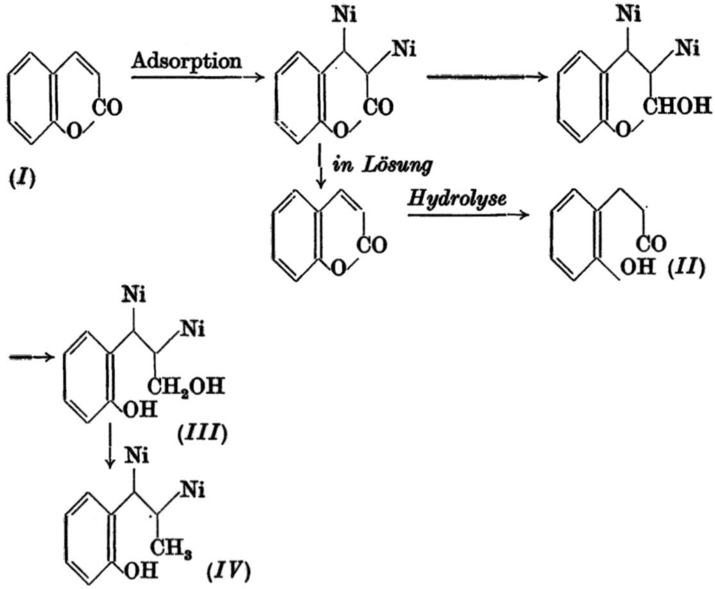

(19)

Zimtsäure wird bis zum Phenylpropan, Proparglyalkohol bis zum Propan reduziert. Bei der Reduktion von 2-Butindiol-1,4 entstehen mehrere Produkte (n-Butan, cis- und trans-Buten-2). Der starke pH-Einfluß der Lösung auf die Ausbeute und die Art der sich bildenden Stoffe werden in [192] untersucht. Bei einem pH-Wert von 1,5 werden diese Verbindungen besser als bei einem pH von 4 reduziert. Bei hohen pH-Werten kommt die Reduktion der OH-Gruppen fast vollständig zum Erliegen.

Kandler, Roemer und Heusler [181] untersuchten die Adsorption von n- und iso-Butanol sowie Glykol an Nickel in 1 n KOH. Die Adsorption verlief gleichzeitig mit chemischen Veränderungen dieser Stoffe. Die Autoren stellten fest, daß bei $\varphi > +0{,}2$ V (gegen die reversible Wasserstoffelektrode in der gleichen Lösung) Glykol oxydiert wird und seine Oxydationsprodukte an der Metalloberfläche adsorbiert werden.

In schwachsauren Lösungen (pH $\simeq$ 3) beobachteten Volk und Fischer [193] die Veränderung des Adsorptionsmechanismus von Akridin und β-Naphthochinolin bei Konzentrationserhöhung. Akridin und β-Naphthochinolin stehen mit ihren Kationen im Gleichgewicht

$$RN + H_3O^+ \rightleftharpoons [RNH]^+ + H_2O. \qquad (20)$$

Bei niedriger Konzentration treten in der Lösung hauptsächlich $[RNH]^+$-Kationen auf. In salzsauren Lösungen werden die Kationen dieser Stoffe relativ gut an Nickel adsorbiert, wobei sie an der Metalloberfläche Ionenpaare mit den Cl^--Ionen bilden. Die Adsorption der $[RNH]^+$-Ionen ist stark potentialabhängig, bei ausreichend negativen Potentialen werden sie wieder desorbiert. Die Konzentrationserhöhung von Akridin oder β-Naphthochinolin auf 0,01—0,03 Mol/l führt zu einer steigenden Konzentration der freien Base RN. Die Akridin- und β-Naphthochinolinmoleküle gehen Chemisorptionsbindungen mit den Oberflächenatomen des Metalles ein, bei Konzentrationen von 0,01—0,03 Mol/l werden deshalb hauptsächlich die Basemoleküle adsorbiert. Die Menge des chemisorbierten Stoffes ist hierbei in geringem Maße abhängig vom Elektrodenpotential.

Bei hohen kathodischen Stromdichten erhöht sich in schwachsauren Lösungen der pH-Wert des Elektrolyten an der Elektrodenoberfläche, dadurch kann der adsorbierte Stoff beeinflußt werden. Bei Äthylchinolin treten nach Meinung der gleichen Autoren folgende Änderungen ein:

$$[RN - C_2H_5]^+ + OH^- \rightleftharpoons RN(C_2H_5)OH. \qquad (21)$$

In der so entstandenen Pseudobase ist ein Stickstoffatom mit einem freien Elektronenpaar vorhanden. Über das freie Elektronenpaar gehen die Moleküle der Pseudobase Chemisorptionsbindungen ein und verdrängen $[RNC_2H_5]^+$-Kationen von der Metalloberfläche. Daher nimmt die Äthylchinolin-Adsorption am Nickel mit wachsenden negativen Potentialwerten zu.

Man kann weitere Beispiele für die chemischen Veränderungen der adsorbierten Stoffe anführen. Die Adsorption dieser Stoffe wurde bisher jedoch noch nicht unmittelbar bestimmt, deshalb beschränkt sich dieses Kapitel auf die bereits genannten Fälle.

6.9. Einfluß der Adsorption organischer Stoffe auf die Metallkorrosion

In den bisherigen Abschnitten wurden verschiedene Faktoren betrachtet, die die Adsorption organischer Stoffe an Metallen mit hoher und mittlerer Wasserstoffüberspannung beeinflussen. Die Mannigfaltigkeit dieser Faktoren, die mit dem Metallcharakter, dem Verhalten der festen Oberfläche und der Natur der organischen Stoffe zusammenhängen, ermöglicht noch nicht die Aufstellung einer vollständigen Adsorptionstheorie. Das ist auch auf die unzureichenden experimentellen Daten zurückzuführen. Das in diesem Kapitel zitierte Material demonstriert, daß sich die festen Metalle wesentlich in ihren adsorptiven und elektrochemischen Eigenschaften infolge der Oberflächeninhomogenität, des Einflußes der Metallbearbeitung und -vorbehandlung auf seine Eigenschaften, der möglichen Gasadsorption an der Metalloberfläche, der irreversiblen Adsorption verschiedener Anionen usw. vom Quecksilber unterscheiden.

Wie nachgewiesen werden konnte, ist das Elektrodenpotential einer der wichtigsten, die Adsorption organischer Stoffe beeinflussenden Faktoren. Vom Elektrodenpotential sind die Menge des adsorbierten Stoffes sowie die chemischen Veränderungen der organischen Verbindungen auf der Elektrodenoberfläche abhängig.

Um ungefähr den Adsorptionsbereich organischer Stoffe abschätzen zu können, ist die Kenntnis des Null-Ladungspotentials φ_{NL} des Metalls wichtig. Bis heute wurden die φ_{NL}-Werte einer nur relativ kleinen Anzahl von Metallen bestimmt, das ist auf die großen experimentellen Schwierigkeiten zurückzuführen. In einigen Fällen divergieren die von verschiedenen Autoren bestimmten φ_{NL}-Werte sehr stark. In Tab. 12 sind einige zuverlässig erscheinende φ_{NL}-Werte zusammengestellt. Einige davon befinden sich gegenwärtig noch in der Diskussion. Beispielsweise sind in [212, 213] andere φ_{NL}-Werte für Eisen angeführt. Nach ANTROPOV [212] muß der φ_{NL}-Wert für Eisen annähernd 0 V betragen, damit unterscheidet er sich wesentlich von den tabellierten Werten (—0,37 ··· —0,40 V). ANTROPOV erhielt diesen Wert bei der Berechnung von φ_{NL} aus der Elektronenaustrittsarbeit (W_e)

$$\varphi_{NL} = W_e - 4{,}7 \tag{VI.33}$$

Gleichung (VI.33) basiert auf der Annahme, daß der durch die Adsorption von Wasser aus wäßrigen Lösungen an der Metalloberfläche hervorgerufene Potentialsprung sowie der Potentialsprung im Innern der metallischen Phase beim Null-Ladungspotential von der Natur des Metalles unabhängig sind [214]. Die nach Gleichung (VI.33) berechneten Werte sind folglich nur Näherungswerte.

Tabelle 12: Nulladungspotentiale

Metall	φ_{NL} in V (gegen NHE)	Lösungszusammensetzung	Methode
Cd	−0,72	0,01—0,001 n NaF	Kapazitätsminimum [194]
	−0,70	0,005 n KCl	Festigkeitsmaximum [208]
Tl	−0,67 ± 0,05	0,01—0,001 n NaF	Kapazitätsminimum [195]
Ag	−0,70	0,002—0,01 n Na_2SO_4	Kapazitätsminimum [12]
	−0,75 ··· −0,80	2—0,2 n Na_2SO_4	Maximum d. Oberfl.sp. [196]
	−0,80	0,1 n KCl	Ladungsstrom [197]
Ga	−0,69	0,01 n $HClO_4$	Kapazitätsminimum [198]
	−0,70	0,006 n HCl	dgl.
	−0,70 ··· −0,69	0,01 n KCl	Elektrokapillares Maximum [199]
		0,01 n $NaClO_4$	
Pb	−0,56	0,01—0,001 n NaF	Kapazitätsminimum [6]
	−0,64	0,01 n Na_2SO_4	
Sn	−0,46	0,001 n $KClO_4$	Kapazitätsminimum [200]
	−0,38	0,01 n KCl	Tauchverfahren [201]
Bi	−0,40	0,01 n KCl	Kapazitätsminimum [8]
Fe	−0,40	0,003 n HCl	Kreuzfadenmethode [202]
	−0,37	0,001 n H_2SO_4	Kapazitätsminimum [203]
Hg	−0,19	0,01 n NaF	Kapazitätsminimum [204]
	−0,19	0,01 n NaF	Elektrokap. Maximum u. Strahlelektrodenmethode [205]
Cu	−0,05	1 n Na_2SO_4	Benetzungsmaximum [206]
	−0,03	0,02 n Na_2SO_4	Kapazitätsminimum [207]
	+0,07	0,01 n KCl	Tauchverfahren [201]
Au	0,15	1 n KCl	Minim. d. Dehnungsgeschw. [208]
	0,23	0,02 n H_2SO_4	Kapazitätsminimum [209]
	0,30	1 n $NaClO_4$ + 0,001 n $HClO_4$	Adsorption org. Stoffe [210]
Te	0,60	1 n Na_2SO_4	Festigkeitsmaximum [211]

Das ist zurückzuführen erstens auf die schlechte Reproduzierbarkeit der mit den vorhandenen Methoden bestimmten Werte der Elektronenaustrittsarbeit. In der Arbeit [215] wird z. B. darauf hingewiesen, daß die Reproduzierbarkeit der W_e-Werte 0,1—0,3 eV beträgt; das entspricht einem Fehler von 0,1—0,3 V bei der φ_{NL}-Berechnung nach Gleichung (VI.33). Man muß beachten, daß die W_e-Werte unter Bedingungen bestimmt werden, die sich stark von den Bedingungen der φ_{NL}-Bestimmung in wäßrigen Lösungen unterscheiden (das Metall wird entgast und die Oxide entfernt). Der W_e-Wert ist abhängig vom Index der Kristallfläche, während die kapazitiven φ_{NL}-Messungen gewöhnlich an polykristallinen Elektroden ausgeführt werden.

Zweitens ist die Annahme einer Identität der durch die Wasseradsorption an den Metallen hervorgerufenen Potentialsprünge eine sehr grobe Näherung. In Lösungen ohne oberflächenaktive Ionen ändert sich beispielsweise dieser Sprung beim Übergang von Quecksilber zu Gallium um etwa 0,3 V [200, 216]. Deshalb sind wahrscheinlich φ_{NL}-Werte aus Kapazitätsmessungen [203] oder nach der Kreuzfadenmethode [202] verläßlicher.

Die Lage der φ_{NL}-Werte im Bereich von $-0{,}3 \cdots -0{,}4$ V wird durch die Adsorption organischer kationischer oder anionischer Stoffe an Eisen in 1 n H_2SO_4 bestätigt. So wird z. B. Tribenzylamin bei stationärem Potential am Eisen von $-0{,}25 \cdots -0{,}27$ V (φ_{st}) in 1 n H_2SO_4 nur sehr schwach adsorbiert (s. Abb. 68). Anionen (z. B. Nonansulfonsäure) werden unter den genannten Bedingungen wesentlich besser adsorbiert (s. Abb. 64). Wenn man nach Antropov $\varphi_{NL} = 0$ V annimmt, dann müssen die Metalloberfläche bei φ_{st} negativ geladen und die Adsorptionseigenschaften dieser Ionen reversibel sein. Da die φ_{NL}-Werte aber wesentlich negativer als φ_{st} sind, werden organische und anorganische Ionen gleichzeitig adsorbiert. Dieser Fall wird im Abschnitt 6.3. erörtert und bestätigt obige Vorstellung.

Lorenz und Fischer [213] führten in jüngster Zeit galvanostatische Impulsmessungen der Doppelschichtkapazität am Eisen aus. Die Autoren nahmen wie Antropov an, daß der φ_{NL}-Wert des Eisens ungefähr 0 V beträgt. Es gelang ihnen aber nicht, diesen Wert infolge der in der Lösung vorhandenen oberflächenaktiven OH^--Anionen zu erhalten. Nach Meinung der Autoren entspricht das in der C,φ-Kurve in 0,01 n und 0,001 n H_2SO_4 bei $\varphi = -0{,}4$ V erhaltene Minimum dem Potential der „ungeladenen Oberfläche" (nach der Antropovschen Terminologie) in Anwesenheit adsorbierter OH^--Ionen, die den φ_{NL}-Wert um etwa 0,4 V zu negativeren Werten verschieben. Bei Zusatz von Cl^--Ionen (1 n HCl) tritt in den C,φ-Kurven ein scharf ausgeprägtes Minimum auf, das dem Potential $\varphi = -0{,}12$ V entspricht und von den Autoren mit einer maximalen Ausdehnung des diffusen Bereiches der Doppelschicht erklärt wird.

Nach Meinung der Autoren dieses Buches ist das Auftreten eines solchen Minimums aber nicht mit der Ausdehnung des diffusen Anteils der Doppelschicht verbunden, sondern mit der Chemisorption der Cl^--Ionen, die die Doppelschichtkapazität herabsetzt und erst bei sehr hohen positiven Potentialen stärker in Erscheinung tritt [78].

Lorenz und Fischer [213] nehmen an, daß die Halogenidionen am Eisen ebenso wie am Quecksilber reversibel adsorbiert werden und ihre Adsorption deshalb ebenso wie die Adsorption von OH^--Ionen φ_{NL} zu negativeren Potentialwerten verschiebt.

Das Experiment zeigt jedoch, daß die Anionen am Eisen eine feste chemische Bindung eingehen. Hierbei wird φ_{NL} zu positiveren Potentialwerten verschoben [76, 85]. Probleme der Adsorption von Halogenidionen werden auch in den Arbeiten [217, 218] u. a. behandelt.

An dieser Stelle ist es notwendig, den Einfluß der Ionenchemisorption auf die Lage des Null-Ladungspotentials des Metalls genauer zu beleuchten. Bei irreversibler Chemisorption der Halogenidanionen werden die adsorbierten Ionen in die Struktur des metallischen Teils der Doppelschicht eingebaut und die Ionenladung wird Bestandteil der Oberflächenladung des Metalls. Die dabei unmittelbar auf der Metalloberfläche entstehenden Dipole verschieben die φ_{NL}-Werte zu positiveren Potentialen. Folglich ist der φ_{NL}-Wert in Anwesenheit irreversibel chemisorbierter Anionen positiver als in einer Lösung ohne oberflächenaktive Ionen. Man kann die Metalloberfläche mit den adsorbierten Halogenidionen auch als Elektrodenoberfläche veränderter Zusammensetzung betrachten (Eisen mit einem bestimmten Prozentzusatz von Eisenhalogenidverbindungen auf der Oberfläche), die ein positiveres Null-Ladungspotential als reines Eisen hat.

Eine φ_{NL}-Verschiebung zu positiveren Werten beobachtet man auch bei der Chemisorption von Sauerstoff (Bruchteil einer Monoschicht) an Platin [219, 220]. Bei der Sauerstoffadsorption an Eisen erhöht sich die Elektronenaustrittsarbeit, wenn die Sauerstoffatome nicht in das Metallgitter diffundieren (s. Gleichung (VI.33)) [221]. Bei einer solchen Interpretation, d. h., wenn man annimmt, daß sich die Ladung der chemisorbierten Ionen zur Ladung der Elektrodenoberfläche addiert, muß man erwarten, daß die Chemisorption von Cd^{2+}-Ionen an Platin umgekehrt den φ_{NL}-Wert zu negativeren Potentialen verschiebt [222]. Am Quecksilber beteiligen sich die elektrostatisch oder spezifisch adsorbierten Chlorid- und anderen Halogenidionen am Aufbau des ionogenen Teils der elektrischen Doppelschicht und verschieben deshalb das φ_{NL}-Potential zu negativeren Werten [223].

Bei Änderung des Elektrodenpotentials (z. B. bei Wechselstromfluß) verändert sich die Konzentration der chemisorbierten Ionen praktisch nicht, während sich die Konzentration der Ionen zweiter Art (an Quecksilber adsorbierte Halogenidionen) entsprechend der Ladungsänderung der Elektrodenoberfläche verändert[1]).

Den differenzierten Charakter der Adsorption von Halogenidionen an Eisen und Quecksilber kann man auch aus Kapazitäts- und Polarisationsmessungen ableiten: am Quecksilber erhöht sich die Doppelschichtkapazität infolge der Anionenadsorption, am Eisen geht sie zurück, die Halogenidionen katalysieren die Wasserstoffabscheidung am Quecksilber und hemmen diesen Prozeß am Eisen. Den irreversiblen Charakter der Halogenidadsorption (J^-) an Eisen verdeutlicht

[1]) Der genannte Unterschied im Verhalten der Anionen kann zu stark divergierenden φ_{NL}-Werten führen, wenn sie nach verschiedenen Methoden bestimmt werden, z. B. mit radioaktiven Indikatoren und der Wechselstrommethode. Mit der ersten Methode kann man die Gesamtkonzentration der radioaktiven Ionen messen, unabhängig davon, ob die Ionen in den diffusen Teil der Doppelschicht eingebaut oder irreversibel an der Metalloberfläche adsorbiert sind. Das Gleichgewicht der Anionen- und Kationenladungen, das normalerweise dem φ_{NL}-Wert entspricht, gibt bei irreversibler Adsorption der radioaktiven Ionen nicht den realen φ_{NL}-Wert des Metalls wieder. Mit der Wechselstrommethode bestimmt man die maximale Ausdehnung des ionogenen Bereichs der Doppelschicht, die in erster Näherung der Lage des φ_{NL}-Wertes bei irreversibler Adsorption entspricht.

der folgende Versuch. Wenn man die kathodische Polarisationskurve, ausgehend von hohen bis zu niedrigen Stromwerten, in einer J^--haltigen, schwefelsauren Lösung aufnimmt, dann werden die J^--Ionen bei ausreichend negativen Potentialen nicht mehr am Eisen adsorbiert. Bei positiveren Potentialen werden sie adsorbiert, und die Wasserstoffüberspannung erhöht sich. Bei umgekehrtem Ablauf der Polarisationskurve werden kaum J^--Ionen desorbiert, es wird eine Hysteresis beobachtet [57].

Die Vorstellungen von FISCHER und LORENZ geben keine Erklärung für die steigende Adsorption organischer Verbindungen des Kationentyps am Eisen bei wachsender Halogenidionen-Konzentration und beim Übergang von Cl^- zu J^-.

Wie bereits erwähnt, ermöglicht die Kenntnis der Lage des φ_{NL}-Wertes die Voraussage, welcher Typ der organischen Verbindungen bevorzugt an der Metalloberfläche bei stationärem Potential adsorbiert wird.

Die Adsorption organischer Stoffe verändert auch die Geschwindigkeit der an der Elektrode ablaufenden Prozesse. Diese Tatsache findet breite Anwendung beim Schutz der Metalle vor Korrosion. Infolge der praktischen Bedeutung dieses Problems beschäftigen sich zahlreiche Veröffentlichungen mit der Aufklärung des Einflußes oberflächenaktiver Stoffe auf die Kinetik der Metallauflösung. Im Rahmen der vorliegenden Monographie ist keine erschöpfende Analyse dieser Arbeiten möglich, außerdem werden eine ganze Reihe dieser Veröffentlichungen in Übersichtsartikeln zitiert [64, 224—227].

Die Wirkung der adsorbierten Stoffe auf die elektrochemischen Reaktionen, wie z. B. auch der Metallauflösung, wird hauptsächlich durch zwei Faktoren bestimmt: die Bedeckung der Elektrodenoberfläche mit den Ionen oder Molekülen des organischen Stoffes (θ) und die Änderung des ψ_1-Potentials infolge der Adsorption [228].

Für die Geschwindigkeiten der kathodischen Wasserstoffabscheidung und der anodischen Metallauflösung in sauren Lösungen kann man nach den Gesetzen der elektrochemischen Kinetik [229] bei Adsorption eines organischen Stoffes an der Elektrodenoberfläche schreiben

$$i_K = k_1 [H_3O^+] (1 - \theta) \exp\left(-\frac{F}{RT} [\alpha\varphi + (1 - \alpha) \psi_1]\right), \qquad \text{(VI.34)}$$

$$i_A = k_2 (1 - \theta) \exp\left[\frac{F}{RT} 2\beta (\varphi - \psi_1)\right]^{1)}, \qquad \text{(VI.35)}$$

mit $\psi_1 = \psi_1(\theta)$. In erster Näherung kann man bei mittleren Bedeckungsgraden annehmen, daß gilt $\psi_1 = \psi_1{}^0 + \Delta\psi_1\theta$, mit $\psi_1{}^0$ — ψ_1-Wert bei $\theta = 0$. Dabei bleiben die elektrochemischen Reaktionen an den bedeckten Oberflächenbereichen unberücksichtigt, ebenso werden die unbedeutenden Reaktionsgeschwindigkeiten der Wasserstoffionisierung und elektrolytischen Kationenabscheidung an der unbedeckten Oberfläche vernachlässigt.

[1]) Gleichung (VI.35) bezieht sich auf die Reaktion $M - 2e^- \rightarrow M^{2+}$.

Folglich wird in sauerstoff- bzw. allgemein oxydationsmittelfreien Lösungen die Metallkorrosion im aktiven Zustand durch den Verlauf der beiden oben genannten, miteinander verknüpften Reaktionen bestimmt. Die Hemmung des Anoden- und Kathodenprozesses (einzeln oder beide zugleich) durch organische Inhibitoren hemmt die Metallkorrosion. Die Adsorption organischer Verbindungen verzögert jedoch nicht immer die Metallauflösung, weil die beiden Faktoren θ und ψ_1 in entgegengesetzter Richtung wirken können. Aus den Gleichungen (VI.34) und (VI.35) folgt, daß sich bei Adsorption kationogener Verbindungen die Wirkung der beiden Faktoren verstärkt und die Auflösungsgeschwindigkeit des Metalles abnimmt. Die Adsorption anionogener organischer Verbindungen[1])

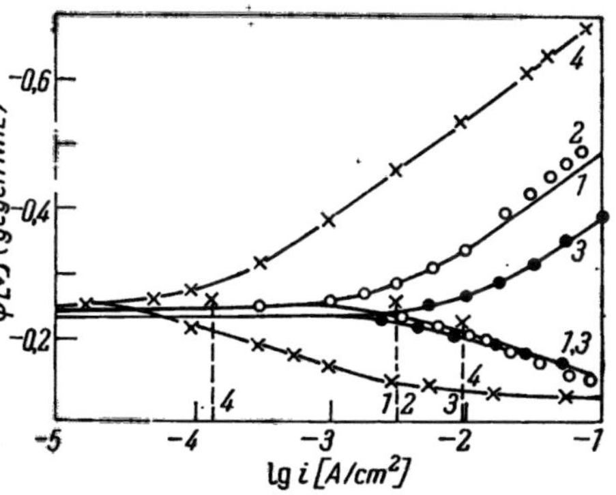

Abb. 77: Polarisationskurven an zonengeschmolzenem Eisen in 1 n H_2SO_4 [84]
1 — reine Lösung; *2* — 10^{-3} m TBA; *3* — 10^{-2} m Sulfosalizylsäure; *4* — 10^{-3} m TBA + 10^{-2} m Sulfosalizylsäure; punktierte Linie — Selbstauflösung

erhöht demgegenüber die Korrosionsgeschwindigkeit, wenn die Änderung des ψ_1-Potentials die genannten Prozesse stärker beschleunigt, als sie durch die θ-Erhöhung verzögert werden. Ein ähnliches Beispiel beobachteten Iofa und Mitarb. [83, 87] an Eisen bei Zusatz verschiedener Sulfonsäuren (Abb. 77). Aus der Abbildung ist zu erkennen, daß die Auflösungsgeschwindigkeit von Eisen durch die Adsorption von Sulfosalizylsäure erhöht wird.

Die gemeinsame Adsorption von Sulfosalizylsäure und Tetrabutylammoniumkationen vermindert die Korrosionsgeschwindigkeit des Metalles merklich im Vergleich mit der Auflösungsgeschwindigkeit von Eisen in 1 n H_2SO_4 ohne Zusatz oberflächenaktiver Stoffe. HS^-- und CNS^--Ionen beschleunigen die Korrosion der Eisenmetalle wesentlich stärker als Sulfonsäuren. Gleichzeitig regen diese Anionen eine stärkere Adsorption kationogener organischer Stoffe an, die ihrerseits wiederum die Korrosionsgeschwindigkeit inhibieren. Deshalb sind kationo-

[1]) Die angeführten Überlegungen sind nur für saure Lösungen richtig. In neutralen und alkalischen Lösungen wird die Wasserstoffabscheidung durch die Entladung von Protonen aus Wassermolekülen bestimmt. In der Geschwindigkeitsgleichung für die Wasserstoffabscheidung müssen deshalb die ψ_1-Glieder ein umgekehrtes Vorzeichen tragen.

gene organische Verbindungen wirksame Inhibitoren der durch Schwefelwasserstoffderivate verursachten Metallkorrosion.

Die Erhöhung der Korrosionsgeschwindigkeit von Metallen durch organische Verbindungen wird nicht nur durch eine Änderung des ψ_1-Potentials hervorgerufen. Vielfach sind es andere Ursachen:

1. Verminderung der Überspannung des Kathodenprozesses infolge der Reduktion des organischen Stoffes;
2. katalytische Wirkung des adsorbierten Stoffes auf die Wasserstoffabscheidung;
3. Bildung gut löslicher Komplexe zwischen Metallionen und adsorbiertem Stoff, wodurch die Überspannung des Anodenprozesses herabgesetzt wird.

Das Korrosions- und Adsorptionsverhalten der Metalle wird auch von ihrer Vorbehandlung und Bearbeitung beeinflußt (Warmwalzen, Härten usw.). Im folgenden sind einige Daten über den Einfluß der thermischen Vorbehandlung auf die Korrosionsgeschwindigkeit von zonengeschmolzenem Eisen in Anwesenheit oberflächenaktiver Stoffe angeführt.

Härtetemperatur 600°C	
1 n H_2SO_4	20 $g/cm^2 \cdot h \cdot 10^5$
1 n $H_2SO_4 + 1 \cdot 10^{-5}$ n KJ	1,8 $g/cm^2 \cdot h \cdot 10^5$
1 n $H_2SO_4 + 10^{-6}$ n KJ $+ 1 \cdot 10^{-4}$ m N $(C_6H_5CH_2)_3$	1,0 $g/cm^2 \cdot h \cdot 10^5$
Härtetemperatur 750°C	
1 n H_2SO_4	8,0 $g/cm^2 \cdot h \cdot 10^5$
1 n $H_2SO_4 + 1 \cdot 10^{-5}$ n KJ	6,0 $g/cm^2 \cdot h \cdot 10^5$
1 n $H_2SO_4 + 1 \cdot 10^{-6}$ n KJ $+ 1 \cdot 10^{-4}$ m $N(C_6H_5CH_2)_3$	2,5 $g/cm^2 \cdot h \cdot 10^5$

Wie festgestellt wurde, zeigt das bei 600°C vorbehandelte Eisen ein günstigeres Adsorptionsverhalten, als das bei 750°C behandelte Eisen. Deshalb beeinflussen oberflächenaktive Stoffe die Korrosion des erstgenannten Eisens stärker.

Unter realen Bedingungen sind immer Sauerstoff oder andere Oxydationsmittel in den Elektrolytlösungen enthalten, das kompliziert die elektrochemischen und Adsorptionserscheinungen. In der Arbeit [230] wurde der Inhibitoreinfluß auf die Metallkorrosion bei Sauerstoff- und Wasserstoffdepolarisation unter Berücksichtigung des ψ_1-Potentials untersucht. Durch den Sauerstoff oder ein anderes Oxydationsmittel kann die Verschiebung des stationären Elektrodenpotentials zur Desorption des organischen Stoffes infolge der Änderung der Elektrodenladung oder der Entfernung des adsorbierten Stoffes zusammen mit Metallionen bei schneller Auflösung des Metalls führen. Bei hohen Konzentrationen und hohem Redoxpotential des Oxydationsmittels kann das Metall vom aktiven in den passiven Zustand übergehen[1]). Um in diesem konkreten Fall die Inhibitorwirkung

[1]) Bei hohen positiven Potentialen ist die Oxydation des organischen Inhibitors nicht auszuschließen.

auf die Metallkorrosion beurteilen zu können, muß man die vollständige potentiostatische anodische Kurve aufnehmen, die außer dem aktiven Bereich den Passiv- und Transpassivbereich oder den Bereich der anodischen Aktivierung (Durchschlag) umfaßt. Ein solches Herangehen wird in allgemeiner Form in den Arbeiten [231—233] vermittelt.

Je nach ihrer Wirkung auf elektrochemische Reaktionen teilt man die Inhibitoren in anodische, kathodische und komplexe Typen ein. In Abb. 78 sind schematisch potentiostatische Kurven dargestellt, die die Wirkung der verschiedenen

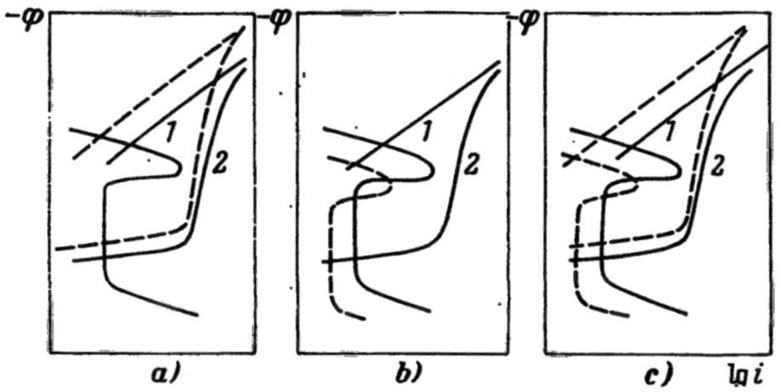

Abb. 78: Schematische Darstellung von Polarisationskurven zur Erläuterung der Wirkung von kathodischen (*a*), anodischen (*b*) und universellen Inhibitoren (*c*)

dicke Linien — reine Lösungen; unterbrochene Linien — Lösungen mit Inhibitorzusatz; *1* — Wasserstoffentwicklung; *2* — Reduktion des Oxydationsmittels

Inhibitortypen charakterisieren. Die Stromdichte in den potentiostatischen Diagrammen ist der Korrosionsgeschwindigkeit der Metalle äquivalent.

Kathodische Inhibitoren beeinflussen die Überspannung des Kathodenprozesses (Abb. 78a). Die Erhöhung der kathodischen Überspannung verschiebt das stationäre Potential zu negativeren Werten und setzt die Korrosionsgeschwindigkeit im Aktiv- und Transpassivbereich herab. Im Passivbereich hat die Erhöhung der kathodischen Überspannung keinen Einfluß auf die Metallauflösung. Wenn das stationäre Potential des Metalls an der Grenze zwischen Aktiv- und Passivbereich liegt, dann bewirkt die Erhöhung der kathodischen Überspannung den Übergang des Metalls aus dem Passiv- in den Aktivbereich und ruft eine plötzliche Erhöhung der Korrosionsgeschwindigkeit hervor. Umgekehrt bewirkt die Abnahme der Kathodenüberspannung den Übergang aus dem Aktiv- in den Passivzustand, die Korrosionsgeschwindigkeit geht dabei merklich zurück.

Anodische Inhibitoren (s. Abb. 78b) erhöhen hauptsächlich die Überspannung des Anodenprozesses. Dabei können die Moleküle des adsorbierten Stoffes an der Bildung der passivierenden Oxidschicht beteiligt sein. In Anwesenheit des Inhibitors (Benzoate, Cinnamate) ändern sich das Passivierungspotential des Metalls und die Höhe des kritischen Passivierungsstroms. Ist der Inhibitor nicht an der Bildung der Passivschicht beteiligt, dann bewirkt er nur eine Herabsetzung des kritischen Anodenstromes, verändert aber nicht die Lage des Passivierungspotentials (z. B. bei Adsorption verschiedener aliphatischer Säuren an Stahl in 5 n NH_4NO_3) [234].

Es ist möglich, daß ein oberflächenaktiver organischer Stoff, der in einem bestimmten Potentialbereich stimulierend wirkt, in einem anderen Potentialbereich inhibierende Wirkung hat. Laurylsulfat z. B. beschleunigt die Auflösung von nichtrostendem Stahl im Aktivbereich, behindert aber gleichzeitig die Bildung einer Durchschlagsschicht im Passivzustand in 0,02 n HCl in breitem Potentialintervall [235] (Abb. 79). Die Autoren [235] betrachten diese Erscheinung als

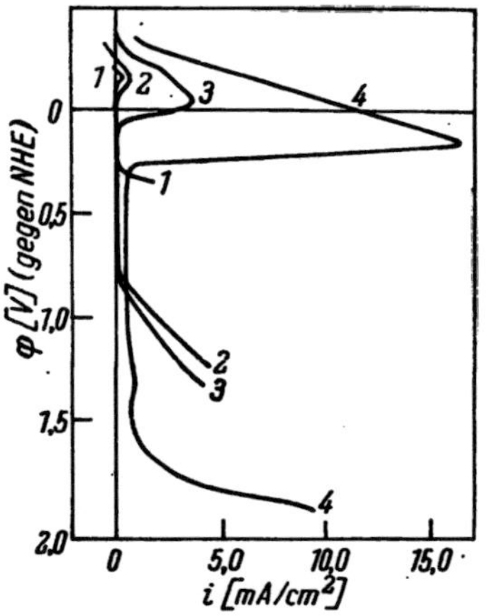

Abb. 79: Potentiostatische Kurven von rostfreiem Stahl (13% Cr) in 0,02 n HCl [235]
1 — reine Lösung; *2* — 0,01%; *3* — 0,1%; *4* — 1% Laurylsulfat

Ergebnis der Konkurrenzadsorption zwischen Cl^--Ionen und Laurylsulfat am Passivfilm. Die Konzentrationserhöhung von Laurylsulfat bis auf 1% führt zu einer vollständigen Verdrängung der Cl^--Ionen von der Oberfläche des oxydierten Stahls, und es wird auch bei sehr hohen positiven Potentialen keine Durchschlagsschicht beobachtet. Das Anwachsen des Stroms bei Potentialen von 1,7—1,8 V ist auf die Sauerstoffabscheidung zurückzuführen.

Die komplexen Inhibitoren (Mischtyp, s. Abb. 78c) erhöhen die Überspannung sowohl des Kathoden- als auch des Anodenprozesses. Ein Beispiel für solche Inhibitoren sind Thioharnstoff- und Chinolinderivate.

Als komplexe Inhibitoren werden vorwiegend Verbindungen verwendet, deren Moleküle aus einer organischen Base und einem oxydierend wirkenden Säureanion bestehen (Dicyclohexylammoniumnitrit und -chromat, Isoamylester der Chromsäure u. a.). In wäßrigen Lösungen dissoziieren oder hydrolysieren die Moleküle dieser Verbindungen unter Bildung von Anionen mit oxydierendem Charakter und organischen Kationen. Die Anionen werden an der Metalloberfläche adsorbiert und tragen zur Bildung einer Oxidschutzschicht bei. Die organischen Kationen werden auch an der oxydierten Metalloberfläche adsorbiert, aber in geringerem Maße als an der reinen Oberfläche (s. 6.7.). Dabei ist eine gemeinsame Adsorption von Anionen und Kationen ähnlich der in 6.3. erläuterten Form zu beobachten, weil die Wirkung der NO_2^--Ionen auf den Anodenprozeß in Gegenwart von Dicyclohexylammonium-Kationen merklich zunimmt [236].

Abb. 80 zeigt potentiostatische Kurven, die in Natriumsulfatlösungen an Eisen in Gegenwart von Dicyclohexylammoniumnitrit aufgenommen wurden [237]. Die Herabsetzung der kathodischen Überspannung durch den Inhibitor beruht auf der teilweisen Reduktion des NO_2^--Ions.[1])

Der Einsatz organischer Inhibitoren ermöglicht es somit, die Korrosionsgeschwindigkeit vieler Metalle und Legierungen in unterschiedlichen Medien in weiten Grenzen zu regulieren. Ihre Wirkungsmechanismen können sich aber in Abhängigkeit von den Reaktionsbedingungen und der Natur des organischen Inhibitors wesentlich unterscheiden.

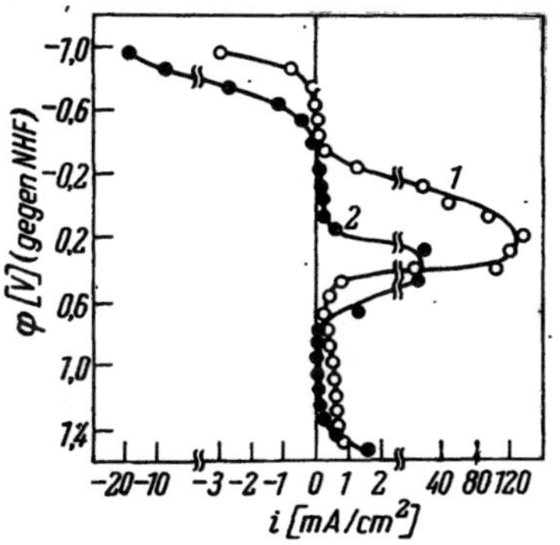

Abb. 80: Potentiostatische Kurven an Eisen in reiner 1 n Na_2SO_4-Lösung (*1*) und bei Zusatz von 2% Dicyclohexylammonium-Nitrit (*2*) [237]

Literatur

[1] A. V. Gorodeckaja, M. A. Proskurnin, Ž. fiz. chim., **12** (1938), 411
[2] D. I. Lejkis, E. S. Sevast'janov, Dokl. Akad. Nauk. SSSR, **114** (1962), 1320
[3] S. Karpačev, N. Ladygin, V. Zykov, Ž. fiz. chim., **17** (1943), 75
[4] T. I. Borisova, B. V. Eršler, ebenda, **24** (1950), 337
[5] D. I. Lejkis, B. N. Kabanov, Arbeiten d. Inst. f. phys. Chemie d. Akad. d. Wiss. d. UdSSR, Neue physikochemische Untersuchungsmethoden, Nr. **2** (1957), 5
[6] K. V. Rybalka, D. I. Lejkis, Elektrochimija, **3** (1967), 383
[7] Tza Čjuan-Sin', Z. A. Iofa, Dokl. Akad. Nauk. SSSR, **131** (1960), 137
[8] U. V. Palm, V. E. Past, R. Ja. Pulleritz, Elektrochimija, **2** (1966), 604
[9] E. S. Sevast'janov, T. Vitanov, ebenda, **3** (1967), 408
[10] T. I. Borisova, B. V. Eršler, A. N. Frumkin, Ž. fiz. chim., **22** (1948), 925
[11] E. S. Sevast'janov, D. I. Lejkis, Izv. AN SSSR, Ser. Chemie, (1964), 450
[12] D. I. Lejkis, Dokl. Akad. Nauk. SSSR, **135** (1960), 1429
[13] M. Loškarev, A. Krivcov, A. Krjukova, Ž. fiz. chim., **23** (1949), 221
[14] M. Loškarev, V. Cernenko, ebenda, **34** (1960), 1060
[15] U. V. Palm, V. E. Past, R. Ja. Pulleritz, Elektrochimija, **3** (1967), 376
[16] B. B. Damaskin, N. V. Nikolaeva-Fedorovič, Ž. fiz. chim., **35** (1961), 1279

[1]) *A. d. H.:* Neueres experimentelles Material zum Einfluß von organischen Inhibitoren auf die Metallauflösung und Korrosion findet man für Cu [251], Cd [257], Ag [257], Hg [258], Eisen, Stahl [252, 259—261], Zn [262] und Al [263].

[17] A. N. Frumkin, Arbeiten d. Karpov-Instit., **4** (1925) 56; **5** (1926), 3

[18] L. I. Antropov, Ž. fiz. chim., **25** (1951), 1495; „*Arbeiten d. Elektrochemie-Symposiums*", Moskau, Verl. d. Akad. d. Wiss. d. UdSSR, 1953, S. 380; Arbeiten des Polytechnischen Instit. Novočerkas, 25/39 (1954) 5

[19] L. I. Antropov, S. N. Banerjee, J. Indian Chem. Soc., **35** (1958), 531; **36** (1959), 451

[20] L. I. Antropov, J. Sci. Ind. Res. (New Delhi), **18 B** (1959), 314; "*First Internat. Congr. Met. Corros.*", Butterworths, London, 1961, S. 147

[21] L. I. Antropov, V. P. Grigor'ev, A. T. Petrenko, Ž. prikl. chim., **31** (1958), 1497

[22] J. Elze, H. Fischer, J. Electrochem. Soc., **99** (1952), 259

[23] J. Elze, Metalloberfläche, **8 A** (1954), 177

[24] L. I. Antropov, G. G. Vržosek, V. F. Panasenko, „*Inhibitoren der Säurekorrosion*", Kiev, Verl. „Rad. Ukraina", 1965, S. 23

[25] C. P. De, Nature, **180** (1957), 803

[26] H. G. Gatos, ebenda, **181** (1958), 1060

[27] D. M. Brascher, "*First International Congress Metallic Corrosion*", London, Butterworths, 1961, S. 56

[28] E. Blomgren, J. O'M. Bockris, J. Phys. Chem., **63** (1959), 1475

[29] E. Blomgren, J. O'M. Bockris, C. Jesch, ebenda, **65** (1961), 2000

[30] G. G. Lysenko, O. S. Afanas'ev, Dokl. Akad. Nauk. USSR, (1961) 1091

[31] M. A. Loškarev, M. P. Sevrjugina, Wiss. Arbeiten d. chem.-techn. Instit. Dnepropetrovsk, **2**, Nr. 12 (1961), 97

[32] Z. Ostrowski, Werkstoffe u. Korrosion, **9** (1960), 522

[33] G. Montel, Corros. et anticorros., **11** (1963), 420

[34] H. Fischer, W. Seiler, Corros. Sci., **6** (1966), 159

[35] A. N. Frumkin, N. S. Poljanovskaja, N. B. Grigor'ev, Dokl. Akad. Nauk. SSSR, **157** (1964), 1455

[36] A. N. Frumkin, N. B. Grigor'ev, I. A. Bagockaja, ebenda, **157** (1964), 957

[37] V. I. Melik-Gajkazjan, Ž. fiz. chim., **26** (1952), 560

[38] Z. A. Iofa, V. V. Batrakov, Cho Ngok-Ba, Electrochim. Acta, **9** (1964), 1645

[39] P. J. Hillson, J. Chim. Phys., **49** (1952), 88; Trans. Faraday Soc., **48** (1952), 462

[40] R. J. Watts-Tobin, Phil. Mag., **61** (1961), 133

[41] J. O'M. Bockris, H. Kita, J. Electrochem. Soc., **108** (1961), 676

[42] H. Fischer, Z. Elektrochem., **54** (1950), 459

[43] J. O'M. Bockris, D. A. J. Swinkels, J. Electrochem. Soc., **111** (1964), 736

[44] J. O'M. Bockris, M. Green, D. A. J. Swinkels, ebenda, **111** (1964), 743

[45] T. Hurlen, Acta chem. scand., **14** (1960), 1555

[46] P. L. Lukovcev, S. D. Levina, Ž. fiz. chim., **21** (1947), 599

[47] S. Fudjii, K. Arámaki, „*III. Internat. Kongreß über die Metallkorrosion*" (Kurzfass. d. Vorträge), Moskau, Verl. VINITI, 1966, S. 175

[48] S. Fujii, K. Kobayashi, "*Extended Abstracts of 17. Meeting of CITCE*", Tokyo 1966, Tokyo 1966, S. 2

[50] N. Hackerman, A. C. Markides, Ind. Eng. Chem., **46** (1954), 523

[51] N. Hackerman, A. H. Roebuck, ebenda, **46** (1954), 1481

[52] A. C. Makrides, N. Hackerman, ebenda, **47** (1955), 1773

[53] J. J. Bordeaux, N. Hackerman, J. Phys. Chem., **61** (1957), 1323

[54] Z. A. Iofa, V. V. Batrakov, Cho Ngok-Ba, „*Korrosionsinhibitoren*", Kiev, 1965, S. 11

[55] R. Lerkch, B. B. Damaskin, Ž. fiz. chim., **38** (1964), 1154

[56] D. C. Grahame, J. Am. Chem. Soc., **68** (1946), 301

[57] Z. A. Iofa, L. A. Medvedeva, Dokl. Akad. Nauk. SSSR, **69** (1949), 213
[58] K. E. Heusler, G. H. Cartledge, J. Electrochem. Soc., **108** (1961), 732
[59] Z. A. Iofa, Vej Bao-Mihn, Ž. fiz. chim., **37** (1963), 2300
[60] E. I. Michajlová, Z. A. Iofa, Elektrochimija, **1** (1965), 107
[61] H. Jamaoka, H. Fischer, Electrochim. Acta, **10** (1965), 679; H. Jamaoka, V. Lorenz, H. Fischer, „*Grundfragen der modernen theoretischen Elektrochemie*", 14. CITCE-Konferenz, Moskau, Verl. „Mir", 1965, S. 464
[62] K. E. Heusler, Z. Elektrochem., **62** (1958), 582
[63] J. O'M. Bockris, D. Drazic, A. R. Despic, Electrochim. Acta, **4** (1961), 325
[64] H. Fischer, „*Symposium Européen sur les Inhibiteurs de Corrosion*", Ferrara, 1960; Compt. rend., Universitá Degli Studidi Ferrara, 1961, S. 1
[65] H. Gerischer, R. P. Tischer, Z. Elektrochem., **61** (1957), 1159
[66] H. Gerischer, ebenda, **62** (1958), 256
[67] A. T. Vagramjan, „*Elektrolyt. Abscheidung von Metallen*", Moskau, Verl. d. Akad. d. Wiss. d. UdSSR, 1950
[68] K. M. Gorbunova, A. I. Žukov, Ž. fiz. chim., **22** (1948), 1097; **23** (1949), 605
[69] M. A. Loškarev, O. A. Esin, V. I. Sotnikova, Ž. org. chim., **9** (1939), 1412
[70] M. A. Loškarev, A. A. Krjukova, Dokl. Akad. Nauk. SSSR, **62** (1948), 97; **77** (1950) 919; Ž. fiz. chim., **23** (1949), 209, 221, 1457
[71] V. I. Lajner, N. T. Kudrjavcev, „*Grundlagen der Galvanostegie*", T. 1, Moskau, 1953
[72] A. T. Vagramjan, Z. A. Solov'eva, „*Untersuchungsmethoden der elektrolytischen Metallabscheidung*", Moskau, Verl. d. Akad. d. Wiss. d. UdSSR, 1960
[73] H. Fischer, „*Elektrolytische Abscheidung und Elektrokristallisation von Metallen*", Berlin, Springer-Verl., 1954
[74] O. Volk, H. Fischer, Electrochim. Acta, **5** (1961), 112
[75] H. Fischer, H. Jamaoka, Chem. Ber., **94** (1961), 1477
[76] Z. A. Iofa, Vestn. MGU, Nr. 2 (1956), 139
[77] S. D. Beskov, Uč. zapiski MGPI im. Lenina, **63** (1951), 129
[78] Z. A. Iofa, E. Ljachoveckaja, K. Šarifov, Dokl. Akad. Nauk. SSSR, **84** (1952), 543
[79] V. A. Kuznecov, Z. A. Iofa, Ž. fiz. chim., **21** (1947), 201
[80] V. V. Losev, Dokl. Akad, Nauk. SSSR, 88 (1953), 499
[81] N. Hackerman, E. S. Snavely, J. S. Payne, J. Electrochem. Soc., **113** (1966), 677
[82] T. Murakawa, N. Hackerman, Corros. Sci., **4** (1964), 387
[83] Z. A. Iofa, V. V. Batrakov, Cho Ngok-ba, Zaščita metallov, **1** (1965), 55
[84] Z. A. Iofa, "*Proceedings 2-nd European Symposium on Corrosion Inhibitors*", Ferrara, 1965, S. 151
[85] A. N. Frumkin, Vestn. MGU, Nr. **9** (1952), 37
[86] Z. A. Iofa, Dokl. Akad. Nauk. SSSR, **119** (1958), 971
[87] Z. A. Iofa, G. N. Tomašova, Ž. fiz. chim., **34** (1960), 1036; Corrosion, **19** (1963), 26 t
[88] T. P. Hoar, R. P. Kehra, „*Symposium Europ. sur les Inhibit. de Corr.*", Ferrara, 1960; Compt. rend., Univ. Degli Studi di Ferrara, 1961, S. 73
[89] A. V. Pamfilov, V. S. Kuzub, Ukr. chim. žurn., **27** (1961), 311
[90] T. P. Hoar, R. D. Holliday, J. Appl. Chem., **3** (1953), 502
[91] L. Cavallaro, L. Felloni, G. Trabanelli, „*Corr.- Symposium*", Ferrara 1960, Compt. rend. Univ. Degli studi di Ferrara, 1961, S. 111
[92] A. I. Fil'ko, Uč. zapiski MGPI im. Lenina, **146** (1960), 62
[93] T. K. Ross, D. H. Jones, „*Corr.-Symposium*", Ferrara 1960; Compt. rend., Univ. Degli studi di Ferrara, 1961, S. 163

[94] B. KE, J. J. HOCKSTA, B. C. SISON, D. TRIVICH, J. Electrochem. Soc., **106** (1959), 382
[95] J. LLOPIS, J. M. GAMBOA, L. ARIZMENDI, F. ALONSO, ebenda, **109** (1962), 369
[96] J. LLOPIS, J. M. GAMBOA, L. ARIZMENDI, "*Radioisotopes in Scientific Research*", Vol. II, Pergamon Press., S. 478
[97] J. BOUGAULT, E. CATTELAIN, P. CHABRIER, Bull. Soc. chim. France, **7** (1940), 781
[98] S. A. BALEZIN, S. K. NOVIKOV, Uč. zapiski MGPI im. Lenina, **45** (1947), 62
[99] L. CAVALLARO, G. P. BOLOGNESI, Atti. Acad. Scienze Ferrara, **24** (1946/47), 235
[100] L. CAVALLARO, L. FELLONI, ebenda, **25** (1947/48), 139
[101] L. CAVALLARO, L. FELLONI, G. TRABANELLI, F. PUBLIDORI, Electrochim. Acta, **8** (1963), 521
[102] A. A. SUTJAGINA, Zav. lab., **24** (1958), 43
[103] S. M. KOČERGIN, L. L. CHONINA, Ž. prikl. chim., **36** (1963), 673
[104] S. S. KRUGLIKOV, JU. I. SINJAKOV, N. T. KUDRJAVCEV, Elektrochimija, **2** (1966), 100
[105] S. S. KRUGLIKOV, JU. I. SINJAKOV, N. T. KUDRJAVCEV, Transaction of the Institute of Metal. Finishing, **44** (1966), 152
[106] S. WATARU, Bull. Chem. Soc. Japan, **37** (1964), 1121
[107] A. JAMAGUCHI, R. B. PENLAND, S. MUZUSHIMA, T. J. LANE, COLUMBA CURRAN, J. V. QUAGLIANO, J. Am. Chem. Soc., **80** (1958), 527
[108] T. J. LANE, A. YAMAGUCHI, ebenda, **81** (1959), 3824
[109] W. MACHU, V. K. GOUDA, Werkstoffe u. Korrosion, **13** (1962), 745
[110] M. I. TEMKIN, Ž. fiz. chim., **25** (1941), 296
[111] R. J. ADAMES, H. L. WEISBECKER, W. J. MCDONALD, J. Electrochem. Soc., **111** (1964), 774
[112] C. C. NATHAN, Corrosion, **12** (1956), 161t
[113] H. C. GLATOS, „*Corr.-Symp.*“, Ferrara 1960; Compt. rend., Univ. Degli studi di Ferrara, 1961, S. 257
[114] B. TAMAMUSHI, K. TAMAKI, "*Proceedings 2-nd International Congress of Surface Actifity*", v. 3, London, Butterworths, 1957, S. 449
[115] R. S. HANSEN, B. H. CLAMPIT, J. Phys. Chem., **58** (1954), 908
[116] R. ANNAND, R. M. HURD, N. HACKERMAN, J. Electrochem. Soc., **112** (1965), 138, 144
[117] Z. A. IOFA, V. V. BATRAKOV, „*Kurzfass. d. Vorträge d. Elektrochemie-Symposiums*“, Novočerkassk, 1965, S. 21
[118] R. B. CAMPBELL, Nature, **197** (1963), 374
[119] S. Z. ROGINSKIJ, JA. B. ZEL'DOVIČ, acta physicochim. URSS, **1** (1934), 595
[120] S. M. KOČERGIN, Usp. chim., **24** (1955), 779
[121] B. E. CONWAY, R. G. BARRADAS, T. ZAWIDZKI, J. Phys. Chem., **62** (1958), 676
[122] N. A. BALAŠOVA, G. G. ŽMAKIN, Dokl. Akad. Nauk. SSSR, **143** (1962), 358
[123] O. ERBACHER, Z. phys. Chem., **156** (1931), 135
[124] F. TOMPKINS, Ind. Eng. Chem., **42** (1950), 1469
[125] W. J. LORENZ, G. EICHKORN, Ber. Bunsenges., **70** (1966), 99
[126] I. UHARA, Nature, **192** (1961), 867
[127] I. UHARA, S. YANAGIMOTO, K. TANI, G. RACHI, S. TERÂTANI, J. Phys. Chem., **66** (1962), 2691
[128] SH. KISHIMOTO, ebenda, **66** (1962), 2694
[129] I. UHARA, SH. KISHIMOTO, J. JASHIDA, T. HIKINO, ebenda, **69** (1965), 880
[130] G. S. VOZDVIŽENSKIJ, F. CH. ZAJNULLINA, „*Symposium über Probleme des Einflusses oberflächenaktiver Stoffe auf die elektrolytische Metallabscheidung*“, Vilnjus, GIPNL Lit. SSR, 1957, S. 103

[131] A. M. RUBINSTEIN, Usp. chim., **21** (1952), 1287
[132] D. CAPLAN, M. COHEN, Corros. Sci., **6** (1966), 321
[133] Z. A. IOFA, Ju. A. NIKIFOROVA, V. V. BATRAKOV, „*III. Internat. Kongreß zur Metallkorrosion*" (Kurzfass. d. Vorträge), Moskau, Verl. VINITI, 1966, S. 129
[134] Z. A. IOFA, V. V. BATRAKOV, JU. A. NIKIFOROVA, "*Extended abstracts of 17. Meeting CITCE*", Tokyo, 1966, S. 60
[135] V. I. IVANOV, K. A. OSIPOV, „*Erholung und Rekristallisation in Metallen bei schneller Erwärmung*", Moskau, Verl. „Wiss.", 1964
[136] W. P. PEARSON, "*Handbook of Lattice Spacings and Structures of Metalls and Alloys*", London, Pergamon Press, 1958
[137] W. G. JOHNSTON, I. GILMAN, J. Appl. Phys., **30** (1959), 129
[138] G. T. HAHN, Acta Metallurgica, **10** (1962), 727
[139] Z. FOROULIS, H. UHLIG, J. Electrochem. Soc., **111** (1964), 522; **112** (1965), 1177
[140] Z. FOROULIS, ebenda, **113** (1966), 532
[141] N. GREEN, I. SALTZMAN, Corrosion, **20** (1964), 293t
[142] M. K. SMITH, „*Grundlagen der Metallphysik*", Moskau, 1959
[143] S. S. BARRET, „*Metallstrukturen*", Moskau, 1948
[144] I. P. KUDRJAVCEV, „*Textur in Metallen und Legierungen*", Moskau, Verl. Metallurgie 1965
[145] E. B. GREENHILL, Trans. Faraday Soc., **45** (1949), 625
[146] F. P. BOWDEN, A. C. MOORE, ebenda, **47** (1951), 900
[147] F. E. MATSON, A. C. MAKRIDES, N. HACKERMAN, J. Chem. Phys., **22** (1954), 1800
[148] J. W. SHEPARD, J. P. RYAN, J. Phys. Chem., **60** (1956), 127
[149] G. L. FOSTER, B. D. OAKES, C. H. KUCERA, Ind. Eng. Chem., **51** (1950), 825
[150] I. N. PUTILOVA, E. N. ČISLOVA, „*Korrosionsinhibitoren*". Kiev, 1965, S. 35
[151] I. N. PUTILOVA, „*III. Internat. Kongreß zur Metallkorrosion*" (Kurzfassung d. Vorträge), Moskau, Verl. VINITI, 1966, S. 136
[152] H. GREENFIELD, H. W. STERNBERG, R. A. FRIEDEL, J. H. WOTIZ, R. MARKBY, J. WENDER, J. Am. Chem. Soc., **78** (1956), 120
[153] R. CLARKSON, E. R. H. JONES, P. S. WAILES, M. C. WHITINS, ebenda, **78** (1956), 6206
[154] D. O. HAYWARD, B. M. W. TRAPNELL, „*Chemisorption*", London, Butterworths, 1964
[155] N. HACKERMAN, „*Korrosions-Symposium*", Ferrara 1960; Compt. rend., Univ. Degli studi di Ferrara, 1961, S. 99
[156] V. P. GRIGOR'EV, O. A. OSIPOV, „*III. Internat. Kongreß zur Metallkorrosion*" (Kurzfass. d. Vorträge), Moskau, Verl. VINITI, 1966, S. 158
[157] F. M. DONAHUE, K. NOBE, J. Electrochem. Soc., **112** (1965), 886
[158] JU. A. ŽDANOV, V. I. MINKIN, „*Korrelationsanalyse in der organischen Chemie*", Verl. d. Univers. Rostov, 1966
[159] L. P. HAMMET, Chem. Rev., **17** (1935), 125
[160] L. R. SNYDER, J. Phys. Chem., **67** (1963), 2344
[161] R. C. AYERS, N. HACKERMAN, J. Electrochem. Soc., **110** (1963), 507
[162] N. HACKERMAN, R. M. HURD, "*First Internat. Congress Metal. Corrosion*", London, Butterworths, 1961, S. 313
[163] A. V. PAMFILOV, V. S. KUZUB, Ukr. chim. ž., **28** (1962), 528
[164] M. SUHRMAN, Z. Metallkunde, **46** (1955), 770
[165] H. GRUBITSCH, F. HILBERT, Werkstoffe u. Korrosion, **17** (1966), 289
[166] A. N. FRUMKIN, Ž. fiz. chim., **10** (1937), 568
[167] A. N. FRUMKIN, ebenda, **31** (1957), 1875

[168] J. O'M. BOCKRIS, „*Probleme der modernen Elektrochemie*", Moskau, Verl. „Mir", 1958
[169] V. E. PAST, Z. A. IOFA, Dokl. Akad. Nauk. SSSR, **106** (1956), 1050; Ž. fiz. chim., **33** (1959), 1230
[170] V. V. SOBOL', Z. A. IOFA, Dokl. Akad. Nauk. SSSR, **138** (1961), 1151
[171] V. V. BATRAKOV, Z. A. IOFA, Elektrochimija, 1 (1965), 123
[172] V. V. LOSEV, B. N. KABANOV, Izv. AN SSSR, Chemie, (1957), 414
[173] J. L. WEININGER, M. W. BREITER, J. Electrochem. Soc., **111** (1964), 707
[174] I. A. BAGOCKAJA, Dokl. Akad. Nauk. SSSR, **110** (1956), 397
[175] I. A. BAGOCKAJA, A. N. OŠE, „*IV. Elektrochemie-Symposium*", Moskau, Verl. d. Akad. d. Wiss. d. UdSSR, 1959, S. 82
[176] B. N. KABANOV, D. I. LEJKIS, Dokl. Akad. Nauk. SSSR, **58** (1947), 1685; Ž. fiz. chim., **20** (1946), 995
[177] B. KABANOV, R. BURSTEIN, A. FRUMKIN, Disc. Faraday Soc., **1** (1947), 259
[178] M. K. TURAPOV, A. M. MURTAZAEV, Izv. AN Usbek. SSR (Serie Chemie), **2** (1957), 53
[179] W. MACHU, Korr. u. Metallschutz, **10** (1934), 277
[180] S. D. LEVINA, Ž. prikl. chim., **29** (1958), 1353
[181] L. KANDLER, D. ROEMER, E. HAUSLER, Electrochim. Acta, 8 (1963), 233
[182] H. JAMAOKA, „*Einfluß von organischen Inhibitoren auf die Säurekorrosion des Eisens*", Dissertation, TH Karlsruhe, 1963
[183] R. A. ERB, J. Phys. Chem., **69** (1965), 1306
[184] YUNG-FANG YU, J. J. CHESSICK, A. C. ZETTLEMOYER, ebenda, **63** (1959), 1626
[185] K. SCHWABE, Z. phys. Chem., **226** (1964), 1
[186] S. A. BALEZIN, P. G. KUZNECOV, I. A. PODOL'NYJ, „*Korrosionsinhibitoren*", Moskau–Leningrad, Verl. „Schiffsbau", 1965, S. 18
[187] L. HORNER, A. MENTRUP, Liebigs Ann., Chem., **646** (1961), 65
[188] F. BÖTTGER, H. FUCHS, L. HORNER, Chem. Ber., **96** (1963), 3141
[189] W. LORENZ, H. FISCHER, "*Proceedings 2-nd European Symposium on Corrosion Inhibitors*", Ferrara, 1965, S. 109
[190] M. SMIALOWSKI, Z. SZKLARSKA-SMIALOWSKA, Bull. acad. polon. sci., **1** (1953), 155
[191] V. S. KEMCHADZE, S. A. BALEZIN, Ž. org. chim., **22** (1952), 1848
[192] G. T. ROGERS, K. J. TAYLOR, Electrochim. Acta, 8 (1963), 887; **11** (1966) 1685; Trans. Inst. Metal. Finish, **43** (1965), 75
[193] O. VOLK, H. FISCHER, Electrochim. Acta, **4** (1961), 251
[194] V. JA. BARTENEV, E. S. SEVAST'JANOV, D. I. LEJKIS, Elektrochimija, **4** (1968), 745
[195] I. G. DAGAEVA, D. I. LEJKIS, E. S. SEVAST'JANOV, ebenda, **3** (1967), 891
[196] A. JA. GOCHŠTEIN, ebenda, **2** (1966), 1061, 1318
[197] T. N. ANDERSEN, R. S. PERKINS, H. EYRING, J. Am. Chem. Soc., **86** (1964), 4496
[198] A. N. FRUMKIN, N. B, GRIGOR'EV, I. A. BAGOCKAJA, Elektrochimija, **2** (1966), 329
[199] A. M. MOROZOV, N. B. GRIGOR'EV, I. A. BAGOCKAJA, ebenda, **2** (1966), 1235
[200] A. N. FRUMKIN, Svensk Kemisk Tidskrift, **77** (1965), 300
[201] B. JAKUSZEWSKI, Z. KOZLOWSKI, Roczn. Chem., **36** (1962), 1573; **38** (1963), 96
[202] T. N. VOROPAEVA, B. V. DERJAGIN, B. N. KABANOV, Izv. AN SSSR, Chemie, (1963), 257
[203] E. O. AJAZJAN, Dokl. Akad. Nauk. SSSR, **100** (1955), 473
[204] B. B. DAMASKIN, N. V. NIKOLAEVA-FEDOROVIČ, A. N. FRUMKIN, ebenda, **121** (1958), 129
[205] D. C. GRAHAME, E. COFFIN, J. CUMMINGS, U. ROTH, J. Am. Chem. Soc., **74** (1952), 1207; D. C. GRAHAME, ebenda, **76** (1954), 4819; J. Electrochemical Soc., **98** (1951), 343
[206] M. BONNEMAY, G. BRONOËL, P. JONVILLE, E. LEVART, Compt. rend. Acad. Sci., **260** (1965), 5262

[207] V. L. Chejfec, B. S. Krasikov, Dokl. Akad. Nauk. SSSR, **109** (1956), 586

[208] E. K. Venstrem, V. I. Lichtman, P. A. Rebinder, ebenda, **107** (1956), 105

[209] B. S. Krasikov, Ž. prikl. chim., **37** (1964), 2420

[210] M. Green, H. Dahms, J. Electrochem. Soc., **110** (1963), 466

[211] P. A. Rebinder, E. K. Venstrem, Ž. fiz. chim., **19** (1945), 1; E. K. Venstrem, P. A. Rebinder, ebenda, **26** (1952), 1847

[212] L. I. Antropov, ebenda, **37** (1963), 965

[213] W. J. Lorenz, H. Fischer, Electrochim. Acta, **11** (1966), 1597

[214] A. N. Frumkin, J. Chem. Phys., **7** (1939), 552

[215] V. Fomenko, „*Emissionseigenschaften der Elemente und chemischen Verbindungen*", Kiev, Verl. d. Akad. d. Wiss. d. Ukrain. SSR, 1961

[216] A. N. Frumkin, N. S. Poljanovskaja, N. B. Grigor'ev, I. A. Bagockaja, Electrochim. Acta, **10** (1965), 793

[217] Ja. M. Kolotyrkin, N. Ja. Bune, Ž. fiz. chim., **29** (1955), 435

[218] Ja. M. Kolotyrkin, Zaščita metallov, **3** (1967), 131

[219] A. Šlygin, A. Frumkin, V. Medvedovskij, Acta physicochim. URSS, **4** (1936), 911

[220] N. A. Balašova, A. N. Frumkin, Dokl. Akad. Nauk. SSSR, **20** (1938), 449

[221] R. Burštein, M. Surova, I. Seidemann, Ž. fiz. chim., **24** (1950), 214

[222] A. Frumkin, O. Petrij, R. Marvet, J. Electroanal. Chem., **12** (1966), 504

[223] M. A. Vorsina, A. N. Frumkin, Acta physicochim. URSS, **18** (1943), 341

[224] A. Bukowiecki, Schweiz. Arch. angew. Wiss. u. Techn., **20** (1954), 169

[225] J. Elze, Gesundh.-Ingr., **76** (1955), 195

[226] I. N. Putilova, S. A. Balezin, V. P. Barranik, „*Inhibitoren der Metallkorrosion*", Moskau, Verl. f. Chemie, 1958

[227] I. L. Rosenfeld, V. P. Persianceva, Zaščita metallov, **2** (1966), 5

[228] A. N. Frumkin, Electrochim. Acta, **9** (1964), 465; „*Grundfragen der modernen theoret. Elektrochemie*", 14. CITCE-Tagung, Moskau 1965, S. 302

[229] A. N. Frumkin, V. S. Bagockij, Z. A. Iofa, B. N. Kabanov, „*Kinetik von Elektrodenprozessen*", Verl. d. Moskauer Univ., 1952

[230] L. I. Antropov, Zaščita metallov, **2** (1966), 279

[231] V. P. Batrakov, „*Korrosion und Schutz von Metallen*", Moskau, 1962, S. 33

[232] V. P. Batrakov, „*Vortrag auf der 14. CITCE-Tagung*", Moskau, Verl. d. Akad. d. Wiss. d. UdSSR, 1963, S. 65

[233] N. D. Tomašov, G. P. Černova, „*Passivität und Schutz d. Metalle vor Korrosion*", Moskau, Verl. „Wiss.", 1965

[234] M. Smialowski, Z. Szklarska-Smialowska, "*Proceedings 2-nd European Symposium on Corrosion Inhibitors*", Ferrara, 1965, S. 183

[235] A. Betti, L. Cavallaro, G. Trabanelli, F. Zucchi, Corrosion, **18** (1965), 351t

[236] K. S. Rajagopalan, „*Symposium Européen sur les de Corrosion. Inhibiteurs*", Ferrara, 1960; Compt. rend., Univ. Degli studi di Ferrara, 1961, S. 685

[237] I. L. Rosenfeld, V. P. Persianceva, Dokl. Akad. Nauk. SSSR, **156** (1964), 162

[238] V. N. Nikulin, M. Z. Cipin, Ž. fiz. chim., **35** (1961), 58; V. N. Nikulin, P. V. Zamuragin, ebenda, **35** (1961), 287

[239] V. I. Lajner, „*Moderne Galvanotechnik*", Moskau, 1967

[240] N. B. Grigor'ev, D. N. Macavarjani, Elektrochimija, **5** (1969), 87

[241] V. Ja. Bartenev, E. S. Sevastjanov, D. I. Lejkis, Elektrochimija, **4** (1968), 745

[242] Ju. E. Gerenrot, V. V. Landis, Ėlektrochimija, **7** (1971), 1056

[243] M. M. Andrusev, G. A. Tedoradze, Ju. M. Skolov, Ėlektrochimija, **7** (1971), 1178

[244] M. M. Andrusev, A. B. Eršler, G. A. Tedoradze, Elektrochimija, **6** (1970), 1159
[245] R. Ja. Pullerits, U. V. Palm, V. E. Past, Elektrochimija, **5** (1969), 886
[246] R. Ja. Pullerits, U. V. Palm, V. E. Past, Elektrochimija, **4** (1968), 728
[247] B. N. Grigor'ev, D. N. Mačavarjani, Elektrochimija, **5** (1969), 1340
[248] T. N. Noperija, V. E. Kazarinov, G. J. Džiškarjani, Elektrochimija, **5** (1969), 344
[249] A. R. Alumaja, U. V. Palm, Elektrochimija, **6** (1970), 580
[250] N. B. Grigor'ev, D. N. Mačavarjani, Elektrochimija, **6** (1970), 89
[251] M. W. Nippe, H. Fischer, Electrochim. Acta, **12** (1967), 369
[252] C. Mayer, W. J. Lorenz, H. Fischer, Z. phys. Chem. NF., **52** (1967), 193
[253] L. K. Partridge, A. C. Tansley, A. S. Porter, Electrochim. Acta, **12** (1967), 1573
[254] S. S. Kruglikov, Ju. D. Gamberg, N. T. Kudrjavtsev, Electrochim. Acta, **12** (1967), 1129; S. S. Kruglikov, N. T. Kudrjavtsev, R. P. Sobolev, Electrochim. Acta, **12** (1967), 1263
[255] T. A. Vagramjan, N. T. Kudrjavtsev, Elektrochimija, **7** (1971), 1323
[256] Z. A. Jofa, V. V. Batrakov, Ju. A. Nikiforova, Corr. Sci., **8** (1968), 573
[257] D. J. Newman, J. Mac Carthy, M. Heckaman, J. electrochem. Soc., **118** (1971), 541
[258] W. Seiler, R. Oeder, H. Fischer, Z. phys. Chem., **243** (1970), 267
[259] V. S. Agarwala, K. C. Tripathi, Z. phys. Chem., **234** (1967), 193
[260] K. Schwabe, G. Reinhard, M. Fischer, K. Schaarschmidt, Werkst. u. Korr., **22** (1971), 302
[261] H. Brandt, M. Fischer, K. Schwabe, Corr. Sci., **10** (1970), 631
[262] L. Milička, M. Miadoková, Z. phys. Chem., **236** (1967), 231
[263] K. Schwabe, Ch. Michaelis, Corr. Sci., **8** (1968), 285

7. Adsorption organischer Verbindungen an Platinmetall-Elektroden

7.1. Mechanismus der Adsorption organischer Verbindungen an Platinmetallen; Natur der adsorbierten Teilchen

Der Adsorptionsmechanismus organischer Verbindungen an Platinmetallen findet breites Interesse und wurde in einer Vielzahl von Arbeiten diskutiert. In den ersten Untersuchungen, die sich mit der Deutung der experimentellen Ergebnisse befaßten, nahm man an, daß die organischen Moleküle wie an der Quecksilberelektrode physikalisch adsorbiert oder reversibel chemisorbiert werden [1—8][1]). Die weitere Faktensammlung aus den Untersuchungsmaterialien führte jedoch zu der Schlußfolgerung, daß die Adsorption der organischen Stoffe an Platinelektroden teilweise von tiefgreifenden Veränderungen der adsorbierten Moleküle begleitet werden kann. Auf die Möglichkeit chemischer Umwandlungen bei der Adsorption organischer Stoffe an Platinelektroden verwies erstmals Sokol'skij [9]. Vom Standpunkt der modernen Vorstellungen über die Adsorption organischer Verbindungen aus der Gasphase an den Oberflächen katalytisch aktiver Materialien [10, 11] ergibt sich naturgemäß eine ähnliche Schlußfolgerung. Die dissoziative Chemisorption gasförmiger Kohlenwasserstoffe und Alkohole wurde detailliert in verschiedenen Arbeiten über die Katalyse untersucht (s. z. B. [12—20]).

Die im folgenden dargelegten Vorstellungen über den Adsorptionsmechanismus organischer Stoffe aus Elektrolytlösungen und über die Natur der an Platinmetallen adsorbierten Teilchen wurden hauptsächlich aus elektrochemischen Messungen, gaschromatographischen Analysen sowie Messungen mit dem Kohlenstoff-Isotop C^{14} gewonnen. In geringem Maße wurden auch die Volumina der an Platinschwarz adsorbierten Kohlenwasserstoffe bestimmt [21]. Bis heute wurden keine Untersuchungsergebnisse der Adsorption organischer Stoffe unter reproduzierbaren Bedingungen mit Hilfe anderer physiko-chemischer Methoden publiziert.

Primär wurde die Annahme chemischer Umwandlungen der organischen Stoffe bei der Adsorption an Platinmetallen durch den Vergleich von Ladungskurven und potentiostatischen Kurven der elektrolytischen Oxydation verschiedener adsorbierter organischer Verbindungen ausgelöst. Giner [22] stellte fest, daß Kohlendioxid an einer mit adsorbiertem Wasserstoff bedeckten Platinelektrode adsorbiert wird, wobei ein Produkt entsteht, das in dem gleichen

[1]) Eine ausführliche Darstellung der früheren Arbeiten über die Adsorption organischer Stoffe an Platinmetallen wurde von Sokol'skij [9] gegeben.

Potentialbereich wie auch die Adsorptionsprodukte von Methanol und Ameisensäure oxydiert wird [23]. Dieses Produkt erhielt die Bezeichnung „reduziertes CO_2", es kann offenbar auch bei der Chemisorption verschiedener Kohlenwasserstoffe an Platin auftreten [24]. GINER äußerte die Vermutung, daß das „reduzierte CO_2" die Zusammensetzung CO oder COOH aufweist[1]). Gleichzeitig wurden Vorstellungen über den Mechanismus der Adsorption organischer Stoffe an Platin von FRUMKIN u. Mitarb. [27—29] am Beispiel von Alkoholen sowie von SCHLATTER [30], GRUBB [31] und NIEDRACH [21] am Beispiel von Kohlenwasserstoffen abgeleitet.

Gegenwärtig haben mehrere Forschungsteams umfangreiches experimentelles Material über die Adsorption verschiedener Klassen organischer Verbindungen an Platinmetallen angesammelt. Zur Aufklärung des Adsorptionsmechanismus organischer Stoffe wurden im wesentlichen folgende experimentelle Ergebnisse verwendet:

1. Auffindung von adsorbiertem Wasserstoff inmitten der Adsorptionsprodukte der organischen Stoffe, der infolge der Dehydrierung der organischen Verbindungen entsteht.
2. Feststellung eines stöchiometrischen Verhältnisses zwischen der bei der Dehydrierung der organischen Stoffe gebildeten Wasserstoffmenge und der Menge des adsorbierten kohlenstoffhaltigen Produktes.
3. Bestimmung des Platzbedarfs, der auf das an der Elektrodenoberfläche adsorbierte organische Produkt entfällt.
4. Die Analyse der Produkte, die bei der Adsorption verschiedener organischer Stoffe an den Metalloberflächen auftreten.
5. Analyse der Produkte, die bei kathodischer Reduktion der adsorbierten organischen Stoffe gebildet werden.
6. Vergleich der potentiostatischen Kurven mit den Ladungskurven, die bei der elektrolytischen Oxydation der adsorbierten organischen Stoffe erhalten werden.
7. Bestimmung der Gesetzmäßigkeiten der Adsorptionskinetik organischer Stoffe an Platinmetallen. (Die Vorstellungen über den Adsorptionsmechanismus organischer Stoffe, die auf der Untersuchung der Adsorptionskinetik beruhen, werden in einem anderen Abschnitt behandelt.)

Man muß berücksichtigen, daß die Aufklärung der Natur der an Katalysatoren adsorbierten Teilchen sehr kompliziert ist. Es ist deshalb nicht verwunderlich,

[1]) Später stellten JOHNSON und KUHN [25] durch Vergleich der Elektrizitätsmenge, die für die Oxydation des „reduzierten CO_2" in alkalischer Lösung verbraucht wird, und der dabei gebildeten Karbonatmenge fest, daß an der Oberfläche das Reduktionsprodukt CO_2 unter Addition von zwei Elektronen adsorbiert wird. Die Genauigkeit dieser Bestimmungen ist jedoch gering. In [26] werden die Besonderheiten des Verhaltens einer Pt-Elektrode in CO_2-Lösungen unter dem Aspekt einer möglichen Abschirmung des adsorbierten H_2 durch adsorbiertes CO_2 diskutiert. Obgleich die Annahmen in [26] unzureichend begründet sind, wird die Aufklärung des „reduzierten CO_2" im weiteren benötigt.*)

*) *A. d. H.:* Wegen neuerer Arbeiten zur Frage des „reduzierten CO_2" s. [236—238] und zur Frage der Unterschiede der Adsorptionsprodukte von CH_3OH, CO usf. s. [239, 250, 252, 257].

daß bei der Untersuchung ein und desselben Systems in einigen Fällen die Aussagen verschiedener Autoren sowie die experimentellen Ergebnisse bedeutend auseinandergehen. Bei der Diskussion dieser Widersprüchlichkeiten muß man die Unterschiede in den Eigenschaften der verwendeten Katalysatoren (Zustand der Elektrodenoberfläche, Herstellungsverfahren, Vorbehandlung, Art des Trägermaterials u. a.), in den Versuchsbedingungen (Zusammensetzung und Temperatur des Elektrolyten, Adsorptionszeit des organischen Stoffes, Elektrodenpotential) sowie die Möglichkeiten der verwendeten Untersuchungsmethoden berücksichtigen.

Im weiteren werden unter dem Begriff adsorbierter Stoff (Methanol, Methan u. a.) die Adsorptionsprodukte verstanden, die an der Elektrodenoberfläche bei Berührung mit der entsprechenden Adsorbatlösung entstehen. Insbesondere die Natur dieser Stoffe kann sich wesentlich von der Natur des Ausgangsstoffes unterscheiden. Im Unterschied zu den oben behandelten Adsorptionserscheinungen an der Quecksilberelektrode ist es erforderlich, bei der Beschreibung der Adsorptionsschicht des organischen Stoffes an der Oberfläche der Platinmetalle einige neue Termini einzuführen [32].

Unter *Stöchiometrie der Adsorptionsschicht* des organischen Stoffes versteht man die Mengenrelation der verschiedenen Elemente (Kohlenstoff, Wasserstoff, Sauerstoff u. a.) an der Oberfläche. Die *Stöchiometrie des adsorbierten Teilchens* bedeutet somit die quantitative Relation der Elemente in einem beliebigen, individuellen Teilchen. Die *Zusammensetzung der adsorbierten Teilchen* oder ihre chemische Formel weist die Zahl der Atome jedes Elementes in dem adsorbierten Teilchen aus. Die *Struktur der adsorbierten Teilchen* umfaßt ihre Zusammensetzung, die Art der Bindungsvalenzen zwischen den Atomen des Teilchens sowie die Art der Bindungsvalenzen mit der Oberfläche. Um die Struktur der adsorbierten Teilchen zu beschreiben, reicht der Hinweis auf die Bindungsorientierung zwischen den Atomen des adsorbierten Teilchens und zur Oberfläche (Gesamtstruktur) nicht aus. Auf einer heterogenen Oberfläche sind für gleichartige Orientierungen verschiedene „dünne“ Strukturen zu erwarten, die sich durch den Bindungsabstand, die Bindungsfestigkeit u. a. unterscheiden. Schließlich erfaßt die *Struktur der Adsorptionsschicht* alle Angaben über die Struktur der individuellen Teilchen und die Struktur der Adsorbensoberfläche.

Als Beispiel für die Verwendung dieser Terminologie kann man die von Eischens und Pliskin [33] vorgeschlagene Struktur einer aus der Gasphase adsorbierten Kohlenmonoxidschicht auf Platin ansehen. In diesem Fall entsprechen die Stöchiometrie der Adsorptionsschicht sowie die Stöchiometrie und Zusammensetzung der adsorbierten Teilchen der Formel CO. Nach der Struktur unterscheidet man eine lineare (O=C—Pt) und eine Brückenbindungsform (Pt—OC—Pt) des adsorbierten CO (Gesamtstruktur).

Die über die Adsorption organischer Stoffe aus Elektrolytlösungen gewonnenen Angaben ermöglichen es noch nicht, eine vollständige Beschreibung der Struktur der Adsorptionsschicht zu geben. Zumeist lassen sie nur bestimmte Vorstellungen über die Stöchiometrie der Adsorptionsschicht und des adsorbierten Teilchens zu.

7.1.1. *Verhalten von Elektroden aus Platinmetallen in Lösungen von gesättigten Alkoholen, Aldehyden und Säuren*

Eine der gegenwärtig meist untersuchten Erscheinungen ist die Adsorption von Methanol an der Oberfläche einer Platinelektrode. Das hängt damit zusammen, daß die Gesamtheit der Adsorptionsprozesse, die bei Berührung der Platinelektrode mit Methanollösungen ablaufen, in verschiedenen Beziehungen einfacher ist, als für andere organische Stoffe.

Der Mechanismus der Methanoladsorption an der Platinelektrode wurde in den Arbeiten [29, 34—36] untersucht. Die Platinelektrode nimmt in einer Leit-

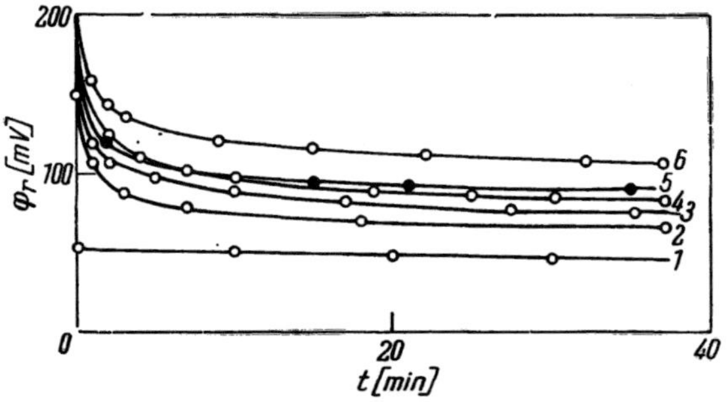

Abb. 81: Abhängigkeit der Potentialverschiebung einer Pt/Pt-Elektrode vom Ausgangspotential nach Methanolzusatz (0,7 m) in 0,1 n H_2SO_4 [34, 35]
1 — 53; *2* — 151; *3* — 425; *4* — 492; *5* — 745; *6* — 992 mV

elektrolytlösung ein Potential von $\varphi_r = 0{,}4$—$0{,}5$ V an[1]). Danach wurde bei kurzgeschlossener Kette Methanol zugesetzt. Dabei konnte eine Verschiebung des Elektrodenpotentials zur Kathodenseite beobachtet werden (Abb. 81). Die Potentialverschiebung zu kathodischen Potentialwerten blieb auch nach einem längeren Zeitraum nach dem Methanolzusatz erhalten[2]).

In der Ladungs- oder potentiostatischen Kurve, die nach dem Abwaschen des Methanols von der Pt/Pt-Elektrode aufgenommen wurde, beobachtet man zwei Stufen oder Wellen (Abb. 82). Die eine (*I*) entspricht der Oxydation des adsorbierten Wasserstoffs, während die andere (*II*) der Oxydation des adsorbierten organischen Stoffes zuzuordnen ist [29, 23, 34—36]. Adsorbierter Wasserstoff wird mit potentiostatischen oder galvanostatischen Impulsmethoden bereits bei Potentialen beobachtet, die die Platinelektrode in Methanollösungen annimmt („Ruhepotential") [7].

[1]) In diesem Kapitel bedeutet φ_r das Potential, das gegen die reversible Wasserstoffelektrode in der gleichen Lösung gemessen wird; φ dagegen ist das Potential bezogen auf NHE.

[2]) Die verschiedentlich beschriebene [37—39] Potentialzunahme der Pt-Elektrode in Methanollösungen nach der primären Verschiebung zu kathodischen Werten hängt offensichtlich mit dem in den untersuchten Lösungen vorhandenen, gelösten Sauerstoff zusammen.

Qualitativ sind die bei Methanolzusatz beobachteten Potentialverschiebungen mit den Potentialverschiebungen vergleichbar, die bei der Adsorption von Cl^--, Br^-- und J^--Ionen auftreten und von OBRUČEVA [40] untersucht wurden. Der Mechanismus der Potentialeinstellung in Methanollösungen unterscheidet sich jedoch von dem der Adsorptionspotentiale. Man kann feststellen:

a) die φ_r'-Werte, die sich nach dem Methanolzusatz einstellen, sind praktisch unabhängig vom φ_r^0-Ausgangswert, solange letzterer im Doppelschichtbereich liegt, während die adsorptionsbedingten Potentialsprünge stark von φ_r^0 abhängig sind;
b) der φ_r'-Endwert ist in Methanollösungen praktisch pH-unabhängig;

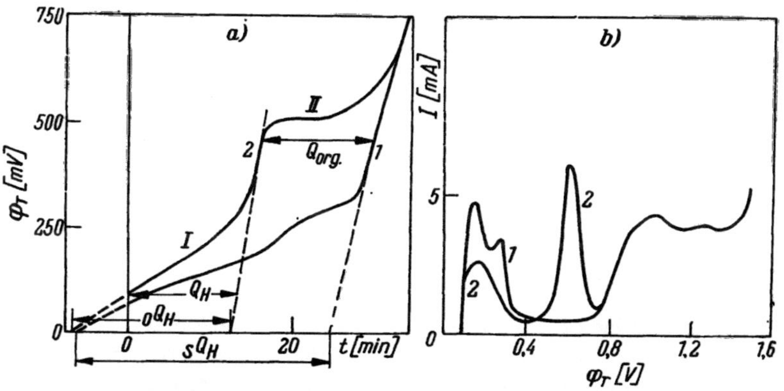

Abb. 82: Anodische Ladungskurven (*a*) und potentiostatische Kurven (*b*) einer Pt/Pt-Elektrode in 0,1 n H_2SO_4 (*1*) und bei Zusatz von Methanol (0,5 m), das bei stromloser Kette chemisorbiert wird (*2*) [35]

Der Alkohol wurde bei einem Potential von 500 mV zugesetzt, die Stromdichte bei Aufnahme der Ladungskurven betrug $1 \cdot 10^{-4}$ A/cm², der Potentialvorschub bei Aufnahme der potentiostatischen Kurven 5 mV/sec.

c) die Geschwindigkeit der φ_r-Verschiebung zeigt nur geringe Abhängigkeit vom Ausgangspotential, wenn sich dieses im Intervall von 0,35—0,7 V bewegt;
d) die Geschwindigkeit der φ_r-Verschiebung wächst anfangs mit steigender Konzentration des organischen Stoffes linear und ist nur unwesentlich pH-abhängig bei einheitlichen φ_r^0-Ausgangswerten;
e) aus den Polarisationskurven geht hervor, daß das Methanol bei Potentialen des Doppelschichtbereichs (s. Kapitel 5.) an der Platin-Elektrode oxydiert wird.

Die Verschiebung des Elektrodenpotentials zu kathodischen Werten bei stromloser Kette ist dem bei angeschlossener Kette und konstantem Potential durch die Phasengrenze Elektrode—Lösung fließenden anodischen Strom äquivalent. Die Größe dieses Stroms i kann nach folgender Gleichung berechnet werden:

$$i = C \cdot d\varphi_r/dt, \tag{VII.1}$$

(C = Elektrodenkapazität, bestimmt aus dem Anstieg der Ladungskurve in der Lösung des Grundelektrolyten; $d\varphi_r/dt$ = Anfangsgeschwindigkeit der Potentialverschiebung nach Zusatz des organischen Stoffes). Der in Abhängigkeit von der Zeit sinkende Anodenstrom kann unmittelbar aufgenommen werden, wenn bei Methanolzusatz zur Lösung, in die die Platinelektrode taucht, das Elektrodenpotential mit einem Potentiostaten konstant gehalten wird (z. B. bei 0,4 V) [41]. Der experimentell bestimmte Wert des Anodenstroms im Moment des Methanolzusatzes fällt praktisch mit dem nach Gleichung (VII.1) aus der Potentialverschiebung bei stromloser Kette berechneten Wert zusammen.

Die Verschiebung des Elektrodenpotentials zu kathodischen Werten, die Entstehung des Anodenstroms bei konstantem Elektrodenpotential und das Auftreten von adsorbiertem Wasserstoff bei der Methanoladsorption kann zwei Erklärungen finden.

Erstens kann die Potentialverschiebung und das Auftreten eines Anodenstromes durch einen Elektronenübergang vom Alkoholmolekül zum Metall hervorgerufen werden (elektrochemischer Mechanismus) [42]. Bei Potentialen des Wasserstoffbereichs entstehen die adsorbierten Wasserstoffatome durch die Reaktionen

$$H^+ + e^- \rightarrow H_{ads} \quad \text{(saure Lösungen)} \tag{1}$$

oder

$$H_2O + e^- \rightarrow H_{ads} + OH^- \quad \text{(alkalische Lösungen)}. \tag{1a}$$

Andererseits ist es möglich, daß der Adsorptionsprozeß selbst zur Abspaltung von Wasserstoffatomen und zur Bildung eines Dehydrierungsproduktes des Methanols an der Oberfläche führt (chemischer Mechanismus) [27, 29, 34, 35, 43—46]. Der Anodenstrom, der bei der Methanoladsorption bei $\varphi_r = 0{,}4$ V fließt, wird hierbei durch die Ionisierung der vom Alkoholmolekül abgespaltenen Wasserstoffatome ausgelöst. Die Annahme einer möglichen Dehydrierung verschiedener organischer Stoffe bei Berührung mit Platinmetallen findet sich in vielen Arbeiten (z. B. [47—50, 2, 9]). Es fehlen jedoch noch ausreichende experimentelle Hinweise für den Dehydrierungsmechanismus.

Frumkin und Podlovčenko [27] konnten zeigen, daß man eine Entscheidung zwischen den beiden genannten theoretischen Varianten von Fall zu Fall auf der Grundlage der pH-Abhängigkeit des Stromes der Methanoloxydation unmittelbar zu Reaktionsbeginn (oder auf der Basis der Geschwindigkeit der Potentialverschiebung bei Methanolzusatz) treffen kann.

Beim elektrochemischen Mechanismus muß man nach den Gesetzen der elektrochemischen Kinetik erwarten, daß die Oxydationsgeschwindigkeit i unabhängig vom pH (in einem weit vom pK der Methanoldissoziation entfernten pH-Bereich) bei konstantem Elektrodenpotential φ konstant bleibt. Wenn man annimmt, daß das gehemmte Stadium die Dehydrierung des organischen Stoffes RH ist, beispielsweise nach dem Schema

$$RH \xrightarrow[\text{gehemmt}]{} R_{ads} + H_{ads}, \tag{2}$$

dann muß die Oxydationsgeschwindigkeit bei Reaktionsbeginn und gleichen φ_r-Werten in erster Näherung konstant sein.

Wenn man berücksichtigt, daß die Bindungsenergie Wasserstoff—Metall sich mit dem Bedeckungsgrad der Elektrodenoberfläche verändert [51, 52], dann kann man annehmen, daß die Dehydrierungskinetik durch die maximale Bindungsenergie an den mit Wasserstoff unbelegten Oberflächenbereichen bestimmt wird. Dann kann man für die Prozeßgeschwindigkeit im ersten Moment nach dem Stoffzusatz, wie das aus der Reaktionskinetik an inhomogenen Oberflächen [52—54] folgt, schreiben

$$i = k_1[RH] \exp\left(-\frac{\beta\mu_H}{RT}\right), \tag{VII.2}$$

(μ_H = chemisches Potential des adsorbierten Wasserstoffs; $[R\mathrm{H}]$ = Volumenkonzentration des organischen Stoffes; k_1 und β = Konstante).

Wegen

$$\mu_H = -F\varphi_r + \text{const.} \tag{VII.3}$$

folgt aus (VII.2)

$$i = k[RH] \exp\frac{\beta F\varphi_r}{RT}; \tag{VII.4}$$

$$\left[\frac{\partial i}{\partial(\mathrm{pH})}\right]_{\varphi_r,[RH]} = 0. \tag{VII.5}$$

Die oben erwähnten experimentellen Ergebnisse über den pH-Einfluß auf die Potentialverschiebung in Methanollösungen sowie die unmittelbaren Messungen der Oxydationsgeschwindigkeit des Methanols im ersten Moment nach der Berührung der Elektrode mit dem Alkohol [41, 35, 44, 45] bestätigen die annähernde Konstanz der Oxydationsgeschwindigkeit bei konstantem φ_r und somit auch den Dehydrierungsmechanismus bei der Adsorption. Wenn an der Elektrodenoberfläche weder Wasserstoff noch der organische Stoff adsorbiert sind, dann ist die Reaktionsgeschwindigkeit (*2*) nicht potentialabhängig. In Übereinstimmung damit ist die Oxydationsgeschwindigkeit des Methanols bei Doppelschichtpotentialen, bei denen die adsorbierten Gase nur in geringen Mengen vertreten sind, unmittelbar nach der Kontaktaufnahme des Alkohols mit der Oberfläche nur in geringem Maße potentialabhängig: bei einer φ_r-Änderung von 350 auf 750 mV wächst die Reaktionsgeschwindigkeit nur etwa um das 8—10fache [41, 35].

Eine direkte Bestätigung der Wasserstoffbildung infolge der Dehydrierung organischer Moleküle wurde von Bagockij, Vasil'ev und Poljak [45, 46, 55] gegeben. Dazu wurde eine dünne Palladium-Membran als Elektrode eingesetzt, die die Zelle in zwei Kammern trennt (Abb. 83). Beide Zellkammern wurden mit einer 1 n H_2SO_4-Lösung gefüllt. In jeder Kammer befand sich eine Hilfs- und eine Vergleichselektrode. Potentiostatisch wurde die Membranoberfläche im linken Teil der Zelle auf 0,5 V, im rechten Teil der Zelle auf 0,6 V polarisiert. Dabei wurde kein Stromfluß durch die Außenketten beobachtet. Bei Zusatz von Ameisensäure in die rechte Kammer floß in der rechten Kette ein anodischer Strom, der durch die Oxydation des organischen Stoffes an der Palladiumelektrode entstand. Nach einiger Zeit floß auch in der linken Kette ein anodischer Strom. Dieser Strom kann nur durch die Ionisierung der Wasserstoffatome hervorgerufen werden, die durch die Membran von rechts nach links diffundieren. Da eine Bildung der gemessenen Wasserstoffmenge durch Entladung von Wasserstoffionen bei 0,6 V ausgeschlossen werden kann, kann als Quelle der Wasserstoffatome nur die Dehydrierung der Ameisensäure am Palladium in Frage kommen[1]).

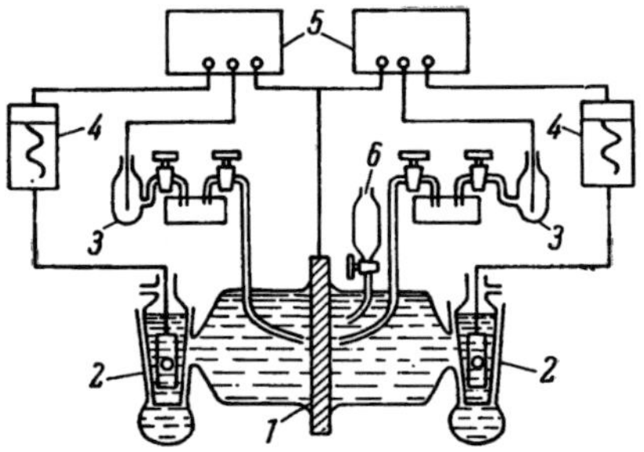

Abb. 83: Zelle mit Palladiummembran und zwei potentiostatischen Ketten zur Untersuchung der Dehydrierung organischer Stoffe [55]

1 — Palladiummembran; *2* — Hilfselektroden; *3* — Vergleichselektroden; *4* — Stromschreiber; *5* — Potentiostaten; *6* — Vorratsgefäß für den organischen Stoff

Ein Adsorptionsprodukt von Methanol an Platin ist somit adsorbierter Wasserstoff, der bei der Dehydrierung der organischen Moleküle gebildet wird. Infolge des hohen Austauschstroms der Reaktionen (*1*) und (*1a*) im Vergleich mit der Oxydationsgeschwindigkeit des Methanols bei eingestelltem stationärem Potential muß dieses dem Gleichgewichtspotential der Reaktionen (*1*) oder (*1a*) sehr nahekommen [27, 7].

Einige Vorstellungen über die Natur der an der Oberfläche der Pt/Pt-Elektrode in Methanollösungen adsorbierten organischen Teilchen wurden von Podlovčenko und Gorgonova aus Messungen der elektrolytischen Oxydation in der Adsorptionsschicht abgeleitet [29]. Die Untersuchungsergebnisse sind in Tab. 13 zusammengestellt.

Die Größe k in Tab. 13 drückt das Verhältnis der Menge des adsorbierten organischen Stoffes Q_{org} in Coulomb zur Wasserstoffmenge ${}_{S}Q_{H}$ aus, wobei der Wasserstoff bei $\varphi_r = 0$ in der Lösung des Grundelektrolyten adsorbiert wurde; m dagegen ist das Verhältnis der beim Potential φ_r' adsorbierten Wasserstoffmenge Q_H' zu ${}_{S}Q_{H}$ (s. Abb. 82).

[1]) Analoge Versuche mit Methanollösungen sind sehr schwierig, da die Methanoldehydrierung am Palladium in sauren Lösungen nur mit sehr geringer Geschwindigkeit erfolgt [56]. Die Palladiummembran wurde benutzt, um die dissoziative Adsorption in [57, 58] zu untersuchen. In diesen Arbeiten wurde jedoch das Auftreten von Wasserstoff auf der gegenüberliegenden Seite der Membran nur dann fixiert, wenn das Potential der mit dem Methanol in Berührung stehenden Membranseite Werte erreichte, bei denen die Bildung von adsorbiertem Wasserstoff auch nach den Reaktionen (1) oder (*1a*) möglich war. Deshalb sind die Angaben aus [57, 58] als direkter Hinweis auf den Dehydrierungsmechanismus nicht geeignet.

Tabelle 13: Untersuchungsergebnisse der Methanoladsorption an der Pt/Pt-Elektrode

Alkohol-konzentration in Mol/l	Potential der Alkohol-zugabe φ_r^0, mV	Kontaktzeit zw. Elektrode u. Alkohol t_{ads}, min	Potential φ_r' in mV erreicht nach t_{ads}	$k = \frac{Q_{org}}{{}_SQ_H}$	$m = \frac{Q_H'}{{}_SQ_H}$	$\frac{k}{m} = \frac{Q_{org}}{Q_H'}$
3,0	509	46	53	0,43	0,454	0,95
0,5	511	70	80	0,44	0,44	1,0
0,1	515	78	97	0,393	0,414	0,96
0,01	510	3	231	0,177	0,165	1,07
0,01	510	113	128	0,360	0,324	1,11
0,001	509	221	171	0,294	0,260	1,13

Die Mengen des adsorbierten organischen Stoffes und des adsorbierten Wasserstoffes, ausgedrückt in elektrischen Einheiten, sind unabhängig von der Methanolkonzentration und den Potentialen, die die Elektrode annehmen kann, und annähernd proportional, wobei der Proportionalitätsfaktor ungefähr eins erreicht. Die Größen k und m werden faktisch nur durch die φ_r'-Werte bestimmt und sind um so größer, je kleiner letztere sind. Die einfachste Erklärung für die erhaltenen Angaben ist die Annahme, daß an der Platinoberfläche ein Teilchen der stöchiometrischen Zusammensetzung HCO chemisorbiert wird, das durch die dissoziative Chemisorption von Methanol nach der Gleichung

$$CH_3OH \rightarrow HCO_{ads} + 3H_{ads} \quad (3)$$

entsteht.

Die Summe der Mengen des an der Elektrode adsorbierten organischen Stoffes und des Wasserstoffes ${}_0Q_H$, der bei $\varphi_r = 0$ V adsorbiert sein kann, beträgt etwa ${}_SQ_H$. Das bedeutet, daß das HCO-Teilchen drei Adsorptionsplätze an der Oberfläche einnimmt, d. h. drei Oberflächenatome des Platins blockiert. Somit beträgt die von einem adsorbierten HCO-Teilchen belegte Fläche ungefähr 23 Å^2.

Analoge Ergebnisse wurden bei der Untersuchung der Methanoladsorption an einer glatten Platinelektrode mit Impulsmeßmethoden gewonnen [44—46]. Das Elektrodenpotential von $\varphi_r = 1{,}2$ V, bei dem praktisch kein Methanol an der Oberfläche adsorbiert wird, wurde sprunghaft auf $\varphi_r = 0{,}4$ V verändert und dabei die Stromänderung in Abhängigkeit von der Zeit gemessen, die im Moment des Umschaltvorganges eintritt (Abb. 84). Durch Integration der erhaltenen i,t-Kurve kann man die Wasserstoffmenge Q_H' bestimmen, die bei der Methanoladsorption an der Elektrode abgespalten wird. Danach wurde mit einer anodischen Impulsmethode die Menge des chemisorbierten organischen Stoffes Q_{org} bestimmt, mit kathodischen Impulsen stellte man schließlich die Abnahme der adsorbierten Wasserstoffmenge $\Delta_S Q_H$ in Gegenwart des organischen Stoffes fest. Wie die Tab. 14 ausweist, sind alle drei Größen in einem beliebigen Moment der Adsorption annähernd gleich groß, das kann mit dem Ablauf von Reaktion (*3*) bei der Methanoladsorption erklärt werden.

Tabelle 14: **Untersuchungsergebnisse der Methanoladsorption an einer glatten Pt-Elektrode**

Adsorptionszeit t_{ads} [sec]	Q_H' [mCoul/cm²]	$\Delta_S Q_H$ [mCoul/cm²]	Q_{org} [mCoul/cm²]
0,7	0,027	0,023	0,03
1	0,097	0,082	0,090
15	0,120	0,111	0,119
120	0,150	0,149	0,154

Ähnliche Versuche wurden bei verschiedenen Potentialen der Platinelektrode sowie bei verschiedenen Temperaturen (bis 80 °C) durchgeführt [44—46, 59]. Unabhängig von den Bedingungen konnte festgestellt werden, daß die Stöchiometrie der Adsorptionsschicht HCO entspricht. So wie in den oben beschriebenen Versuchen nahm man an, daß die Stöchiometrie sowie die Zusammensetzung des adsorbierten Teilchens ebenfalls der Formel HCO entspricht¹).

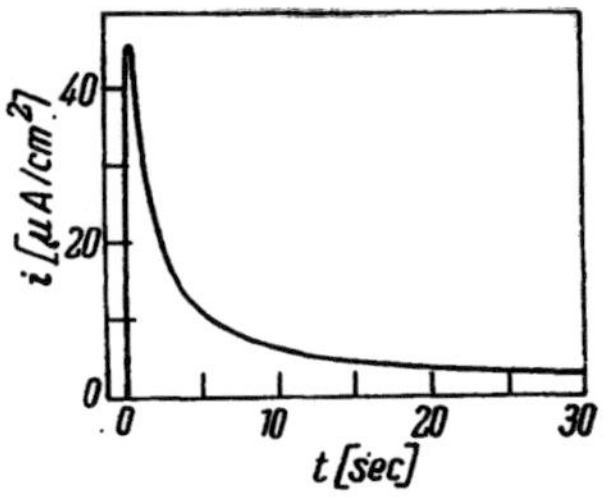

Abb. 84: Stromänderung in Abhängigkeit von der Zeit nach Beginn der Methanoladsorption an der glatten Platinelektrode bei $\varphi_r = 0{,}4$ V in 0,1 m CH_3OH + 1 n H_2SO_4 [45, 46]

Als mögliche „Gesamt"-Struktur des chemisorbierten Methanols wurden folgende Varianten diskutiert [29, 45, 46]:

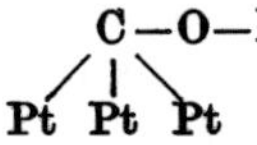

(*I*)

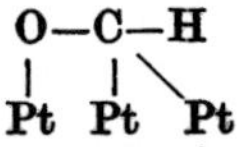

(*II*)

Bagockij, Vasil'ev u. Mitarb. [45, 46] nahmen auf Grund indirekter Ergebnisse (insbesondere einer möglichen Dissoziation der adsorbierten Teilchen bei hohen pH-Werten sowie einer geringen Chemisorption tertiärer Alkohole am Platin) als wahrscheinlichere Variante (*I*) an. Man muß jedoch bemerken, daß die Angaben über den Deuteriumsaustausch bei Alkoholen [10] an Katalysatoren demgegenüber eine hohe Beweglichkeit des Wasserstoffs in der Hydroxylgruppe ausweisen, d. h. wahrscheinlicher erscheint danach die vorwiegende Bildung der Struktur (*II*). Andere experimentelle Ergebnisse deuten darauf hin, daß neben den fest an das Metall gebundenen HCO_{ads}-Teilchen weniger fest adsorbierte

¹) Der Annahme einer Chemisorption von Glykolaldehyd in Methanollösungen [60] fehlen ausreichende Grundlagen.

Teilchen an der Platinoberfläche in Methanollösungen auftreten, die beim Waschen der Elektrode entfernt werden und möglicherweise eine andere Zusammensetzung aufweisen. Eine solche Annahme ergibt sich aus Untersuchungen der Kinetik der anodischen Oxydation von Methanol und seinen Chemisorptionsprodukten, deren Ergebnisse im Kapitel 7.6. diskutiert werden, sowie aus dem Vergleich der Veränderung der Lösungszusammensetzung bei der Methanoladsorption und der Menge des chemisorbierten Alkohols, der nach dem Waschen an der Elektrodenoberfläche verbleibt [59a]. Nach den Angaben in [59a] ist die Abnahme der Methanolmenge in der Lösung infolge der Adsorption, die auf direktem analytischen Wege bestimmt werden kann, größer, als die Menge des fest adsorbierten Stoffes, dessen Zusammensetzung der Formel HCO entspricht.

Bei erhöhten Temperaturen werden die Chemisorptionsprozesse im Bereich niedriger Potentiale der Platinelektrode in konzentrierten, sauren Methanollösungen komplizierter [59, 35]. Unter den genannten Bedingungen wird eine Methanentwicklung beobachtet, wobei das Methan ein Hydrierungsprodukt des Alkohols durch den adsorbierten Wasserstoff darstellt. In analogen Versuchen mit alkalischen Lösungen bei anodischen Potentialen nahe $\varphi_r = 0$ kommt es zur Abscheidung molekularen Wasserstoffs [59]. Diese Erscheinung wurde noch nicht eingehend untersucht, aber Vorstellungen über ihre Ursachen sind natürlich vorhanden und werden im folgenden behandelt.

Man benutzte elektrochemische Methoden, um den Mechanismus der Methanolchemisorption aus verdünnten Lösungen an der Platin-Ruthenium- und Rhodium-Elektrode aufzuklären [61, 62]. Außerdem wurde die Wasserstoffmenge, die bei der Methanoldehydrierung entsteht, mit der Menge des adsorbierten organischen Stoffes verglichen. Im Fall der Platin-Ruthenium-Elektrode muß man bei Methanolzugabe im Kontakt mit der Elektrode bei stromloser Kette für $\varphi_r^0 > 0{,}3$ V berücksichtigen, daß ein bedeutender Teil des bei der Dehydrierung gebildeten Wasserstoffs für die Aufladung der Elektrode infolge der hohen Kapazitätswerte im Potentialintervall von 300—700 mV verbraucht wird. Die Messungen zeigen, daß Q_H' und Q_{org} an der Rhodium- und Platin—Ruthenium-Elektrode annähernd gleich groß sind und somit die Chemisorption von Teilchen der stöchiometrischen Zusammensetzung HCO beobachtet werden kann[1]).

Nach der Zugabe von Methanol in ausreichend hohen Konzentrationen ($> 0{,}5$ m) konnte man bei Kontakt der Lösung mit der Rhodium- bzw. Platin—Ruthenium-Elektrode bei stromloser Kette und im anodischen φ_r-Bereich (nahe $\varphi_r = 0$) die Abscheidung gasförmiger Produkte beobachten. An der Rhodiumelektrode enthielt das Gas etwa 7% Methan, 11% Wasserstoff und 82% Argon (letzteres wurde für die Entfernung von Sauerstoff aus dem System verwendet). In alkalischen Lösungen enthielt das Gas ebenfalls Methan (3%), Wasserstoff

[1]) Im Unterschied zur Pt-Elektrode überschreitet an der Rhodium- und Platin—Ruthenium-Elektrode die Summe der Wasserstoffmenge, die bei $\varphi_r = 0$ in Gegenwart von chemisorbiertem Methanol adsorbiert wird, und Q_{org} $_S Q_H$ um 20—30%. Einige mögliche Ursachen für diese Erscheinung wurden in [61, 62] diskutiert.

(14%) und Argon (83%). An der Platin—Ruthenium-Elektrode bestand in 1 n H_2SO_4 die Gasphase aus Methan (7%), Wasserstoff (92%) und CO_2 (1%). Der Wasserstoffgehalt der Gasphase in so großen Mengen kann mit den niedrigen φ_r'-Werten für konzentrierte Methanollösungen erklärt werden ($\varphi_r' \simeq$ 0—30 mV). Die Methanabscheidung ist eine Folge der Alkoholreduktion durch den adsorbierten Wasserstoff. Da dieser Prozeß schon bei Zimmertemperatur abläuft, kann man annehmen, daß die Rhodium- und Platin—Ruthenium-Katalysatoren die Reduktion von Methanol stärker aktivieren, als platiniertes Platin. Schließlich

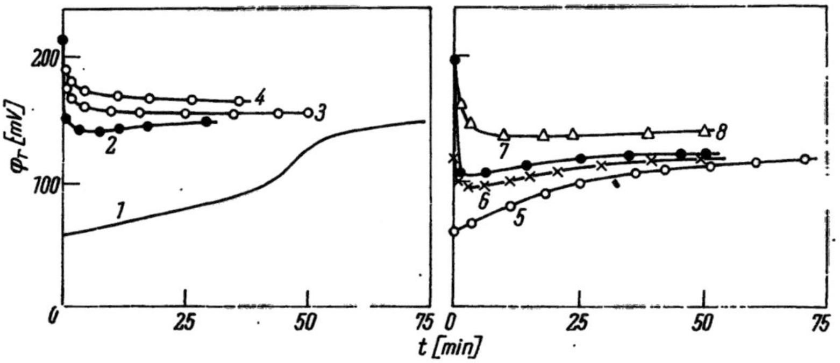

Abb. 85: Abhängigkeit der Potentialverschiebung einer Pt/Pt-Elektrode vom Ausgangspotential nach Zusatz von Äthanol (*1*—*4*) und Butanol (*5*—*8*) (0,5 m) [28]

***1,5* — 60; *2* — 240; *3* — 500; *4* — 1045; *6* — 109; *7* — 196; *8* — 505 mV; Leitelektrolyt: 0,1 n H_2SO_4**

besagt die CO_2-Abscheidung, daß an der Platin—Ruthenium-Elektrode parallel mit der Hydrierung auch die vollständige Oxydation des Methanols verläuft. Im Unterschied zu sauren Lösungen ist in alkalischen Lösungen des Methanols bei $\varphi_r > 0$ an der Platin-Ruthenium-Elektrode hauptsächlich eine Abscheidung von gasförmigem Wasserstoff festzustellen, der nur in Spuren Methan enthält.[1])

Der Charakter der Wechselwirkung zwischen der Oberfläche der Platinelektrode und Alkoholen mit mehr als einem Kohlenstoffatom ist komplizierter als bei der Chemisorption von Methanol. Die Kontaktaufnahme zwischen solchen Lösungen und der Platinelektrode bei Potentialen des Doppelschichtbereichs führt auch zu einer Potentialverschiebung zur kathodischen Seite. Bei hohen Konzentrationen der höheren Alkohole (> 0,1 m) wird in sauren Lösungen jedoch das Minimum des Potentialwertes relativ schnell erreicht, danach bleibt das Potential entweder unverändert oder steigt bis zu hohen anodischen Werten, so daß in der φ_r,t-Kurve ein Minimum erscheint (Abb. 85) [28, 63, 64]. Die

[1]) *A. d. H.:* Neuere Arbeiten zur Methanoladsorption an Platin sind [241—248]. Aufschlüsse über die Adsorption von Methanol an Platin durch anodische Oxydation und über die Natur des Adsorptionsprodukts findet man außerdem in [249—253]. Die Methanoladsorption an Ir wird in [240, 244, 254] und an Pd in [245] behandelt.

φ_r'-Werte, die sich in Äthanol-, Propanol- und Butanollösungen einstellen, sind wesentlich höher als das Potential der Platinelektrode unter gleichen Bedingungen in Methanollösungen. Der Unterschied im Verhalten dieser Stoffe im Vergleich mit Methanol wird noch offensichtlicher, wenn man die Potentialverschiebung nach Alkoholzusatz bei φ_r-Werten nahe Null vergleicht. Unter diesen Bedingungen rufen Alkohole mit mehr als einem Kohlenstoffatom eine Potentialverschiebung zu positiveren Werten hervor, wobei gleichzeitig gasförmige Produkte abgeschieden werden. Eine chromatographische Analyse (Tab. 15) ergab, daß das abgeschiedene Gas aus Hydrierungsprodukten der Ausgangsstoffe besteht.

Tabelle 15: Zusammensetzung der gasförmigen Produkte, die sich aus Alkoholen an der Pt/Pt-Elektrode bilden

Alkohol	Konzentration [Mol/l]	φ_r^0 mV	φ_r' mV	Gaszusammensetzung [Vol.-%]			
				CH_4	C_2H_6	C_4H_8	C_4H_{10}
C_2H_5OH	2	57	159	13,4	86,6	—	—
C_2H_5OH	2	499	157	68,2	31,8	—	—
C_3H_7OH	1	54	140	—	19,3	76,3	4,4
C_4H_9OH	ges.	41	131	1	1	23	76
C_4H_9OH	ges.	511	138	—	2,8	69,4	27,8

Als Beispiel ist in Abb. 85 die Potentialverschiebung an einer Pt/Pt-Elektrode nach Äthanol- und Butanolzusatz bei verschiedenen Potentialen dargestellt. Die Äthanolhydrierung wird in Abb. 85 durch eine Stufe charakterisiert, d. h., sie entspricht einer Induktionsperiode. Eine solche Stufe wird bei höheren Alkoholen nicht beobachtet.

Folglich wird der komplizierte Charakter der Potentialänderungen für die betrachteten Stoffe durch den Übergang von der Dehydrierung, die zu einer Potentialverschiebung zur kathodischen Seite führt, zu Hydrierungsreaktionen ausgelöst, die φ_r zu anodischeren Potentialwerten verschieben; die letztgenannten Reaktionen werden durch eine Stufe charakterisiert.

Die Entwicklung gasförmiger Produkte wird auch beobachtet, wenn die Pt/Pt-Elektrode, die in die Alkohollösung taucht, bis zu Doppelschichtpotentialwerten polarisiert wird. Die Analysenergebnisse der gasförmigen Produkte, die nach Alkoholzusatz bei φ_r nahe Null sowie φ_r-Werten des Doppelschichtbereichs abgeschieden werden, sind in Tab. 15 enthalten.

Wenn die Elektrode, die in die Alkohollösung taucht, mit Wasserstoff gesättigt ist, dann überwiegt in dem abgeschiedenen Gas der Kohlenwasserstoff mit der gleichen Kohlenstoffzahl wie im Ausgangsalkohol, während der Alkohol an der „entgasten“ Elektrode (so bezeichnet man manchmal die Elektrode, die bis zu Doppelschichtpotentialen polarisiert wurde) vorwiegend an der C_1—C_2-Bindung aufgespalten wird. Butanol wird auch in geringem Maße an der C_2—C_3-Bindung aufgespalten. Die entgaste Oberfläche der Pt/Pt-Elektrode hat folglich eine wesentlich stärker destruktive Wirkung auf die Alkohole als eine mit adsorbiertem Wasserstoff bedeckte Oberfläche.

Die Abscheidung von Hydrierungsprodukten an einer bis zu Doppelschichtpotentialen polarisierten Elektrode bei Alkoholzusatz deutet darauf hin, daß offensichtlich eine Selbsthydrierungsreaktion abläuft. Gleichzeitig wird ein Teil der Alkoholmoleküle und deren Zerfallsprodukte oxydiert. Somit läuft an der Elektrodenoberfläche eine Reaktion nach CANNIZZARO ab [65]. Die Auswertung thermodynamischer Daten gesättigter Alkohole [63, 66] zeigt, daß vom thermodynamischen Standpunkt der Ablauf von Hydrierungsreaktionen an gesättigten Alkoholen eine gesetzmäßige Erscheinung ist.

Besonderes Interesse gilt der Tatsache, daß sich aus Propanollösungen an der Pt/Pt-Elektrode Butan abscheidet und in der Gasphase auftritt. Man muß das Butan als Produkt einer teilweisen Rekombination der $\dot{C}_2H_5$-Radikale ansehen, die bei der Aufspaltung der $C_1—C_2$-Bindung gebildet werden.

Nach Alkoholzusatz bei φ_r-Werten des Wasserstoffbereichs laufen die Dehydrierungs-, Selbsthydrierungs- und Bindungsspaltungsprozesse in dem Maße ab, wie der adsorbierte Wasserstoff von Teilen der Oberfläche entfernt wird. Die Bildung gasförmiger Produkte erfolgt über eine längere Zeitspanne und beginnt, wenn sich das Potential praktisch nicht mehr verändert. Dabei übertrifft die Menge der abgeschiedenen Gase die Menge, die man bei vollständigem Verbrauch des gesamten, an der Oberfläche adsorbierten Wasserstoffs maximal erhalten könnte. Die Zusammensetzung des abgeschiedenen Gases verändert sich im Laufe des Prozesses, so daß sich die Menge der Spaltprodukte des Alkohols relativ mit der Zeit erhöht. Das ist auf die zeitabhängige Abnahme der Oberflächenbedeckung mit adsorbiertem Wasserstoff zurückzuführen.

Die Ladungskurven nach dem Abspülen der organischen Stoffe von der Elektrode weisen in allen Fällen in geringen Mengen adsorbierten Wasserstoff aus[1]), außerdem kann man Stufen feststellen, die der Oxydation der chemisorbierten Stoffe entsprechen. Diese Stufen sind bedeutend höher, als die bei Methanol beobachteten analogen Stufen (Abb. 86). Für die betrachteten Verbindungen übertrifft das Verhältnis der bei φ_r' adsorbierten Menge des organischen Stoffes zur Menge des adsorbierten Wasserstoffs den Wert eins und erhöht sich noch mit wachsendem Bedeckungsgrad der Oberfläche und zunehmender Länge der Kohlenstoffkette. Wenn die Oxydation des chemisorbierten Methanols bei $\varphi_r \lesssim 800$ mV (bei geringen Stromdichten oder langsamem potentiostatischem Vorschub) vollständig beendet ist, werden größere Mengen von Chemisorptionsprodukten höherer Alkohole bei Potentialen der Sauerstoffabscheidung oxydiert.

Die hinreichend genaue Bestimmung der Zusammensetzung des chemisorbierten Stoffes ist sehr schwierig. Im Verlaufe der Dehydrierungs-, Hydrierungs-, Selbst-

[1]) Zu Beginn der Äthanolchemisorption (stromlose Kette, $\varphi_r^0 \simeq 0,5$ V), wenn die Dehydrierungsreaktion dominiert, kann man eine große Menge adsorbierten Wasserstoffs beobachten, die mit der Zeit abnimmt [63].

hydrierungs- und Molekülspaltungsreaktionen kann man die Adsorption von HCO-Teilchen an der Elektrodenoberfläche erwarten, neben diesen können noch *R*CHOH, C_nH_{2n+1}, C_nH_{2n} usw. für die Adsorption in Betracht kommen. Die im folgenden erläuterten experimentellen Ergebnisse verweisen eindeutig auf die Anwesenheit von HCO_{ads}-Teilchen sowie verschiedener Teilchen mit höherer Kohlenstoffatomanzahl auf der Elektrodenoberfläche.

Während der Propanol- und Butanolhydrierung bildet sich tatsächlich kein Methan in merklichen Mengen, obwohl die C_1-C_2-Bindung gespalten wird. Man kann annehmen, daß in der Lösung Methanol oder Teilchen gebildet werden, die

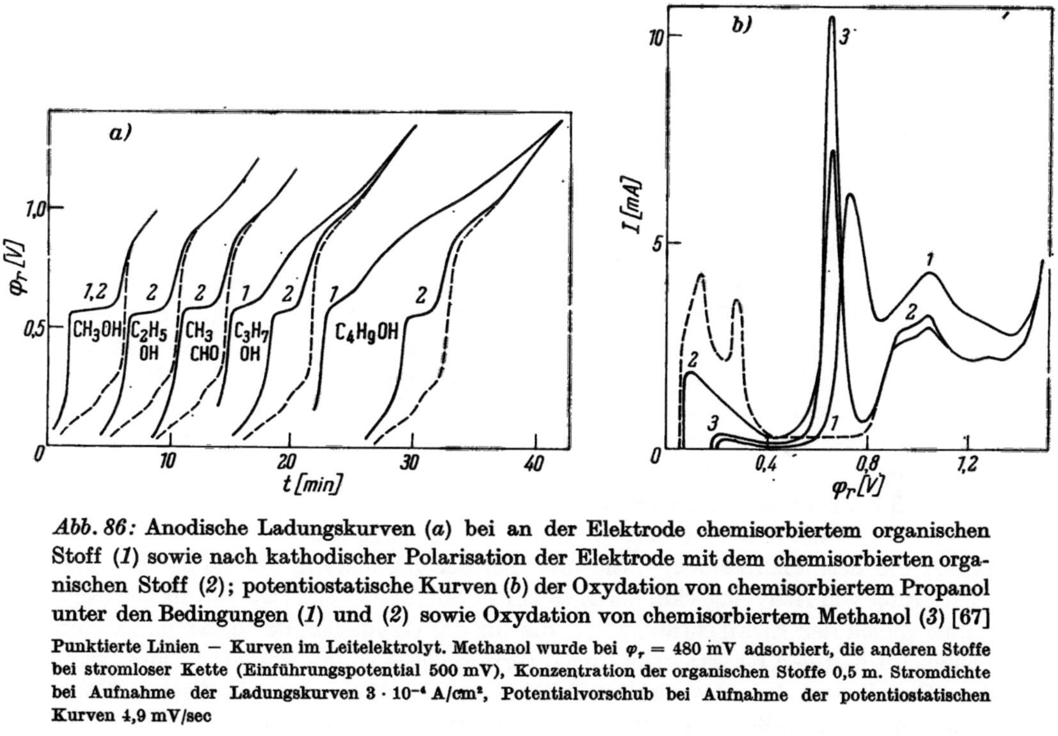

Abb. 86: Anodische Ladungskurven (*a*) bei an der Elektrode chemisorbiertem organischen Stoff (*1*) sowie nach kathodischer Polarisation der Elektrode mit dem chemisorbierten organischen Stoff (*2*); potentiostatische Kurven (*b*) der Oxydation von chemisorbiertem Propanol unter den Bedingungen (*1*) und (*2*) sowie Oxydation von chemisorbiertem Methanol (*3*) [67]

Punktierte Linien – Kurven im Leitelektrolyt. Methanol wurde bei $\varphi_r = 480$ mV adsorbiert, die anderen Stoffe bei stromloser Kette (Einführungspotential 500 mV), Konzentration der organischen Stoffe 0,5 m. Stromdichte bei Aufnahme der Ladungskurven $3 \cdot 10^{-4}$ A/cm², Potentialvorschub bei Aufnahme der potentiostatischen Kurven 4,9 mV/sec

das C_1-Atom enthalten. Diese werden dann an der Oberfläche chemisorbiert. Von beiden Möglichkeiten ist die Methanolbildung die weniger wahrscheinliche. Anfangs wird die Oxydation der chemisorbierten Teilchen durch annähernd konstante φ_r-Werte charakterisiert, die beispielsweise in 0,1 n H_2SO_4 bei $i = 10^{-4}$ A/cm² 500 ± 20 mV betragen. Das kann man auch mit dem Auftreten von Teilchen einheitlicher Zusammensetzung in der Chemisorptionsschicht erklären. Die Annahme ungleichartiger, adsorbierter Teilchen sowie des Auftretens von Teilchen gleicher Zusammensetzung unter den Chemisorptionsprodukten der Alkohole wird durch die kathodische Reduktion der Adsorptionsprodukte bestätigt [67]. Wenn im Fall des chemisorbierten Methanols die kathodische Elektrodenpolarisation weder die Menge noch den Charakter der Oxydation der Chemisorptionsprodukte beeinflußt[1]), dann kommt es zu einer wesentlichen Verringerung der Menge der Chemisorptionsprodukte anderer Alkohole[2]).

Der in Abb. 86 vorgenommene Vergleich der galvanostatischen und potentiostatischen Oxydationskurven von chemisorbiertem Methanol und Produkten, die nach der kathodischen Elektrodenpolarisation bei Chemisorption anderer gesättigter Alkohole zurückbleiben, ermöglicht die Annahme, daß in allen Fällen an der Elektrode der gleiche Stoff adsorbiert wird. Dabei handelt es sich um eine Verbindung, die auch aus Methanollösungen chemisorbiert werden kann. Außer dieser Übereinstimmung der Oxydationspotentiale ist auch das Verhältnis der Elektrizitätsmenge, die für die Entfernung des adsorbierten Wasserstoffs und organischen Stoffs nach der kathodischen Elektrodenpolarisation verbraucht wird, zu $_{S}Q_{H}$ in allen Fällen gleich und nahe eins ($\sim$ 1,15). Eine solche Relation ist auch für Teilchen charakteristisch, wie aus Tab. 13 folgt, die in Methanollösungen chemisorbiert werden.

Wie aus Abb. 86 ersichtlich ist, werden bei kathodischer Elektrodenpolarisation „schwer oxydierbare" Teilchen von der Elektrodenoberfläche desorbiert. Die chromatographische Analyse der bei kathodischer Polarisation abgeschiedenen Gase ergab als Hauptbestandteile der Hydrierungsprodukte von chemisorbiertem Äthanol Äthan, von Propanol Äthan und Propan ($C_2H_6 > C_3H_8$, es wurden auch Spuren von Butan und Isobutan nachgewiesen). Methan war in der Gasphase bis zu maximal 0,05 Vol.-% enthalten (die Empfindlichkeit der chromatographischen Analyse gegenüber Methan wurde der Arbeit [67] entnommen). „Schwer oxydierbare" Teilchen sind also offensichtlich Teilchen, die mehr als ein Kohlenstoffatom enthalten.[3])

Die Chemisorption von Äthylenglykol an Platin wurde in den Arbeiten [68, 67] untersucht. Nach den Angaben in [68] ist bei Temperaturen bis zu 70 °C in 1 n H_2SO_4 die Elektrizitätsmenge, die man bei der Ionisierung des infolge der Dehydrierung von Äthylenglykol bei φ_r = const. entstehenden Wasserstoffs gewinnt, immer gleich der Elektrizitätsmenge, die für die Oxydation der dabei gebildeten kohlenstoffhaltigen Reaktionsprodukte verbraucht wird. Sie entspricht außerdem dem Platzbedarf der adsorbierten Teilchen an der Elektrodenoberfläche. Wenn man annimmt, daß bei niedrigen Temperaturen die Äthylenglykoloxydation unter Bildung von Oxalsäure verläuft[4]), ergibt sich für die Chemisorption an der

[1]) Eine tiefergehende Untersuchung ergibt doch einen Einfluß der kathodischen Polarisation auf die Methanolchemisorption. Jedoch sind die zu beobachtenden Effekte relativ gering [67].

[2]) Wie im folgenden deutlich wird, beobachtet man eine Analogie im Verhalten von Alkoholen und Kohlenwasserstoffen beim Kontakt mit der Platinoberfläche.

[3]) *A. d. H.:* Eine Untersuchung der Adsorption von aliphatischen Alkoholen (bis C_6) findet man auch in [255].

[4]) Die Annahmen über die Oxydationsprodukte des adsorbierten Äthylenglykols wurden aus Analysenergebnissen der Oxydationsprodukte des Äthylenglykols unter stationären Bedingungen abgeleitet [69], das ist offensichtlich, wie noch gezeigt wird, nicht immer richtig.

glatten Platinelektrode folgendes Schema [68]:

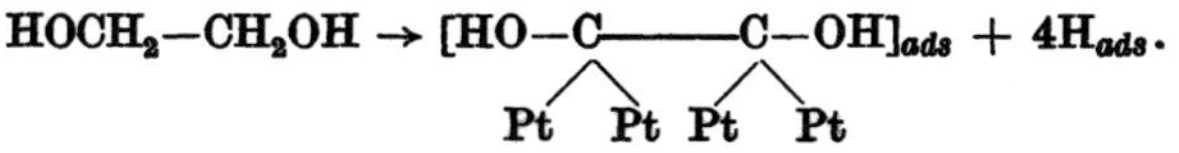

Analoge Messungen bei höheren Temperaturen, bei denen man eine Oxydation des adsorbierten Äthylenglykols bis zum CO_2 erwartete, führten zu der Annahme einer C—C-Bindungsspaltung im Glykolmolekül und der Bildung von zwei COH-Teilchen, wie sie auch bei der Methanolchemisorption entstehen

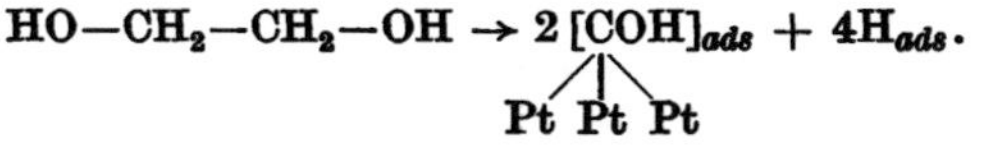

Als die Chemisorption von Äthylenglykol bei Zimmertemperatur an der Pt/Pt-Elektrode in 1n H_2SO_4 elektrooxydativ in der Adsorptionsschicht untersucht wurde, kam man zu einigen anderen Ergebnissen [67]. Die Potentialverschiebung einer in die Äthylenglykollösung tauchenden und auf $\varphi_r = 500$ mV vorpolarisierten Elektrode durchlief ein Minimum. Damit ist anzunehmen, daß gleichzeitig mit der Dehydrierung eine Reduktion des Äthylenglykols durch den adsorbierten Wasserstoff verläuft. Es wurde aber keine Abscheidung gasförmiger Produkte beobachtet. Der unter den genannten Bedingungen chemisorbierte Äthylenglykol wird teilweise bei kathodischer Elektrodenpolarisation bis zum Äthan reduziert. Die elektrolytische Oxydationskurve des nach der Reduktion des chemisorbierten Äthylenglykols vorhandenen Produktes ist der Elektrooxydationskurve des chemisorbierten Methanols sehr ähnlich. Somit besteht der an der Pt/Pt-Elektrode chemisorbierte Äthylenglykol sehr wahrscheinlich sowohl aus HCO-Teilchen als auch aus Teilchen mit zwei Kohlenstoffatomen, die kathodisch reduziert werden können.

Die Aldehydadsorption an Platinelektroden wurde am Beispiel von Formaldehyd und Acetaldehyd untersucht [28, 63, 64, 67]. Wenn die Platinelektrode in eine Formaldehydlösung eintaucht, kommt es zur Dehydrierung und Hydrierung, wobei das Endprodukt der letztgenannten Reaktion wahrscheinlich Methanol ist[1]). Die Besonderheit des Verhaltens von Formaldehyd besteht im Auftreten von nahezu gleich niedrigen Potentialen wie in Methanollösungen, unabhängig vom Ablauf der Hydrierungsreaktion. In alkalischen Formaldehydlösungen sind bei erhöhten Temperaturen die Potentiale sogar niedriger als das reversible Wasserstoffpotential; es kommt zur Wasserstoffentwicklung. Nach dem Eintauchen der Elektrode in die Formaldehydlösung wird an der Oberfläche eine geringe Menge adsorbierter Wasserstoff und eine weitaus größere Menge chemisorbierte Substanz beobachtet. Diese Substanz wird in dem gleichen Potentialbereich oxydiert, wie auch chemisorbiertes Methanol (Abb. 87). Die Gesamt-

[1]) Nach [25] entsteht beim Eintauchen der Platinelektrode in konzentrierte Formaldehydlösungen ein polymeres Produkt. Die Polymerisation von Formaldehyd bei der Adsorption wird auch in [70] angenommen.

menge an chemisorbiertem Stoff und dem in dessen Gegenwart adsorbierten Wasserstoff nähert sich dem Wert $_SQ_H$. Das organische Produkt wird bei kathodischer Elektrodenpolarisation nicht desorbiert und entspricht somit dem Chemisorptionsprodukt des Methanols.

Bei der Chemisorption von Acetaldehyd an der Pt/Pt-Elektrode kommt es zu Dehydrierungs- und destruktiven Hydrierungsreaktionen. Die Geschwindigkeit dieser Prozesse ist höher als für analoge Prozesse bei gesättigten Alkoholen. Chemisorptionsprodukte des Acetaldehyds sind Wasserstoff und ein organischer Stoff, der eine inhomogene Zusammensetzung aufweist und sowohl HCO-Teilchen

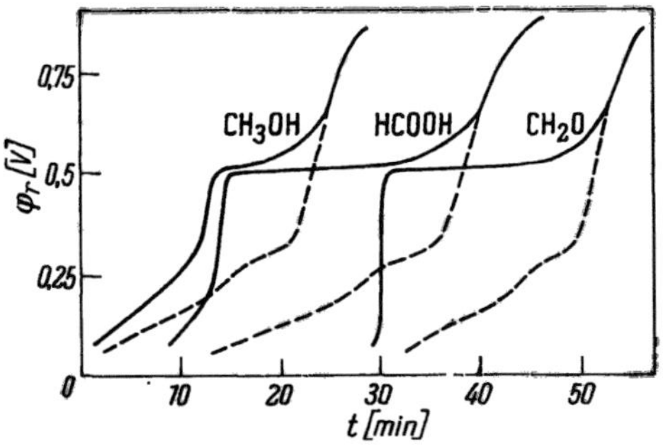

Abb. 87: Anodische Ladungskurven einer Pt/Pt-Elektrode in 1 n H_2SO_4 bei 20 °C und bei stromloser Kette chemisorbiertem Methanol, Formaldehyd und Ameisensäure [64]

Punktierte Linien — Kurven im Leitelektrolyt. Potential bei Zusatz der organischen Stoffe 500 mV, Konzentration 0,5 m, Stromdichte $1 \cdot 10^{-4}$ A/cm²

als auch Teilchen mit zwei Kohlenstoffatomen enthält (s. Abb. 86). Der letztgenannte Bestandteil wird bei kathodischer Elektrodenpolarisation als Äthan abgeschieden [67].[1]

Große Beachtung findet in der Literatur die Untersuchung der Chemisorption von Ameisensäure an Platin [8, 23—25, 64, 71—83].[2] Teilweise erklärt sich dieses Interesse mit der vermuteten Unkompliziertheit dieses Prozesses. Tatsächlich aber ergaben die Untersuchungen widersprüchliche Ergebnisse, die sich in der Literatur in Form widersprüchlicher Ansichten über den Adsorptionsmechanismus von HCOOH niederschlagen. Wie gezeigt werden konnte [64], wird das Potential der Pt/Pt-Elektrode in Anwesenheit von HCOOH nur in kathodischer Richtung verschoben. Ein hoher Anteil an Chemisorptionsprodukten tritt bei φ_r^0-Werten nahe Null auf. Das Verhältnis zwischen der adsorbierten Wasserstoffmenge und der Menge des chemisorbierten Stoffes bleibt bei Änderung der HCOOH-Konzentration sowie der Adsorptionszeit nicht konstant. Diese Ergebnisse gaben Anlaß zu der Annahme, daß gleichzeitig mit der Dehydrierung

[1]) *A. d. H.:* Die Adsorption von HCHO an Pt wird ebenfalls in [252, 253] untersucht.

[2]) *A. d. H.:* [251, 252, 256, 257].

ein Hydrierungsprozeß der Ameisensäure bei φ_r-Werten > 0 verläuft. Unabhängig davon bleibt die Summe von Q_H und Q_{org} nach der HCOOH-Adsorption bei verschiedenen φ_r immer annähernd konstant und nahe eins, so wie das schon für Methanol festgestellt worden war (s. Abb. 87). Ein ähnliches Ergebnis erhielten BRUMMER und MAKRIDES [76]. Die Oxydationsbereiche der Chemisorptionsprodukte von HCOOH und CH_3OH fallen zusammen. Diese Ergebnisse lassen die Annahme zu, daß in HCOOH-Lösungen HCO-Teilchen chemisorbiert werden, die bei der Hydrierung der Ameisensäure entstehen, oder aber gleichzeitig HCO- und COOH-Teilchen chemisorbiert werden. Letztere Annahme entspricht stöchiometrisch der Adsorption von OHCCOOH-Molekülen [64, 76].

Nach dem HCOOH-Zusatz bei $\varphi_r \leqq 100$ mV erreicht das Potential der Pt/Pt-Elektrode in 0,1 n H_2SO_4 und 1 n H_2SO_4 Werte nahe Null (4—20 mV). Unter diesen Bedingungen kommt es bei $\varphi_r \leqq 30$ mV zu einer Gasentwicklung, bestehend aus Wasserstoff und einem inerten Gas (Stickstoff oder Argon), die gleich zur Sauerstoffentfernung genutzt werden [64].

Die Adsorptionsmessungen an der glatten Platinelektrode [83] ergaben, daß bei $\varphi_r \geqq 0{,}4$ V die HCOOH-Adsorption von einer Dehydrierung des Moleküls und der Bildung von chemisorbierten COOH-Teilchen begleitet wird, die auf der Oberfläche jeweils einen Adsorptionsplatz beanspruchen. Bei sehr niedrigen Potentialen ist die Wasserstoffmenge, die bei der HCOOH-Adsorption entsteht und ionisiert wird, wesentlich geringer als die Menge des adsorbierten Stoffes [78, 83]. In [78] wurde dieses Ergebnis als Hinweis für die Adsorption von HCOOH-Molekülen an der Elektrodenoberfläche angesehen. Man kann dieses Ergebnis aber besser entweder mit der Chemisorption eines HCOOH-Moleküls unter Aufspaltung der C=O-Doppelbildung oder mit dem Ablauf einer Hydrierungsreaktion bei der HCOOH-Adsorption erklären, in deren Verlauf der Wasserstoff auf nichtelektrochemischem Wege von der Elektrodenoberfläche entfernt wird [64, 83, 82].

Interessante Erkenntnisse über die Natur der Adsorptionsprodukte organischer Stoffe und die Platinoberfläche kann man aus der Analyse des Wasserstoffbereichs der Ladungskurve einer Pt/Pt-Elektrode in Gegenwart von Chemisorptionsprodukten ableiten [84, 67]. Nach der Methanoladsorption an Platin bei stromloser Kette wird nur eine unwesentliche Verringerung der durch fest gebundenen Wasserstoff belegten Plätze an der Oberfläche beobachtet. Die „homogene“ (hinsichtlich der Adsorptionsplätze des Wasserstoffs mit differenzierter Bindungsenergie $Pt-H_{ads}$) Verteilung des chemisorbierten Stoffes kann bedeuten, daß die Zentren unabhängig von μ_H an der Oberfläche mit gleicher Wahrscheinlichkeit verteilt sind („mikroskopische Inhomogenität“) [85]. Die Isothermen der Wasserstoffadsorption in Anwesenheit der chemisorbierten organischen Verbindungen C_2H_5OH, C_3H_7OH, C_4H_9OH, CH_2OHCH_2OH, CH_3CHO, die bei kathodischer Polarisation hydriert werden [67], fallen mit der Adsorptionsisotherme in Gegenwart von Methanol zusammen. Das bestätigt hinreichend genau, daß die oben gezogenen Schlußfolgerungen über die Adsorptionsregeln der behandelten Verbindungen richtig sind.

Die erläuterten Vorstellungen über die Adsorption organischer Verbindungen an Platin besitzen allgemeingültigen Charakter. Das ist aus den Tab. 16 und 17 zu erkennen, in denen die Analysenergebnisse der gasförmigen Produkte zusammengestellt sind, die aus Äthanol- und Propanol- sowie Acetaldehydlösungen an der Platin—Ruthenium- (Tab. 16) bzw. Rhodiumelektrode (Tab. 17) abgeschieden werden [86, 62].

So wie an der Platinelektrode kann man an allen genannten Metallen bei der Chemisorption organischer Verbindungen merkliche Mengen adsorbierten Wasserstoff feststellen. Mit wachsender Länge der Kohlenstoffkette erhöht sich auch die

Tabelle 16: Zusammensetzung der gasförmigen Produkte, die an der (Pt—Ru)-Elektrode aus Lösungen organischer Stoffe abgeschieden werden[1])

Verbindung (Konzentration 3 m)	Grund-elektrolyt	φ_r^0 [mV]	Δt [h]	φ_r [mV]	Gaszusammensetzung [Vol.-%]			
					H_2	CH_4	C_2H_6	C_3H_8
C_2H_5OH	1 n H_2SO_4	504	16	51	—	92	8	—
	1 n NaOH	500	2	36	3	96	1	—
	1 n H_2SO_4	60	2,5	28	8	55	37	—
	1 n NaOH	60	1,5	7	9	90	Spuren	—
C_3H_7OH	1 n H_2SO_4	400	0,75	76	—	35	50	15
	1 n NaOH	500	12	33	—	31	68	Spuren
	1 n H_2SO_4	60	0,75	35	—	30	40	30
	1 n NaOH	60	1,5	7,8	—	11	88	Spuren
CH_3CHO	1 n H_2SO_4	500	3,5	187	—	95	5	—
		60	12	188	—	89	11	—

[1]) auf Butan wurde nicht geprüft

Elektrizitätsmenge, die für die Oxydation der bei der Alkoholadsorption gebildeten schwer oxydierbaren Teilchen benötigt wird. Die schwer oxydierbaren Teilchen werden bei kathodischer Reduktion der adsorbierten Stoffe entfernt. Die Potential—Zeit-Kurven der (Pt—Ru)- und Rh-Elektrode in CH_3CHO-Lösungen sind sowohl in der Form, als auch in den sich einstellenden Potentialwerten den analogen Kurven an der Pt/Pt-Elektrode sehr ähnlich.

Gleichzeitig kann man auch charakteristische Unterschiede im Verhalten der verschiedenen Platinmetalle in den Lösungen der organischen Stoffe erkennen. Nach Zugabe von Propanol und Äthanol zu Lösungen, in die die Rhodium- und Platin—Ruthenium-Elektroden eintauchen, beobachtet man, unabhängig vom Potential bei der Alkoholzugabe, eine Potentialverschiebung ausschließlich in negativer Richtung. Es stellen sich φ_r'-Werte ein, die dem reversiblen Wasserstoffpotential nahekommen. Dieses Ergebnis und die gleichzeitig zu beobachtende intensive Abscheidung von Reduktionsprodukten der Alkohole läßt erkennen, daß die Dehydrierungsgeschwindigkeit der organischen Stoffe bei niedrigen anodischen Potentialen hinreichend hoch ist, in längeren Zeitintervallen ist dagegen die Reduktionsgeschwindigkeit höher, wobei der adsorbierte Wasserstoff als Reduktionsmittel dient[1]).

Der Vergleich der Angaben in den Tab. 15—17 sowie die wesentlich höhere Geschwindigkeit der Gasentwicklung an der Platin—Ruthenium- und Rhodium-Elektrode gegenüber der Pt/Pt-Elektrode führen zu der Schlußfolgerung, daß diese Metalle eine wesentlich stärker dehydrierende, hydrierende und destruktive

Tabelle 17: Zusammensetzung der gasförmigen Produkte, die an der Rh-Elektrode aus Lösungen organischer Stoffe abgeschieden werden

Stoff (Konz. 3 m)	Grund-elektrolyt	φ_r^0 [mV]	φ_r' [mV]	Δt [h]	Gaszusammensetzung [Vol.-%]				
					H_2	CH_4	C_2H_6	C_3H_8	C_4H_{10}
C_2H_5OH	1 n H_2SO_4	46	19	46	3	95	2	—	—
		400	58	6	2	96	2	—	—
	1 n NaOH	270	5	20	14	85	1	—	—
C_3H_7OH	1 n H_2SO_4	79	19	22	6	9	53	30	2
		453	49	26	1	16	77	5	1
	1 n NaOH	61	5	19	33	10	56	1	—
		453	64	2	5	6	86	2	1
CH_3CHO	1 n H_2SO_4	77	47	2,5	5	94	1	—	—
		500	95	2	2	98	—	—	—

Wirkung auf die Aldehyde und Alkohole erkennen lassen. Beachtung verdient z. B. die Tatsache, daß die Acetaldehydreduktion am Rhodium von einer vollständigen Aufspaltung des Moleküls begleitet wird. In der Gasphase beobachtet man folglich nur eine geringe Äthanmenge (s. Tab. 17). Für die Rhodium- und Platin—Ruthenium-Katalysatoren sind außerdem Bindungsspaltungsreaktionen sowohl der C_1—C_2- als auch der C_2—C_3-Bindungen charakteristisch. An der Rhodiumelektrode verlaufen HCOOH-Dehydrierung und -Hydrierung, die auch an der Platinelektrode zu beobachten sind, sehr intensiv, in der Gasphase kann man in bedeutenden Mengen Kohlendioxid und Methan nachweisen.

Als einfach zusammengesetzter Stoff findet Kohlenmonoxid großes Interesse, da die Bedingungen bei seiner Adsorption viele Gemeinsamkeiten mit den Adsorptionsbedingungen der organischen Stoffe aufweisen und er außerdem zur

[1]) An der Pt/Pt-Elektrode werden in alkalischen Lösungen in Anwesenheit gesättigter Alkohole Hydrierungsprodukte abgeschieden, aber φ_r verschiebt sich trotzdem nur zur kathodischen Seite.

Identifizierung der Chemisorptionsprodukte verwendet werden kann[1]). Die CO-Adsorption an Platin wurde galvanostatisch [87—93] und potentiostatisch [94—96, 77] untersucht.

Nach den Angaben von SOKOL'SKIJ, FASMAN u. Mitarb. [88, 91] wird beim Kontakt von CO mit einer Pt/Pt- oder Platinschwarz-Elektrode, die in 1 n H_2SO_4 auf $\varphi_r \sim 0{,}5$ V polarisiert wurde, zunächst eine gehemmte Potentialverschiebung zur kathodischen Seite beobachtet. Der weitere Potentialgang hängt im folgenden weitgehend von der Versuchstemperatur ab. Oberhalb 30 °C wandert das anfangs zu kathodischen φ_r-Werten verschobene Potential wieder zu anodischen Werten. In den anodischen Ladungskurven, die nach Entfernung des gelösten Kohlenmonoxids aufgenommen wurden, treten Bereiche auf, die der Ionisierung des adsorbierten Wasserstoffs entsprechen. Im Potentialbereich $\varphi_r \gtrsim 0{,}55$ V erscheint eine Stufe, die auf die Oxydation des chemisorbierten Produktes zurückzuführen ist, das bei der Wechselwirkung des CO mit dem Platin gebildet wird. Die Analyse der Gasphase bei einer mit Kohlenmonoxid gesättigten Platinelektrode ergab, daß Kohlendioxid und Wasserstoff in etwa äquimolekularen Mengen enthalten waren.

Die Ergebnisse wurden mit der Vorstellung von der Konvertierung des Kohlenmonoxids an Platin in wäßrigen Lösungen erklärt, die nach folgender Gleichung ablaufen soll

$$CO + H_2O \rightarrow CO_2 + H_2 .$$

Bei 50—70 °C ist vorwiegend die Bildung von Platindicarbonyl auf der Elektrodenoberfläche zu erwarten ($Pt(CO)_2$) [91]. Es ist jedoch nicht auszuschließen, daß unter diesen Bedingungen das Kohlenmonoxid mit dem adsorbierten Wasserstoff reagiert [28], d. h., es läuft eine FISCHER—TROPSCH-Synthese ab [97], die φ_r in das anodische Bereich verschiebt. Die in [91—93] veröffentlichten Daten weisen darauf hin, daß die in Anwesenheit von Kohlenmonoxid ablaufenden Prozesse vom Metall (Pt, Pd, Ru)[2]) und von der Zusammensetzung der Lösung (H_2SO_4, $HClO_4$, HCl, KOH) abhängig sind. Die einfachsten Wechselbeziehungen zwischen dem adsorbierten CO und der Metalloberfläche werden an der Pd-Elektrode beobachtet.

Wenn man die Elektrizitätsmenge, die für die Oxydation des adsorbierten Kohlenmonoxids aufgewendet werden muß, mit der Elektrizitätsmenge vergleicht, die man für die Ausbildung einer Sauerstoffmonoschicht auf dem Platin benötigt, kommt man zu dem Ergebnis, daß auf der Monoschicht des chemisorbierten Kohlenmonoxids physikalisch adsorbiertes CO existiert [89]. Zu einer ähnlichen

[1]) Das Interesse an der Untersuchung der CO-Adsorption an Platinmetallen wurde auch durch Versuche hervorgerufen, die sich mit dem Einsatz von Wasserstoff in Brennstoffelementen beschäftigten, wobei dieser durch Konvertierung von Kohlenwasserstoffen und des im Gemisch enthaltenen CO gewonnen wurde.

[2]) Der Einfluß des Katalysators auf die Reaktionen in Anwesenheit von Kohlenmonoxid wird in [98] diskutiert.

Annahme, daß nämlich neben dem fest chemisorbierten Kohlenmonoxid auch relativ schwach gebundene Teilchen vorhanden sind, die bei der Entfernung von CO aus der Lösung desorbiert werden, gelangten auch andere Autoren [90, 94][1]).

GILMAN [94—96] untersuchte eingehend die Adsorption von Kohlenmonoxid mit Hilfe der potentiodynamischen Mehrimpulsmethode (s. Kapitel 5.4.). Im φ_r-Intervall von 0,4 bis 0,9 V wird in 1 n $HClO_4$ die Maximalbedeckung der Oberfläche mit Kohlenmonoxid erreicht, wobei etwa 25% der Oberflächenatome des Platins noch frei bleiben. GILMAN nahm zwei Strukturen des adsorbierten CO an: eine lineare oder nur einen Adsorptionsplatz beanspruchende und eine Brückenstruktur, die zwei Adsorptionsplätze beansprucht. Bei der Oxydation der ersten Form entfallen auf jeden belegten Adsorptionsplatz zwei Elektronen, während es bei der Oxydation der zweiten Form jeweils nur ein Elektron ist. Für die Elektrizitätsmenge Q^t_{CO}, die mit der Oxydation der gesamten Adsorptionsschicht zusammenhängt, kann man folgende Gleichung erhalten:

$$Q^t_{CO} = Q^b_{CO} + Q^l_{CO} = 2\Delta_S Q_H - Q^b_{CO}, \qquad \text{(VII.6)}$$

($\Delta_S Q_H$ = Abnahme der adsorbierten Wasserstoffmenge bei CO-Adsorption an der Platinoberfläche; Q^b_{CO} = Elektrizitätsmenge, die auf die Brückenstruktur entfällt; Q^l_{CO} = Elektrizitätsmenge, die auf die lineare Adsorptionsstruktur entfällt). Auf Grund dieser Gleichung konnte gezeigt werden, daß bei 30°C zunächst nur der die zwei Oberflächenplätze beanspruchende Adsorptionstyp abläuft. Erst nachdem der Q^b_{CO}-Wert $0{,}44 \cdot Q^t_{CO}$ erreicht hat, beginnt die Adsorption nach dem anderen Typ, und Q^l_{CO} erhöht sich bis auf den Wert von $0{,}46 \cdot Q^t_{CO}$. Diese Angaben über die beiden Typen des adsorbierten Kohlenmonoxids an der Platinoberfläche entsprechen den Untersuchungsergebnissen der CO-Adsorption aus der Gasphase mittels der Infrarot-Spektroskopie [33, 101][2].)

Es ist von Interesse, auch die Ergebnisse der elektrochemischen Untersuchung der Chemisorption von Verbindungen des Typs $C_xH_yO_z$ an Katalysatoren mit den Angaben über die Chemisorption dieser Stoffe aus der Gasphase zu vergleichen. Direkte experimentelle Hinweise auf die Struktur der unter den genannten Bedingungen adsorbierten Teilchen sind sehr gering, und die Annahmen verschiedener Autoren sind teilweise widersprüchlich. Eine der wichtigsten Methoden zur Bestimmung der Struktur der adsorbierten Teilchen ist die IR-Spektroskopie. Verschiedene Autoren [102] untersuchten detailliert die IR-Spektren der Ameisensäure, die an der Elektrodenoberfläche adsorbiert ist. Auf der Katalysatoroberfläche erwartet man die Bildung von Kohlenmonoxid,

[1]) Die Autoren [89, 90, 94—96] verwenden stark differierende Werte für die Elektrizitätsmenge, die für die Oxydation des adsorbierten Kohlenmonoxids bei maximaler Adsorption aufgewendet werden muß. Die Ursachen dafür wurden in [99, 100, 96] diskutiert und beruhen offensichtlich auf den Unterschieden der experimentellen Methoden und der Aufbereitung der Ergebnisse [96].

[2]) *A. d. H.:* Weiterhin beschäftigen sich die Arbeiten [257—261] mit der Adsorption von CO an Pt, an Rh [262] und an Au [263].

Formiat-Ionen, kovalent gebundenem Formiat und anderen, weniger gut bestimmbaren Teilchen. Blyholder u. Mitarb. [17] nahmen die IR-Spektren verschiedener Nickel- (sowie Eisen- und Kobalt-) -Katalysatoren im Kontakt mit mehreren organischen Verbindungen auf. In den IR-Spektren von adsorbierten gesättigten n-Alkoholen (von Methanol bis n-Butanol), Acetaldehyd, Methylvinyläther und Äthylenoxid wurden Linien beobachtet, die chemisorbiertem CO und Acylstrukturen $(\mathrm{H{-}\overset{|}{C}{=}O})$ zuzuordnen sind und die stabile Oberflächenteilchen darstellen. Man kann auch Adsorptionsbanden beobachten, die CH_3, CH_2 und einigen anderen, wasserstoffhaltigen Teilchen entsprechen, die aber relativ schwierig nach dem IR-Spektrum identifiziert werden können. Sekundäre und tertiäre Alkohole, Aceton, Methyläthylketon und Diäthyläther bilden keine an der Nickeloberfläche adsorbierten Teilchen, die man mit IR-Spektren erfassen kann. Der Vergleich dieser Ergebnisse mit den oben dargelegten Angaben läßt die Schlußfolgerung zu, inwieweit einige Gesetzmäßigkeiten der Adsorption organischer Stoffe aus Lösungen und aus der Gasphase Allgemeingültigkeit besitzen.[1][2]

7.1.2. Verhalten von Elektroden aus Platinmetallen in Kohlenwasserstoff-Lösungen

Die Versuche, Kohlenwasserstoffe als elektrochemischen Brennstoff in Brennstoffelementen zu verwenden, führten zu einer großen Zahl von Veröffentlichungen, die der Aufklärung des Adsorptionsmechanismus der Kohlenwasserstoffe an Platinmetallen gewidmet sind[3]. Wie Niedrach [21] zeigen konnte, ist das Verhalten der Kohlenwasserstoffe abhängig von ihrer Struktur und für Methan, höhere gesättigte und ungesättigte Kohlenwasserstoffe unterschiedlich. Nach

[1]) Bei der Diskussion des Bindungscharakters der Bindungen zwischen den adsorbierten Teilchen und der Metalloberfläche wurde eine Analogie zwischen der Chemie der Oberflächenverbindungen der Metalle und der Chemie der metallorganischen Verbindungen vorausgesetzt [17]. Eine direkte Bestätigung dieser Analogie erhält man aus den Eigenschaften isolierter metallorganischer Komplexverbindungen. Es konnte z. B. nachgewiesen werden, daß Äthanol mit einigen Komplexverbindungen des Rutheniums unter Bildung CO-haltiger Komplexe und CH_4 reagiert [103]. Nach [17] bedeutet die Bildung von Kohlenmonoxid und Acylstrukturen an katalytisch aktiven Oberflächen, daß allgemeine Prinzipien der Stabilität metallorganischer Verbindungen unmittelbar auf Adsorptionserscheinungen an metallischen Oberflächen angewendet wurden.

[2]) *A. d. H.:* Weiterhin ist die Adsorption von Glykolaldehyd an Pt [264], Allylalkohol an Pt [265], Dimethylformamid an Pt [266], Dimethyläthinylcarbinol an Pt [267], Nitromethan an Platinmetallen [268], verschiedenen organischen Substanzen an Os [268], Benzoesäure an Au [269], Cystin, Cystein [270] und Blutproteinen [271] an Au und Pt untersucht worden.

[3]) Die Entwicklung in den USA wurde durch die Arbeit von Heath und Worsham [104] in dieser Richtung stimuliert, die erstmals die Fähigkeit von Grenzkohlenwasserstoffen feststellten, bei niedrigen Temperaturen in Elektrolytlösungen oxydiert zu werden [105, 106].

volumetrischen Messungen [21] beobachtet man steigende Volumina der an Platin chemisorbierten Gase in der Reihenfolge[1])

$$CH_4 \ll C_2H_6,\quad C_3H_8 < C_2H_4,\quad C_3H_6 < H_2.$$

Gesättigte Kohlenwasserstoffe werden am Platin nur in sauren Lösungen adsorbiert, während ihre Adsorption in alkalischen Lösungen mit sehr geringer Geschwindigkeit erfolgt[2]).

Die in [107—109] ausgeführten Messungen lassen einige Schlußfolgerungen über den Chemisorptionsmechanismus des einfachsten Kohlenwasserstoffs — Methan — zu. Da sich Methan von anderen Kohlenwasserstoffen durch die

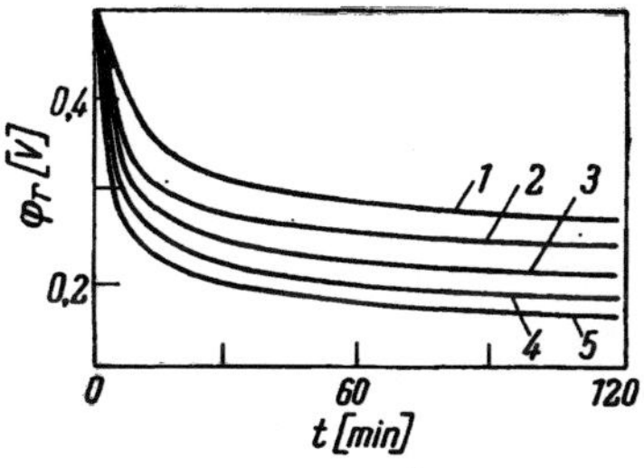

Abb. 88: Potentialverschiebung einer Pt/Pt-Elektrode in 1 n H_2SO_4 in Anwesenheit von Methan bei verschiedenen Temperaturen [109]

1 — 20°, *2* — 40°; *3* — 60°; *4* — 80°; *5* — 95°C. Partialdruck des Methans: 1 atm, Kontaktpotential 500 mV

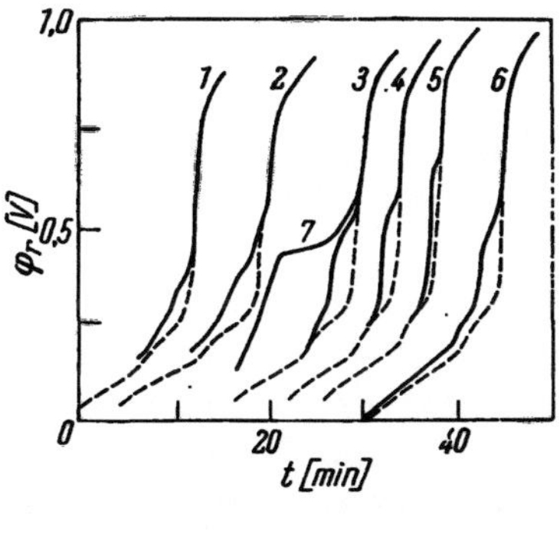

Abb. 89: Ladungskurven einer Pt/Pt-Elektrode in 1 n H_2SO_4 in Anwesenheit von Methan, das bei stromloser Kette und verschiedenen Temperaturen chemisorbiert wurde [109]

1 — 95°; *2* — 80°; *3,6* — 60°; *4* — 40°; *5* — 20°C. Kurve *6* wurde nach kathodischer Polarisation der Elektrode aufgenommen. *7* — Ladungskurve in Anwesenheit von chemisorbiertem Methanol bei 60°C. Stromdichte $1 \cdot 10^{-4}$ A/cm²

ausgesprochen niedrige Adsorbierbarkeit an der Platinoberfläche unterscheidet, können Adsorptionsmessungen nur mit Methan hoher Reinheit sowie in sorgfältig von oberflächenaktiven Stoffen gereinigten Elektrolytlösungen ausgeführt werden. Wenn das Methan bei stromloser Kette mit der Platinelektrode in Berührung tritt, wird eine Potentialverschiebung zu negativeren Werten beobachtet. Sogar nach größeren Zeitabständen ist $d\varphi_r/dt < 0$ (Abb. 88). In den Ladungskurven, die nach Entfernung des gelösten Methans mittels Argon aufgenommen wurden, wird Wasserstoff und die chemisorbierte organische Ver-

[1]) Ein analoges Verhältnis ist auch bei Adsorption aus der Gasphase zu beobachten [10].

[2]) Wenn man einen auf Kohle aufgetragenen Platinkatalysator verwendet, wird die Adsorptionsgeschwindigkeit der gesättigten Kohlenwasserstoffe in alkalischen Lösungen größer [30].

bindung beobachtet (Abb. 89). Wie eine Analyse ergibt, beträgt nach längerem Kontakt zwischen Elektrode und Methan $Q_H'/Q_{org} \simeq 1{,}2-2$ im Temperaturbereich von 20 bis 80 °C. Die Gesamtmenge von organischem Stoff und Wasserstoff erreicht bei $\varphi_r = 0$ annähernd $_sQ_H$ [109]. Die chemisorbierte organische Verbindung wird praktisch nicht bei kathodischer Elektrodenpolarisation entfernt[1]).

Um diese Ergebnisse zu erklären wurde angenommen [107—109], daß in Methanlösungen am Platin Methan dehydriert wird und die gebildeten Teilchen mit Wasser und ihren eigenen Oxydationsprodukten in Wechselwirkung treten. Infolge dieser Prozesse beobachtet man die vorwiegende Chemisorption sauer-

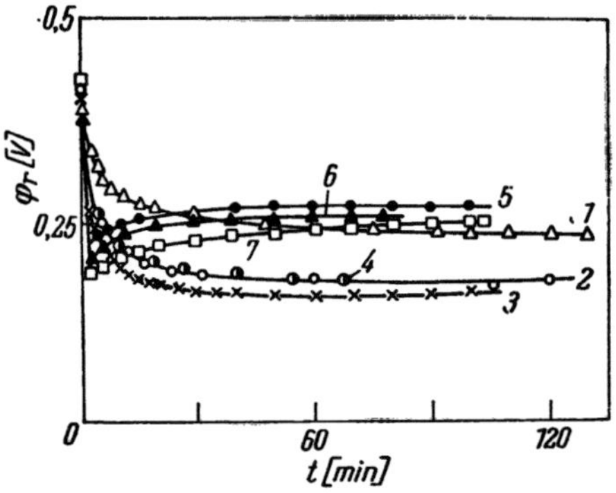

Abb. 90: Potentialverschiebung einer Elektrode aus Platinschwarz in 5 n H_2SO_4 bei 25 °C in Anwesenheit von Methan (*1*), Äthan (*2*), Propan (*3*), Isobutan (*4*), Äthylen (*5*), Propylen (*6*) und Cyclopropan (*7*) [21]

stoffhaltiger Teilchen an der Oberfläche, möglicherweise Teilchen des Typs HCO, die auch bei der Chemisorption von Methanol entstehen[2]). Eine solche Vorstellung führt auch zu einer Erklärung der Relation Q_H'/Q_{org} von etwa 1,2—2 und stimmt mit den Ergebnissen überein, die man beim Vergleich der Potentialbereiche und Oxydationsgeschwindigkeiten der in Methan- und Methanollösungen chemisorbierten Teilchen erhält (s. Abb. 89). Das an der Elektrodenoberfläche chemisorbierte Methan besetzt hauptsächlich die Adsorptionszentren mit hoher Bindungsenergie zwischen Wasserstoff und Platin.

Auch die Adsorption von Äthan, Propan und Butan an der Platinelektrode wird bei stromloser Kette von einer Potentialverschiebung zur kathodischen Seite begleitet (Abb. 90). Es kommt dabei außerdem zur Abscheidung gasförmi-

[1]) In [108] erhielt man bei Messungen an der Platin—Teflon—Diffusions-Halbmikroelektrode Ergebnisse, die eine merkliche Desorption des adsorbierten Methans von der Oberfläche bei kathodischer Polarisation ausweisen. Die Divergenz mit den Angaben in [109] sowie [110] kann durch die unterschiedlichen Versuchsbedingungen und in erster Linie durch den Unterschied in der Struktur und Aktivität der Katalysatoren hervorgerufen werden.

[2]) Obgleich stöchiometrisch die Adsorptionsprodukte von Methan und Methanol sehr ähnlich sind, können ihre Strukturen unterschiedlich sein [108].

ger Produkte: Methan bei der Äthanadsorption, Methan und Äthan bei der Propanadsorption [21]. Wenn Propan bei konstantem Elektrodenpotential chemisorbiert wird, dann sinkt die Methanmenge in dem entwickelten Gas mit steigenden φ_r-Werten. Das ist mit der Abnahme der am Platin adsorbierten Wasserstoffmenge bei steigendem Potential zu erklären [31].

Die Natur der an der Elektrode adsorbierten Stoffe wurde durch kathodische Reduktion der Adsorptionsprodukte aufgeklärt [21]. Bei der Reduktion des chemisorbierten Äthans wurden hauptsächlich Äthan und Methan sowie in geringer Menge auch Propan und Butan abgeschieden. Bei Reduktion des chemi-

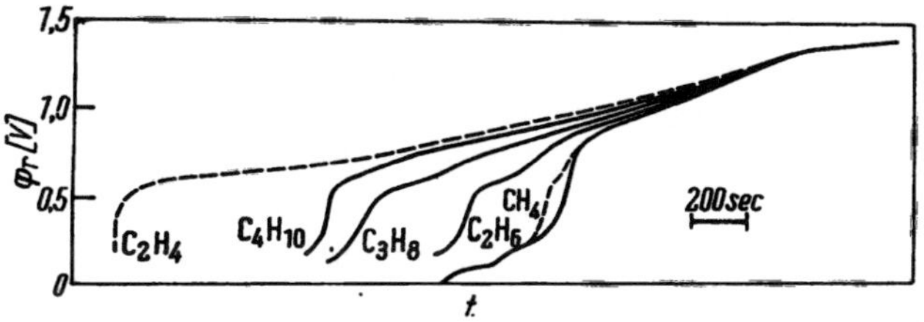

Abb. 91: Galvanostatische Kurven der Oxydation von Kohlenwasserstoffen, die an Platinschwarz bei stromloser Kette und 25 °C in 5 n H_2SO_4 adsorbiert werden [21]

sorbierten Propans waren in dem entwickelten Gas enthalten: $C_3H_8 > C_2H_6 > CH_4$ sowie eine geringe Butanmenge. Nach den Angaben in [111] kann man bei Desorption des chemisorbierten Butans bei kathodischer Elektrodenpolarisation in der Gasphase vorwiegend Butan sowie geringe Mengen an Propan, Äthan und Methan nachweisen. Diese Ergebnisse wurden als Folge von Dehydrierungs-, Crack- und Eigenpolymerisationsreaktionen der untersuchten organischen Stoffe bei der Adsorption gedeutet. Nach der kathodischen Polarisation verbleibt auf der Elektrodenoberfläche eine geringe Menge der Chemisorptionsprodukte der Kohlenwasserstoffe [21], die man nicht mehr durch Desorption entfernen kann.

In den Ladungskurven, die in Äthan-, Propan- und iso-Butanlösungen an der Platinelektrode aufgenommen wurden [21, 112, 113], werden Stufen beobachtet, die auf die Ionisierung des adsorbierten Wasserstoffs zurückzuführen sind. Bei weiterer Potentialerhöhung treten im Doppelschichtbereich bei $\varphi_r \sim 0{,}5-0{,}6$ V (25 °C) in allen Fällen neue Stufen auf, die der Oxydation der kohlenstoffhaltigen Teilchen entsprechen (Abb. 91). Bei Temperaturerhöhung verschieben sich diese Stufen zu niedrigeren Potentialwerten. Obgleich die Kurvenform für alle Kohlenwasserstoffe ähnlich ist, steigt die Kurvenhöhe in der Reihenfolge $C_2H_6 < C_3H_8 < C_4H_{10}$, d. h. mit steigendem Molekulargewicht des Adsorbats. Sobald das Stufenpotential erreicht wird, scheidet sich Kohlendioxid als Endprodukt der Oxydation der adsorbierten Verbindungen ab.

Die Messungen zeitigen ein weiteres Ergebnis: die langsame Änderung der Zusammensetzung der adsorbierten Teilchen mit zunehmender Adsorptionszeit.

Beispielsweise beobachtet man mit wachsender Kontaktzeit zwischen Äthan und Platinschwarz eine merkliche Äthanabnahme in den bei kathodischer Reduktion des Adsorptionsproduktes entwickelten Gasen [21]. Diese Abnahme ist auf die langsame Bildung von Teilchen zurückzuführen, die durch kathodische Polarisation nicht mehr desorbiert werden können. Eine langsame, stetige Zunahme eines an der Platinoberfläche in Butanlösungen chemisorbierten Produktes, das nicht mehr desorbiert wird und sich von der Hauptmasse des adsorbierten Butans unterscheidet, konnte mit radioaktiven Indikatoren durch FLANNERY und WALKER [114] nachgewiesen werden.

Eine genaue Untersuchung der Äthanadsorption an der glatten Platinelektrode in 1 n $HClO_4$ wurde von GILMAN [110, 32, 115] mit Hilfe der potentiodynamischen Mehrimpulsmethode ausgeführt. An die Elektrode wurde in einer Äthanlösung ein Potential von 0,4 oder 0,3 V unterschiedlich langer Zeitdauer angelegt. Danach wurden mit einem potentiostatischen, kathodischen Impuls der Rückgang der Wasserstoffadsorption $\Delta_S Q_H$, mit einem anodischen Impuls die Ladung Q_{org} bestimmt, die mit der Oxydation des oxydierten Stoffes in Zusammenhang steht. In einem großen Adsorptionszeitbereich wurde eine lineare Abhängigkeit zwischen $\Delta_S Q_H$ und Q_{org} festgestellt. Dieses Ergebnis läßt unter bestimmten Voraussetzungen die Abschätzung der mittleren stöchiometrischen Zusammensetzung der adsorbierten Teilchen zu. Wenn man annimmt, daß das adsorbierte Teilchen die Zusammensetzung C_2H_{6-p} besitzt, d. h. durch die Spaltung von p C—H-Bindungen und die Bildung von p Bindungen mit der Oberfläche gebildet wird, dann kann man für $\Delta_S Q_H$ folgenden Ausdruck ableiten:

$$\Delta_S Q_H = S_H F = p \Gamma_E F, \qquad \text{(VII.7)}$$

(S_H = Oberflächenkonzentration von Wasserstoffplätzen, die durch Bildung von Bindungen zwischen dem Äthan und der Elektrodenoberfläche blockiert werden; Γ_E = mittlere Konzentration der adsorbierten kohlenstoffhaltigen Teilchen). Wenn n die mittlere, an der Oxydation des adsorbierten Teilchens beteiligte Elektronenzahl ist, erhält man andererseits

$$Q_{org} = nF\Gamma_E. \qquad \text{(VII.8)}$$

Somit gilt

$$\Delta_S Q_H / Q_{org} = p/n = p/(14 - p), \qquad \text{(VII.9)}$$

da für die vollständige Oxydation von Äthan 14 Elektronen notwendig sind. Der experimentell erhaltene Anstieg $\Delta_S Q_H / Q_{org}$ beträgt 0,375, das ergibt einen Wert von $p = 4$, d. h., es folgt daraus C_2H_2 als mittlere stöchiometrische Zusammensetzung des adsorbierten Äthans. Obwohl diese Ableitung über die Natur des adsorbierten Äthans infolge der zahlreichen Vereinfachungen nur qualitativen Charakter besitzt, geben die experimentellen Daten Hinweise über die chemischen Veränderungen der Äthanmoleküle bei der Adsorption.

Bei $\varphi_r > 0{,}5$ V erhöht sich das Verhältnis $\Delta_S Q_H / Q_{org}$, das deutet auf die Bildung von Teilchen mit niedrigerem Wasserstoffgehalt, möglicherweise auf die Bildung von C_2, d. h. von „Carbid"-Strukturen [32, 115].

Die Analyse der potentiostatischen Oxydationskurven des chemisorbierten Äthans mit und ohne vorheriger kathodischer Reduktion ergibt, daß der mittleren stöchiometrischen Zusammensetzung C_2H_2 tatsächlich mindestens zwei adsorbierte Teilchenarten entsprechen. Wenn die Ausgangsbedeckung der Oberfläche mit Äthan 0,45 betrug, dann verringerte sie sich bereits bei einem Potential von 0,09 V auf 0,30, während der restliche, auf der Oberfläche verbliebene Teil

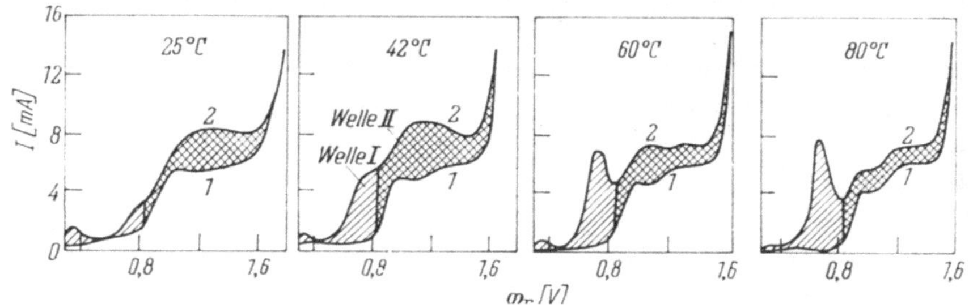

Abb. 92: **Potentiostatische Kurven an Platinschwarz in 4,3 n $HClO_4$ (*1*) und in Anwesenheit von bei $\varphi_r = 0{,}3$ V chemisorbiertem Äthan (*2*) [107].**
Potentialvorschub 0,1 V/cmsec

auch bei —0,21 V nach 100 sec nicht infolge einer Reduktion desorbiert wurde. Der desorbierbare Stoff wird bei hohen Potentialen oxydiert und entspricht der zweiten Stufe in der potentiostatischen Oxydationskurve des adsorbierten Äthans (Abb. 92)[1]). Die Teilchen, die bei kathodischer Reduktion nicht entfernt werden, sind leicht oxydierbare Teilchen, ihnen entspricht die Stufe *I*, die bis zu Potentialen der Sauerstoffentwicklung reicht. Die Gilmanschen Angaben setzen ein konstantes Verhältnis zwischen den einzelnen Teilchen des adsorbierten Produktes bei verschiedenen Bedeckungsgraden der Elektrodenoberfläche voraus.

Analoge Ergebnisse wurden bei der Untersuchung der Äthanadsorption an einer Halbmikroelektrode aus Platinschwarz durch Niedrach, Gilman und Weinstock [107] sowie Niedrach [108] erhalten. Es konnte nachgewiesen werden, daß das Verhältnis der Ladungen, die der ersten und zweiten Oxydationsstufe des adsorbierten Äthans entsprechen, unabhängig von der Adsorptionszeit und dem Elektrodenpotential bis zu einem Wert von $\varphi_r \sim 0{,}5$ V ist. Bei

[1]) **Es ist zu beachten, daß die Einteilung der potentiostatischen Oxydationskurve des adsorbierten Äthans in zwei Stufen in den genannten Arbeiten teilweise willkürlich geschah. Es wurde auch die Vorstellung geäußert, daß die beobachteten Stufen nicht den primär adsorbierten Stoffen, sondern Oxydationszwischenprodukten des adsorbierten Äthans zuzuordnen sind (s. die Diskussion in [115]). Eine solche Deutung widerspricht jedoch anderen Daten über die Äthanchemisorption, insbesondere dem Einfluß der kathodischen Reduktion auf die Chemisorptionsprodukte.**

$\varphi_r > 0{,}5$ V wird der Wert dieser Relation kleiner. Bei Temperaturerhöhung wächst die relative Menge der Teilchen, die infolge ihrer Oxydation die erste Stufe bilden. Um die Zusammensetzung dieser Teilchen aufzuklären, wurden potentiostatische Kurven für Kohlenmonoxid (bei 0,3 V), Kohlendioxid (bei 0,06 und 0,2 V) sowie Ameisensäure aufgenommen. Obwohl keine vollständige Übereinstimmung der Kurven für die verschiedenen organischen Stoffe zu beobachten war, konnte man voraussetzen, daß in allen Fällen einander ähnliche Teilchen adsorbiert werden. Es wurde daher angenommen, daß die erste Oxydationsstufe des adsorbierten Äthans der Oxydation sauerstoffhaltiger Teilchen mit einem Kohlenstoffatom, die zweite Stufe dagegen den dehydrierten, „äthylenanalogen" Teilchen entspricht.

Somit kann das Gesamtschema der Äthanchemisorption am Platin mit folgenden Gleichungen dargestellt werden:

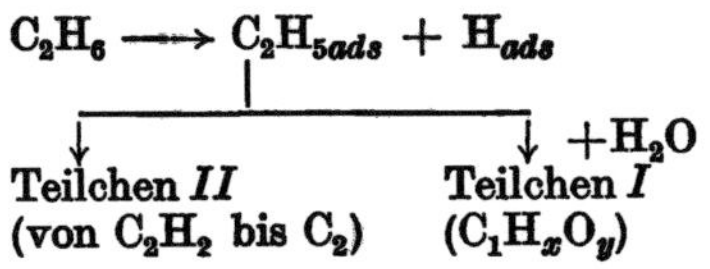

Es wurde jedoch auch bei kathodischer Polarisation eine geringe Desorption der Teilchen beobachtet, deren Oxydation der Stufe *I* entspricht [107, 108]. Diese Abweichung von den Ergebnissen GILMANS [110] wurde mit den Besonderheiten der Struktur und Aktivität der Platin—Teflon—Diffusions-Elektrode erklärt. Möglicherweise ist auch die willkürliche Wahl zweier Oxydationsstufen in der Adsorptionskurve des Äthans die Ursache für eine solche Divergenz.

BURŠTEIN, PŠENIČNIKOV u. Mitarb. [113] verglichen die durch Dehydrierung bei stromloser Kette gebildete Wasserstoffmenge und die Menge des kohlenstoffhaltigen Chemisorptionsproduktes miteinander, um die Natur des bei 90 °C in 1 n H_2SO_4 adsorbierten Äthans aufzuklären. Dieses Verhältnis ermöglicht unter bestimmten Voraussetzungen den Nachweis, daß bei kurzen Adsorptionszeiten die Zusammensetzung der adsorbierten Teilchen dem Verhältnis C:H = 1:2 entspricht. Bei längeren Adsorptionszeiten nähert sich der Wert des C:H-Verhältnisses 1:1. Die Autoren nehmen an, daß die Änderung des C:H-Verhältnisses auf die sich langsam verstärkende Dehydrierung der adsorbierten Teilchen und auf die gleichzeitige Bildung von Methan nach der Reaktion

$$C_2H_6 \rightarrow aCH_4 + b(CH_x)_{ads} + zH_{ads}$$

zurückzuführen ist.

Das Verhalten von Propan bei der Adsorption an Platinschwarz ist dem Verhalten von Äthan im großen und ganzen analog [107]. Nach GRUBB und LAZARUS [116] kommt es bei der Propanchemisorption auch zur Spaltung von C—C-Bindungen und zur vorwiegenden Umwandlung der Teilchen mit einem Kohlenstoffatom in sauerstoffhaltige, bei kathodischer Polarisation nicht reduzierbare Teilchen. BRUMMER u. Mitarb. [117—119, 82] untersuchten die Propanchemisorption am glatten Platin in konzentrierter Phosphorsäure bei hohen Temperaturen (80 bis 140 °C) sehr eingehend. Die Platinelektrode wurde vor dem Versuch in der oxydierenden Flamme eines Gasbrenners periodisch geglüht und anschließend in der Versuchslösung anodisch-kathodisch potentiostatisch vorpolarisiert. Durch Gegenüberstellung der anodischen und kathodischen galvanostatischen Meßergebnisse gelangte man zu der Schlußfolgerung, daß das primär adsorbierte Propan im Laufe der Zeit teilweise oxydiert wurde. Im Ergebnis wird die Elektrizitätsmenge, die für die Oxydation des adsorbierten Stoffes bei anodischem Impuls verbraucht wird, kleiner, während die Zahl der vom adsorbierten Stoff an der Oberfläche belegten Plätze unverändert bleibt oder sogar anwächst. Folgende Hauptmethode wurde verwendet, um die Natur der adsorbierten Teilchen aufzuklären. Das Propan wurde bei einem bestimmten Potentialwert an der Elektrode adsorbiert. Danach wurde an die Elektrode ein Potential von $\varphi_r = 0{,}7$ V angelegt[1]), wobei das Adsorptionsprodukt teilweise oxydiert wurde. Sodann wurden anodische oder kathodische potentiostatische Impulse unterschiedlicher Dauer an die Elektrode angelegt. Aus dem auf diese Weise bestimmten Verhältnis $Q_{org}/\Delta_S Q_H$ ergibt sich die Zahl der Elektronen, die auf jeden Adsorptionsplatz bei der Oxydation des adsorbierten Stoffes entfallen.

Versuche zur anodischen Oxydation wurden auch nach vorheriger Reduktion des adsorbierten Propans bei 0,06 V durchgeführt, wobei ein Teil des Adsorptionsproduktes reduktiv entfernt wurde. Dieser Teil des chemisorbierten Produktes entsteht infolge einer relativ oberflächlichen Dehydrierung des Propans; die Reaktionsprodukte bezeichnet man als CH—α-Teilchen. Die Natur der CH—α-Teilchen verändert sich mit wachsendem Potential infolge zunehmender Dehydrierung. Das bei kathodischer Reduktion nicht desorbierbare Produkt besteht aus zwei Teilchen: Teilchen des O- und des CH—β-Typs. Die Teilchen des O-Typs belegen im Potentialintervall von 0,22—0,40 V etwa 60% der Elektrodenoberfläche. Die O-Teilchen sind elektrochemisch außerordentlich aktiv. Die Elektronenzahl für jeden von Teilchen des O-Typs belegten Platz beträgt $1{,}3 \pm 0{,}03$, das kommt dem entsprechenden Wert für chemisorbiertes Methanol nahe. CH—β-Teilchen belegen bei 0,22 V etwa 18% der Elektrodenoberfläche. Diese Teilchen werden nicht gebildet, wenn das Elektrodenpotential bei der Propanadsorption den Wert von 0,4 V überschreitet; sie sind sehr schwer oxydierbare Teilchen. Auf jeden von ihnen belegten Oberflächenplatz entfallen 3,7 Elektronen.

CAIRNS u. Mitarb. [121] stellten bei der Untersuchung der Propanadsorption in Fluorwasserstoffsäure-Lösungen bei 30 und 90 °C mit der potentiodynamischen Mehrimpulsmethode fest, daß bei $\varphi_r = 0{,}3$ V Propan primär in Form von Teilchen adsorbiert wird, die elektrochemisch wenig aktiv sind und in Abhängigkeit von der Zeit durch Wechselwirkung mit adsorbierten Wassermolekülen H_2O_{ads} in

[1]) In diesen sowie anderen Arbeiten wurde eine sogenannte „dynamische" Wasserstoffelektrode nach GINER [120] verwendet. Das Potential dieser kathodisch polarisierbaren Platinblech-Elektrode kam dem Potential der reversiblen Wasserstoffelektrode nahe.

aktivere Teilchen umgewandelt werden:

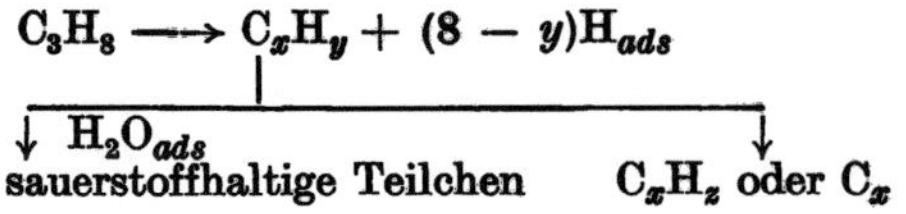

Turner und Brummer [122] nehmen an, daß bei der Adsorption von n-Hexan an der Platinoberfläche auch Produkte einer teilweisen Kohlenwasserstoffoxydation zurückgehalten werden.

Wenn Äthylen, Acetylen, Propylen und Cyclopropan mit einer bis zu Doppelschichtpotentialen polarisierten Platinelektrode in Kontakt kommen, beobachtet man eine deutliche Potentialverschiebung zu negativeren Werten, danach wächst das Potential aber wieder zu hohen anodischen Werten [21, 30, 112, 123, 124] (s. Abb. 90). Die endgültigen Potentialwerte φ_r' sind temperaturabhängig und erwartungsgemäß höher als die φ_r'-Werte in Anwesenheit gesättigter Kohlenwasserstoffe. Wenn bei dem eingestellten φ_r'-Wert das Äthylen aus der Lösung entfernt und die Platinelektrode mit Argon gespült wird, dann kommt es zu einer zusätzlichen Potentialverschiebung zu negativeren Werten. Eine analoge Erscheinung wird auch bei Temperaturerhöhung in Gegenwart von chemisorbiertem Äthylen beobachtet [123].

Wenn eine mit Wasserstoff gesättigte Platinelektrode mit ungesättigten Kohlenwasserstoffen in Berührung kommt, verschiebt sich das Elektrodenpotential schnell zu anodischen Werten, die den sich einstellenden Werten nahekommen, wenn das Elektrodenpotential bei Zusatz der Kohlenwasserstoffe im Doppelschichtbereich liegt. Eine vollständige Übereinstimmung der bei verschiedenen φ_r^0-Ausgangswerten erreichten Potentiale wird jedoch nicht beobachtet. Diese Erscheinungen werden mit dem Ablauf von Dehydrierungs- und Hydrierungsreaktionen an den untersuchten organischen Stoffen erklärt [124]. Bei der Dehydrierung von Äthylen tritt an der Elektrodenoberfläche adsorbierter Wasserstoff auf, dessen Menge zunächst mit der Zeit anwächst, dann aber wieder abnimmt. Der merkliche Rückgang der adsorbierten Wasserstoffmenge stimmt zeitlich mit dem Beginn einer deutlichen Verschiebung des Elektrodenpotentials zu anodischen Werten überein, d. h., er wird durch die beginnende Hydrierungsreaktion hervorgerufen [21, 123].

Die Potentialverschiebung von Platin in Lösungen ungesättigter Kohlenwasserstoffe wird durch die Abscheidung gasförmiger Produkte begleitet [21, 125]: $C_2H_6 > CH_4$ bei Äthylen, C_2H_4 und C_2H_6 bei Acetylen und $C_3H_8 > C_2H_6 > CH_4$ bei Propylen. Die in Gegenwart ungesättigter Kohlenwasserstoffe erreichbare Oberflächenbedeckung ist wesentlich größer als bei gesättigten Kohlenwasserstoffen, weil durch die Hydrierung Plätze für eine weitere Adsorption frei werden.

Bei der kathodischen Hydrierung treten in der Gasphase $C_2H_6 \gg C_4H_{10} \gg CH_4 > C_3H_8$ bei adsorbiertem Äthylen, $C_3H_8 \gg CH_4 > C_2H_6$ sowie Spuren von Hexan bei adsorbiertem Propylen auf. Somit laufen in beachtlichem Umfang Crack- und

Polymerisationsreaktionen ab[1]). Ein äußerst interessanter, von NIEDRACH [21] beobachteter Umstand ist die Abnahme der Äthanmenge in der Gasphase bei der Hydrierung von adsorbiertem Äthylen mit zunehmender Kontaktzeit zwischen der Elektrode und dem C_2H_4 sowie die Potentialverschiebung zu anodischen Potentialwerten. Wenn das Äthylen bei Potentialwerten von 0,7—0,9 V adsorbiert wird und man anschließend die Adsorptionsprodukte hydriert, dann verringert sich die Äthan- und besonders Butanmenge in dem sich bildenden Gas beträchtlich, während sich die Methan- und Propanmenge erhöht.

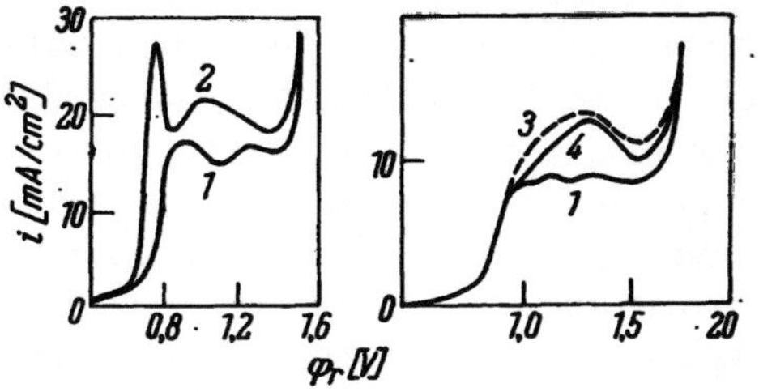

Abb. 93: Potentiostatische Kurven einer glatten Platinelektrode in 1 n $HClO_4$ (*1*) und in Anwesenheit von bei $\varphi_r = 0{,}4$ V adsorbiertem Äthan (*2*), Äthylen (*3*) und Acetylen (*4*) [110, 126]

Potentialvorschub 10 V/sec

Wichtige Hinweise auf die Natur des adsorbierten Äthylens und Propylens erhielt GILMAN [126, 32] beim Vergleich der potentiostatischen Oxydationskurven der Adsorptionsprodukte bei 30—60 °C in 1 n $HClO_4$. Die Auswertung der Kurven erfolgte für gleiche Aufnahmegeschwindigkeiten und eine Meßwertermittlung unmittelbar an der Probenoberfläche. Im Unterschied zum Äthan, dessen Chemisorptionsprodukte zwei Oxydationsstufen bilden, wurde bei der Oxydation des adsorbierten Äthylens und Acetylens jeweils nur eine Stufe beobachtet, die im Bereich der Sauerstoffentwicklung liegt und der zweiten Oxydationsstufe des adsorbierten Äthans entspricht. Nach unterschiedlich langen Kontaktzeiten zwischen Elektrode und Äthylen bzw. Acetylen bei 0,2; 0,3 und 0,4 V wurden potentiostatische Kurven aufgenommen, die praktisch einander überlagerten (Abb. 93). Das wies darauf hin, daß die adsorbierten Teilchen für verschiedene adsorbierte Stoffe eine gleiche Struktur besitzen. Die geringen Unterschiede kann man auf die Besonderheiten der Feinstruktur der adsorbierten Teilchen zurückführen, die möglicherweise infolge der unterschiedlichen Verteilung dieser Stoffe an der Oberfläche entsteht. Um ein solches Ergebnis zu erklären, nahm man an, daß die Zusammensetzung des adsorbierten Stoffes der Formel C_2H_2 entspricht, d. h., daß bei der Chemisorption von Acetylen ein Assoziationsmechanismus, bei Äthylen dagegen ein Dissoziationsmechanismus abläuft. In Übereinstimmung damit beobachtete GILMAN einen Anodenstrom, der durch

[1]) Nach BIANCHI u. Mitarb. [125] ergibt die Hydrierung des adsorbierten Äthylens hauptsächlich Butan, während bei Acetylen Propan entsteht.

die Wasserstoffionisation hervorgerufen wird, wobei der Wasserstoff bei der Dehydrierung von Äthylen an Platin bei 0,4 V gebildet wird. Man muß jedoch berücksichtigen, daß die Potentialverschiebung von Platin zu kathodischen Werten in Gegenwart von Acetylen offensichtlich auch darauf deutet, daß in bestimmtem Grade eine Acetylendehydrierung abläuft [124].

Die Annahme einer ähnlichen Zusammensetzung der Adsorptionsschicht von Äthylen und Acetylen wurde durch die Gegenüberstellung der Menge der adsorbierten Stoffe und der Anzahl der von ihnen auf der Platinoberfläche belegten Plätze bestätigt. Davon ausgehend, daß die Zusammensetzung von adsorbiertem Äthylen und Acetylen der Formel C_2H_2 entspricht, berechnete Gilman die Zahl der durch Äthylen belegten Plätze mit 3,5, für Acetylen fand er etwa 3,1. Adsorbiertes Äthylen belegt ungefähr 75% der Wasserstoffplätze, adsorbiertes Acetylen dagegen etwa 83%. Die bei der Äthylenadsorption erreichbare geringere Schichtdicke wird durch die höheren sterischen Hinderungen infolge der bei der Adsorption erforderlichen Dehydrierung erklärt. Die Anzahl der Plätze, die durch die adsorbierten Teilchen C_2H_2 belegt werden können, beträgt etwa 3; diese Zahl kann man unter anderem dadurch erklären, daß beispielsweise an der Oberfläche gleiche Mengen von Teilchen vorhanden sind, die durch Doppel- und Vierfachbindungen an die Oberfläche gebunden sind. Diese Annahme stimmt mit den Ergebnissen der Untersuchungen der Äthylenchemisorption aus der Gasphase überein [10].

Für $\varphi_r > 0{,}5$ V verändert sich die Struktur von adsorbiertem Äthylen und Acetylen. Die potentiostatischen Oxydationskurven der Adsorptionsprodukte werden zu anodischeren Potentialwerten verschoben. Das ist offensichtlich auf die Bildung von „Carbid"-Strukturen bei der Adsorption zurückzuführen. Die Bildung von Carbidverbindungen an der Oberfläche bei der Adsorption von Äthylen und Acetylen im Potentialbereich $\varphi_r = 0{,}35$ V wird auch in der Arbeit [125] angenommen.

Ein sehr kompliziertes Bild zeigt sich auch bei der Äthylenadsorption an Platin in 85%iger H_3PO_4 bei 120 °C [32, 126]. In diesem Falle wird die adsorbierte Schicht bei sehr niedrigen Potentialen oxydiert, in den potentiostatischen Kurven sind zwei Oxydationsstufen erkennbar, die weitgehend zusammenfallen. Offensichtlich kommt es bei hohen Temperaturen während der Adsorption zu einer beträchtlichen C—C-Bindungsspaltung. Gilman [32, 115] untersuchte die Möglichkeit des Übergangs der Teilchen, die der zweiten Oxydationsstufe entsprechen, in leichter oxydierbare Teilchen. Dazu wurde an eine Pt/Pt-Elektrode ein Potential von 0,3 V angelegt, die sich bildende adsorbierte Schicht wurde sodann bei $\varphi_r \simeq 0{,}8$ V teilweise oxydiert, wobei nur die sehr aktiven Teilchen entfernt wurden. An die Elektrode wurde danach erneut ein Potential von 0,3 V angelegt, man erwartet jetzt den Übergang der schwer oxydierbaren in leichter oxydierbare Teilchen. Um die neuen Teilchen beobachten zu können, wurden die schwer oxydierbaren Teilchen bei —0,2 V desorbiert, anschließend nahm man die anodische potentiostatische Kurve auf. Die Versuche zeigten, daß eine Teilchenkonversion nur in sehr beschränktem Maße verläuft.

Burštein, Pšeničnikov und Tjurin [123] bestimmten die organischen Teilchen, die in Äthylenlösungen bei stromloser Kette chemisorbiert werden, indem sie die an der Elektrode abgeschiedene Wasserstoffmenge mit der Menge an chemisorbiertem Stoff verglichen. Schwierigkeiten treten bei dieser Methode infolge der Überlagerung der Oxydationsbereiche des adsorbierten Wasserstoffs und des organischen Stoffs bei hohen Temperaturen sowie infolge der Bildung von Methan und Äthan bei der Chemisorption von Äthylen auf. Die Autoren gelangten zu der Annahme, daß im Chemisorptionsprodukt die Menge der Wasserstoffatome pro Kohlenstoffatom im Mittel etwa 1,4 beträgt. Der Charakter der Oxydationskurve der Chemisorptionsprodukte des Äthylens ändert sich beträchtlich mit steigender Temperatur bis 90 °C.

In den genannten Arbeiten wurden experimentelle Ergebnisse vorgelegt, die es gestatten, als wesentliche Besonderheit der Adsorptionserscheinungen an Platinmetallen die Ausbildung von Chemisorptionsbeziehungen zwischen Kohlenstoff und Elektrode anzusehen, die zu merklichen Veränderungen der Natur der Teilchen bei der Adsorption führen. In dieser Hinsicht sind die Chemisorptionsprozesse in Elektrolytlösungen den weitestgehend untersuchten Reaktionen gasförmiger Kohlenwasserstoffe mit Katalysatoren sehr nahe verwandt [10—20]. Man findet verschiedenartige Parallelen im Verhalten der Kohlenwasserstoffe bei deren Adsorption aus der Gasphase und aus der Lösung [21, 110, 126, 113, 112, 123, 124], obgleich die Anwesenheit von Wasser Reaktionen unter Bildung sauerstoffhaltiger Teilchen ermöglicht (besonders bei erhöhten Temperaturen). Offensichtlich wird der Einfluß des Lösungsmittels nicht durch die chemische Wechselwirkung mit den organischen Teilchen beeinträchtigt. Die Rolle des Lösungsmittels ist jedoch noch nicht ausreichend aufgeklärt.

Bockris u. Mitarb. [127—132, 106] betrachten bei der Diskussion der Adsorptionserscheinungen an den Platinmetallen die Konkurrenz zwischen dem organischen Stoff und den Wassermolekülen um die Oberflächenplätze als ausschlaggebenden Faktor. Eine solche Annahme beruht auf energetischen Untersuchungen des Adsorptionsprozesses verschiedener Stoffe (Äthylen, Naphthalin, Benzol) an Platin an Hand von Adsorptionsisothermen, die mit Hilfe markierter Atome erhalten wurden. Es wurde festgestellt, daß die Adsorption normalerweise zu einer niedrigen positiven Adsorptionsenthalpie und -entropie führt, obgleich in allen Fällen feste Bindungen zwischen Adsorbat und Oberfläche ausgebildet werden. Die Autoren [129] erhielten beispielsweise für die Adsorptionswärme ΔH_{ads} des Äthylens am Platin den Wert $0{,}0 \pm 4{,}0$ kcal/Mol. Dieser Wert liegt wesentlich höher als die Adsorptionswärme von Äthylen aus der Gasphase (am Nickel beträgt sie beispielsweise etwa -58 kcal/Mol.) Ein solcher Wert für die Adsorptionswärme wurde mit der Verdrängung der Wassermoleküle von der Oberfläche erklärt. Um diese Annahme zu bestätigen, wird der Adsorptionsprozeß des Äthylens thermodynamisch wie folgt dargestellt:

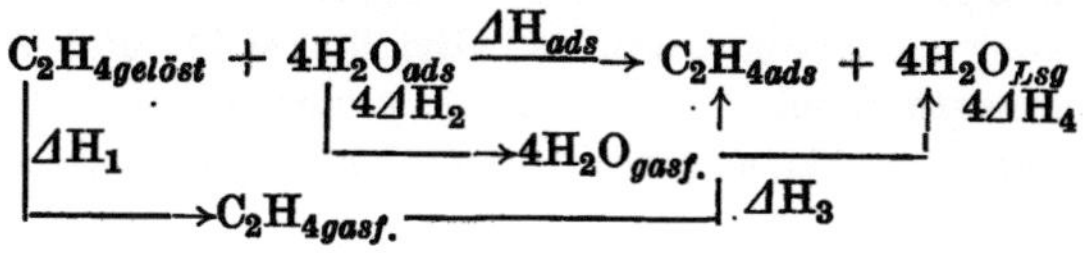

(4)

Für die Berechnung wurden folgende ΔH-Werte angenommen: $\Delta H_1 = 4$; $\Delta H_2 = 22{,}6$; $\Delta H_3 = -58$; $\Delta H_4 = 9{,}6$ kcal/Mol. ΔH_2 wurde als Summe der Dispersionswechselwirkung und der Spiegelkräfte berechnet. Für ΔH_{ads} erhielt man aus dem angeführten Zyklus den Wert $-2{,}0$ kcal/Mol, das stimmt mit dem experimentell beobachteten Wert überein. Für den Standardzustand berechneten Bockris u. Mitarb. bei einer Äthylenaktivität von eins eine Entropieänderung von 16 ± 1 Entropieeinheiten. Im Gegensatz dazu wird bei Adsorption aus der Gasphase ein negativer Entropiewert beobachtet. Diese Abweichung wurde ebenfalls durch die Vorstellung erklärt, daß die Adsorption aus der Lösung ein Substitutionsprozeß sei. Wenn ein Molekül aus der Gasphase adsorbiert wird, dann verliert es einen Freiheitsgrad, das muß zu einer Entropieabnahme führen. Bei der Adsorption aus der Lösung dagegen werden durch jedes Äthylenmolekül vier Wassermoleküle desorbiert, das führt zu einer Zunahme der Freiheitsgrade und der Entropie des Systems. Bockris u. Mitarb. [129] gelangten auf Grund thermodynamischer Berechnungen auch zu der Schlußfolgerung, daß die Äthylenadsorption nicht dissoziativen, sondern assoziativen Charakter besitzen und über die Spaltung der Doppelbindung ablaufen muß.

Die genannten Vorstellungen und das Schema (*4*) berücksichtigen jedoch nicht jene experimentellen Angaben über die Äthylenadsorption (Dehydrierung und Reaktion mit dem Wasser), die bereits weiter oben angeführt wurden. Es ist außerdem unklar, ob man die experimentelle Abhängigkeit der Oberflächenbeschichtung von der Konzentration als Gleichgewichtsisotherme der Adsorption der betrachteten Substanzen ansehen kann (s. Abschnitt 4. dieses Kapitels). Man muß weiterhin berücksichtigen, daß die Frage nach dem assoziativen oder dissoziativen Mechanismus der Äthylenadsorption aus der Gasphase an Katalysatoren bereits über drei Jahrzehnte diskutiert wird (s. [9, 106]). Die Meßergebnisse sind weiterhin in starkem Maße von der Vorbehandlung und dem Zustand der Katalysatoroberfläche abhängig.[1])

7.1.3. Besonderheiten der Adsorption organischer Verbindungen an Platinmetallen

Unter den verschiedenen, bei der Adsorption organischer Moleküle ablaufenden Reaktionen wird in der Literatur der Abscheidung molekularen Wasserstoffs beim Kontakt von Platinelektroden mit Lösungen verschiedener Stoffe im Potentialbereich $\varphi_r > 0$ besondere Aufmerksamkeit gewidmet.[2]) Einige Beispiele für

[1]) *A. d. H.:* Neuere Untersuchungen zur Adsorption von Kohlenwasserstoffen an Pt findet man z. B. in [272] (Äthan, n-Butan, n-Octan), [273—276] (Propan) und [277] (n-Heptan).

[2]) Eine Wasserstoffentwicklung an Platin wurde in Allylalkohol [5] und Propanol [133] festgestellt. Wie eine chromatographische Gasanalyse in den Arbeiten [134] und [28] zeigte, werden in den genannten Fällen jedoch hauptsächlich Reduktionsprodukte der organischen Stoffe abgeschieden.

solche Erscheinungen wurden bereits oben angeführt, recht umfassend werden sie in einer Monographie von VIELSTICH [135] behandelt. Die Wasserstoffentwicklung bei $\varphi_r > 0$ an Platinkatalysatoren wurde für verschiedene gesättigte und ungesättigte Kohlenwasserstoffe [136] sowie für Äthylen und Acetylen [124] festgestellt, das steht jedoch mit den Ergebnissen der Arbeit [21] in Widerspruch.

Unter bestimmten Bedingungen wird molekularer Wasserstoff auch beim Kontakt von Platinelektroden mit Methanol abgeschieden [59, 86], man beobachtet diese Erscheinung jedoch bei φ_r-Werten nahe Null auch in Lösungen solcher organischen Stoffe wie Formaldehyd, Ameisensäure sowie Äthylenglykol. Ein besonders interessanter Fall der Abscheidung molekularen Wasserstoffs am Platin bei anodischen Potentialen wurde von SOKOL'SKIJ und BELOSLJUDOVA [137] beschrieben. In einer sauren Lösung von Phenylacetylen und Styrol beobachteten die Autoren die Wasserstoffabscheidung bei Potentialen von $\varphi_r > 150$ V, wobei die kathodische Polarisation der Platinelektrode in Phenylacetylenlösungen bis zu einem Potential von 0,08 V zu einer stürmischen Wasserstoffentwicklung führte. Die Abscheidung von gasförmigem Wasserstoff wurde bisher noch nicht detailliert untersucht.

DANIEL-BEK u. Mitarb. [138] betrachten die Wasserstoffentwicklung als Ergebnis des katalytischen Zerfalls der organischen Stoffe in molekularen Wasserstoff und Oxydationsprodukte, wobei außerdem eine elektrochemische Oxydation der organischen Stoffe mit der kathodischen Wasserstoffentwicklung gekoppelt abläuft. In diesen Arbeiten wird die Vorstellung vertreten, daß die Geschwindigkeit des katalytischen Zerfalls der organischen Stoffe potentialunabhängig ist (s. aber S. 261 und folgende). Von den Autoren wurde eine gasometrische und Polarisationsmeßmethodik entwickelt, um den katalytischen und elektrochemischen Mechanismus der Wasserstoffentwicklung zu unterscheiden. In den Arbeiten [64, 86, 59, 83, 45] wurde zur Erklärung der Abscheidung gasförmigen Wasserstoffs eine Vorstellung benutzt, die bereits früher von MÜLLER u. Mitarb. [47, 139] auf die Wasserstoffentwicklung bei hoher anodischer Polarisation verschiedener Metalle (Cu, Ag, Au u. a.) mit niedrigen Austauschströmen in alkalischen Formaldehydlösungen bezogen wurde. Danach verläuft die Entwicklung molekularen Wasserstoffs infolge der chemischen Wechselwirkung zwischen den Umsetzungsprodukten der organischen Stoffe, die bei Kontakt mit der Platinelektrode entstehen. Dabei muß man eine Hemmung der Wasserstoffadsorption $H_2 \rightarrow 2H_{ads}$ sowie eine Abnahme der Ionisierungsgeschwindigkeit des Wasserstoffs in Anwesenheit der organischen Stoffe erwarten.

Der Mechanismus des katalytischen Ameisensäurezerfalls an einer Palladiumelektrode, der von einer Wasserstoffentwicklung bei anodischen Potentialen begleitet wird, wurde in der Arbeit [140] untersucht. Die Analyse der Isotopenzusammensetzung des Gases beim Zerfall einer DCOOH-Lösung in normalem Wasser und einer HCOOD-Lösung in schwerem Wasser ergab, daß sich bei der Wechselwirkung der Ameisensäure mit dem Palladium der Wasserstoff primär in molekularer Form nach der Reaktion bildet:

$$2HCOOH \rightarrow H_2 + 2HCOO_{ads},$$

$$2HCOO_{ads} \rightarrow H_2 + CO_2$$

oder

$$HCOOH \rightarrow H_2 + CO_2$$

erst danach wird er an der Oberfläche adsorbiert.

Interessant ist, daß auch nichtelektrochemische Oxydationsreaktionen bekannt sind, die von einer Wasserstoffentwicklung begleitet werden [141].

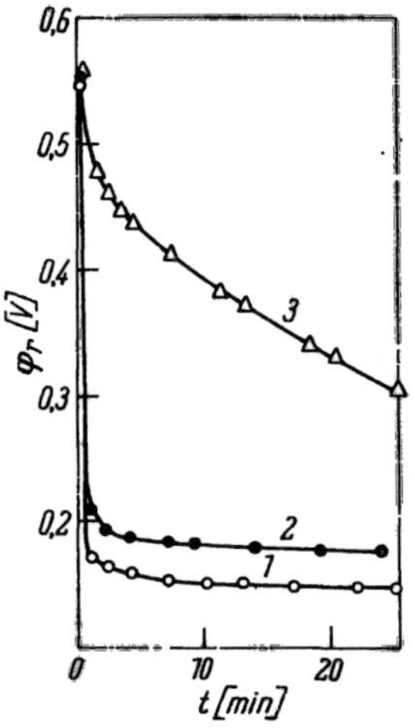

Abb. 94: Potentialverschiebung der Pt/Pt-Elektrode nach Zusatz einer 0,5 m Äthanollösung bei $\varphi_r = 500$ mV in 0,1 n H_2SO_4 (*1*), 0,1 n HCl (*2*), 0,01 n HCl + 0,09 m KBr (*3*) [142]

Die Adsorption organischer Stoffe (CH_3OH, C_2H_5OH, CH_3CHO, CH_4, CO, C_2H_6) an Platinmetallen wird durch spezifisch adsorbierte Anionen stark beeinflußt [142, 34, 143, 96, 109, 144].[1]) Wie aus den Abb. 94 und 95 erkennbar ist, ändert sich in Anwesenheit von Halogenidionen die Kurvenform der Potentialverschiebung sowie die Form der Oxydationskurven des chemisorbierten Stoffes bei Zusatz von Äthanol. Die Cl^--Ionen haben wenig Einfluß auf die Menge des chemisorbierten Äthanols, während in Br^--Lösungen der Alkohol nur in geringem Maße adsorbiert wird. Eine analoge Erscheinung ist auch in Methanollösungen zu beobachten. Wenn jedoch Methanol an der Elektrode ohne Zusatz spezifisch adsorbierter Ionen zur Lösung adsorbiert wurde und erst anschließend Br^--Ionen zugesetzt werden, dann verändert sich die bereits chemisorbierte Alkoholmenge nur unwesentlich. Dabei verändert sich der Charakter der Oxydation des chemisorbierten Methanols, wobei der Anioneneinfluß sich besonders stark je nach Oxydation der Chemisorptionsprodukte äußert, d. h. je nach den für die Anionen-

[1]) *A. d. H.:* [278—283].

adsorption an der Elektrodenoberfläche frei werdenden Plätze (s. Abb. 95). Auch Phosphorsäureanionen beeinflussen die Chemisorption organischer Stoffe [142, 34, 144], wobei sie an der Platinoberfläche nur in relativ geringem Maße spezifisch adsorbiert werden[1]) [145, 146].

Die Adsorption organischer Stoffe an Platinmetallen führt zu einer starken Veränderung der Struktur der elektrischen Doppelschicht, wie das von Kazarinov und Mansurov [148] gezeigt werden konnte[2]). Hexanol unterdrückt weitgehend die Adsorption von Phosphorsäureanionen bei φ_r-Potentialen bis zu 0,8 V. Eine vollständige Unterdrückung der SO_4^{2-}-Adsorption beobachtete man auch in

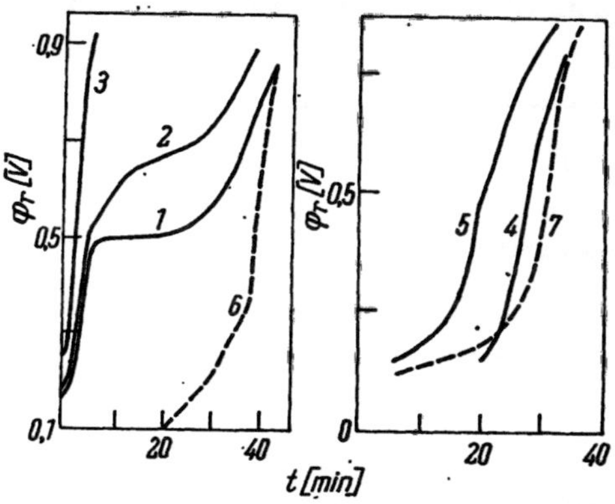

Abb. 95: Anodische Ladungskurven der Pt/Pt-Elektrode mit bei stromloser Kette chemisorbiertem Äthanol in den Lösungen: 0,1 n H_2SO_4 (*1*); 0,1 n HCl (*2*); 0,09 n KBr + 0,01 n HCl (*3*) sowie von Methanol in 0,09 n KBr + 0,01 n HCl (*4*)

Kurve *5* wurde nach der Methanoladsorption aus einer 0,1 n H_2SO_4 + 0,5 m CH_3OH-Lösung und Austausch dieser Lösung durch eine Lösung mit 0,09 n KBr + 0,01 n HCl aufgenommen. Punktierte Linien = Kurven in 0,1 n H_2SO_4 (*6*) und 0,09 n KBr + 0,01 n HCl (*7*). Stromdichte: $1 \cdot 10^{-4}$ A/cm^2

einer Lösung aus $5 \cdot 10^{-3}$ n Na_2SO_4 + $5 \cdot 10^{-3}$ n H_2SO_4 in Anwesenheit von Methanol und Hexanol im φ_r-Intervall vom reversiblen Wasserstoffpotential bis 0,4 bzw. 0,8 V. Bei Hexanolzusatz zu einer Natriumsulfatlösung beim reversiblen Wasserstoffpotential verändert sich die Potentialabhängigkeit der Na^+-Adsorption deutlich, dabei werden die in Gegenwart des Alkohols adsorbierten Na^+-

[1]) Die verbesserten Eigenschaften von Kohlenwasserstoff-Brennstoffelementen bei Verwendung fluoridhaltiger Elektrolyte [147] können offensichtlich mit der geringen spezifischen Adsorbierbarkeit der F^--Ionen am Platin bei niedrigen anodischen Potentialen erklärt werden. Eine weitere Ursache besteht in der höheren Löslichkeit der Kohlenwasserstoffe in den fluoridhaltigen Elektrolyten.

[2]) Eine Änderung der Struktur der elektrischen Doppelschicht am Platin in Gegenwart von Äthanol wurde auch von Rešetko und Šlygin [149] angenommen, die die Veränderung der Lösungszusammensetzung bei Bildung der elektrischen Doppelschicht bestimmten [150].

Kationen praktisch nicht mehr gegen Kationen aus der Lösung ausgetauscht. Eine Naphthalin-Adsorption führt zu einem deutlichen Rückgang der Na^+- und SO_4^{2-}-Adsorption an der Oberfläche einer platinierten Elektrode (Abb. 96).[1])

Gold ist für Adsorptionsmessungen von besonderem Interesse, da an seiner Oberfläche offensichtlich bestimmte katalytische Umwandlungen einiger organischer Stoffe nicht oder nur mit sehr geringer Geschwindigkeit ablaufen, während gleichzeitig Sauerstoff und in geringerem Maße auch Wasserstoff adsorbiert werden. Dadurch wird es möglich, den Einfluß der Gasadsorption auf die Adsorption organischer Stoffe zu untersuchen. Quantitative Adsorptionsmessungen am Gold sind jedoch nicht allzu zahlreich. GREEN und DAHMS [151, 152] untersuchten die Adsorption verschiedener organischer Stoffe am Gold mit radioaktiven Indika-

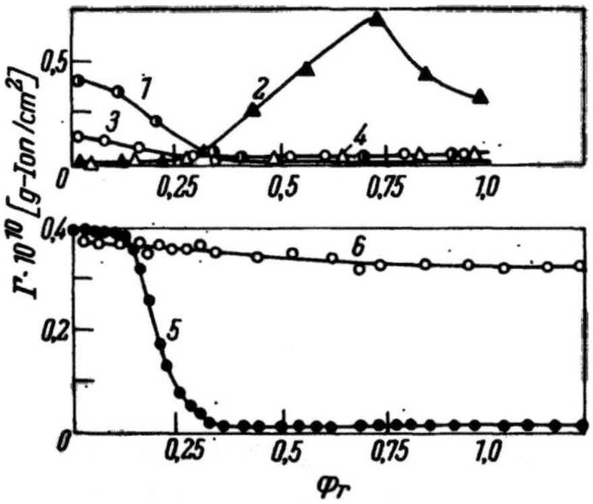

Abb. 96: Abhängigkeit der Na^+- (*1, 3, 5, 6*) und SO_4^{2-}-Adsorption (*2, 4*) vom Potential in den Lösungen $5 \cdot 10^{-3}$ n Na_2SO_4 + $5 \cdot 10^{-3}$ n H_2SO_4 (*1, 2*); $5 \cdot 10^{-3}$ n Na_2SO_4 + $5 \cdot 10^{-3}$ n H_2SO_4 + $2 \cdot 10^{-4}$ m Naphthalin (*3, 4*); 10^{-3} n Na_2SO_4 + 10^{-3} n H_2SO_4 (*5*); 10^{-3} n Na_2SO_4 + 10^{-3} n H_2SO_4 + 10^{-3} m Hexanol (*6*) [148]

toren. Sie konnten zeigen, daß aromatische Verbindungen (Benzol, Naphthalin und Phenanthren) wesentlich besser adsorbiert werden als aliphatische Verbindungen (Cyclohexan, Fettsäuren) und letztere nicht mit dieser Methode bestimmt werden können. Die erhöhte Adsorbierbarkeit der aromatischen Verbindungen wird mit der π-Elektronenwechselwirkung erklärt.

7.2. Einfluß der Wasserstoff- und Sauerstoffadsorption auf die Adsorption organischer Verbindungen

Wie im vorhergehenden Abschnitt ausgeführt wurde, unterscheiden sich die Adsorptionsprozesse organischer Verbindungen an Platinmetallen, die von tiefgreifenden chemischen Veränderungen begleitet werden, wesentlich von den

[1]) *A. d. H.:* In der letzten Zeit ist auch der Einfluß von (spezifisch adsorbierten) Ionen auf die Adsorption organischer Verbindungen, insbesondere CH_3OH [279—283] und C_2H_6 [278], untersucht worden.

Adsorptionserscheinungen an der Quecksilberelektrode. Aber auch dann, wenn es nicht zum Molekülzerfall kommt und der Adsorptionsprozeß vollständig reversibel ist, muß die für Platinmetalle sowie in mehr oder weniger starkem Maße für viele feste Elektroden charakteristische Fähigkeit, Wasserstoff und Sauerstoff zu adsorbieren, zu bestimmten Besonderheiten bei der Adsorption organischer Verbindungen führen. FRUMKIN betrachtete die Adsorptionserscheinungen organischer Stoffe bei gleichzeitiger Gasadsorption an der Elektrodenoberfläche vom thermodynamischen Standpunkt [153].

In dieser Theorie wird das Verhalten des Metalls diskutiert, das als Wasserstoffelektrode verwendet wird und dessen Elektrodenpotential φ durch folgende Gleichung beschrieben werden kann

$$\varphi = -\mu_{H} + \mu_{H^+} + const., \tag{VII.10}$$

(μ_H und μ_{H^+} = chemische Potentiale von atomarem Wasserstoff, der sich mit molekularem Wasserstoff im Gleichgewicht befindet, sowie der Wasserstoffionen[1]). Weiterhin wird vorausgesetzt, daß sich in der Lösung mit bestimmtem pH-Wert und bestimmter Leitelektrolytkonzentration das Gleichgewicht an der Elektrode einstellt. Folglich wird der Zustand des Systems vollständig durch die Größen μ_H und μ_{org} beschrieben (μ_{org} = chemisches Potential des adsorbierten organischen Stoffes). Die Konzentration des organischen Stoffes wird nicht allzu gering gewählt, damit eine Konzentrationsänderung während der Adsorption an der Elektrode nicht die chemischen Potentiale anderer Lösungskomponenten beeinflußt. Bei Beachtung dieser Bedingungen und Anwendung der Adsorptionsgleichung nach GIBBS auf die Phasengrenze Metall/Lösung, wobei man die Lage der Phasengrenze so wählt, daß die Oberflächendichte des Wassers Γ_{H_2O} gleich Null wird, erhält man

$$d\sigma = -\Gamma_H d\mu_H - \Gamma_{org} d\mu_{org}, \tag{VII.11}$$

(σ = Oberflächenspannung, Γ_H und Γ_{org} = Oberflächendichten des Wasserstoffs und des organischen Stoffes nach GIBBS, d. h., die Mengen, die man einem geschlossenem System zusetzen muß, damit die μ_H- und μ_{org}-Werte bei Vergrößerung des Oberflächenbereiches um eine Einheit konstant bleiben). Wenn der gesamte Wasserstoffverbrauch bei Vergrößerung der Oberflächeneinheit vom Ionisierungsprozeß des Wasserstoffs abhängig wäre, wobei die Ionisierung verbunden ist mit der Ladungsbildung an der Phasengrenze, dann würde Γ_H gleich $-\varepsilon$, (ε-Ladungsdichte des metallischen Teils der Doppelschicht). In einem solchen Fall gilt gemäß (VII.10) und (VII.11)

$$d\sigma = -\varepsilon d\varphi - \Gamma_{org} d\mu_{org}, \tag{VII.12}$$

[1]) μ und die im folgenden benutzten Größen Γ und A werden in elektrischen Einheiten ausgedrückt.

d. h., man erhält die normale Elektrokapillaritäts-Gleichung, auf der die Theorie über den Einfluß des elektrischen Feldes auf die Adsorption organischer Stoffe beruht (s. Kapitel 3.). Im Fall eines den Wasserstoff adsorbierenden Metalls gilt

$$\Gamma_H = A_H - \varepsilon, \tag{VII.13}$$

(A_H = Wasserstoffmenge pro cm² Oberfläche, die nicht in Form von Ionen in das Lösungsinnere gelangt [154—157]). Gleichung (VII.13) wird in Verbindung mit der Adsorptionsgleichung nach GIBBS bei der Betrachtung des Adsorptionsverhaltens der Wasserstoffelektrode von FRUMKIN u. Mitarb. benutzt [154 bis 159].[1])

Aus den Gleichungen (VII.10), (VII.11) und (VII.13) folgt

$$\left(\frac{\partial A_H}{\partial \mu_{org}}\right)_\varphi - \left(\frac{\partial \varepsilon}{\partial \mu_{org}}\right)_\varphi = -\left(\frac{\partial \Gamma_{org}}{\partial \varphi}\right)_{\mu_{org}}, \tag{VII.14}$$

$$\left(\frac{\partial \mu_{org}}{\partial \varphi}\right)_{\Gamma_{org}} = -\left(\frac{\partial \mu_{org}}{\partial \Gamma_{org}}\right)_\varphi \left(\frac{\partial \Gamma_{org}}{\partial \varphi}\right)_{\mu_{org}} = \left(\frac{\partial A_H}{\partial \Gamma_{org}}\right)_\varphi - \left(\frac{\partial \varepsilon}{\partial \Gamma_{org}}\right)_\varphi. \tag{VII.15}$$

Wegen

$$\left(\frac{\partial \mu_{org}}{\partial \varphi}\right)_{\Gamma_{org}} = \left(\frac{\partial \Delta G_{org}}{\partial \varphi}\right)_{\Gamma_{org}},$$

(ΔG_{org} = freie Standardenergie der Adsorption des organischen Stoffes) kann Gleichung (VII.15) auch in folgender Form geschrieben werden:

$$\left(\frac{\partial \Delta G}{\partial \varphi}\right)_{\Gamma_{org}} = -\left(\frac{\partial \varepsilon}{\partial \Gamma_{org}}\right)_\varphi + \left(\frac{\partial A_H}{\partial \Gamma_{org}}\right)_\varphi. \tag{VII.16}$$

Die potentialabhängige Veränderung der Adsorbierbarkeit der organischen Stoffe an der Quecksilberelektrode wird durch das erste Glied im rechten Teil der Gleichung (VII.16) bestimmt. Um das erste und zweite Glied zu vergleichen, kann man annehmen (wie das normalerweise auch geschieht), daß gilt

$$\varepsilon = \varepsilon_1 \left(1 - \frac{\Gamma_{org}}{\Gamma_\infty}\right) + \varepsilon_2 \frac{\Gamma_{org}}{\Gamma_\infty}, \tag{VII.17}$$

(Γ_∞ = Grenzwert der Adsorption des organischen Stoffes; ε_1 und ε_2 = Ladung pro Oberflächeneinheit auf den unbelegten und belegten Oberflächenbereichen). In einer ähnlichen Form kann man erhalten [155]

$$A_H = (A_H)_1 \left(1 - \frac{\Gamma_{org}}{\Gamma_\infty}\right) + (A_H)_2 \frac{\Gamma_{org}}{\Gamma_\infty}, \tag{VII.18}$$

[1]) *A. d. H.:* Die Weiterentwicklung dieser Vorstellungen findet man in [284—288].

($(A_H)_1$ und $(A_H)_2$ = adsorbierte Wasserstoffmenge pro cm^2 der freien Metalloberfläche und der Oberfläche, die vollständig mit dem organischen Stoff belegt ist). Aus den Gleichungen (VII.17) und (VII.18) folgt

$$\frac{\partial \varepsilon}{\partial \Gamma_{org}} = \frac{\varepsilon_2 - \varepsilon_1}{\Gamma_\infty}, \tag{VII.19}$$

$$\frac{\partial A_H}{\partial \Gamma_{org}} = \frac{(A_H)_2 - (A_H)_1}{\Gamma_\infty}, \tag{VII.20}$$

Für viele organische Verbindungen ist im Fall der Quecksilberelektrode $|\varepsilon_2|$ in einem breiten Potentialintervall wesentlich kleiner als $|\varepsilon_1|$, womit auch die desorbierende Wirkung des elektrischen Feldes erklärt werden kann. Eine ähnliche Beziehung, soweit man sie aus den Ergebnissen der Kathodenimpulsmethode ableiten kann, existiert auch zwischen $(A_H)_2$ und $(A_H)_1$. Somit ist der relative Wert des ersten und zweiten Gliedes im rechten Teil von Gleichung (VII.16), vom Verhältnis A_H und ε abhängig. Wenn man berücksichtigt, daß der maximale A_H-Wert im Wasserstoffbereich an der Platinelektrode etwa $2 \cdot 10^{-4}$ Coul/cm^2 beträgt, während der maximale ε-Wert z. B. in sauren Natriumsulfatlösungen die Größenordnung von 10^{-5} Coul/cm^2 erreicht, dann ist offensichtlich das zweite Glied auf der rechten Seite von Gleichung (VII.16) von entscheidender Bedeutung. Für positive Potentialwerte im Wasserstoff- sowie innerhalb des „Doppelschicht"-Bereichs, in dem für Lösungen ohne oberflächenaktive Anionen die adsorbierte Gasmenge zwar klein aber ungleich Null ist [154, 150, 146, 160], können ε und A_H gleiche Größenordnung erreichen, für die Bestimmung der $\Delta G,\varphi$-Funktion muß aber das Glied $(\partial A_H/\partial \Gamma_{org})_\varphi$ berücksichtigt werden. Daraus folgt, daß man für die Bestimmung der Lage des Maximums der Adsorbierbarkeit neutraler Moleküle (in bezug auf das Nulladungspotential) die für die Quecksilberelektrode abgeleiteten Beziehungen nicht auf Metalle anwenden kann, an denen Wasserstoff adsorbiert wird. Das Potential der maximalen Adsorption organischer Stoffe an Platinmetallen muß infolge der desorbierenden Wirkung des Wasserstoffs in das Doppelschichtbereich hinein verschoben sein.

Die Größe dieser Verschiebung wird nicht nur durch das Auftreten positiver Ladungen an der Oberfläche mit wachsendem φ-Wert begrenzt, sondern auch durch den adsorbierten Sauerstoff. Die analoge Betrachtung des Adsorptionsprozesses an Metallen, die reversibel Sauerstoff adsorbieren, führt zu folgender Beziehung [161]:

$$\left(\frac{\partial \Delta G_{org}}{\partial \varphi}\right)_{\Gamma_{org}} = \left(\frac{\partial \varepsilon}{\partial \Gamma_{org}}\right)_\varphi + 2\left(\frac{\partial A_0}{\partial \Gamma_{org}}\right)_\varphi, \tag{VII.21}$$

(A_0 = Sauerstoffmenge, die pro cm^2 Oberfläche adsorbiert und nicht in Form von OH^--Ionen in das Lösungsinnere abgegeben wird). Das Adsorptionsgleichgewicht des Sauerstoffs wird unter konkreten Bedingungen aber nur zu Beginn des Sauerstoffbereichs in sauren Lösungen bei geringen Oberflächenbedeckungen beobachtet [159, 162], wodurch natürlich der Anwendungsbereich der Gleichung (VII.21) eingeschränkt wird. Ungeachtet dessen kann aber nicht bezweifelt werden, daß der Sauerstoff die Adsorbierbarkeit organischer Verbindungen herabsetzt.

Die Verschiebung des maximalen Adsorptionspotentials zu positiveren Werten infolge der Wasserstoffadsorption wird in Anwesenheit oberflächenaktiver Anionen abgeschwächt, da sie bei niedrigen φ_r-Werten A_H verkleinern und ε vergrößern [155].

In der Arbeit [151] wurde der Vorschlag gemacht, die Lage des Nulladungspotentials fester Elektroden nach dem Potential zu bestimmen, bei dem die Adsorption des organischen Stoffes nicht mehr von der Elektrolytkonzentration abhängig ist. Wenn man von der oben diskutierten Theorie ausgeht, dann kann eine solche Methode nur dann berechtigt sein, wenn sich die Größe A_H nachweisbar bei Änderung der Elektrolytkonzentration nicht mehr verändert [155].

Bockris u. Mitarb. [127—132, 106, 152, 163] interpretieren die Potentialabhängigkeit der reversiblen Adsorption organischer Stoffe an Platinmetallen vom Standpunkt der Konkurrenz zwischen den organischen Molekülen und den Wassermolekülen um die Plätze an der Elektrodenoberfläche sowie der Vorstellung über die Abhängigkeit der freien Standardenergie der Wasseradsorption vom elektrischen Feld an der Phasengrenze Elektrode/Lösung. Die Berechnungen der Abhängigkeit der Adsorption organischer Stoffe vom Potential beruhen auf den von Bockris, Devanathan und Müller entwickelten theoretischen Vorstellungen [164]. Wie bereits im ersten Teil dieser Monographie gezeigt wurde, kann man aus dieser Theorie eine Beziehung zwischen der Adsorptionsenergie des organischen Stoffes und dem Potential ableiten, die allerdings anfechtbar in bestimmten Punkten ist.

In einigen Arbeiten benutzten Bockris u. Mitarb. dieser Theorie in etwas abgewandelter Form. Beispielsweise berücksichtigten Wroblowa und Green [163] zur Bestimmung der Potentialabhängigkeit der freien Adsorptionsenergie von Thioharnstoff an der Goldelektrode die Arbeit W, die zur Auflockerung der elektrischen Doppelschicht bei Adsorption des organischen Stoffes erforderlich ist. Diese Arbeit wurde bei konstantem, von den freien Ladungen abhängigem Potentialabfall in der dichten Schicht $\Delta\psi$ und bei konstanter Dielektrizitätskonstante D wie folgt beschrieben:

$$W \equiv -\Delta G_d' = \frac{(\Delta\psi)^2 D}{8\pi} \left(\frac{d_1 - d_2}{d_1 d_2}\right), \tag{VII.22}$$

(ΔG_d = Änderung der freien Adsorptionsenergie; d_1 und d_2 = Dicke des dichten Teils der Doppelschicht mit und ohne adsorbiertem organischem Stoff [$d_2 > d_1$]). Außerdem werden noch zwei Effekte berücksichtigt:

1. die Wechselwirkung zwischen dem elektrischen Feld der Doppelschicht und den Dipolen des adsorbierten Harnstoffs und
2. die Wechselwirkung zwischen dem Doppelschichtfeld und den Wasserdipolen.

Diese beiden Effekte wurden an Modellvorstellungen bei bestimmten vereinfachenden Voraussetzungen diskutiert. Eine grundlegende Einschränkung wird durch folgenden Umstand hervorgerufen. In den Berechnungen wird nur die Änderung der Kondensatorenergie W bei der Adsorption bestimmt, weil insbesondere hierbei auch eine Änderung der Oberflächenladung $\Delta\varepsilon$ verläuft:

$$\Delta\varepsilon = \varepsilon_2 - \varepsilon_1 = \frac{D\Delta\psi}{4\pi}\left(\frac{1}{d_2} - \frac{1}{d_1}\right) = \frac{D\Delta\psi}{4\pi}\left(\frac{d_1 - d_2}{d_1 d_2}\right). \qquad \text{(VII.23)}$$

Es kommt zu einer Freisetzung von Ladungen, die die Energie des Systems um die Größe erhöhen

$$(\Delta G_d)_c = -\frac{D(\Delta\psi)^2}{8\pi}\left(\frac{d_1 - d_2}{d_1 d_2}\right). \qquad \text{(VII.24)}$$

Folglich beträgt die Gesamtänderung der Energie des Systems $(\Delta G_d)_t$

$$(\Delta G_d)_t = \Delta G_d + (\Delta G_d)_C = -\frac{D(\Delta\psi)^2}{8\pi}\left(\frac{d_1 - d_2}{d_1 d_2}\right), \qquad \text{(VII.25)}$$

d. h. der Endausdruck unterscheidet sich von (VII.22) durch das Vorzeichen der rechten Seite der Gleichung. Außerdem wurde die Berechnung in [163] ausgeführt unter der Annahme, daß $\Delta\psi$ konstant sei, insbesondere entsteht bei konstantem φ ein vollständiger Potentialsprung in der Doppelschicht.

Bevor die experimentellen Ergebnisse über die Potentialabhängigkeit der Adsorption organischer Stoffe diskutiert werden, sollen Angaben betrachtet werden, die unmittelbar den Einfluß der Wasserstoff- und Sauerstoffadsorption auf die Adsorptionserscheinungen an Platinmetallen verdeutlichen. Wie die Meßergebnisse der Anionenadsorption an der Oberfläche von Platinmetallen zeigen [150, 159, 165, 162, 166, 167], wird die Intensität des elektrischen Feldes der Doppelschicht, die durch die positiven Ladungen der Oberfläche und die negativen Ladungen der adsorbierten Anionen bestimmt wird, bei Potentialen der Sauerstoffabscheidung herabgesetzt, sie wächst mit steigendem φ nicht weiter (Abb. 97). Der Potentialzuwachs ist nur von der Zahl der adsorbierten Sauerstoffatome und vom Dipolcharakter der Pt—O-Bindung abhängig.

Analoge, wenn auch nicht so stark ausgeprägte Verhältnisse kann man auch bei der Kationenadsorption bei Potentialen der Wasserstoffadsorption beobachten, wenn die Kationen eine geringe spezifische Adsorbierbarkeit aufweisen [150, 165, 157, 158, 162, 159]. Mit wachsender Wasserstoffbedeckung der Oberfläche wird in einigen Fällen eine praktisch potentialunabhängige Kationenadsorption sowie deren Rückgang bei Annäherung von φ_r gegen Null beobachtet. Diese Erscheinungen bestätigen die starke Abhängigkeit der Adsorptionserscheinungen an Platinmetallen von der Anwesenheit adsorbierter Gase an der Oberfläche sowie den großen Unterschied im Aufbau der elektrischen Doppelschicht an Platinmetallen und am Quecksilber.

Um die verschiedenen Vorstellungen über die Adsorption organischer Stoffe an der Platinoberfläche zu prüfen, ist die Kenntnis des Nulladungspotentials φ_{NL} von großer Bedeutung. In der Literatur werden folgende Methoden benutzt, um das Nulladungspotential der Platinmetalle zu bestimmen: die unmittelbare Bestimmung der Oberflächenladung aus der Änderung der Wasserstoffionen-Konzentration (*I*); die Bestimmung des Potentials, bei dem Anionen- und Kationenadsorption, ausgedrückt in elektrischen Einheiten, gleich groß werden (*II*); die Bestimmung der Ablenkung eines Platinfadens im elektrischen Feld (*III*); die Bestimmung der Potentialabhängigkeit der Arbeit, die aufgewendet werden muß, damit sich zwei gekreuzte Fäden berühren (*IV*); die Bestimmung des Potentials, das dem maximalen Benetzungswinkel entspricht (*V*). Letztere Methode

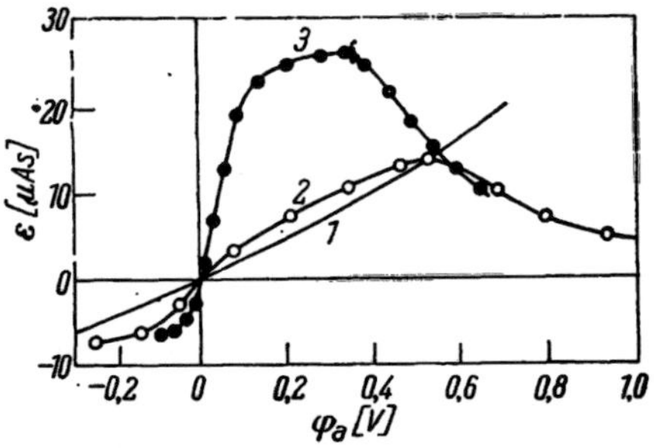

Abb. 97: Abhängigkeit der Ladung der Elektrodenoberfläche vom Potential φ_a (bezogen auf das Nulladungspotential) an Quecksilber (*1*) in 0,1 n NaF, an Platin (*2*) in 0,01 n Cs_2SO_4 + 0,01 n H_2SO_4 und an Rhodium (*3*) in 0,01 n H_2SO_4 + 1 n Na_2SO_4

ergibt grobe Näherungswerte. Die Methoden *I* und *II* wurden auch benutzt, um das Nulladungspotential einer Rhodiumelektrode zu bestimmen. Einige der mit diesen Methoden erhaltenen Ergebnisse sind in Tab. 18 angegeben. Wie aus der Tabelle hervorgeht, stimmen die Werte der verschiedenen Methoden gut miteinander überein. Bei minimaler spezifischer Adsorption beträgt $\varphi_{NL} \simeq 0{,}11$ bis 0,19 V für Platin und −0,04 V für Rhodium. Diese Werte verschieben sich zu negativeren Werten bei Cl^-- und Br^--Adsorption bzw. zu positiveren Werten bei Cd^{2+}-Adsorption[1]).

Wie in den Arbeiten [150, 165, 159] gezeigt wurde, ist es in alkalischen Lösungen, die keine stark adsorbierbaren Anionen enthalten, unmöglich, an Platin- und Rhodiumelektroden das Nulladungspotential zu bestimmen, weil die Oberflächenladung im Potentialintervall von −0,7 bis +0,5 V negativ bleibt (die Elektrode adsorbiert Kationen) und eine Potentialänderung offensichtlich vorwiegend durch die Änderung des Dipolmomentes der Bindung zwischen Platin

[1]) Über die physikalische Bedeutung des Nulladungspotentials bei chemisorbierten Anionen sowie über seine Abhängigkeit von der Bestimmungsmethode s. [157] und Kapitel 6.9. der vorliegenden Monographie.

oder Rhodium und den chemisorbierten Wasserstoff- und Sauerstoffatomen bestimmt wird.

Neben den genannten Methoden wurden Versuche unternommen, um φ_{NL} aus der Lage des Minimums in Potential-Differentialkapazitätskurven zu bestimmen. Dabei nahm man an, daß das Minimum der maximalen Ausdehnung der Doppelschicht entspricht. Diese Methode führt bei Metallen, die keinen Wasserstoff

Tabelle 18: Nulladungspotentiale von Platin und Rhodium in verschiedenen Lösungen

Lösung	φ_{NL} (gegen NHE)	Meß-methode	Literatur
Platin			
$2 \cdot 10^{-5}$ n H_2SO_4	0,16	*III*	[169]
1 n Na_2SO_4 + 10^{-2} n H_2SO_4	0,11	*I*	[150]
10^{-3} n Na_2SO_4 + 10^{-3} n H_2SO_4	0,18	*II*	[165]
10^{-2} n Cs_2SO_4 + 10^{-2} n H_2SO_4	0,19	*II*	[165]
$2 \cdot 10^{-5}$ n HCl	0,19	*III*	[169]
1 n NaCl + 10^{-2} n HCl	0,06	*I*	[150]
10^{-3} n NaCl + 10^{-3} n HCl	0,10	*II*	[165]
10^{-3} n NaBr + 10^{-3} n H_2SO_4	0,04	*II*	[165]
1 n NaBr + 10^{-2} n HBr	−0,02	*I*	[150]
10^{-2} n $CdSO_4$ + 10^{-2} n H_2SO_4	0,65	*II*	[165]
1 n NaBr + $5 \cdot 10^{-2}$ n NaOH	−0,26	*I*	[150]
10^{-2} n CsJ + 10^{-2} n CsOH	−0,58	*II*	[165]
10^{-2} n KCl und 10^{-3} n KCl	0,20	*IV*	[170]
1 n Na_2SO_4 + 10^{-2} n H_2SO_4	0,27	*V*	[171]
Rhodium			
1 n Na_2SO_4 + 10^{-2} n H_2SO_4	−0,04	*I*	[162]
$2 \cdot 10^{-3}$ n Na_2SO_4 + 10^{-3} n H_2SO_4	−0,05	*II*	[167]
$2 \cdot 10^{-2}$ n Na_2SO_4 + 10^{-2} n H_2SO_4	−0,05	*II*	[167]
1 n KCl + 10^{-2} n HCl	−0,12	*I*	[168]

adsorbieren, zu guten Ergebnissen, läßt sich jedoch, wie das bereits im Kapitel 5. angesprochen wurde, nur mit großen Schwierigkeiten auf die Platinelektrode anwenden, da an deren Oberfläche Wasserstoff und Sauerstoff adsorbiert werden und die infolge der Ionisation dieser Gase entstehende Pseudokapazität die Doppelschichtkapazität verfälscht. Zusätzliche Schwierigkeiten entstehen aus der Hemmung der Einstellung des Adsorptionsgleichgewichts bei der Bildung der Doppelschicht an Platin [155]. Obgleich die Messungen in verdünnten Lösungen bei ausreichend hohen Frequenzen im Prinzip richtige φ_{NL}-Werte ergeben müßten, konnten die bei solchen Messungen auftretenden Schwierigkeiten bis heute noch nicht überwunden werden. Die von verschiedenen Bearbeitern aus Kapazitätsmessungen der Pt-Elektrode abgeleiteten φ_{NL}-Werte weisen eine große Streubreite auf [172, 173]. Außerdem wurde von CHEJFEC und KRASIKOV [172] eine starke pH-Abhängigkeit festgestellt, wie später von GILEADI, ARGADE und BOCKRIS [174] bestätigt wurde. Wegen der Polarität der Pt—H-Bindung muß eine solche Abhängigkeit existieren, wie das bereits früher durch FRUMKIN und ŠLYGIN erkannt wurde [154].

Die in [172, 174] beobachtete lineare Abhängigkeit zwischen φ_{NL} und dem pH kann theoretisch nicht erklärt werden, um so mehr, wenn man berücksichtigt, daß die Autoren die Lage des Nulladungspotentials bei Potentialen des Doppelschichtbereiches erwarten, bei diesen Potentialen sind aber nur geringe Mengen Sauerstoff und Wasserstoff an der Oberfläche adsorbiert. Offensichtlich entspricht das in den Arbeiten [172, 174] beobachtete Minimum in den Differentialkapazitätskurven der Platinelektrode in bestimmter Weise der minimalen Oberflächenbedeckung mit adsorbierten Gasen, nicht aber einer maximalen Ausdehnung der Doppelschicht. Außerdem schließt die in [174] benutzte Methode der Oberflächenvorbehandlung eine mögliche Sauerstoffadsorption an der Elektrodenoberfläche nicht aus (nach [155]), der erhaltene φ_{NL}-Wert kann somit schwach oxydiertem Platin entsprechen.

Eine neue Variante der Bestimmung des Nulladungspotentials einer Platinelektrode wurde von FRUMKIN, PETRIJ und MARVET [157, 158] vorgeschlagen. Um den Zustand der Platinoberfläche zu untersuchen, wurde die Abhängigkeit des Elektrodenpotentials vom pH der Lösung unter isoelektrischen Bedingungen bestimmt, d. h. bei konstanter Elektrizitätsmenge auf der Elektrodenoberfläche Γ_H. Dadurch kann man den Differentialquotienten $(\partial \varphi_r / \partial \mu_{H^+})_{\Gamma_H}$ bestimmen. Die auf diese Weise erhaltenen Werte ermöglichen in Verbindung mit denLadungskurven, thermodynamisch die Abhängigkeit der Wasserstoffionenadsorption vom Elektrodenpotential nach Gleichung (VII.26) zu berechnen:

$$\left(\frac{\partial \Gamma_{H^+}}{\partial \varphi_r}\right)_{\mu_{H^+}} = \left(\frac{\partial \varphi_r}{\partial \mu_{H^+}}\right)_{\Gamma_H} \left(\frac{\partial \Gamma_H}{\partial \varphi_r}\right)_{\mu_{H^+}}, \qquad \text{(VII.26)}$$

(Γ_{H^+} = Oberflächendichte der Wasserstoffionen nach GIBBS). Wenn der indifferente Elektrolyt im Überschuß vorhanden ist, gilt $\Gamma_{H^+} = \varepsilon$. Als Integrationskonstante zur Berechnung der Γ_{H^+},φ_r-Kurve wird der Γ_{H^+}-Wert für $\varphi_r = 0$ benutzt, der experimentell bestimmt wird. Andererseits kann die Γ_{H^+},φ_r-Funktion aus der Basizitätsänderung der Lösung infolge Bildung der elektrischen Doppelschicht bestimmt werden [150]. In Abb. 98 werden theoretisch berechnete und experimentell bestimmte Γ_{H^+},φ_r-Funktionen für eine (1 n KCl + 0,01 n HCl)-Lösung einander gegenübergestellt. Bis zu einem Potential von 0,45 V stimmt die berechnete Kurve mit der experimentellen überein. Das bedeutet, daß sich die Platinelektrode wie ein reversibles System verhält, dessen Zustand bei konstantem chemischen Potential der Ionen des Elektrolyten durch die chemischen Potentiale des Wasserstoffs und der Wasserstoffionen bestimmt wird. Theoretisch müssen die berechnete und die experimentelle Kurve die Abszisse beim gleichen Potential schneiden, in der untersuchten Lösung beträgt es $\varphi_r = 0{,}16$ V oder

$\varphi_{NL} = 0{,}04$ V. Damit wird bestätigt, daß die Werte für das Nulladungspotential in den Arbeiten [150, 165] zutreffend sind.

Andere Möglichkeiten zur Bestimmung der Abhängigkeit des Potentials von der Lösungszusammensetzung unter isoelektrischen Bedingungen werden in den Arbeiten [155, 157, 159] erörtert.

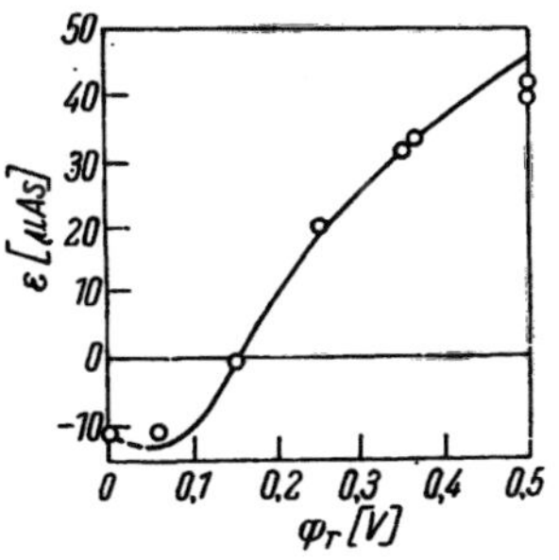

Abb. 98: Potentialabhängigkeit der Oberflächenladung einer Pt/Pt-Elektrode in 0,01 n HCl + 1 n KCl, berechnet nach Gleichung (VII.26) (durchgezogene Kurve) sowie aus experimentellen Werten (Punkte) [158]

7.3. Abhängigkeit der Adsorption organischer Verbindungen vom Elektrodenpotential und vom pH der Lösung

Die Potentialabhängigkeit der Adsorption wurde bereits für eine große Zahl von Stoffen bestimmt.

Die von Frumkin entwickelten Vorstellungen stehen in direkter Beziehung mit Teilergebnissen von Bockris u. Mitarb. [128, 130], die die Potentialabhängigkeit der Naphthalin- und Benzoladsorption an Platin untersuchten. Diese Stoffe sind chemisch stabil und erleiden bei normalen Temperaturen chemische Veränderungen während der Adsorption nur in geringem Maße[1]). Nach [128] liegt das Maximum der Naphthalinadsorption an Platin bei 0,1—0,4 V gegen NHE in sauren Lösungen, in alkalischen Lösungen befindet es sich bei —0,4 V gegen NHE.

Die Potentialabhängigkeit der Benzoladsorption wird auch durch eine glockenförmige Kurve beschrieben, deren Maximum bei Potentialen der minimalen Wasserstoff- und Sauerstoffadsorption in den Lösungen $H_2SO_4 + Na_2SO_4$ und $NaOH + Na_2SO_4$ mit einem pH von 0,8 bis 11 auftritt [130, 131] (Abb. 99).

Die Potentiale einer maximalen Naphthalin- und Benzoladsorption liegen sowohl in sauren, als auch in alkalischen Lösungen folglich nicht in der Nähe des Nulladungspotentials des Platins, sondern werden in einem solchen φ_r-Bereich beobachtet, in dem die Wasserstoff- und Sauerstoffadsorption an der Platinoberfläche ihren Minimalwert erreicht.

[1]) Wie in [175, 9, 176] gezeigt wurde, wird Benzol auch bei Zimmertemperatur, wenn auch mit geringer Geschwindigkeit, an der Oberfläche der Pt/Pt-Elektrode hydriert und oxydiert. Bei längerem Verweilen der Elektrode in Benzollösungen [175] sammelt sich an der Oberfläche ein fest gebundenes Produkt an, das einer kathodischen Reduktion unterliegt.

Wesentlich kompliziertere Beziehungen zwischen Adsorption und Elektrodenpotential werden im Falle anderer organischer Verbindungen beobachtet.

Abb. 100 zeigt die Abhängigkeit der Methanoladsorption vom Potential einer glatten Platinelektrode [177, 45, 46]. Bei der Aufnahme dieser Kurven wurde das Elektrodenpotential von 1,2 V, bei dem praktisch kein Methanol adsorbiert wird, stufenweise bis zu einem vorgegebenen Wert verringert. Die Oberflächenbedeckung wurde mit kathodischen und anodischen Impulsen bestimmt, nachdem

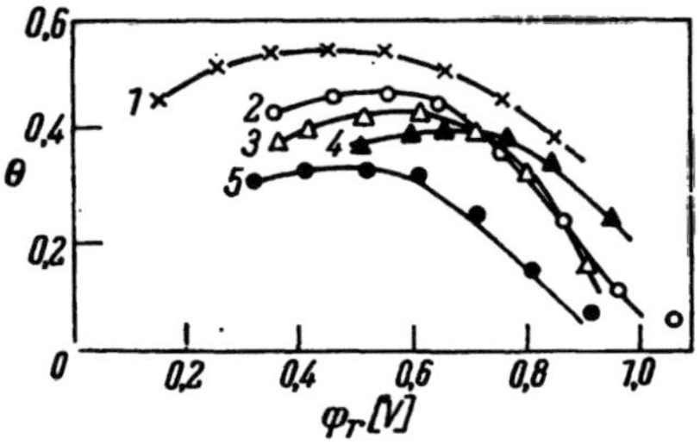

Abb. 99: Potentialabhängigkeit der Benzoladsorption an einer Platinelektrode in Lösungen aus $H_2SO_4 + Na_2SO_4$ und $NaOH + Na_2SO_4$ mit unterschiedlichen pH-Werten [130]

1 – 0,8; *2* – 3,0; *3* – 3,6; *4* – 5,8; *5* – 11

sich das Adsorptionsgleichgewicht eingestellt hatte. Nach den Meßergebnissen liegt das Adsorptionsmaximum von Methanol bei verschiedenen Konzentrationen bei $\varphi_r \sim 0{,}35$–$0{,}55$ V. Die Lage des Maximums unterscheidet sich beträchtlich vom Nulladungspotential der Platinelektrode und fällt mit dem φ_r-Bereich zusammen, in dem eine minimale Wasserstoff- und Sauerstoffadsorption beobachtet wird. Dieses Ergebnis wird durch Messungen bei verschiedenen pH-Werten der Lösung bestätigt. Die Adsorptionswerte selbst sind pH-abhängig, das kann durch eine Zustandsänderung der Platinoberfläche im Bereich der maximalen Alkoholadsorption bei pH-Änderung verursacht werden. Der aufsteigende Ast der θ,φ_r-Kurve wird bei Erhöhung der Methanolkonzentration

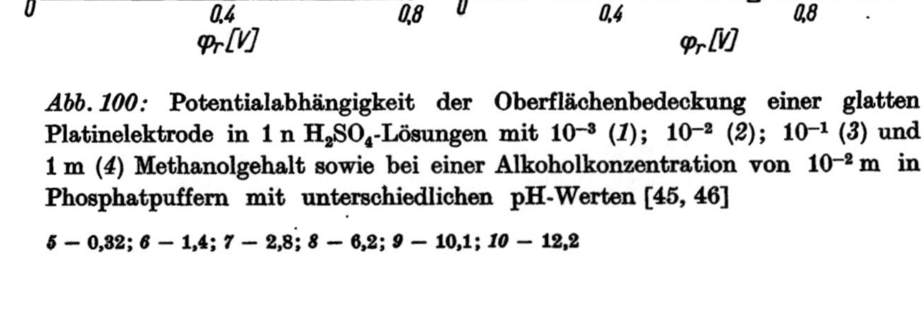

Abb. 100: Potentialabhängigkeit der Oberflächenbedeckung einer glatten Platinelektrode in 1 n H_2SO_4-Lösungen mit 10^{-3} (*1*); 10^{-2} (*2*); 10^{-1} (*3*) und 1 m (*4*) Methanolgehalt sowie bei einer Alkoholkonzentration von 10^{-2} m in Phosphatpuffern mit unterschiedlichen pH-Werten [45, 46]

5 – 0,32; *6* – 1,4; *7* – 2,8; *8* – 6,2; *9* – 10,1; *10* – 12,2

um eine Größenordnung um etwa 100 mV zur kathodischen Seite verschoben. Die Verschiebung des absteigenden Astes beträgt unter den gleichen Bedingungen etwa 60 mV.[1])

Unter anderen experimentellen Bedingungen erhält man jedoch eine andere θ,φ_r-Abhängigkeit. Wenn der organische Stoff beispielsweise bei maximalen Adsorptionspotentialen, z. B. 0,5 V adsorbiert und das Elektrodenpotential anschließend herabgesetzt wird, wird keine merkliche Abnahme der Bedeckung beobachtet, auch nicht nach längerer Verweilzeit beim gleichen Potential [29, 34]. Daraus ergibt sich, daß der vorher an der Elektrode adsorbierte Stoff nicht durch Wasserstoff verdrängt werden kann. Diese Bedingungen für die Versuchsdurchführung wurden in den Arbeiten [7] und [14] verwirklicht. Die Ergebnisse verweisen auf den irreversiblen Charakter der Methanoladsorption an der Platinoberfläche. Auf Grund dieser Werte kann man die Abnahme der Methanoladsorption, die in den oben beschriebenen Versuchen beobachtet wird, mit dem Geschwindigkeitsrückgang der Alkoholadsorption bei steigender Oberflächenbedeckung mit adsorbiertem Wasserstoff in Verbindung bringen. Die stationären Werte der Oberflächenbedeckung müssen infolgedessen bei niedrigen φ_r-Werten erst nach relativ langer Zeit erreicht werden.

Die Verringerung der Methanoladsorption bei anodischen Potentialen, auch wenn sie mit der beginnenden Sauerstoffadsorption zusammenfällt [7], kann andererseits durch die Oxydation der adsorbierten Teilchen bis zum Kohlenmonoxid bedingt sein. Wie im folgenden nachgewiesen wird, ist tatsächlich die Geschwindigkeit der stationären Methanoloxydation der Adsorptionsgeschwindigkeit vergleichbar, wenn ein Potentialbereich eingehalten wird, in dem θ mit φ_r abnimmt. Diese Annahme wird durch die Alkoholadsorption an der Platin—Ruthenium-Elektrode bestätigt [178]. Der absteigende Ast der θ,φ_r-Kurve verschiebt sich in diesem Falle um etwa 150 mV zur kathodischen Seite im Vergleich mit der θ,φ_r-Kurve der Platinelektrode. Die Überspannung der stationären elektrochemischen Methanoloxydation an der Platin—Ruthenium-Elektrode ist ebenfalls um etwa 150 mV geringer als die Überspannung für den gleichen Prozeß an der Platinelektrode [179, 180].

Die Potentialabhängigkeit der Ameisensäureadsorption an Platin wurde detailliert untersucht [181, 76, 73, 79], man erhielt stark streuende Ergebnisse. Diese Frage wurde ausführlich in [83] diskutiert, es wurde hier eine starke Ameisensäureadsorption bei φ_r-Werten des Wasserstoffbereichs (0,1—0,35 V) festgestellt, wobei eine merkliche HCOOH-Adsorption in konzentrierten Lösungen sogar bei φ_r-Werten < 0 auftrat. Eine solche Erscheinung beruht wahrscheinlich auf der möglichen Wechselwirkung der Ameisensäure mit dem adsorbierten Wasserstoff unter gleichzeitiger Bildung eines Chemisorptionsproduktes, beispielsweise nach der Reaktion

$$H_{ads} + HCOOH \rightarrow H_2 + COOH_{ads}.$$

[1]) *A. d. H.:* Zum pH-Einfluß auf die Adsorption von CH_3OH an Ir s. [240].

Der Rückgang der Ameisensäureadsorption bei $\varphi_r > 0{,}35$ V kann nur mit der Desorption der adsorbierten Teilchen infolge Oxydation erklärt werden, weil die Bedeckung der Platinoberfläche mit Sauerstoff bei diesen Potentialen noch sehr gering ist.

Nach NIEDRACH [107, 108, 182] wird der Maximalwert der Methan- und Äthanadsorption an Platin bei φ_r-Werten von etwa 0,3 V beobachtet (Abb. 101). Unterhalb 0,1 V bleibt die Adsorption beider Stoffe sehr gering. Die Methan- und Äthanadsorption wird somit durch die Wasserstoffadsorption eingeschränkt. Für $\varphi_r > 0{,}5$ V geht die Methanadsorption gegen Null infolge der schnellen Oxydation

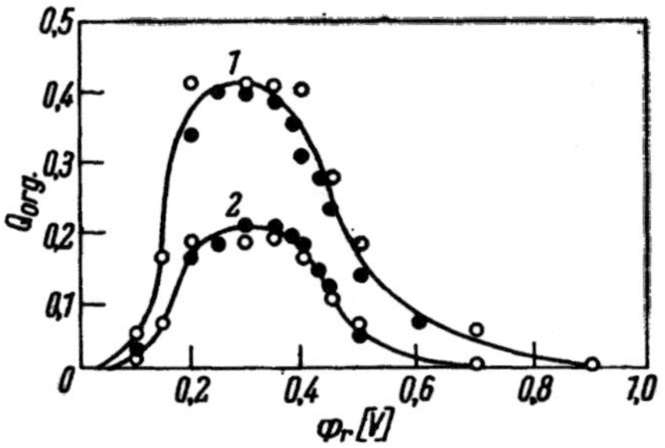

Abb. 101: Potentialabhängigkeit der Ladung Q_{org}, die der Oxydation des an Platinschwarz in 4,3 n $HClO_4$ bei 60 °C adsorbiertem Äthan entspricht [107]

1 — Gesamtladung; *2* — Ladung der ersten Oxydationsstufe des adsorbierten Äthans

der Adsorptionsprodukte. Die Bedeckung der Platinoberfläche mit adsorbiertem Äthan geht gegen Null für $\varphi_r > 0{,}9$ V, dabei verschwindet die erste Oxydationsstufe des adsorbierten Äthans (die dem leichter oxydierbaren Stoff entspricht), falls die Äthanadsorption bereits bei 0,6 V erfolgt.

Zu analogen Ergebnissen gelangten FLANNERY und WALKER [114], die mit Hilfe von radioaktiven Indikatoren feststellten, daß die Butanadsorption an der Platinelektrode ihren Maximalwert bei 0,3 V erreicht, unabhängig von der Butankonzentration; bei höheren Potentialen geht die Adsorption infolge der Oxydation der adsorbierten Teilchen wieder zurück. Die Autoren nehmen an, daß das Butan im Potentialintervall von 0,3—0,1 V durch adsorbierten Wasserstoff verdrängt wird. Ein analoges Ergebnis wurde auch für Äthan erhalten.

Nach BRUMMER und TURNER [117, 119] werden stationäre Bedeckungen der Platinoberfläche mit adsorbiertem Propan bei $\varphi_r > 0{,}25$ V erreicht. Bei niedrigeren Potentialen wächst die Adsorption nur langsam mit der Zeit, dabei sind infolge der Adsorption von Verunreinigungen aus der Lösung die stationären Bedeckungswerte schwer zu bestimmen. Das Maximum der Propanadsorption liegt zwischen 0,1 und 0,7 V. Die Propanadsorption steigt im Potentialintervall von 0,1—0,2 V schnell an und fällt danach wieder langsam ab. Eine Temperaturerhöhung wirkt sich praktisch nicht auf die Kurvenform aus. Die im Abschnitt 1. dieses Kapitels (S. 285) beschriebenen Versuche ermöglichten es BRUMMER und TURNER, die Potential-Bedeckungskurve in partielle Kurven aufzulösen, die den verschiedenen Typen der adsorbierten Teilchen zugeordnet werden können.

Ihren Maximalwert erreicht die n-Oktanadsorption an Platin bei $\varphi_r \sim 0{,}2-0{,}3$ V [183]. Oberhalb 0,7 V wird bei 130 °C in Phosphorsäure praktisch kein Oktan mehr adsorbiert.

Die Potentialabhängigkeit der Äthylenadsorption an Platin wurde mit radioaktiven Indikatoren gemessen [184, 129]. Das Adsorptionsmaximum wurde bei 0,4—0,45 V in 1 n H_2SO_4 beobachtet, wobei mit steigendem Äthylen-Partialdruck das Maximum langsam zu negativeren Potentialwerten verschoben wurde.

Der Einfluß des Potentials auf die Äthylen- und Acetylenadsorption in 1 n $HClO_4$ wurde eingehend von Gilman mit der potentiodynamischen Mehrimpulsmethode untersucht [126, 32]. Die experimentellen Ergebnisse wurden in Form von Kurven als Funktion des Elektrodenpotentials dargestellt, als Ordinate wurde die Elektrizitätsmenge Q_{org} gewählt, die für die Oxydation der adsorbierten Schicht aufgewendet werden muß. Die Maximalbedeckung der Oberfläche wird bei $\varphi_r \sim 0{,}2-0{,}4$ V erreicht, unabhängig vom partiellen Äthylen- und Acetylendruck. Die Q_{org},φ_r-Kurven sind für beide Kohlenwasserstoffe sehr ähnlich und nur wenig von der Versuchstemperatur (im Intervall von 30—60 °C) abhängig. Die Bedeckungsabnahme bei niedrigen Potentialen erklärt der Autor nach den Angaben von Bockris u. Mitarb. [185] mit der elektrochemischen Äthylen- und Acetylenhydrierung. Bei niedrigen Potentialen spiegelt somit die Oberflächenbelegung das Gleichgewicht zwischen Adsorption und elektrochemischer Reduktion wider. Dabei wird im Unterschied vom Bereich einer maximalen Kohlenwasserstoffadsorption bei niedrigen φ_r-Werten eine Abhängigkeit von θ vom partiellen Äthylen- und Acetylendruck beobachtet.

Die Abnahme der Menge an adsorbiertem Stoff bei hohen Potentialen hat nach Gilman mehrere Ursachen. Zum Teil sind es Veränderungen in der Struktur der Adsorptionsschicht infolge einer wirkungsvollen Dehydrierung der Kohlenwasserstoffe. Bei $\varphi_r > 0{,}8$ V werden am Platin größere Sauerstoffmengen adsorbiert, dadurch wird die Zahl der durch die organischen Stoffe maximal zu belegenden Oberflächenplätze stark eingeschränkt. Außerdem sinkt bei Sauerstoffadsorption die Adsorptionsgeschwindigkeit von Äthylen und Acetylen beträchtlich ab. Deshalb bedingt die gehemmte Oxydation der Kohlenwasserstoffe bei diesen Potentialen auch einen Adsorptionsrückgang, besonders bei geringen Partialdrücken. In Anbetracht des großen Unterschiedes im Adsorptionsmechanismus der organischen Stoffe an Quecksilber und an Platin betrachtet es Gilman als wenig wahrscheinlich, daß die Wasseradsorption und deren Konkurrenz mit der Adsorption des organischen Stoffes am Platin die Potentialabhängigkeit der Adsorption beeinflußt.

Die Adsorption von Kohlenmonoxid [94] erreicht ihren Maximalwert bei $\varphi_r \simeq 0{,}4-0{,}9$ V und geht für $\varphi_r \simeq 0{,}91$ V schnell gegen Null.

In verschiedenen Arbeiten wird auf den irreversiblen Charakter der Adsorption organischer Verbindungen verwiesen, der durch die Irreversibilität der Adsorptions- und Ionisierungsprozesse des Sauerstoffs am Platin bei einer Elektrodenpolarisation bis zu $\varphi_r \gtrsim 1{,}5$ V verursacht wird [7, 181, 94]. Kazarinov [186] wies den Einfluß des Zustandes der Platinoberfläche auf die Adsorption von n-

Hexanol nach. Eine vorherige Oxydation der Elektrode führt beispielsweise zu einer beträchtlichen Einschränkung der Hexanoladsorption in allen Potentialbereichen. Die Ergebnisse sind auch von der Richtung der Potentialänderung während der Adsorptionsmessungen abhängig. Alle diese Faktoren verdeutlichen die Schwierigkeiten, die die Einstellung des Adsorptionsgleichgewichts an der Platinelektrode begleiten.

Bei Adsorptionsuntersuchungen von Benzol, Naphthalin und Phenanthren an Gold stellten DAHMS und GREEN [151, 152] fest, daß das Adsorptionsmaximum in 0,5 m H_2SO_4 bei $\varphi_r \sim 0{,}5$ V liegt (Abb. 102). Wenn man annimmt, daß das Nulladungspotential von Gold $\varphi_{NL} = 0{,}3$ V beträgt (s. Kapitel 6.9.), dann kann

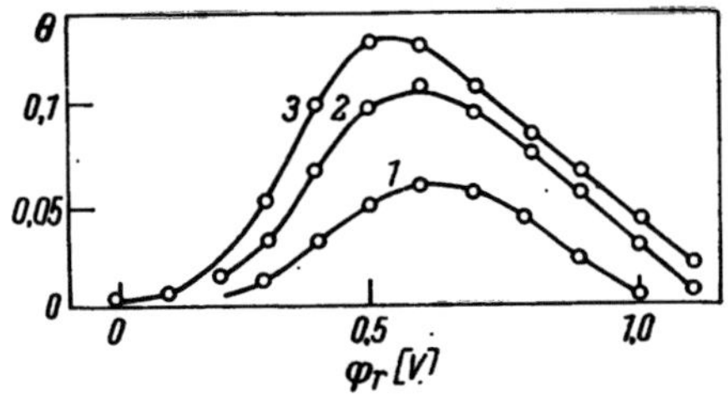

Abb. 102: Potentialabhängigkeit der Naphthalinadsorption an Gold bei 25 °C in 0,5 n H_2SO_4 mit Naphthalinzusätzen von $2 \cdot 10^{-7}$ (*1*); 10^{-6} (*2*) und $5 \cdot 10^{-5}$ m [152] (*3*)

man den Adsorptionsrückgang bei Entfernung vom Potentialwert 0,5 V mit der desorbierenden Wirkung der elektrischen Doppelschicht erklären. Wie jedoch aus der FRUMKINschen Theorie folgt [153], darf man den Einfluß von adsorbiertem Wasserstoff und Sauerstoff auf die Adsorption auch dann nicht vernachlässigen, wenn die Adsorption dieser Gase gering ist. Deshalb muß die Annahme eines bestimmenden Einflusses des elektrischen Feldes der Doppelschicht auf die Adsorption organischer Stoffe am Gold noch eingehend untersucht werden.

7.4. Abhängigkeit der Adsorption von der Konzentration des organischen Stoffes. Adsorptionsisotherme

BREITER und GILMAN [7] stellten fest, daß sich der Bedeckungsgrad der Platinoberfläche linear mit dem Logarithmus der Methanol-Volumenkonzentration erhöht. Die Oberflächenbelegung wurde jedoch bei stromloser Kette beim „Ruhepotential" bestimmt, das aber eine ausgeprägte Abhängigkeit von der Methanolkonzentration zeigt. Eine logarithmische Adsorptionsisotherme erhielt BREITER auch für Ameisensäure bei $\varphi_r = 0{,}2$ V [78].

Die Konzentrationsabhängigkeit der Adsorption verschiedener organischer Stoffe wurde eingehend von BAGOCKIJ, VASIL'EV u. Mitarb. untersucht [43, 177, 45, 46, 83, 68]. In Abb. 103 sind die Adsorptionsisotherme für Methanol in 1 n H_2SO_4 bei verschiedenen Potentialen dargestellt. Im Intervall mittlerer θ-Werte (von 0,1—0,85) wird eine lineare Abhängigkeit zwischen θ und $\lg c$

in breitem Methanolkonzentrationsintervall (ungefähr vier Größenordnungen) beobachtet. Bei Potentialänderung verschieben sich die Isotherme parallel zueinander. Die Methanoladsorption wird somit durch die logarithmische Isotherme nach TEMKIN beschrieben:

$$\theta = a + \frac{1}{f} \ln c, \tag{VII.27}$$

(f = Inhomogenitätsfaktor der Platinoberfläche). Aus dem Anstieg des linearen Teils der Isotherme erhält man $f \simeq 10$, d. h., die gleiche Größenordnung für f, wie sie aus der Adsorptionsisotherme für Wasserstoff an Platin berechnet wird

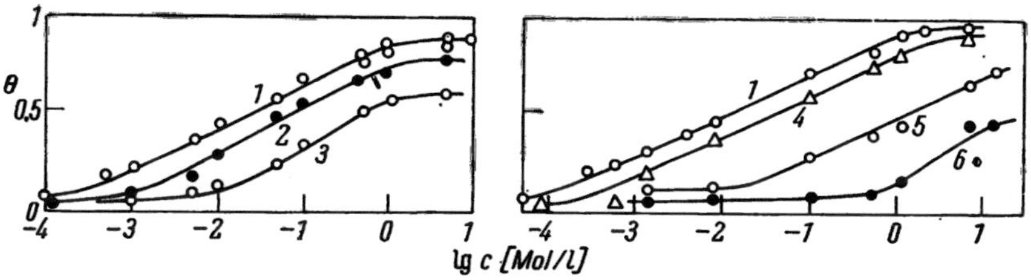

Abb. 103: Adsorptionsisotherme des Methanols an glattem Platin in 1 n H_2SO_4 bei verschiedenen Potentialen [45, 46]

1 – 0,4; *2* – 0,3; *3* – 0,2; *4* – 0,6; *5* – 0,7; *6* – 0,8 V

und die in erster Näherung als logarithmische Funktion betrachtet werden kann ($f \simeq 14$). Der Inhomogenitätsfaktor f entspricht der Differenz zwischen maximaler (G_{max}) und minimaler (G_{min}) Adsorptionsenergie

$$f = \frac{G_{max} - G_{min}}{RT}. \tag{VII.28}$$

Eine analoge θ,lg c-Abhängigkeit wurde bei verschiedenen Temperaturen und pH-Werten für Methanol- sowie Äthylenglykol- und Ameisensäurelösungen erhalten. Für die verschiedenen organischen Stoffe ist der Anstieg der logarithmischen Isothermen ähnlich dem Anstieg der Adsorptionsisotherme des Methanols.

Die logarithmische Konzentrationsabhängigkeit der Adsorption bleibt auch in dem Potentialbereich erhalten, in dem das adsorbierte Methanol oxydiert wird. Die Bedeckung der Elektrodenoberfläche mit Alkohol bei Stromdurchgang wurde in [43] aus der stationären Bedingung abgeleitet:

$$CH_3OH_{Lsg} \rightleftharpoons CH_3OH_{ads} \rightarrow \textit{Reaktionsprodukte}.$$

Dabei wird eine exponentielle Abhängigkeit der Adsorptions-, Desorptions- und Oxydationsgeschwindigkeit des Methanols vom Bedeckungsgrad angenommen. Der Zusammenhang zwischen der stationären Bedeckung und der Konzentration wird unter diesen Bedingungen auch durch eine Gleichung des Typs (VII.27) ausgedrückt, wobei aber die Konstante a vom Elektrodenpotential abhängig ist.

Heiland, Gileadi und Bockris [130] bestimmten die Adsorptionsisotherme von Benzol an Platin in 1 n H_2SO_4 und H_3PO_4 mit Hilfe radioaktiver Indikatoren. Partielle Oberflächenbedeckungen wurden in der Annahme berechnet, daß $\Gamma_\infty = 2{,}5 \cdot 10^{-10}$ Mol/cm² beträgt. Das bedeutet, daß ein Benzolmolekül zehn Oberflächenplätze belegt. Die Elektrodenoberfläche wurde aus der Doppelschichtkapazität bestimmt, wobei man annahm, daß die Kapazität von 1 cm² der wahren Oberfläche 10 μF beträgt. Aus der Isothermenform folgt, daß in dem untersuchten Konzentrationsintervall die Oberflächensättigung erst bei 70 °C erreicht wird und in diesem Fall etwa 0,5 beträgt. Um die Isothermen quantitativ zu analysieren, wurde die maximale Bedeckung gleich eins gesetzt. Die unvollständige Bedeckung bei der Adsorption von Benzol wird mit der Existenz von Defekten an der Oberfläche erklärt, die für große Moleküle unzugänglich sind, sowie mit der Existenz von Oberflächenplätzen hoher Aktivierungsenergie oder niedriger Adsorptionswärme. Möglicherweise ist jedoch die Annahme einer unvollständigen Bedeckung das Ergebnis einer ungenauen Berechnung der wahren Oberfläche. Wie aus [165] folgt, beträgt die Doppelschichtkapazität der Platinelektrode in Schwefelsäure $\sim 36\ \mu F/\text{cm}^2$. Die auf eins bezogenen Adsorptionsisotherme sind in den Koordinaten θ — lg c linear und werden somit durch die Temkinsche Isothermengleichung beschrieben. Die Anwendung der Temkinschen Isotherme führt jedoch zur Annahme einer anormal großen Differenz zwischen maximaler und minimaler Adsorptionswärme fRT. Deshalb wählten die Autoren die allgemeinere Frumkinsche Isotherme, um die Benzoladsorption zu beschreiben, dabei gelangte folgende Gleichung zur Anwendung:

$$\lg \frac{\theta}{1-\theta} + \frac{f\theta}{2{,}3} = \lg Bc. \qquad \text{(VII.29)}$$

Die Isotherme nach Temkin ergibt $fRT = 6{,}7$ kcal/Mol bei 30 °C, die Isotherme nach Frumkin aber $fRT = 4$ kcal/Mol bei 30 °C, 3 kcal/Mol bei 50 °C und 1,7 kcal/Mol bei 70 °C.

Die Konzentrationsabhängigkeit der Adsorption wurde auch für Äthylen [129, 126] und Acetylen [126] untersucht. Bei Äthylen beobachtet man eine bedeutende Differenz zwischen den Messungen mit markierten Atomen [129] und mit der potentiostatischen Impulsmethode [126]. So wurde mit der ersten Methode festgestellt, daß die Sättigung der Oberfläche mit Äthylen bei einer Äthylenkonzentration in der Lösung von $2 \cdot 10^{-5}$ m erreicht wird und die Oberflächenbedeckung dabei etwa 0,4 für $\varphi_r = 0{,}4$ V beträgt. Die maximale Oberflächenbedeckung des Platins mit Äthylen wird nach Angaben in [126] bei wesentlich geringeren Äthylenkonzentrationen erreicht und beträgt $\sim 0{,}78$. Nach Gileadi, Rubin und Bockris [129] befolgt die Äthylenadsorption an

Platin die Isotherme nach LANGMUIR. Nach GILMAN [126] ist die Äthylenadsorption im Bereich der maximalen Adsorption bei 0,2—0,4 V konzentrationsunabhängig. Eine geringe Konzentrationsabhängigkeit der Adsorption bildet sich aus, wenn man sich aus dem Bereich der maximalen Adsorption entfernt. Das kann mit der Hydrierung des Äthylens und der Oxydation der adsorbierten Teilchen erklärt werden. Ähnliche Beziehungen zwischen der Adsorption und der Konzentration existieren auch für Acetylen [126]. Die Unterschiede in den experimentellen Ergebnissen der Arbeiten [129, 126] muß man offensichtlich in den unterschiedlichen Bedingungen der Elektrodenvorbehandlung sowie in der Abschätzung der wahren Elektrodenoberfläche suchen.

DAHMS und GREEN [152] analysierten die Adsorptionsisotherme von Naphthalin an Goldelektroden. Die experimentellen Ergebnisse stimmen mit der Beziehung

$$Bc = \frac{\theta}{(1-\theta)^5} \qquad \text{(VII.30)}$$

überein, die für die Adsorption an der homogenen Oberfläche unter der Annahme abgeleitet wurde, daß das eben angeordnete Naphthalinmolekül fünf Wassermoleküle verdrängt.

Wie aus den oben gemachten Angaben hervorgeht, belegen die organischen Moleküle mehr als einen Platz an der Elektrodenoberfläche. ČIZMADŽEV und MARKIN [85] betrachteten theoretisch die Adsorptionsisotherme von Molekülen, die zwei Elementarplätze auf der inhomogenen Oberfläche belegen. Die Berechnung der Adsorptionsisotherme bei einer Adsorption unter Belegung mehrerer Plätze erfordert nicht nur die Kenntnis der Verteilungsfunktion der Adsorptionsplätze an der Oberfläche aus den Adsorptionswärmen, sondern auch die Verbindung zwischen den Adsorptionsenergien der benachbarten Adsorptionsplätze. Die Gleichungen für die Adsorptionsisotherme wurden für zwei Grenzfälle abgeleitet: für Inhomogenitäts-„Bezirke“, bei denen Flächen mit gleicher Adsorptionsenergie geschlossene Bereiche bilden oder Bezirke ausreichend großen Durchmessers, und für „mikroskopische“ Inhomogenitäten, bei denen die Energie benachbarter Bereiche nicht untereinander in Zusammenhang steht. In beiden Fällen wird die Abhängigkeit zwischen dem Bedeckungsgrad der Oberfläche und dem Druck oder der Konzentration des zu adsorbierenden Stoffes im Bereich mittlerer Bedeckungen durch eine logarithmische Isotherme des Typs (VII.27) ausgedrückt.

Bei einem Inhomogenitätsbezirk wird der Koeffizient $1/f$ durch die Energiestreuung bezogen auf das gesamte adsorbierte Molekül bestimmt. Bei der mikroskopischen Inhomogenität wird der Anstieg der Isotherme im Bereich mittlerer Bedeckungsgrade durch die Streuung der Adsorptionsenergie, bezogen auf einen Oberflächenplatz (bzw. eine Bindung) bestimmt. Der Vergleich der entwickelten Theorie mit experimentellen Daten [45, 46] zeigt, daß die Annahme von mikroskopischen Inhomogenitäten dem Adsorptionsverhalten der Platinelektrode besser entspricht. Es konnte auch nachgewiesen werden, daß die Form der Isotherme wenig durch die Form der Verteilungsfunktion der Adsorptionsplätze nach der Adsorptionsenergie beeinflußt wird. Bei einer beliebig anderen, ausreichend kontinuierlichen Funktion erhält man eine Isotherme, die der logarithmischen nahekommt. Die Vorstellung von der Existenz einer mikroskopischen Inhomogenität der Platinoberfläche wurde auch in der Arbeit [84] auf Grund einer anderen Konzeption für die Aufklärung dieses Problems entwickelt.

Für Stoffe des Methanoltyps, die bei der Adsorption einer Strukturänderung unterliegen, ist es wichtig zu wissen, ob die beobachtete θ,c-Abhängigkeit die übliche thermodynamische Bedeutung besitzt, d. h., ob man sie als Ergebnis der Gleichgewichtseinstellung zwischen Adsorption und Desorption betrachten kann. Die unterschiedliche Aussage besteht in den folgenden beiden Möglichkeiten: die konzentrationsbedingte Abhängigkeit der Adsorption kann durch das Gleichgewicht zwischen Adsorptions- und Hydrierungsgeschwindigkeit (bei niedrigen Potentialen) oder zwischen Adsorptions- und Oxydationsgeschwindigkeit bei Oxydation bis zum Kohlenmonoxid und Wasser (bei hohen Potentialen) bestimmt werden. In einem solchen Fall kann man die Adsorptionsisotherme als stationär betrachten, wobei sie die Einstellung eines stationären Zustandes zwischen den genannten Prozessen widerspiegelt.

Schließlich besteht die Möglichkeit, daß sich infolge der Hemmung des Adsorptionsprozesses an der Platinelektrode (s. im folgenden) sowie der Abhängigkeit der Geschwindigkeit dieses Prozesses von der Konzentration und vom Potential maximale Bedeckungen bei niedrigen Konzentrationen nicht in der Zeit, die für die Messungen zur Verfügung steht, einstellen. Das vorhandene experimentelle Material erlaubt nach Ansicht der Verfasser gegenwärtig noch keine endgültige Antwort auf diese Frage. So existieren beispielsweise bei der Methanoladsorption neben den experimentellen Angaben, die die Irreversibilität des Adsorptionsprozesses verdeutlichen, in der Literatur Hinweise auf eine mögliche Desorption des chemisorbierten Methanols [45, 46][1]).

7.5. Kinetik der Adsorption organischer Verbindungen

Im Gegensatz zur Quecksilberelektrode verläuft die Adsorption organischer Stoffe an der Platinelektrode mit relativ geringer Geschwindigkeit, die unmittelbar experimentell bestimmt werden kann.

Die ersten kinetischen Untersuchungen der Methanoladsorption an glattem Platin wurden von Breiter durchgeführt [188]. Aussagen über die Adsorptionsgeschwindigkeit beruhten jedoch auf indirekten Angaben, die unter nichtstationären Bedingungen erhalten wurden, es handelte sich dabei um Polari-

[1]) In der Arbeit [187] wurde unmittelbar die Desorptionsgeschwindigkeit des chemisorbierten Methanols an der glatten Platinelektrode gemessen. Diese Versuche sind jedoch nach Aussage der Autoren keine ausreichende Grundlage für die Annahme einer reversiblen Alkoholadsorption.

sations- und Adsorptionsmessungen mit Dreieckimpulsen (Geschwindigkeit 30 mV/sec).

Direkte Messungen der Belegung der Elektrodenoberfläche in Abhängigkeit von der Zeit führten BRUMMER und MAKRIDES [76] aus, sie untersuchten Ameisensäurelösungen mit der galvanostatischen Kathodenimpulsmethode. Im Bereich von $\varphi_r \sim 0{,}35-0{,}7$ V verlief die Adsorption der Ameisensäure langsam, die stationären Bedeckungen wurden etwa zwei Minuten nach Adsorptionsbeginn erreicht. Die Ergebnisse wurden an Hand der LANGMUIRschen Adsorptionskinetik interpretiert. Dabei traten jedoch merkliche Divergenzen zwischen den experimentellen Angaben und den aus dem einfachen Adsorptionsmodell ab-

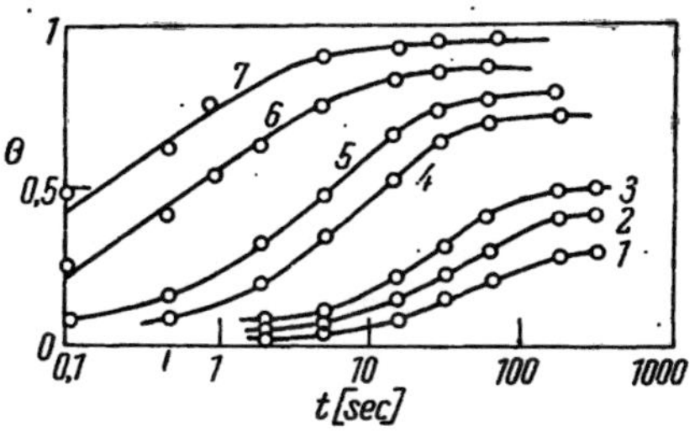

Abb. 104: Kinetische Adsorptionsisotherme des Methanols an glattem Platin bei $\varphi_r = 0{,}4$ V in 1 n H_2SO_4 [45, 46]
1 – 10^{-3}; 2 – $5 \cdot 10^{-3}$; 3 – 10^{-2}; 4 – $5 \cdot 10^{-2}$; 5 – 10^{-1}; 6 – $5 \cdot 10^{-1}$; 7 – 1 m CH_3OH

geleiteten Annahmen auf. Abweichende Angaben zur Adsorptionskinetik der Ameisensäure stammen auch von BREITER [78].

Eine systematische Untersuchung der Adsorptionskinetik verschiedener organischer Stoffe an der glatten Platinelektrode führten BAGOCKIJ, VASIL'EV u. Mitarb. [189, 190, 45, 46, 68] aus. Die Messungen erfolgten in 1 n H_2SO_4 bei verschiedenen Potentialen, Temperaturen und Volumenkonzentrationen der organischen Stoffe unter Kombination der kathodischen und anodischen Impulsmethode. Es konnte nachgewiesen werden, daß in Lösungen mit Adsorbatkonzentrationen über 10^{-3} Mol/l die Rotationsgeschwindigkeit der Elektrode die Adsorptionsgeschwindigkeit der organischen Stoffe nicht beeinflußt, dadurch ist die Adsorptionsgeschwindigkeit wesentlich geringer als die Diffusionsgeschwindigkeit der organischen Stoffe zur Oberfläche der Elektrode. Aus den Meßergebnissen erhielt man den funktionellen Zusammenhang zwischen der Belegung der Elektrodenoberfläche mit organischen Teilchen und der Adsorptionszeit in Lösungen konstanter Konzentration an organischem Stoff. Solche Funktionen werden als kinetische Adsorptionsisotherme bezeichnet. In Abb. 104 sind typische Beispiele für kinetische Adsorptionsisotherme des Methanols dargestellt. Bei verschiedenen Volumenkonzentrationen des Alkohols wächst im Bereich mittlerer Bedeckungen zwischen 0,1 und dem stationären Wert der θ-Wert der Oberflächenbelegung linear mit dem Logarithmus der Adsorptionszeit

$$\theta = \text{const.} + \frac{1}{\alpha f} \ln t, \tag{VII.31}$$

mit $0 < \alpha < 1$.

Bei Veränderung der Volumenkonzentration des Methanols werden die kinetischen Isotherme parallel zueinander verschoben. Die Abhängigkeit des Logarithmus der Adsorptionsgeschwindigkeit bei verschiedenen konstanten Oberflächenbelegungen und $\varphi_r = 0{,}4$ V vom Logarithmus der Volumenkonzentration, der aus den kinetischen Isothermen berechnet wurde, ist gleich eins. Folglich ist die Adsorptionsgeschwindigkeit bei $\theta = \text{const.}$ der Volumenkonzentration des Methanols direkt proportional. Der Logarithmus der Adsorptionsgeschwindigkeit nimmt linear mit steigender Bedeckung ab. Die Adsorptionsgeschwindigkeit v_{ads} von Methanol kann somit für die glatte Platinelektrode bei konstantem Potential gut mit der Gleichung nach ROGINSKIJ-ZEL'DOVIČ [52—54] beschrieben werden

$$v_{ads} \equiv \frac{d\theta}{dt} = k_{ads}\, c \exp\left(-\alpha f \theta\right), \qquad \text{(VII.32)}$$

(k_{ads} = Konstante).

Die kinetischen Adsorptionsisotherme weisen logarithmischen Charakter sowie einen einheitlichen Anstieg bei unterschiedlichen Potentialen (von 0,2—0,7 V) auf. Die bei 0,4; 0,5 und 0,6 V gemessenen Isotherme fallen praktisch zusammen. Das bedeutet, daß in dem genannten Potentialbereich die Adsorptionsgeschwindigkeit des Methanols nur wenig potentialabhängig ist. Bei Verschiebung des Elektrodenpotentials zur Wasserstoffseite sinkt die Adsorptionsgeschwindigkeit. Dieser Rückgang bei konstanter Oberflächenbedeckung mit organischem Stoff entspricht der Gleichung

$$v_{ads} = k \exp\left(\frac{\alpha F \varphi_r}{RT}\right). \qquad \text{(VII.33)}$$

Da im Bereich der Wasserstoffadsorption in erster Näherung gilt

$$\varphi_r = \text{const.} - \frac{RT}{F} f_H \theta_H, \qquad \text{(VII.34)}$$

erhält man

$$v_{ads} = k' \exp\left(-\alpha_H f_H \theta_H\right), \qquad \text{(VII.35)}$$

wobei sich α_H, f_H und θ_H auf die Wasserstoffadsorption beziehen. Analog dazu beobachtet man auch im Bereich $\varphi_r > 0{,}7$ V je nach Oberflächenbelegung mit adsorbiertem Sauerstoff einen Rückgang der Adsorptionsgeschwindigkeit des Methanols

$$v_{ads} = k'' \exp\left(-\alpha_0 f_0 \theta_0\right), \qquad \text{(VII.36)}$$

wobei sich α_0, f_0 und θ_0 auf die Sauerstoffadsorption beziehen.

Summarisch kann der Einfluß der verschiedenen Faktoren auf die Adsorptionskinetik des Methanols durch folgende Gleichung ausgedrückt werden:

$$v_{ads} = k_{ads} c \exp\left(-\alpha f \theta - \alpha_H f_H \theta_H - \alpha_0 f_0 \theta_0\right). \qquad \text{(VII.37)}$$

Die bei unterschiedlichen Temperaturen (von 11—72 °C) gemessenen kinetischen Adsorptionsisotherme des Methanols ermöglichen die Bestimmung der isosterischen (entsprechend $\theta = \text{const.}$) differentiellen Aktivierungsenergie des Adsorptionsprozesses. Dazu werden Kurven konstruiert, die die Abhängigkeit des Logarithmus der Zeit, die benötigt wird, damit sich eine bestimmte Bedeckung der Elektrodenoberfläche mit dem organischen Stoff einstellt, von $1/T$ ausdrücken. Die berechnete Aktivierungsenergie E_a wächst linear mit steigender

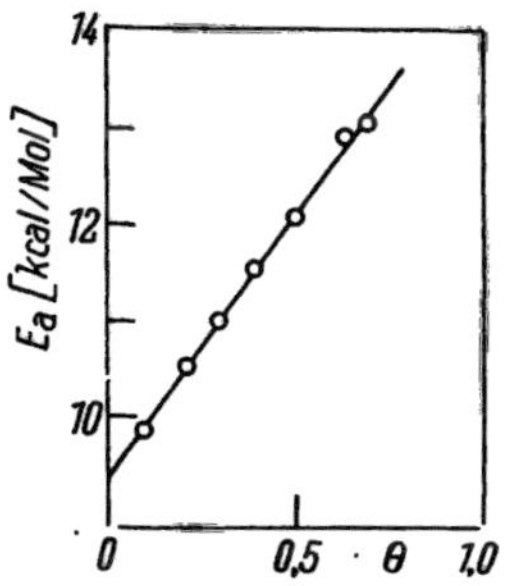

Abb. 105: Abhängigkeit der Aktivierungsenergie der Methanoladsorption am glatten Platin von der Oberflächenbedeckung [45, 46]

Bedeckung von 9,9 kcal/Mol bei $\theta = 0{,}1$ bis auf 13 kcal/Mol bei $\theta = 0{,}7$ (Abb. 105). Eine solche Abhängigkeit deutet auch auf die Möglichkeit der aktivierten Adsorption an einer gleichmäßig inhomogenen Platinoberfläche

$$E_a = E_a^0 + \alpha f R T \theta . \qquad \text{(VII.38)}$$

Die Größe E_a^0, die sich auf $\theta = 0$ bezieht, beträgt für die Methanoladsorption 9,5 kcal/Mol.

Analoge Funktionen wurden bei der Untersuchung der Adsorptionskinetik von Äthylenglykol und Ameisensäure an der glatten Platinelektrode erhalten.

Die beobachteten Gesetzmäßigkeiten der Adsorptionskinetik organischer Stoffe wurden benutzt, um die Potentialverschiebung der Platinelektrode bei stromloser Kette und Methanolzusatz zur Lösung quantitativ zu interpretieren [191]. Entsprechend den im Abschnitt 1. dieses Kapitels dargelegten Vorstellungen wird die Potentialverschiebung durch die Dehydrierung des Methanols hervorgerufen, nachdem sich zwischen dem gebildeten Wasserstoff und den Wasserstoffionen in der Lösung das Gleichgewicht eingestellt hat. Folglich wird die Verschiebung des Elektrodenpotentials durch die Kinetik der Alkoholchemisorption bestimmt. Die in [191] entwickelte Theorie geht von der Einstellung des Adsorptionsgleichgewichts zwischen den an der Oberfläche adsorbierten Teilchen und dem Stoff im Lösungsinnern aus und beruht auf bestimmten Vereinfachungen der Vorstellungen über den Charakter der Wechselwirkung zwischen dem adsorbierten Stoff und atomarem Wasserstoff. Im Potentialintervall von 0,35 V bis zu dem Wert φ_r', der sich in Anwesenheit von Methanol einstellt, existiert nach [191] ein linearer Zusammenhang zwischen φ_r und $\lg t$

$$\varphi_r = \text{const.} - k \lg t , \qquad \text{(VII.39)}$$

das entspricht den bereits betrachteten funktionellen Zusammenhängen zwischen θ und t bzw. v_{ads} und θ. Die lineare Abhängigkeit des stationären Potentials vom Logarithmus der Volumenkonzentration des organischen Stoffes

$$\varphi_r' = \text{const.} - \beta \lg c \qquad \text{(VII.40)}$$

kann mit der logarithmischen Abhängigkeit zwischen der Menge des adsorbierten Methanols und seiner Volumenkonzentration erklärt werden. Die Theorie erklärt auch solche experimentellen Fakten, wie z. B. die Unabhängigkeit des stationären Potentials vom Potential des Alkoholzusatzes, solange dieses Potential im Doppelschichtbereich liegt, sowie die lineare Abhängigkeit zwischen der Geschwindigkeit der Potentialverschiebung und der Methanolkonzentration bei konstantem Potential des Alkoholzusatzes[1]).

Gilman [110] untersuchte die Äthanadsorption und stellte fest, daß die Adsorptionsgeschwindigkeit etwa zwei Größenordnungen kleiner ist als die Diffusionsgeschwindigkeit. Für kurze Adsorptionszeiten wächst die Menge des adsorbierten Äthans $Q_{\ddot{A}}$, ausgedrückt in elektrischen Einheiten, linear mit der Äthankonzentration in der Lösung und mit der Zeit.

$$Q_{\ddot{A}} = k_1 ct. \qquad \text{(VII.41)}$$

Für längere Adsorptionszeiten gilt

$$Q_{\ddot{A}} = k_2 \ln (t/t_0), \qquad \text{(VII.42)}$$

wobei t_0 mit der Äthankonzentration wie folgt zusammenhängt:

$$t_0 = k_3/c. \qquad \text{(VII.43)}$$

Ausgehend von diesen Gleichungen erhält man

$$dQ_{\ddot{A}} = k_2 d \ln (t/t_0) = k_2 (dt/t_0), \qquad \text{(VII.44)}$$

oder

$$dQ_{\ddot{A}}/dt = k_2/t, \qquad \text{(VII.45)}$$

$$dQ_{\ddot{A}}/dt \equiv v_{ads} = (k_2/t) \exp(-Q_{\ddot{A}}/k_2) = k_4 c \exp(-Q_{\ddot{A}}/k_2). \qquad \text{(VII.46)}$$

Gleichung (VII.46) entspricht der Gleichung nach Roginskij-Zel'dovič. Eine eingehendere Analyse der experimentellen Ergebnisse führte jedoch zu der Schlußfolgerung, daß die durch Gleichung (VII.46) ausgedrückte Abhängigkeit durch sterische Effekte bei der Adsorption hervorgerufen wird. Die kinetischen Daten bei geringen und mittleren Bedeckungen werden wesentlich besser durch

[1]) Die Interpretation dieser Ergebnisse erfordert nicht die Vorstellung einer gleichmäßigen Inhomogenität der Platinoberfläche, da die genannten Abhängigkeiten aus $\theta_H = 0$ bei Potentialen des Doppelschichtbereichs und $\theta = 0$ bei $t = 0$ folgen.

folgende Gleichungen wiedergegeben:

$$d\theta/dt = kc(1 - \theta)^2 \tag{VII.47}$$

oder

$$1/(1 - \theta) = kct + 1, \tag{VII.48}$$

wobei θ dem Bedeckungsgrad der Oberfläche mit Äthan entspricht. Diese Gleichungen besagen, daß die Äthanadsorption eine Reaktion zweiter Ordnung hinsichtlich der durch Äthan unbesetzten Plätze an der Elektrodenoberfläche ist und durch die LANGMUIRsche Kinetik beschrieben werden kann. Entsprechend den erhaltenen Ergebnissen schlägt GILMAN folgenden Mechanismus für das gehemmte Adsorptionsstadium vor:

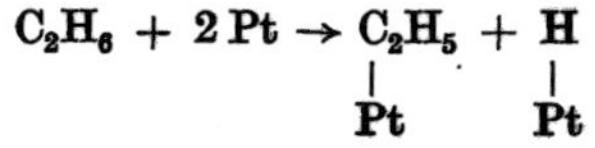

Die Versuche zur Äthanadsorption bei niedrigen Potentialen zeigten, daß dieser Prozeß vom Elektrodenpotential und vom Bedeckungsgrad der Oberfläche abhängig ist und durch folgende kinetische Gesetzmäßigkeit wiedergegeben wird:

$$-d\theta/dt \equiv v_{des} = H' \exp\left(\frac{\alpha n' F\varphi}{RT} + m\theta\right), \tag{VII.49}$$

($\alpha \simeq 0{,}5$; $n' \simeq 2$; H' und m = Konstanten). Die Desorption führt nur zur Entfernung eines Drittels der Menge des adsorbierten Stoffes von der Oberfläche, der Bedeckungsgrad sinkt von 0,45 auf 0,30.

Wenn Cl^--Ionen in der Lösung enthalten sind, ist die Zusammensetzung der adsorbierten Äthanschicht die gleiche, wie auch in Abwesenheit dieser Anionen. Die spezifisch adsorbierten Anionen setzen jedoch die Anfangsgeschwindigkeit der Äthanadsorption herab. Die Wirkung der Chloridanionen wird ausgedrückt durch die Gleichung

$$v_{ads} = kc(1 - \theta - \theta_{Cl^-})^2, \tag{VII.50}$$

mit θ_{Cl^-} = Oberflächenbedeckungsgrad mit Cl^- = Anionen, d. h., er entspricht der Vorstellung einer einfachen physikalischen Blockierung der Adsorptionsplätze [143]. Mit zunehmender Adsorptionszeit wird der Bedeckungsgrad θ_{Cl^-} kleiner und die Adsorptionsgeschwindigkeit nähert sich dem Wert, der bei Abwesenheit der Cl^--Anionen beobachtet wird.

Die Messungen der Adsorptionskinetik von Äthan an einer porösen Elektrode aus Platinschwarz [107] führten zu Ergebnissen, die in quantitativer Übereinstimmung mit den Werten für die glatte Platinelektrode stehen. Bei kurzen Adsorptionszeiten wächst die Menge des adsorbierten Äthans nahezu linear mit der Zeit, bei längeren Zeiten entspricht die Adsorptionsgeschwindigkeit der Gleichung (VII.46).

Die Adsorptionsgeschwindigkeit von Methan ist an Platinschwarz um etwa eine Größenordnung geringer als die Adsorptionsgeschwindigkeit von Äthan, außerdem ist die Oberflächenbedeckung nach Beendigung der Adsorptionsreaktion merklich geringer. Unter solchen Bedingungen sind quantitative Bestimmungen mit experimentellen Schwierigkeiten verbunden. Die in der Arbeit [108] durchgeführten Messungen lassen jedoch die Schlußfolgerung zu, daß die Adsorptionsgeschwindigkeit des Methans durch die Gleichung (VII.46) beschrieben wird.

Nach CAIRNS u. Mitarb. [121] kann die Adsorptionsgeschwindigkeit von Propan in Flußsäurelösungen durch eine Gleichung für eine Reaktion dritter Ordnung entsprechend der LANGMUIRschen Kinetik ausgedrückt werden

$$v_{ads} = kc(1 - \theta)^3. \qquad \text{(VII.51)}$$

Die Aktivierungsenergie für die Adsorption beträgt bei $\varphi_r \sim 0{,}3$ V ungefähr 20 kcal/Mol.

Es wurde die Adsorptionskinetik auch anderer organischer Stoffe an der Oberfläche der Platinelektrode untersucht: Äthylen [126, 129], Acetylen [126], Propan in Phosphorsäurelösungen [118], n-Butan [114], n-Oktan [183], Benzol [130], Kohlenmonoxid [94, 96] sowie Hexen-1 [192]. Die Adsorptionsgeschwindigkeit dieser Stoffe unter den in den genannten Arbeiten verwendeten Bedingungen (stationäre Elektroden) wird zu Beginn der jeweiligen Versuche durch die Diffusion bestimmt.[1])

7.6. Zusammenhang zwischen Adsorption und Kinetik der anodischen Oxydation organischer Stoffe an Platinelektroden

Die Teilnahme der adsorbierten organischen Stoffe an der elektrochemischen Oxydation wurde bereits von MÜLLER u. Mitarb. [47] angenommen. Der Zusammenhang zwischen der Adsorption und der anodischen Oxydation der organischen Stoffe konnte jedoch erst festgestellt werden, als es möglich war, die Adsorption organischer Verbindungen unmittelbar experimentell zu bestimmen und mit kinetischen Messungen unter gleichen Bedingungen zu vergleichen. Erstmals wurde ein solcher Vergleich von GILMAN und BREITER [193] für Methanol und von GILMAN [94] für Kohlenmonoxid durchgeführt, die Bestimmung des Bedeckungsgrades und die Aufnahme der Polarisationskurven wurden jedoch unter nichtstationären Bedingungen ausgeführt.

Einen unmittelbaren Maßstab für die Rolle der Adsorption organischer Stoffe bei stationärer anodischer Oxydation an der Platinelektrode fanden BOCKRIS u. Mitarb. [105, 194] am Beispiel des Äthylens. Als sie die Abhängigkeit der Geschwindigkeit vom partiellen Äthylendruck untersuchten, beobachteten sie eine negative Ordnung der Reaktion, die nur unter Berücksichtigung der Äthylenadsorption an der Elektrode erklärt werden kann.

[1]) *A. d. H.:* Die Adsorptionskinetik von CH_3OH an Pd wurde in [289] untersucht.

Die Rolle der Methanolchemisorption an der Elektrodenoberfläche während der anodischen Oxydation wurde eingehend in den Arbeiten [41, 34, 35, 44—46, 195—198][1]) untersucht. In den Arbeiten [44—46, 195—198] wird zur Deutung des Mechanismus der anodischen Oxydation konsequent die Vorstellung über die Adsorption und Oxydation organischer Stoffe an der gleichmäßig inhomogenen Elektrodenoberfläche verwendet [52—54].

Die detaillierte Untersuchung der elektrochemischen Oxydation von Methanol ergab, daß man zwischen dem Mechanismus an der freien oder nur unbedeutend mit chemisorbiertem Stoff bedeckten Oberfläche und dem Mechanismus der elektrochemischen Oxydation unter stationären Bedingungen unterscheiden muß.

Wie bereits weiter oben (s. S. 260) hervorgehoben wurde, entsteht beim Eintauchen einer bei konstantem Potential gehaltenen Platinelektrode in eine Methanollösung ein nichtstationärer Strom infolge der Ionisation des atomaren Wasserstoffs, der bei der Dehydrierung nach Gleichung (3) gebildet wird. Da die Wasserstoffbildung mit dem Auftreten chemisorbierter organischer Teilchen verbunden ist, kann man annehmen, daß der nichtstationäre Strom i_H proportional ist der Geschwindigkeit der dissoziativen Chemisorption von Methanol

$$i_H = k' \frac{d\theta}{dt} = kc \exp(-\alpha f \theta). \tag{VII.52}$$

Wenn man die in Gleichung (VII.31) ausgedrückte θ—t-Abhängigkeit in Gleichung (VII.52) einführt, erhält man

$$i_H = \text{const.}/t. \tag{VII.53}$$

Experimentell konnte nachgewiesen werden [44], daß die Abhängigkeit des nichtstationären Stromes von der Zeit tatsächlich durch die Gleichung (VII.53) beschrieben wird, wenn man das Zeitintervall wählt, in dem der Bedeckungsgrad von 0,1 auf 0,7 wächst.

In Abb. 106 ist die Potentialabhängigkeit des Maximums des nichtstationären Stroms dargestellt, der unmittelbar nach dem Eintauchen der Elektrode in die Methanollösung beobachtet werden kann. Bei Potentialen des Doppelschichtbereichs zeigt die Oxydationsgeschwindigkeit des Methanols an der reinen Platinoberfläche nur eine geringe Potentialabhängigkeit: der Anstieg der Kurve *1* in Abb. 106 beträgt etwa 350—400 mV. Bei Potentialen des Wasserstoffbereichs zeigt die Oxydationsgeschwindigkeit dagegen eine starke Potentialabhängigkeit. In der sauren Lösung beträgt der Kurvenanstieg im φ_r-Bereich von 100—300 mV etwa 130 mV, bei kleineren φ_r-Werten sinkt der Kurvenanstieg merklich ab. In einer alkalischen Lösung erreicht der Kurvenanstieg bei Potentialen der Wasserstoffadsorption Werte von 40—50 mV. Qualitativ kann die Änderung des Kurvenanstiegs beim Übergang von Potentialen des Doppelschicht- zum Wasserstoff-

[1]) *A. d. H.:* [249—251, 241, 247].

bereich damit zusammenhängen, daß im ersten Fall die Reaktion an einer Oberfläche mit geringer Wasserstoff- und Sauerstoffbelegung abläuft, während im zweiten Fall die Oberflächenbedeckung mit Wasserstoff sich in erster Näherung linear mit dem Potential ändert (s. Gleichung (VII.34)). Die Oxydationsgeschwindigkeit des Methanols ändert sich zu Beginn der Adsorptionsreaktion linear mit der Alkoholkonzentration und ist nur unwesentlich vom pH-Wert der Lösung abhängig. Alle diese Ergebnisse bestätigen die Vorstellung, daß der nichtstationäre Strom der Methanoloxydation durch das kinetische Modell der Methanoladsorption

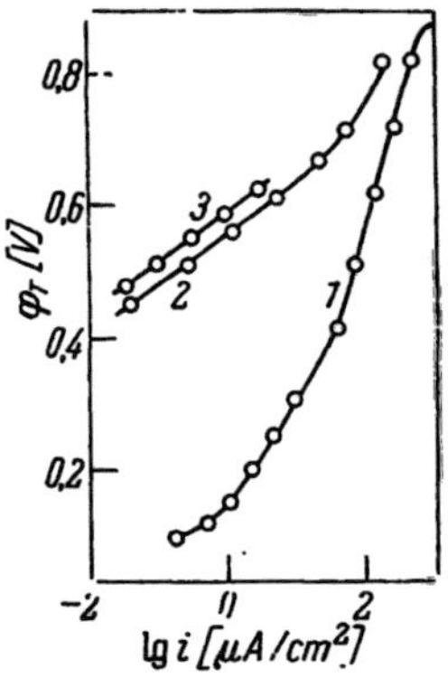

Abb. 106: Potentialabhängigkeit der Methanoloxydation an der Oberfläche der Pt/Pt-Elektrode ohne adsorbierten organischen Stoff (*1*) und unter stationären Bedingungen (*2*) in einer Lösung aus 1 n H_2SO_4 + 0,1 m CH_3OH [41, 35]

3 — Polarisationskurve der Oxydation der Chemisorptionsprodukte des Methanols in 1 n H_2SO_4

an der Platinoberfläche beschrieben wird. Die hohen Oxydationsgeschwindigkeiten des Methanols an der von chemisorbiertem Stoff freien Oberfläche der Platinelektrode werden durch Dehydrierungsreaktionen hervorgerufen und gestatten es, die Besonderheiten der durch lineare Änderung des Elektrodenpotentials erhaltenen nichtstationären Kurven zu erklären [199].

Die Polarisationskurve der elektrochemischen Oxydation von Methanol unter stationären Bedingungen (Abb. 106, Kurve *2*) entspricht der Tafel-Gleichung mit einem Anstieg von 0,06 V im Potentialintervall von 0,45—0,55 V. Bei niedrigen anodischen Potentialen ist auch ein deutlicher, quantitativer Unterschied in den Oxydationsgeschwindigkeiten des nichtstationären und stationären Prozesses erkennbar. Beispielsweise ist die Geschwindigkeit der Methanoldehydrierung bei $\varphi_r = 0{,}4$ V in saurer Lösung etwa um das 10^4-fache höher als die Geschwindigkeit der stationären elektrochemischen Oxydation. Mit steigenden anodischen φ_r-Werten verringert sich der Unterschied in den Prozeßgeschwindigkeiten.

Durch Messungen in der Adsorptionsschicht erhielt man eine Polarisationskurve der elektrochemischen Oxydation der Chemisorptionsprodukte des Methanols (s. Abb. 106, Kurve *3*) [41, 34, 35]. Dazu kann man die Oxydationspotentiale des chemisorbierten Methanols in den Ladungskurven der $Pt(CH_3OH)_{ads}$-Elektrode benutzen, die bei verschiedenen Stromdichten aufgenommen wurden, oder den Anfangsbereich der potentiostatischen Kurven auswerten, die für die elektrochemische Oxydation des Chemisorptionsproduktes bei langsamer Potentialänderung aufgenommen wurden (Abb. 107)[1]). Aus der Abb. 106 folgt, daß der Anstieg der Kurven *2* und *3* gleich groß ist und die Überspannungswerte sich einander annähern. In saueren Lösungen ist die Überspannung der Methanoloxydation in einer Methanollösung und die Überspannung der Oxydation des Chemisorptionsproduktes nur wenig pH-abhängig. In alkalischen Lösungen kann man zwei Stufen für die Oxydation des chemisorbierten Stoffes in den galvanostatischen Kurven beobachten (s. Abb. 107). Die erste Stufe entspricht einer Vorstufe in den potentiostatischen Kurven. Das Auftreten des leicht oxydierbaren Stoffes in alkalischen Lösungen verringert die Überspannung des stationären Oxydationsprozesses des Methanols. Mit steigendem pH-Wert sinkt in alkalischen

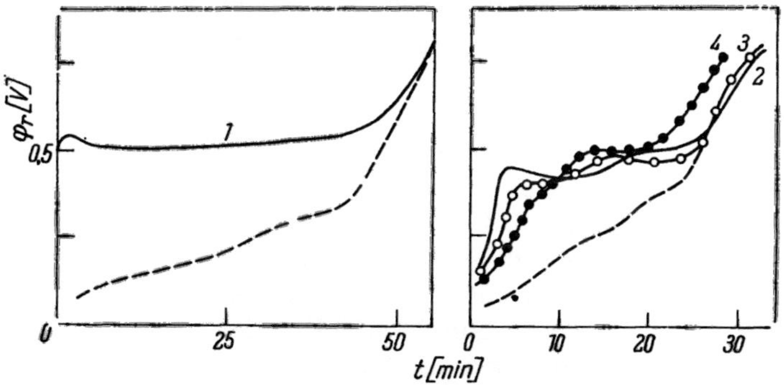

Abb. 107: Galvanostatische Kurven der elektrochemischen Oxydation von Methanol, das durch Polarisation einer Pt/Pt-Elektrode bei $i = 10^{-4}$ A/cm² chemisorbiert wurde in 0,1 n H_2SO_4 + 0,5 m CH_3OH (*1*); 0,1 n KOH + 0,5 m CH_3OH (*2*); 1 n KOH + 0,5 m CH_3OH (*3*); 10,7 m KOH + 0,5 m CH_3OH (*4*) [35]

Punktierte Linien — Ladungskurven in 0,1 n H_2SO_4 und 1 n KOH

Lösungen die Überspannung des Oxydationsbeginns des chemisorbierten Stoffes, wobei eine annähernd gleiche pH-Abhängigkeit auch für die Oxydation in einer Methanollösung charakteristisch ist. Die Parallelen im Charakter der elektrochemischen Oxydation eines chemisorbierten Stoffes, der nach dem Auswaschen an der Elektrode zurückbleibt, und im Charakter der Methanoloxydation in der Lösung gibt Veranlassung zu der Annahme, daß die elektrochemische Alkoholoxydation unter stationären Bedingungen durch die Oxydation der Chemisorptionsprodukte des Alkohols bestimmt wird.

Die Teilnahme des chemisorbierten Stoffes an der stationären Methanoloxydation ermöglicht es, eine Reihe experimentell beobachtbarer Phänomene zu erklären. Der Vergleich der elektrochemischen Oxydationsgeschwindigkeit von

[1]) Diese Kurven muß man der Oxydation von Produkten zurechnen, die bei anodischer Polarisation der Elektrode bei 0,35—0,5 V angehäuft werden. Unter solchen Bedingungen sammelt sich etwa die doppelte Menge an Chemisorptionsprodukten an im Vergleich zur stromlosen Kette.

Methanol mit den entsprechenden stationären Oberflächenbedeckungen zeigte [196, 198], daß im Bereich mittlerer Bedeckungsgrade der Logarithmus der Geschwindigkeit linear mit dem Bedeckungsgrad wächst, d. h., bei φ_r = const. gilt

$$i = k \exp(\beta f \theta), \tag{VII.54}$$

wobei für alle Potentiale $\beta f = 4{,}6—5{,}0$ beträgt. Da $f = 10—11$ ist (s. S. 309), ergibt sich für $\beta = 0{,}45$. Der Ausdruck (VII.54) für den Oxydationsstrom des Methanols ist dem Ausdruck für die Desorptionsgeschwindigkeit bei gleichmäßig inhomogener Oberfläche analog [52—54].

Die Geschwindigkeit der elektrochemischen Methanoloxydation kann unter stationären Bedingungen für konstante φ_r- und pH-Werte und einen mittleren Konzentrationsbereich durch die folgende Gleichung ausgedrückt werden [43]:

$$i = kc^{\beta}, \tag{VII.55}$$

wobei der β-Wert annähernd 0,5 erreicht. Die exponentielle Abhängigkeit kann auf der Basis der Gleichungen (VII.54) und (VII.27) erklärt werden.

Im Bereich $0{,}4 < \varphi_r < 0{,}55$ V ist die Bedeckung der Elektrodenoberfläche mit chemisorbiertem Methanol potentialunabhängig. In diesem Potentialintervall beträgt der Anstieg der stationären Polarisationskurve nahezu 60 mV, d. h., er erreicht den Wert von annähernd 2,3 RT/F. Beim Übergang von einem Punkt zum anderen auf der Polarisationskurve bei einem Potential von $\varphi_r > 0{,}6$ V wird eine Änderung der Oberflächenkonzentration des Alkohols beobachtet. Um den Potentialeinfluß auf die Geschwindigkeit der Methanoloxydation unter diesen Bedingungen aufzuklären, muß man Polarisationskurven bei θ = const. aufnehmen. Solche Polarisationskurven wurden in den Arbeiten [196,198] erhalten. Bei verschiedenen Potentialen wurden die Geschwindigkeiten der Methanoloxydation in Lösungen mit den entsprechenden Konzentrationen an organischem Stoff aufgenommen, wobei die Bedingung θ = const. durch die Wahl der Konzentration erfüllt war. Die Messungen ergaben, daß im Potentialintervall von 0,5—0,8 V die Geschwindigkeit der Methanoloxydation bei θ = const. durch die Gleichung (VII.56) ausgedrückt werden kann:

$$i = k \exp\left(\frac{\beta' F}{RT} \varphi_r\right), \tag{VII.56}$$

wobei der experimentelle Wert von $\beta' = 0{,}78—0{,}86$ betrug, d. h. genau wie bei niedrigen Potentialen nahe eins. Somit beträgt bei Annahme einer konstanten Oberflächenbedeckung der Anstieg der Tafelgeraden im Potentialintervall von 0,45—0,65 V etwa 2,3 RT/F.

Wenn man von dieser Tatsache ausgeht und weiterhin berücksichtigt, daß die Reaktionsgeschwindigkeit bei φ_r = const. pH-unabhängig[1]) ist, ist mit größter

[1]) Die Vorstellung der Oxydation der organischen Stoffe unter Beteiligung der OH_{ads} auf Grund des pH-Einflusses auf die Reaktionsgeschwindigkeit wurde erstmals in der Arbeit [201] ausgesprochen.

Wahrscheinlichkeit in sauren Lösungen als gehemmtes Stadium des stationären Prozesses die Wechselwirkung der chemisorbierten Teilchen mit den OH_{ads}-Teilchen anzunehmen, etwa nach dem Beispiel

$$H_2O - e^- \rightleftharpoons OH_{ads} + H^+,$$

$$OH_{ads} + RH_{ads} \xrightarrow{gehemmt} R_{ads} + H_2O, \tag{5}$$

wobei RH_{ads} das chemisorbierte Teilchen darstellt, das am geschwindigkeitsbestimmenden Stadium des Prozesses beteiligt ist. Bei konstantem Bedeckungsgrad des organischen Stoffes weisen die kinetischen Gleichungen, die einer solchen Vorstellung entsprechen, folgende Form auf:

$$i = k \exp\,(F\varphi_r/RT), \tag{VII.57}$$

$$\left(\frac{\partial \varphi_r}{\partial \lg i}\right)_{pH,\theta} = 2{,}3\,RT/F, \tag{VII.58}$$

$$\left(\frac{\partial \ln i}{\partial (pH)}\right)_{\varphi_r,\theta} = 0. \tag{VII.59}$$

Beweise für die Anwesenheit von adsorbiertem Sauerstoff bei den Potentialen der Methanoloxydation sind in [160] angeführt.

Bei Potentialen von $\varphi_r \gtrsim 0{,}6$ V wächst die Geschwindigkeit der elektrochemischen Oxydation der Chemisorptionsprodukte des Methanols so stark an, daß sie die Adsorptionsgeschwindigkeit des Alkohols an der Elektrodenoberfläche beeinflußt, d. h., sie führt zu einer Hemmung des Adsorptionsstadiums. Bei $\varphi_r > 0{,}8$ V verringert sich die Adsorptionsgeschwindigkeit infolge der festen Sauerstoffadsorption an der Elektrode. In Übereinstimmung damit geht auch die Geschwindigkeit der stationären Methanoloxydation zurück.

Die Untersuchung der in einer Methanollösung an der Oberfläche von Pd, Rh, Ru, Os, Pt + Ru sowie Pd + Ru [56, 62, 200, 35, 178] verlaufenden Prozesse führt auch zu Aussagen über die Unterschiede im Mechanismus an der mit dem chemisorbiertem Stoff unbedeckten und belegten Elektrodenoberflächen.

Ungeachtet der Parallelen bei der Oxydation der Chemisorptionsprodukte der organischen Stoffe an der Elektrode und den stationären Oxydationsprozessen stimmen die Prozeßgeschwindigkeiten unter gleichen Bedingungen quantitativ nicht vollkommen überein. Die Überspannungsdifferenz in 1 n H_2SO_4 beträgt etwa 40 mV, in 1 n KOH etwa 85 mV, d. h., der Unterschied in den Reaktionsgeschwindigkeiten erreicht somit etwa das 2—3fache. Diese Differenz bezieht sich auf die Polarisationskurven, die nach den Potentialsprüngen in den Ladungskurven in Anwesenheit des chemisorbierten Stoffes konstruiert wurden. In den Oxydationskurven der Chemisorptionsprodukte, die bei Elektrodenpolarisation in Methanollösungen bei $\varphi_r = 0{,}35$—$0{,}5$ V (s. Abb. 107) entstehen, beobachtet man tatsächlich vor Verlassen der Stufe ein Maximum. Wenn man die Polarisationskurven für die Oxydation der adsorbierten Stoffe nach den Maximapotentialen aufstellt, erreicht die Differenz zu den Geschwindigkeiten des stationären Prozesses eine Größenordnung.

Der direkte Vergleich zwischen der Oxydationsgeschwindigkeit der Chemisorptionsprodukte und der Oxydation der organischen Stoffe in den Lösungen ergibt bei Äthanol und Ameisensäure noch größere Differenzen. So ist die Überspannung der elektrochemischen Oxydation des sowohl in saurer, als auch in alkalischer Ameisensäurelösung[1]) chemisorbierten Stoffes um annähernd 200 mV höher als die Überspannung der elektrochemischen Oxydation von HCOOH in der Lösung. Bei einem Anstieg der Polarisationskurve der Ameisensäureoxydation von etwa 60 mV entspricht das einer Geschwindigkeitsdifferenz von ungefähr 10^3. Man kann mit großer Wahrscheinlichkeit annehmen, daß der Prozeß in diesem Fall teilweise nach zwei parallelen Reaktionen abläuft: über fest chemisorbierte Teilchen, die beim Auswaschen der Elektrode nicht entfernt werden und über weniger fest gebundene und leichter oxydierbare Teilchen, die sich von den erstgenannten auch in ihrer Zusammensetzung unterscheiden können.

Der Beitrag der ersten Reaktion zum Gesamtstrom der Ameisensäureoxydation ist gering, daß man im vorliegenden Beispiel den fest chemisorbierten Stoff als inaktives Nebenprodukt betrachten kann, der die Elektrodenoberfläche blockiert. Auf den komplizierten Verlauf der elektrochemischen HCOOH-Oxydation verweist auch die verzögerte Einstellung der stationären Potentiale bei der Aufnahme der galvanostatischen Polarisationskurven in Ameisensäurelösungen [64]. Offensichtlich laufen parallele Reaktionen auch bei der elektrochemischen Oxydation von Methanol[2]) und Äthanol ab. Die Analyse der Oxydationsprodukte dieser organischen Stoffe an Platinmetallen bestätigt eine solche Annahme. Wie durch Pavela [2], Bloch u. Mitarb. [206] sowie Schlatter [30] festgestellt wurde, bildet sich bei der Oxydation von Methanol Formaldehyd als Zwischenprodukt. Wenn man jedoch annimmt, daß nur HCO-Telichen oxydiert werden, die eine Übergangsstufe bei der Oxydation zwischen Formaldehyd und Ameisensäure darstellen, dann ist die Bildung von Formaldehyd bei der Methanoloxydation nur schwer zu erklären. Oxydations-Endprodukt des fest chemisorbierten Äthanols ist Kohlenmonoxid. Bei der elektrochemischen Oxydation von C_2H_5OH in Lösung entsteht als Hauptprodukt bei niedrigen Potentialen aber Essigsäure [207, 208]. Diese Angaben zeigen, daß die Zusammensetzung der Stoffe, die den Oxydationsverlauf bestimmen, sich von der Zusammensetzung und dem Adsorptionsverhalten der im 1. Abschnitt dieses Kapitels betrachteten Teilchen unterscheiden kann, da diese vorwiegend die Elektrodenoberfläche bei stromloser Kette belegen.

[1]) Hinsichtlich der elektrochemischen Oxydation von $HCOO^-$ in alkalischen Lösungen gibt es in der Literatur widersprüchliche Meinungen. Neben den Arbeiten [84, 83, 87, 200, 202—204], in denen diese Erscheinung beobachtet wurde, verneinen verschiedene Autoren [49, 205] die Oxydation des Formiations in alkalischen Lösungen.

[2]) Die Methanoloxydation wurde auf verschiedene Weise in der Arbeit [59a] untersucht und nachgewiesen.

Charakteristisch für die Ladungskurven von Pt(X_{ads}) an allen untersuchten Stoffen ist entweder eine unbedeutende φ_r-Änderung mit der Elektrizitätsmenge im Anfangsbereich der elektrochemischen Oxydationsstufe oder das Auftreten eines Maximums in den Kurven (s. Abb. 107). Das Maximum ist besonders gut für Stoffe ausgeprägt, die bei stromloser Kette in Aldehydlösungen sowie nach der Polarisation in den sauren Lösungen aller untersuchten Stoffe chemisorbiert werden. Die angeführten Besonderheiten beruhen offensichtlich darauf, daß die Oxydation des chemisorbierten Stoffes nicht nur durch seine Menge, sondern auch durch die Größe der freien Oberfläche bestimmt wird. Letzteres kann mit der Teilnahme von Teilchen (z. B. OH_{ads}) an der Oxydation verbunden sein, die an den durch den chemisorbierten Stoff unbesetzten Plätzen adsorbiert werden. Die Form und Stärke des genannten Effektes hängt in starkem Maße sowohl vom Absolutwert der freien Oberfläche als auch von der Verteilung der chemisorbierten Teilchen an der Elektrodenoberfläche, der Wechselwirkung der Teilchen untereinander sowie anderen Faktoren ab. Damit kann man offensichtlich die beobachtete, komplizierte Abhängigkeit der Pt(X_{ads})-Kurven-Form von der Natur des organischen Stoffes und den Bedingungen der Versuchsdurchführung (insbesondere dem pH-Wert der Lösung, dem Auftreten spezifisch adsorbierbarer Anionen im Elektrolyten und der Art der Elektrode) erklären.

Bagockij, Vasil'ev u. Mitarb. [196, 198] nehmen an, daß das Auftreten des genannten Effektes, der als „Effekt großer Bedeckungen" bezeichnet wird[1]), auch mit einer Veränderung des geschwindigkeitsbestimmenden Stadiums bei hohen Bedeckungen der Elektrodenoberfläche mit dem organischen Stoff verbunden sein kann, da unter diesen Bedingungen die Wasserentladung gehemmt wird[2]).

Die genannte Erscheinung kommt offensichtlich in ihrem Charakter dem von Gilman [94] beobachteten scharfen Anwachsen der elektrochemischen Oxydationsgeschwindigkeit von Kohlenmonoxid je nach dem Oxydationsgrad des adsorbierten Stoffes nahe. Um dieses Ergebnis zu erklären, postulierte Gilman den Mechanismus der „Reaktionspaare", der von der Reaktion des adsorbierten Kohlenmonoxids mit auf benachbarten Plätzen adsorbierten Wassermolekülen ausgeht. Somit ist die Reaktionsgeschwindigkeit sowohl von der Oberflächenbedeckung mit dem adsorbierten Stoff als auch von der Anzahl der freien Plätze an der Oberfläche abhängig. Die „Reaktionspaare" werden zwischen „Inseln" („clusters") aus adsorbierten CO-Molekülen und freien Plätzen an der Oberfläche lokalisiert. Wenn man annimmt, daß die Oxydation nur an der Grenze der Inseln aus adsorbierten CO-Molekülen abläuft, dann kann man für φ_r = const. und

[1]) Diese Bezeichnung ist ungenau, da unter bestimmten Bedingungen das Anwachsen der Reaktionsgeschwindigkeit bei der Oxydation der Teilchen des adsorbierten Stoffes auch bei relativ niedrigen θ-Werten ($< 0{,}5-0{,}6$) beobachtet werden kann.

[2]) Die Hemmung des elektrochemischen Prozesses durch den adsorbierten, reaktionsfähigen Stoff wurde auch an der Quecksilberelektrode bei hohen Bedeckungsgraden beobachtet. Verschiedene mögliche Ursachen für den „Effekt großer Bedeckungen" am Quecksilber wurden von Tedoradze und Eršler [209] diskutiert.

verschiedenen vereinfachenden Bedingungen folgenden Ausdruck für die Reaktionsgeschwindigkeit verwenden:

$$i = k(\theta_{CO} - a)^p(\theta_F - b)^q, \qquad \text{(VII.60)}$$

(θ_{CO} = Oberflächenanteil, der durch CO belegt wird; θ_F = Anteil der freien Oberfläche; p und q = Konstanten, deren Wert zwischen 0,5 und 1 liegt; a und b = Anteil der „inaktiven" Oberflächenbereiche, an denen keine Oxydationsreaktionen ablaufen).

Das Verhältnis zwischen den Adsorptionsprozessen und der elektrochemischen Oxydation unter stationären Bedingungen wurde auch für Methan und Äthan untersucht [107—109][1]). Nach [108, 109] wird die Methanoxydation unter stationären Bedingungen bei Potentialen von 350—500 mV und einer Temperatur von 60 °C durch die Geschwindigkeit der dissoziativen Methanadsorption bestimmt. Zu dieser Annahme gelangte man auf Grund der Untersuchung der Abhängigkeit der Oxydationsgeschwindigkeit des Methans vom Potential, vom pH-Wert der Lösung, vom Methan-Partialdruck, von der Temperatur sowie von der Anwesenheit spezifisch adsorbierbarer Anionen. Die Aktivierungsenergie des Oxydationsprozesses beträgt bei 0,4 V annähernd 16 kcal/Mol.

Niedrach [108] konnte nachweisen, daß die Geschwindigkeit, mit der das adsorbierte Methan an der Oberfläche angehäuft wird, bei 60 °C annähernd 0,01 mCoul/sec pro cm² der wahren Elektrodenoberfläche beträgt. Wenn man annimmt, daß die Zusammensetzung des adsorbierten Methans sich zwischen CH_3 und CO bewegt, dann erhält man aus der bekannten Adsorptionsgeschwindigkeit eine Oxydationsgeschwindigkeit von 0,15—0,5 $\mu A/cm^2$. Die beobachtete maximale Oxydationsgeschwindigkeit von Methan erreicht 0,3 $\mu A/cm^2$, d. h., sie stimmt gut mit der Annahme überein, daß die Oxydationsgeschwindigkeit des Methans durch die Adsorptionsgeschwindigkeit bestimmt wird. Für Äthan liegt die Adsorptionsgeschwindigkeit um eine Größenordnung über der Adsorptionsgeschwindigkeit des Methans. Die vermutliche Zusammensetzung des adsorbierten Äthans liegt zwischen C_2H_2 und CO, davon ausgehend erhält man einen maximalen Adsorptionsstrom von 14—35 $\mu A/cm^2$.

Für Äthan erreicht der Maximalwert des Stroms jedoch tatsächlich nur 2,5 $\mu A/cm^2$. In der Veröffentlichung [108] wird die Vermutung geäußert, daß dieser Stromwert der Adsorptionsgeschwindigkeit des Äthans an der teilweise mit adsorbierten Teilchen belegten Oberfläche entspricht. Eine solche Vorstellung stimmt mit der Annahme überein, daß im Falle von Äthan an der Elektrodenoberfläche Teilchen unterschiedlicher Zusammensetzung auftreten; dabei handelt es sich hauptsächlich um schwer oxydierbare Teilchen. Bei niedrigen Potentialen beträgt der Anstieg der Polarisationskurve für die Äthanoxydation ungefähr 60 mV. Hierbei wird nach [108] die Reaktionsgeschwindigkeit durch die Oxydation der Adsorptionsprodukte des Äthans bis zum CO_2 und H_2O bestimmt. Auf Grund der kineti-

[1]) *A. d. H.:* [272, 290, 291].

schen und Adsorptionsmessungen nimmt NIEDRACH [108] an, daß die elektrochemische Oxydation der Kohlenwasserstoffe katalysiert wird. Die Katalysatoren führen zu einer Crackung der Kohlenwasserstoffe unter Bildung von Teilchen, die ein Kohlenwasserstoffatom enthalten, außerdem aktivieren sie die Reaktion solcher Teilchen mit Wasser.

Der Mechanismus der elektrochemischen Oxydation der großen Gruppe ungesättigter Kohlenwasserstoffe (Äthylen, Acetylen, Propylen, Buten-1, Buten-2, Allen, Butadien, Cyclohexadien, Benzol), die einfache und konjugierte Doppelbindungen enthalten, wurde von BOCKRIS u. Mitarb. [105, 106, 180, 194, 210 bis 216] detailliert untersucht. Die in diesen Arbeiten gewonnenen experimentellen Ergebnisse können wie folgt interpretiert werden:

1. Bei $\varphi_r \simeq 0{,}4-0{,}75$ V wird in 1 n H_2SO_4 bei 80 °C an der glatten und platinierten Platinelektrode $(\partial\varphi/\partial \lg i)_{\mathrm{pH},p} \simeq 0{,}14-0{,}19$ V für ungesättigte Kohlenwasserstoffe mit einer Doppelbindung und 0,07 V für Acetylen (p = Partialdruck des Kohlenwasserstoffs).
2. Im Tafelbereich beträgt $(\partial \lg i/\partial p)_{\varphi,\mathrm{pH}}$ zwischen $-0{,}11$ bis $-0{,}2$.
3. Für Acetylen wird $(\partial \lg i/\partial(\mathrm{pH}))_\varphi \simeq 0{,}8$, für andere Kohlenwasserstoffe etwa 0,39–0,47.
4. Die scheinbaren Aktivierungsenergien für die Oxydation der verschiedenen Kohlenwasserstoffe liegen nahe beieinander und betragen annähernd 20–24 kcal/Mol.
5. Die Oxydationsgeschwindigkeit der Kohlenwasserstoffe wächst in der Reihenfolge: Benzol < Butadien < Butene < Propylen < Äthylen < Allen. Die Unterschiede zwischen den Geschwindigkeitskonstanten bewegen sich jedoch innerhalb einer Größenordnung.
6. Bei $\varphi_r > 0{,}85-1{,}05$ V (in Abhängigkeit vom Kohlenwasserstofftyp) wird die Oxydation der Kohlenwasserstoffe infolge der Adsorption bedeutender Sauerstoffmengen gehemmt.
7. Die Elektrode kann durch einen anodischen Impuls aktiviert werden, d. h. durch Erhöhung des Elektrodenpotentials auf 0,9 V. Der zeitabhängige Stromabfall nach der Aktivierung der Elektrode ist abhängig vom Kohlenwasserstofftyp sowie dem Partialdruck des Kohlenwasserstoffs und wird durch die Adsorption des Kohlenwasserstoffs an der Oberfläche hervorgerufen.

Das Reaktionsschema geht von diesen Angaben aus und umfaßt das gehemmte Stadium der Wasserentladung unter Bildung adsorbierter OH-Teilchen und schneller Wechselwirkung dieser Teilchen mit dem an der Oberfläche adsorbierten Kohlenwasserstoff:

$$H_2O \xrightarrow{\text{gehemmt}} OH_{ads} + H^+ + e^-, \tag{6}$$

$$RH_{ads} + OH_{ads} \rightarrow \text{Produkte}. \tag{7}$$

Diesem Schema entspricht die Gleichung

$$i = k(1 - \theta_t) \exp(\beta F \varphi_r / RT), \tag{VII.61}$$

(θ_t = Gesamtbedeckung der Elektrodenoberfläche mit OH_{ads} und RH_{ads}). Diese Gleichung gibt eine Erklärung für den Abfall der Oxydationsgeschwindigkeit bei wachsendem Kohlenwasserstoff-Partialdruck im System, da bei steigendem Kohlenwasserstoffdruck der Anteil der Oberfläche abnimmt, an dem die Reaktion (6) abläuft.

Bei der elektrochemischen Oxydation von Acetylen ist die Reaktion (7) gehemmt [213], weil die Adsorptionswärme des Acetylens am Platin höher ist als die Adsorptionswärme der ungesättigten Kohlenwasserstoffe mit Doppelbindungen. Außerdem ist die Dissoziationswärme der CH-Bindung für Acetylen ebenfalls höher als für Äthylen.

In der Veröffentlichung [217] wird für die Oxydation von Oxalsäure an der Platinelektrode ein elektrochemischer Mechanismus vorgeschlagen, der auf der Vorstellung beruht, daß die an der Elektrodenoberfläche adsorbierten HC_2O_4-Teilchen am Reaktionsablauf beteiligt sind:

$$HC_2O_{4ads} \rightarrow 2CO_2 + H^+ + e^-.$$

Die kinetischen Gleichungen für diese Reaktion wurden an Hand verschiedener Vorstellungen über die Eigenschaften der Elektrodenoberfläche analysiert (homogene Oberfläche und gleichmäßig inhomogene Oberfläche).[1])

Somit kann man feststellen, daß gegenwärtig bei der Diskussion der anodischen Oxydation organischer Stoffe von dem Zusammenhang zwischen der Adsorption und der Kinetik des Prozesses ausgegangen wird. Deshalb gelingt es, durch die Untersuchung der gesetzmäßigen Zusammenhänge der Adsorption organischer Stoffe tiefer in den Mechanismus von Elektrodenreaktionen einzudringen.

7.7. Adsorption organischer Stoffe bei hohen anodischen Potentialen

Bei Potentialen, die positiver als das reversible Sauerstoffpotential sind, werden die Adsorptionserscheinungen sehr kompliziert infolge des stark veränderten Oberflächenzustandes der Platinelektrode (s. [218]). Nichtstationäre Oxydationsprozesse an der glatten Platinelektrode wurden im Potentialintervall von $\varphi_r \simeq 0{,}8-2{,}8$ V in dem System Natriumacetat—Essigsäure und in Perchlorsäurelösungen durch FLEISCHMANN u. Mitarb. [219] mit Impulsmethoden untersucht.

Unmittelbare Adsorptionsmessungen in diesem Potentialbereich wurden kaum durchgeführt. Ihre Ergebnisse sind jedoch für die Aufklärung des Mechanismus der Elektrosynthese nach KOLBE von großem Interesse. Die Abhängigkeit der KOLBEschen Elektrosynthese von der Adsorption der organischen Verbindungen bei hohen anodischen Potentialen wurde bereits von ANTROPOV [220] erkannt.

Verschiedenartige Besonderheiten charakterisieren im genannten Potentialbereich die Adsorption anorganischer Anionen. So konnte KAZARINOV [221] mit Hilfe von radioaktiven Indikatoren nachweisen, daß Halogenidionen die Sulfationen-Adsorption im Potentialbereich $\varphi_r = 1{,}5-2{,}0$ V verhindern, wobei die

[1]) *A. d. H.:* In der letzten Zeit befaßten sich folgende Arbeiten mit dem Zusammenhang zwischen anodischer Oxydation und Adsorption organischer Stoffe: CH_4 [290], C_2H_6 [272, 291], C_3H_8 [272, 275, 276, 292, 293], n-C_4H_{10} [272], n-C_6H_{14} [294], C_2H_4 [291a, 295], HCHO [252, 253], HCOOH [251, 252, 257], $HCOO^-$ [256], CO an Pt [257—261], CO an Rh [262], CO an Au [263], C_2H_5OH [265], Alkohole bis C_6 [255].

Reihenfolge ihrer Oberflächenaktivität sich gegenüber niedrigeren Potentialen umkehrt: $F^- > Cl^- > Br^- > J^-$. Diese Erscheinung kann mit dem Einbau der F^--Ionen in den Oxidfilm erklärt werden.

In der Arbeit [222] wurde der Oberflächenzustand der Platinelektrode bei Potentialen, bei denen die KOLBEsche Synthese noch nicht ablaufen kann, mit Hilfe von Differentialkapazitäts-Kurven und radioaktiven Indikatoren untersucht. Die Adsorption von Acetationen am Platin verändert in dem betrachteten Potentialbereich die Form der Differentialkapazitäts-Kurve wesentlich. Der anfängliche Kapazitätsabfall infolge der Anionenadsorption wird in Gegenwart von Acetationen zu kathodischeren Potentialwerten verschoben. Einen direkten Beweis für die ausgeprägtere spezifische Adsorbierbarkeit der CH_3COO^--Anionen

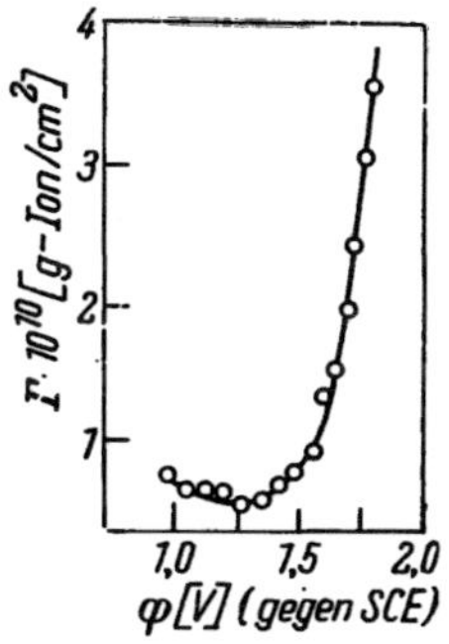

Abb. 108: Potentialabhängigkeit der Acetationen-Adsorption an der glatten Platinelektrode in einer Lösung aus 0,1 n CH_3COONa + 0,1 n CH_3COOH [223]

im Vergleich mit den SO_4^{2}-Ionen liefert die radioaktive Indikatormethode. Bereits bei Zusatz von 0,02 g-Äquiv./*l* Natriumacetat zu einer 0,1 n Na_2SO_4-Lösung sinkt die SO_4^{2-}-Adsorption um das nahezu 5fache. Eine weitere Erhöhung der Acetatkonzentration führt zu einer praktisch vollkommenen Verhinderung der Sulfationen-Adsorption. Die direkte Bestimmung der Acetationen-Adsorption an Platin [223] zeigt, daß in dem der KOLBEschen Synthese vorgelagerten Potentialbereich die Acetationen-Adsorption stark zunimmt (Abb. 108). Das Potential, bei dem die deutliche Adsorptionszunahme beobachtet wird, entspricht dem Beginn der KOLBEschen Synthese. Diese Angaben wurden benutzt, um die Annahme zu begründen, daß die Acetationen-Adsorption infolge Hemmung der Sauerstoffentwicklung den Ablauf der KOLBEschen Synthese ermöglicht.

FIOŠIN u. Mitarb. [224—230] untersuchten den Einfluß verschiedener Zusätze auf die anodische Kondensation nach KOLBE. Gleichzeitig mit der Aufnahme von Polarisationskurven wurde die differentielle Kapazität der Platinelektrode aus dem Potentialabfall nach dem Ausschaltvorgang bestimmt, das ermöglichte verschiedene Schlußfolgerungen über die Adsorption der Zusätze am Platin. Abb. 109 zeigt Differentialkapazitätskurven der Platinelektrode in 1 m CH_3COONa mit Zusätzen von 1,3-Butadien. Der Butadienzusatz führt zu einem merklichen Kapazitätsabfall der Elektrode, das weist auf die starke Dienadsorption am oxydierten Platin hin. Es wird angenommen [225], daß die Dienadsorption auf die im Molekül vorhandenen, leicht polarisierbaren konjugierten Doppelbindungen zurückzuführen ist, wobei die π-Elektronen mit den positiven Ladungen der Elektrodenoberfläche in Wechselwirkung treten. Die aus den Kapazitätsmessungen abgeleiteten Adsorptionsisotherme des Butadiens entsprechen dem logarithmischen Typ. Einen analogen Einfluß übt Butadien auch auf die Kapazität der Platinelektrode in Lösungen der Monoester der Dicarbonsäuren aus [228]. Die Elektrodenkapazität im Bereich hoher anodischer Potentiale wird auch durch Methanol in starkem Maße beeinflußt, diese Tatsache bestätigt die Methanoladsorption an der Oberfläche des stark oxydierten Platins.

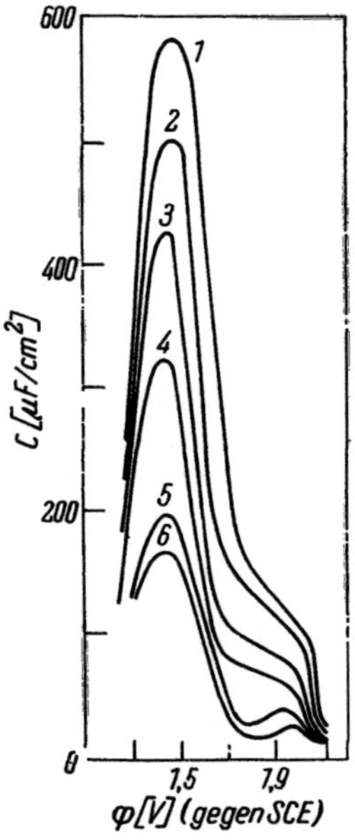

Abb. 109: Potentialabhängigkeit der Kapazität der Platinelektrode in 1 m CH_3COONa mit verschiedenen 1,3-Butadien-Zusätzen [226]

1 – 0; *2* – $8{,}35 \cdot 10^{-5}$; *3* – $4{,}175 \cdot 10^{-4}$; *4* – $8{,}35 \cdot 10^{-4}$; *5* – $4{,}175 \cdot 10^{-3}$; *6* – $8{,}35 \cdot 10^{-3}$ m Butadien

Der Vergleich und die Analyse der Polarisations- und Differentialkapazitätskurven läßt die Schlußfolgerung zu, daß man den Einfluß der organischen Zusätze auf die Kinetik und den Mechanismus der anodischen Kondensation als Ergebnis der Adsorption dieser Stoffe an der Elektrodenoberfläche betrachten muß.

Um den Mechanismus der elektrochemischen Decarboxylierung, die Kolbesche Reaktion und die Rolle der Adsorptionserscheinungen in diesen Prozessen zu erklären, wurde von Conway u. Mitarb. [231—235] eine Konzeption entwickelt, die auf der Untersuchung verschiedener Modellreaktionen beruht. Diese Reaktionen sind relativ einfach und werden nicht durch verschiedenartige Nebenreaktionen kompliziert. Als solche Modellreaktionen wurden ausgewählt: die elektrochemische Decarboxylierung von Formiat in wasserfreier Ameisensäure, in Acetonitril und Propylencarbonat sowie die Kolbesche Reaktion in Lösungen von Trifluoracetat in Trifluoressigsäure. Der Wasserzusatz zu den untersuchten Systemen, in denen die Sauerstoffabscheidung und die Bildung von Phasenoxiden ausgeschlossen wurde, ermöglicht es nachträglich, den Einfluß der Oxidbildung auf die Anodenprozesse zu verfolgen. Aus galvanostatischen Messungen und der Bestimmung des Potentialabfalls konnte abgeleitet werden, daß der Decarboxylierung die Bildung einer Monoschicht von adsorbierten Reaktionszwischenprodukten an der Elektrodenoberfläche vorgelagert ist: $HCOO_{ads}$ bei Formiat und CF_3COO_{ads} bei Trifluoracetat. Diese Produkte werden nach dem elektrochemischen Mechanismus gebildet

$$HCOO^- \rightarrow HCOO_{ads} + e^-,$$

$$CF_3COO^- \rightarrow CF_3COO_{ads} + e^-.$$

Die nachfolgenden Prozesse in nichtwäßrigen Formiatlösungen werden ausgedrückt durch die Gleichungen

$$HCOO_{ads} \rightarrow CO_2 + H_{ads},$$

$$H_{ads} \rightarrow H^+ + e^-,$$

oder

$$HCOO_{ads} \rightarrow CO_2 + H^+ + e^-.$$

In den Arbeiten [231—235] werden die Methoden zur Bestimmung der bei der Adsorption auftretenden Pseudokapazität aus galvanostatischen und potentiostatischen Messungen sowie dem Potentialabfall diskutiert. Die Pseudokapazität bildet sich hierbei durch Änderung der Bedeckung der Oberfläche mit den adsorbierten Reaktionszwischenprodukten bei Veränderung des Elektrodenpotentials aus.[1])

Literatur

[1] A. I. Šlygin, M. E. Manželej, Mitt. d. Universität Kišinev, 8 (1953), 13

[2] T. O. Pavela, Ann. Acad. Sci. Fennicae, Ser. *A*, (1959), 59

[3] A. I. Šlygin, „*Arbeiten des 3. Symposiums der Elektrochemie*“, Moskau, Verl. d. Akad. d. Wiss. d. UdSSR, 1953, S. 322

[4] G. P. Chomčenko, G. D. Vovčenko, Vestn. MGU, Serie Naturwiss., Nr. 8 (1955), 91

[5] Ju. A. Podvjazkin, A. I. Šlygin, Ž. fiz. chim., **30** (1956), 1521

[6] T. I. Počekaeva, ebenda, **35** (1961), 1606

[7] M. W. Breiter, S. Gilman, J. Electrochem. Soc., **109** (1962), 622

[8] M. W. Breiter, Electrochim. Acta, 8 (1963), 477

[9] D. V. Sokol'skij, „*Hydrierung in Lösungen*“, Alma-Ata, Verl. d. Akad. d. Wiss. d. Kasachst. SSR, 1962, Kap. 2.

[10] G. C. Bond, "*Catalysis by Metalls*", New York, Acad. Press., 1962

[11] D. O. Hayword, B. M. T. Trapnell, „*Chemisorption*“, London, Butterworths, 1964

[1]) *A. d. H.:* Das Verhalten bei hohen anodischen Potentialen wurde weiterhin von aliphatischen Alkoholen [296, 297] und verschiedenen organischen Substanzen [298] untersucht.

[12] R. W. Roberts, Trans. Faraday Soc., **58** (1962), 1159; Ann. New York Acad. Sci., **101** (1963), 766; J. Phys. Chem., **67** (1963), 2035; **68** (1964), 2718
[13] Č. Kemböll, „*Katalyse, Fragen der Auswahl und stereospezifischen Verhaltensweise von Katalysatoren*", Moskau, 1963
[14] D. W. McKee, J. Am. Chem. Soc., **84** (1962), 1109, 4427; J. Phys. Chem. **67** (1963), 841
[15] A. G. Popov, R. E. Mardalejšvili, Vestn. MGU, Ser. Chem., Nr. 1 (1962), 34
[16] V. M. Grjaznov, V. I. Šimulis, T. V. Dilingerova, ebenda, Nr. 2 (1962), 26
[17] G. Blyholder, L. D. Neff, J. Catalysis, **2** (1963), 138; J. Phys. Chem., **70** (1966), 1738; G. Blyholder, W. V. Wyatt, J. Phys. Chem., **70** (1966), 1745
[18] S. L. Kiperman, I. R. Davydova, Ž. fiz. chim., **34** (1965), 262
[19] B. A. Morrow, N. Sheppard, J. Phys. Chem., **70** (1966), 2406
[20] R. S. Hansen, J. R. Arthur jr., N. Y. Mimeault, R. R. Rye, J. Phys. Chem., **70** (1966), 2787
[21] L. W. Niedrach, J. Electrochem. Soc., **111** (1964), 1309
[22] J. Giner, Electrochim. Acta, **8** (1963), 857
[23] J. Giner, ebenda, **9** (1964), 63
[24] J. Giner, "*Thesis of 15th CITCE-Meeting*", London, 1964
[25] P. R. Johnson, A. T. Kuhn, J. Electrochem. Soc., **112** (1965), 599
[26] B. J. Piersma, T. B. Warner, S. Schuldiner, ebenda, **113** (1966), 841
[27] A. N. Frumkin, B. I. Podlovčenko, Dokl. Akad. Nauk. SSSR, **150** (1963), 349
[28] B. I. Podlovčenko, O. A. Petrij, A. N. Frumkin, ebenda, **153** (1963), 379
[29] B. I. Podlovčenko, E. P. Gorgonova, ebenda, **156** (1964), 673
[30] M. J. Schlatter, "*Fuel Cells*", ed. by G. J. Young, New York, Reinhold Publ. Co., 1963, S. 190; 145th National Meeting American Chem. Soc., New York, 1963, Nr. 4
[31] W. T. Grubb, Nature, **198** (1963) 883; J. Electrochem. Soc., **111** (1964), 1086
[32] S. Gilman, "*Hydrocarbon Fuell Cell Technology*", ed by S. Baker, New York—London, Academic Press, 1965, S. 349
[33] R. P. Eischens, W. A. Pliskin, "*Advances in Catalysis*", v. 10, New York—London, Acad. Press, 1958, S. 1
[34] B. I. Podlovčenko, O. A. Petrij, E. P. Gorgonova, Elektrochimija, **1** (1965), 182
[35] O. A. Petrij, B. I. Podlovčenko, A. N. Frumkin, Hira Lal, J. Electroanal. Chem., **10** (1965), 253
[36] B. I. Podlovčenko, O. A. Petrij, „*Untersuchungsmethoden für Katalysatoren und katalytische Reaktionen*", Bd. 1, Novosibirsk, Verl. d. Akad. d. Wiss. d. UdSSR, 1965, S. 266
[37] J. E. Oxley, G. K. Johnson, B. T. Buzalski, Electrochim. Acta, **9** (1964), 897
[38] D. M. Dražič, V. Dražič, ebenda, **11** (1966), 1235
[39] N. K. Christoforova, A. I. Šlygin, Mitt. d. Fernost-Univ., **8** (1966), 69
[40] A. D. Obručeva, Ž. fiz. chim., **32** (1958) 2155; Dokl. Akad. Nauk. SSSR, **141** (1961), 1413
[41] Hira Lal, O. A. Petrij, B. I. Podlovčenko, Elektrochimija, **1** (1965), 316
[42] A. I. Šlygin, G. A. Bogdanovskij, „*Arbeiten des 4. Elektrochemie-Symposiums*", Moskau 1956, Verl. d. Akad. d. Wiss. d. UdSSR, 1959, S. 282; Ž. fiz. chim., **31** (1957), 2428; **33** (1959), 1769; **34** (1960), 57; G. A. Martinjuk, A. I. Šlygin, ebenda, **32** (1958), 164; A. K. Korolev, A. I. Šlygin, ebenda, **36** (1962), 314
[43] V. S. Bagockij, Ju. B. Vasil'ev, Electrochim. Acta, **9** (1969), 869
[44] S. S. Beskorovajnaja, Ju. B. Vasil'ev, V. S. Bagockij, Elektrochimija, **1** (1966), 167
[45] V. S. Bagockij, Ju. B. Vasil'ev, Electrochim. Acta, **11** (1966), 1439

[46] V. S. BAGOCKIJ, JU. B. VASIL'EV, „*Fortschritte der Elektrochemie organischer Verbindungen*", Moskau, Verl. Wiss., 1966, S. 38
[47] E. MÜLLER, Z. Elektrochem., **29** (1923), 264; E. MÜLLER, S. TAKEGAMI, ebenda, **34** (1928), 704; S. TANAKA, ebenda, **35** (1929), 38
[48] E. JUSTI, W. WINSEL, „*Kalte Verbrennung*", Wiesbaden, Franz Steiner Verlag GmbH, 1962, S. 242
[49] R. BUCK, L. GRIFFITH, J. Electrochem. Soc., **109** (1962), 1005
[50] A. KUTSCHKER, W. VIELSTICH, Electrochim. Acta, **8** (1963), 985
[51] A. N. FRUMKIN, "*Advances in Electrochemistry and Electrochemical Engineering*", v. 3, ed. by P. DELAHAY, New York, Interscience Publ., 1963, S. 287
[52] M. I. TEMKIN, Ž. fiz. chim., **15** (1941), 296
[53] S. Z. ROGINSKIJ, „*Adsorption und Katalyse an inhomogenen Oberflächen*", Moskau, Verl. d. Akad. d. Wiss. d. UdSSR, 1948
[54] S. L. KIPERMAN, „*Einführung in die Kinetik heterogener katalytischer Reaktionen*", Moskau, Verl. d. Akad. d. Wiss. d. UdSSR, 1964
[55] A. G. POLJAK, JU. B. VASIL'EV, V. S. BAGOCKIJ, Elektrochimija, **1** (1965), 968
[56] V. S. ENTINA, O. A. PETRIJ, I. V. ŠELEPIN, ebenda, **2** (1966), 457
[57] T. TAKAMURA, F. MOCHIMARY, "*Extended Abstracts CITCE, General Meeting*", Tokyo, 1966, S. 103
[58] K. SASAKI, M. JOI, S. NAGAURA, Electrochim. Acta, **11** (1966), 1776
[59] V. F. STENIN, B. I. PODLOVČENKO, Elektrochimija, **3** (1967), 481
[59] B. I. PODLOVČENKO, A. N. FRUMKIN, V. F. STENIN, ebenda, **4** (1968), 339
[60] G. BIANCHI, P. LONGHI, Chimica e l'Industria, **46** (1964), 1286
[61] V. S. ENTINA, O. A. PETRIJ, V. T. RYSIKOVA, Elektrochimija, **3** (1967), 758
[62] O. A. PETRIJ, N. LOCHANJAI, ebenda, **4** (1968), 514, 656
[63] B. I. PODLOVČENKO, ebenda, **1** (1965), 101
[64] B. I. PODLOVČENKO, O. A. PETRIJ, A. N. FRUMKIN, HIRA LAL, J. Electroanal. Chem., **11** (1966), 12
[65] G. A. GEJSMAN, „*Organische Reaktionen*", Bd. 2, Moskau, Verl. f. internat. Lit., 1950, S. 106
[66] F. NAGY, G. HORANYI, Acta Chim. Acad. Sci. Hung., **49** (1966), 243
[67] B. I. PODLOVČENKO, V. F. STENIN, Elektrochimija, **3** (1967), 649
[68] JA. WEBER, JU. B. VASIL'EV, V. S. BAGOCKIJ, ebenda, **2** (1966), 515, 522
[69] M. J. SCHLATTER, "*Fuel Cells*", v. 2, ed. by G. I. YOUNG, New York, Reinhold Publish. Co., 1963, S. 200; H. BINDER, A. KÖHLING, G. SANDSTEDE, "*Fuel Cell Systems, Advances in Chemistry*", Ser. 47, Washington, D. C., 1965, S. 283
[70] D. F. A. KOCH, "*Proceedings of the First Australian Conference on Electrochemistry*", 1963; Pergamon Press, 1965, S. 657
[71] R. A. MUNSON, J. Electrochemical Soc., **112** (1964), 572
[72] M. H. GOTTLIEB, ebenda, **111** (1964), 465
[73] C. W. FLEISCHMANN, G. K. JOHNSON, A. T. KUHN, ebenda, **111** (1964), 602
[74] W. VIELSTICH, U. VOGEL, Ber. Bunsenges. physikal. Chem., **68** (1964), 688
[75] M. W. BREITER, J. Electrochem. Soc., **111** (1964), 1298
[76] S. B. BRUMMER, A. C. MAKRIDES, J. Phys. Chem., **68** (1964), 1448
[77] D. R. RHODES, E. F. STEIGELMAN, J. Electrochem. Soc., **112** (1965), 16
[78] M. W. BREITER, Electrochim. Acta, **10** (1965), 503
[79] S. B. BRUMMER, J. Phys. Chem., **69** (1965), 562
[80] S. B. BRUMMER, ebenda, **69** (1965), 1363

[81] M. W. Breiter, J. Electrochem. Soc., **112** (1965), 1244
[82] S. B. Brummer, ebenda, **113** (1966), 1041
[83] N. Minakšisundaram, Ju. B. Vasil'ev, V. S. Bagockij, Elektrochimija, **3** (1967), 193, 283
[84] B. I. Podlovčenko, Hira Lal, O. A. Petrij, ebenda, **1** (1965), 744
[85] Ju. A. Čizmadžev, V. S. Markin, ebenda, **3** (1967), 127
[86] V. S. Entina, O. A. Petrij, Ju. N. Žitnev, ebenda, **3** (1967), 344
[87] R. A. Munson, J. Electroanal. Chem., **5** (1963), 292
[88] A. B. Fasman, G. L. Padjukova, D. V. Sokol'skij, Dokl. Akad. Nauk. SSSR, **150** (1963), 856
[89] T. B. Warner, S. Schuldiner, J. Electrochem. Soc., **111** (1964), 992
[90] S. B. Brummer, J. I. Ford, J. Phys. Chem., **69** (1965), 1355
[91] G. L. Padjukova, A. B. Fasman, D. V. Sokol'skij, Elektrochimija, **2** (1966), 885
[92] A. B. Fasman, Z. N. Novikova, D. V. Sokol'skij, Ž. fiz. chim., **40** (1966), 556
[93] Z. N. Novikova, A. B. Fasman, D. V. Sokol'skij, Elektrochimija, **2** (1966), 1015
[94] S. Gilman, J. Phys. Chem., **66** (1962), 2657; **67** (1963), 78, 1898
[95] S. Gilman, ebenda, **68** (1964), 70
[96] S. Gilman, ebenda, **70** (1966), 2880
[97] H. Pichler, "*Advances in Catalysis*", v. 4, New York—London, Acad. Press, 1952, S. 271
[98] L. W. Niedrach, D. W. McKee, J. Paynter, I. F. Danzig, "*Extended Abstracts, Battery Division*", v. 11, Electrochem. Soc. Fall Meeting, Philadelphia, 1966, S. 32
[99] T. B. Warner, S. Schuldiner, J. Phys. Chem., **69** (1965), 4048
[100] S. B. Brummer, ebenda, **69** (1965), 4049
[101] N. N. Kavtaradze, N. P. Sokolova, Dokl. Akad. Nauk. SSSR, **112** (1965), 847; **168** (1966) 140; **172** (1967), 386; „*Untersuchungsmethoden für Katalysatoren und katalytische Reaktionen*", Bd. 1, Novosibirsk, Verl. d. Sibir. Ber. d. Akad. d. Wiss. d. UdSSR, 1965, S. 95, 109
[102] R. P. Eischens, W. A. Pliskin, "*Avtes Congr. Intern. Catalyse*", 2-e Paris, 1960/1961, S. 789; K. Hirota, K. Kuwatta, T. Otaki, S. Asia, ebenda, S. 809; W. M. H. Sachtler, J. Fahrenfort, ebenda, S. 831
[103] J. Chatt, B. L. Shaw, A. E. Field, J. Chem. Soc., (1964), 3466
[104] C. E. Heath, C. H. Worsham, "*Fuel Cells*", v. 2, ed. Young, New York, Reinhold Publishing Company, 1963, S. 182
[105] J. O'M. Bockris, "*Proceedings of the First Australian Conference on Electrochemistry*", 1963, Pergamon Press, 1965, S. 691
[106] B. Piersma, E. Gileadi, "*Modern Aspects of Electrochemistry*", no. 4, ed. by J. O'M. Bockris, New York, Plenum Press, 1966, S. 47
[107] L. W. Niedrach, S. Gilman, J. Weinstock, J. Electrochem. Soc., **112** (1965), 1161
[108] L. W. Niedrach, ebenda, **113** (1966), 645
[109] R. V. Marvet, O. A. Petrij, Elektrochimija, **3** (1967), 153
[110] S. Gilman, Trans. Faraday Soc., **61** (1965), 2546, 2561
[111] J. A. Shropshire, H. H. Horowitz, J. Electrochem. Soc., **113** (1966), 490
[112] R. Ch. Burštein, A. G. Pšeničnikov, V. S. Tjurin, Dokl. Akad. Nauk. SSSR, **160** (1965), 629
[113] R. Ch. Burštein, A. G. Pšeničnikov, V. S. Tjurin, L. L. Knoc, Elektrochimija, **1** (1965), 1268
[114] R. J. Flannery, D. C. Walker, "*Hydrocarbon Fuel Cells Technology*", ed. by S. Baker, New York—London, Acad. Press, 1965, S. 335

[115] S. GILMAN, J. Electrochem. Soc., **113** (1966), 1036

[116] W. T. GRUBB, M. E. LAZARUS, "*Extended Abstracts, Battery Division*", v. 11; Electrochem. Soc. Fall Meeting, Philadelphia 1966, S. 14

[117] S. B. BRUMMER, J. I. FORD, M. J. TURNER, J. Phys. Chem., **69** (1965), 3424

[118] S. B. BRUMMER, M. J. TURNER, "*Hydrocarbon Fuel Cell Technology*", ed by BAKER, New York—London, Acad. Press, 1965, S. 409

[119] S. B. BRUMMER, M. J. TURNER, "*Extended Abstracts, Battery Division*", v. 11; Electrochem. Soc. Fall Meeting, Philadelphia, 1966, S. 13

[120] J. GINER, J. Electrochem. Soc., **111** (1964), 376

[121] E. J. CAIRNS, A. M. BREITENSTEIN, A. J. SCARPELLINO, "*Extended Abstracts, Battery Division*", v. 11; Electrochem. Soc. Fall Meeting, Philadelphia, 1966, S. 1

[122] M. J. TURNER, S. B. BRUMMER, ebenda, S. 6

[123] V. S. TJURIN, A. G. PŠENIČNIKOV, R. CH. BURŠTEIN, Elektrochimija, **2** (1966), 948

[124] T. M. BELOSLJUDOVA, D. V. SOKOL'SKIJ, Elektrochimija, **1** (1965), 1182

[125] G. BIANCHI, L. DE CARLO, G. FAITA, Chim. Ind., **47** (1965), 830; "*Extended Abstracts CITCE*", Tokyo 1966, S. 117

[126] S. GILMAN, Trans. Faraday Soc., **62** (1966), 466, 481

[127] J. O'M. BOCKRIS, D. A. J. SWINKELS, J. Electrochem. Soc., **111** (1964), 736

[128] J. O'M. BOCKRIS, M. GREEN, D. A. J. SWINKELS, ebenda, **111** (1964), 742

[129] E. GILEADI, B. T. RUBIN, J. O'M. BOCKRIS, J. Phys. Chem., **69** (1965), 3335

[130] W. HEILAND, E. GILEADI, J. O'M. BOCKRIS, ebenda, **70** (1966), 1207

[131] E. GILEADI, „*Compt. rend. 2-eme Symposium Europeén sur les Inhibiteurs de Corrosion*“, Ferrara (Italia), 1965, t. II, 1966, S. 543

[132] E. GILEADI, J. Electroanal. Chem., **11** (1966), 137

[133] T. I. POČEKAEVA, Ž. fiz. chim., **36** (1962), 2751; Arbeiten d. Polytechn. Instituts Novočerkass, **141** (1964), 3

[134] M. E. MANŽELEJ, A. F. ŠOLIN, Dokl. Akad. Nauk. SSSR, **141** (1961), 897

[135] W. VIELSTICH, „*Brennstoffelemente — Moderne Verfahren zur elektrochemischen Energiegewinnung*“, Verl. Chemie, Weinheim, 1965

[136] H. BINDER, A. KÖHLING, G. SANDSTEDE, Advanced Energy Conversion, **6** (1966), 135

[137] T. M. BELOSLJUDOVA, D. V. SOKOL'SKIJ, Dokl. Akad. Nauk. SSSR, **162** (1965), 1297

[138] V. S. DANIEL-BEK, G. V. VITVICKAJA, Ž. prikl. chim., **37** (1964), 1724; Elektrochimija, **1** (1965), 354; **1** (1965), 494, 759; T. N. GLAZATOVA, V. S. DANIEL-BEK, Elektrochimija, **2** (1966), 1042

[139] E. MÜLLER, E. HOCHSTETTER, Z. Elektrochem., **20** (1914), 367

[140] A. G. POLJAK, Ju. B. VASIL'EV, V. S. BAGOCKIJ, R. M. SMIRNOVA, Elektrochimija, **3** (1967), 1076

[141] A. N. BACH, „*Sammlung von Arbeiten zur Chemie und Biochemie*“, Moskau, Verl. d. Akad. d. Wiss. d. UdSSR, 1950, S. 300

[142] B. I. PODLOVČENKO, Z. A. IOFA, Ž. fiz. chim., **38** (1964), 211

[143] S. GILMAN, "*Extended Abstracts, Battery Division*", v. 11; Electrochem. Soc. Fall Meeting, Philadelphia, 1966, S. 9

[144] O. A. PETRIJ, R. V. MARVET, Ž. N. MALYŠEVA, Elektrochimija, **3** (1967), 962, 1141

[145] S. GILMAN, J. Phys. Chem., **68** (1964), 2098, 2112

[146] V. E. KAZARINOV, N. A. BALAŠOVA, Coll. Czech. Chem. Commun., **30** (1965), 4184

[147] E. J. CAIRNS, "*Hydrocarbon Fuel Cells Technology*", ed. by BAKER, New York—London, Acad. Press, 1965, S. 465; Nature, **210** (1966), 161; J. Electrochem. Soc., **113** (1966), 1200

[148] V. E. KAZARINOV, G. N. MANSUROV, Elektrochimija, **2** (1966), 1338

[149] P. K. Rešet'ko, A. I. Šlygin, Mitt. d. Fernost-Univ., **8** (1966), 79
[150] A. Šlygin, A. Frumkin, V. Medvedovskij, Acta physicochim. URSS, **4** (1936), 911
[151] M. Green, H. Dahms, J. Electrochem. Soc., **110** (1963), 466
[152] H. Dahms, M. Green, ebenda, **110** (1963), 1075
[153] A. N. Frumkin, Dokl. Akad. Nauk. SSSR, **154** (1964), 1432
[154] A. N. Frumkin, A. I. Šlygin, Veröff. d. Akad. d. Wiss. d. UdSSR, (1936), 773; Acta physicochim. URSS, **5** (1936), 819
[155] A. N. Frumkin, N. A. Balašova, V. E. Kazarinov, J. Electrochem. Soc., **113** (1966), 1011
[156] A. N. Frumkin, Elektrochimija, **2** (1966), 387
[157] A. N. Frumkin, O. A. Petrij, R. V. Marvet, J. Electroanal. Chem., **12** (1966), 504
[158] O. A. Petrij, R. V. Marvet, A. N. Frumkin, Elektrochimija, **3** (1967), 116
[159] A. N. Frumkin, O. A. Petrij, A. M. Kossaja, V. S. Entina, V. V. Topolev, J. Electroanal. Chem., **16** (1968), 175
[160] R. V. Marvet, O. A. Petrij, Elektrochimija, **3** (1967), 901
[161] A. N. Frumkin, ebenda, **1** (1965), 394
[162] A. N. Frumkin, O. A. Petrij, A. M. Kossaja, ebenda, **4** (1968), 475
[164] J. O'M. Bockris, M. A. V. Devanathan, K. Müller, Proc. Roy. Soc., (London), **A 274** (1963), 55
[165] N. A. Balašova, V. E. Kazarinov, Usp. chim., **34** (1965), 1721; Dokl. Akad. Nauk. SSSR, **157** (1964), 1174
[166] V. S. Entina, O. A. Petrij, Elektrochimija, **4** (1968), 457
[167] N. A. Balašova, A. M. Kossaja, N. T. Gorochova, ebenda, **3** (1967), 656
[168] O. A. Petrij, A. M. Kossaja-Cybulevskaja, Ju. M. Tjurin, ebenda, **3** (1967), 617
[169] N. A. Balašova, A. N. Frumkin, Dokl. Akad. Nauk. SSSR, **20** (1938), 449
[170] T. N. Voropaeva, B. V. Derjagin, B. N. Kabanov, ebenda, **128** (1959), 881; Koll. Žurn., **24** (1962), 393
[171] A. Gorodeckaja, B. Kabanov, Z. Phys. Sovjet., **5** (1934), 418
[172] V. M. Chejfec, B. S. Krasikov, Ž. fiz. chim., **31** (1952), 1992
[173] T. P. Birinceva, B. N. Kabanov, ebenda, **37** (1963), 2000
[174] E. Gileadi, S. D. Argade, J. O'M. Bockris, J. Phys. Chem., **70** (1966), 2044
[175] G. A. Bogdanovskij, L. G. Feoktistov, A. I. Šlygin, Wiss. Vorträge für Hochschulen, Chemie u. chemische Technologie, **3** (1958), 443
[176] G. M. Belosljudova, D. V. Sokol'skij, Elektrochimija, **2** (1966), 704
[177] O. A. Chazova, Ju. B. Vasil'ev, V. S. Bagockij, ebenda, **1** (1965), 82
[178] V. S. Entina, O. A. Petrij, ebenda, **3** (1967), 1237
[179] O. A. Petrij, Dokl. Akad. Nauk. SSSR, (1965), 871
[180] J. O'M. Bockris, H. Wroblowa, J. Electroanal. Chem., **7** (1964), 428
[181] M. W. Breiter, Electrochim. Acta, **8** (1963), 447, 457
[182] L. W. Niedrach, "*Hydrocarbon Fuell Cell Technology*", ed. by Baker, New York—London, Acad. Press, 1965, S. 377
[183] M. L. Savitz, K. L. Januszeski, G. R. Frysinger, ebenda, S. 443
[184] H. Dahms, M. Green, J. Weber, Nature, **196** (1962), 1310
[185] L. D. Burke, F. A. Lewis, C. Kemball, Trans. Faraday Soc., **60** (1964), 913, 919
[186] V. E. Kazarinov, Elektrochimija, **2** (1966), 1170
[187] S. S. Beskorovajnaja, Ju. B. Vasil'ev, V. S. Bagockij, ebenda, **2** (1966), 1493
[188] M. W. Breiter, J. Electrochem. Soc., **110** (1963), 449
[189] S. S. Beskorovajnaja, Ju. B. Vasil'ev, V. S. Bagockij, Elektrochimija, **1** (1965), 691

[190] S. S. Beskorovajnaja, Ju. B. Vasil'ev, V. S. Bagockij, ebenda, **1** (1965), 1020
[191] S. S. Beskorovajnaja, Ju. B. Vasil'ev, V. S. Bagockij, ebenda, **2** (1966), 44
[192] M. L. Savitz, R. L. Carreras, G. R. Frysinger, "*Extended Abstracts, Battery Division*" v. 11; Electrochem. Soc. Fall. Meeting, Philadelphia, 1966, S. 7
[193] S. Gilman, M. W. Breiter, J. Electrochem. Soc., **109** (1962), 1099
[194] H. Wroblowa, B. J. Piersma, J. O'M. Bockris, ebenda, **111** (1964), 863
[195] O. A. Chazova, Ju. B. Vasil'ev, V. S. Bagockij, Mitt. d. Akad. d. Wiss. d. UdSSR, Ser. Chemie, (1965), 1531, 1778
[196] O. A. Chazova, Ju. B. Vasil'ev, V. S. Bagockij, Elektrochimija, **2** (1966), 267
[197] S. S. Beskorovajnaja, O. A. Chazova, Ju. B. Vasil'ev, V. S. Bagockij, ebenda, **2** (1966), 932
[198] V. S. Bagockij, Ju. B. Vasil'ev, Electrochim. Acta, **12** (1967), 1323
[199] Hira Lal, O. A. Petrij, B. I. Podlovčenko, Dokl. Akad. Nauk. SSSR, **158** (1964), 1416
[200] O. A. Petrij, B. I. Podlovčenko, A. N. Frumkin, „*Moderne Probleme der physikalischen Chemie*", Bd. 2, Verl. d. Mosk. Univ., 1968
[201] Z. A. Ajkazjan, Ju. V. Pleskov, Ž. fiz. chim., **31** (1957), 205
[202] K. Schwabe, Z. Elektrochem., **61** (1957), 743
[203] Ju. B. Vasil'ev, V. S. Bagockij, Dokl. Akad. Nauk. SSSR, **148** (1963), 132
[204] J. Eckert, Electrochim. Acta, **12** (1967), 307
[205] C. Liang, T. C. Franklin, Electrochim. Acta, **9** (1964), 517
[206] M. Prigent, O. Bloch, J.-C. Balaceanu, Bull. Soc. Chim. France, (1963), 368
[207] R. A. Rightmire, R. L. Ronland, D. L. Boos, D. L. Beals, J. Electrochem. Soc., **111** (1964), 242
[208] M. Höllnagel, U. Lohge, Z. physik. Chem., **232** (1966), 237
[209] G. A. Tedoradze, A. B. Eršler, Usp. chim., **34** (1965), 1865
[210] M. Green, J. Weber, V. Drazic, J. Electrochem. Soc., **111** (1964), 721
[211] H. Dahms, J. O'M. Bockris, J. Electrochem. Soc., **111** (1964), 728
[212] J. O'M. Bockris, H. Wroblowa, E. Gileadi, B. J. Piersma, Trans. Faraday Soc., **61** (1965), 2531
[213] J. W. Johnson, H. Wroblowa, J. O'M. Bockris, J. Electrochem. Soc., **111** (1964), 863
[214] J. O'M. Bockris, B. J. Piersma, E. Gileadi, B. D. Cahan, J. Electroanal. Chem., **7** (1964), 487
[215] E. Gileadi, S. Srinivasan, ebenda, **7** (1964), 452
[216] J. O'M. Bockris, S. Srinivasan, ebenda, **11** (1966), 350
[217] J. W. Johnson, H. Wroblowa, J. O'M. Bockris, Electrochim. Acta, **9** (1964), 639
[218] A. N. Frumkin, ebenda, **5** (1961), 265
[219] M. Fleischmann, J. R. Mansfield, W. F. K. Wynne-Jones, J. Electroanal. Chem., **10** (1965), 511, 512
[220] L. I. Antropov, Arbeiten d. Polytechn. Inst. Jerewan, **2** (1946), 109
[221] V. E. Kazarinov, Elektrochimija, **2** (1966), 1389
[222] G. P. Girina, M. Ja. Fiošin, V. E. Kazarinov, ebenda, **1** (1965), 478
[223] V. E. Kazarinov, G. P. Girina, ebenda, **3** (1967), 107
[224] M. Ja. Fiošin, Ju. B. Vasil'ev, Dokl. Akad. Nauk. SSSR, **134** (1960), 879; Mitt. d. Akad. d. Wiss. d. UdSSR, Ser. Chemie, (1963), 437
[225] G. P. Girina, M. Ja. Fiošin, ebenda, (1964), 1387
[226] L. A. Mirkind, M. Ja. Fiošin, Dokl. Akad. Nauk. SSSR, **154** (1964), 1163
[227] L. A. Mirkind, M. Ja. Fiošin, V. I. Romanov, Ž. fiz. chim., **38** (1964), 2223, 2840
[228] L. A. Mirkind, M. Ja. Fiošin, D. Konstantinesku, Elektrochimija, **2** (1966), 193, 1095

[229] I. A. Avruckaja, M. Ja. Fiošin, ebenda, 2 (1966), 920
[230] A. P. Tomilov, M. Ja. Fiošin, „*Fortschritte der Elektrochemie organischer Verbindungen*“, Moskau, Verl. d. Wiss., 1966, S. 65
[231] B. E. Conway, M. Dziecіuch, Nature, **189** (1961), 914; Can. J. Chem., **41** (1963), 21, 38, 55; B. E. Conway, E. Gileadi, M. Dziecіuch, Electrochim. Acta, 8 (1963), 143
[232] B. E. Conway, E. Gileadi, "*Modern Aspects of Electrochemistry*", v. 3, ed by J. O'M. Bockris, B. E. Conway, London, Butterworths, 1964, S. 347
[233] B. E. Conway, E. Gileadi, H. Angerstein-Kozlowska, J. Electrochem. Soc., **112** (1965), 341
[234] B. E. Conway, "*Theory and Principles of Electrode Processes*", New York, Ronald Press, 1965
[235] B. E. Conway, M. Marincic, D. Gilroy, E. Rudd, J. Electrochem. Soc., **113** (1966), 1144
[236] S. B. Brummer, K. Cahill, J. electroanal. Chem. **16** (1968), 207
[237] S. B. Brummer, K. Cahill, J. electroanal. Chem. **21** (1969), 463
[238] S. B. Brummer, M. J. Turner, J. phys. Chem. **71** (1967), 2825, 3494, 3902
[239] T. Biegler, D. F. A. Koch, J. electrochem. Soc. **114** (1967), 904
[240] S. S. Sedova, Ju. B. Vasiliev, V. S. Bagotskij, Elektrochimija **6** (1970); 202; **4** (1968), 1113, 1221
[241] T. Biegler, J. phys. Chem. **72** (1968), 1571
[242] J. Sobkowski, A. Wieckowski, J. electroanal. Chem. **34** (1972), 185
[243] V. E. Kazarinov, G. Ja. Tisjačnaja, Elektrochimija **7** (1971), 1552
[244] Ju. M. Wolfkovič, S. S. Sedova, Ju. B. Vasiliev, V. S. Bagotskij, Elektrochimija **5** (1969), 1195
[245] V. A. Gromyko, Elektrochimija **7** (1971), 882, 885
[246] Ju. M. Wolfkovič, Ju. B. Vasiliev, V. S. Bagotskij, Elektrochimija **5** (1969), 1462
[247] J. J. Pyšnograjeva, Ju. B. Vasiliev, V. S. Bagotskij, Elektrochimija **6** (1970), 433
[248] V. F. Stenin, V. E. Kazarinov, B. J. Podlovčenko, Elektrochimija **5** (1969), 442
[249] T. Biegler, D. F. A. Koch, J. electrochem. Soc. **114** (1967), 904
[250] M. W. Breiter, J. electroanal. Chem. **19** (1968), 131
[251] V. N. Kamath, H. Lal, J. electroanal. Chem. **19** (1968), 137, 249
[252] M. W. Breiter, J. electroanal. Chem. **14** (1967), 407
[253] P. Sidheswaran, H. Lal, J. electroanal. Chem. **34** (1972), 173
[254] S. S. Sedova, Ju. B. Vasiliev, V. S. Bagotskij, Elektrochimija **5** (1969), 1088
[255] J. Nikolov, B. I. Jančuk, S. S. Beskorovainaja, Ju. B. Vasiliev, V. S. Bagotskij, Elektrochimija **6** (1970), 597
[256] E. Jacobsen, J. L. Roberts, D. T. Sawyer, J. electroanal. Chem. **16** (1968), 351
[257] B. Binder, A. Köhling, G. Sandstede, Advan. Energy Conversion **6** (1966), 135; J. electroanal. Chem. **17** (1968), 111
[258] M. W. Breiter, J. phys. Chem. **72** (1968), 1305
[259] C. H. Hamann, Ber. Bunsenges. **75** (1971), 542
[260] C. H. Hamann, W. Vielstich, Ber. Bunsenges. **75** (1971), 918
[261] N. B. Miller, O. G. Tjurikova, V. J. Veselovskij, Elektrochimija **6** (1970), 468
[262] S. Gilman, J. phys. Chem. **71** (1967), 4330, 4339
[263] G. A. Padinkova, A. B. Fasman, D. V. Sokolskij, Elektrochimija **6** (1970), 505
[264] S. Trasatti, L. Formaro, J. electroanal. Chem. **17** (1968), 343
[265] Ž. J. Bobanova, G. A. Bogdanovskij, G. D. Vovčenko, Elektrochimija **6** (1970), 909
[266] G. A. Bogdanovskij, A. J. Šakkak, Elektrochimija **7** (1971), 713

[267] A. A. EKIBAJEVA, G. D. ZAKUMBAJEVA, D. V. SOKOLSKIJ, Elektrochimija **7** (1971), 834

[268] G. A. BOGDANOVSKIJ, G. J. ŠTŠEREV, Elektrochimija **6** (1970), 317, 318

[269] K. KATOH, G. M. SCHMID, Bull. Chem. Soc. Japan **44** (1971), 2007

[270] J. KORYTA, J. PRADAČ, J. electroanal. Chem. **17** (1968), 167, 177, 185

[271] G. STONER, S. SRINIVASAN, J. phys. Chem. **74** (1970), 1088

[272] G. ARANOVITZ, R. J. FLANNERY, J. electrochem. Soc. **116** (1969), 938

[273] E. J. ČLAIRNS, A. M. BREITENSTEIN, J. electrochem. Soc. **114** (1967), 764

[274] E. J. CLAIRNS, A. M. BREITENSTEIN, A. J. SCARPELLINO, J. electrochem. Soc. **115** (1968), 569

[275] A. M. BOGRACEV, A. G. PŠENIČNIKOV, R. H. BURŠTEIN, Elektrochimija **7** (1971), 902

[276] A. M. BOGRAČEV, A. G. PŠENIČNIKOV, Elektrochimija **6** (1970), 190

[277] E. A. KOLJADKO, B. J. PODLOVČENKO, Elektrochimija **6** (1970), 1769

[278] S. GILMAN, J. phys. Chem. **70** (1966), 2880; **71** (1967), 2424

[279] V. N. KAMATH, J. H. LAL, J. electroanal. Chem. **24** (1970), 125

[280] JAN VEBER, JU. B. VASILIEV, V. S. BAGOTSKIJ, Elektrochimija **5** (1969), 323

[281] V. F. STENIN, G. JA. TISJAČNAJA, V. I. PODLOVČENKO, V. E. KAZARINOV, Elektrochimija **7** (1971), 1384

[282] B. J. PODLOVČENKO, V. E. KAZARINOV, V. F. STENIN, Elektrochimija **6** (1970), 252

[283] DŽ. PIRTS'CHALAVA, JU. B. VASILIEV, V. S. BAGOTSKIJ, Elektrochimija **6** (1970), 1144

[284] A. N. FRUMKIN, O. A. PETRIJ, Abh. Sächs. Akad. Wiss., Leipzig, Math.-Nat. Kl. **49** (1968), 17

[285] A. FRUMKIN, O. PETRY, B. DAMASKIN, J. electroanal. Chem. **27** (1970), 81

[286] A. N. FRUMKIN, O. A. PETRIJ, B. B. DAMASKIN, Elektrochimija **6** (1970), 614

[287] O. A. PETRIJ, A. N. FRUMKIN, JU. G. KOTLOV, Elektrochimija **5** (1969), 476, 735, 1214

[288] A. N. FRUMKIN, O. A. PETRIJ, Electrochim. acta **15** (1970), 391

[289] V. A. GROMYKO, Elektrochimija **7** (1971), 882, 885

[290] A. H. TAYLOR, S. B. BRUMMER, J. phys. Chem. **72** (1968), 2856

[291] V. S. TJURIN, A. G. PŠENIČNIKOV, R. H. BURŠTEIN, Elektrochimija **5** (1969), 1165, 1168

[292] S. B. BRUMMER, M. J. TURNER, J. phys. Chem. **71** (1967), 2825

[293] V. S. TJURIN, A. G. PŠENIČNIKOV, R. H. BURŠTEIN, Elektrochimija **5** (1969), 1445

[294] E. A. KOLJADKO, B. J. PODLOVČENKO, Elektrochimija **6** (1970), 1769

[295] V. S. TJURIN, A. G. PŠENIČNIKOV, R. H. BURŠTEIN, Elektrochimija **5** (1969), 1441

[296] V. I. NAUMOV, L. A. SMIRNOVA, G. N. AFON'ŠIN, JU. M. TJURIN, Elektrochimija **7** (1971), 1872

[297] JU. M. TJURIN, G. F. VOLODIN, Elektrochimija **5** (1969), 1203

[298] JU. M. TJURIN, G. F. VOLODIN, V. S. PADUČEVA, Elektrochimija **7** (1971), 1309

8. Anhang

Die Theorie über den Einfluß des elektrischen Feldes auf die Adsorption organischer Verbindungen an Elektroden basiert auf zwei Modellvorstellungen:

1. der Anwendung der Frumkinschen Isotherme

$$Bc = \frac{\theta}{1-\theta} \exp(-2a\theta) \tag{A1}$$

2. der Anwendung des Modells zweier paralleler Kondensatoren

$$\varepsilon = \varepsilon_0(1-\theta) + \varepsilon'\theta = \overline{C}_0(1-\theta)\varphi + C'(\varphi - \varphi_N)\,\theta \tag{A2}$$

$\overline{C}_0 = \varepsilon_0/\varphi$ — integrale Kapazität in der Leitelektrolytlösung.

Wie aus Kapitel 3.1. folgt, ist Vorstellung 2 streng äquivalent der Annahme einer Kongruenz zwischen Adsorptionsisotherme und Elektrodenpotential

$$B(\varphi)c = f(\theta). \tag{A3}$$

Alle betrachteten realen Systeme weichen mehr oder weniger stark vom Modell zweier paralleler Kondensatoren ab. Für zahlreiche Systeme (insbesondere bei der Adsorption einfacher aliphatischer Verbindungen) sind diese Abweichungen jedoch unbedeutend und können formal durch Einführung der Attraktionskonstanten a als Funktion des Elektrodenpotentials berücksichtigt werden: $a = a(\varphi)$.

Wichtige Ursachen für diese funktionelle Abhängigkeit wurden im Kap. 3.6. diskutiert.

Bei der weiteren Betrachtung der Ursachen für die Abweichungen realer Systeme vom Modell zweier paralleler Kondensatoren [1—3] wurde folgende Gleichung erhalten

$$\varepsilon = \frac{\left[\overline{C}_0(1-\theta) + nC'\theta\right]\varphi - nC'\varphi_N[k(1-\theta)+\theta]\,\theta}{1 + n\theta - \theta}, \tag{A4}$$

aus der man das Modell zweier paralleler Kondensatoren sowie die Modelle nach Parsons (s. Gleichung (III.26))

$$\frac{\varepsilon = (\varphi - \varphi_N\theta)}{\left(\dfrac{1-\theta}{\overline{C}_0} + \dfrac{\theta}{C'}\right)} \tag{A5}$$

und HANSEN (s. Gleichung (III.130))

$$\varepsilon = \left[\overline{C}_0(1 - \theta) + C'\theta\right] \cdot (\varphi - \varphi_N\theta) \tag{A 6}$$

erhält, wenn man für die Parameter n und k bestimmte konstante Werte annimmt. So leitet sich z. B. Gleichung (A 2] aus [A 4) ab, wenn man $n = k = 1$ annimmt, Gleichung (A 5), wenn $n = \overline{C}_0/C'$ und $k = 1$ werden, Gleichung (A 6) für $n = 1$ und $k = \overline{C}_0/C'$.

Das der Gleichung (A 4) entsprechende Modell der Phasengrenze Elektrode/Lösung bezeichnet man als vereinfachtes Modell der Oberflächenschicht. Wenn man die Parameter n und k in dieses Modell einführt, erhält man die Quotienten D/δ und μ/δ als Funktion von θ; hierbei bedeuten D — Dielektrizitätskonstante der Oberflächenschicht, δ — mittlere Dicke der Oberflächenschicht, μ — Dipolmoment der Adsorptionsschicht an der Oberfläche (nach [4] $\mu = \mu_\perp^{org} - m\mu^{H_2O}$, m — Zahl der Wassermoleküle, die durch ein Molekül des organischen Stoffes verdrängt werden). Damit ergibt sich

$$\frac{D}{\delta} = 4\pi C' \frac{\overline{C}_0/C' - \left(\overline{C}_0/C' - n\right)\theta}{1 + n\theta - \theta} \tag{A 7}$$

und

$$\frac{\mu}{\delta} = \frac{C'\varphi_N}{\Gamma_m N_A} \cdot \frac{nk - n(k-1)\theta}{1 + n\theta - \theta}. \tag{A 8}$$

Anders ausgedrückt kann mit Hilfe der Parameter n und k die Abhängigkeit der in die FRUMKINsche Isotherme eingeführten Attraktionskonstanten vom Elektrodenpotential beschrieben werden:

$$a = a_0 + \frac{8n}{A(n+1)^3}\left[(n-1)(E - 0{,}5C'\varphi^2) + (nk-1)\,C'\varphi_N\varphi\right]. \tag{A 9}$$

Damit wird es möglich, auf der Grundlage der experimentell ermittelten Abhängigkeit a von φ die Parameter n und k zu berechnen [5] und schließlich den Zusammenhang zwischen D/δ bzw. μ/δ und der Oberflächenbelegung mit Molekülen des organischen Stoffes zu bestimmen. Ein solches Vorgehen ermöglicht es, tiefer in den Mechanismus der Adsorption organischer Stoffe an der Elektrodenoberfläche einzudringen. Ausgehend vom Modell der Oberflächenschicht bedeutet somit die strenge Erfüllung der Modellvorstellung zweier pralleler Kondensatoren ($n = k = 1$ und $a = \text{const.}$), daß der Quotient D/δ linear mit wachsendem Bedeckungsgrad θ abnimmt, der Quotient μ/δ dagegen aber unabhängig von θ ist. Letzteres besagt, daß die Zunahme der mittleren Dicke der Oberflächenschicht δ mit wachsendem Bedeckungsgrad θ kompensiert wird durch das höhere Dipolmoment μ infolge der veränderten Orientierung der adsorbierten Moleküle des organischen Stoffes (parallel bei niedrigem θ und senkrecht bei großem θ).

In den Arbeiten [3, 6—12] wurden die experimentellen Werte zur Adsorption verschiedener organischer Stoffe auf der Grundlage des vereinfachten Modells der Oberflächenschicht interpretiert.

Im Unterschied von aliphatischen Verbindungen können organische Moleküle mit Doppelbindungen wie Aromaten und Heterozyklen an den Elektroden in zwei unterschiedlichen Zuständen adsorbiert werden, die sich sowohl in der Orientierung der adsorbierten Moleküle, als auch im Charakter der Bindung Adsorbat-Elektrode unterscheiden. In diesem Falle gilt die Summengleichung $\Gamma = \Gamma_1 + \Gamma_2$ für die Adsorption, wobei Γ_1 und Γ_2 die adsorbierten Mengen entsprechend Zustand 1 oder 2 darstellen. Das Verhältnis Γ_1 zu Γ_2 kann sich sowohl in Abhängigkeit von φ, als auch mit wachsender Konzentration des organischen Stoffes in der Lösung verändern.

Um die Adsorption der genannten organischen Verbindungen an Elektroden zu beschreiben, wurde das Modell dreier paralleler Kondensatoren vorgeschlagen [15—18]:

$$\varepsilon = \varepsilon_0(1 - \theta_1 - \theta_2) + \varepsilon'\theta_1 + \varepsilon''\theta_2 \qquad \text{(A 10)}$$

mit

$$\varepsilon' = C_1(\varphi - \varphi_{N1}) \text{ und } \varepsilon'' = C_2(\varphi - \varphi_{N2}). \qquad \text{(A 11)}$$

In diesen Gleichungen bedeuten $\theta_1 = \Gamma_1/\Gamma_{1m}$ und $\theta_2 = \Gamma_2/\Gamma_{2m}$; die Parameter C_i, φ_{Ni} und Γ_{im} charakterisieren jeweils einen der zwei möglichen Adsorptionszustände.

Wie in [16] gezeigt werden konnte, entspricht Gleichung (A 10) der Annahme, daß die Adsorption eines organischen Stoffes durch die beiden Isotherme beschrieben werden kann

$$\begin{aligned} B_1(\varphi)\, c &= f_1(\Gamma_1, \Gamma_2) \\ B_2(\varphi)\, c &= f_2(\Gamma_1, \Gamma_2) \end{aligned} \qquad \text{(A 12)}$$

wobei die Funktionen $f_1(\Gamma_1, \Gamma_2)$ und $f_2(\Gamma_1, \Gamma_2)$ den Bedingungen $f_1(0, \Gamma_2) = 0$ und $f_2(\Gamma_1, 0) = 0$ genügen. Wenn man die Wechselwirkung der Moleküle des adsorbierten Stoffes in 1—1—(a_{11})-, 1—2—(a_{12})- und 2—2—(a_{22})-Lage sowie die Verdrängung von n_i-Teilchen des Lösungsmittels durch ein Adsorbensmolekül berücksichtigt, dann nehmen die Funktionen f_1 und f_2 folgende konkrete Form an [15]:

$$\begin{aligned} B_1(\varphi)\, c &= \frac{\theta_1}{n_1(1 - \theta_1 - \theta_2)^{n_1}} \exp(-2a_{11}n_1\theta_1 - 2a_{12}n_1\theta_2) \\ B_2(\varphi)\, c &= \frac{\theta_2}{n_2(1 - \theta_1 - \theta_2)^{n_2}} \exp(-2a_{22}n_2\theta_2 - 2a_{12}n_2\theta_1). \end{aligned} \qquad \text{(A 13)}$$

Mit Hilfe von Gleichung (A 11) läßt sich die Potentialabhängigkeit der Adsorptionsgleichgewichtskonstanten $B_1(\varphi)$ und $B_2(\varphi)$ beschreiben [16]:

$$B_i(\varphi) = B_{0i} \exp\left[-\frac{E + C_i\varphi(\varphi_{Ni} - \varphi/2)}{RT\Gamma_{im}}\right]. \qquad \text{(A 14)}$$

Nach einigen Umformungen kann man eine Gleichung für die differentielle Kapazität für Systeme ableiten, die dem Modell dreier prralleler Kondensatoren genügen [15, 16]:

$$C = C_0(1-\theta) + C_1\theta_1 + C_2\theta_2 + \frac{1}{A} \cdot \frac{M_1{}^2 x_1[x_2 + (1-\theta)(1-2a_{22}x_2)] - 2M_1M_2x_1x_2[1-2a_{12}(1-\theta)] + M_2{}^2x_2[x_1 + (1-\theta)(1-2a_{11}x_1)]}{(x_1+x_2) + (1-\theta)[1-2a_{11}x_1 - 2a_{22}x_2 + 4x_1x_2(a_{11}a_{22} - a_{12}^2)] - 2x_1x_2(a_{11}+a_{22}-2a_{12})} \tag{A 15}$$

mit $\theta = \theta_1 + \theta_2$; $x_i = n_i\theta_i$; $M_i = \varepsilon_0 + C_i(\varphi_{Ni} - \varphi)$ und $A = n_i RT\Gamma_{im}$.

Mit dem Modell dreier paralleler Kondensatoren konnte erfolgreich das Adsorptionsverhalten verschiedener aromatischer und heterozyklischer Verbindungen qualitativ interpretiert werden [13, 15—23]. Um zu quantitativen Aussagen zu gelangen, muß man entsprechende Programme erarbeiten und mit einem elektronischen Rechner auswerten.

Es wurde festgestellt, daß alle Beziehungen des Modells dreier paralleler Kondensatoren auch dann gelten, wenn gleichzeitig zwei organische Stoffe an der Elektrode adsorbiert werden, die jeweils einzeln die Bedingungen des Modells zweier paralleler Kondensatoren erfüllen. In den Arbeiten [24—31] wird das Modell dreier paralleler Kondensatoren benutzt, um die gemeinsame Adsorption von zwei organischen Stoffen an der Elektrode zu beschreiben.

Die Vervollkommnung der Methoden zur Vorbehandlung von Oberflächen fester Elektroden ermöglichte es, die Adsorption organischer Verbindungen an verschiedenen „Quecksilber-analogen" Metallen[1]) mit Hilfe von Kapazitätsmessungen zu untersuchen. Die Ergebnisse bestätigen, daß die Theorie der Adsorption organischer Verbindungen, wie sie für Quecksilber von A. N. Frumkin und B. B. Damaskin entwickelt wurde, auch zur quantitativen Beschreibung der Adsorptionserscheinungen an Wismut, Blei und Kadmium benutzt werden kann. Hierzu wurde eine ausreichend große Zahl organischer Verbindungen untersucht. Am Wismut wurde z. B. die Adsorption verschiedener aliphatischer Alkohole [33, 34] Säuren [12], aromatischer Verbindungen [35, 38] und Zyklohexanol [39] untersucht, am Blei die Adsorption verschiedener aliphatischer Alkohole [40, 42], Phenol, Anilin und Zyklohexanol [45], am Kadmium ebenfalls die Adsorption verschiedener aliphatischer Alkohole [44, 45]. Es konnte nachgewiesen werden, daß die Adsorption organischer Verbindungen zumeist durch die Frumkinsche Isotherme beschrieben werden kann. Die Ergebnisse kann man auf der Grundlage des Modells zweier paralleler Kondensatoren unter Berücksichtigung der Potentialabhängigkeit der Attraktionskonstanten interpretieren.

Die Adsorptionsparameter verschiedener, in [33—45] untersuchter organischer Stoffe sind in Tab. A 1 dargestellt.

[1]) Metalle, bei denen die Struktur der elektrischen Doppelschicht ähnlich der am Quecksilber ist [32].

Nicht näher eingegangen wird auf die Diskussion einzelner Ergebnisse, die im Gegensatz zu den aufgefundenen Gesetzmäßigkeiten aus der Tab. A1 sowie aus Tab. 7, Kap. 4., die die Adsorptionsparameter aliphatischer Alkohole an Quecksilber enthält, herausfallen. Ein Vergleich der Angaben in den Tab. 1 und 7 zeigt, daß die Parameter a_0, C', φ_N, und Γ_m für aliphatische Alkohole an Quecksilber, Wismut und Blei etwa gleiche Größenordnung aufweisen. Mit wachsender Länge der Kohlenwasserstoff-Kette erhöht sich an festen Metallen sowie an Quecksilber die Wechselwirkung zwischen den adsorbierten Teilchen und die Adsorptionsenergie der Alkohole. Die Untersuchungen ergaben ferner gleichzeitig merkliche Unterschiede in den Größenordnungen anderer Parameter. Beim Übergang von Quecksilber zu festen Metallen sinkt die Adsorptionsenergie der organischen Verbindungen, das ist verbunden mit einer Zunahme ihrer hydrophilen Eigenschaften (insbesondere beim Kadmium). Letzteres schränkt den Adsorptionsbereich des organischen Stoffes ein und verringert den Unterschied zwischen dem Nulladungs-Potential des Metalls ($\varphi_{\varepsilon=0}$) und dem Desorptionspik des organischen Stoffes ($\varphi^{\max}$). Tab. A1 illustriert anschaulich diesen Tatbestand. Das kathodische Desorptionspotential von n-Amylalkohol verschiebt sich in der Reihe Quecksilber, Indium, eutektische Legierung Indium-Gallium und Gallium zu positiveren Werten. In der gleichen Reihenfolge verringert sich die Alkoholadsorption, was durch eine Kapazitätserhöhung im Bereich der maximalen Adsorption des organischen Stoffes bei gleicher Alkoholkonzentration verdeutlicht wird.

Die Zunahme der Adsorptionsenergie des Wassers beim Übergang von Quecksilber zu Gallium und Kadmium steht im Zusammenhang mit der Ausbildung der chemischen Wechselwirkung zwischen den Sauerstoffatomen des Wassermoleküls und den Oberflächenatomen des Metalls. Der in [47] durchgeführte Vergleich der Adsorptionswerte von Thioharnstoff und sein Einfluß auf die Struktur der elektrischen Doppelschicht an Kadmium [47], Gallium [48], Blei [49] und Quecksilber [50] verweist auf eine merkliche Chemisorption von Wassermolekülen an Kadmium und Gallium im Gegensatz zu den Quecksilberwerten. Blei nimmt hierbei eine Zwischenstellung ein.

Eine analoge Wechselwirkung zwischen den Sauerstoffatomen der OH-Gruppen von Alkoholen und der COOH-Gruppen von aliphatischen Säuren und der Adsorbensoberfläche wurde am Wismut [12, 34] und am Kadmium [45] beobachtet. Die verstärkte Wechselwirkung der OH-Gruppe mit der Kadmiumoberfläche führt auch zu einer Veränderung in der Orientierung der Alkoholmoleküle bei hohen positiven Potentialen. Dadurch kommt es zur Knickung der C, φ-Kurven, zu höheren C'-Werten bei wachsendem Potential und zu wesentlich kleineren φ_N-Werten im Vergleich mit anderen Metallen (s. Tab. A1).

Aus den Tab. A1 und 7 folgt, daß in der Mehrzahl der Fälle die a_0-Werte für den gleichen adsorbierten Stoff beim Übergang von Quecksilber zu festen Metallen abnehmen. Das kann man formal mit der Zunahme der physikalischen Oberflächeninhomogenität beim Übergang von einem flüssigen zu einem festen Metall erklären. Es wurde vorgeschlagen [51], die Oberflächeninhomogenitäten aus den

Tabelle A 1: Adsorptionsparameter für organische Alkohole und Phenol bei 25 °C

Elektrode	Verbindung	a_0	β	C'	φ_N	A	$\Gamma_m \cdot 10^{10}$	S	B_0	$-\Delta \bar{G}_A^0$
	Äthanol	0,92		6,6	0,36	1,73	7,01	23,7	0,46	1,87
	Propanol	1,10		5,4	0,30	1,39	5,61	29,7	1,72	2,65
Bi	Butanol	1,18		4,8	0,27	1,30	5,25	31,7	7,16	3,47
	Pentanol	1,32		4,2	0,23	1,22	4,92	33,8	28,0	4,26
	Hexanol	1,40		3,8	0,20	1,10	4,43	37,6	118	5,09
Pb	Pentanol	1,40		4,2	0,22	—	—	—	25	4,3
Cd	Propanol	1,10	0,40	7,15	0,15	1,48	6,00	31,3	0,90	2,3
	Pentanol	—	—	7,2	0,09	—	—	—	—	—
Hg	Zyklohexanol	1,52	0,28	4,1	0,30				49	4,62
Bi	Zyklohexanol	1,65	0,00	3,7	0,40				23	4,16
Pb	Zyklohexanol	1,4	0,00	3,86	0,17				40	4,48
Hg	Phenol	−1,0	−2,05	7,9	−0,21			40 −46	1640	6,78
Bi	Phenol	−0,4	−1,8	6,5	−0,12			41	290	5,7
Pb	Phenol	+0,3	−1,6	7,9	−0,12			—	208	5,4

herabgesetzten a_0-Werten abzuschätzen, wobei vorausgesetzt wurde, daß die Wechselwirkung zwischen den adsorbierten Molekülen von der Natur des Metalles unabhängig ist. Eine solche Annahme läßt sich jedoch nicht immer aufrechterhalten. So ist z. B. a_0 für Zyklohexanol an Wismut größer als an Quecksilber. Die Autoren [39] erklärten diesen Unterschied zur obigen Annahme mit der vertikalen Orientierung der Zyklohexanolmoleküle an der Wismutoberfläche infolge der im Vergleich zu Quecksilber höheren Adsorbierbarkeit von Wasser, wodurch sich die Attraktionswechselwirkung zwischen den Molekülen des organischen Stoffes vergrößert.

Der Einfluß der physikalischen Oberflächeninhomogenität auf a_0 und damit auf die Breite und Form des Desorptionspiks des organischen Stoffes ist eindeutiger an einem bestimmten Metall zu beobachten, wenn man die energetische Inhomogenität der Elektrodenoberfläche verändert. Solcher Art Untersuchungen wurden an poly- und monokristallinem Zink [52—54] sowie an der Ebene (0001) von monokristallinem und mit Argonionen vorbestrahltem Zink [55] durchgeführt. Es zeigte sich, daß die Desorptionspiks des organischen Stoffes breiter und niedriger werden beim Übergang von der bei niedriger Temperatur geschliffenen Grenzfläche (0001) zum Polykristall sowie zur bestrahlten Grenzfläche (0001). Diese Erscheinung wurde mit der zunehmenden energetischen Oberflächeninhomogenität erklärt. Die hierbei für Elektroden mit inhomogener Oberfläche erhaltenen Piks weisen Verzerrungen auf. In Anwesenheit von Stoffen mit sehr hohen Attraktionskonstanten erhöht sich diese Verzerrung.

Bei hohen Konzentrationen von Tetrabutylammoniumjodid (*TBAJ*) wird an einer polykristallinen Elektrode die Aufspaltung des Piks beobachtet [52] (s. Abb. A2). Diese Erscheinung wird mit dem Auftreten kristallographischer Grenzflächenebenen verschiedenartiger Indices an der Oberfläche der polykristallinen Elektrode erklärbar, wenn man die Meßwerte aus Kapazitätsmessungen an poly- und monokristallinen Elektroden gegenüberstellt. Wie aus Abb. A 2 ersichtlich ist, steht der erste Pik ($\varphi = -1{,}70$ V, gegen die gesättigte Kalomelektrode) in direktem Zusammenhang mit der Desorption von TBA^+-Kationen an der prismatischen Ebene[1]) der polykristallinen Elektrode, der zweite Pik ($\varphi = -1{,}75$ V) mit der

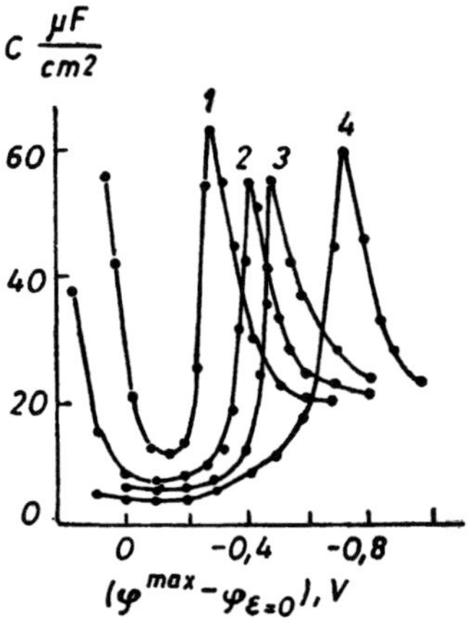

Abb. A1: Differentialkapazitäts-Kurven in 0,1 m n-$C_5H_{11}OH$ an *1* — Gallium, *2* — eutektische Indium-Gallium-Legierung (Leitelektrolyt 0,1 n HCl), *3* — Indium (Leitelektrolyt 0,1 n Na_2SO_4), *4* — Quecksilber (Leitelektrolyt 0,1 n NaF), [46]

Kationendesorption an der Ebene (0001), wobei das Desorptionspotential der TBA^+-Kationen für die Ebenen (1120) und (0001) mit dem Potential des ersten und zweiten Maximums für die polykristalline Elektrode übereinstimmt.

In den vergangenen Jahren nahm die thermodynamische Theorie der Oberflächenerscheinungen an Wasserstoff und Sauerstoff adsorbierenden Metallen eine schnelle Entwicklung, wichtige Gesetzmäßigkeiten dazu wurden im Kap. 7.2. interpretiert [56—64]. Experimentell wurde diese Theorie mit 30 Systemen an Elektroden aus Pt [57, 58, 60, 61], Pd [65], Ir [66, 67], Rh [67] ,Ru [68] und Pt-Ru-Legierungen [68] überprüft. Die Überprüfung ergab, daß eine Reversibilität der verwendeten Elektroden entsprechend dem Verhältnis der Reaktionen Entladung bzw. Ionisierung des Wasserstoffs (und Sauerstoffs) sowie Ionenadsorption nicht nur bei Potentialen im Wasserstoff- und Doppelschichtbereich erreicht wird, sondern auch im Anfangsstadium der Sauerstoffadsorption an der Elektrode. Die in den genannten Arbeiten entwickelten Methoden wurden verwendet, um die elektrochemischen Eigenschaften von Platinmetallen in fluorwasserstoffsauren Lösungen zu untersuchen [69—71]. Es konnte nachgewiesen werden, daß die F^--Anionen von allen anorganischen Ionen die geringste Adsorbierbarkeit

[1]) Den Hauptbeitrag im ersten Maximum liefert die prismatische Ebene zweiter Art (1120).

an Platinmetallen aufweisen. Dieses Ergebnis ist für die Untersuchung der Adsorption und Elektrooxydation organischer Stoffe in Flußsäurelösung interessant.

Aus der thermodynamischen Theorie folgt [56], daß für Elektroden, die Wasserstoff und Sauerstoff adsorbieren, zwei LIPPMANN-Gleichungen erhalten werden:

$$(\delta\sigma/\delta\varphi_-)\,\mu_{HA} = \Gamma_H = -Q' \quad (A\,16)$$

$$(\delta\sigma/\delta\varphi_-)\mu_H = -\Gamma_{H^+} = -Q'' \quad (A\,17)$$

φ^- — Potential der Vergleichselektrode, die reversibel bezüglich der Anionen ist; Q' und Q'' — vollständige Oberflächenladungen; Γ_H und Γ_{H^+} — GIBBS'sche Ad-

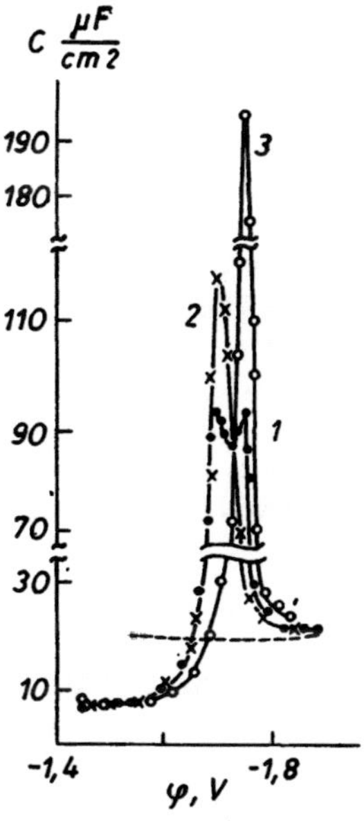

Abb. A 2: Differentialkapazitäts-Kurven in 0,1 n KJ + 3 · 10^{-3} m TBAJ an Zink
1 — Polykristall, *2* — prismatische Ebene des Monokristalls, *3* — Kristallebene (0001), punktiert ist die Leitelektrolytkurve an der polykristallinen Elektrode angegeben [52].

sorption von atomarem Wasserstoff und Wasserstoffionen an der Elektrode; μ_H und μ_{HA} — chemische Potentiale von atomarem Wasserstoff und der HA-Säure. Alle Parameter in den Gleichungen (A 16) und (A 17) werden in elektrischen Einheiten ausgedrückt. σ kennzeichnet in diesen Gleichungen die reversible Oberflächenarbeit [72]. Die in Gleichung (A 16) ausgedrückte Potentialabhängigkeit von σ wird als Elektrokapillarkurve erster Ordnung, die in Gleichung (A 17) ausgedrückte Potentialabhängigkeit von σ als Elektrokapillarkurve zweiter Ordnung bezeichnet [73]. In den Arbeiten [73—76] wurden die $\Delta\sigma, \varphi$-Kurven erster und zweiter Ordnung berechnet. Als Beispiel ist in Abb. A 3 die Elektrokapillarkurve einer Platinelektrode in Lösungen unterschiedlicher Zusammensetzung dargestellt. Die Kurven erster Ordnung, die in Form und Charakter der Abhängigkeit σ von der Lösungszusammensetzung an die Elektrokapillarkurven der Quecksilberelektrode erinnern, unterscheiden sich von dieser aber durch eine wesentlich größere σ-Änderung bei Änderung des Potentials. Das hängt mit der Adsorption der Wasserstoff- und Sauerstoffatome an der Elektrode und der Änderung ihrer Menge bei Potentialänderung zusammen. Unter Bedingungen, bei denen sich die Adsorption H_{ads} nur relativ geringfügig verändert ($\Delta\sigma$, φ-Kurven zweiter Ordnung), ist die σ-Änderung wesentlich kleiner.

Die Parameter Q' und Q'' lauten $Q' = -\Gamma_H = \varepsilon - A_H$ bzw. $Q'' = \Gamma_{H^+} = \varepsilon + A_{H^+}$, hierbei bedeuten A_H und A_{H^+} — Menge der pro cm² Oberfläche adsorbierten Wasserstoffatome bzw. Wasserstoffionen (in elektrischen Einheiten); ε — freie Oberflächenladung. Bei hohem Leitelektrolytüberschuß wird $A_{H^+} \cong 0$ und $Q'' = \Gamma_{H^+} = \varepsilon$. Die Potentiale, bei denen die Parameter $Q' = -\Gamma_H$ und

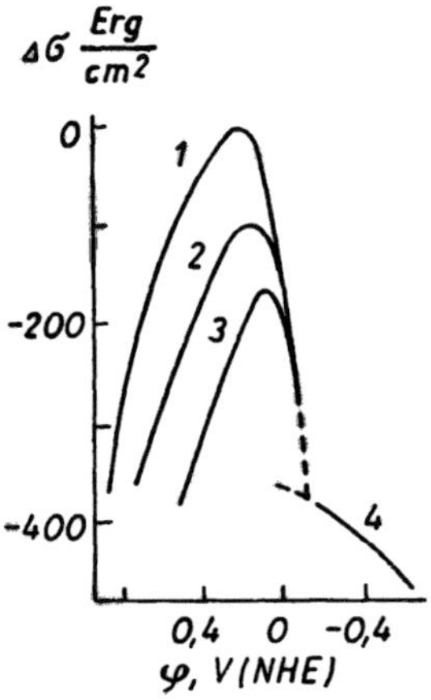

Abb. A 3: Elektrokapillarkurven einer Pt/Pt-Elektrode in den Lösungen:
1 — 0,01 n H_2SO + 1 n Na_2SO ,
2 — 0,01 n HCl + in KCl,
3 — 0,01 n HBr + 1 n KBr (Kurven erster Ordnung), *4* — 1 n Na_2SO_4, KCl oder KBr bei $\varphi_r = 0$ (Kurven zweiter Ordnung), [73]

$Q'' = \Gamma_{H^+}$ gleich Null werden, bezeichnet man als totales Nulladungspotential der Oberfläche bzw. als freies Nulladungspotential ($\varphi_{\varepsilon=0}$) der Oberfläche [56].

Die Beteiligung der adsorbierten Wasserstoff- und Sauerstoffatome an der Ausbildung des Potentialsprungs an Platinmetallen führt zur pH-Abhängigkeit des freien Nulladungspotentials. So verschiebt sich $\varphi_{\varepsilon=0}$ zu negativeren Werten am Platin, nach [58] beträgt das für die pH-Werterhöhung um eine Einheit in sauren Sulfatlösungen ca. 18 mV. Die Verschiebung erhöht sich mit wachsender Anionenadsorbierbarkeit der Lösung.

Die Aufklärung der Ionenadsorption an Platinmetallen bringt neue Erkenntnisse über die Bildung fester Chemisorptionsbindungen zwischen Metalloberfläche und adsorbierten Teilchen (Adsorption mit Ladungsübergang nach Lorenz [77]) sowie über die Entstehung von Legierungen zwischen den Oberflächenatomen des Metalls. Diese Erkenntnisse bestätigen Annahmen zur Adsorptionskinetik und zum Ionenaustausch [78], die Analysen der Adsorptionsisotherme von Anionen [79], die Bestimmung der überäquivalenten Anionenadsorption [80] und der Koeffizienten nach Esin-Markov [60]. Die Bildung von Oberflächenlegierungen bei der Adsorption wurde mit Hilfe der Doppelelektroden-Dünnschicht-Technik

(z. B. [81]) und voltametrisch an der rotierenden Ringscheibenelektrode [82] untersucht. Die Rolle der Ladungsübertragung bei der Bestimmung des freien Nullladungspotentials wurde in [83] demonstriert.

Zahlreiche neue Informationen über die Adsorption organischer Verbindungen an Platinmetallen konnten in den vergangenen Jahren infolge der gleichzeitigen Benutzung radioaktiver Indikatoren und elektrochemischer Untersuchungsmethoden gewonnen werden [84—103]. Von Kazarinov [85] stammt eine Methode zur Bestimmung der Zusammensetzung kohlenstoffhaltiger Moleküle, die aus Lösungen organischer Stoffe an Platinmetallen adsorbiert und bis zum CO_2 oxydiert werden. Nach diesem Prinzip verläuft die Elektrooxydation in der Adsorptionsschicht unter galvanostatischen Bedingungen bei gleichzeitiger Fixierung des C^{14}-Schwundes der Lösung an der Elektrode. Die Radioaktivität der auf der Elektrode verbleibenden adsorbierten Teilchen ist von der geflossenen Elektrizitätsmenge ΔQ abhängig. Aus dem reziproken Wert dieser Abhängigkeit kann man die mittlere Elektronenzahl n_e berechnen, die zur Oxydation eines kohlenstoffhaltigen Teilchens benötigt wird: $\Delta Q/\Delta N = n_e F$, F — Faraday-Konstante, N — Zahl der adsorbierten Kohlenstoffatome, die in den kohlenstoffhaltigen Teilchen enthalten sind. Es konnte berechnet werden, daß für die Oxydation eines Kohlenstoffatoms bis zum CO_2 aus den Chemisorptionsprodukten CH_3OH, CH_2O, HCOOH 3,1 $\pm$ 0,3 Elektronen erforderlich sind [88, 91, 94]. Das bedeutet, daß das Hauptprodukt der Chemisorption das Teilchen HCO ist, was auch schon früher angenommen wurde (s. Kap. 7.1.). In saurer HCOOH-Lösung sind bei $\varphi_r = 0{,}35 - 0{,}45$ neben den HCO-Teilchen auch COOH-Teilchen vorhanden. HCO-Teilchen bilden sich auch bei der Chemisorption von CO und CO_2 an Platin [91]. Es konnte auch bestätigt werden, daß bei der Adsorption von Äthanol und n-Butanol sowie n-Hexanol HCO-Teilchen gebildet und bei negativer Polarisation Teilchen mit höherer Kohlenstoffzahl reduziert werden [90]. Messungen mit markiertem Äthanol zeigten, daß sich die HCO-Teilchen sowohl aus der CH_2OH-, als auch aus der CH_3-Gruppe bilden. Im Falle des Isopropanols, des tert.-Butanols sowie des Acetons wird ein großer Teil der Moleküle ohne Spaltung der C—C-Bindung adsorbiert. Die Natur der Teilchen, die in Lösungen organischer Stoffe mit einem Kohlenstoffatom chemisorbiert werden, wurde auch in den Arbeiten [104, 105] untersucht, für Äthanollösungen in [106], für Lösungen mit CO und CO_2 in [107]. Untersuchungen an chemisorbierten Kohlenwasserstoffen wurden in den Arbeiten [108—112] angestellt.

Wie die Versuche mit C^{14}-markierten Verbindungen zeigten, werden die adsorbierten Teilchen, darunter auch Benzol und Naphthalin, praktisch nicht mit den Ausgangsverbindungen in der Lösung ausgetauscht, d. h. die Adsorption organischer Stoffe an Platin ist praktisch irreversibel [89, 90, 94]. Dieses Ergebnis wurde auch für eine große Zahl organischer Verbindungen erhalten [95—103] und hat offensichtlich allgemeinverbindlichen Charakter. Die praktische Übereinstimmung der Adsorptionswerte für Lösungen organischer Stoffe mit den Adsorptionswerten nach dem Spülen mit Leielektrolytlösung [89, 90, 94] verweist ebenfalls auf den irreversiblen Charakter der Adsorption und den geringen

Einfluß der physikalischen Adsorption an Platinmetallen¹). Man kann daher die Konzentrationsabhängigkeit der Adsorption nicht als Adsorptionsisotherme auffassen, obgleich dies bisher in der Literatur oft angenommen wird. Die Potentialabhängigkeit des Bedeckungsgrades wird durch die Reduktion der adsorbierten Teilchen bei katodischen Potentialen sowie durch Oxydation bei anodischen Potentialen verursacht. In den Arbeiten [114, 115] wurde die Potentialabhängigkeit der Methanoladsorption mit C^{14}-Indikation untersucht und Werte erhalten, die nicht mit den Ergebnissen der elektrochemischen Messungen mit unmarkiertem Methanol übereinstimmen. Wie nachgewiesen werden konnte [88], beruht diese Divergenz auf Verunreinigungen in den handelsüblichen Lösungen des markierten Methanols.

Der Einfluß der chemisorbierten organischen Stoffe auf die Struktur der elektrischen Doppelschicht an Platin und Rhodium wurde ausführlich untersucht [86, 87, 90]. Die HCO-Teilchen senken die Adsorption von Cl^--, Br^-- und SO_4^{2-}-Anionen bei einem Potential von $\varphi_r < 0{,}7$ V. Für Potentialwerte $\varphi_r > 0{,}7$ V stimmen die Werte der Anionenadsorption mit den Werten überein, die an HCO-freien Oberflächen beobachtet werden, da die HCO-Teilchen bei diesen Potentialen oxydiert werden. In Anwesenheit von HCO wächst im Bereich $\varphi_r > 0$ die Adsorption von Na^+-Kationen. Damit im Zusammenhang verschiebt sich das freie Nulladungspotential zu positiveren Werten. Die hierbei gewonnenen Ergebnisse können im Rahmen des Modells zweier paralleler Kondensatoren erklärt werden [86, 87]. Äthanol, Propanol, Isobutanol, Benzol und Naphthalin verringern die Adsorption von Natriumkationen und Sulfatanionen am Platin.

In den vergangenen Jahren erschienen Angaben über die Adsorption neuer Klassen organischer Verbindungen an Platinmetallen [116—127]. Die Angaben beziehen sich auf den Einfluß der Adsorption von Ionen der Lösung auf die Chemisorption sowie auf das Verhalten der chemisorbierten Stoffe [128—133]. Es wurde die Adsorption organischer Stoffe an Oberflächen untersucht, die mit einer Monoschicht adsorbierten Sauerstoffs belegt sind [134]; der Einfluß organischer Stoffe auf die Doppelschichtkapazität sowie das kinetische Verhalten von adsorbiertem Wasserstoff waren ebenfalls Themen zahlreicher Arbeiten [135, 136]. Anfänge zur Untersuchung der Adsorption organischer Stoffe in nichtwässrigen Lösungsmitteln sind zu verzeichnen [137]. In [124] wurde vorgeschlagen, die stabile Adsorption organischer Verbindungen, deren Moleküle Doppelbindungen mit Oberflächenatomen eingehen, zu benutzen, um die Adsorptionsfähigkeit des Metalls gegenüber den Lösungsionen zu regulieren. Um den Einfluß des Trägermaterials auf die Adsorptionseigenschaften von Platin aufzuklären, wurde die Methanoladsorption an Platinmikrokristallen, die auf inerten Unterlagen abgeschieden sind, erforscht [138].

Die Adsorption organischer Stoffe unterdrückt die Wasserstoffadsorption an der Elektrodenoberfläche. Man kann daher bei der Adsorption bei konstantem

¹) Die Annahme einer reversiblen Adsorption der Ascorbinsäure am Platin (nach [113]) wäre mit einer direkten Methode zu überprüfen.

Potential im Wasserstoffbereich der Ladungskurve einen Anodenstrom beobachten, der von der Ionisation des desorbierten Wasserstoff H_{ads} stammt. Zumeist wird dieser Strom durch einen Strom überlagert, der aus der Oxydation oder Reduktion des adsorbierten Stoffes resultiert. Nach [139] resultiert der Strom bei Adsorption von Thioharnstoff im Wasserstoffpotential-Bereich ausschließlich aus der Ionisation von H_{ads}.

Außer der radiochemischen Methode, die inzwischen wesentlich vervollkommnet und breiter anwendbar für die Untersuchung der Adsorptionserscheinungen ist, wurden in der letzten Zeit weitere Methoden benutzt (optische [126, 140], Widerstandsmessung von Sprühfilmen [141, 142]). Bei der Beurteilung der fest chemisorbierten Teilchen im Verlaufe der anodischen Oxydation der organischen

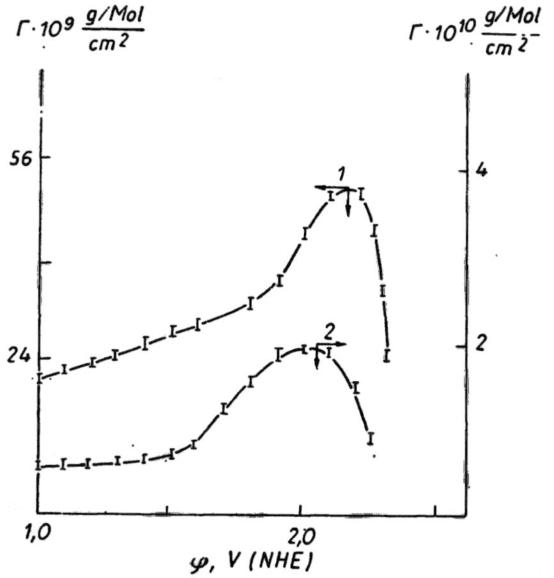

Abb. A4: **Abhängigkeit der Benzoladsorption vom Potential einer glatten Platinelektrode bei den Konzentrationen:** ***1*** **—** $c = c_{ges.} = 8{,}9 \cdot 10^{-2}$ **gMol/*l*,** ***2*** **—** $c = 1 \cdot 10^{-2}$ **gMol/*l* Leitelektrolyt — 0,1 n** H_2SO **[170, 171].**

Stoffe an Platinmetallen vertreten viele Autoren die Meinung, daß die Elektrooxydation vorwiegend nicht über die fest chemisorbierten Teilchen verläuft, sondern als parallele Reaktion über Teilchen, die relativ schwach an die Oberfläche gebunden sind und die Oberfläche nur wenig bedecken [143—145, 104, 106]. Eine analoge Annahme gibt es auch hinsichtlich der Hydrierung organischer Stoffe [146].

Neue wichtige Ergebnisse erhielt man, als die Adsorptionserscheinungen bei hohen anodischen Potentialen untersucht wurden. Durch Anwendung komplexer Methoden konnten die Natur der Oxidschichten und die Gesetzmäßigkeiten der

Ionenadsorption aus der Lösung in diesem Potentialbereich aufgeklärt werden [147–164]. Besonderes Interesse fand die von MIRKIND und FIOŠIN (165, 166] entdeckte Adsorption neutraler organischer Stoffe bei Potentialen oberhalb des reversiblen Sauerstoffpotentials. Weitere Untersuchungen [147, 151, 153, 160, 163, 167–169] bestätigten die Allgemeingültigkeit dieser Erscheinung. Noch bis in die jüngste Zeit gründeten sich die Vorstellungen über die Adsorption organischer Verbindungen in den betrachteten Potentialbereichen auf Ergebnisse indirekter Messungen. In den Arbeiten [170, 171] wurde an C^{14}-markiertem Benzol und Naphthalin sowie in [146] an p-Nitrophenol erstmals ein direkter Hinweis für die Adsorption organischer Verbindungen an stark oxidiertem Platin erhalten (s. Abb. A4). Die Adsorption trägt irreversiblen Charakter. In nahezu gesättigten Benzol- und Naphthalinlösungen wächst bei konstantem Potential φ_r die Adsorption dieser Verbindungen sprunghaft bis zu einem Wert, der einigen Monoschichten in bezug auf die wahre Oberfläche entspricht. Dieser Effekt ist noch nicht endgültig aufgeklärt. Offensichtlich dringen die organischen Moleküle tief in die Oxidschicht ein und bilden stabile Oberflächenverbindungen oder möglicherweise Polymerfilme mit hoher Leitfähigkeit. In [172] wird auf Grund polaromikrotribometrischer Messungen die Ausbildung einer polymeren, hydrophoben Schicht am Platin während der KOLBE-Synthese angenommen.

Literatur

[1] B. B. DAMASKIN, Elektrochimija, 6 (1970), 1135
[2] B. B. DAMASKIN, A. V. ČIŽOV, Elektrochimija, 6 (1970), 1140
[3] B. DAMASKIN, A. FRUMKIN, A. ČIŽOV, J. Electroanalyt. Chem. 28 (1970), 93
[4] B. B. DAMASKIN, A. N. FRUMKIN, J. Electroanalyt. Chem., 34 (1972), 191
[5] B. B. DAMASKIN, A. V. ČIŽOV, Elektrochimija, 6 (1970), 1711
[6] V. M. GEROVIČ, B. B. DAMSAKIN, R. I. KAGANOVIČ, Electrochimija, 7 (1971), 1345
[7] S. L. DJATKINA, B. B. DAMASKIN, Elektrochimija, 8 (1972), 1123
[8] A. V. ČIŽOV, B. B. DAMSKIN, „*Adsorbcija i dvoinoij električ. sloj v elektrochimii*", Izd-vo „Nauka", Moskau 1972, S. 55
(„*Adsorption und elektrische Doppelschicht in der Elektrochemie*")
[9] A. V. ČIŽOV, S. D. PIROŽKOV, B. B. DAMASKIN, ebenda, S. 59
[10] F. I. DANILOV, V. F. VOLOŠIN, ebenda, S. 81
[11] O. Ju. GUSAKOVA, B. B. DAMASKIN, N. V. FEDOROVIČ, Elektrochimija, 9 (1973), 1134
[12] U. V. PALM, V. E. PAST, Ju. I. ERLICH, T. E. ERLICH, Elektrochimija, 9 (1973), 1399
[13] B. B. DAMASKIN, A. N. FRUMKIN, S. L. DJATKINA, Izv. AN SSSR, Ser. chim., (1967), 2171
[14] B. B. DAMASKIN, Elektrochimija, 5 (1969), 346
[15] B. B. DAMASKIN, J. Electroanalyt. Chem., 21 (1969), 149
[16] B. B. DAMASKIN, Elektrochimija, 5 (1969), 771
[17] B. B. DAMASKIN, ebenda 4 (1968), 675
[18] B. B. DAMASKIN, ebenda, 5 (1969), 606
[19] B. B. DAMASKIN, S. L. DJATKINA, S. I. PETROČENKO, ebenda, 5 (1969), 935
[20] R. I. KAGANOVIČ, B. B. DAMASKIN, M. K. KAIŠEVA, ebenda, 6 (1970), 1359

[21] B. B. DAMASKIN, S. L. DJATKINA, N. A. BOROVAJA, ebenda, 6 (1970), 712

[22] M. K. KAIŠEVA, B. B. DAMASKIN, R. I. KAGANOVIČ, ebenda, 8 (1972), 1642

[23] A. B. ERŠLER, ebenda, 9 (1973), 228

[24] G. A. TEDORADZE, R. A. ARAKELJAN, E. D. BELOKOLOS, ebenda, 2 (1966), 563

[25] G. A. DOBREN'KOV, G. D. ŠILOTKAČ, ebenda, 5 (1969), 863

[26] G. A. DOBREN'KOV, G. D. ŠILOTKAČ, ebenda, 6 (1970), 1416

[27] R. A. ARAKELJAN, G. A. TEDORADZE, E. D. BELOKOLOS, R. A. ARAKELJAN, „*Elektrochemische Prozesse mit organischen Stoffen*", Izd-vo „Nauka", Moskau, 1970, S. 24

[28] G. A. DOBREN'KOV, V. F. KROPACEV, M. S. NURSUBIN, V. B. POKROVSKIJ, R. Z. ŠAMSUTDINOVA, G. D. ŠILOTKAČ, Elektrochimija, 8 (1972), 427

[29] N. A. BOROVAJA, B. B. DAMASKIN, ebenda, 8 (1972), 416

[30] B. B. DAMASKIN, A. N. FRUMKIN, N. A. BOROVAJA, ebenda, 8 (1972), 807

[31] G. A. DOBREN'KOV, N. I. RJABININA, ebenda, 8 (1972), 1873

[32] A. N. FRUMKIN, J. Research Inst. Catalysis, Hokkaido Univ., 15 (1967), 61

[33] R. Ja. PULLERITS, U. V. PALM, V. E. PAST, „*Doppelschicht an festen Elektroden*", I. Tartu, 1968, S. 125

[34] R. Ja. PULLERITS, U. V. PALM, V. E. PAST, Elektrochimija, 5 (1969), 886

[35] A. R. ALUMAA, U. V. PALM, ebenda, 6 (1970), 580

[36] A. R. ALUMAA, U. V. PALM, ebenda, 8 (1972), 471

[37] A. R. ALUMAA, U. V. PALM, Uč. zap. Tartusk. gos. un-ta, vyp. 265 (1970), 41

[38] A. R. ALUMAA, U. V. PALM, ebenda, 302 (1972), 14, 21

[39] A. R. ALUMAA, U. V. PALM, Elektrochimija, 8 (1972), 790

[40] N. B. GRIGOR'EV, D. N. MAČAVARIANI, „*Doppelschicht und Adsorption an festen Elektroden*", I. Tartu, 1968, S. 61

[41] N. B. GRIGOR'EV, D. N. MAČAVARIANI, Elektrochimija, 5 (1969), 87

[42] N. B. GRIGOR'EV, D. N. MAČAVARIANI, ebenda, 5 (1969), 1340

[43] N. B. GRIGOR'EV, D. N. MAČAVARIANI, ebenda, 8 (1972), 406

[44] L. E. RYBALKA, D. I. LEJKIS, B. B. DAMASKIN, ebenda, 9 (1973), 62

[45] L. E. RYBALKA, B. B. DAMASKIN, L. I. LEJKIS, ebenda, 9 (1973), 414

[46] N. B. GRIGOR'EV, S. A. TATEEV, I. A. BAGOCKAJA, ebenda, 8 (1972), 1525

[47] L. E. RYBALKA, B. B. DAMASKIN, ebenda, 9 (1973), 1062

[48] V. S. KRYLOV, N. B. GRIGOR'EV, ebenda, 7 (1971), 511

[49] N. B. GRIGOR'EV, D. N. MAČAVARIANI, ebenda, 6 (1970), 89

[50] N. B. GRIGOR'EV, V. S. KRYLOV, ebenda, 4 (1968), 763

[51] G. A. DOBREN'KOV, V. A. GUZIN, „*Doppelschicht und Adsorption an festen Elektroden*", I. Tartu, 1968, S. 63

[52] A. N. FRUMKIN, V. V. BATRAKOV, A. I. SIDNIN, J. Electroanalyt. Chem., 39 (1972), 225

[53] V. V. BATRAKOV, A. I. SIDNIN, Elektrochimija, 8 (1972), 743

[54] A. I. SIDNIN, V. V. BATRAKOV, „*Doppelschicht und Adsorption an festen Elektroden*", III. Tartu, 1972

[55] V. V. BATRAKOV, A. I. SIDNIN, M. MELAMED, A. I. PREDVODITELEV, Elektrochimija, 9 (1973)

[56] A. N. FRUMKIN, O. A. PETRIJ, B. B. DAMASKIN, Elektrochimija, 6 (1970) 614; J. Electroanalyt. Chem., 27 (1970), 81

[57] O. A. PETRIJ, JU. G. KOTLOV, Elektrochimija, 4 (1968), 774, 1256

[58] O. A. PETRIJ, A. N. FRUMKIN, Ju. G. KOTLOV, ebenda, 5 (1969), 476

[59] O. A. PETRIJ, A. N. FRUMKIN, Ju. G. KOTLOV, ebenda, 5 (1969), 735

[60] O. A. PETRIJ, A. N. FRUMKIN, V. V. TOPOLEV, ebenda, 5 (1969), 1104

[61] A. N. Frumkin, O. A. Petrij, Ju. G. Kotlov, ebenda, **5** (1969), 1214
[62] O. A. Petrij, Ju. G. Kotlov, ebenda, **6** (1970), 404
[63] A. N. Frumkin, O. A. Petrij, Electrochim. Acta, **15** (1970), 391
[64] O. A. Petrij, A. N. Frumkin, Ju. G. Kotlov, Elektrochimija, **6** (1970), 725
[65] V. V. Topolev, O. A. Petrij, Elektrochimija, **6** (1970), 1726
[66] O. A. Petrij, Nguen van Tue, ebenda, **5** (1969), 494; **6** (1970), 408
[67] O. A. Petrij, Nguen van Tue, Ju. G. Kotlov, ebenda, **5** (1969), 1108
[68] V. S. Entina, O. A. Petrij, ebenda, **4** (1968), 457
[69] B. I. Podlovčenko, N. A. Epštein, ebenda, **8** (1972), 613
[70] N. A. Epštein, B. I. Podlovčenko, ebenda, **9** (1973), 779
[71] B. I. Podlovčenko, N. A. Epštein, ebenda, **9** (1973), 1194
[72] A. N. Frumkin, O. A. Petrij, B. B. Damaskin, J. Electroanal. Chem., **35** (1972), 439
[73] A. N. Frumkin, O. A. Petrij, DAN SSSR, **196** (1971), 1387
[74] R. Notoja, O. A. Petrij, S. Ja. Vasina, A. N. Frumkin, Elektrochimija, **8** (1972), 904
[75] B. I. Podlovčenko, N. A. Epštein, ebenda, **8** (1972), 1522
[76] O. A. Petrij, T. Ja. Kolotyrkina, ebenda, **9** (1973), 254
[77] W. Lorenz, Z. phys. Chem., **219** (1962), 421
[78] N. A. Balašova, V. E. Kazarinov, Electroanal. Chem., ed. A. J. Bard, Decker, N.-Y., **3** (1969), 135
[79] V. S. Bagozky, Ju. B. Vassilijev, J. N. Pirtskhalava, J. Electroanal. Chem., **27** (1970), 31
[80] V. E. Kazarinov, O. A. Petrij, V. V. Topolev, A. V. Losev, Elektrochimija, **7** (1971), 1365
[81] E. Schmidt, N. Wüthrich, J. Electroanal. Chem., **40** (1972), 399
[82] S. H. Cadle, S. Bruckenstein, Analyt. Chem., **44** (1972), 1993
[83] A. N. Frumkin, Ž. H. Mal'ševa, O. A. Petrij, V. E. Kazarinov, Elektrochimija, **8** (1972), 599
[84] B. I. Podločenko, V. E. Kazarinov, V. F. Stepin, ebenda, **6** (1970), 252
[85] V. E. Kazarinov, G. Ja. Tysjačnaja, ebenda, **6** (1970), 892
[86] A. N. Frumkin, V. E. Kazarinov, G. Ja. Tysjačnaja, DAN SSSR, **198** (1971), 141
[87] V. F. Stenin, V. E. Kazarinov, B. I. Podlovčenko, G. Ja. Tysjačnaja, Elektrochimija, **7** (1971), 1384
[88] V. E. Kazarinov, G. Ja. Tysjačnaja, ebenda, **7** (1971), 1879
[89] V. E. Kazarinov, N. V. Kudrjašov, V. N. Andreev, ebenda, **8** (1972), 260
[90] V. E. Kazarinov, S. V. Dolidze, ebenda, **8** (1972) 284; **9** (1973), 142, 429, 430, 1183
[91] V. E. Kazarinov, G. Ja. Tysjačnaja, V. N. Andreev, ebenda, **8** (1972), 396, 927
[92] V. E. Kazarinov, G. Ja. Tysjačnaja, ebenda, **8** (1972), 592, 731
[93] V. E. Kazarinov, ebenda, **8** (1972) 393
[94] V. E. Kazarinov, V. N. Andreev, ebenda, **9** (1973), 506
[95] G. Horanyi, J. Solt, F. Nagy, Acta Chim. Acad. scient. Hung., **64** (1970), 113; **67** (1971), 425; G. Horany , F. Nagy, ebenda, **68** (1971), **68** (1971), 229
[96] G. Horanyi, J. Solt, G. Vertes, J. Electroanal. Chem., **32** (1971), 271
[97] G. Horanyi, ebenda, **31** (1971), 1—2
[98] G. Horanyi, F. Naby, Acta Chim. Acad. scient. Hung., **72** (1972), 261; J. Electroanal. Chem., **34** (1972), 240
[99] G. Horanyi, P. König, F. Nagy, Acta Chim. Acad. scient. Hung., **72** (1972), 269
[100] G. Horanyi, D. Hegedüs, E. M. Rismayer, J. Electroanal. Chem., **40** (1972), 393
[101] G. Horanyi, S. Szabo, J. Solt, F. Nagy, Acta Chim. Acad. scient. Hung., **71** (1972), 239

[102] G. Horanyi, M. Novak, ebenda, 75 (1973), 271
[103] G. Horanyi, G. Vértes, J. Electroanal. Chem., 43 (1973), 225
[104] A. Capon, R. Parsons, ebenda, 44 (1973) 1, 239; 45 (1973), 205
[105] H. Angerstein-Kozlowska, B. MacDougal, B. E. Conway, J. Electrochem. Soc., 120 (1973), 756
[106] A. R. Blake, A. T. Kuhn, J. G. Sunderland, ebenda, 120 (1973), 492
[107] P. Stonehart, Electrochim. Acta, 18 (1973), 63
[108] E. A. Koljadko, B. I. Podlovčenko, Elektrochimija, 6 (1970), 1769; 8 (1972), 1519
[109] A. M. Bogračev, A. G. Pšeničnikov, ebenda, 6 (1970), 190; 7 (1971), 1015
[110] V. S. Tjurin, A. G. Pšeničnikov, R. Ch. Burštein, ebenda, 7 (1971), 707
[111] A. A. Mičri, A. G. Pšeničnikov, R. Ch. Burštein, ebenda, 8 (1972), 276, 360
[112] B. I. Podlovčenko, T. D. Gladyševa, ebenda, 9 (1973), 425
[113] M. Brezina, J. Koryta, T. Loučka, D. Maršikova, J. Prádáč, J. Electroanal. Chem., 40 (1972), 13
[114] R. E. Smith, H. B. Urbach, J. H. Harrison, N. I. Hatfield, J. Phys. Chem., 71 (1967), 1250
[115] J. Sobkowski, A. Wieckowski, J. Electroanal. Chem., 34 (1972), 185
[116] D. V. Sokol'skij, G. D. Zakumbaeva, „*Adsorption und Katalyse an Metallen der VIII. Gruppe in Lösungen*“, Verl. „Nauka“, Alma-Ata, 1973, Kapitel III
[117] G. A. Bodganovskij, A. I. Šakkak, Elektrochimija, 6 (1970), 290
[118] G. A. Bogdanosvkij, G. I., Ščerev, ebenda, 6 (1970), 318
[119] Ž. I. Babanova, G. A. Bogdanovskij, G. D. Vovčenko, ebenda, 6 (1970), 909
[120] G. L. Archarova, L. G. Gus'kova, G. A. Bogdanovskij, ebenda, 6 (1970), 1207
[121] G. A. Bogdanovskij, A. I. Šakkak, ebenda, 7 (1971), 713
[122] N. N. Krasnova, G. P. Chomčenko, Ju. B. Vasil'ev, V. S. Bagockij, ebenda, 9 (1973) 830
[123] A. A. Sutjagina, I. N. Golonickaja, G. D. Vovčenko, ebenda, 9 (1973), 715
[124] R. F. Lane, A. T. Hubbard, J. Phys. Chem., 77 (1973), 1401, 1411
[125] H. Angerstein-Kózlowska, B. MacDougall, B. E. Conway, J. Electroanal. Chem., 39 (1972), 287
[126] D. Laser, M. Ariel, ebenda, 35 (1972), 405
[127] J. P. Carr, N. A. Hampson, Electrochim. Acta, 17 (1972), 2117
[128] A. H. Taylor, S. Kirkland, S. B. Brummer, Trans. Far. Soc., 67 (1971), 809, 819
[129] J. Sobkowski, A. Wieckowski, J. Electroanal. Chem., 41 (1973), 373
[130] T. Loucka, ebenda, 36 (1972), 355, 369
[131] G. D. Zakumbaeva, A. A. Ekibaeva, D. V. Sokol'skij, S. U. Urumbaeva, ŽPCh (Z. Phys. Chem., UdSSR) 46 (1972), 2107
[132] V. N. Kamath, Hira Lal, J. Electroanal. Chem., 19 (1968), 249; 24 (1970) 125; P. Sidheswaran, Hira Lal, ebenda, 34 (1972), 173; 40 (1972), 143
[133] E. A. Koljadko, B. I. Podlovčenko, Vestnik MGU, Ser. Chem., 6 (1971), 727
[134] B. I. Podlovčenko, G. A. Korčinskij, ebenda, 3 (1971), 310
[135] R. Notoya, O. A. Petry, J. Res. Institute Catalysis, Hokkaido Univ., 20 (1972), 202
[136] S. I. Berezina, R. N. Vojcechovskaja, Elektrochimija, 9 (1973), 233
[137] F. Mango, G. Bontempelli, J. Electroanal. Chem., 36 (1972), 389; G. Bontempelli, F. Magno, G. A. Mazzocchin, S. Zecchin, ebenda, 43 (1973), 377
[138] V. S. Bogockij, L. S. Kanevskij, V. Sh. Palanker, Electrochim. Acta, 18 (1973), 473
[139] B. MacDougall, B. E. Conway, H. A. Kozlowska-Angerstein, J. Electroanal. Chem., 32 (1971), 15–21

[140] J. Kruger, „*Adv. Electrochem. Eng*,“, v. 9, ed. P. Delahay, Intersc., N. Y., 1973, S. 245
[141] K. Niki, T. Shirato, J. Electroanal. Chem., **42** (1973), 7—10
[142] W. J. Anderson, W. N. Hansen, ebenda, **43** (1973), 329
[143] B. I. Podlovčenko, A. N. Frumkin, V. F. Stenin, Elektrochimija, **4** (1968), 339
[144] M. W. Breiter, Disc. Far. Soc., N **45** (1968), 79; „*Electrochemical Processes in Fuel Cells*“, Springer-Verl., Berlin, 1969
[145] B. I. Podlovčenko, R. P. Petuchova, Elektrochimija, **9** (1973), 273
[146] G. Horanyi, G. Vertes, J. Electroanal. Chem., **43** (1973), 441
[147) Ju. M. Tjurin, G. F. Volodin, Elektrochimija, **5** (1969), 1203; **6** (1970), 1186
[148] V. N. Pospelova, A. A. Rakov, V. I. Veselovskij, ebenda, **5** (1969), 1318; **6** (1970), 722
[149] T. Biegler, R. Woods, J. Electroanal. Chem., **20** (1969), 73
[150] Ju. M. Tjurin, G. F. Volodin, G. N. Afon'šin, Izv. vuzov Chimija i chimič. technologija, **13** (1970), 1113
[151] Ju. M. Tjurin, G. F. Volodin, V. S. Padyceva, Elektrochimija, **7** (1971), 1309
[152] G. N. Afon'šin, G. F. Volodin, Ju. M. Tjurin, ebenda, **7** (1971), 1338
[153] V. I. Naumov, L. A. Smirnova, G. N. Afon'šin, Ju. M. Tjurin, ebenda, **7** (1971), 1872
[154] T. Biegler, D. A. J. Rand, R. Woods, J. Electroanal. Chem., **29** (1971), 269
[155] J. P. Hoare, R. Thacker, Ch. R. Wiese, ebenda, **30** (1971), 15
[156] S. Shibata, M. P. Sumino, Electrochim. Acta, **16** (1971), 1089
[157] R. Parsons, W. H. M. Visscher, J. Electroanal. Chem., **36** (1972), 329
[158] J. Balej, O. Spalek, Coll. Czechosl. Chem., Commun., **37** (1972), 499; **38** (1973), 29
[159] K. J. Vetter, J. W. Schultze, J. Electroanal. Chem., **34** (1972), 131
[160] V. I. Naumov, Ju. M. Tjurin, Elektrochimija, **8** (1972), 1220; **9** (1973), 426, 1011
[161] L. A. Chanova, E. V. Kasatkin, V. I. Veselovskij, ebenda, **8** (1972), 451
[162] Ju. Ja. Vinnikov, V. A. Šepelin, V. I. Veselovskij, ebenda, **9** (1973), 649
[163] Ju. M. Tjurin, G. F. Volodin, L. A. Smirnova, Ju. V. Battalova, ebenda, **9** (1973) 532
[164] V. I. Naumo , V E. Kazarinov, Ju. M. Tjurin, ebenda, **9** (1973), 1412
[165] L. A. Mirkind, M. Ja. Fiošin, DAN SSSR, **154** (1964), 1163; L. A. Mirkind, M. Ja. Fiošin, V. I. Romanov, ŽFCh, **38** (1964), 223, 2840
[166] A. G. Kornienko, L. A. Mirkind, M. Ja. Fiošin, Elektrochimija, **4** (1968), 69
[167] Ju. M. Tjurin, G. N. Afon'šin, G. F. Volodin, V. E. Gončaruk, ebenda, **6** (1970), 1853
[168] L. A. Mirkind, M. Ja. Fiošin, A. G. Dubinin, ebenda, **8** (1972) 794; **9** (1973), 257
[169] M. A. Chrizolitova, L. A. Mirkind, Ju. B. Vasil'ev, M. Ja. Fiošin, V. S. Bagockij, ebenda, **8** (1972), 548, 1004
[170] V. E. Kazarinov, L. A. Mirkind, A. G. Dubinin, M. Ja. Fiošin, DAN SSSR, **208** (1973), 1130
[171] L. A. Mirkind, V. E. Kazarinov, A. G. Dubinin, M. Ja. Fiošin, Elektrochimija, **9** (1973), 1067, 1069
[172] F. Bruno, J. E. Dubois, Electrochim. Acta, **17** (1972), 1161

Bei Fragen zur Produktsicherheit wenden Sie sich bitte an:
If you have any questions regarding product safety,
please contact:

Walter de Gruyter GmbH
Genthiner Straße 13
10785 Berlin
productsafety@degruyterbrill.com